2025
고시넷
고패스

건설안전기사 실기
필답형 + 작업형
기출복원문제 + 유형분석

한국산업인력공단 국가기술자격

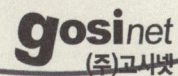

도서 소개

2025 고패스 기출+유형분석 건설안전기사 실기 도서는....

■ 분석기준

2005년~2024년까지 20년분의 건설안전기사&산업기사 실기 기출복원문제를 아래와 같은 기준에 입각하여 분석&정리하였습니다.
- 필기시험 합격 회차에 실기까지 한 번에 합격할 수 있도록
- 최대한 중복을 배제해서 짧은 시간동안 효율을 최대화할 수 있도록
- 시험유형(필답형/작업형)을 최대한 고려하여 꼼꼼하게 확인할 수 있도록

■ 분석대상

분석한 2005년~2024년까지 20년분의 건설안전기사&산업기사 실기 기출복원 대상문제는 다음과 같습니다.
- 필답형 문제 중 법규변경 등의 이유로 폐기한 문제를 제외한 기사 892개 문항과 산업기사 846개 문항으로 총 1,738문항
- 작업형 문제 기사 1,082개 문항과 산업기사 755문항으로 총 1,837문항

(작업형 문제의 경우 2011년 이전에 출제된 문제들의 경우 출제근거를 확인할 방법이 없어 부득이하게 분석대상에서 제외했습니다.)

■ 분석결과

분석한 결과
- 필답형은 최소 6~7년분의 기출을, 작업형은 4~5년분의 기출을 학습하셔야 중복출제문제의 비중이 70%에 근접할 수 있음을 확인하였습니다.
- 최근 기사 작업형 신출 문제의 50%가 넘는 문제가 산업기사 작업형에서 출제되었음을 확인하였습니다.

| 건설안전기사 실기 |

이에 본서에서는 이를 출제비중별로 재분류하여

- **필답형_유형별 기출복원문제 206題** : 206개의 기사 핵심 필답형 기출복원문제를 제시합니다. 동일한 이론이지만 출제유형이 서로 다르게 출제되는 경우 최대한 다양한 유형을 오래된 문제나 산발적으로 출제된 문제를 제외한 후 정리하였습니다. 아울러 2015년 이전에 출제된 문제 중 시험에 나올만한 문제를 선별하여 추가하였습니다.

- **필답형_회차별 기출복원문제〈Ⅰ〉** : 최근 10년(2015~2024)분의 필답형 기출복원문제를 제시합니다. 문제와 함께 모범답안을 제시하였습니다. 유형별 기출복원문제를 통해 학습한 내용이지만 회차별로 시험에 나오는 형태로 다시한번 점검하실 수 있습니다.

- **필답형_회차별 기출복원문제〈Ⅱ〉** : 최근 10년(2015~2024)분의 필답형 기출복원문제를 제시합니다. 〈Ⅰ〉과의 차이는 답안란이 비어져 있습니다. 최종마무리 평가용으로 직접 답안을 써볼 수 있도록 문제만 제시하였습니다. 모든 구성이 〈Ⅰ〉과 동일하므로 답안은 〈Ⅰ〉을 통해서 확인하실 수 있습니다.

- **작업형_유형별 기출복원문제 197題** : 197개의 기사 핵심 작업형 기출복원문제를 제시합니다. 동일한 이론이지만 출제유형이 서로 다르게 출제되는 경우 최대한 다양한 유형을 오래된 문제나 산발적으로 출제된 문제를 제외한 후 정리하였습니다. 아울러 2018년 이전에 출제된 문제 중 시험에 나올만한 문제를 선별하여 추가하였습니다.

- **작업형_회차별 기출복원문제** : 최근 7년(2018~2024)분의 작업형 기출복원문제를 제시합니다. 문제와 함께 모범답안을 제시하였습니다. 유형별 기출복원문제를 통해 학습한 내용이지만 회차별로 시험에 나오는 형태로 다시한번 점검하실 수 있습니다. 학습기간이 필답형에 비해 짧은 만큼 작업형은 별도로 문제만으로 구성된 회차별 기출복원문제를 제공하지는 않았습니다. 짧은 시간 최대한 집중해서 문제와 모범답안을 제공된 그림 및 사진과 함께 학습하실 수 있도록 하였습니다.

건설안전기사 실기 개요 및 유의사항

건설안전기사 실기 개요

- 필답형 60점과 작업형 40점으로 총 100점 만점에 60점 이상이어야
- 필답형 및 작업형 시험에 모두 응시하여야
- 부분점수 부여되므로 포기하지 말고 답안을 기재해야

건설안전기사 실기시험은 필답형과 작업형으로 구분되어 있습니다.

필답형은 보통 14문항에 각 문항 당 3점, 4점, 5점의 배점으로 총 60점 만점으로 구성되어 있습니다. 문제지에 나와 있는 지문을 보고 암기한 내용을 주관식으로 간략하게 정리하여야 합니다.

병행해서 별도의 일정으로 시행되는 작업형의 경우 문제내용은 컴퓨터에서 동영상으로 나오게 됩니다. 보통 8문항에 각 문항 당 4점, 5점, 6점의 배점으로 총 40점 만점으로 구성되어 있습니다. 아울러 작업형 시험은 동영상 시험인 관계로 컴퓨터가 있어야 하고 그러다보니 동시간대에 시험을 치르는 인원이 제한될 수밖에 없어서 시험 당일 하루에 3~4차례 시간을 나눠서 시험을 치르며 시험내용은 서로 다르게 출제됩니다.

실기 준비 시 유의사항

1. 주관식이므로 관련 내용을 정확히 기재하셔야 합니다.

- 중요한 단어의 맞춤법을 틀려서는 안 됩니다. 정확하게 기재하여야 하며 3가지를 쓰라고 되어있는 문제에서 정확하게 아는 3가지만을 기재하시면 됩니다. 4가지를 기재했다고 점수를 더 주는 것도 아니고 4가지를 기재하면서 하나가 틀린 경우 오답으로 인정되는 경우도 있사오니 가능하면 정확하게 아는 것 우선으로 기재하도록 합니다.
- 특히 중요한 것으로 단위와 이상, 이하, 초과, 미만 등의 표현입니다. 이 표현들을 빼먹어서 제대로 점수를 받지 못하는 분들이 의외로 많습니다. 암기하실 때도 이 부분을 소홀하게 취급하시는 분들이 많습니다. 시험 시작할 때 우선적으로 이것부터 챙기겠다고 마음속으로 다짐하시고 시작하십시오. 알고 있음에도 놓치는 점수를 없애기 위해 반드시 필요한 자세가 될 것입니다.

- 계산 문제는 특별한 지시사항이 없는 한 소수점 아래 둘째자리까지 구하시면 됩니다. 지시사항이 있다면 지시사항에 따르면 되고 그렇지 않으면 소수점 아래 셋째자리에서 반올림하셔서 소수점 아래 둘째자리까지 구하셔서 표기하시면 됩니다.

2. 부분점수가 부여되므로 포기하지 말고 기재하도록 합니다.

필답형, 작업형 공히 부분점수가 부여되므로 전혀 모르는 내용의 新유형 문제가 나오더라도 포기하지 않고 상식적인 범위 내에서 관련된 답을 기재하는 것이 유리합니다. 공백으로 비울 경우에도 0점이고, 틀린 답을 작성하여 제출하더라도 0점입니다. 상식적으로 답변할 수 있는 수준으로 제출할 경우 부분점수를 획득할 수도 있으니 포기하지 말고 기재하도록 합니다.

3. 필답형 시험을 망쳤다고 작업형을 포기하지 마세요.

대부분의 수험생들이 필답형 시험에서 25~45점대의 분포를 갖습니다. 특히 필답형 시험에서 25점이 안된다고 작업형을 포기하는 분들이 있는데 포기하지 마시기를 권해드립니다. 부분점수도 있고 주관식이다보니 채점자의 성향에 따라 정답으로 인정되는 경우도 많습니다. 의외로 실제 시험결과를 확인한 후 원래 예상했던 점수보다 더 많이 나왔다는 분들이 많습니다. 부분점수 등이 인정되기 때문입니다. 아울러 작업형은 생각보다 점수가 잘 나옵니다. 실제로 필답형에서 25점이 되지 않았지만 작업형 점수가 기대보다 훨씬 잘나와 합격한 경우를 여럿 보았습니다. 절대 필답형을 망쳤다고 작업형을 포기하지 마시기 바랍니다.

4. 작업형 시험은 보통 1주일 정도의 기간을 정해서 공부합니다.

예전과 달리 필답형 1주일 후에 작업형 시험이 시행되는 것이 아닌 관계로 시험접수 시에 수험생이 선택한 시험 일정에 따라 본인이 학습기간을 임의로 정하여 작업형을 공부하셔야 합니다. 필답형과 분리된 시험이기는 하지만 필답형에서 학습한 내용을 기반으로 답안을 작성하셔야 하는 만큼 필기시험이 끝나고 나면 일단은 필답형 시험에 집중하시고 실기 접수를 통해서 시험일정이 확정되면 그 시험일정에 맞게 작업형 학습 일정을 잡으시기 바랍니다. 보통의 수험생은 1주일정도의 기간을 정해서 작업형을 공부합니다.

5. 특히 작업형에서는 관련 동영상(혹은 실제 사진)을 많이 보셨으면 합니다.

필답형과 같이 실제 문제가 지문으로 제공되는 경우는 암기한 내용과 매칭이 어렵지 않아서 답을 적기가 수월하지만 작업형의 경우 동영상에서 이야기하는 내용이 뭔지를 몰라 답을 적지 못하는 경우도 많습니다. 주변 분 중에서 실기 작업형 시험을 준비하면서 건설용 리프트를 이용하는 작업을 하는 근로자에게 실시하는 특별안전보건교육 내용을 암기하고 있음에도 불구하고 동영상에서 나오는 건설용 리프트를 알아보지 못해서 공백으로 비우고 나왔다고 한탄을 하는 분이 있었습니다. 실제 전공자도 아니고 현직 근무자도 아닌 경우 여러분이 암기한 내용이 나오더라도 매칭을 하지 못해 답을 적지 못하는 경우가 많사오니 가능한 관련 내용의 다양한 동영상(혹은 실제 사진)을 보셨으면 합니다.

6. 작업형의 경우 정확한 답이 없습니다. 시험 친 후 올라오는 복원문제와 답에 너무 연연하지 마시기 바랍니다.

사람마다 동영상을 보는 관점이 다르고 문제점에 대한 인식의 기준도 다릅니다. 채점자가 기본적으로 모범답안을 가지고 채점을 하겠지만 그 답이 딱 정해진 개수라고 볼 수 없습니다. 실례로 승강기 모터 부분을 청소하던 작업자가 사고를 당한 문제의 위험점을 묻는 문제가 출제된 적이 있는데 이때 사고가 나는 장면은 동영상에서 보이지 않았습니다. 사고가 나기는 했지만 회전하는 기계에서 사고가 날 가능성은 접선물림점이 될 수도 있고, 회전말림점이 될 수도 있습니다. 이 시험에서 회전말림점이라고 적은 분 중에서도, 접선물림점이라고 적은 분 중에서도 만점자가 나왔습니다. 즉, 답이 하나가 아닐 수 있다는 것입니다. 실제 동영상을 볼 때 문제 출제자가 의도하지 않았지만 불안전한 행동이나 상태가 나타날 수 있으며, 수험자가 이를 발견해서 답을 적을 수 있습니다. 그리고 채점자가 판단할 때 충분히 답이 될 수 있는 상황이라고 판단한다면 이는 정답으로 채점될 수 있다는 의미입니다. 꼼꼼히 따져보시고 상황에 맞는 답을 적도록 하시고 시험 후에 올라오는 후기에서의 정답 주장은 의미가 없으므로 크게 신경 쓰지 않도록 하셨으면 합니다.

어떻게 학습할 것인가?

앞서 도서 소개를 통해 본서가 어떤 기준에 의해서 만들어졌는지를 확인하였습니다. 이에 분석된 데이터들을 가지고 어떻게 학습하는 것이 가장 효율적인지를 저희 국가전문기술자격연구소에서 연구·검토한 결과를 제시하고자 합니다.

- 필기와 달리 실기(필답형, 작업형)는 직접 답안지에 서술형 혹은 단답형으로 그 내용을 기재하여야 하므로 정확하게 관련 내용에 대한 암기가 필요합니다. 가능한 한 직접 손으로 쓰면서 암기해주십시오.
- 작업형의 경우는 동영상에 나오는 실제 작업현장 및 시설, 설비가 무엇인지 알아야 암기하고 있던 관련 내용과 연계가 가능합니다. 관련 동영상(혹은 실제 사진)을 많이 참고해주십시오.
- 출제되는 문제는 새로운 문제가 포함되기는 하지만 80% 이상이 기출문제에서 출제되는 만큼 기출 위주의 학습이 필요합니다.

이에 저희 국가전문기술자격연구소에서는 시험에 중점적으로 많이 출제되는 문제들을 유형별로 구분하여 집중 암기할 수 있도록 하는 학습 방안을 제시합니다.

1단계 : 20년간 출제된 필답형 기출문제의 전유형을 제공한 유형별 기출복원문제 206題를 꼼꼼히 손으로 직접 쓰면서 암기해주십시오.

20년간 출제된 필답형 기출문제를 유형별로 분류하여 제공한 유형별 기출복원문제 206題를 펼치셔서 직접 문제를 보며 암기해주시기 바랍니다. 시험에서는 3가지 혹은 4가지 등 배점에 맞게 적어야 할 가짓수가 유형보다는 적게 제시됩니다. 자신이 암기하기 쉬운 문장들을 우선적으로 암기하시면서 정리해주십시오. 별도의 연습장을 활용하셔서 직접 적어가면서 암기하실 것을 강력히 권고드립니다.

2단계 : 어느 정도 유형별 기출복원문제 학습이 완료되시면 실제 시험과 같이 제공되는 회차별 기출복원문제(Ⅰ)를 다시 한번 확인하시면서 암기해주십시오.

유형별 기출복원문제를 충분히 암기했다고 생각되신다면 실제 시험유형과 같은 형태로 제공되는 회차별 기출복원문제(Ⅰ)로 시험적응력과 암기내용을 다시 한번 점검하시기 바랍니다. 필기와 달리 실기는 같은 해에도 회차별로 중복문제가 많이 출제되었음을 확인하실 수 있을 겁니다.

3단계 : 회차별 기출복원문제(Ⅰ)까지 완료하셨다면 실제 시험과 같이 직접 연필을 이용해서 회차별 기출복원문제(Ⅱ)를 풀어보시기 바랍니다.

별도의 답안은 제공되지 않고 (Ⅰ)과 동일하게 구성되어있으므로 직접 풀어보신 후에는 (Ⅰ)의 모범답안과 비교해 본 후 틀린 내용은 오답노트를 작성하시기 바랍니다. 그런 후 틀린 내용에 대해서 집중적으로 암기하는 시간을 가져보시기 바랍니다. 답안을 연필로 작성하신 후 지우개로 지워두시기 바랍니다. 시험 전에 다시 한번 최종 마무리 확인시간을 가지면 합격가능성은 더욱 올라갈 것입니다.

〈작업형 학습〉 작업형 역시 필답형과 동일하게 진행해주세요.

작업형은 필답형과 다르게 준비기간도 짧지만 외어야 할 내용도 그만큼 작습니다. 보통은 1주일 정도의 기간을 정해서 작업형 시험에 대비한 학습을 합니다. 유형별 기출복원문제는 187題입니다. 2일 정도는 유형별 기출복원문제를 집중적으로 암기해주시고, 나머지 4일 정도는 회차별 기출복원문제 7년분을 통해서 암기한 내용을 확인하시고 부족하신 부분을 보완하는 시간을 가지도록 하십시오. 마찬가지로 직접 손으로 적어가면서 외우셔야 합니다.

정오표 및 학습 질의 안내

고시넷은 오류 없는 책을 만들기 위해 최선을 다합니다. 그러나 편집 과정에서 미처 잡지 못한 실수가 뒤늦게 나오는 경우가 있습니다. 고시넷은 이런 잘못을 바로잡기 위해 정오표를 실시간으로 제공합니다. 감사하는 마음으로 끝까지 책임을 다하겠습니다.

WWW.GOSINET.CO.KR
모바일폰에서 QR코드로 실시간 정오표를 확인할 수 있습니다.

학습 질의 안내

학습과 교재선택 관련 문의를 받습니다. 적절한 교재선택에 관한 조언이나 고시넷 교재 학습 중 의문 사항은 아래 주소로 메일을 주시면 성실히 답변드리겠습니다.

이메일주소 qna@gosinet.co.kr

건설안전기사 상세정보

자격종목

자격명		관련부처	시행기관
건설안전기사	Engineer Construction Safety	고용노동부	한국산업인력공단

검정현황

■ 필기시험

	2014	2015	2016	2017	2018	2019	2020	2021	2022	2023	2024	합계
응시인원	8,023	9,315	8,931	9,335	10,421	13,212	12,389	17,526	26,556	34,908	31,594	182,210
합격인원	3,000	3,723	3,956	4,026	3,810	6,394	6,615	8,057	12,856	17,964	15,511	85,912
합격률	37.4%	40.0%	44.3%	43.1%	36.6%	48.4%	53.4%	46.0%	48.4%	51.5%	49.1%	47.1%

■ 실기시험

	2014	2015	2016	2017	2018	2019	2020	2021	2022	2023	2024	합계
응시인원	4,939	4,809	4,941	5,869	5,384	7,584	8,995	10,653	14,674	19,928	22,247	110,023
합격인원	2,498	2,380	2,692	3,077	3,244	4,607	4,694	5,539	10,321	12,557	12,341	63,950
합격률	50.6%	49.5%	54.5%	52.4%	60.3%	60.7%	52.2%	52.0%	70.3%	63.0%	55.5%	58.1%

■ 취득방법

구분	필답형	작업형
시험과목	건설안전실무 ① 안전관리 ② 건설공사 안전 ③ 안전기준	
검정방법	• 서술형 및 단답형 문제 • 13~14문항 총점 60점 • 문항당 3~6점	• 동영상 관련 서술형 및 단답형 문제 • 8~9문항 총점 40점 • 문항당 3~6점
시험시간	1시간 30분	50분
합격기준	필답형 + 작업형 100점 만점에 60점 이상	

■ 필기시험 합격자는 당해 필기시험 발표일로부터 2년간 필기시험이 면제된다.

이 책의 구성

❶ 206題의 필답형 유형별 기출복원문제로 필답형 완벽 준비

- 최근 20년간 출제된 모든 필답형 기출문제를 분석하여 중복을 배제하고 중요도를 고려하여 다양한 유형을 빠짐없이 확인할 수 있도록 하였습니다.

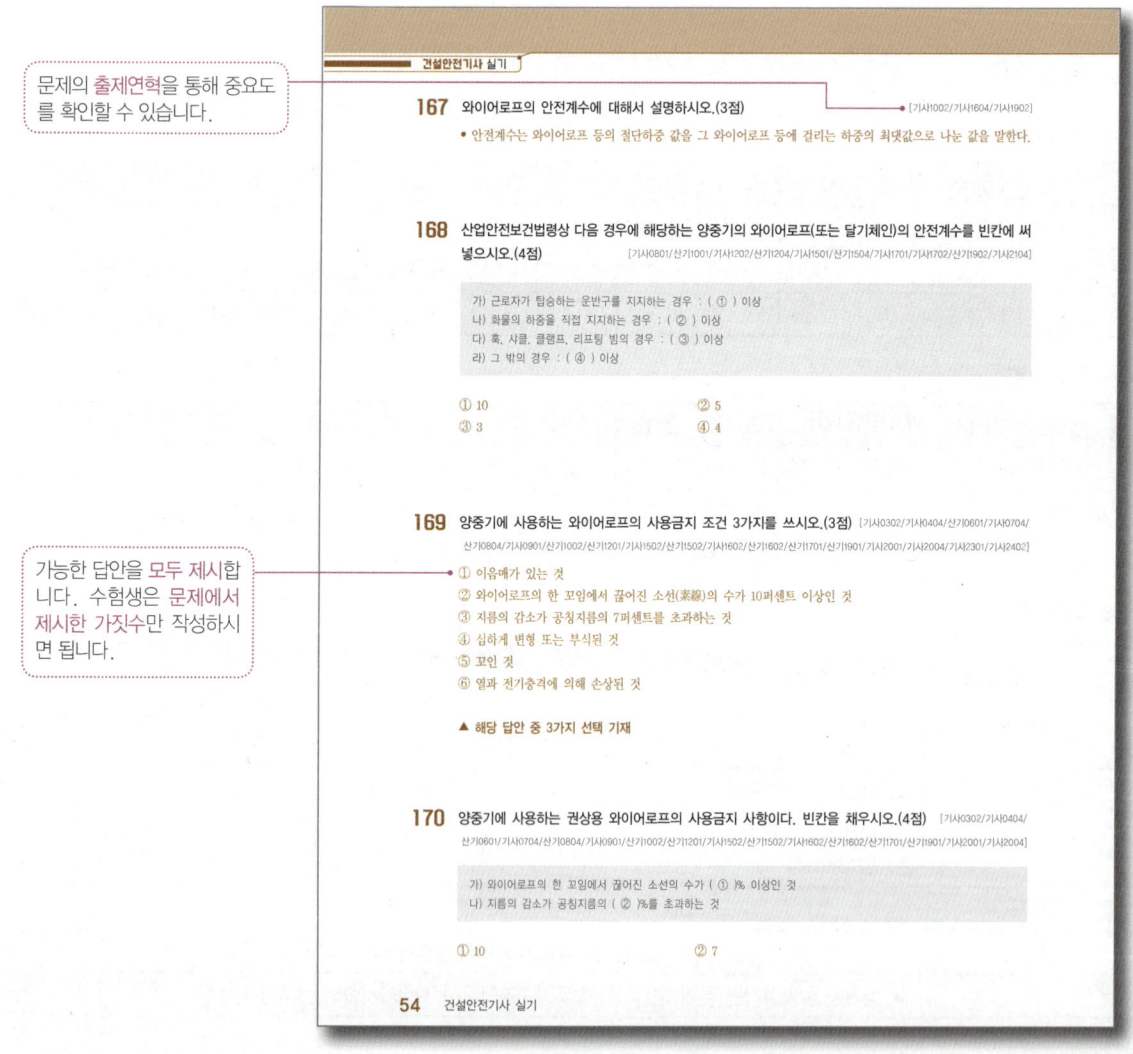

문제의 출제연혁을 통해 중요도를 확인할 수 있습니다.

가능한 답안을 모두 제시합니다. 수험생은 문제에서 제시한 가짓수만 작성하시면 됩니다.

- 수험생의 요청에 따라 문항별 답안이 가능한 거의 모든 답안을 표시하였습니다. 문제에서 요구한 가짓수에 맞게 학습하신 후 기재하시기 바랍니다. 아울러 부족한 이론부분은 별도의 체크박스를 통해서 보충하였습니다.

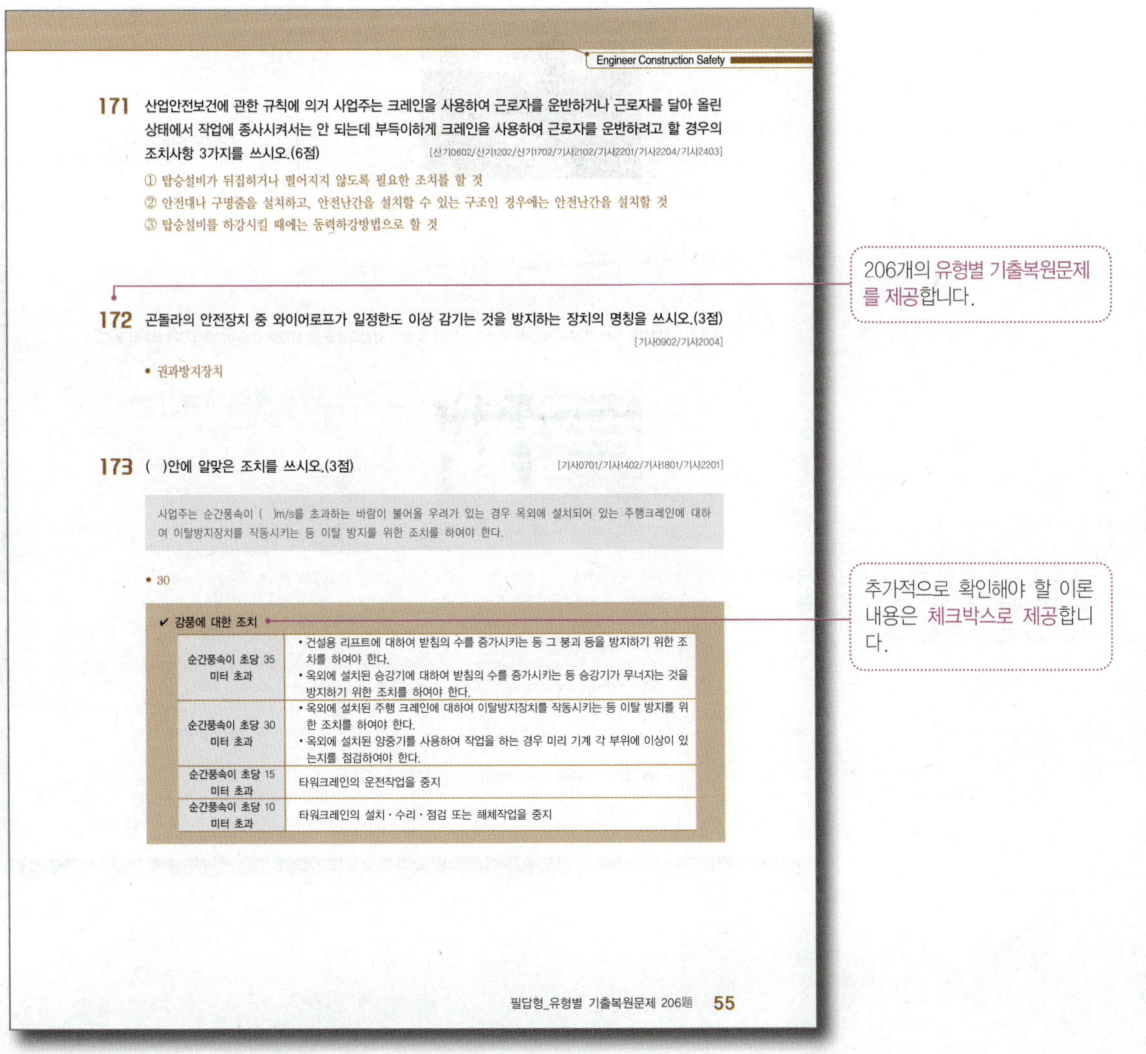

❷ 197題의 작업형 유형별 기출복원문제로 작업형 완벽 준비

- 최근 20년간 출제된 모든 작업형 기출문제를 분석하여 중복을 배제하고 중요도를 고려하여 다양한 유형을 빠짐없이 확인할 수 있도록 하였습니다.

> 작업형의 경우 같은 회차에도 A형부터 다양한 문제 Set이 있으니 유의하세요.

건설안전기사 실기

146 동영상은 이동식 비계를 이용한 작업 중 추락재해가 발생하는 것을 보여준다. 재해발생원인을 3가지 쓰시오. (6점)
[산기1601A/기사1602A/기사1802C/기사1902C/산기2003B/기사2003C]

이동식 비계를 이용해서 거푸집 설치작업을 진행중인 모습을 보여준다. 비계를 고정하지 않아 흔들리다 작업자가 바닥으로 추락하는 재해가 발생한다.

① 바퀴를 브레이크 및 쐐기 등으로 고정시키지 않아 흔들림
② 작업자가 안전대를 착용하지 않음
③ 비계 최상부에 안전난간을 설치하지 않음

147 동영상은 결빙된 도로 모습을 보여주고 있다. 도로가 결빙되었을 때 사업주 준수사항을 3가지 쓰시오.(6점)
[기사2401A]

도로가 결빙되어 도로 위에 얼음이 언 모습을 보여주고 있다.

> 가능한 답안을 모두 제시합니다. 수험생은 문제에서 제시한 가짓수만 작성하시면 됩니다.

① 가설계단, 작업발판, 개구부 주위 및 근로자의 이동 통로에 결빙부위를 신속히 제거하거나 모래, 부직포 등을 이용하여 미끄럼 방지 조치를 하여야 한다.
② 현장 내 가설도로에는 차량계 건설기계의 미끄럼 방지를 위하여 모래함이나 염화칼슘 등을 비치하고 근로자와 건설장비의 동선을 분리하여야 한다.
③ 현장 내 처마 부위 또는 흙막이 지보공, 터널 수직구 상부 등에 고드름이 발생할 경우 고드름의 낙하로 인한 재해를 예방하기 위하여 고드름을 제거하거나 접근금지구역을 설정하는 등의 조치를 하여야 한다.
④ 철골작업(철탑, 비계 포함)의 경우 철골계단 단부 등 개구부 주변에서 결빙으로 인해 넘어짐, 떨어짐의 위험이 있는지를 확인하고, 결빙 부위제거 및 안전난간 설치 등 넘어짐, 떨어짐 방지조치를 실시하여야 한다.

▲ 해당 답안 중 3가지 선택 기재

건설안전기사 실기

- 수험생의 요청에 따라 문항별 답안이 가능한 거의 모든 답안을 표시하였습니다. 문제에서 요구한 가짓수에 맞게 학습하신 후 기재하시기 바랍니다. 아울러 부족한 이론부분은 별도의 체크박스를 통해서 보충하였습니다.

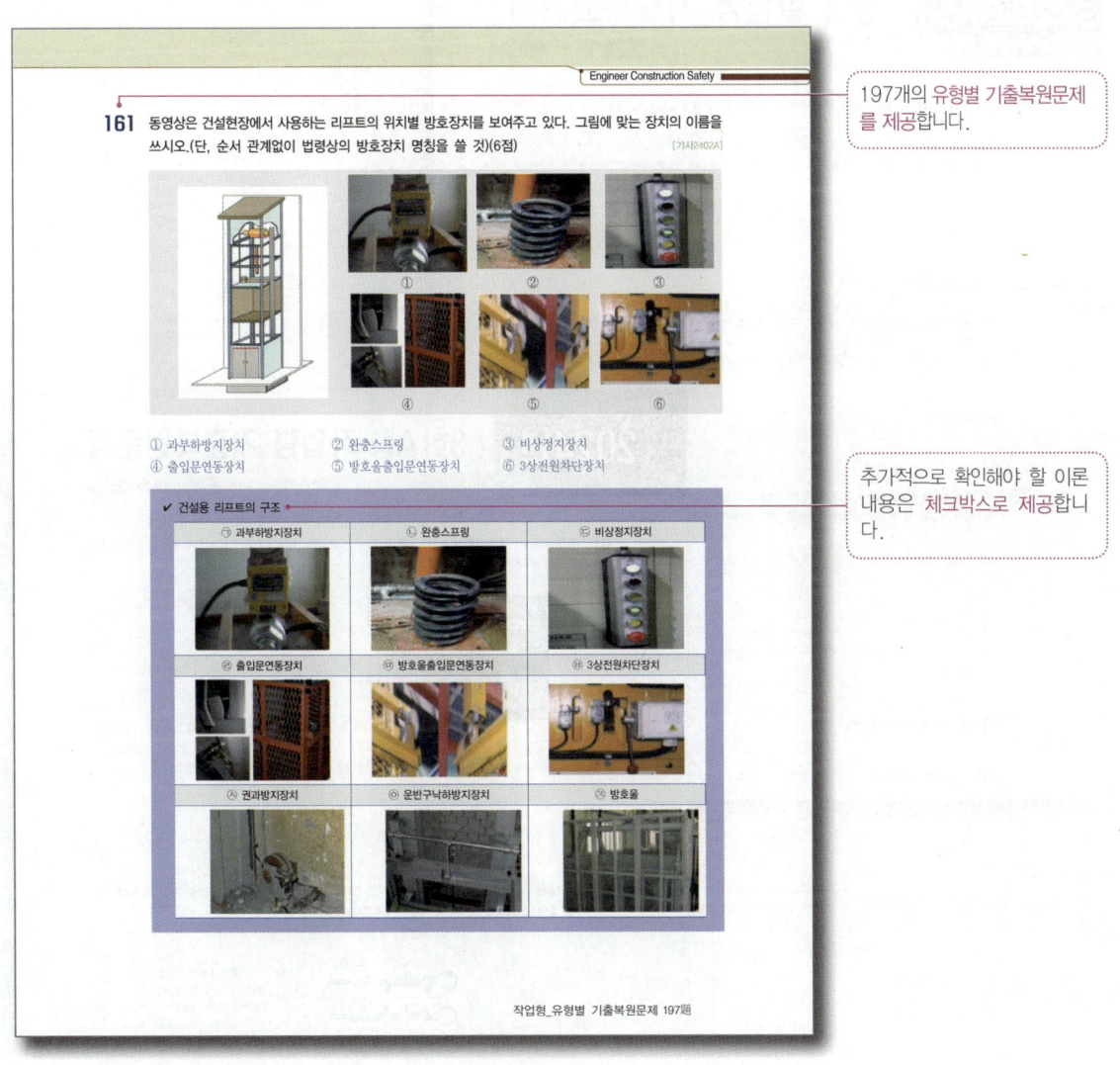

197개의 유형별 기출복원문제를 제공합니다.

추가적으로 확인해야 할 이론 내용은 체크박스로 제공합니다.

❸ **필답형 10년간 + 작업형 7년간 회차별 기출복원문제로 건설안전기사 자격증 획득!**

- 유형별 기출복원문제에 추가적으로 회차별 기출복원문제로 건설안전기사 합격에 만전을 기할 수 있습니다.

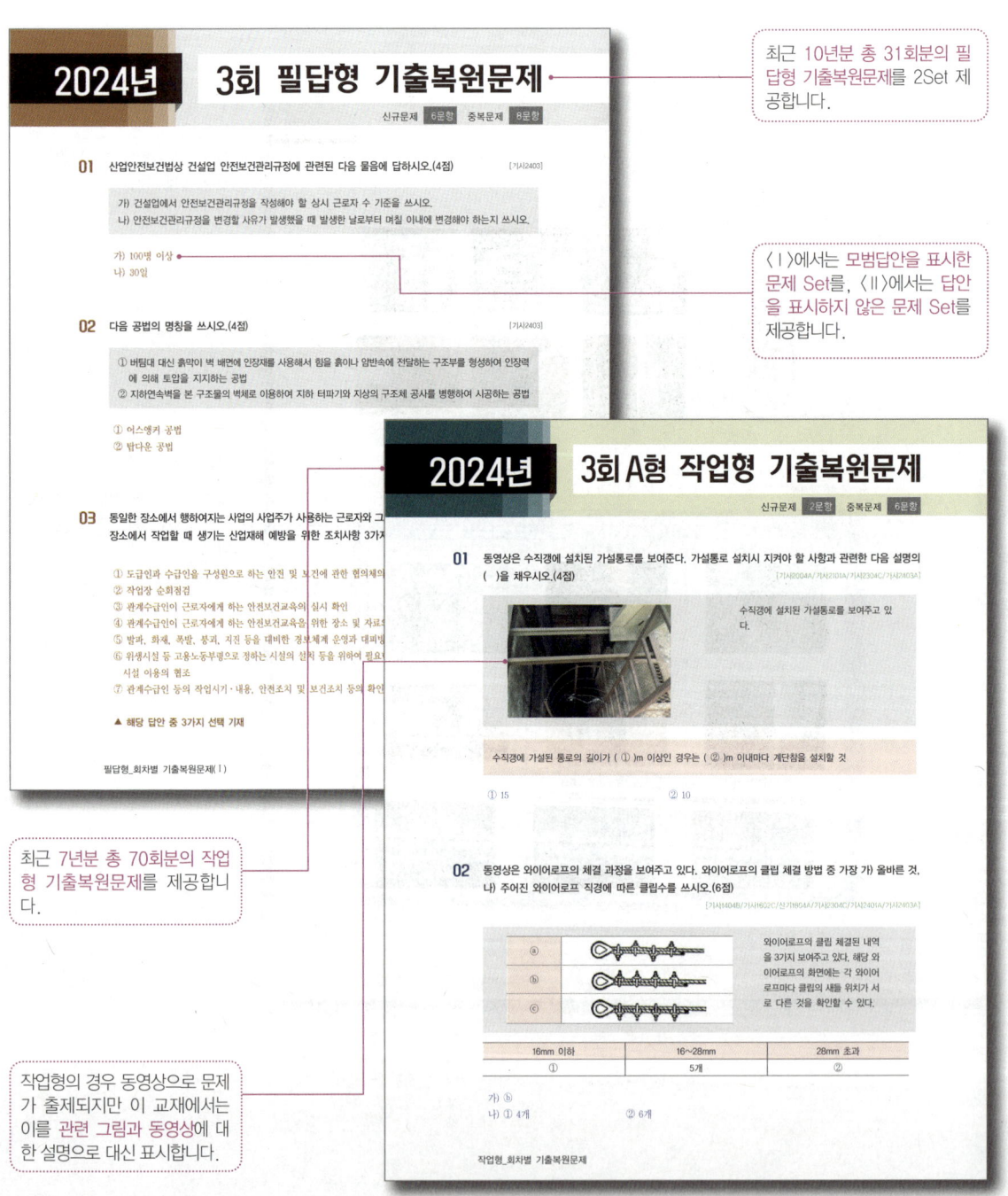

시험 접수부터 자격증 취득까지

실기시험

- 원서접수: http://www.q-net.or.kr
- 각 시험의 실기시험 원서접수 일정 확인

- 필답형/작업형 시험
- 각 실기시험에 필요한 준비물 확인
- 실기시험 일정 및 응시 장소 확인

- 합격발표: http://www.q-net.or.kr
- 각 시험의 합격발표 일정 확인

- 인터넷 발급: http://www.q-net.or.kr
- 방문 발급: 신분증 지참 후 발급장소(지부/지사) 방문

시험장 스케치

건설안전기사 실기시험은 크게 필답형과 작업형으로 구분되어 실시됩니다. 보통의 경우 1주일의 간격을 두고 실시되는 두 시험을 모두 응시하셔야 합니다. (CBT 시험으로 변화함에 따라 작업형 시험 일정이 불규칙해져 준비에 어려움이 많아졌습니다.)

필답형은 시험지에 답안을 작성하는 시험으로 시험장의 선택이 자유로운 편입니다. 작업형 시험장소와 무관하게 접근성을 고려하여 선택하시면 됩니다.

그에 반해 건설안전기사 작업형 실기시험은 PC를 이용해 시험을 치르는 방식으로 동시에 시험을 치르는 인원수가 제한될 수 밖에 없는 관계로 하루에 3차례씩 하루 혹은 여러 날에 걸쳐 실시됩니다. 시험장도 원래 필기시험이나 필답형 실기시험 장소보다 희소한 관계로 수험생의 집에서 더 멀 수 있으며, 전혀 모르는 지역의 시험장을 선택할 수밖에 없을 수도 있습니다. 가능하면 접수할 때 접수 첫날 이른 시간에 접수하셔야 원하는 시험장과 시간을 선택할 수 있습니다.

시험 전날

1. 시험장에 가지고 갈 준비물은 하루 전날 미리 챙겨두세요.

의외로 시험장에 꼭 챙겨야 할 물품을 안 가져와서 허둥대는 분이 꽤 있습니다. 그러다 보면 마음이 급해지고, 하지 않아야 할 실수도 하는 경우가 많으니 미리 챙겨서 편안한 마음으로 좋은 결과를 만들었으면 좋겠습니다.

준비물	비고
수험표	없을 경우 여러 가지로 불편합니다. 꼭 챙기세요.
신분증	신분증 미지참자는 시험에 응시할 수 없습니다. 반드시 신분증을 지참하셔야 합니다.
검정색 볼펜	검정색 볼펜만 사용하도록 규정되었으므로 검정색 볼펜 잘 나오는 것으로 2개 정도 챙겨가도록 하는 게 좋습니다.(연필 및 다른 색 필기구 사용금지)
공학용 계산기	허용되는 공학용 계산기가 정해져 있습니다. 미리 자신의 계산기가 산업인력공단에서 허용된 계산기인지 확인하시고 초기화 방법도 익혀두시기 바랍니다. 건설안전기사 시험에 지수나 로그 등의 결과를 요구하는 문제가 필답형에서도 회차 별로 1문제씩은 출제되고 있습니다. 간단한 문제라면 시험지 모퉁이에 계산해도 되겠지만 아무래도 정확한 결과를 간단하게 구할 수 있는 계산기만 할까요? 귀찮더라도 챙겨가는 것이 좋습니다. 단, 작업형은 계산문제가 거의 나오지 않고 나오더라도 간단한 사칙연산수준인 만큼 본인이 판단하시기 바랍니다.
기타	요약 정리집, 오답노트 등 단시간에 집중적으로 볼 수 있도록 정리한 참고서, 시침과 분침이 있는 손목시계 등 본인 판단에 따라 준비하십시오.

2. 시험시간과 장소를 다시 한 번 확인하세요.

원서 접수 시에 본인이 시험장을 선택했을 것입니다. 일반적으로 자택에서 가까운 곳을 선택했겠지만 실기시험을 치르는 시험장이 흔하지 않은 관계로 시험장이 자신이 잘 모르는 지역에 배당되는 경우가 꽤 있습니다. 이런 경우 시험장의 위치를 정확하게 알지 못하는 경우가 많으니 해당 시험장으로 가는 교통편 등을 미리 체크해서 당일 헤매지 않도록 하여야 할 것입니다.

시험 당일

1. 시험장에 가능한 일찍 도착하도록 하세요.

집에서 공부할 때 이런저런 주변 여건이나 인터넷, 핸드폰 등으로 인해 집중적인 학습이 어려운 분들이라도 시험장에 도착해서부터는 엄청 집중해서 학습이 가능합니다. 짧은 시간이지만 시험 전 잠시 본 내용이 시험에 나오면 정말 기분 좋게 정답을 적을 수 있습니다. 특히 필답이나 작업형 시험은 출제될 영역이 비교적 좁게 특정되어 있으므로 그 효과가 더욱 큽니다. 그러니 시험 당일 조금 귀찮더라도 1~2시간 일찍 시험장에 도착해서 수험생이 대기하는 교실에 들어가서 미리 준비해 온 정리집(오답노트)으로 마무리 공부를 해보세요. 집에서 3~4시간 동안 해도 긴가민가하던 암기내용이 시험장에서는 1~2시간 만에 머리에 쏙쏙 들어올 것입니다.

2. 매사에 허둥대는 당신, 수험자 유의사항을 천천히 읽으며 마음을 가다듬도록 하세요.

필답형이던 작업형이던 시험시작에 앞서 감독관이 시험장에 들어와 인원체크, 시험지 배부 전 준비, 휴대폰 수거, 계산기 초기화 등 시험과 관련하여 사전에 처리해야 할 일들을 진행하십니다. 긴장되는 시간이기도 하고 혹은 쓸데없는 시간이라고 생각할 수도 있습니다. 하지만 감독관 입장에서는 정해진 루틴에 따라 처리해야 하는 업무이고 수험생 입장에서는 어쩔 수 없이 멍을 때리더라도 앉아서 기다려야 하는 시간입니다.

아무 생각 없이 시간을 보내지 마시고 감독관 혹은 시험장 중앙의 안내방송에 따라 시험시작 전 30분 동안 수험자 유의사항을 읽어보도록 하세요. 어차피 시험은 정해진 시간에 시작됩니다. 혹시 화장실에 다녀오지 않으신 분들은 다녀오도록 하시고, 그렇지 않으시다면 수험자 유의사항을 꼼꼼히 읽어보시면서 자신에게 해당되는 내용이 있는지 살펴보시기 바랍니다.

의외로 처음 시험보시는 분들의 경우 가장 기본적인 부분에서 실수하여 시험을 망치는 경우가 꽤 있습니다. 수험자 유의사항은 그런 분들에게 아주 좋은 조언이, 덤벙대는 분들에게는 마음의 평안을 드릴 것입니다.

3. 시험시간에 쫓기지 마세요.

필답형 시험은 시험시간의 절반이 지나면 퇴실이 가능해집니다. 거기다 작업형 시험은 시험시작 후 언제든 퇴실이 가능합니다. 그러다보니 실제로 시험시간은 충분히 남아 있음에도 불구하고 자꾸만 시간에 쫓기는 분이 많습니다. '혹시라도 나만 남게 되는 것은 아닌가? 감독관이 눈치 주는 것 아닌가? 하는 생각들로 인해 시험이 끝나지도 않았는데 서두르다 충분히 해결할 수 있는 문제임에도 제대로 정답을 못 쓰고 나오는 경우가 허다합니다. 일찍 나가는 분들 중 일부는 열심히 공부해서 충분히 좋은 점수를 내는 분들도 있지만 아무리 봐도 몰라서 그냥 포기하는 분들도 꽤 됩니다. 그런 분들보다는 끝까지 남아서 문제를 풀어가는 당신이 합격하실 수 있는 확률이 훨씬 더 높습니다. 일찍 나가는 데 연연하지 마시고 당신의 페이스대로 진행하십시오. 시간이 남는다면 잘 몰라서 비워둔 문제에 일반적인 상식선에서의 답안이라도 기재하시기 바랍니다. 특히, 작업형의 경우는 상식이라는 범위 내에서 해결 가능한 문제가 거의 절반 가까이 됩니다. 동영상에서 처음 봤을 때 보지 못했던 불안전한 상태나 행동을 찾아내는 귀중한 시간일 수 있으니 시간에 쫓겨 제대로 살펴보지 못하는 어리석음을 버리시고 차분히 끝까지 하나라도 더 찾아보시기 바랍니다.

4. 제발 시키는 대로 하세요.

수험자 유의사항에 기재되어 있습니다. 소수점 아래 셋째자리에서 반올림하여 둘째자리까지 구하라고요. 그런데도 꼭 소수점 아래 셋째자리까지 기재하시는 분이 있습니다. 좀 더 정확성을 보여주고자 하는 의도라고 하는데 그건 지시사항을 위반한 경우로 일부러 틀리려고 하는 행위에 지나지 않습니다. 문제에 3가지만 적으라고 되어있음에도 4가지 혹은 5가지를 적는 분도 계십니다. 그것도 정확하지도 않은 내용을. 3가지 적으라고 되어있는 경우는 위에서부터 딱 3개만 채점하니 모두 쓸데없는 행동에 지나지 않습니다. 시험지에 체크 표시라던가 본인의 인적사항 등을 기재하지 말라고 되어 있습니다. 왜냐하면 실기시험은 채점자가 직접 채점을 해야 하는 관계로 혹시나 있을 부정행위를 방지하기 위해 본인을 특정하는 정보 등을 남겨서는 안 되기 때문입니다. 그런데도 시험을 치르고 나온 분들 중에 꼭 이런 분들 있습니다. 그러고는 까페나 인력공단에 전화해서 자신이 그렇게 했는데 어떻게 되냐고 묻습니다. 분명히 감독관도 그렇게 하지 말라고 이야기했고, 시험지에도 분명히 적혀있음에도 이를 무시하고는 결과가 발표 날 때까지 불안에 떠는 분들이 꽤 많습니다. 다시 한번 말씀드립니다. 감독관의 지시나 시험지 유의사항에 적혀있는 대로만 하십시오.

5. 마지막으로 단위나 이상, 이하, 미만, 초과 등이 적혀야 할 곳이 빠진 것이 있는지 다시 한번 확인!!

시험을 치르고 나와서 가장 큰 후회가 되는 부분이 바로 이 부분입니다. 알고 있음에도 시험장에서 시험을 치르다보면 그냥 넘어가게 되는 실수 중 가장 대표적인 실수입니다.

문제 혹은 문제의 단서조항에 관련 사항에 대한 언급이 없는 상황에서 답안에 단위가 포함되어야 한다면 반드시 단위는 기재해야 합니다. 아울러 이상, 이하, 미만, 초과 등의 기준점을 포함하는지 포함하지 않는지도 법령의 조문 등에 포함된 중요한 요소입니다. 반드시 기재해야 하는 만큼 공부할 때도 이 부분을 중요하게 체크하는 버릇을 들이시기 바랍니다. 시험장에서의 행동도 어차피 습관화된 본인 루틴의 형태입니다. 평소에 꼭! 이를 체크하시는 분은 시험장에서 답안 기재할 때도 이를 체크하십시오. 평소에 무시하신 분들이 항상 시험이 끝나고 난 뒤에 후회하고, 불안해하십니다. 시험지 제출하시기 전에 반드시!! 단위, 이상, 이하, 미만, 초과가 들어가야 할 자리에 빠진 내용이 없는지 한 번 더 확인해주세요.

실기시험은 답안 발표가 되지 않습니다. 평소 참여하셨던 까페나 단톡방 등에 가시면 해당 시험의 시험을 치르신 분들이 문제 복원을 진행하고 있을 것입니다. 꼭 확인하고 싶으시다면 참여하셔서 시험문제를 복원하면서 확인해보시기 바랍니다.

이 책의 차례

필답형 | 고시넷 고패스 2025 건설안전기사 실기

유형별 기출복원문제 206題 ··· 001
회차별 기출복원문제(Ⅰ) 10년분 ·· 067
회차별 기출복원문제(Ⅱ) 10년분 ·· 199

		회차별 기출복원문제(Ⅰ)	회차별 기출복원문제(Ⅱ)			회차별 기출복원문제(Ⅰ)	회차별 기출복원문제(Ⅱ)
2024년	3회차	68	200	2019년	4회차	133	265
	2회차	72	204		2회차	138	270
	1회차	77	209		1회차	142	274
2023년	4회차	81	213	2018년	4회차	146	278
	2회차	85	217		2회차	150	282
	1회차	89	221		1회차	154	286
2022년	4회차	93	225	2017년	4회차	158	290
	2회차	97	229		2회차	162	294
	1회차	101	233		1회차	166	298
2021년	4회차	105	237	2016년	4회차	171	303
	2회차	109	241		2회차	175	307
	1회차	113	245		1회차	180	312
2020년	4회차	117	249	2015년	4회차	184	316
	3회차	121	253		2회차	188	320
	2회차	125	257		1회차	193	325
	1회차	129	261				

작업형 고시넷 고패스 2025 건설안전기사 실기

유형별 기출복원문제 197題 ··· 333

회차별 기출복원문제 7년분 ··· 449

2024년	3회	A형	450	2020년	4회	A형	592
		B형	454			B형	596
		C형	458			C형	600
	2회	A형	462			D형	604
		B형	466		3회	A형	608
	1회	A형	470			B형	612
		B형	475			C형	616
		C형	479			D형	620
2023년	4회	A형	483			E형	624
		B형	487		2회	A형	628
		C형	491			B형	632
	2회	A형	495			C형	636
		B형	499			D형	640
		C형	503			E형	644
	1회	A형	507		1회	A형	648
		B형	511			B형	652
		C형	515			C형	656
2022년	4회	A형	520	2019년	4회	A형	660
		B형	524			B형	664
		C형	528			C형	668
	2회	A형	532		2회	A형	672
		B형	536			B형	676
		C형	540			C형	680
	1회	A형	544		1회	A형	684
		B형	548			B형	688
		C형	552			C형	692
2021년	4회	A형	556	2018년	4회	A형	696
		B형	560			B형	700
		C형	564			C형	704
	2회	A형	568		2회	A형	708
		B형	572			B형	712
		C형	576			C형	716
	1회	A형	580		1회	A형	720
		B형	584			B형	724
		C형	588			C형	728

2025 고시넷 고패스

건설안전기사 실기

필답형 + 작업형

기출복원문제 + 유형분석

필답형 유형별 기출복원문제 206題

한국산업인력공단 국가기술자격

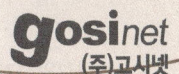

필답형 유형별 기출복원문제 206題

001 안전관리자를 두어야 할 수급인인 사업주는 도급인인 사업주가 안전관리자를 선임하지 아니할 수 있는 요건을 2가지 쓰시오.(4점)

[기사1204/기사1502/기사1804]

① 도급인인 사업주 자신이 선임하여야 할 안전관리자를 둔 경우
② 안전관리자를 두어야 할 수급인인 사업주의 업종별로 상시근로자 수(건설업의 경우 공사금액)를 합계하여 그 상시근로자 수에 해당하는 안전관리자를 추가로 선임한 경우

002 동일한 장소에서 행하여지는 사업의 사업주가 사용하는 근로자와 그의 수급인이 사용하는 근로자가 동일한 장소에서 작업할 때 생기는 산업재해 예방을 위한 조치사항 3가지를 쓰시오.(6점)

[기사1502/산기1504/기사2003/기사2403]

① 도급인과 수급인을 구성원으로 하는 안전 및 보건에 관한 협의체의 구성 및 운영
② 작업장 순회점검
③ 관계수급인이 근로자에게 하는 안전보건교육의 실시 확인
④ 관계수급인이 근로자에게 하는 안전보건교육을 위한 장소 및 자료의 제공 등 지원
⑤ 발파, 화재, 폭발, 붕괴, 지진 등을 대비한 경보체계 운영과 대피방법 등 훈련
⑥ 위생시설 등 고용노동부령으로 정하는 시설의 설치 등을 위하여 필요한 장소의 제공 또는 도급인이 설치한 위생시설 이용의 협조
⑦ 관계수급인 등의 작업시기·내용, 안전조치 및 보건조치 등의 확인

▲ 해당 답안 중 3가지 선택 기재

003 산업안전보건법상 안전보건개선계획 수립대상 사업장 등에 관한 내용이다. ( )안을 채우시오.(6점)

[기사1704/기사2004/기사2202]

가) 고용노동부장관은 (①), (②), 그 밖의 사항에 대하여 산업재해 예방을 위하여 종합적인 개선조치를 할 필요가 있다고 인정할 때에는 대통령령으로 정하는 바에 따라 사업주에게 그 (①), (②), 그 밖의 사항에 관한 안전보건개선계획의 수립·시행을 명할 수 있다.
나) 안전보건개선계획의 수립·시행명령을 받은 사업주는 고용노동부장관이 정하는 바에 따라 안전보건개선계획서를 작성하여 그 명령을 받은 날부터 (③)일 이내에 관할 지방고용노동관서의 장에게 제출하여야 한다.
다) 제출하는 안전보건개선계획서에는 시설, (④), (⑤), 산업재해 예방 및 작업환경의 개선을 위하여 필요한 사항이 포함되어야 한다.

① 사업장   ② 시설   ③ 60
④ 안전보건관리체제   ⑤ 안전보건교육

004 다음 물음에 맞는 사업장 2곳을 각각 쓰시오. (4점)   [기사1404/기사2401]

> 가) 안전보건개선계획 수립대상 사업장
> 나) 안전·보건진단을 받아 안전보건개선계획을 수립·제출하도록 명할 수 있는 사업장

가) 안전보건개선계획 수립대상 사업장
  ① 산업재해율이 같은 업종의 규모별 평균 산업재해율보다 높은 사업장
  ② 사업주가 안전보건조치의무를 이행하지 아니하여 중대재해가 발생한 사업장
  ③ 직업성 질병자가 연간 2명 이상 발생한 사업장
  ④ 유해인자의 노출기준을 초과한 사업장

나) 안전·보건진단을 받아 안전보건개선계획을 수립·제출하도록 명할 수 있는 사업장
  ① 사업주가 안전·보건조치의무를 이행하지 아니하여 중대재해가 발생한 사업장
  ② 산업재해율이 같은 업종 평균 산업재해율의 2배 이상인 사업장
  ③ 직업병 질병자가 연간 2명 이상(상시근로자 1천명 이상 사업장의 경우 3명 이상) 발생한 사업장
  ④ 작업환경 불량, 화재·폭발 또는 누출사고 등으로 사업장 주변까지 피해가 확산된 사업장

▲ 해당 답안 중 각각 2가지 선택 기재

---

005 정밀안전진단의 정의에 대해 쓰시오. (3점)   [기사2003]

- 시설물의 물리적·기능적 결함을 발견하고 그에 대한 신속하고 적절한 조치를 하기 위하여 구조적 안전성과 결함의 원인 등을 조사·측정·평가하여 보수·보강 등의 방법을 제시하는 행위를 말한다.

✔ 안전진단과 안전점검

정밀안전진단	시설물의 물리적·기능적 결함을 발견하고 그에 대한 신속하고 적절한 조치를 하기 위하여 구조적 안전성과 결함의 원인 등을 조사·측정·평가하여 보수·보강 등의 방법을 제시하는 행위
긴급안전점검	시설물의 붕괴·전도 등으로 인한 재난 또는 재해가 발생할 우려가 있는 경우에 시설물의 물리적·기능적 결함을 신속하게 발견하기 위하여 실시하는 점검
정밀안전점검	시설물의 상태를 판단하고 시설물이 점검 당시의 사용요건을 만족시키고 있는지 확인하며 시설물 주요부재의 상태를 확인할 수 있는 수준의 외관조사 및 측정·시험장비를 이용한 조사를 실시하는 안전점검
정기안전점검	시설물의 상태를 판단하고 시설물이 점검 당시의 사용요건을 만족시키고 있는지 확인할 수 있는 수준의 외관조사를 실시하는 안전점검

006 구축물 또는 이와 유사한 시설물에 대하여 안전진단 등 안전성 평가를 실시하여 근로자에게 미칠 위험성을 미리 제거하여야 하는 경우 3가지를 쓰시오.(단, 그 밖의 잠재위험이 예상될 경우 제외)(3점)

[산기0601/기사1004/기사1101/기사1204/기사1302/산기1404/기사1602/기사1902/기사2301]

① 구축물등의 인근에서 굴착·항타작업 등으로 침하·균열 등이 발생하여 붕괴의 위험이 예상될 경우
② 구축물등에 지진, 동해(凍害), 부동침하(不同沈下) 등으로 균열·비틀림 등이 발생했을 경우
③ 구축물등이 그 자체의 무게·적설·풍압 또는 그 밖에 부가되는 하중 등으로 붕괴 등의 위험이 있을 경우
④ 화재 등으로 구축물등의 내력(耐力)이 심하게 저하됐을 경우
⑤ 오랜 기간 사용하지 않던 구축물등을 재사용하게 되어 안전성을 검토해야 하는 경우
⑥ 구축물등의 주요구조부에 대한 설계 및 시공 방법의 전부 또는 일부를 변경하는 경우

▲ 해당 답안 중 3가지 선택 기재

007 산업안전보건법상 사업주는 산업재해가 발생한 때에 관련 사항을 기록·보존하여야 한다. 재해 재발방지계획은 제외하고 기록·보존할 사항을 4가지 쓰시오.(4점) [기사0501/기사0701/산기1204/기사1801/기사2002/산기2002]

① 사업장의 개요
② 재해 발생의 일시 및 장소
③ 재해 발생의 원인 및 과정
④ 근로자의 인적사항

008 사업주는 중대재해가 발생한 사실을 알게 된 경우는 지체없이 관할 지방고용노동관서의 장에게 전화·팩스, 또는 그 밖에 적절한 방법으로 보고하여야 한다. 다만, 천재지변 등 부득이한 사유가 발생한 경우는 그 사유가 소멸된 때부터 지체없이 보고해야 하는데 이때 보고사항을 2가지 쓰시오.(단, 그 밖의 중요한 사항은 제외)(4점)

[기사0401/기사0602/기사0701/산기1401/기사1902]

① 발생 개요
② 피해 상황
③ 조치 및 전망

▲ 해당 답안 중 2가지 선택 기재

009 수자원시설공사(댐)에서 재료비와 직접노무비의 합이 4,500,000,000원일 때 산업안전보건관리비를 계산하시오.(5점)　[기사1104/기사1604/기사2004/기사2401]

- 댐공사는 중건설공사이다. 중건설공사의 공사비가 5억원 이상 50억원 미만일 때 비율은 3.05%이고, 기초액은 2,975,000원이다.
- 산업안전보건관리비 = 대상액(재료비+직접노무비) × 요율 + 기초액에서 대상액은 45억원이고, 요율은 3.05%이고 기초액은 2,975,000원이 된다.
- 산업안전보건관리비 계상액 = 45억원 × 3.05% + 2,975,000 = 137,250,000+2,975,000 = 140,225,000원이다.

✔ 건설업 산업안전보건관리비 기준
- 산업안전보건관리비 = 대상액(재료비+직접노무비) × 요율 + (기초액)으로 구한다.

공사종류 \ 대상액	5억원 미만	5억원 이상 50억원 미만 비율(X)	5억원 이상 50억원 미만 기초액(C)	50억원 이상	보건관리자 선임대상
건축공사	3.11%	2.28%	4,325,000원	2.37%	2.64%
토목공사	3.15%	2.53%	3,300,000원	2.60%	2.73%
중건설공사	3.64%	3.05%	2,975,000원	3.11%	3.39%
특수건설공사	2.07%	1.59%	2,450,000원	1.64%	1.78%

010 건설공사의 총 공사원가가 100억원이고, 이 중 재료비와 직접노무비의 합이 60억원인 터널신설공사의 산업안전보건관리비를 다음 기준표를 참고하여 계산하시오.(5점)　[기사0601/기사1102/기사1504/기사2201]

공사분류 \ 공사규모	5억원 미만	5억원 이상 ~ 50억원 미만 비율	5억원 이상 ~ 50억원 미만 기초액	50억원 이상
중건설공사	3.64%	3.05%	2,975,000원	3.11%
건축공사	3.11%	2.28%	4,325,000원	2.37%

- 산업안전보건관리비 = 대상액(재료비+직접노무비) × 요율에서 대상액은 60억원이고, 요율은 터널의 신설공사이므로 중건설공사에 해당하므로 3.11%가 된다.
- 산업안전보건관리비 = 60억원 × 3.11% = 186,600,000원이다.

011 건축공사에서 직접재료비 250,000,000원이고, 관급재료비 350,000,000원, 직접노무비 200,000,000원 일 때 안전관리비를 계산하시오.(6점) [기사1602]

- 산업안전보건관리비 = 대상액(재료비+직접노무비) × 요율 + 기초액에서 대상액은 (2.5+3.5+2)억원이고, 요율은 건축공사이고 대상액이 5억원 이상 50억원 미만이므로 2.28%이고, 기초액은 4,325,000원이 된다.
- 산업안전보건관리비 계상액 = 8억원 × 2.28% + 4,325,000 = 18,240,000+4,325,000 = 22,565,000원이다.
- 사업주가 재료를 제공하는 경우 해당 재료비를 포함시키지 않은 대상액을 기준으로 계상한 안전관리비의 1.2배를 초과할 수 없다. 이를 기준으로 계산하면 대상액은 (2.5+2)억원으로 5억원 미만이므로 {4.5억원 × 3.11%} × 1.2 = 16,794,000원으로 위에서 계산한 금액이 이를 초과하므로 16,794,000원이 산업안전·보건관리비가 된다.

012 다음은 건축공사인 건설업의 산업안전보건관리비를 구하기 위한 기초자료를 표시한 것이다. 건설업 산업안전관리비를 구하시오.(5점) [기사1704]

- 노무비 70억(직접노무비 40억, 간접노무비 30억)   • 재료비 30억   • 기계경비 30억

공사종류\대상액	5억원 미만	5억원 이상 50억원 미만 비율(X)	5억원 이상 50억원 미만 기초액(C)	50억원 이상	보건관리자 선임대상
건축공사	3.11%	2.28%	4,325,000원	2.37%	2.64%
토목공사	3.15%	2.53%	3,300,000원	2.60%	2.73%
중건설공사	3.64%	3.05%	2,975,000원	3.11%	3.39%
특수건설공사	2.07%	1.59%	2,450,000원	1.64%	1.78%

- 산업안전보건관리비 = 대상액(재료비+직접노무비) × 요율에서 대상액은 (30+40)억원이고, 요율은 건축공사이고 대상액이 50억원 이상이므로 주어진 요율과 같이 2.37%가 된다.
- 산업안전보건관리비 계상액 = 70억원 × 2.37% = 165,900,000원이다.

013 건설업 산업안전보건관리비 계상 및 사용기준에 따른 안전보건관리비 기본항목 4가지를 쓰시오.(4점) [기사2104]

① 안전관리자·보건관리자의 임금 등   ② 안전시설비 등
③ 보호구 등   ④ 안전보건진단비 등
⑤ 안전보건교육비 등   ⑥ 근로자 건강장해예방비 등
⑦ 건설재해예방전문지도기관의 지도에 대한 대가로 지급하는 비용

▲ 해당 답안 중 4가지 선택 기재

014 안전관리비로 사용할 수 없는 4가지 항목을 고르시오.(4점)

[기사0704/기사1401]

① 공사장 경계표시를 위한 가설 울타리
② 안전보조원의 인건비
③ 경사법면의 보호망
④ 개인보호구, 개인장구의 보관시설
⑤ 현장사무소의 휴게시설
⑥ 근로자에게 일률적으로 지급하는 보냉·보온장구
⑦ 안전교육장의 설치비
⑧ 작업장 방역 및 소독비, 방충비
⑨ 실내 작업장의 냉·난방시설 설치비 및 유지비
⑩ 안전보건 정보교류를 위한 모임 사용비

- ①, ⑤, ⑥, ⑨

✔ **산업안전보건관리비 항목별 사용기준(변경 기준)**

기본항목	사용기준
안전관리자·보건관리자의 임금 등	• 안전관리 또는 보건관리 업무만을 전담하는 안전관리자 또는 보건관리자의 임금과 출장비 전액 • 안전관리 또는 보건관리 업무를 전담하지 않는 안전관리자 또는 보건관리자의 임금과 출장비의 1/2에 해당하는 비용 • 안전관리자를 선임한 건설공사 현장에서 산업재해 예방업무만을 수행하는 작업지휘자, 유도자, 신호자 등의 임금 전액 • 관리감독자가 안전보건업무 수행시 수당지급 작업에 속하는 업무를 수행하는 경우의 업무수당(임금의 1/10 이내)
안전시설비 등	• 산업재해 예방을 위한 안전난간, 추락방호망, 안전대 부착설비, 방호장치 등 안전시설 구입·임대 및 설치 비용 • 스마트 안전장비 구입·임대의 1/5에 해당하는 비용 • 용접작업 등 화재 위험작업 시 사용하는 소화기 구입·임대비용
보호구 등	• 안전인증대상 보호구의 구입·수리·관리에 소요되는 비용 • 안전관리자 등의 업무용 피복, 기기 구입 비용 • 안전관리자 등이 안전보건 점검을 목적으로 사용하는 차량의 유류비·수리비·보험료
안전보건진단비 등	• 유해위험방지계획서의 작성 등에 소요되는 비용 • 안전보건진단에 소요되는 비용 • 작업환경 측정에 소요되는 비용 • 산업재해예방 전문기관에서 실시하는 진단,검사, 지도에 소요되는 비용
안전보건교육비 등	• 법령에서 정하는 의무교육을 위한 현장 내 교육장소 설치·운영에 소요되는 비용 • 안전보건관리책임자, 안전관리자, 보건관리자가 업무수행을 위해 필요한 도서, 정기간행물 구입비용 • 건설공사 현장에서 안전기원제 등 산업재해 예방을 기원하는 행사 소요 비용 • 건설공사 현장의 유해·위험요인 제보 및 개선방안 제안 근로자 격려 비용
근로자 건강장해예방비 등	• 법 등에서 정하거나 필요로 하는 각종 근로자 건강장해 예방 비용 • 중대재해 목격으로 인한 정신질환 치료 비용 • 감염병 확산 방지를 위한 마스크, 손소독제, 체온계 구입비용및 감염병 병원체 검사비용 • 휴게시설의 온도, 조명 설치·관리 위한 비용

015 공정진행에 따른 안전관리비 사용기준이다. 빈칸을 채우시오.(3점)

[기사0402/기사0902/기사1304/기사1604/기사2204]

공정률	50% 이상 ~ 70% 미만	70% 이상 ~ 90% 미만	90% 이상
사용기준	(①)% 이상	(②)% 이상	(③)% 이상

① 50
② 70
③ 90

016 유해·위험방지계획서에 첨부되는 안전보건관리계획의 첨부서류 4가지를 쓰시오.(단, 공사개요서는 제외) (4점)

[기사0902/기사1202/기사1902]

① 공사 현장의 주변 현황 및 주변과의 관계를 나타내는 도면(매설물 현황을 포함한다)
② 전체 공정표
③ 산업안전보건관리비 사용계획서
④ 안전관리조직표
⑤ 재해발생 위험 시 연락 및 대피방법

▲ 해당 답안 중 4가지 선택 기재

017 산업안전보건법상 건설업 중 유해·위험방지계획서 제출 대상사업에 대한 설명이다. ( )에 알맞은 내용을 쓰시오.(5점)

[기사0302/기사0504/산기0602/기사0702/기사0802/산기1001/기사1102/기사1802/기사1901/산기1904/기사2102]

가) 지상높이가 (①)m 이상인 건축물 또는 인공구조물, 연면적 3만m^2 이상인 건축물 또는 연면적 5천m^2 이상의 문화 및 집회시설, 판매시설, 운수시설, 종교시설, 의료시설 중 종합병원, 숙박시설 중 관광숙박시설, 지하도상가 또는 냉동·냉장창고시설의 건설·개조 또는 해체
나) 최대 지간길이가 (②)m 이상인 교량 건설 등 공사
다) 다목적 댐, 발전용 댐 및 저수용량 (③) 이상의 용수 전용 댐, 지방상수도 전용 댐 건설 등의 공사
다) 연면적 (④) 이상의 냉동·냉장창고시설의 설비공사 및 단열공사
마) 깊이 (⑤)m 이상인 굴착공사

① 31
② 50
③ 2천만톤
④ 5천m^2
⑤ 10

018 건설업 중 유해·위험방지계획서 제출 대상사업 3가지에 대하여 보기의 ( )에 알맞은 수치 등을 쓰시오. (6점)
[기사0302/기사0504/기사0702/기사0802/기사1102/기사1802/기사1901]

> 가) 연면적 (①)의 문화 및 집회시설(전시장 및 동물원·식물원은 제외한다), 판매시설, 운수시설(고속철도의 역사 및 집배송시설은 제외한다), 종교시설, 의료시설 중 종합병원, 숙박시설 중 관광숙박시설, 지하도상가 또는 냉동·냉장창고시설의 건설·개조 또는 해체(이하 "건설 등"이라 한다.)
> 나) 최대 지간길이가 (②)인 교량 건설 등 공사
> 다) 깊이 (③)인 굴착공사

① 5천m^2 이상   ② 50m 이상   ③ 10m 이상

019 하인리히의 재해예방 대책 5단계를 순서대로 쓰시오. (3점) [기사0804/산기1604/기사1802/기사2004/기사2201/기사2304]

① 1단계 - 안전관리조직   ② 2단계 - 사실의 발견
③ 3단계 - 분석평가   ④ 4단계 - 시정책의 선정
⑤ 5단계 - 시정책의 적용

020 하인리히가 제시한 재해예방의 4원칙을 쓰시오. (4점)
[산기0902/산기1101/산기1202/산기1401/기사1501/기사1801/산기2001/기사2202]

① 예방가능의 원칙   ② 손실우연의 원칙
③ 원인연계의 원칙   ④ 대책선정의 원칙

021 2024년 총산업재해보상보험 보상액이 214,730,693,000원일 경우 하인리히 방식으로 다음 각 손실비용을 구하시오. (6점) [기사2402]

> ① 직접 손실비용
> ② 간접 손실비용
> ③ 총 손실비용

• 하인리히는 직접비 : 간접비의 비율을 1:4로 계산하였으며, 보험 보상액은 직접비에 해당하므로
① 214,730,693,000원
② 214,730,693,000 × 4 = 858,922,772,000원
③ 214,730,693,000 + 858,922,772,000 = 1,073,653,465,000원

022 사고예방대책의 기본원리 5단계 중 "시정책의 적용" 단계에서 적용할 3E를 모두 쓰시오.(5점)
[기사0902/기사1804/기사2002/기사2201]

① 교육(Education)
② 기술(Engineering)
③ 관리(Enforcement)

023 무재해 추진 기둥(조직) 3가지를 쓰시오.(3점)
[기사1404/기사1904]

① 최고경영자
② 라인관리자
③ 근로자

024 적응기제 중 방어기제 및 도피기제를 각각 2가지씩 쓰시오.(4점)
[기사1204/기사1502/기사2401]

가) 방어기제
① 합리화　　② 동일화　　③ 보상
④ 투사　　　⑤ 승화

나) 도피기제
① 억압　　　② 공격　　　③ 고립
④ 퇴행　　　⑤ 백일몽

▲ 해당 답안 중 각각 2가지 선택 기재

025 산업안전보건법에 따른 자율안전확인대상 기계·기구를 3가지 쓰시오.(3점)
[기사0902/기사1904]

① 산업용 로봇　　② 혼합기　　③ 파쇄기 또는 분쇄기
④ 컨베이어　　　⑤ 자동차정비용 리프트　　⑥ 인쇄기
⑦ 연삭기 또는 연마기(휴대형 제외)
⑧ 식품가공용기계(파쇄·절단·혼합·제면기만 해당)
⑨ 공작기계(선반, 드릴기, 평삭·형삭기, 밀링만 해당한다)
⑩ 고정형 목재가공용기계(둥근톱, 대패, 루타기, 띠톱, 모떼기 기계만 해당)

▲ 해당 답안 중 3가지 선택 기재

026
산업안전보건법상 안전검사대상 유해·위험기계의 종류를 5가지 쓰시오.(단, 조건이 있는 경우는 조건을 쓰시오)(5점)   [기사1002/기사1504]

① 프레스   ② 전단기   ③ 리프트
④ 압력용기   ⑤ 곤돌라   ⑥ 컨베이어
⑦ 산업용 로봇   ⑧ 원심기(산업용만)   ⑨ 크레인(정격하중 2톤 미만 제외)
⑩ 국소배기장치(이동식 제외)   ⑪ 롤러기(밀폐형 구조 제외)

▲ 해당 답안 중 5가지 선택 기재

027
보기와 같은 특징을 갖는 안전관리조직을 쓰시오.(3점)   [기사2104]

- 안전지식과 기술축적이 용이하다.
- 권한 다툼이나 조정 때문에 통제수속이 복잡해지며 시간과 노력이 소모된다.
- 생산부분은 안전에 대한 책임과 권한이 없다.

• 참모(Staff)형 조직

✔ 안전관리조직의 형태별 종류와 특징

구분	특징
직계식(Line)	경영자의 지휘와 명령이 위에서 아래로 하나의 계통이 되어 신속히 전달되며 100명 이하의 소규모 기업에 적합한 유형이다.
참모식(Staff)	100~1,000명의 근로자가 근무하는 중규모 사업장에 주로 적용하는 조직형태로 안전업무를 관장하는 전문가인 스태프(Staff)가 안전관리 계획안을 작성하고, 실시계획을 추진하며, 이를 위한 정보의 수집과 주지, 활용하는 역할을 수행하는 조직이다.
직계·참모식(Line·Staff)	가장 이상적인 조직형태로 1,000명 이상의 대규모 사업장에서 주로 사용되는 조직으로 안전계획, 평가 및 조사는 스태프에서, 생산기술의 안전대책은 라인에서 실시한다.

028
산업안전보건위원회의 위원장의 선출방법과 산업안전보건위원회에서 의결된 사항의 해석 또는 이행방법 등에 관하여 의견이 일치하지 않는 경우의 처리방법에 대해서 쓰시오.(4점)   [기사1401/기사1704]

① 위원장 선출방법 : 산업안전보건위원회의 위원장은 위원 중에서 호선(互選)한다. 이 경우 근로자위원과 사용자위원 중 각 1명을 공동위원장으로 선출할 수 있다.
② 산업안전보건위원회에서 의결된 사항의 해석 또는 이행방법 등에 관하여 의견이 일치하지 않는 경우의 처리방법 : 근로자위원과 사용자위원의 합의에 따라 산업안전보건위원회에 중재기구를 두어 해결하거나 제3자에 의한 중재를 받아야 한다.

029 산업안전보건법상 안전보건총괄책임자의 직무를 3가지 쓰시오. (6점)　　　　　　[기사1102/기사1402/기사2403]
① 위험성평가의 실시에 관한 사항
② 작업의 중지
③ 도급 시 산업재해 예방조치
④ 산업안전보건관리비의 관계수급인 간의 사용에 관한 협의·조정 및 그 집행의 감독
⑤ 안전인증대상기계 등과 자율안전확인대상기계 등의 사용 여부 확인

▲ 해당 답안 중 3가지 선택 기재

030 고용노동부장관이 산업재해 예방활동에 대한 참여와 지원을 촉진하기 위하여 명예산업안전감독관에 위촉할 수 있는 대상자 3가지를 쓰시오. (3점)　　　　　　[기사1102/기사1504/기사1904]
① 산업안전보건위원회 또는 노사협의체 설치 대상 사업의 근로자 중에서 근로자대표가 사업주의 의견을 들어 추천하는 사람
② 연합단체인 노동조합 또는 그 지역 대표기구에 소속된 임직원 중에서 해당 연합단체인 노동조합 또는 그 지역대표기구가 추천하는 사람
③ 전국 규모의 사업주단체 또는 그 산하조직에 소속된 임직원 중에서 해당 단체 또는 그 산하조직이 추천하는 사람
④ 산업재해 예방 관련 업무를 하는 단체/그 산하조직에 소속된 임직원 중에서 해당 단체 또는 그 산하조직이 추천하는 사람

▲ 해당 답안 중 3가지 선택 기재

031 산업안전보건법에 따른 명예산업안전감독관의 업무를 4가지 쓰시오. (4점)　　　　　　[기사1304/기사2101/기사2304]
① 사업장 자체점검 참여 및 근로감독관 사업장감독 참여
② 사업장 산업재해 예방계획 수립 참여 및 사업장에서 하는 기계·기구 자체검사 참석
③ 법령을 위반한 사실이 있는 경우 사업주에 대한 개선 요청 및 감독기관에의 신고
④ 산업재해 발생의 급박한 위험이 있는 경우 사업주에 대한 작업중지 요청
⑤ 작업환경측정, 근로자 건강진단 시의 참석 및 그 결과에 대한 설명회 참여
⑥ 직업성 질환의 증상이 있거나 질병에 걸린 근로자가 여러 명 발생한 경우 사업주에 대한 임시건강진단 실시 요청
⑦ 근로자에 대한 안전수칙 준수 지도

▲ 해당 답안 중 4가지 선택 기재

032 산업안전보건법령상 고용노동부장관이 명예산업안전감독관을 해촉할 수 있는 경우를 2가지 쓰시오.(4점)

[기사1004/기사1204/기사1601/기사1902/산기1902]

① 근로자대표가 사업주의 의견을 들어 명예산업안전감독관의 해촉을 요청한 경우
② 명예산업안전감독관이 해당 단체 또는 그 산하조직으로부터 퇴직하거나 해임된 경우
③ 명예산업안전감독관의 업무와 관련하여 부정한 행위를 한 경우
④ 질병이나 부상 등의 사유로 명예산업안전감독관의 업무수행이 곤란하게 된 경우

▲ 해당 답안 중 2가지 선택 기재

033 근로감독관이 행하는 사업장 감독의 종류 3가지를 쓰시오.(3점)

[기사1304]

① 정기감독
② 수시감독
③ 특별감독

034 근로감독관이 질문·검사·점검하거나 관계서류의 제출을 요구할 수 있는 상황을 3가지 쓰시오.(6점)

[기사1304/기사1604/기사2002]

① 산업재해가 발생하거나 산업재해 발생의 급박한 위험이 있는 경우
② 근로자의 신고 또는 고소·고발 등에 대한 조사가 필요한 경우
③ 법 또는 법에 따른 명령을 위반한 범죄의 수사 등 사법경찰관리의 직무를 수행하기 위하여 필요한 경우
④ 그 밖에 고용노동부장관 또는 지방고용노동관서의 장이 법 또는 법에 따른 명령의 위반 여부를 조사하기 위하여 필요하다고 인정하는 경우

▲ 해당 답안 중 3가지 선택 기재

035 다음 조건의 건설업에서 선임해야 할 안전관리자의 인원을 쓰시오.(단, 전체 공사기간 중 전·후 15에 해당하는 기간은 제외)(6점)

가) 공사금액이 800억원 이상 1,500억원 미만 : (①)명
나) 공사금액이 2,200억원 이상 3,000억원 미만 : (②)명
다) 공사금액이 7,200억원 이상 8,500억원 미만 : (③)명

① 2명   ② 4명   ③ 9명

✔ 건설업 안전관리자의 수

규모	최소인원
공사금액 50억원 이상(관계수급인은 100억원 이상) 120억원 미만 (토목공사업의 경우에는 150억원 미만)	1명
공사금액 120억원 이상(토목공사업의 경우에는 150억원 이상) 800억원 미만	
공사금액 800억원 이상 1,500억원 미만	2명
공사금액 1,500억원 이상 2,200억원 미만	3명
공사금액 2,200억원 이상 3,000억원 미만	4명
공사금액 3,000억원 이상 3,900억원 미만	5명
공사금액 3,900억원 이상 4,900억원 미만	6명
공사금액 4,900억원 이상 6,000억원 미만	7명
공사금액 6,000억원 이상 7,200억원 미만	8명
공사금액 7,200억원 이상 8,500억원 미만	9명
공사금액 8,500억원 이상 1조원 미만	10명
1조원 이상	11명

036 다음의 경우 안전관리자 최소 인원을 쓰시오. (3점)

[기사0902/기사1202/기사1601]

① 운수업 - 상시근로자 500명
② 건설업 - 총 공사금액 1,000억원
③ 건설업 - 총 공사금액 2,000억원

① 2명(운수업은 상시근로자 50명~500명 미만은 1명, 500명 이상일 때 2명)
② 2명(공사금액 800억원 이상 1,500억원 미만일 경우 2명)
③ 3명(공사금액 1,500억원 이상 2,200억원 미만일 경우 3명)

037 안전관리자를 정수 이상으로 증원·교체 임명할 수 있는 사유를 3가지 쓰시오. (3점)

[산기0802/산기0804/기사1001/기사1402/산기1501/산기1702/기사1704/산기2001/산기2002/기사2101]

① 해당 사업장의 연간재해율이 같은 업종의 평균재해율의 2배 이상인 경우
② 중대재해가 연간 2건 이상 발생한 경우(단, 해당 사업장의 전년도 사망만인율이 같은 업종의 평균 사망만인율 이하인 경우는 제외)
③ 관리자가 질병이나 그 밖의 사유로 3개월 이상 직무를 수행할 수 없게 된 경우
④ 화학적 인자로 인한 직업성질병자가 연간 3명 이상 발생한 경우

▲ 해당 답안 중 3가지 선택 기재

038 산업안전보건법상 안전관리자가 수행하여야 할 업무사항 4가지를 쓰시오.(4점)

[기사0804/산기0901/기사1001/산기1302/기사1704/산기2002/기사2101]

① 산업안전보건위원회 또는 안전·보건에 관한 노사협의체에서 심의·의결한 업무와 해당 사업장의 안전보건관리규정 및 취업규칙에서 정한 업무
② 위험성 평가에 관한 보좌 및 조언·지도
③ 안전인증대상 기계·기구 등과 자율안전확인대상 기계·기구 등 구입 시 적격품의 선정에 관한 보좌 및 지도·조언
④ 해당 사업장 안전교육계획의 수립 및 안전교육 실시에 관한 보좌 및 조언·지도
⑤ 사업장 순회점검·지도 및 조치의 건의
⑥ 산업재해에 관한 통계의 유지·관리·분석을 위한 보좌 및 지도·조언
⑦ 산업재해 발생의 원인 조사·분석 및 재발 방지를 위한 기술적 보좌 및 지도·조언
⑧ 안전에 관한 사항의 이행에 관한 보좌 및 지도·조언
⑨ 업무수행 내용의 기록·유지

▲ 해당 답안 중 4가지 선택 기재

039 안전보건관리규정의 작성 및 변경절차에 관한 사항이다. 다음 ( )을 넣으시오.(4점)

[기사1101/기사1601]

가) 안전보건관리규정을 작성하여야 할 사업은 상시근로자 (①)명 이상을 사용하는 사업으로 한다.
나) 안전보건관리규정을 작성하여야 할 사유가 발생한 날로부터 (②)일 이내에 안전보건관리규정을 작성하여야 한다.
다) 안전보건관리규정을 작성하거나 변경할 때에는 (③)의 심의·의결을 거쳐야 한다.
라) (③)가 설치되어 있지 아니한 사업장의 경우는 (④)의 동의를 받아야 한다.

① 100
② 30
③ 산업안전보건위원회
④ 근로자대표

040 건설기술진흥법 시행령에 따라 분야별 안전관리책임자 또는 안전관리담당자가 당일 공사작업자를 대상으로 매일 공사 착수 전에 실시해야 하는 안전교육 내용을 3가지 쓰시오.(6점)

[기사2003]

① 당일 작업의 공법 이해
② 시공상세도면에 따른 세부 시공순서
③ 시공기술상의 주의사항

041 위험예지활동의 하나인 TBM(Tool Box Meeting)에 대해서 설명하시오.(3점)

[산기0504/산기0701/산기0902/산기1502/산기1702/기사1804/산기1902/기사2301]

• 작업 시작 전 및 후에 10분정도의 시간으로 10명 이하로 구성된 팀원 전원이 모여 현장에서 있었던 상황에 대해서 대화한 후 납득하는 작업장 안전회의를 말한다.

042 OJT 교육에 대해서 간략히 설명하시오. (3점)

[기사1701/기사2001]

- On Job Training의 약어로, 직장 내 훈련을 말한다. 주로 사업장 내에서 관리감독자가 강사가 되어 실시하는 개별교육으로 일상 업무를 통해 지식과 기능, 문제해결 능력을 향상시킨다.

043 다음은 안전보건관리책임자의 산업안전·보건 관련 교육시간에 대한 내용이다. 빈칸을 채우시오. (5점)

[기사0702/산기1502/기사2002]

교육대상	교육시간	
	신규교육	보수교육
• 안전보건관리책임자	(①)시간 이상	(②)시간 이상
• 안전관리자, 안전관리전문기관의 종사자	(③)시간 이상	(④)시간 이상
• 보건관리자, 보건관리전문기관의 종사자	(⑤)시간 이상	(⑥)시간 이상
• 건설재해예방 전문지도기관의 종사자	(⑦)시간 이상	(⑧)시간 이상
• 석면조사기관의 종사자	(⑨)시간 이상	(⑩)시간 이상

① 6 ② 6 ③ 34 ④ 24 ⑤ 34
⑥ 24 ⑦ 34 ⑧ 24 ⑨ 34 ⑩ 24

✔ 안전보건관리책임자 등에 대한 교육

교육대상	교육시간	
	신규교육	보수교육
안전보건관리책임자	6시간 이상	6시간 이상
안전보건관리담당자	–	8시간 이상
안전관리자, 안전관리전문기관의 종사자 보건관리자, 보건관리전문기관의 종사자 재해예방전문지도기관의 종사자 석면조사기관의 종사자 안전검사기관, 자율안전검사기관의 종사자	34시간 이상	24시간 이상

044 산업안전보건법상 사업 내 안전·보건교육에 대한 교육시간을 쓰시오. (5점)

[기사0302/기사0502/기사0804/기사0904/기사1201/산기1304/산기1604/기사1801/산기1804/산기2003/기사2101/기사2202/기사2301]

교육과정	교육대상	교육시간
정기교육	관리감독자의 지위에 있는 사람	연간 (①)시간 이상
채용 시의 교육	일용근로자 및 근로계약기간이 1주일 이하인 기간제 근로자	(②)시간 이상
	그 밖의 근로자	(③)시간 이상
작업내용 변경 시의 교육	일용근로자 및 근로계약기간이 1주일 이하인 기간제 근로자	(④)시간 이상
	그 밖의 근로자	(⑤)시간 이상

① 16 ② 1 ③ 8
④ 1 ⑤ 2

✔ 근로자 안전·보건교육 과정·대상·시간

교육과정	교육대상		교육시간
정기교육	사무직 종사 근로자 외의 근로자	사무직 종사 근로자	매반기 6시간 이상
		판매업무에 직접 종사하는 근로자	매반기 6시간 이상
		판매업무에 직접 종사하는 근로자 외의 근로자	매반기 12시간 이상
	관리감독자의 지위에 있는 사람		연간 16시간 이상
채용 시의 교육	일용근로자 및 근로계약기간이 1주일 이하인 기간제 근로자		1시간 이상
	근로계약기간이 1주일 초과 1개월 이하인 기간제 근로자		4시간 이상
	그 밖의 근로자		8시간 이상
작업내용 변경 시의 교육	일용근로자 및 근로계약기간이 1주일 이하인 기간제 근로자		1시간 이상
	그 밖의 근로자		2시간 이상
특별교육	일용근로자 및 근로계약기간이 1주일 이하인 기간제 근로자(타워크레인 신호작업 종사자 제외)		2시간 이상
	일용근로자 및 근로계약기간이 1주일 이하인 기간제 근로자로 타워크레인 신호작업 종사자		8시간 이상
	일용근로자 및 근로계약기간이 1주일 이하인 기간제 근로자를 제외한 근로자		• 16시간 이상(최초 작업에 종사하기 전 4시간 이상, 12시간은 3개월 이내에서 분할 실시 가능) • 단기간 작업 또는 간헐적 작업인 경우에는 2시간 이상
건설업 기초안전·보건교육	건설 일용근로자		4시간 이상

045 안전보건교육에 있어 건설업 기초안전 보건교육에 대한 다음 각 물음에 답을 쓰시오. (4점)

[기사1301/기사1604/기사2403]

가) 교육대상의 교육시간을 쓰시오.
나) 교육내용을 3가지만 쓰시오.

가) 4시간
나) 교육내용
  ① 건설공사의 종류(건축·토목 등) 및 시공 절차
  ② 산업재해 유형별 위험요인 및 안전보건조치
  ③ 안전보건관리체제 현황 및 산업안전보건 관련 근로자 권리·의무

046 안전보건관리책임자의 산업안전·보건 관련 신규교육 및 보수교육 시간을 각각 쓰시오.(4점)

[기사0801/기사1802]

① 신규교육 : 6시간
② 보수교육 : 6시간

047 산업안전보건교육 중 근로자 정기안전·보건교육의 교육내용 5가지를 쓰시오.(단, 일반관리에 관한 사항은 제외)(5점)

[기사1901/기사2104]

① 산업안전 및 사고 예방에 관한 사항
② 산업보건 및 직업병 예방에 관한 사항
③ 위험성 평가에 관한 사항
④ 산업안전보건법령 및 산업재해보상보험 제도에 관한 사항
⑤ 직무스트레스 예방 및 관리에 관한 사항
⑥ 직장 내 괴롭힘, 고객의 폭언 등으로 인한 건강장해 예방 및 관리에 관한 사항
⑦ 유해·위험 작업환경 관리에 관한 사항
⑧ 건강증진 및 질병 예방에 관한 사항

▲ 해당 답안 중 5가지 선택 기재
※ ①~⑥은 근로자 및 관리감독자 정기교육, 채용 시 및 작업내용 변경 시 교육의 공통내용임

048 안전·보건표지 색도기준에 대해서 빈칸을 넣으시오.(6점) [기사0502/기사0702/산기1604/기사1802/산기2003]

바탕	기본모형색채	색도기준	용도	사 용 례
흰색	(①)	7.5R 4/14	금지	정지신호, 소화설비 및 그 장소, 유해행위의 금지
무색			경고	화학물질 취급장소에서의 유해·위험 경고
(②)	검은색	5Y 8.5/12	경고	화학물질 취급장소에서의 유해·위험 경고 이외의 위험 경고, 주의표지 또는 기계방호물
파란색	흰색	(③)	지시	특정행위의 지시 및 사실의 고지
흰색	녹색	2.5G 4/10	안내	비상구 및 피난소, 사람 또는 차량의 통행표지

① 빨간색　　　　　　　　② 노란색　　　　　　　　③ 2.5PB 4/10

049 산업안전보건법상 안전보건표지의 종류에 대한 색채기준을 [표]의 ( )안에 써넣으시오.(4점)

[기사1301/기사1601]

내용	바탕색	기본모형 – 색
금연	(①)	빨간색
폭발물성물질경고	(②)	빨간색
안전복 착용	(③)	–
비상용 기구	(④)	흰색

① 흰색　　　　　　② 무색
③ 파란색　　　　　④ 녹색

050 산업안전보건법상 다음 그림에 해당하는 안전보건표지의 명칭을 쓰시오.(4점)

[기사1702]

① 산화성물질경고
② 폭발성물질경고

051 다음 안전보건표지의 이름을 쓰시오.(4점)

[기사2001]

① 인화성물질경고
② 급성독성물질경고

052 다음 안전표지판의 명칭을 쓰시오.(3점) [기사1902/2104]

① 사용금지
② 산화성물질경고
③ 고압전기경고

053 다음 안전표지판의 명칭을 쓰시오.(4점) [기사0902/기사1401/기사1701]

① 사용금지   ② 인화성물질경고
③ 폭발성물질경고   ④ 낙하물경고

054 다음 안전표지판의 명칭을 쓰시오.(4점) [기사1001/기사1901]

① 보행금지   ② 인화성물질경고
③ 낙하물경고   ④ 녹십자 표지

055 산업안전보건법상 안전·보건표지 중 "녹십자" 표지를 그리시오.(단, 색상표시는 글자로 나타내도록 하고, 크기에 대한 기준은 표시하지 않아도 된다)(4점)
[기사1202/기사2003]

① 바탕 : 흰색
② 도형 및 테두리 : 녹색

056 산업안전보건법령상 다음의 안전·보건표지별 종류를 각각 2가지씩 쓰시오.(4점)
[기사0802/기사1501]

① 금지표지
　㉠ 금연　　　㉡ 출입금지　　　㉢ 보행금지　　　㉣ 차량통행금지
　㉤ 물체이동금지　㉥ 화기금지　㉦ 사용금지　　　㉧ 탑승금지

② 경고표지
　㉠ 인화성물질경고　　㉡ 부식성물질경고　　㉢ 급성독성물질경고
　㉣ 산화성물질경고　　㉤ 폭발성물질경고　　㉥ 방사성물질경고
　㉦ 고압전기경고　　　㉧ 매달린물체경고　　㉨ 낙하물경고 등

③ 지시표지
　㉠ 보안경착용　　㉡ 안전복착용　　㉢ 보안면착용　　㉣ 안전화착용
　㉤ 귀마개착용　　㉥ 안전모착용　　㉦ 방독마스크착용　㉧ 방진마스크착용 등

④ 안내표지
　㉠ 녹십자　　　㉡ 응급구호　　　㉢ 들것　　　㉣ 세안장치
　㉤ 비상용기구　㉥ 비상구 등

▲ 해당 답안 중 각각 2가지씩 선택 기재

057 안전모의 종류 AB, AE, ABE 사용 구분에 따른 용도를 쓰시오.(5점)
[기사0604/기사1504/산기1802/기사1902/기사2004/기사2302]

① AB : 물체의 낙하 또는 비래 및 추락에 의한 위험을 방지 또는 경감시키기 위한 것
② AE : 물체의 낙하 또는 비래에 의한 위험을 방지 또는 경감하고, 머리부위 감전에 의한 위험을 방지하기 위한 것
③ ABE : 물체의 낙하 또는 비래 및 추락에 의한 위험을 방지 또는 경감하고, 머리부위 감전에 의한 위험을 방지하기 위한 것

058 산업안전보건법상 보호구의 안전인증 제품에 표시하여야 하는 사항을 4가지 쓰시오.(4점)
[기사1004/기사2002]

① 형식 또는 모델명 ② 규격 또는 등급 등
③ 제조자명 ④ 제조번호 및 제조연월
⑤ 안전인증 번호

▲ 해당 답안 중 4가지 선택 기재

059 안면부 여과식의 시험 성능기준에 있는 각 등급별 여과제 분진 등 포집효율 기준을 [표]의 빈 칸을 채우시오. (3점)
[기사1001/기사1602/기사2302]

종류	등급	시험%
안면부 여과식	특급	(①)
	1급	(②)
	2급	(③)

① 99% 이상 ② 94% 이상 ③ 80% 이상

060 근로자의 위험을 방지하기 위하여 특정 작업을 하는 경우 작업장의 지형·지반 및 지층 상태 등에 대한 사전조사를 하고 그 결과를 기록·보전하여야 하며, 조사결과를 고려하여 작업계획서를 작성하고 그 계획에 따라 작업을 하도록 하여야 한다. 이에 해당하는 작업을 3가지 쓰시오.(6점)
[기사2002]

① 차량계 건설기계를 사용하는 작업 ② 터널굴착작업
③ 채석작업 ④ 건물 등의 해체작업
⑤ 중량물의 취급작업 ⑥ 화학설비와 그 부속설비를 사용하는 작업 등

▲ 해당 답안 중 3가지 선택 기재

061 굴착공사 전 토질조사 사항을 2가지 쓰시오.(4점)
[기사0302/기사0404/산기0502/기사0504/
산기0602/산기0801/기사0804/기사1001/기사1004/산기1101/산기1104/산기1401/기사1802/기사2301]

① 형상·지질 및 지층의 상태
② 균열·함수·용수 및 동결의 유무 또는 상태
③ 매설물 등의 유무 또는 상태
④ 지반의 지하수위 상태

▲ 해당 답안 중 2가지 선택 기재

062 채석작업 시 작업계획서에 포함될 내용을 4가지 쓰시오.(4점)
[기사0504/기사0604/기사0801/산기0904/기사1002/기사1101/기사1202/산기1202/기사1402/기사1502/산기1702/기사1802/산기1902]

① 발파방법
② 암석의 가공장소
③ 암석의 분할방법
④ 굴착면의 높이와 기울기
⑤ 굴착면 소단의 위치와 넓이
⑥ 표토 또는 용수의 처리방법
⑦ 갱내에서의 낙반 및 붕괴방지 방법
⑧ 노천굴착과 갱내굴착의 구별 및 채석방법 등

▲ 해당 답안 중 4가지 선택 기재

063 건물 해체작업 시 작업계획에 포함될 사항을 4가지 쓰시오.(4점)
[기사0301/기사0502/기사1101/기사1602]

① 해체의 방법 및 해체 순서도면
② 사업장 내 연락방법
③ 해체물의 처분계획
④ 해체작업용 화약류 등의 사용계획서
⑤ 해체작업용 기계·기구 등의 작업계획서
⑥ 가설설비·방호설비·환기설비 및 살수·방화설비 등의 방법

▲ 해당 답안 중 4가지 선택 기재

064 차량계 건설기계를 사용하여 작업을 할 때는 작업계획을 작성하고, 그 작업계획에 따라 작업을 실시하도록 하여야 한다. 이 작업계획에 포함되어야 할 사항 3가지를 쓰시오.(3점)
[기사0301/산기0504/산기0604/기사0704/산기1002/산기1102/산기1304/산기1401/산기1502/기사1604/기사1702/기사1902/기사1904/산기2001/기사2201]

① 사용하는 차량계 건설기계의 종류 및 성능
② 차량계 건설기계의 운행경로
③ 차량계 건설기계에 의한 작업방법

065 타워크레인을 설치·조립·해체하는 작업을 하는 경우에는 작업계획서를 작성하고 그 계획에 따라 작업을 하도록 하여야 한다. 작업계획에 포함되어야 할 내용을 4가지 쓰시오.(단, 타워크레인의 지지 방법은 제외한다)(4점)
[기사1104/기사2001]

① 타워크레인의 종류 및 형식
② 설치·조립 및 해체순서
③ 작업 도구·장비·가설설비 및 방호설비
④ 작업 인원의 구성 및 작업근로자의 역할 범위
⑤ 지지 방법

▲ 해당 답안 중 4가지 선택 기재

066 중량물 취급 작업 시 작업계획서에 포함되어야 하는 사항을 2가지 쓰시오.(4점)

[기사0502/기사0604/기사1401/산기1802/기사2101]

① 추락위험을 예방할 수 있는 안전대책
② 낙하위험을 예방할 수 있는 안전대책
③ 전도위험을 예방할 수 있는 안전대책
④ 협착위험을 예방할 수 있는 안전대책
⑤ 붕괴위험을 예방할 수 있는 안전대책

▲ 해당 답안 중 2가지 선택 기재

067 작업장에서 크레인을 사용하여 운반작업을 하려고 한다. 작업개시 전에 자체 점검하여야 할 사항을 3가지 쓰시오.(3점)

[기사0304/기사0404/산기0502/산기0601/산기0704/기사1001/산기1401/산기1402/기사1501/기사1702/산기1802/기사2004/기사2102]

① 권과방지장치·브레이크·클러치 및 운전장치의 기능
② 주행로의 상측 및 트롤리(Trolley)가 횡행하는 레일의 상태
③ 와이어로프가 통하고 있는 곳의 상태

068 공기압축기를 가동할 때 사업주가 작업을 시작하기 전에 관리감독자로 하여금 점검하도록 해야 하는 사항을 2가지 쓰시오.(단, 그 밖의 연결 부위의 이상 유무는 제외)(4점)

[기사2403]

① 공기저장 압력용기의 외관 상태
② 드레인밸브(drain valve)의 조작 및 배수
③ 압력방출장치의 기능
④ 언로드밸브(unloading valve)의 기능
⑤ 윤활유의 상태
⑥ 회전부의 덮개 또는 울

▲ 해당 답안 중 2가지 선택 기재

069 산업안전보건법상 이동식 크레인을 사용하여 작업하기 전에 점검할 사항을 3가지 쓰시오.(3점)

[산기0501/기사0802/산기1202/산기1302/산기1701/기사1902/산기1904/기사2201]

① 권과방지장치나 그 밖의 경보장치의 기능
② 브레이크·클러치 및 조정장치의 기능
③ 와이어로프가 통하고 있는 곳 및 작업장소의 지반상태

070 지게차를 사용하여 작업을 하는 때 작업 시작 전 점검사항 4가지를 쓰시오.(4점)

[산기0901/기사1201/기사1402/산기1504/기사1704/기사2201]

① 제동장치 및 조종장치 기능의 이상 유무
② 하역장치 및 유압장치 기능의 이상 유무
③ 바퀴의 이상 유무
④ 전조등·후미등·방향지시기 및 경보장치 기능의 이상 유무

071 산업안전보건법상 리프트를 사용하여 작업하는 때의 작업 시작 전 점검사항 2가지를 쓰시오.(4점)

[기사0902/기사1504]

① 방호장치·브레이크 및 클러치의 기능
② 와이어로프가 통하고 있는 곳의 상태

072 컨베이어 작업 시작 전에 점검해야 할 사항 2가지를 쓰시오.(4점)

[기사0601/기사1404/기사2104]

① 원동기 및 풀리(Pulley) 기능의 이상 유무
② 이탈 등의 방지장치 기능의 이상 유무
③ 비상정지장치 기능의 이상 유무
④ 원동기·회전축·기어 및 풀리 등의 덮개 또는 울 등의 이상 유무

▲ 해당 답안 중 2가지 선택 기재

073 고소작업 중인 작업자가 불안전한 작업대에서 떨어져 지면에 닿아 상해를 입었을 때, 재해의 발생형태, 기인물 및 가해물을 각각 쓰시오.(3점)

[기사1501/기사1901/기사2304]

| 발생형태 | (①) | 기인물 | (②) | 가해물 | (③) |

① 추락(떨어짐)
② 작업대
③ 지면

074 근로자가 불안전한 작업발판 위에서 전기용접 작업을 하다가 지면으로 떨어져 부상을 입는 재해를 분석하고자 한다. 다음 물음에 답하시오.(5점) [기사1404/기사1702/기사2001]

| 발생형태 | (①) | 기인물 | (②) | 가해물 | (③) |

① 추락(떨어짐) ② 작업발판 ③ 지면

075 도수율, 강도율, 연천인율을 구하는 식을 쓰고, 설명하시오.(6점) [기사1804]

① 도수율은 $\dfrac{\text{연간 재해건수}}{\text{연간총근로시간}} \times 10^6$ 으로 구하고, 100만 작업시간당 재해의 발생 건수를 말한다.

② 강도율은 $\dfrac{\text{근로손실 일수}}{\text{연간총근로시간}} \times 1,000$ 으로 구하고, 재해로 인한 근로손실의 정도로 1,000시간당 근로손실일수를 나타낸다.

③ 연천인율은 $\dfrac{\text{연간 재해자 수}}{\text{연평균 근로자수}} \times 1,000$ 으로 구하고, 1년간 평균 근로자 1,000명당 재해자의 수를 나타낸다.

076 연평균 100인의 근로자를 가진 사업장에서 연간 5건의 재해가 발생하였는데, 그중 사망 1명, 14급 2명, 1명은 30일 가료, 다른 1명은 7일 가료하였다. 강도율을 구하고, 산출한 강도율의 의미를 쓰시오.(4점) [기사1501]

- 강도율은 1천 시간동안 근로할 때 발생하는 근로손실일수를 의미한다. 강도율을 구하기 위해서는 근로손실일수와 연간총근로시간을 구해야한다.
- 연간총근로시간은 100 × 8 × 300 = 240,000시간이다.
- 근로손실일수를 구하기 위하여 사망 1명은 7,500일, 14급은 50일의 근로손실일수가 발생하므로 2명 100일이 된다.
- 가료의 경우 휴업일수에 해당하므로 30일 + 7일 = 37일의 가료이므로 $37 \times \dfrac{300}{365} = 30.4109\cdots$ 의 근로손실일수에 해당한다. 즉, 총 근로손실일수 = 7,500+100+30.4109 = 7,630.4109일이다.
① 강도율 = $\dfrac{7,630.4109}{240,000} \times 1,000 \approx 31.79$ 가 된다.
② 강도율이 31.79라는 것은 1천 시간동안 근로할 경우 31.79일의 근로손실일수가 발생한다는 의미이다.

✔ 장애등급별 근로손실일수

사망	신체장애등급											
	1~3	4	5	6	7	8	9	10	11	12	13	14
7,500	7,500	5,500	4,000	3,000	2,200	1,500	1,000	600	400	200	100	50

077 연평균 200인의 근로자를 가진 사업장에서 연간 발생한 재해를 분석하였을 때, 그중 사망 1명, 2명은 50일 가료, 1명은 20일 가료로 분석되었다. 강도율을 구하고, 산출한 강도율의 의미를 쓰시오.(단, 1일 8시간, 1년 305일 근로)(4점) [기사0301/기사0701/기사0901/기사0902/기사1402/기사1501/기사1702/기사2101/기사2403]

- 강도율은 1천 시간동안 근로할 때 발생하는 근로손실일수를 의미한다. 강도율을 구하기 위해서는 근로손실일수와 연간총근로시간을 구해야한다.
- 연간총근로시간은 200 × 8 × 305 = 488,000시간이다.
- 근로손실일수를 구하기 위하여 사망 1명은 7,500일이 된다.
- 가료의 경우 휴업일수에 해당하므로 2 × 50일 + 20일 = 120일의 가료이므로 $120 \times \frac{305}{365} = 100.2739\cdots$의 근로손실일수에 해당한다. 즉, 총 근로손실일수 = 7,500+100.27 = 7,600.27일이다.
- ① 강도율 = $\frac{7,600.27}{488,000} \times 1,000 = 15.5743 \cdots \approx 15.57$이 된다.
- ② 강도율이 15.57이라는 것은 1천 시간동안 근로할 경우 15.57일의 근로손실일수가 발생한다는 의미이다.

078 근로자 500명이 근무하던 중 산업재해가 12건 발생하였고, 재해자 수가 15명 발생하여 600일의 근로손실이 발생하였다. ① 도수율, ② 강도율, ③ 연천인율을 구하시오.(단, 근로시간은 1일 9시간 270일 근무한다)(6점) [기사1304/기사1904]

- 도수율, 강도율을 구하기 위해 먼저 연간총근로시간을 구한다.
- 연간총근로시간은 500×9×270 = 1,215,000시간이다.
- ① 도수율은 $\frac{12}{1,215,000} \times 1,000,000 \approx 9.88$이다.
- ② 강도율은 $\frac{600}{1,215,000} \times 1,000 \approx 0.49$이다.
- ③ 연천인율은 $\frac{15}{500} \times 1,000 = 30$이다.

079 건설현장의 지난 한 해 동안 근무상황은 다음과 같은 경우에 도수율, 강도율, 종합재해지수를 구하시오. (6점) [기사1401/기사2202]

• 연평균 근로자 수 : 200명	• 1일 작업시간 : 8시간
• 연간작업일수 : 300일	• 출근율 : 90%
• 연간재해발생건수 : 9건	• 휴업일수 : 125일
• 시간 외 작업시간 합계 : 20,000시간	• 지각 및 조퇴시간 합계 : 2,000시간

① 도수율은 1백만 시간동안 작업 시의 재해발생건수이므로 연간근로시간을 계산하면 {200명×300일×8시간×출근율 0.9}+(시간외 20,000 - 지각조퇴 2,000)=450,000시간이다. 도수율은 $\frac{9}{450,000}\times 1,000,000 = 20$이다.

② 강도율은 1천 시간동안 작업 시의 근로손실일수이므로 연간근로시간수는 450,000시간이고, 휴업일수가 125일이므로 근로손실일수는 $125\times\frac{300}{365}\simeq 102.74$이다. 강도율은 $\frac{102.74}{450,000}\times 1000 = 0.2283\cdots$이므로 0.23이다.

③ 종합재해지수 = $\sqrt{\text{도수율}\times\text{강도율}} = \sqrt{20\times 0.23} = \sqrt{4.6}\simeq 2.14$이다.

080 다음과 같은 기업의 종합재해지수를 구하시오.(3점) [기사1201/기사1901/기사2301]

- 근로자 수 : 500명
- 근로시간 : 1일 8시간 / 1년 280일
- 연간재해발생건수 : 6건
- 휴업일수 : 103일

- 연간총근로시간 = 8시간×280일×500명 = 1,120,000시간이다. 종합재해지수를 구하기 위해서는 강도율과 도수율을 구해야 한다. 휴업일수가 103일이므로 근로손실일수는 $103\times\frac{280}{365} = 79.013\cdots$일이다.
- 도수율 = $\frac{6}{1,120,000}\times 10^6 = 5.357\cdots$이다.
- 강도율 = $\frac{79.013\cdots}{1,120,000}\times 1,000 = 0.070\cdots$이다.
- 종합재해지수 = $\sqrt{5.357\cdots\times 0.070\cdots} = \sqrt{0.3779\cdots} = 0.6147\cdots\simeq 0.61$이다.

081 종합재해지수(FSI)를 구하시오.(4점) [기사1004/기사1301/기사1802/기사2003]

- 근로자 수 : 500명
- 근로시간 : 1일 8시간 / 1년 280일
- 연간재해발생건수 : 10건
- 휴업일수 : 159일

- 연간총근로시간 = 8시간×280일×500명 = 1,120,000시간이다. 종합재해지수를 구하기 위해서는 강도율과 도수율을 구해야한다. 휴업일수가 159일이므로 근로손실일수는 $159\times\frac{280}{365} = 121.97\cdots$일이다.
- 도수율 = $\frac{10}{1,120,000}\times 10^6 = 8.92857\cdots$이다.
- 강도율 = $\frac{121.97\cdots}{1,120,000}\times 1,000 = 0.1089\cdots$이다.
- 종합재해지수 = $\sqrt{8.928\cdots\times 0.108\cdots} = \sqrt{0.972\cdots} = 0.986\cdots\simeq 0.99$이다.

082 연평균 근로자 수 600명, A 회사의 안전전담부서에서 6개월간 아래와 같이 안전전담 활동 시 안전활동율을 계산하시오.(단, 1일 9시간, 월 22일 근무, 6개월간의 사고건수는 2건)(6점) [기사1101/기사1601]

[안전활동 건수]
- 불안전한 행동 20건 발견 조치
- 권고 12건
- 안전회의 6회
- 불안전한 상태 34건 조치
- 안전홍보 3건

- 안전활동율 = $\dfrac{\text{안전활동건수}}{\text{총근로시간} \times \text{평균근로자수}} \times 1,000,000 =$

$\dfrac{75}{9 \times 22 \times 6 \times 600} \times 1,000,000 = \dfrac{75}{712,800} \times 1,000,000 \simeq 105.2188\cdots$ 이므로 105.22이다.

✔ 안전활동율
- 안전활동율 = $\dfrac{\text{안전활동건수}}{\text{연간총근로시간}} \times 1,000,000$으로 구한다.
- 안전활동에는 불안전행동의 발견 및 조치, 안전제안, 안전홍보, 안전회의 등이 포함된다.

083 다음과 같은 조건에서 사고사망만인율을 계산하시오.(3점) [기사2001/기사2304]

- 연간 상시근로자 수 4,000명
- 재해로 1명의 사망자 발생

- $\dfrac{1}{4,000} \times 10,000 = 2.5[‰]$ 이다.

✔ 건설업체 산업재해발생률의 사고사망만인율
- 사고사망만인율(‰) = $\dfrac{\text{사고사망자수}}{\text{상시근로자수}} \times 10,000$으로 구한다.
- 단위는 bp(basis point, ‰)를 사용한다.

084 산업재해발생률에서 상시근로자의 수 산출식을 쓰시오.(4점) [기사0801/기사1101/기사1601/기사2403]

- 상시근로자 수 = $\dfrac{\text{연간국내공사실적액} \times \text{노무비율}}{\text{건설업월평균임금} \times 12}$ 이다.

✔ 건설업체 산업재해발생률의 상시근로자의 수
- 상시근로자 수 = $\dfrac{\text{연간국내공사실적액} \times \text{노무비율}}{\text{건설업 월평균임금} \times 12}$ 로 구한다.

085 Safe-T-score를 구하고 안전도에 대한 심각성 여부를 판정하시오.(5점)

[기사1001/기사1202/기사1701/기사2102/기사2304]

- 전년도 도수율 : 120
- 올해년도 도수율 : 100
- 근로자 수 : 400명
- 올해년도 근로시간 수 : 1일 8시간 300일 근무

가) Safe-T-Score
- Safe-T-Score를 구하려면 현재의 도수율(빈도율), 과거의 도수율(빈도율), 현재의 총 근로시간을 알아야 한다.
- 올해의 총 근로시간 = 400 × 8 × 300 = 960,000시간이다.
- Safe-T-Score는 $\frac{100-120}{\sqrt{\frac{120}{960,000} \times 1,000,000}} \approx -\frac{20}{11.180} \approx -1.79$ 이다.

나) 심각성 여부 : Safe-T-Score가 -2~+2 사이에 있으므로 과거와 큰 차이가 없음을 확인할 수 있다.

> ✓ Safe-T-Score
> - $\frac{\text{현재의 빈도율} - \text{과거의 빈도율}}{\sqrt{\frac{\text{과거의 빈도율}}{\text{현재의총근로시간}} \times 1,000,000}}$ 으로 구한다.
> - 점수가 +2.0 이상이면 과거에 비해 안전성이 심각하게 퇴보했다는 것이고 -2.0~+2.0 사이의 값은 과거와 비교하여 큰 차이가 없음을, -2.0 이하의 경우는 과거보다 안전성이 개선되어졌음을 의미한다.

086 작업발판의 끝이나 개구부로서 근로자가 추락할 위험이 있는 장소에서 작업 시 추락 방지대책 3가지를 쓰시오.(6점)

[기사0401/산기0501/산기1002/기사1201/산기1201/산기1504/산기1802/산기1902/산기1904/기사2002/산기2003/산기2004]

① 안전난간 설치   ② 울타리 설치   ③ 추락방호망 설치
④ 수직형 추락방망 설치 ⑤ 덮개 설치   ⑥ 개구부 표시

▲ 해당 답안 중 3가지 선택 기재

087 작업으로 인하여 물체가 떨어지거나 날아올 위험이 있는 경우 위험방지를 위하여 취해야 할 조치사항 3가지를 쓰시오.(6점)

[산기1401/기사1601/산기1602/산기1604/산기1802/기사1901/산기2001/산기2002/기사2204]

① 낙하물 방지망 설치   ② 수직보호망 설치
③ 방호선반 설치   ④ 출입금지구역의 설정
③ 보호구의 착용

▲ 해당 답안 중 3가지 선택 기재

088 추락방지용 방망 그물코(매듭있음)의 크기는 몇 mm인지 쓰시오.(3점) [기사0901/기사1604]

- 100mm 이하

> ✓ 방망의 구조
> - 방망은 망, 테두리로프, 달기로프, 시험용사로 구성된다.
> - 방망의 소재는 합성섬유 또는 그 이상의 물리적 성질을 갖는 것이어야 한다.
> - 방망의 그물코는 사각 또는 마름모로서 그 크기는 10cm 이하이어야 한다.
> - 방망의 종류는 매듭방망으로서 매듭은 원칙적으로 단매듭을 한다.
> - 테두리로프와 방망의 재봉 : 테두리로프는 각 그물코를 관통시키고 서로 중복됨이 없이 재봉사로 결속한다.
> - 테두리로프 상호의 접합 : 테두리로프를 중간에서 결속하는 경우는 충분한 강도를 갖도록 한다.
> - 달기로프의 결속 : 달기로프는 3회 이상 엮어 묶는 방법 또는 이와 동등 이상의 강도를 갖는 방법으로 테두리로프에 결속하여야 한다.

089 추락재해방지 표준안전작업지침에 따른 방망의 구조에 관한 다음 설명에서 ( ) 안을 채우시오.(3점) [기사2102]

> - 방망은 망, 테두리로프, 달기로프, 시험용사로 구성된다.
> - 방망의 소재는 (①) 또는 그 이상의 물리적 성질을 갖는 것이어야 한다.
> - 방망의 그물코는 사각 또는 (②)로서 그 크기는 (③)cm 이하이어야 한다.

① 합성섬유
② 마름모
③ 10

090 추락방지용 방망의 테두리 로프 및 달기 로프의 인장속도가 매분 20cm 이상 30cm 이하의 등속 인장시험을 행한 경우 인장강도 (①)kg 이상이어야 한다. 방망사의 신품에 대한 인장강도는 그물코 종류에 따라 다음과 같다. ( ) 안에 알맞은 말을 쓰시오.(3점) [기사0601/기사1804]

■ 방망사의 신품에 대한 인장강도

그물코의 크기	매듭방망 인장강도
10cm	(②)kg
5cm	(③)kg

① 1,500
② 200
③ 110

091 추락방호망 설치기준 3가지를 쓰시오.(6점)　　　　　　　　　　　　　　　　[기사1302/산기1601/기사1604]
① 추락방호망의 설치위치는 가능하면 작업면으로부터 가까운 지점에 설치하여야 하며, 작업면으로부터 망의 설치지점까지의 수직거리는 10m를 초과하지 아니할 것
② 추락방호망은 수평으로 설치하고, 망의 처짐은 짧은 변 길이의 12% 이상이 되도록 할 것
③ 건축물 등의 바깥쪽으로 설치하는 경우 추락방호망의 내민 길이는 벽면으로부터 3m 이상 되도록 할 것

092 다음 (　)안에 알맞은 내용을 쓰시오.(4점)　　　　　　　　　　　　　　　　　　　[기사0704/기사1602]

> 가) 낙하물 방지망 설치 높이는 (　①　)m 이내마다 설치하고 내민 길이는 벽면으로부터 (　②　)m 이상으로 할 것
> 나) 수평면과의 각도는 (　③　)도 이상 (　④　)도 이하를 유지 할 것

① 10　　　　　　　　　　　　　　② 2
③ 20　　　　　　　　　　　　　　④ 30

093 감전 시 인체에 미치는 주된 영향인자를 3가지 쓰시오.(3점)　　　　　[기사0402/기사0704/산기1704/기사1901]
① 통전전류의 크기
② 통전경로
③ 통전시간
④ 통전전원의 종류와 질

▲ 해당 답안 중 3가지 선택 기재

094 절연손상으로 인한 위험전압의 발생으로 야기되는 간접접촉에 대한 방지대책을 2가지 쓰시오.(4점)
　　　　　　　　　　　　　　　　　　　　　　　　　　　　　　　　　　　　　　[기사1002/기사1601]
① 동시에 접촉가능한 2개의 도전성부분을 2m 이상 격리시킬 것
② 동시에 접촉가능한 2개의 도전성부분을 절연체로 된 방호울로 격리시킬 것
③ 2,000V의 시험전압에 견디고 누설전류가 1mA 이하가 되도록 어느 한 부분을 절연시킬 것

▲ 해당 답안 중 2가지 선택 기재

095 전기기계·기구 중 이동형이나 휴대형의 것으로 감전방지용 누전차단기를 설치해야 하는 기준을 3가지 쓰시오.(5점)

[기사0404/기사0802/기사1504/기사2401]

① 대지전압이 150V를 초과하는 이동형 또는 휴대형 전기기계·기구
② 물 등 도전성이 높은 액체가 있는 습윤장소에서 사용하는 저압용 전기기계·기구
③ 철판·철골 위 등 도전성이 높은 장소에서 사용하는 이동형 또는 휴대형 전기기계·기구
④ 임시배선의 전로가 설치되는 장소에서 사용하는 이동형 또는 휴대형 전기기계·기구

▲ 해당 답안 중 3가지 선택 기재

096 근로자가 고압 충전전로를 취급하거나 그 인근에서 작업 시 안전대책 3가지를 쓰시오.(6점)

[기사0402/기사1404]

① 충전전로를 방호, 차폐하거나 절연 등의 조치를 하는 경우는 근로자의 신체가 전로와 직접 접촉하거나 도전재료, 공구 또는 기기를 통하여 간접 접촉되지 않도록 할 것
② 충전전로를 취급하는 근로자에게 그 작업에 적합한 절연용 보호구를 착용시킬 것
③ 충전전로에 근접한 장소에서 전기작업을 하는 경우는 해당 전압에 적합한 절연용 방호구를 설치할 것
④ 고압 및 특별고압의 전로에서 전기작업을 하는 근로자에게 활선작업용 기구 및 장치를 사용하도록 할 것
⑤ 근로자가 절연용 방호구의 설치·해체작업을 하는 경우는 절연용 보호구를 착용하거나 활선작업용 기구 및 장치를 사용하도록 할 것

▲ 해당 답안 중 3가지 선택 기재

097 근로자가 작업이나 통행 등으로 인하여 전기기계, 기구 또는 전로 등의 충전부분에 접촉하거나 접근함으로써 감전 위험이 있는 충전부분에 대하여 감전을 방지하기 위하여 취하는 방호조치 3가지를 쓰시오.(6점)

[기사0504/기사0804/기사1804/기사1904/기사2001]

① 충전부가 노출되지 않도록 폐쇄형 외함이 있는 구조로 할 것
② 충전부에 충분한 절연효과가 있는 방호망이나 절연덮개를 설치할 것
③ 충전부는 내구성이 있는 절연물로 완전히 덮어 감쌀 것
④ 발전소·변전소 및 개폐소 등 구획된 장소로서 관계 근로자가 아닌 사람의 출입이 금지되는 장소에 충전부를 설치하고, 위험표시 등의 방법으로 방호를 강화할 것
⑤ 전주 위 및 철탑 위 등 격리된 장소로서 관계 근로자가 아닌 사람이 접근할 우려가 없는 장소에 충전부를 설치할 것

▲ 해당 답안 중 3가지 선택 기재

098 작업현장에서 꽂음접속기를 설치하거나 사용하는 경우의 준수사항을 3가지 쓰시오.(6점)

[기사304/기사2001]

① 서로 다른 전압의 꽂음접속기는 서로 접속되지 아니한 구조의 것을 사용할 것
② 습윤한 장소에 사용되는 꽂음접속기는 방수형 등 그 장소에 적합한 것을 사용할 것
③ 근로자가 해당 꽂음접속기를 접속시킬 경우에는 땀 등으로 젖은 손으로 취급하지 않도록 할 것
④ 해당 꽂음접속기에 잠금장치가 있는 경우는 접속 후 잠그고 사용할 것

▲ 해당 답안 중 3가지 선택 기재

099 가공전로에 근접하여 비계를 설치하는 경우 가공전로와의 접촉을 방지하기 위해 필요한 조치 2가지를 쓰시오.(4점)

[기사2002]

① 가공전로를 이설할 것
② 가공전로에 절연 방호구를 설치할 것
③ 감전의 위험을 방지하기 위한 울타리를 설치할 것

▲ 해당 답안 중 2가지 선택 기재

100 지하 가스공사 작업 중 가스 농도를 측정하는 자를 지정해야 한다. 이때 가스 농도를 측정하는 시점 3가지를 쓰시오.(6점)

[기사0602/기사0901/기사1804/기사2202]

① 매일 작업을 시작하기 전   ② 가스의 누출이 의심되는 경우
③ 장시간 작업을 계속하는 경우
④ 가스가 발생하거나 정체할 위험이 있는 장소가 있는 경우

▲ 해당 답안 중 3가지 선택 기재

101 밀폐공간 작업으로 인한 건강장해의 예방에 관한 다음 용어의 설명에서 ( ) 안을 채우시오.(3점)

[산기0902/산기1204/산기1802/기사2001/산기2001]

적정공기란 산소농도의 범위가 (①)% 이상 23.5% 미만, 이산화탄소의 농도가 1.5% 미만, (②)의 농도가 30ppm 미만, (③)의 농도가 10ppm 미만인 수준의 공기를 말한다.

① 18
② 일산화탄소
③ 황화수소

102 다음의 차량계 건설기계에 대해서 설명하시오. (4점)   [기사2102]

① 앵글 도저   ② 틸트 도저

① 블레이드 면의 방향이 진행 방향의 중심선에 대하여 20~30°의 경사가 진 것으로서 이것은 사면굴착·정지·흙메우기 등으로 차체의 진행에 따라 흙을 측면으로 보내는 작업에 적당하다.

② 블레이드를 레버로 조정가능하고 상하 20~25°까지 기울일 수 있는 불도저로 나무뿌리 제거, V형 배수로 작업 등에 이용된다.

103 철륜 표면에 다수의 돌기를 붙여 접지 면적을 작게 하여 접지압을 증가시킨 롤러로서 고함수비 점성토 지반의 다짐작업에 적합한 롤러를 쓰시오. (3점)   [기사1602/기사2003]

- 탬핑 롤러

104 차량계 건설기계를 사용하는 작업할 때 그 기계가 넘어지거나 굴러떨어짐으로써 근로자가 위험해질 우려가 있는 경우에 사업주의 조치사항을 3가지 쓰시오. (3점)
[기사0304/기사0401/기사0504/기사0704/기사1702/기사1804/기사2001/산기2001]

① 유도하는 사람을 배치   ② 지반의 부동침하 방지
③ 갓길의 붕괴 방지   ④ 도로 폭의 유지

▲ 해당 답안 중 3가지 선택 기재

105 차량계 하역운반기계(지게차 등)의 운전자가 운전위치를 이탈하고자 할 때 운전자가 준수하여야 할 사항을 2가지 쓰시오.(4점) [산기0604/산기0804/산기0901/산기1302/기사1602/기사2002/기사2101/기사2402]

① 포크, 버킷, 디퍼 등의 장치를 가장 낮은 위치 또는 지면에 내려 둘 것
② 운전석을 이탈하는 경우는 시동키를 운전대에서 분리시킬 것
③ 원동기를 정지시키고 브레이크를 확실히 거는 등 갑작스러운 주행이나 이탈을 방지하기 위한 조치를 할 것

▲ 해당 답안 중 2가지 선택 기재

106 차량계 하역운반 기계에 화물적재 시 준수사항을 3가지 쓰시오.(6점) [기사1004/산기1102/기사1604/산기2104/기사2401]

① 하중이 한쪽으로 치우치지 않도록 적재한다.
② 구내운반차 또는 화물자동차의 경우 화물의 붕괴 또는 낙하에 의한 위험을 방지하기 위하여 화물에 로프를 거는 등 필요한 조치를 한다.
③ 운전자의 시야를 가리지 않도록 화물을 적재한다.

107 건설현장에서 사용하는 지게차가 갖추어야 하는 방호장치 3가지를 쓰시오.(3점) [기사1301/기사1804]

① 전조등과 후미등
② 헤드가드
③ 백레스트

108 운반하역표준안전작업지침에 의거 인력에 의한 화물을 운반할 때의 준수사항 2가지를 쓰시오.(4점) [기사1701/기사2102]

① 운반 시의 시선은 진행방향을 향하고 뒷걸음 운반을 하여서는 아니 된다.
② 어깨높이보다 높은 위치에서 화물을 들고 운반하여서는 아니 된다.
③ 쌓여 있는 화물을 운반할 때에는 중간 또는 하부에서 뽑아내어서는 아니 된다.
④ 화물의 운반은 수평거리 운반을 원칙으로 하며, 여러 번 들어 움직이거나 중계 운반, 반복운반을 하여서는 아니 된다.

▲ 해당 답안 중 2가지 선택 기재

109 하역작업을 할 때 화물운반용 또는 고정용으로 사용할 수 없는 섬유로프의 사용제한 조건 2가지를 쓰시오. (4점)　　[기사0904/산기1101/산기1104/기사1302/산기1402/산기1702/산기1801/기사1802/기사1804/기사2204]

① 꼬임이 끊어진 것　　　　　　　　② 심하게 손상되거나 부식된 것

110 건설공사 중 발생되는 파이핑 현상과 보일링 현상을 간략히 설명하시오.(4점)　　[기사0504/기사1502]

① 파이핑(Piping) : 보일링(Boiling) 현상으로 인해 지반 내에서 물의 통로가 생기면서 흙이 세굴되는 현상
② 보일링(Boiling) : 사질토 지반에서 굴착저면과 흙막이 배면과의 수위 차이로 인해 굴착저면의 흙과 물이 함께 위로 솟구쳐 오르는 현상

111 히빙현상에 대해 설명하고, 대책 2가지를 쓰시오.(4점)　　[기사0301/기사0502/기사0801/기사0804/기사1404/산기1404]

가) 정의 : 연약한 점토지반에서 흙막이 벽 굴삭면과 배면부의 토압 차이로 인해 흙막이 벽 배면부의 흙이 가라앉으면서 굴삭 바닥면으로 융기하는 지반 융기현상이다.

나) 대책
① 어스앵커를 설치한다.
② 굴착주변을 웰 포인트(Well point)공법과 병행한다.
③ 흙막이 벽의 근입심도를 확보한다.
④ 지반개량으로 흙의 전단강도를 높인다.
⑤ 굴착주변의 상재하중을 제거하여 토압을 최대한 낮춘다.
⑥ 굴착방식을 아일랜드 컷 방식으로 개선한다.

▲ 나)의 답안 중 2가지 선택 기재

112 히빙 현상의 방지대책 4가지를 쓰시오.(4점)　　[기사0704/기사0902/산기1101/산기1201/기사1602/기사1801/산기1902/기사2201/기사2204]

① 어스앵커를 설치한다.
② 굴착주변을 웰 포인트(Well point)공법과 병행한다.
③ 흙막이 벽의 근입심도를 확보한다.
④ 지반개량으로 흙의 전단강도를 높인다.
⑤ 굴착주변의 상재하중을 제거하여 토압을 최대한 낮춘다.
⑥ 굴착방식을 아일랜드 컷 방식으로 개선한다.
⑦ 토류벽의 배면토압을 경감시킨다.
⑧ 굴착저면에 토사 등 인공중력을 가중시킨다.

▲ 해당 답안 중 4가지 선택 기재

113 히빙현상의 발생 원인 3가지를 쓰시오.(3점) [기사1104/기사1904/기사2202]

① 연약한 점토지반
② 흙막이 벽 굴삭면과 배면부의 토압차이
③ 흙막이 벽체의 근입장 부족
④ 지표 재하중

▲ 해당 답안 중 3가지 선택 기재

114 보일링 방지대책 4가지를 쓰시오.(4점) [기사0802/기사0901/기사1002/산기1402/기사1504/기사1601/산기1804/기사1901/기사2104]

① 주변 지하수위를 낮춘다.
② 흙막이 벽의 근입 깊이를 깊게 한다.
③ 지하수의 흐름을 막는다.
④ 굴착한 흙을 즉시 매립하여 원상회복시킨다.
⑤ 차수성이 높은 흙막이를 설치한다.

▲ 해당 답안 중 4가지 선택 기재

115 지반의 연화현상(Frost Boil) 방지대책을 2가지 쓰시오.(4점) [기사1302/기사2001]

① 단열재료를 삽입한다.
② 지하수위를 낮춘다.
③ 지표수의 침투를 방지하는 비닐 등을 설치한다.
④ 동결심도 아래에 배수층을 설치한다.

▲ 해당 답안 중 2가지 선택 기재

116 흙의 동상 방지대책 3가지를 쓰시오.(6점) [기사0601/기사0602/기사0904/기사1304/산기1304/기사1401/기사1402/기사1702/기사1801/산기2004/기사2104/기사2202]

① 동결되지 않은 흙으로 치환한다.
② 지하수위를 낮춘다.
③ 흙 속에 단열재료를 매입한다.
④ 지표의 흙을 화학약품 처리하여 동결온도를 낮춘다.
⑤ 모관수의 상승을 차단하기 위하여 지하수위 상층에 조립토층을 설치한다.

▲ 해당 답안 중 3가지 선택 기재

117 기초지반의 성질을 적극적으로 개량하기 위한 지반개량 공법을 4가지 쓰시오.(4점)   [기사1504]

① 다짐공법　　② 탈수공법　　③ 고결안정공법
④ 치환공법　　⑤ 재하공법　　⑥ 전기화학고결법

▲ 해당 답안 중 4가지 선택 기재

118 사질토 지반개량 공법의 종류 4가지를 쓰시오.(4점)   [기사0701/기사0804/기사1502/기사2304]

① 진동다짐 공법　　② 다짐말뚝 공법　　③ 폭파다짐 공법
④ 전기충격 공법　　⑤ 약액주입 공법

▲ 해당 답안 중 4가지 선택 기재

✓ 지반개량 공법

점토지반 개량공법	압밀공법, 고결안정공법, 탈수공법, 치환공법
사질지반 개량공법	다짐말뚝공법, 바이브로 플로테이션 공법, 폭파다짐공법, 전기충격공법, 약액주입공법

119 산업안전보건기준에 관한 규칙에 따라 지반 굴착 시 굴착면의 기울기 기준을 채우시오.(5점)
[기사0401/기사0504/기사0702/산기1502/기사1701/기사1702/산기1804/기사1904/기사2301]

지반의 종류	기울기	지반의 종류	기울기
모래	(①)	경암	(④)
연암	(②)	그 밖의 흙	(⑤)
풍화암	(③)		

① 1 : 1.8　　　② 1 : 1.0　　　③ 1 : 1.0
④ 1 : 0.5　　　⑤ 1 : 1.2

120 토공사의 비탈면 보호방법(공법)의 종류를 4가지 쓰시오.(4점)   [기사1601/산기1801/기사1902/산기2004/기사2401]

① 식생공법　　② 피복공법
③ 뿜칠공법　　④ 붙임공법
⑤ 격자틀공법　　⑥ 낙석방호공법

▲ 해당 답안 중 4가지 선택 기재

121 구조물의 축조 장소에 예상하중보다 더 많은 하중으로 사전 성토하여 지반 침하를 촉진하고 전단강도를 증가시키는 지반개량공법의 이름을 쓰시오.(5점) [기사1704/기사2202]

- 프리로딩(선행재하)공법

122 굴착작업 시 토석이 붕괴되는 원인을 외적원인과 내적원인으로 구분할 때 외적원인에 해당하는 사항을 4가지 쓰시오.(4점) [기사0901/기사1501/기사1904/기사2004/기사2403]

① 공사에 의한 진동 및 반복 하중의 증가
② 사면, 법면의 경사 및 기울기의 증가
③ 절토 및 성토 높이와 지하수위의 증가
④ 지표수·지하수의 침투에 의한 토사중량의 증가
⑤ 지진, 차량, 구조물의 하중작용
⑥ 토사 및 암석의 혼합층두께

▲ 해당 답안 중 4가지 선택 기재

123 굴착면의 높이가 2m 이상이 되는 지반의 굴착작업 시 특별교육 내용 3가지를 쓰시오.(단, 그밖에 안전·보건관리에 필요한 사항 제외)(3점) [기사2102]

① 지반의 형태·구조 및 굴착 요령에 관한 사항
② 지반의 붕괴재해 예방에 관한 사항
③ 붕괴방지용 구조물 설치 및 작업방법에 관한 사항
④ 보호구의 종류 및 사용에 관한 사항

▲ 해당 답안 중 3가지 선택 기재

124 굴착면의 높이가 2m 이상이 되는 암석의 굴착작업 시 특별교육 내용 3가지를 쓰시오.(단, 그밖에 안전·보건관리에 필요한 사항 제외)(6점) [기사1001/기사1502/기사1602/기사2304]

① 안전거리 및 안전기준에 관한 사항
② 방호물의 설치 및 기준에 관한 사항
③ 보호구 및 신호방법 등에 관한 사항
④ 폭발물 취급 요령과 대피 요령에 관한 사항

▲ 해당 답안 중 3가지 선택 기재

125 깊이 10.5[m] 이상의 굴착의 경우 흙막이 구조의 안전을 예측하기 위해 설치하여야하는 계측기기 4가지를 쓰시오.(4점) [기사0802/기사2102]

① 수위계 ② 경사계 ③ 하중계
④ 응력계 ⑤ 침하계

▲ 해당 답안 중 4가지 선택 기재

126 잠함, 우물통, 수직갱 기타 이와 유사한 건설물 또는 설비의 내부에서 굴착작업을 하는 때에 사업주가 준수하여야 할 사항 3가지를 쓰시오.(6점)
[기사0402/기사0501/기사0502/기사0704/기사0801/기사0802/기사0904/산기1302/기사1501/기사1604/산기1904/기사2101]

① 산소 결핍 우려가 있는 경우는 산소의 농도를 측정하는 사람을 지명하여 측정하도록 할 것
② 근로자가 안전하게 오르내리기 위한 설비를 설치할 것
③ 굴착 깊이가 20m를 초과하는 경우는 해당 작업장소와 외부와의 연락을 위한 통신설비 등을 설치할 것
④ 산소 결핍이 인정되거나 굴착 깊이가 20m를 초과하는 경우에는 송기를 위한 설비를 설치하여 필요한 양의 공기를 공급할 것

▲ 해당 답안 중 3가지 선택 기재

127 흙막이 지보공의 보강 또는 동바리를 설치하거나 해체하는 작업 시의 특별안전·보건교육 대상 작업별 교육내용을 4가지 쓰시오.(단, 그 밖에 안전·보건관리에 필요한 사항은 제외)(4점) [기사1704/기사2003]

① 작업안전 점검 요령과 방법에 관한 사항
② 동바리의 운반·취급 및 설치 시 안전작업에 관한 사항
③ 해체작업 순서와 안전기준에 관한 사항
④ 보호구 취급 및 사용에 관한 사항

128 산업안전보건법상 흙막이 지보공을 설치하였을 때 사업주가 정기적으로 점검하고 이상이 발견되면 즉시 보수해야 할 사항을 3가지 쓰시오.(3점) [산기 0602/산기0701/산기1402/산기1702/산기2002/기사2302]

① 부재의 손상·변형·부식·변위 및 탈락의 유무와 상태
② 버팀대 긴압의 정도
③ 부재의 접속부·부착부 및 교차부의 상태
④ 침하의 정도

▲ 해당 답안 중 3가지 선택 기재

129 콘크리트 구조물로 옹벽을 축조할 경우, 필요한 안정조건을 3가지 쓰시오.(6점) [기사1801/산기1802]

① 활동에 대한 안정
② 전도에 대한 안정
③ 지반지지력에 대한 안정
④ 원호활동에 대한 안정

▲ 해당 답안 중 3가지 선택 기재

130 파일(Pile) 타입 시 부마찰력이 잘 생기는 지반을 보기에서 모두 골라 번호를 쓰시오.(4점) [기사0904/기사1401]

① 지반이 압밀 집행중인 연약 점토지반일 때
② 지표면 침하에 따른 지하수가 저하되는 지반일 때
③ 사질토가 점성토 위에 놓일 때
④ 점착력 있는 압축성 지반일 때

• ①, ②, ③

131 기둥·보·벽체·슬라브 등의 거푸집 동바리 등을 조립하거나 해체하는 작업을 하는 경우에 사업주가 준수해야 하는 사항 3가지를 쓰시오.(6점) [기사0501/기사0602/기사2003]

① 해당 작업을 하는 구역에는 관계 근로자가 아닌 사람의 출입을 금지할 것
② 비, 눈, 그 밖의 기상상태의 불안정으로 날씨가 몹시 나쁜 경우는 그 작업을 중지할 것
③ 재료, 기구 또는 공구 등을 올리거나 내리는 경우는 근로자로 하여금 달줄·달포대 등을 사용하도록 할 것
④ 낙하·충격에 의한 돌발적 재해를 방지하기 위하여 버팀목을 설치하고 거푸집 동바리 등을 인양장비에 매단 후에 작업을 하도록 하는 등 필요한 조치를 할 것

▲ 해당 답안 중 3가지 선택 기재

132 콘크리트 타설 시 거푸집 측압에 영향을 미치는 요인을 3가지 쓰시오.(3점) [기사2002]

① 타설 높이
② 슬럼프
③ 타설 속도
④ 콘크리트 단위중량
⑤ 철근량
⑥ 온도와 습도 등

▲ 해당 답안 중 3가지 선택 기재

> ✔ **콘크리트의 거푸집 측압**
> - 콘크리트 타설 높이가 높을수록 크다.
> - 콘크리트 단위중량(비중)이 클수록 크다.
> - 슬럼프가 클수록 크다.
> - 거푸집의 수평단면, 부재의 단면이 클수록 크다.
> - 타설 속도가 빠를수록 크다.
> - 대기의 온도가 낮을수록 크다.
> - 거푸집의 강성이 클수록 측압은 크다.
> - 철근량이 적을수록 측압은 크다.
> - 벽 두께가 두꺼울수록 크다.
> - 진동기 등을 사용한 다짐이 많을수록 측압은 크다.

133 거푸집 및 지보공(동바리) 시공 시 고려할 하중을 구분하고 각각의 종류 2가지씩 쓰시오.(4점)

[기사1802/기사2003]

가) 연직방향 하중
① 거푸집 및 타설 콘크리트 등에 의한 고정하중
② 작업원 및 작업기계 등에 의한 작업하중
③ 타설 시의 충격하중

나) 수평방향 하중
① 진동, 충격, 시공오차에 의한 횡방향 하중
② 풍압, 유수압, 지진 등

▲ 해당 답안 중 각각 2가지씩 선택 기재

134 콘크리트 타설 시 거푸집 측압에 영향을 미치는 것에 관한 설명이다. 틀린 것을 골라 번호를 쓰시오.(3점)

[기사2101]

① 외기의 온·습도가 낮을수록 측압이 낮다. ② 진동기를 사용해 다지면 측압이 올라간다.
③ 슬럼프치가 낮으면 측압이 낮다. ④ 철근, 배근이 많으면 측압이 높다.

- ①, ④

135 산업안전보건법상 작업발판 일체형 거푸집의 종류를 4가지 쓰시오.(4점) [기사1102/기사2304]

① 갱 폼
② 슬립 폼
③ 클라이밍 폼
④ 터널 라이닝 폼

136 산업안전보건법상 특별안전보건교육 중 거푸집 동바리의 조립 또는 해체작업 대상 작업에 대한 교육내용에 해당되는 사항을 3가지 쓰시오.(단, 그 밖의 안전보건관리에 필요한 사항은 제외한다)(3점)
[산기0701/기사1002/산기1104/기사1401/기사1601/기사1604/산기1902]

① 동바리의 조립방법 및 작업 절차에 관한 사항
② 조립재료의 취급방법 및 설치기준에 관한 사항
③ 조립 해체 시의 사고 예방에 관한 사항
④ 보호구 착용 및 점검에 관한 사항

▲ 해당 답안 중 3가지 선택 기재

137 콘크리트 비빔시험의 종류 4가지를 쓰시오.(4점) [기사0701/기사1404]

① 단위용적질량 시험
② 블리딩 시험
③ 공기량 시험
④ 슬럼프 시험

138 콘크리트 타설, 콘크리트 펌프나 콘크리트 펌프카 이용 작업 시 준수사항 3가지를 쓰시오.(6점)
[기사1104/기사1601/산기1701/기사2304]

① 작업을 시작하기 전에 콘크리트 펌프용 비계를 점검하고 이상을 발견하였으면 즉시 보수할 것
② 건축물의 난간 등에서 작업하는 근로자가 호스의 요동·선회로 인하여 추락하는 위험을 방지하기 위하여 안전 난간 설치 등 필요한 조치를 할 것
③ 콘크리트 펌프카의 붐을 조정하는 경우는 주변의 전선 등에 의한 위험을 예방하기 위한 적절한 조치를 할 것
④ 작업 중에 지반의 침하, 아웃트리거의 손상 등에 의하여 콘크리트 펌프카가 넘어질 우려가 있는 경우는 이를 방지하기 위한 적절한 조치를 할 것

▲ 해당 답안 중 3가지 선택 기재

139 PS 콘크리트에서 프리스트레스를 도입 즉시 일어나는 시간적 손실원인을 2가지 쓰시오.(4점)

[기사0501/기사1002/기사1004/기사1502/기사2401]

① 정착장치의 활동 ② 콘크리트의 탄성수축
③ 긴장재 응력의 릴랙세이션

▲ 해당 답안 중 2가지 선택 기재

140 거푸집 동바리의 강재 기준 강도에 따른 신장율에서 강재의 종류가 강관이고 인장강도가 50kg/mm² 이상일 때의 신장율은 얼마인가?(3점)

[기사1702/기사2004]

• 10% 이상

✔ 강재의 사용기준

강재의 종류	인장강도(kg/㎟)	신장률(%)
강관	34 이상 41 미만	25 이상
	41 이상 50 미만	20 이상
	50 이상	10 이상

141 철골공사 작업을 중지해야 하는 조건이다. ( )을 채우시오.(3점)

[산기0501/산기0701/산기0704/기사0901/기사1302/산기1404/기사1502/기사1504/산기1801/기사2004/기사2402]

가) 풍속 : 초당 (①)m 이상인 경우
나) 강우량 : 시간당 (②)mm 이상인 경우
다) 강설량 : 시간당 (③)cm 이상인 경우

① 10   ② 1   ③ 1

142 철골공사 작업을 중지해야 하는 조건을 쓰시오.(단, 단위를 명확히 쓰시오)(3점)

[산기0501/산기0701/산기0704/기사0901/기사1302/산기1404/기사1502/기사1504/산기1801/기사2004]

① 풍속 - 초당 10m 이상
② 강설량 - 시간당 1cm 이상
③ 강우량 - 시간당 1mm 이상

143
구조안전의 위험이 큰 철골구조물은 건립 중 강풍에 의한 풍압 등 외압에 대한 내력이 설계에 고려되어 있는지 확인하여야 할 구조물 5가지를 쓰시오.(5점)

[기사0604/기사0902/기사1001/기사1102/기사1204/기사1301/기사1504/기사1602/기사1804/기사1904]

① 높이 20m 이상의 구조물
② 구조물의 폭과 높이의 비가 1:4 이상인 구조물
③ 단면 구조에 현저한 차이가 있는 구조물
④ 기둥이 타이플레이트형인 구조물
⑤ 이음부가 현장용접인 구조물
⑥ 연면적당 철골량이 50kg/m^2 이하인 구조물

▲ 해당 답안 중 5가지 선택 기재

144
다음은 강관비계에 관한 내용이다. 다음 빈칸을 채우시오.(6점)

[기사1302/산기1704/산기1802/산기1901/기사1904/산기2004/기사2302]

> 가) 띠장 간격은 (①)m 이하로 설치할 것
> 나) 비계기둥의 간격은 띠장 방향에서는 (②)m 이하, 장선 방향에서는 (③)m 이하로 할 것
> 다) 비계기둥의 제일 윗부분으로부터 (④)m 되는 지점 밑 부분의 비계기둥은 (⑤)개의 강관으로 묶어 세울 것
> 라) 비계기둥 간의 적재하중은 (⑥)kg을 초과하지 않도록 할 것

① 2
② 1.85
③ 1.5
④ 31
⑤ 2
⑥ 400

> ✔ 강관비계의 구조
> • 비계기둥의 간격은 띠장 방향에서는 1.85미터 이하, 장선 방향에서는 1.5미터 이하로 할 것. 다만, 선박 및 보트 건조작업의 경우 안전성에 대한 구조검토를 실시하고 조립도를 작성하면 띠장 방향 및 장선 방향으로 각각 2.7미터 이하로 할 수 있다.
> • 띠장 간격은 2.0미터 이하로 할 것. 다만, 작업의 성질상 이를 준수하기가 곤란하여 쌍기둥틀 등에 의하여 해당 부분을 보강한 경우에는 그러하지 아니하다.
> • 비계기둥의 제일 윗부분으로부터 31미터되는 지점 밑부분의 비계기둥은 2개의 강관으로 묶어 세울 것. 다만, 브라켓(bracket, 까치발) 등으로 보강하여 2개의 강관으로 묶을 경우 이상의 강도가 유지되는 경우에는 그러하지 아니하다.
> • 비계기둥 간의 적재하중은 400킬로그램을 초과하지 않도록 할 것

145
강관비계 조립 시 벽이음 또는 버팀을 설치하는 간격을 보여주고 있다. ( )을 채우시오.(4점)

[기사0402/산기0504/산기0604/기사0702/산기1102/기사1301/산기1402/산기1502/산기1804/기사1901/기사2102/기사2403]

종류	조립 간격 (단위: m)	
	수직방향	수평방향
단관비계	(①)	(②)
틀비계(높이가 5m 미만의 것을 제외한다)	(③)	(④)

① 5
② 5
③ 6
④ 8

✓ 비계의 조립(벽 이음)간격

비계의 종류	조립간격(단위 : m)	
	수직방향	수평방향
단관비계	5	5
틀비계(높이 5m 미만 제외)	6	8

146 사업주가 시스템 비계를 사용하여 비계를 구성하는 경우 준수사항 3가지를 쓰시오.(6점)

[기사1104/기사1401/기사1402/기사2102]

① 수직재·수평재·가새재를 견고하게 연결하는 구조가 되도록 할 것
② 비계 밑단의 수직재와 받침철물은 밀착되도록 설치하고, 수직재와 받침철물의 연결부의 겹침길이는 받침철물 전체 길이의 3분의 1 이상이 되도록 할 것
③ 수평재는 수직재와 직각으로 설치하여야 하며, 체결 후 흔들림이 없도록 견고하게 설치할 것
④ 수직재와 수직재의 연결철물은 이탈되지 않도록 견고한 구조로 할 것
⑤ 벽 연결재의 설치간격은 제조사가 정한 기준에 따라 설치할 것

▲ 해당 답안 중 3가지 선택 기재

147 다음 설명은 어떤 하중에 대한 설명인지 쓰시오.(2점)

[기사2101]

지브 혹은 붐의 경사각 및 길이 또는 지브의 위에 놓이는 도르래의 위치에 따라 부하시킬 수 있는 최대하중으로부터 각각 혹, 버킷 등 달아올리기 기구의 중량에 상당하는 하중을 공제한 하중

• 정격하중

148 산업안전보건법상 크레인과 관련된 다음 설명의 ( ) 안을 채우시오.(4점)

[기사2402]

가) 원동장치, 감속장치 및 드럼 등을 일체형으로 조합한 양중장치와 이 양중장치를 사용하여 화물의 권상 및 횡행 또는 권상 동작만을 행하는 크레인 : (①)
나) 크레인의 권상하중에서 훅, 크래브 또는 버킷 등 달기기구의 중량에 상당하는 하중을 뺀 하중 : (②)
다) 주행레일 중심 간의 거리 : (③)
라) 수직면에서 지브 각(angle)의 변화 : (④)

① 호이스트 ② 정격하중
③ 스팬 ④ 기복

149 달비계 또는 높이 5m 이상의 비계를 조립·해체하거나 변경하는 작업에 있어 관리감독자의 직무수행 내용을 4가지 쓰시오.(4점)   [기사1002/기사1301/기사1504/기사2004]

① 재료의 결함 유무를 점검하고 불량품을 제거하는 일(해체 시 제외)
② 기구·공구·안전대 및 안전모 등의 기능을 점검하고 불량품을 제거하는 일
③ 작업방법 및 근로자 배치를 결정하고 작업 진행 상태를 감시하는 일
④ 안전대와 안전모 등의 착용 상황을 감시하는 일

150 달비계 또는 높이 5m 이상의 비계를 조립, 해체하거나 변경작업을 할 때 사업주로서 준수하여야 할 사항을 3가지 쓰시오.(3점)
[기사0304/기사0402/산기0501/산기0604/기사0702/산기0801/기사0802/기사1102/기사1501/산기1501/기사1904/기사2201/기사2304]

① 근로자가 관리감독자의 지휘에 따라 작업하도록 할 것
② 조립·해체 또는 변경의 시기·범위 및 절차를 그 작업에 종사하는 근로자에게 주지시킬 것
③ 조립·해체 또는 변경 작업구역에는 해당 작업에 종사하는 근로자가 아닌 사람의 출입을 금지하고 그 내용을 보기 쉬운 장소에 게시할 것
④ 비, 눈, 그 밖의 기상상태의 불안정으로 날씨가 몹시 나쁜 경우는 그 작업을 중지시킬 것
⑤ 재료·기구 또는 공구 등을 올리거나 내리는 경우는 근로자가 달줄 또는 달포대 등을 사용하게 할 것
⑥ 비계재료의 연결·해체작업을 하는 경우는 폭 20cm 이상의 발판을 설치하고 근로자로 하여금 안전대를 사용하도록 하는 등 추락을 방지하기 위한 조치를 할 것

▲ 해당 답안 중 3가지 선택 기재

151 달기 체인을 달비계에 사용해서는 안 되는 기준 2가지를 쓰시오.(단, 균열이 있거나 심하게 변형된 것은 제외)(4점)   [기사1104/산기1201/산기1302/기사2003/산기2003]

① 달기 체인의 길이가 달기 체인이 제조된 때의 길이의 5%를 초과한 것
② 링의 단면지름이 달기 체인이 제조된 때의 해당 링의 지름의 10%를 초과하여 감소한 것

152
재료·기구 또는 공구 등을 올리거나 내리는 경우는 근로자로 하여금 사용하도록 하는 것 2가지를 쓰시오. (4점) [기사1404]

① 달줄
② 달포대

153
가설구조물이 갖춰야 할 구비요건을 3가지 쓰시오.(5점) [기사2401]

① 경제성　　② 작업성
③ 안전성　　④ 사용성

▲ 해당 답안 중 3가지 선택 기재

154
비계 작업 시 비, 눈 그 밖의 기상상태의 불안정으로 날씨가 몹시 나빠서 작업을 중지시킨 후 그 비계에서 작업을 재개할 때 점검사항을 4가지 쓰시오.(4점)
[산기0902/기사1001/산기1102/기사1301/기사1402/기사1404/산기1602/산기1704/기사1801/기사1901/기사2204]

① 발판 재료의 손상 여부 및 부착 또는 걸림 상태
② 해당 비계의 연결부 또는 접속부의 풀림 상태
③ 연결 재료 및 연결철물의 손상 또는 부식 상태
④ 손잡이의 탈락 여부
⑤ 기둥의 침하, 변형, 변위 또는 흔들림 상태
⑥ 로프의 부착 상태 및 매단 장치의 흔들림 상태

▲ 해당 답안 중 4가지 선택 기재

155
작업발판에 대한 다음 설명의 (　)안을 채우시오.(5점) [기사1401/산기1702/기사1902/산기2001/기사2104/기사2302]

가) 비계의 높이가 2m 이상인 작업장소에 설치하는 작업발판의 폭은 (　①　)cm 이상으로 하고, 발판재료 간의 틈은 (　②　)cm 이하로 할 것
나) 선박 및 보트 건조작업의 경우 선박블록 또는 엔진실 등의 좁은 작업공간에 작업발판을 설치하기 위하여 필요하면 작업발판의 폭을 (　③　)cm 이상으로 할 수 있다. 걸침비계의 경우 강관기둥 때문에 발판재료 간의 틈을 3cm 이하로 유지하기 곤란하면 (　④　)cm 이하로 할 수 있다. 이 경우 그 틈 사이로 물체 등이 떨어질 우려가 있는 곳에는 출입금지 등의 조치를 하여야 한다.
다) 작업발판재료는 뒤집히거나 떨어지지 않도록 (　⑤　) 이상의 지지물에 연결하거나 고정시킬 것

① 40 ② 3 ③ 30
④ 5 ⑤ 2

> ✔ 비계 높이 2미터 이상인 작업 장소에 설치하는 작업발판의 구조
> • 발판재료는 작업할 때의 하중을 견딜 수 있도록 견고한 것으로 할 것
> • 작업발판의 폭은 40cm 이상으로 하고, 발판재료 간의 틈은 3cm 이하로 할 것
> • 선박 및 보트 건조작업의 경우 선박블록 또는 엔진실 등의 좁은 작업공간에 작업발판을 설치하기 위하여 필요하면 작업발판의 폭을 30cm 이상으로 할 수 있고, 걸침비계의 경우 강관기둥 때문에 발판재료 간의 틈을 3cm 이하로 유지하기 곤란하면 5cm 이하로 할 수 있다. 이 경우 그 틈 사이로 물체 등이 떨어질 우려가 있는 곳에는 출입금지 등의 조치를 하여야 한다.
> • 추락의 위험이 있는 장소에는 안전난간을 설치할 것
> • 작업발판의 지지물은 하중에 의하여 파괴될 우려가 없는 것을 사용할 것
> • 작업발판재료는 뒤집히거나 떨어지지 않도록 둘 이상의 지지물에 연결하거나 고정시킬 것
> • 작업발판을 작업에 따라 이동시킬 경우는 위험방지에 필요한 조치를 할 것

156 물체를 투하하는 때는 적당한 투하설비를 갖춰야 한다. 투하설비를 갖춰야 하는 최소높이는?(3점)
[기사2002]

• 3m 이상

157 공사용 가설도로를 설치하는 경우 준수사항 3가지를 쓰시오.(6점) [기사1202/기사1204/기사2004/산기2201/기사2204]

① 도로는 장비와 차량이 안전하게 운행할 수 있도록 견고하게 설치할 것
② 도로와 작업장이 접하여 있을 경우는 방책 등을 설치할 것
③ 도로는 배수를 위하여 경사지게 설치하거나 배수시설을 설치할 것
④ 차량의 속도제한 표지를 부착할 것

▲ 해당 답안 중 3가지 선택 기재

158 가설통로 설치 시 사업주의 조치사항 4가지를 쓰시오.(4점)
[기사0602/기사1502/기사1704/기사1801/기사2201/기사2401]

① 견고한 구조로 할 것
② 경사는 30도 이하로 할 것
③ 경사가 15도를 초과하는 경우는 미끄러지지 아니하는 구조로 할 것
④ 추락할 위험이 있는 장소에는 안전난간을 설치할 것
⑤ 수직갱에 가설된 통로의 길이가 15m 이상인 경우는 10m 이내마다 계단참을 설치할 것
⑥ 건설공사에 사용하는 높이 8m 이상인 비계다리에는 7m 이내마다 계단참을 설치할 것

▲ 해당 답안 중 4가지 선택 기재

159 다음은 가설통로를 설치하는 경우의 준수사항이다. (　) 안을 채우시오.(4점)

[기사0304/기사1201/기사1404/기사2001/기사2302]

> 가) 경사가 (①)도를 초과하는 경우에는 미끄러지지 아니하는 구조로 할 것
> 나) 수직갱에 가설된 통로의 길이가 15미터 이상인 경우에는 (②)미터 이내마다 계단참을 설치할 것
> 다) 건설공사에 사용하는 높이 (③)미터 이상인 비계다리에는 (④)미터 이내마다 계단참을 설치할 것

① 15 　　② 10　　　③ 8　　　④ 7

160 다음은 사다리식 통로의 안전기준에 대한 사항이다. 빈칸을 채우시오.(3점)

[기사0302/기사0401/기사0601/산기0702/산기0801/산기1402/산기1601/기사1602/산기1604/산기1902/산기1904/기사2201/기사2402]

> 가) 사다리의 상단을 걸쳐놓은 지점으로부터 (①)cm 이상 올라가도록 할 것
> 나) 사다리식 통로의 길이가 10m 이상인 경우는 (②)m 이내마다 계단참을 설치할 것
> 다) 사다리식 통로의 기울기는 (③)도 이하로 할 것

① 60　　　② 5　　　③ 75

> ✔ **사다리식 통로의 안전기준**
> • 견고한 구조로 할 것
> • 심한 손상·부식 등이 없는 재료를 사용할 것
> • 발판의 간격은 일정하게 할 것
> • 발판과 벽과의 사이는 15cm 이상의 간격을 유지할 것
> • 폭은 30cm 이상으로 할 것
> • 사다리가 넘어지거나 미끄러지는 것을 방지하기 위한 조치를 할 것
> • 사다리의 상단은 걸쳐놓은 지점으로부터 60cm 이상 올라가도록 할 것
> • 사다리식 통로의 길이가 10m 이상인 경우는 5m 이내마다 계단참을 설치할 것
> • 사다리식 통로의 기울기는 75도 이하로 할 것
> • 고정식 사다리식 통로의 기울기는 90도 이하로 하고, 그 높이가 7m 이상인 경우는 바닥으로부터 높이가 2.5m 되는 지점부터 등받이울을 설치할 것
> • 접이식 사다리 기둥은 사용 시 접혀지거나 펼쳐지지 않도록 철물 등을 사용하여 견고하게 조치할 것

161 다음은 이동식 사다리를 설치하여 사용함에 있어서 준수할 사항에 대한 설명이다. (　)을 채우시오.(3점)

[기사0404/기사0601/기사1702]

> 가) 길이가 (①)m를 초과해서는 안 된다.
> 나) 다리의 벌림은 벽 높이의 (②) 정도가 적당하다.
> 다) 벽면 상부로부터 최소한 (③)cm 이상의 연장길이가 있어야 한다.

① 6　　　② 1/4　　　③ 60

162 계단 설치기준이다. 다음 ( )을 채우시오.(5점)

[기사1204/기사1504/기사2202/기사2204/기사2301]

가) 사업주는 계단 및 계단참을 설치하는 경우 매 m^2당 (①)kg 이상의 하중에 견딜 수 있는 강도를 가진 구조로 설치하여야 하며, 안전율은 (②)이상으로 하여야 한다.
나) 사업주는 계단을 설치하는 경우 그 폭을 (③)m 이상으로 하여야 한다.
다) 사업주는 계단을 설치하는 경우 바닥면으로부터 높이 (④)m 이내의 공간에 장애물이 없도록 하여야 한다.
라) 사업주는 높이 (⑤)m 이상인 계단의 개방된 측면에 안전난간을 설치하여야 한다.
마) 사업주는 높이가 3m를 초과하는 계단에 높이 3m 이내마다 진행방향으로 길이 (⑥)m 이상의 계단참을 설치하여야 한다.

① 500 ② 4
③ 1   ④ 2
⑤ 1   ⑥ 1.2

✔ 계단 및 계단참
- 사업주는 계단 및 계단참을 설치하는 경우 매 m^2당 500kg 이상의 하중에 견딜 수 있는 강도를 가진 구조로 설치하여야 하며, 안전율은 4 이상으로 하여야 한다.
- 사업주는 계단 및 승강구 바닥을 구멍이 있는 재료로 만드는 경우 렌치나 그 밖의 공구 등이 낙하할 위험이 없는 구조로 하여야 한다.
- 사업주는 계단을 설치하는 경우 그 폭을 1m 이상으로 하여야 한다.
- 사업주는 계단에 손잡이 외의 다른 물건 등을 설치하거나 쌓아 두어서는 아니 된다.
- 사업주는 높이가 3m를 초과하는 계단에 높이 3m 이내마다 진행방향으로 길이 1.2m 이상의 계단참을 설치하여야 한다.
- 사업주는 계단을 설치하는 경우 바닥면으로부터 높이 2m 이내의 공간에 장애물이 없도록 하여야 한다.
- 사업주는 높이 1m 이상인 계단의 개방된 측면에 안전난간을 설치하여야 한다.

163 근로자의 추락 등에 의한 위험방지를 위하여 안전난간 설치기준이다. ( )안을 채우시오.(6점)

[산기0502/산기0904/기사1102/산기1501/기사1704/기사2202]

가) 상부 난간대는 바닥면·발판 또는 경사로의 표면으로부터 (①)cm 이상 지점에 설치하고, 상부 난간대를 (②)cm 이하에 설치하는 경우는 중간 난간대는 상부 난간대와 바닥면 등의 중간에 설치하여야 하며, (②)cm 이상 지점에 설치하는 경우는 중간 난간대를 2단 이상으로 균등하게 설치하고 난간의 상하 간격은 (③)cm 이하가 되도록 할 것
나) 발끝막이판은 바닥면 등으로부터 (④)cm 이상의 높이를 유지할 것
다) 난간대는 지름 (⑤)cm 이상의 금속제 파이프나 그 이상의 강도가 있는 재료일 것
라) 안전난간은 구조적으로 가장 취약한 지점에서 가장 취약한 방향으로 작용하는 (⑥)kg 이상의 하중에 견딜 수 있는 튼튼한 구조일 것

① 90   ② 120   ③ 60
④ 10   ⑤ 2.7   ⑥ 100

✓ **안전난간의 구조**
- 상부 난간대, 중간 난간대, 발끝막이판 및 난간기둥으로 구성할 것
- 상부 난간대는 바닥면·발판 또는 경사로의 표면으로부터 90cm 이상 지점에 설치하고, 상부 난간대를 120cm 이하에 설치하는 경우는 중간 난간대는 상부 난간대와 바닥면 등의 중간에 설치하여야 하며, 120cm 이상 지점에 설치하는 경우는 중간 난간대를 2단 이상으로 균등하게 설치하고 난간의 상하 간격은 60cm 이하가 되도록 할 것
- 발끝막이판은 바닥면 등으로부터 10cm 이상의 높이를 유지할 것
- 난간기둥은 상부 난간대와 중간 난간대를 견고하게 떠받칠 수 있도록 적정한 간격을 유지할 것
- 상부 난간대와 중간 난간대는 난간 길이 전체에 걸쳐 바닥면등과 평행을 유지할 것
- 난간대는 지름 2.7cm 이상의 금속제 파이프나 그 이상의 강도가 있는 재료일 것
- 안전난간은 구조적으로 가장 취약한 지점에서 가장 취약한 방향으로 작용하는 100kg 이상의 하중에 견딜 수 있는 튼튼한 구조일 것

164 산업안전보건법상 양중기 종류 2가지를 쓰시오.(세부사항까지 쓰시오)(4점)

[기사0502/산기0701/기사1201/산기1401/산기1502/산기1701/기사1902/산기1904]

① 이동식 크레인　　② 곤돌라
③ 승강기　　　　　④ 크레인(호이스트를 포함)
⑤ 리프트(이삿짐운반용 리프트의 경우는 적재하중이 0.1톤 이상인 것으로 한정)

▲ 해당 답안 중 2가지 선택 기재

165 산업안전보건법상 크레인(양중기)에 설치한 방호장치의 종류 3가지를 쓰시오(3점)

[산기0704/기사0904/기사1404/산기1601/산기1702/산기1801/산기1902/기사2204]

① 과부하방지장치　　② 권과방지장치
③ 비상정지장치　　　④ 제동장치

▲ 해당 답안 중 3가지 선택 기재

166 양중기(승강기 제외)를 사용하여 작업하는 운전자 또는 작업자가 보기 쉬운 곳에 부착해야할 것을 2가지 쓰시오.(4점)

[기사1102/기사1701]

① 운전속도
② 경고표시
③ 해당 기계의 작업하중(달기구는 정격하중만)

▲ 해당 답안 중 2가지 선택 기재

167 와이어로프의 안전계수에 대해서 설명하시오. (3점) [기사1002/기사1604/기사1902]

• 안전계수는 와이어로프 등의 절단하중 값을 그 와이어로프 등에 걸리는 하중의 최댓값으로 나눈 값을 말한다.

168 산업안전보건법령상 다음 경우에 해당하는 양중기의 와이어로프(또는 달기체인)의 안전계수를 빈칸에 써 넣으시오. (4점) [기사0801/산기1001/기사1202/산기1204/기사1501/산기1504/기사1701/기사1702/산기1902/기사2104]

> 가) 근로자가 탑승하는 운반구를 지지하는 경우 : (①) 이상
> 나) 화물의 하중을 직접 지지하는 경우 : (②) 이상
> 다) 훅, 샤클, 클램프, 리프팅 빔의 경우 : (③) 이상
> 라) 그 밖의 경우 : (④) 이상

① 10 ② 5
③ 3   ④ 4

169 양중기에 사용하는 와이어로프의 사용금지 조건 3가지를 쓰시오. (3점) [기사0302/기사0404/산기0601/기사0704/산기0804/기사0901/산기1002/산기1201/기사1502/산기1502/기사1602/산기1602/산기1701/산기1901/기사2001/기사2004/기사2301/기사2402]

① 이음매가 있는 것
② 와이어로프의 한 꼬임에서 끊어진 소선(素線)의 수가 10퍼센트 이상인 것
③ 지름의 감소가 공칭지름의 7퍼센트를 초과하는 것
④ 심하게 변형 또는 부식된 것
⑤ 꼬인 것
⑥ 열과 전기충격에 의해 손상된 것

▲ 해당 답안 중 3가지 선택 기재

170 양중기에 사용하는 권상용 와이어로프의 사용금지 사항이다. 빈칸을 채우시오. (4점) [기사0302/기사0404/산기0601/기사0704/산기0804/기사0901/산기1002/산기1201/기사1502/산기1502/기사1602/산기1602/산기1701/산기1901/기사2001/기사2004]

> 가) 와이어로프의 한 꼬임에서 끊어진 소선의 수가 (①)% 이상인 것
> 나) 지름의 감소가 공칭지름의 (②)%를 초과하는 것

① 10 ② 7

171 산업안전보건에 관한 규칙에 의거 사업주는 크레인을 사용하여 근로자를 운반하거나 근로자를 달아 올린 상태에서 작업에 종사시켜서는 안 되는데 부득이하게 크레인을 사용하여 근로자를 운반하려고 할 경우의 조치사항 3가지를 쓰시오.(6점) [산기0602/산기1202/산기1702/기사2102/기사2201/기사2204/기사2403]

① 탑승설비가 뒤집히거나 떨어지지 않도록 필요한 조치를 할 것
② 안전대나 구명줄을 설치하고, 안전난간을 설치할 수 있는 구조인 경우에는 안전난간을 설치할 것
③ 탑승설비를 하강시킬 때에는 동력하강방법으로 할 것

172 곤돌라의 안전장치 중 와이어로프가 일정한도 이상 감기는 것을 방지하는 장치의 명칭을 쓰시오.(3점) [기사0902/기사2004]

• 권과방지장치

173 ( )안에 알맞은 조치를 쓰시오.(3점) [기사0701/기사1402/기사1801/기사2201]

> 사업주는 순간풍속이 ( )m/s를 초과하는 바람이 불어올 우려가 있는 경우 옥외에 설치되어 있는 주행크레인에 대하여 이탈방지장치를 작동시키는 등 이탈 방지를 위한 조치를 하여야 한다.

• 30

✔ 강풍에 대한 조치	
순간풍속이 초당 35 미터 초과	• 건설용 리프트에 대하여 받침의 수를 증가시키는 등 그 붕괴 등을 방지하기 위한 조치를 하여야 한다. • 옥외에 설치된 승강기에 대하여 받침의 수를 증가시키는 등 승강기가 무너지는 것을 방지하기 위한 조치를 하여야 한다.
순간풍속이 초당 30 미터 초과	• 옥외에 설치된 주행 크레인에 대하여 이탈방지장치를 작동시키는 등 이탈 방지를 위한 조치를 하여야 한다. • 옥외에 설치된 양중기를 사용하여 작업을 하는 경우 미리 기계 각 부위에 이상이 있는지를 점검하여야 한다.
순간풍속이 초당 15 미터 초과	타워크레인의 운전작업을 중지
순간풍속이 초당 10 미터 초과	타워크레인의 설치·수리·점검 또는 해체작업을 중지

174 타워크레인의 작업 중지에 관한 내용이다. 빈칸을 채우시오.(4점)

[산기0601/산기0804/산기0901/산기1302/기사2002/산기2002]

> 가) 설치·수리·점검 또는 해체작업을 중지하여야 하는 순간풍속은 (①)m/s이다.
> 나) 타워크레인의 운전작업을 중지하여야 하는 순간풍속은 (②)m/s이다.

① 10   ② 15

175 1톤 이상의 크레인을 사용하는 작업 시의 특별안전보건교육 내용을 3가지 쓰시오.(단, 그 밖에 안전·보건관리에 필요한 사항은 제외)(6점)

[기사1204/기사1701/기사1804]

① 방호장치의 종류, 기능 및 취급에 관한 사항
② 화물의 취급 및 안전작업방법에 관한 사항
③ 신호방법 및 공동작업에 관한 사항
④ 걸고리·와이어로프 및 비상정지장치 등의 기계·기구 점검에 관한 사항
⑤ 인양 물건의 위험성 및 낙하·비래(飛來)·충돌재해 예방에 관한 사항
⑥ 인양물이 적재될 지반의 조건, 인양하중, 풍압 등이 인양물과 타워크레인에 미치는 영향

▲ 해당 답안 중 3가지 선택 기재

176 산업안전보건법령상 크레인을 사용하여 작업하는 경우 준수사항을 3가지 쓰시오.(6점)

[기사1701]

① 인양할 하물을 바닥에서 끌어당기거나 밀어내는 작업을 하지 아니할 것
② 고정된 물체를 직접 분리·제거하는 작업을 하지 아니할 것
③ 미리 근로자의 출입을 통제하여 인양 중인 하물이 작업자의 머리 위로 통과하지 않도록 할 것
④ 인양할 하물이 보이지 아니하는 경우는 어떠한 동작도 하지 아니할 것
⑤ 유류드럼이나 가스통 등 운반 도중에 떨어져 폭발하거나 누출될 가능성이 있는 위험물 용기는 보관함에 담아 안전하게 매달아 운반할 것

▲ 해당 답안 중 3가지 선택 기재

177 이동식 크레인의 종류 3가지를 쓰시오.(3점)

[기사1701/기사2101/기사2401]

① 트럭 크레인   ② 휠 크레인   ③ 무한궤도 크레인
④ 철도 크레인   ⑤ 부동 크레인

▲ 해당 답안 중 3가지 선택 기재

178 승강기의 종류를 4가지 쓰시오.(4점) [기사0801/산기0904/기사1004/기사1802/산기1804/기사2302]
① 승객용 엘리베이터　　　② 승객화물용 엘리베이터
③ 화물용 엘리베이터　　　④ 소형화물용 엘리베이터
⑤ 에스컬레이터

▲ 해당 답안 중 4가지 선택 기재

179 사업장에 승강기의 설치·조립·수리·점검 또는 해체작업을 하는 경우 사업주가 작업을 지휘하는 사람에게 이행하게 해야 하는 사항을 3가지 쓰시오.(6점) [기사1004/기사2003]
① 작업방법과 근로자의 배치를 결정하고 해당 작업을 지휘하는 일
② 재료의 결함 유무 또는 기구 및 공구의 기능을 점검하고 불량품을 제거하는 일
③ 작업 중 안전대 등 보호구의 착용 상황을 감시하는 일

180 양중기의 종류 중 동력을 사용하여 사람이나 화물을 운반하는 것을 목적으로 하는 기계설비를 리프트라 한다. 산업안전보건기준에 관한 규칙에서 규정하고 있는 리프트의 종류 3가지를 쓰시오.(3점) [기사0804/기사1601/기사2104]
① 건설용 리프트　　　② 산업용 리프트
③ 자동차정비용 리프트　　　④ 이삿짐운반용 리프트

▲ 해당 답안 중 3가지 선택 기재

181 고소작업대를 이용하여 작업하는 경우의 준수사항을 3가지 쓰시오.(6점) [기사1102/기사1802/기사2003]
① 작업자가 안전모·안전대 등의 보호구를 착용하도록 할 것
② 관계자가 아닌 사람이 작업구역에 들어오는 것을 방지하기 위하여 필요한 조치를 할 것
③ 안전한 작업을 위하여 적정수준의 조도를 유지할 것
④ 전환스위치는 다른 물체를 이용하여 고정하지 말 것
⑤ 작업대는 정격하중을 초과하여 물건을 싣거나 탑승하지 말 것
⑥ 작업대의 붐대를 상승시킨 상태에서 탑승자는 작업대를 벗어나지 말 것
⑦ 전로에 근접하여 작업하는 경우는 작업감시자를 배치하는 등 감전사고를 방지하기 위하여 필요한 조치를 할 것

▲ 해당 답안 중 3가지 선택 기재

182 고소작업대 이동 시 준수사항 3가지를 쓰시오.(6점) [기사1104/기사1704/기사2101]

① 작업대를 가장 낮게 내릴 것
② 작업자를 태우고 이동하지 말 것
③ 이동통로의 요철상태 또는 장애물의 유무 등을 확인할 것

183 곤돌라 작업 시 근로자가 탑승 가능한 경우 2가지를 쓰시오.(4점) [기사0502/기사1401/기사2402]

① 운반구가 뒤집히거나 떨어지지 않도록 필요한 조치를 할 것
② 안전대나 구명줄을 설치하고, 안전난간을 설치할 수 있는 구조인 경우이면 안전난간을 설치할 것

184 산업안전보건법에 따라 항타기 또는 항발기 조립 시 점검하여야 할 사항을 4가지 쓰시오.(4점) [기사0302/기사0604/기사1002/기사1404/기사2301]

① 본체 연결부의 풀림 또는 손상의 유무
② 권상용 와이어로프·드럼 및 도르래의 부착상태의 이상 유무
③ 권상장치의 브레이크 및 쐐기장치 기능의 이상 유무
④ 권상기의 설치상태의 이상 유무
⑤ 리더(Leader)의 버팀 방법 및 고정상태의 이상 유무
⑥ 본체·부속장치 및 부속품의 강도가 적합한지 여부
⑦ 본체·부속장치 및 부속품에 심한 손상·마모·변형 또는 부식이 있는지 여부

▲ 해당 답안 중 4가지 선택 기재

185 NATM 공법의 터널공사에서 지질 및 지층에 관한 조사를 통해 확인할 사항 4가지를 쓰시오.(4점) [기사0701/기사1202/기사1702]

① 시추(보링)위치
② 토층분포상태
③ 투수계수
④ 지하수위
⑤ 지반의 지지력

▲ 해당 답안 중 4가지 선택 기재

186 터널공사표준안전작업지침-NATM공법에서 터널작업 시 사전에 계측계획을 수립하고 그 계획에 따라 계측을 하여야 한다. 이때 계측계획에 포함되어야 할 사항 4가지를 쓰시오.(4점) [기사2104]

① 측정위치 개소 및 측정의 기능 분류
② 계측시 소요장비
③ 계측빈도
④ 계측결과 분석방법
⑤ 변위 허용치 기준
⑥ 이상 변위시 조치 및 보강대책
⑦ 계측 전담반 운영계획
⑧ 계측관리 기록분석 계통기준 수립

▲ 해당 답안 중 4가지 선택 기재

187 터널 내의 누수로 인한 붕괴위험으로부터 근로자의 안전을 위해 수립하는 배수 및 방수계획의 내용 3가지를 쓰시오.(6점) [기사2004]

① 지하수위 및 투수계수에 의한 예상 누수량 산출
② 배수펌프 소요대수 및 용량
③ 배수방식의 선정 및 집수구 설치방식
④ 터널내부 누수개소 조사 및 점검 담당자 선임
⑤ 누수량 집수유도 계획 또는 방수계획
⑥ 굴착상부지반의 채수대 조사

▲ 해당 답안 중 3가지 선택 기재

188 토목공사 다짐기계에 따른 다짐공법의 종류를 3가지 쓰시오.(3점) [기사2302]

① 전압다짐
② 진동다짐
③ 충격다짐

189 터널 등의 건설작업을 하는 경우 낙반 등에 의하여 근로자의 위험을 방지하기 위한 조치사항 3가지를 쓰시오.(6점) [기사0304/산기0804/산기1002/산기1702/기사2004]

① 터널 지보공의 설치
② 록볼트의 설치
③ 부석의 제거

190 사업주가 터널 지보공을 설치한 경우에 수시로 점검하고 이상을 발견한 경우에는 즉시 보강하거나 보수하여야 할 사항을 3가지 쓰시오.(3점) [산기1202/산기2104/기사2301]

① 부재의 손상, 변형, 부식, 변위 탈락의 유무 및 상태
② 부재의 긴압 정도
③ 부재의 접속부 및 교차부의 상태
④ 기둥침하의 유무 및 상태

▲ 해당 답안 중 3가지 선택 기재

191 다음 중 맞는 것을 고르시오.(3점) [기사1904]

① 전반전단파괴 : 흙 전체가 모두 전단파괴되는 것을 말한다.
② 펀칭전단파괴 : 기초의 폭에 비해 근입깊이가 작을 때 주로 발생한다.
③ 전반전단파괴 : 주로 느슨한 사질토 및 점토 지반에서 주로 발생한다.
④ 국부전단파괴 : 주로 굳은 사질토 및 점토 지반에서 주로 발생한다.

• ①

✔ 기초지반의 하중-침하거동에서 파괴의 종류	
전반전단파괴	• 지반상의 구조물이 과도한 침하로 파괴되기 전에 활동면을 따라 전면적으로 흙의 극한 전단강도가 발휘되는 형태의 지반파괴현상 • 단단한 점성토, 치밀한 사질토에서 주로 발생한다.
국부전단파괴	• 지반상의 구조물이 과도한 침하로 지반이 파괴될 때 미끄럼면을 따라 부분적으로 극한 전단강도가 발휘되는 형태의 지반파괴현상 • 지반이 원만한 사질토, 예민한 점성토에서 주로 발생한다.
관입전단파괴	• 기초가 느슨한 지반위에서 기초 양편의 전단영역이 명확하지 않고 지표면의 히빙현상도 없으면서 침하 파괴되는 현상 • 매우 연약한 점토지반에서 주로 발생한다.

192 균열이 있는 암석의 경사면 붕괴방지를 위해 설치하거나 조치를 하여야 할 사항 3가지를 쓰시오.(3점) [기사0302/기사1201/기사1804/기사1902/산기1904]

① 옹벽, 흙막이 지보공을 설치해 경사면 붕괴를 방지한다.
② 균열이 많은 암반에 철망을 씌워 경사면 붕괴를 방지한다.
③ 측구를 설치하여 지표수 침투를 방지한다.
④ 지반은 안전한 경사로 하고 낙하의 위험이 있는 토석은 제거한다.
⑤ 지반의 붕괴 또는 토석의 낙하 원인이 되는 빗물이나 지하수 등을 배제한다.

▲ 해당 답안 중 3가지 선택 기재

193 지반의 붕괴, 구축물의 붕괴 또는 토석의 낙하 등에 의하여 근로자가 위험해질 우려가 있는 경우 그 위험을 방지하기 위한 조치사항이다. 빈칸을 채우시오.(4점) [기사1504]

> 지반은 안전한 경사로 하고 낙하의 위험이 있는 토석을 제거하거나 옹벽, (①) 등을 설치하고, 지반의 붕괴 또는 토석의 낙하 원인이 되는 빗물이나 (②) 등을 배제할 것

① 흙막이 지보공
② 지하수

194 다음 공법의 명칭을 쓰시오.(4점) [기사2403]

> ① 버팀대 대신 흙막이 벽 배면에 인장재를 사용해서 힘을 흙이나 암반속에 전달하는 구조부를 형성하여 인장력에 의해 토압을 지지하는 공법
> ② 지하연속벽을 본 구조물의 벽체로 이용하여 지하 터파기와 지상의 구조체 공사를 병행하여 시공하는 공법

① 어스앵커 공법
② 탑다운 공법

195 거푸집 동바리로 사용하는 파이프 서포트 설치 시 준수사항으로 다음 빈칸을 채우시오.(4점) [산기0904/산기1604/산기1701/기사2301]

> 가) 파이프 서포트를 (①)개 이상 이어서 사용하지 않도록 할 것
> 나) 높이가 3.5m를 초과하는 경우에는 높이 2m 이내마다 수평연결재를 (②)개 방향으로 만들고 수평연결재의 변위를 방지할 것
> 다) 시스템 동바리의 경우 수직 및 수평하중에 대해 동바리의 구조적 안정성이 확보되도록 조립도에 따라 수직재 및 수평재에는 (③)를 견고하게 설치할 것
> 라) 시스템 동바리 최상단과 최하단의 수직재와 받침철물은 서로 밀착되도록 설치하고 수직재와 받침철물의 연결부의 겹침길이는 받침철물 전체길이의 (④) 이상 되도록 할 것

① 3
② 2
③ 가새재
④ 3분의 1

196 거푸집 동바리의 고정·조립 또는 해체작업, 지반의 굴착작업, 흙막이 지보공의 고정·조립 또는 해체작업, 터널의 굴착작업, 건물 등의 해체작업 시 관리감독자의 유해·위험방지 업무 3가지를 쓰시오.(6점)

[기사0401/기사0701/기사1302/기사2104]

① 안전한 작업방법을 결정하고 작업을 지휘하는 일
② 재료·기구의 결함 유무를 점검하고 불량품을 제거하는 일
③ 작업 중 안전대 및 안전모 등 보호구 착용 상황을 감시하는 일

197 근로자의 안전을 위하여 터널 작업면에 대한 조명장치 및 설비를 확인하여야 할 사항에 대한 (   )안을 채우시오.(4점)

[기사1801/기사2002]

작업 기준	조도 기준
막장 구간	(①)
터널중간 구간	(②)
터널 입·출구, 수직구 구간	(③)

① 70Lux 이상
② 50Lux 이상
③ 30Lux 이상

198 터널 건설작업 시 배기가스나 분진 등으로 시계가 제한되는 경우 시계유지에 필요한 조치사항 2가지를 쓰시오.(4점)

[기사1501/기사1702]

① 환기를 한다.
② 물을 뿌린다.

199 터널 굴착공사 시 터널 내 공기 오염원인 4가지를 쓰시오.(4점)

[기사1201/기사1502]

① 분진   ② 지반으로부터 용출되는 유해가스
③ 화약의 발파로 인한 연기와 가스   ④ 사용기계의 배기가스
⑤ 유기물의 부패, 발효에 의한 가스   ⑥ 작업원의 호흡에 의한 이산화탄소
⑦ 산소결핍 공기

▲ 해당 답안 중 4가지 선택 기재

200 NATM공법에서 록볼트의 기능을 3가지 설명하시오.(6점)
[기사1101/2001]

① 지반봉합 : 지반을 메워준다.
② 보(Beam) 형성 : 보를 형성한다.
③ 내압부여 : 내부에 압력을 부여한다.
④ 암반개량 : 암반전단의 저항력을 증대하고 잔류강대를 강화해 암반전체의 물성을 개선한다.
⑤ 마찰 : 마찰력의 발생으로 지층의 운동을 억제한다.
⑥ 아치 형성 : 아치 형상을 만들어 준다.

▲ 해당 답안 중 3가지 선택 기재

201 발파작업 시 관리감독자의 유해·위험방지업무 4가지를 쓰시오.(4점)
[기사0302/기사0404/기사0702/기사0804/기사1304/기사1402/기사2201/기사2202]

① 점화 전에 점화작업에 종사하는 근로자가 아닌 사람에게 대피를 지시하는 일
② 점화작업에 종사하는 근로자에게 대피장소 및 경로를 지시하는 일
③ 점화 전에 위험구역 내에서 근로자가 대피한 것을 확인하는 일
④ 점화신호를 하는 일
⑤ 점화순서 및 방법에 대하여 지시하는 일
⑥ 점화작업에 종사하는 근로자에게 대피신호를 하는 일
⑦ 점화하는 사람을 정하는 일
⑧ 안전모 등 보호구 착용 상황을 감시하는 일 등

▲ 해당 답안 중 4가지 선택 기재

202 화약류저장소 내의 운반이나 현장 내 소규모 운반일 때 준수할 사항을 2가지 쓰시오.(4점)
[기사2003]

① 화약류를 갱내 또는 떨어진 발파 현장에 운반할 때는 정해진 포장 및 상자 등을 사용하여 운반하여야 한다.
② 화약류는 운반하는 자의 체력에 적당하도록 소량을 운반케 하여야 한다.
③ 빈 화약류 용기 및 포장재료는 제조자의 지시에 따라 처분하여야 한다.
④ 화약류를 운반할 때 화기나 전선의 부근을 피하고, 넘어지거나 떨어뜨리거나 부딪치거나 하지 않도록 주의하여야 한다.
⑤ 화약, 폭약 및 도폭선과 공업뇌관 또는 전기뇌관은 1인이 동시에 운반하여서는 안 된다. 1인에게 운반시킬 때는 별개 용기에 넣어 운반하여야 한다.
⑥ 전기뇌관을 운반할 때는 각선이 벗겨지지 않도록 용기에 넣고 건전지 및 타 전로의 벗겨진 전기기구를 휴대하지 말아야 하며 전등선, 동력선 기타 누전의 우려가 있는 것에 접근시키지 말아야 한다.

▲ 해당 답안 중 2가지 선택 기재

203 콘크리트 파쇄용 화약류 취급시 준수사항을 2가지 쓰시오.(단, 근로자 안전에 관한 사항은 제외)(4점)

[기사2401]

① 화약류에 의한 발파파쇄 해체시에는 사전에 시험발파에 의한 폭력, 폭속, 진동치속도 등에 파쇄능력과 진동, 소음의 영향력을 검토하여야 한다.
② 소음, 분진, 진동으로 인한 공해대책, 파편에 대한 예방대책을 수립하여야 한다.
③ 화약류 취급에 대하여는 법, 총포도검화약류단속법 등 관계법에서 규정하는 바에 의하여 취급하여야 하며 화약 저장소 설치기준을 준수하여야 한다.
④ 시공순서는 화약취급절차에 의한다.

▲ 해당 답안 중 2가지 선택 기재

204 회전날 끝에 다이아몬드 입자를 혼합 경화하여 제조된 절단톱으로 기둥, 보, 바닥, 벽체를 적당한 크기로 절단하여 해체하는 공법의 준수사항을 3가지 쓰시오.(3점)

[기사1201/기사1604]

① 작업현장은 정리정돈이 잘되어야 한다.
② 절단기에 사용되는 전기 및 급·배수설비를 수시로 정비·점검하여야 한다.
③ 회전톱날에는 접촉방지 커버를 부착하여야 한다.
④ 회전톱날의 조임 상태는 안전한지 작업 전에 점검하여야 한다.
⑤ 절단기는 사용 전·후 점검하고 정비해 두어야 한다.
⑥ 절단 진행방향은 직선으로 하고 저항이 큰 자재는 최소단면으로 절단하여야 한다.
⑦ 절단 중 회전톱날을 냉각시키는 냉각수는 충분한지 점검하고 불꽃이 많이 비산되거나 수증기 등이 발생되면 과열의 위험이 있으므로 절단력을 약하게 하거나 작업을 일시 중단한 뒤 다시 작업을 실시하여야 한다.

▲ 해당 답안 중 3가지 선택 기재

205 근로자가 상시 분진작업과 관련된 업무를 하는 경우 사업주가 근로자에게 알려야 하는 사항을 3가지 쓰시오.
(6점)

[기사1204/기사2001]

① 분진의 유해성과 노출경로
② 분진의 발산 방지와 작업장의 환기 방법
③ 작업장 및 개인위생 관리
④ 호흡용 보호구의 사용 방법
⑤ 분진에 관련된 질병 예방 방법

▲ 해당 답안 중 3가지 선택 기재

206 교량건설 공법 중 PGM 공법과 PSM 공법을 설명하시오.(4점) [기사1301/기사2101]

① PGM(Precast Girder Method) : 교량 상부구조를 공사현장 외부에서 제작해서 운반 후 현장에서 조립하는 방법
② PSM(Precast Segment Method) : 교량 상부구조를 공사현장에서 직접 제작 후 현장에서 조립하는 방법

MEMO

2025
고시넷
고패스

건설안전기사 실기
필답형 + 작업형
기출복원문제 + 유형분석

**필답형 회차별
기출복원문제 31회분
2015~2024년**

정답표시문제

한국산업인력공단 국가기술자격

gosinet
(주)고시넷

2024년 3회 필답형 기출복원문제

신규문제 5문항 중복문제 9문항

01 산업안전보건법상 건설업 안전보건관리규정에 관련된 다음 물음에 답하시오.(4점) [기사2403]

> 가) 건설업에서 안전보건관리규정을 작성해야 할 상시 근로자 수 기준을 쓰시오.
> 나) 안전보건관리규정을 변경할 사유가 발생했을 때 발생한 날로부터 며칠 이내에 변경해야 하는지 쓰시오.

가) 100명 이상
나) 30일

02 다음 공법의 명칭을 쓰시오.(4점) [기사1502/기사2403]

> ① 흙막이 벽의 배면을 원통형으로 굴착하고, 여기에 고강도 PC강재 등의 인장재와 그라우트를 주입시켜 형성한 앵커체(deadman)에 긴장력을 주어 흙막이 벽을 지지시키는 공법은?
> ② 지하의 굴착과 병행하여 지상의 기둥, 보 등의 구조를 축조하면서 지하연속벽을 흙막이 벽으로 하여 굴착하면서 구조체를 형성해가는 공법은?

① 어스앵커 공법
② 탑다운 공법

03 동일한 장소에서 행하여지는 사업의 사업주가 사용하는 근로자와 그의 수급인이 사용하는 근로자가 동일한 장소에서 작업할 때 생기는 산업재해 예방을 위한 조치사항 3가지를 쓰시오.(6점)
[기사1104/기사1502/산기1504/기사2003/기사2403]

① 도급인과 수급인을 구성원으로 하는 안전 및 보건에 관한 협의체의 구성 및 운영
② 작업장 순회점검
③ 관계수급인이 근로자에게 하는 안전보건교육의 실시 확인
④ 관계수급인이 근로자에게 하는 안전보건교육을 위한 장소 및 자료의 제공 등 지원
⑤ 발파, 화재, 폭발, 붕괴, 지진 등을 대비한 경보체계 운영과 대피방법 등 훈련
⑥ 위생시설 등 고용노동부령으로 정하는 시설의 설치 등을 위하여 필요한 장소의 제공 또는 도급인이 설치한 위생시설 이용의 협조
⑦ 관계수급인 등의 작업시기·내용, 안전조치 및 보건조치 등의 확인

▲ 해당 답안 중 3가지 선택 기재

04 공기압축기를 가동할 때 사업주가 작업을 시작하기 전에 관리감독자로 하여금 점검하도록 해야 하는 사항을 2가지 쓰시오.(단, 그 밖의 연결 부위의 이상 유무는 제외)(4점) [기사2403]

① 공기저장 압력용기의 외관 상태
② 드레인밸브(drain valve)의 조작 및 배수
③ 압력방출장치의 기능
④ 언로드밸브(unloading valve)의 기능
⑤ 윤활유의 상태
⑥ 회전부의 덮개 또는 울

▲ 해당 답안 중 2가지 선택 기재

05 건설업 산업안전보건관리비 계상 및 사용기준에 관련된 다음 물음에 답하시오.(4점) [기사2403]

> 가) 공사원가계산서 구성항목 중 직접재료비, 간접재료비와 직접노무비를 합한 금액(발주자가 재료를 제공할 경우에는 해당 재료비를 포함)을 (①)(이)라 한다.
> 나) 건설공사의 시공을 주도하여 총괄·관리하는 자(발주자로부터 건설공사를 최초로 도급받은 수급인 제외)를 (②)(이)라 한다.

① 산업안전보건관리비 대상액
② 자기공사자

06 강관비계 조립 시 벽이음 또는 버팀을 설치하려고 한다. 다음 물음에 답하시오.(5점)
[기사0402/산기0504/산기0604/기사0702/산기1102/기사1301/산기1402/산기1502/산기1804/기사1901/기사2102/기사2403]

가) 다음 표의 빈칸을 채우시오.

종류	조립 간격 (단위: m)	
	수직방향	수평방향
(①)	5	(②)
틀비계(높이가 5m 미만의 것을 제외한다)	6	(③)

나) 인장재(引張材)와 압축재로 구성된 경우에는 인장재와 압축재의 간격을 쓰시오.

가) ① 단관비계 ② 5 ③ 8
나) 1미터 이내

07 수직재, 수평재, 가새재 등 각각의 부재를 공장에서 제작하고 현장에서 조립하여 사용하는 조립형 비계를 무엇이라고 하는지 쓰시오.(2점) [기사2403]

• 시스템 비계

08 다음 조건의 건설업에서 선임해야 할 안전관리자의 인원을 쓰시오.(단, 전체 공사기간 중 전·후 15에 해당하는 기간은 제외)(6점)

[기사2003/기사2403]

> 가) 공사금액이 800억원 이상 1,500억원 미만 : (①)명
> 나) 공사금액이 2,200억원 이상 3,000억원 미만 : (②)명
> 다) 공사금액이 7,200억원 이상 8,500억원 미만 : (③)명

① 2명 ② 4명 ③ 9명

09 연평균 200인의 근로자를 가진 사업장에서 5건의 재해가 발생하였을 때, 그중 사망 1명, 14급은 2명, 1명은 30일 가료, 1명은 7일 가료로 분석되었다. 강도율을 구하시오.(단, 1일 8시간, 1년 300일 근로)(4점)

[기사2403]

- 강도율은 1천 시간동안 근로할 때 발생하는 근로손실일수를 의미한다. 강도율을 구하기 위해서는 근로손실일수와 연간총근로시간을 구해야한다.
- 연간총근로시간은 200 × 8 × 300 = 480,000시간이다.
- 근로손실일수를 구하기 위하여 사망 1명은 7,500일, 14급은 50일이 된다.
- 가료의 경우 휴업일수에 해당하므로 30일 + 7일 = 37일의 가료이므로 $37 \times \frac{300}{365} = 30.41$의 근로손실일수에 해당한다. 즉, 총 근로손실일수 = 7,500+(50 ×2)+30.41 = 7,630.41일이다.
- 강도율 = $\frac{7,630.41}{480,000} \times 1,000 = 15.8967 \cdots \approx 15.90$이 된다.

10 산업안전보건법상 안전보건총괄책임자의 직무를 3가지 쓰시오.(단, 도급 시 산업재해 예방조치는 제외)(6점)

[기사1102/기사1402/기사2403]

① 위험성평가의 실시에 관한 사항
② 작업의 중지
③ 산업안전보건관리비의 관계수급인 간의 사용에 관한 협의·조정 및 그 집행의 감독
④ 안전인증대상기계 등과 자율안전확인대상기계 등의 사용 여부 확인

▲ 해당 답안 중 3가지 선택 기재

11 산업재해발생률에서 상시근로자의 수 산출식을 쓰시오.(4점)

[기사0801/기사1101/기사1601/기사2403]

- 상시근로자 수 = $\frac{연간국내공사실적액 \times 노무비율}{건설업월평균임금 \times 12}$ 이다.

12 굴착작업 시 토석이 붕괴되는 원인을 외적원인과 내적원인으로 구분할 때 외적원인에 해당하는 사항을 3가지 쓰시오. (3점) [기사0901/기사1501/기사1904/기사2004/기사2403]

① 공사에 의한 진동 및 반복 하중의 증가
② 사면, 법면의 경사 및 기울기의 증가
③ 절토 및 성토 높이와 지하수위의 증가
④ 지표수·지하수의 침투에 의한 토사중량의 증가
⑤ 지진, 차량, 구조물의 하중작용
⑥ 토사 및 암석의 혼합층두께

▲ 해당 답안 중 3가지 선택 기재

13 안전보건교육에 있어 건설업 기초안전 보건교육에 대한 다음 각 물음에 답을 쓰시오. (4점) [기사1301/기사1604/기사2403]

> 가) 교육대상의 교육시간을 쓰시오.
> 나) 교육내용을 3가지만 쓰시오.

가) 4시간
나) 교육내용
  ① 건설공사의 종류(건축·토목 등) 및 시공 절차
  ② 산업재해 유형별 위험요인 및 안전보건조치
  ③ 안전보건관리체제 현황 및 산업안전보건 관련 근로자 권리·의무

14 산업안전보건에 관한 규칙에 의거 사업주는 크레인을 사용하여 근로자를 운반하거나 근로자를 달아 올린 상태에서 작업에 종사시켜서는 안 되는데 부득이하게 크레인을 사용하여 근로자를 운반하려고 할 경우의 조치사항 2가지를 쓰시오. (4점) [산기0602/산기1202/산기1702/기사2102/기사2201/기사2204/기사2403]

① 탑승설비가 뒤집히거나 떨어지지 않도록 필요한 조치를 할 것
② 안전대나 구명줄을 설치하고, 안전난간을 설치할 수 있는 구조인 경우에는 안전난간을 설치할 것
③ 탑승설비를 하강시킬 때에는 동력하강방법으로 할 것

▲ 해당 답안 중 2가지 선택 기재

2024년 2회 필답형 기출복원문제

신규문제 9문항 중복문제 5문항

01 정기안전점검 결과 건설공사의 물리적·기능적 결함 등이 발견되어 보수·보강 등의 조치를 하기 위하여 필요한 경우에 실시하는 안전점검을 쓰시오.(3점) [기사2402]

- 정밀안전점검

02 산업안전보건법상 중대재해와 관련된 다음 물음에 답하시오.(4점) [기사2402]

> 가) 중대재해가 발생되었을 때 사업주가 관할 지방고용노동관서의 장에게 보고하는 내용을 2가지 쓰시오.(단, 그 밖의 중요한 사항은 제외)
> 나) 중대재해의 종류를 2가지 쓰시오.

가) ① 발생 개요 및 피해 상황
　　② 조치 및 전망
나) ① 사망자가 1명 이상 발생한 재해
　　② 3개월 이상의 요양이 필요한 부상자가 동시에 2명 이상 발생한 재해
　　③ 부상자 또는 직업성 질병자가 동시에 10명 이상 발생한 재해

▲ 나)의 답안 중 2가지 선택 기재

03 산업안전보건법상 철골공사 중 추락방지를 위해 갖춰야 할 설비를 5가지 쓰시오.(5점) [기사2402]

① 비계　　　　　　　② 달비계
③ 수평통로　　　　　④ 안전난간대
⑤ 추락방지용 방망　　⑥ 난간
⑦ 울타리　　　　　　⑧ 안전대 부착설비 및 안전대
⑨ 구명줄

▲ 해당 답안 중 5가지 선택 기재

04 콘크리트 타설작업을 하는 경우 사업주의 준수사항을 3가지 쓰시오. (6점) [기사2402]

① 당일의 작업을 시작하기 전에 해당 작업에 관한 거푸집 및 동바리의 변형·변위 및 지반의 침하 유무 등을 점검하고 이상이 있으면 보수할 것
② 작업 중에는 감시자를 배치하는 등의 방법으로 거푸집 및 동바리의 변형·변위 및 침하 유무 등을 확인해야 하며, 이상이 있으면 작업을 중지하고 근로자를 대피시킬 것
③ 콘크리트 타설작업 시 거푸집 붕괴의 위험이 발생할 우려가 있으면 충분한 보강조치를 할 것
④ 설계도서상의 콘크리트 양생기간을 준수하여 거푸집 및 동바리를 해체할 것
⑤ 콘크리트를 타설하는 경우에는 편심이 발생하지 않도록 골고루 분산하여 타설할 것

▲ 해당 답안 중 3가지 선택 기재

05 사업주가 달비계에 사용하는 와이어로프의 사용금지 조건 4가지를 쓰시오. (4점)
[기사0302/기사0404/산기0601/기사0704/산기0804/기사0901/산기1002/산기1201/기사1502/산기1502/기사1602/산기1602/산기1701/산기1901/기사2001/기사2004/기사2301/기사2402]

① 이음매가 있는 것
② 와이어로프의 한 꼬임에서 끊어진 소선(素線)의 수가 10퍼센트 이상인 것
③ 지름의 감소가 공칭지름의 7퍼센트를 초과하는 것
④ 심하게 변형 또는 부식된 것
⑤ 꼬인 것
⑥ 열과 전기충격에 의해 손상된 것

▲ 해당 답안 중 4가지 선택 기재

06 산업안전보건법상 크레인과 관련된 다음 설명의 ( ) 안을 채우시오. (4점) [기사2402]

가) 원동장치, 감속장치 및 드럼 등을 일체형으로 조합한 양중장치와 이 양중장치를 사용하여 화물의 권상 및 횡행 또는 권상 동작만을 행하는 크레인 : (①)
나) 크레인의 권상하중에서 훅, 크래브 또는 버킷 등 달기기구의 중량에 상당하는 하중을 뺀 하중 : (②)
다) 주행레일 중심 간의 거리 : (③)
라) 수직면에서 지브 각(angle)의 변화 : (④)

① 호이스트   ② 정격하중
③ 스팬   ④ 기복

07
2024년 총산업재해보상보험 보상액이 214,730,693,000원일 경우 하인리히 방식으로 다음 각 손실비용을 구하시오.(6점) [기사2402]

① 직접 손실비용
② 간접 손실비용
③ 총 손실비용

- 하인리히는 직접비 : 간접비의 비율을 1:4로 계산하였으며, 보험 보상액은 직접비에 해당하므로
① 214,730,693,000원
② 214,730,693,000 × 4 = 858,922,772,000원
③ 214,730,693,000 + 858,922,772,000 = 1,073,653,465,000원

08
곤돌라 작업 시 근로자가 탑승 가능한 경우 2가지를 쓰시오.(4점) [기사0502/기사1401/기사2402]

① 운반구가 뒤집히거나 떨어지지 않도록 필요한 조치를 할 것
② 안전대나 구명줄을 설치하고, 안전난간을 설치할 수 있는 구조인 경우이면 안전난간을 설치할 것

09
재해의 원인분석방법 중 통계적 원인분석방법 2가지를 쓰시오.(2점) [기사2402]

① 파레토도
② 특성요인도
③ 크로스분석
④ 관리도

▲ 해당 답안 중 2가지 선택 기재

10
차량계 하역운반기계(지게차 등)의 운전자가 운전위치를 이탈하고자 할 때 운전자가 준수하여야 할 사항을 2가지 쓰시오.(4점) [산기0604/산기0804/산기0901/산기1302/기사1602/기사2002/기사2101/기사2402]

① 포크, 버킷, 디퍼 등의 장치를 가장 낮은 위치 또는 지면에 내려 둘 것
② 운전석을 이탈하는 경우는 시동키를 운전대에서 분리시킬 것
③ 원동기를 정지시키고 브레이크를 확실히 거는 등 갑작스러운 주행이나 이탈을 방지하기 위한 조치를 할 것

▲ 해당 답안 중 2가지 선택 기재

11 산업안전보건법상 사다리식 통로의 안전기준 3가지를 쓰시오.(6점)

[기사0302/기사0401/기사0601/산기0702/산기0801/산기1402/산기1601/기사1602/산기1604/산기1902/산기1904/기사2201/기사2402]

① 견고한 구조로 할 것
② 심한 손상·부식 등이 없는 재료를 사용할 것
③ 발판의 간격은 일정하게 할 것
④ 발판과 벽과의 사이는 15cm 이상의 간격을 유지할 것
⑤ 폭은 30cm 이상으로 할 것
⑥ 사다리가 넘어지거나 미끄러지는 것을 방지하기 위한 조치를 할 것
⑦ 사다리의 상단은 걸쳐놓은 지점으로부터 60cm 이상 올라가도록 할 것
⑧ 사다리식 통로의 길이가 10m 이상인 경우는 5m 이내마다 계단참을 설치할 것
⑨ 사다리식 통로의 기울기는 75도 이하로 할 것
⑩ 고정식 사다리식 통로의 기울기는 90도 이하로 하고, 그 높이가 7m 이상인 경우는 바닥으로부터 높이가 2.5m 되는 지점부터 등받이울을 설치할 것
⑪ 접이식 사다리 기둥은 사용 시 접혀지거나 펼쳐지지 않도록 철물 등을 사용하여 견고하게 조치할 것

▲ 해당 답안 중 3가지 선택 기재

12 건설공사도급인이 안전 및 보건에 관한 협의체를 구성한 경우 산업안전보건위원회의 위원을 구성할 수 있는 구성원 조건을 4가지 쓰시오.(4점)   [기사2402]

① 도급 또는 하도급 사업을 포함한 전체 사업의 근로자대표
② 명예산업안전감독관 및 근로자대표가 지명하는 해당 사업장의 근로자
③ 도급인 대표자
④ 관계수급인의 각 대표자 및 안전관리자

13 철골공사 작업을 중지해야 하는 조건이다. ( )을 채우시오.(4점)

[산기0501/산기0701/산기0704/기사0901/기사1302/산기1404/기사1502/기사1504/산기1801/기사2004/기사2402]

가) 풍속 : (①) 이상인 경우
나) 강우량 : (②) 이상인 경우

① 초당 10m
② 시간당 1mm

14 안전보건개선계획과 관련된 다음 설명의 (　) 안을 채우시오.(4점) [기사2402]

> 사업주는 안전보건개선계획을 수립할 때에는 (①)의 심의를 거쳐야 한다. 다만, (①)가 설치되어 있지 아니한 사업장의 경우에는 (②)의 의견을 들어야 한다.

① 산업안전보건위원회
② 근로자대표

2024년 1회 필답형 기출복원문제

신규문제 5문항 중복문제 9문항

01 양중기와 관련된 다음 물음에 답하시오.(4점)   [기사2401]

> 가) 다음 설명에 해당하는 양중기의 종류를 쓰시오.
> ① 달기발판 또는 운반구, 승강장치, 그 밖의 장치 및 이들에 부속된 기계부품에 의하여 구성되고, 와이어로프 또는 달기강선에 의하여 달기발판 또는 운반구가 전용 승강장치에 의하여 오르내리는 설비
> ② 훅이나 그 밖의 달기구 등을 사용하여 화물을 권상 및 횡행 또는 권상동작만을 하여 양중하는 것
> 나) 리프트의 종류 2가지를 쓰시오.

가) ① 곤돌라
　　② 호이스트
나) ① 건설용 리프트
　　② 산업용 리프트
　　③ 자동차정비용 리프트
　　④ 이삿짐운반용 리프트

▲ 나)의 답안 중 2가지 선택 기재

02 PS 콘크리트에서 프리스트레스를 도입 즉시 일어나는 시간적 손실원인을 2가지 쓰시오.(4점)
[기사0501/기사1002/기사1004/기사1502/기사2401]

① 정착장치의 활동　　② 콘크리트의 탄성수축
③ 긴장재 응력의 릴랙세이션

▲ 해당 답안 중 2가지 선택 기재

03 차량계 하역운반 기계에 화물적재 시 준수사항을 3가지 쓰시오.(6점)
[기사1004/산기1102/기사1604/산기2104/기사2401]

① 하중이 한쪽으로 치우치지 않도록 적재한다.
② 구내운반차 또는 화물자동차의 경우 화물의 붕괴 또는 낙하에 의한 위험을 방지하기 위하여 화물에 로프를 거는 등 필요한 조치를 한다.
③ 운전자의 시야를 가리지 않도록 화물을 적재한다.

04 적응기제 중 방어기제 및 도피기제를 각각 2가지씩 쓰시오.(4점) [기사1204/기사1502/기사2401]

가) 방어기제
① 합리화 ② 동일화 ③ 보상
④ 투사 ⑤ 승화

나) 도피기제
① 억압 ② 공격 ③ 고립
④ 퇴행 ⑤ 백일몽

▲ 해당 답안 중 각각 2가지 선택 기재

05 수자원시설공사(댐)에서 재료비와 직접노무비의 합이 4,500,000,000원일 때 산업안전보건관리비를 계산하시오.(3점) [기사1104/기사1604/기사2004/기사2401]

- 댐공사는 중건설공사이다. 중건설공사의 공사비가 5억원 이상 50억원 미만일 때 비율은 3.05%이고, 기초액은 2,975,000원이다.
- 산업안전보건관리비 = 대상액(재료비+직접노무비) × 요율 + 기초액에서 대상액은 45억원이고, 요율은 3.05%이고 기초액은 2,975,000원이 된다.
- 산업안전보건관리비 계상액 = 45억원 × 3.05% + 2,975,000 = 137,250,000+2,975,000 = 140,225,000원이다.

06 다음 안전보건표지의 이름을 쓰시오.(4점) [기사2001]

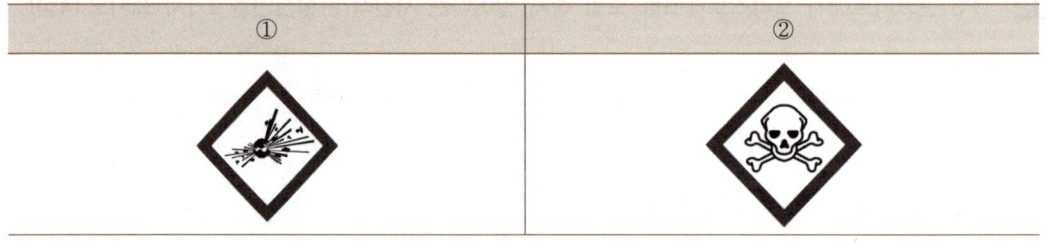

① 폭발성물질경고   ② 급성독성물질경고

07 이동식 크레인의 종류 3가지를 쓰시오.(3점) [기사1701/기사2101/기사2401]

① 트럭 크레인 ② 휠 크레인 ③ 무한궤도 크레인
④ 철도 크레인 ⑤ 부동 크레인

▲ 해당 답안 중 3가지 선택 기재

08 산업안전보건법상 안전·보건진단을 받아 안전보건개선계획을 수립·제출하도록 명할 수 있는 사업장의 종류를 3가지 쓰시오.(6점) [기사1404/기사2401]

① 사업주가 안전·보건조치의무를 이행하지 아니하여 중대재해가 발생한 사업장
② 산업재해율이 같은 업종 평균 산업재해율의 2배 이상인 사업장
③ 직업병 질병자가 연간 2명 이상(상시근로자 1천명 이상 사업장의 경우 3명 이상) 발생한 사업장
④ 작업환경 불량, 화재·폭발 또는 누출사고 등으로 사업장 주변까지 피해가 확산된 사업장

▲ 해당 답안 중 3가지 선택 기재

09 흙막이 공법의 종류를 다음과 같이 분류할 때 각각의 종류를 3가지씩 쓰시오.(6점) [기사2401]

> 가) 흙막이 지지방식에 의한 분류
> 나) 구조방식에 의한 분류

가) ① 자립공법   ② 버팀대식 공법   ③ 어스앵커 공법
나) ① H-Pile 공법   ② 널말뚝 공법   ③ 지하연속벽 공법   ④ Top down method 공법

▲ 나)의 답안 중 3가지 선택 기재

10 토공사의 비탈면 보호방법(공법)의 종류를 4가지 쓰시오.(4점) [기사1601/산기1801/기사1902/산기2004/기사2401]

① 식생공법   ② 피복공법
③ 뿜칠공법   ④ 붙임공법
⑤ 격자틀공법   ⑥ 낙석방호공법

▲ 해당 답안 중 4가지 선택 기재

11 가설구조물이 갖춰야 할 구비요건을 3가지 쓰시오.(5점) [기사2401]

① 경제성   ② 작업성
③ 안전성   ④ 사용성

▲ 해당 답안 중 3가지 선택 기재

12 가설통로 설치 시 사업주의 조치사항 3가지를 쓰시오.(3점)

[기사0602/기사1502/기사1704/기사1801/기사2201/기사2401]

① 견고한 구조로 할 것
② 경사는 30도 이하로 할 것
③ 경사가 15도를 초과하는 경우는 미끄러지지 아니하는 구조로 할 것
④ 추락할 위험이 있는 장소에는 안전난간을 설치할 것
⑤ 수직갱에 가설된 통로의 길이가 15m 이상인 경우는 10m 이내마다 계단참을 설치할 것
⑥ 건설공사에 사용하는 높이 8m 이상인 비계다리에는 7m 이내마다 계단참을 설치할 것

▲ 해당 답안 중 3가지 선택 기재

13 전기기계·기구 중 이동형이나 휴대형의 것으로 감전방지용 누전차단기를 설치해야 하는 기준을 2가지 쓰시오.(4점)

[기사0404/기사0802/기사1504/기사2401]

① 대지전압이 150V를 초과하는 이동형 또는 휴대형 전기기계·기구
② 물 등 도전성이 높은 액체가 있는 습윤장소에서 사용하는 저압용 전기기계·기구
③ 철판·철골 위 등 도전성이 높은 장소에서 사용하는 이동형 또는 휴대형 전기기계·기구
④ 임시배선의 전로가 설치되는 장소에서 사용하는 이동형 또는 휴대형 전기기계·기구

▲ 해당 답안 중 2가지 선택 기재

14 콘크리트 파쇄용 화약류 취급시 준수사항을 2가지 쓰시오.(단, 근로자 안전에 관한 사항은 제외)(4점)

[기사2401]

① 화약류에 의한 발파파쇄 해체시에는 사전에 시험발파에 의한 폭력, 폭속, 진동치속도 등에 파쇄능력과 진동, 소음의 영향력을 검토하여야 한다.
② 소음, 분진, 진동으로 인한 공해대책, 파편에 대한 예방대책을 수립하여야 한다.
③ 화약류 취급에 대하여는 법, 총포도검화약류단속법 등 관계법에서 규정하는 바에 의하여취급하여야 하며 화약 저장소 설치기준을 준수하여야 한다.
④ 시공순서는 화약취급절차에 의한다.

▲ 해당 답안 중 2가지 선택 기재

2023년 4회 필답형 기출복원문제

신규문제 4문항 중복문제 10문항

01 무재해운동의 3원칙을 쓰시오.(3점) [기사2304]

① 무(Zero)의 원칙
② 안전제일(선취)의 원칙
③ 참가의 원칙

02 다음과 같은 조건에서 사고사망만인율을 계산하시오.(3점) [기사2001/기사2304]

- 연간 상시근로자의 수 4,000명
- 재해로 1명의 사망자 발생

- $\frac{1}{4,000} \times 10,000 = 2.5[‰]$ 이다.

03 철근을 정착시키는 방식 2가지를 쓰시오.(4점) [기사2304]

① 매입 길이
② 갈고리
③ 용접 붙이기

▲ 해당 답안 중 2가지 선택 기재

04 다음 설명에 맞는 거푸집의 부재 명칭을 각각 쓰시오.(4점) [기사2304]

가) (①) : 거푸집의 일부로서 콘크리트에 직접 접하는 목재나 금속 등 판류를 말한다.
나) (②) : 타설된 콘크리트가 소정의 강도를 얻을 때까지 거푸집 및 장선·멍에를 적정한 위치에 유지시키고, 상부하중을 지지하기 위해 설치하는 부재를 말한다.

① 거푸집 널
② (거푸집) 동바리

05 하인리히의 재해예방 대책 5단계를 순서대로 쓰시오.(3점) [기사0804/산기1604/기사1802/기사2004/기사2201/기사2304]

① 1단계 - 안전관리조직
② 2단계 - 사실의 발견
③ 3단계 - 분석평가
④ 4단계 - 시정책의 선정
⑤ 5단계 - 시정책의 적용

06 고소작업 중인 작업자가 불안전한 작업대에서 떨어져 지면에 닿아 상해를 입었을 때, 재해의 발생형태, 기인물 및 가해물을 각각 쓰시오.(3점) [기사1501/기사1901/기사2304]

| 발생형태 | (①) | 기인물 | (②) | 가해물 | (③) |

① 추락(떨어짐) ② 작업대 ③ 지면

07 달비계 또는 높이 5m 이상의 비계를 조립, 해체하거나 변경작업을 할 때 사업주로서 준수하여야 할 사항을 3가지 쓰시오.(5점) [기사0402/산기0604/기사0702/산기0801/기사0802/기사1102/기사1501/산기1501/기사1904/기사2201/기사2304]

① 근로자가 관리감독자의 지휘에 따라 작업하도록 할 것
② 조립·해체 또는 변경의 시기·범위 및 절차를 그 작업에 종사하는 근로자에게 주지시킬 것
③ 조립·해체 또는 변경 작업구역에는 해당 작업에 종사하는 근로자가 아닌 사람의 출입을 금지하고 그 내용을 보기 쉬운 장소에 게시할 것
④ 비, 눈, 그 밖의 기상상태의 불안정으로 날씨가 몹시 나쁜 경우는 그 작업을 중지시킬 것
⑤ 재료·기구 또는 공구 등을 올리거나 내리는 경우는 근로자가 달줄 또는 달포대 등을 사용하게 할 것
⑥ 비계재료의 연결·해체작업을 하는 경우는 폭 20cm 이상의 발판을 설치하고 근로자로 하여금 안전대를 사용하도록 하는 등 추락을 방지하기 위한 조치를 할 것

▲ 해당 답안 중 3가지 선택 기재

08 굴착면의 높이가 2m 이상이 되는 암석의 굴착작업 시 특별교육 내용 3가지를 쓰시오.(단, 그밖에 안전·보건 관리에 필요한 사항 제외)(6점) [기사1001/기사1502/기사1602/기사2304]

① 안전거리 및 안전기준에 관한 사항
② 방호물의 설치 및 기준에 관한 사항
③ 보호구 및 신호방법 등에 관한 사항
④ 폭발물 취급 요령과 대피 요령에 관한 사항

▲ 해당 답안 중 3가지 선택 기재

09 Safe-T-score를 구하고 안전도에 대한 심각성 여부를 판정하시오.(4점)

[기사1001/기사1202/기사1701/기사2102/기사2304]

> • 전년도 도수율 : 120
> • 근로자수 : 400명
> • 올해년도 도수율 : 100
> • 올해년도 근로시간 수 : 1일 8시간 300일 근무

가) Safe-T-Score
- Safe-T-Score를 구하려면 현재의 도수율(빈도율), 과거의 도수율(빈도율), 현재의 총 근로시간을 알아야 한다.
- 올해의 총 근로시간 = 400 × 8 × 300 = 960,000시간이다.
- Safe-T-Score는 $\dfrac{100-120}{\sqrt{\dfrac{120}{960,000}\times 1,000,000}} \simeq -\dfrac{20}{11.180} \simeq -1.79$이다.

나) 심각성 여부 : Safe-T-Score가 -2~+2 사이에 있으므로 과거와 큰 차이가 없음을 확인할 수 있다.

10 콘크리트 타설을 하기 위해 콘크리트 펌프나 콘크리트 펌프카 이용 작업 시 사업자의 준수사항 3가지를 쓰시오.(6점)

[기사1104/기사1601/산기1701/기사2304]

① 작업을 시작하기 전에 콘크리트 펌프용 비계를 점검하고 이상을 발견하였으면 즉시 보수할 것
② 건축물의 난간 등에서 작업하는 근로자가 호스의 요동·선회로 인하여 추락하는 위험을 방지하기 위하여 안전난간 설치 등 필요한 조치를 할 것
③ 콘크리트 펌프카의 붐을 조정하는 경우는 주변의 전선 등에 의한 위험을 예방하기 위한 적절한 조치를 할 것
④ 작업 중에 지반의 침하, 아웃트리거의 손상 등에 의하여 콘크리트 펌프카가 넘어질 우려가 있는 경우는 이를 방지하기 위한 적절한 조치를 할 것

▲ 해당 답안 중 3가지 선택 기재

11 사질토 지반 개량공법의 종류 2가지를 쓰시오.(4점)

[기사0701/기사0804/기사1502/기사2304]

① 진동다짐 공법
② 다짐말뚝 공법
③ 폭파다짐 공법
④ 전기충격 공법
⑤ 약액주입 공법

▲ 해당 답안 중 2가지 선택 기재

12 산업안전보건법상 작업발판 일체형 거푸집의 종류를 4가지 쓰시오.(4점) [기사1102/기사2304]

① 갱 폼
② 슬립 폼
③ 클라이밍 폼
④ 터널 라이닝 폼

13 산업안전보건법에 따른 명예산업안전감독관의 업무를 4가지 쓰시오.(단, 해당 사업장에서의 업무만)(4점)

[기사1304/기사2101/기사2304]

① 사업장에서 하는 자체점검 참여 및 근로감독관이 하는 사업장 감독 참여
② 사업장 산업재해 예방계획 수립 참여 및 사업장에서 하는 기계·기구 자체검사 참석
③ 법령을 위반한 사실이 있는 경우 사업주에 대한 개선 요청 및 감독기관에의 신고
④ 산업재해 발생의 급박한 위험이 있는 경우 사업주에 대한 작업중지 요청
⑤ 작업환경측정, 근로자 건강진단 시의 참석 및 그 결과에 대한 설명회 참여
⑥ 직업성 질환의 증상이 있거나 질병에 걸린 근로자가 여러 명 발생한 경우 사업주에 대한 임시건강진단 실시 요청
⑦ 근로자에 대한 안전수칙 준수 지도

▲ 해당 답안 중 4가지 선택 기재

14 초음파 법에 의한 콘크리트 균열깊이를 평가하는 방법을 3가지 쓰시오.(3점) [기사2304]

① T - 법
② $T_c - T_o$법
③ BS법

2023년 2회 필답형 기출복원문제

신규문제 4문항   중복문제 10문항

01 다음은 근로자가 지붕 위에서 작업 할 때 추락이나 넘어질 위험이 있는 경우 사업주의 조치사항이다. ( ) 안을 채우시오.(4점)

[기사2302]

> 가. 지붕의 가장자리에 안전난간을 설치할 것
> 나. 채광창(skylight)에는 견고한 구조의 (①)를 설치할 것
> 다. 슬레이트 등 강도가 약한 재료로 덮은 지붕에는 폭 (②)센티미터 이상의 발판을 설치할 것

① 덮개　　　　　　　　　　② 30

02 다음에서 제시하는 산업재해통계의 산출식을 쓰시오.(6점)

[기사2302]

> ① 휴업재해율
> ② 도수율
> ③ 강도율

① (휴업재해자수/임금근로자수) × 100
② (재해건수/연근로시간수) × 1,000,000
③ (총요양근로손실일수/연근로시간수) × 1,000

03 다음은 산업안전보건법령상 강관비계의 구조에 대한 설명이다. ( ) 안을 채우시오.(3점)

[기사1302/산기1704/산기1802/산기1901/기사1904/산기2004/기사2302]

> • 띠장 간격은 (①)m 이하로 설치할 것
> • 비계기둥의 간격은 띠장 방향에서는 (②)m 이하, 장선 방향에서는 1.5m 이하로 할 것
> • 비계기둥의 제일 윗부분으로부터 (③)m 되는 지점 밑 부분의 비계기둥은 2개의 강관으로 묶어 세울 것

① 2　　　　　　② 1.85　　　　　　③ 31

04 다음은 가설통로를 설치하는 경우의 준수사항이다. ( ) 안을 채우시오.(6점)

[기사0304/기사1201/기사1404/기사2001/기사2302]

> 가) 경사는 (①)도 이하로 할 것. 다만, 계단을 설치하거나 높이 2미터 미만의 가설통로로서 튼튼한 손잡이를 설치한 경우에는 그러하지 아니하다.
> 나) 경사가 (②)도를 초과하는 경우에는 미끄러지지 아니하는 구조로 할 것
> 다) 수직갱에 가설된 통로의 길이가 (③)미터 이상인 경우에는 (④)미터 이내마다 계단참을 설치할 것
> 다) 건설공사에 사용하는 높이 (⑤)미터 이상인 비계다리에는 (⑥)미터 이내마다 계단참을 설치할 것

① 30　　　② 15　　　③ 15
④ 10　　　⑤ 8　　　⑥ 7

05 작업장에서 크레인을 사용하여 운반작업을 하려고 한다. 작업개시 전에 사업주가 관리감독자로 하여금 점검하도록 하여야 할 사항을 3가지 쓰시오.(6점)

[기사0304/기사0404/산기0502/산기0601
/산기0704/기사1001/산기1401/산기1402/기사1501/기사1702/산기1802/기사2004/기사2102/기사2302]

① 권과방지장치・브레이크・클러치 및 운전장치의 기능
② 주행로의 상측 및 트롤리(Trolley)가 횡행하는 레일의 상태
③ 와이어로프가 통하고 있는 곳의 상태

06 다음 현상이 발생하는 지반을 쓰시오.(4점)

[기사2101/기사2302]

① 히빙	② 보일링
① 연약한 점토지반	② 사질토 지반

07 토목공사 다짐기계에 따른 다짐공법의 종류를 3가지 쓰시오.(3점)

[기사2302]

① 전압다짐
② 진동다짐
③ 충격다짐

08 콘크리트 타설 시 거푸집 측압이 커지는 경우를 4가지 쓰시오.(4점) [기사2302]

① 진동기를 사용할수록
② 슬럼프 값이 클수록
③ 타설 속도가 빠를수록
④ 콘크리트 비중이 클수록
⑤ 철근량이 적을수록
⑥ 벽 두께가 두꺼울수록

▲ 해당 답안 중 4가지 선택 기재

09 산업안전보건법상 흙막이 지보공을 설치하였을 때 사업주가 정기적으로 점검하고 이상이 발견되면 즉시 보수해야 할 사항을 3가지 쓰시오.(3점) [산기 0602/산기0701/산기1402/산기1702/산기2002/기사2302]

① 부재의 손상·변형·부식·변위 및 탈락의 유무와 상태
② 버팀대 긴압의 정도
③ 부재의 접속부·부착부 및 교차부의 상태
④ 침하의 정도

▲ 해당 답안 중 3가지 선택 기재

10 안면부 여과식 방진마스크의 시험 성능기준에 있는 각 등급별 여과제 분진 등 포집효율 기준을 [표]의 빈칸을 채우시오.(6점) [기사1001/기사1602/기사2302]

종류	등급	시험%
안면부 여과식	특급	(①)
	1급	(②)
	2급	(③)

① 99% 이상   ② 94% 이상   ③ 80% 이상

11 산업안전보건법상 승강기의 종류를 4가지 쓰시오.(4점) [기사0801/산기0904/기사1004/기사1802/산기1804/기사2302]

① 승객용 엘리베이터
② 승객화물용 엘리베이터
③ 화물용 엘리베이터
④ 소형화물용 엘리베이터
⑤ 에스컬레이터

▲ 해당 답안 중 4가지 선택 기재

12 산업안전보건법상 안전모의 종류별 사용구분에 따른 용도를 쓰시오.(4점)

[기사0604/기사1504/산기1802/기사1902/기사2004/기사2302]

① AB : 물체의 낙하 또는 비래 및 추락에 의한 위험을 방지 또는 경감시키기 위한 것
② AE : 물체의 낙하 또는 비래에 의한 위험을 방지 또는 경감하고, 머리부위 감전에 의한 위험을 방지하기 위한 것
③ ABE : 물체의 낙하 또는 비래 및 추락에 의한 위험을 방지 또는 경감하고, 머리부위 감전에 의한 위험을 방지하기 위한 것

13 산업안전보건법에 따른 자율안전확인대상 기계·기구를 4가지 쓰시오.(4점)

[기사0902/기사1904/기사2302]

① 산업용 로봇　　② 혼합기　　③ 파쇄기 또는 분쇄기
④ 컨베이어　　⑤ 자동차정비용 리프트　　⑥ 인쇄기
⑦ 연삭기 또는 연마기(휴대형 제외)
⑧ 식품가공용기계(파쇄·절단·혼합·제면기만 해당)
⑨ 공작기계(선반, 드릴기, 평삭·형삭기, 밀링만 해당한다)
⑩ 고정형 목재가공용기계(둥근톱, 대패, 루타기, 띠톱, 모떼기 기계만 해당)

▲ 해당 답안 중 4가지 선택 기재

14 작업발판에 대한 다음 (　)안에 알맞은 수치를 쓰시오.(4점)

[기사1401/산기1702/기사1902/산기2001/기사2104/기사2302]

가) 비계의 높이가 2m 이상인 작업장소에 설치하는 작업발판의 폭은 (①)cm 이상으로 하고, 발판재료 간의 틈은 (②)cm 이하로 할 것
나) 선박 및 보트 건조작업의 경우 선박블록 또는 엔진실 등의 좁은 작업공간에 작업발판을 설치하기 위하여 필요하면 작업발판의 폭을 (③)cm 이상으로 할 수 있고, 걸침비계의 경우 강관기둥 때문에 발판재료 간의 틈을 3cm 이하로 유지하기 곤란하면 (④)cm 이하로 할 수 있다. 이 경우 그 틈 사이로 물체 등이 떨어질 우려가 있는 곳에는 출입금지 등의 조치를 하여야 한다.

① 40　　　　　　　　　　② 3
③ 30　　　　　　　　　　④ 5

2023년 1회 필답형 기출복원문제

신규문제 2문항 중복문제 12문항

01 사업주가 구축물 등에 대한 구조검토, 안전진단 등의 안전성 평가를 하여 근로자에게 미칠 위험성을 미리 제거해야 하는 경우를 3가지 쓰시오.(단, 그 밖의 잠재위험이 예상될 경우 제외)(6점)

[산기0601/기사1004/기사1101/기사1204/기사1302/산기1404/기사1602/기사1902/기사2301]

① 구축물등의 인근에서 굴착·항타작업 등으로 침하·균열 등이 발생하여 붕괴의 위험이 예상될 경우
② 구축물등에 지진, 동해(凍害), 부동침하(不同沈下) 등으로 균열·비틀림 등이 발생했을 경우
③ 구축물등이 그 자체의 무게·적설·풍압 또는 그 밖에 부가되는 하중 등으로 붕괴 등의 위험이 있을 경우
④ 화재 등으로 구축물등의 내력(耐力)이 심하게 저하됐을 경우
⑤ 오랜 기간 사용하지 않던 구축물등을 재사용하게 되어 안전성을 검토해야 하는 경우
⑥ 구축물등의 주요구조부에 대한 설계 및 시공 방법의 전부 또는 일부를 변경하는 경우

▲ 해당 답안 중 3가지 선택 기재

02 산업안전보건기준에 관한 규칙에 따른 암반의 굴착 시 굴착면의 기울기 기준을 채우시오.(5점)

[기사0401/기사0504/기사0702/산기1502/기사1701/기사1702/산기1804/기사1904/기사2301]

지반의 종류	기울기
모래	(①)
연암	(②)
(③)	1 : 1.0
경암	(④)
그 밖의 흙	(⑤)

① 1 : 1.8   ② 1 : 1.0   ③ 풍화암
④ 1 : 0.5   ⑤ 1 : 1.2

03 곤돌라형 달비계를 설치하는 경우 사용하는 와이어로프의 사용금지 조건 3가지를 쓰시오.(단, 이음매가 있는 것, 꼬인 것은 제외)(3점)

[기사0302/기사0404/산기0601/기사0704/산기0804/기사0901/산기1002/
산기1201/기사1502/산기1502/기사1602/산기1602/산기1701/산기1901/기사2001/기사2004/기사2301/기사2402]

① 와이어로프의 한 꼬임에서 끊어진 소선(素線)의 수가 10퍼센트 이상인 것
② 지름의 감소가 공칭지름의 7퍼센트를 초과하는 것
③ 심하게 변형 또는 부식된 것
④ 열과 전기충격에 의해 손상된 것

▲ 해당 답안 중 3가지 선택 기재

04 사질토 지반에서 굴착저면과 흙막이 배면과의 수위 차이로 인해 굴착저면의 흙과 물이 함께 위로 솟구쳐 오르는 현상을 무엇이라 하는가?(3점) [기사1804/기사2301]

- 보일링

05 위험예지활동의 하나인 TBM(Tool Box Meeting)에 대해서 설명하시오.(3점)

[산기0504/산기0701/산기0902/산기1502/산기1702/기사1804/산기1902/기사2301]

- 작업 시작 전 및 후에 10분정도의 시간으로 10명 이하로 구성된 팀원 전원이 모여 현장에서 있었던 상황에 대해서 대화한 후 납득하는 작업장 안전회의를 말한다.

06 산업안전보건법상 사업 내 안전·보건교육에 대한 교육시간을 쓰시오.(4점)

[기사0302/기사0502/기사0804/기사0904/기사1201/산기1304/산기1604/기사1801/산기1804/산기2003/기사2101/기사2202/기사2301]

교육과정	교육대상	교육시간
정기교육	관리감독자의 지위에 있는 사람	연간 (①)시간 이상
채용 시의 교육	일용근로자 및 근로계약기간이 1주일 이하인 기간제근로자	(②)시간 이상
작업내용 변경 시 교육	일용근로자 및 근로계약기간이 1주일 이하인 기간제근로자 외의 근로자	(③)시간 이상
건설업 기초안전보건교육	건설 일용근로자	(④)시간 이상

① 16   ② 1   ③ 2   ④ 4

07 종합재해지수를 구하시오.(4점) [기사1201/기사1901/기사2301]

- 근로자 수 : 500명
- 연간재해발생건수 : 6건
- 근로시간 : 1일 8시간 / 1년 280일
- 휴업일수 : 103일

- 연간총근로시간 = 8시간×280일×500명 = 1,120,000시간이다. 종합재해지수를 구하기 위해서는 강도율과 도수율을 구해야 한다. 휴업일수가 103일이므로 근로손실일수는 $103 \times \frac{280}{365} = 79.013\cdots$ 일이다.
- 도수율 = $\frac{6}{1,120,000} \times 10^6 = 5.357\cdots$ 이다.
- 강도율 = $\frac{79.013\cdots}{1,120,000} \times 1,000 = 0.070\cdots$ 이다.
- 종합재해지수 = $\sqrt{5.357\cdots \times 0.070\cdots} = \sqrt{0.3779\cdots} = 0.6147\cdots \approx 0.61$ 이다.

08 계단 설치기준이다. 다음 ( )을 채우시오.(6점)

가) 사업주는 계단 및 계단참을 설치하는 경우 매 m^2당 (①)kg 이상의 하중에 견딜 수 있는 강도를 가진 구조로 설치하여야 하며, 안전율은 (②)이상으로 하여야 한다.
나) 사업주는 높이가 3미터를 초과하는 계단에 높이 3미터 이내마다 진행방향으로 길이 (③)미터 이상의 계단참을 설치해야 한다.

① 500   ② 4   ③ 1.2

09 사업주가 터널 지보공을 설치한 경우에 수시로 점검하고 이상을 발견한 경우에는 즉시 보강하거나 보수하여야 할 사항을 3가지 쓰시오.(3점)

① 부재의 손상, 변형, 부식, 변위 탈락의 유무 및 상태
② 부재의 긴압 정도
③ 부재의 접속부 및 교차부의 상태
④ 기둥침하의 유무 및 상태

▲ 해당 답안 중 3가지 선택 기재

10 굴착공사 전 토질조사 사항을 4가지 쓰시오.(4점)

① 형상·지질 및 지층의 상태   ② 균열·함수·용수 및 동결의 유무 또는 상태
③ 매설물 등의 유무 또는 상태   ④ 지반의 지하수위 상태

11 안전대 종류에 관한 설명의 ( ) 안을 채우시오.(6점)

종류	사용구분
벨트식 안전그네식	(①)
	(②)
	추락방지대
	(③)

① U자걸이 전용   ② 1개걸이 전용   ③ 안전블록

12 다음 안전보건표지의 명칭을 쓰시오.(4점) [기사2301]

(경고 표지 이미지)	①
(차량 금지 표지 이미지)	②

① 위험장소경고표지 ② 차량통행금지표지

13 항타기 또는 항발기 조립 및 해체 시 사업주의 점검사항을 3가지 쓰시오.(5점)
[기사0302/기사0604/기사1002/기사1404/기사2301]

① 본체 연결부의 풀림 또는 손상의 유무
② 권상용 와이어로프·드럼 및 도르래의 부착상태의 이상 유무
③ 권상장치의 브레이크 및 쐐기장치 기능의 이상 유무
④ 권상기의 설치상태의 이상 유무
⑤ 리더(leader)의 버팀 방법 및 고정상태의 이상 유무
⑥ 본체·부속장치 및 부속품의 강도가 적합한지 여부
⑦ 본체·부속장치 및 부속품에 심한 손상·마모·변형 또는 부식이 있는지 여부

▲ 해당 답안 중 3가지 선택 기재

14 거푸집 동바리로 사용하는 파이프 서포트 설치 시 준수사항으로 다음 빈칸을 채우시오.(4점)
[산기0904/산기1604/산기1701/기사2301]

가) 파이프 서포트를 (①)개 이상 이어서 사용하지 않도록 할 것
나) 높이가 3.5m를 초과하는 경우에는 높이 2m 이내마다 수평연결재를 (②)개 방향으로 만들고 수평연결재의 변위를 방지할 것
다) 시스템 동바리의 경우 수직 및 수평하중에 대해 동바리의 구조적 안정성이 확보되도록 조립도에 따라 수직재 및 수평재에는 (③)를 견고하게 설치할 것
라) 시스템 동바리 최상단과 최하단의 수직재와 받침철물은 서로 밀착되도록 설치하고 수직재와 받침철물의 연결부의 겹침길이는 받침철물 전체길이의 (④) 이상 되도록 할 것

① 3   ② 2   ③ 가새재   ④ 3분의 1

2022년 4회 필답형 기출복원문제

신규문제 4문항 / 중복문제 10문항

01
계단 설치기준이다. 다음 ( )을 채우시오.(5점) [기사1204/기사1504/기사2202/기사2204/기사2301]

> 가) 사업주는 계단 및 계단참을 설치하는 경우 매 m^2당 (①)kg 이상의 하중에 견딜 수 있는 강도를 가진 구조로 설치하여야 하며, 안전율은 (②)이상으로 하여야 한다.
> 나) 사업주는 계단을 설치하는 경우 그 폭을 (③)m 이상으로 하여야 한다.
> 다) 사업주는 높이 (④)m 이상인 계단의 개방된 측면에 안전난간을 설치하여야 한다.
> 라) 사업주는 높이가 3m를 초과하는 계단에 높이 3m 이내마다 진행방향으로 길이 (⑤)m 이상의 계단참을 설치하여야 한다.

① 500   ② 4   ③ 1
④ 1   ⑤ 1.2

02
산업안전보건에 관한 규칙에 의거 사업주는 크레인을 사용하여 근로자를 운반하거나 근로자를 달아 올린 상태에서 작업에 종사시켜서는 안 되는데 부득이하게 크레인을 사용하여 근로자를 운반하려고 할 경우의 조치사항 3가지를 쓰시오.(5점) [산기0602/산기1202/산기1702/기사2102/기사2201/기사2204/기사2403]

① 탑승설비가 뒤집히거나 떨어지지 않도록 필요한 조치를 할 것
② 안전대나 구명줄을 설치하고, 안전난간을 설치할 수 있는 구조인 경우에는 안전난간을 설치할 것
③ 탑승설비를 하강시킬 때에는 동력하강방법으로 할 것

03
시멘트의 품질시험방법을 5가지 쓰시오.(5점) [기사2204]

① 분말도 시험   ② 안정도 시험
③ 응결시간 시험 ④ 압축강도 시험
⑤ 화학성분 시험

04
하역작업을 할 때 화물운반용 또는 고정용으로 사용할 수 없는 섬유로프의 사용제한 조건 2가지를 쓰시오.(4점) [기사0904/산기1101/산기1104/기사1302/기사1402/산기1702/산기1801/기사1802/기사1804/기사2204]

① 꼬임이 끊어진 것
② 심하게 손상되거나 부식된 것

05 산업안전보건법상 크레인, 이동식 크레인, 리프트, 곤돌라 또는 승강기에 설치하는 방호장치의 종류 4가지를 쓰시오.(4점)
[산기0704/기사0904/기사1404/산기1601/기사1702/산기1801/산기1902/기사2204]

① 권과방지장치
② 비상정지장치
③ 제동장치
④ 과부하방지장치
⑤ 승강기의 속도조절기
⑥ 승강기의 출입문 인터 록
⑦ 승강기의 파이널 리미트 스위치

▲ 해당 답안 중 4가지 선택 기재

06 히빙 현상의 방지대책 5가지를 쓰시오.(5점)
[기사0704/기사0902/산기1101/산기1201/기사1602/기사1801/산기1902/기사2201/기사2204]

① 어스앵커를 설치한다.
② 굴착주변을 웰 포인트(Well point)공법과 병행한다.
③ 흙막이 벽의 근입심도를 확보한다.
④ 지반개량으로 흙의 전단강도를 높인다.
⑤ 굴착주변의 상재하중을 제거하여 토압을 최대한 낮춘다.
⑥ 굴착방식을 아일랜드 컷 방식으로 개선한다.
⑦ 토류벽의 배면토압을 경감시킨다.
⑧ 굴착저면에 토사 등 인공중력을 가중시킨다.

▲ 해당 답안 중 5가지 선택 기재

07 일반건설공사(갑)에서 직접재료비 21,000,000,000원이고, 관급재료비 9,000,000,000원, 직접노무비 19,000,000,000원 일 때 안전관리비를 계산하시오.(5점)
[기사2204]

- 산업안전보건관리비 = 대상액(재료비+직접노무비) × 요율 + 기초액에서 대상액은 (210+90+190)억원이고, 요율은 일반건설공사(갑)이고 대상액 50억원 이상이므로 1.97%이다.
- 산업안전보건관리비 계상액 = (210+90+190)억원 × 1.97% = 965,300,000원이다.
- 사업주가 재료를 제공하는 경우 해당 재료비를 포함시키지 않은 대상액을 기준으로 계상한 안전관리비의 1.2배를 초과할 수 없다. 이를 기준으로 계상하면 대상액은 (210+190)억원이므로 {400억 × 1.97%} × 1.2 = 945,600,000원으로 위에서 계상한 금액이 이를 초과하므로 945,600,000원이 산업안전·보건관리비가 된다.

08 공사용 가설도로를 설치하는 경우 준수사항 2가지를 쓰시오.(4점) [기사1202/기사1204/기사2004/기사2204]

① 도로는 장비와 차량이 안전하게 운행할 수 있도록 견고하게 설치할 것
② 도로와 작업장이 접하여 있을 경우는 방책 등을 설치할 것
③ 도로는 배수를 위하여 경사지게 설치하거나 배수시설을 설치할 것
④ 차량의 속도제한 표지를 부착할 것

▲ 해당 답안 중 2가지 선택 기재

09 작업으로 인하여 물체가 떨어지거나 날아올 위험이 있는 경우 위험방지를 위하여 취해야 할 조치사항 3가지를 쓰시오.(3점) [산기1401/기사1601/산기1602/기사1604/산기1802/기사1901/산기2001/산기2002/기사2204]

① 낙하물 방지망 설치
② 수직보호망 설치
③ 방호선반 설치
④ 출입금지구역의 설정
⑤ 보호구의 착용

▲ 해당 답안 중 3가지 선택 기재

10 시설물의 안전 및 유지관리에 관한 특별법상 도로터널 제1종 시설물의 종류를 3가지 쓰시오.(5점) [기사2204]

① 연장 1천미터 이상의 터널
② 3차로 이상의 터널
③ 터널 구간의 연장이 500미터 이상인 지하차도

11 공정진행에 따른 안전관리비 사용기준이다. 빈칸을 채우시오.(3점) [기사0402/기사0902/기사1304/기사1604/기사2204]

공정률	50% 이상 ~ 70% 미만	70% 이상 ~ 90% 미만	90% 이상
사용기준	(①)% 이상	(②)% 이상	(③)% 이상

① 50
② 70
③ 90

12 해체작업용 기계·기구의 종류 5가지를 쓰시오.(5점) [기사2204]

① 압쇄기 ② 대형브레이커 ③ 철제해머
④ 화약류 ⑤ 핸드브레이커 ⑥ 팽창제
⑦ 절단톱 ⑧ 재키 ⑨ 쐐기타입기
⑩ 화염방사기 ⑪ 절단줄톱

▲ 해당 답안 중 5가지 선택 기재

13 비계 작업 시 비, 눈 그 밖의 기상상태의 불안정으로 날씨가 몹시 나빠서 작업을 중지시킨 후 그 비계에서 작업을 재개할 때 점검사항을 4가지 쓰시오.(4점)

[산기0902/기사1001/산기1102/기사1301/기사1402/기사1404/산기1602/산기1704/기사1801/기사1901/기사2204]

① 발판 재료의 손상 여부 및 부착 또는 걸림 상태
② 해당 비계의 연결부 또는 접속부의 풀림 상태
③ 연결 재료 및 연결철물의 손상 또는 부식 상태
④ 손잡이의 탈락 여부
⑤ 기둥의 침하, 변형, 변위 또는 흔들림 상태
⑥ 로프의 부착 상태 및 매단 장치의 흔들림 상태

▲ 해당 답안 중 4가지 선택 기재

2022년 2회 필답형 기출복원문제

신규문제 3문항   중복문제 11문항

01 산업안전보건법령상 공사금액 1,000억원의 건설업에서 선임해야 하는 안전관리자의 최소 인원(단, 공기 85% 기간 기준)와 1명 이상 반드시 포함되어야 하는 안전관리자의 자격을 2가지 쓰시오.(6점) [기사2202]

  가) 최소 인원 : 2명
  나) 포함되어야 하는 안전관리자의 자격
   ① 산업안전지도사 ② 산업안전산업기사
   ③ 산업안전기사   ④ 건설안전기사
   ⑤ 건설안전산업기사

   ▲ 해당 답안 중 2가지 선택 기재

02 근로자의 추락 등에 의한 위험방지를 위하여 안전난간 설치기준이다. ( )안을 채우시오.(3점)
[산기0502/산기0904/기사1102/산기1501/기사1704/기사2202]

> 가) 상부 난간대는 바닥면·발판 또는 경사로의 표면으로부터 (①)cm 이상 지점에 설치하고, 상부 난간대를 120cm 이하에 설치하는 경우는 중간 난간대는 상부 난간대와 바닥면 등의 중간에 설치하여야 하며, 120cm 이상 지점에 설치하는 경우는 중간 난간대를 2단 이상으로 균등하게 설치하고 난간의 상하 간격은 (②)cm 이하가 되도록 할 것
> 나) 발끝막이판은 바닥면 등으로부터 (③)cm 이상의 높이를 유지할 것

① 90   ② 60   ③ 10

03 산업안전보건법상 사업 내 안전·보건교육에 대한 교육시간을 쓰시오.(4점)
[기사0302/기사0502/기사0804/기사0904/기사1201/산기1304/산기1604/기사1801/산기1804/산기2003/기사2101/기사2202/기사2301]

교육과정	교육대상	교육시간
정기교육	사무직 종사 근로자	매반기 (①)시간 이상
	관리감독자의 지위에 있는 사람	연간 (②)시간 이상
작업내용 변경 시의 교육	그 밖의 근로자	(③)시간 이상
건설업 기초안전보건교육	건설 일용근로자	(④)시간 이상

① 6   ② 16
③ 2   ④ 4

04 계단 설치기준이다. 다음 ( )을 채우시오.(4점) [기사1204/기사1504/기사2202/기사2204/기사2301]

> 사업주는 계단 및 계단참을 설치하는 경우 매 m² 당 (①)kg 이상의 하중에 견딜 수 있는 강도를 가진 구조로 설치하여야 하며, 안전율은 (②)이상으로 하여야 한다.

① 500   ② 4

05 건설현장의 지난 한 해 동안 근무상황은 다음과 같은 경우에 도수율, 강도율, 종합재해지수를 구하시오. (6점) [기사1401/기사2202]

> - 연평균 근로자 수 : 200명
> - 연간작업일수 : 300일
> - 연간재해발생건수 : 9건
> - 시간 외 작업시간 합계 : 20,000시간
> - 1일 작업시간 : 8시간
> - 출근율 : 90%
> - 휴업일수 : 125일
> - 지각 및 조퇴시간 합계 : 2,000시간

① 도수율은 1백만 시간동안 작업 시의 재해발생건수이므로 연간근로시간을 계산하면 {200명×300일×8시간×출근율 0.9}+(시간외 20,000 - 지각조퇴 2,000)=450,000시간이다.   도수율은 $\frac{9}{450,000} \times 1,000,000 = 20$ 이다.

② 강도율은 1천 시간동안 작업 시의 근로손실일수이므로 연간근로시간수는 450,000시간이고, 휴업일수가 125일이므로 근로손실일수는 $125 \times \frac{300}{365} \simeq 102.74$ 이다.   강도율은 $\frac{102.74}{450,000} \times 1000 = 0.2283 \cdots$ 이므로 0.23이다.

③ 종합재해지수 = $\sqrt{도수율 \times 강도율} = \sqrt{20 \times 0.23} = \sqrt{4.6} \simeq 2.14$ 이다.

06 발파작업 시 관리감독자의 유해·위험방지업무 4가지를 쓰시오.(4점) [기사0302/기사0404/기사0702/기사0804/기사1304/기사1402/기사2201/기사2202]

① 점화 전에 점화작업에 종사하는 근로자가 아닌 사람에게 대피를 지시하는 일
② 점화작업에 종사하는 근로자에게 대피장소 및 경로를 지시하는 일
③ 점화 전에 위험구역 내에서 근로자가 대피한 것을 확인하는 일
④ 점화신호를 하는 일
⑤ 점화순서 및 방법에 대하여 지시하는 일
⑥ 점화작업에 종사하는 근로자에게 대피신호를 하는 일
⑦ 점화하는 사람을 정하는 일
⑧ 안전모 등 보호구 착용 상황을 감시하는 일 등

▲ 해당 답안 중 4가지 선택 기재

07 히빙현상의 발생 원인 3가지를 쓰시오.(5점) [기사1104/기사1904/기사2202]

① 연약한 점토지반
② 흙막이 벽 굴삭면과 배면부의 토압차이
③ 흙막이 벽체의 근입장 부족
④ 지표 재하중

▲ 해당 답안 중 3가지 선택 기재

08 흙의 동상 방지대책 2가지를 쓰시오.(4점)
[기사0601/기사0602/기사0904/기사1304/산기1304/기사1401/기사1402/기사1702/기사1801/산기2004/기사2202]

① 동결되지 않은 흙으로 치환한다.
② 지하수위를 낮춘다.
③ 흙 속에 단열재료를 매입한다.
④ 지표의 흙을 화학약품 처리하여 동결온도를 낮춘다.
⑤ 모관수의 상승을 차단하기 위하여 지하수위 상층에 조립토층을 설치한다.

▲ 해당 답안 중 2가지 선택 기재

09 산업안전보건법상 안전보건개선계획 수립대상 사업장 등에 관한 내용이다. (   )안을 채우시오.(6점)
[기사1704/기사2004/기사2202]

가) 안전보건개선계획의 수립·시행명령을 받은 사업주는 고용노동부장관이 정하는 바에 따라 안전보건개선계획서를 작성하여 그 명령을 받은 날부터 (①)일 이내에 관할 지방고용노동관서의 장에게 제출하여야 한다.
나) 제출하는 안전보건개선계획서에는 시설, (②), (③), 산업재해 예방 및 작업환경의 개선을 위하여 필요한 사항이 포함되어야 한다.

① 60
② 안전보건관리체제
③ 안전보건교육

10 산업안전보건법령상 빗물 등의 침투에 의한 붕괴재해를 예방하기 위하여 사업주가 취해야 할 조치 2가지를 쓰시오.(4점) [기사2202]

① 측구 설치
② 굴착사면에 비닐 덮기

11 하인리히가 제시한 재해예방의 4원칙을 쓰시오.(4점)

[산기0902/산기1101/산기1202/산기1401/기사1501/기사1801/산기2001/기사2202]

① 예방가능의 원칙
② 손실우연의 원칙
③ 원인연계의 원칙
④ 대책선정의 원칙

12 지하 가스공사 작업 중 가스 농도를 측정하는 자를 지정해야 한다. 이때 가스 농도를 측정하는 시점 3가지를 쓰시오.(3점)

[기사0602/기사0901/기사1804/기사2202]

① 매일 작업을 시작하기 전
② 가스의 누출이 의심되는 경우
③ 장시간 작업을 계속하는 경우
④ 가스가 발생하거나 정체할 위험이 있는 장소가 있는 경우

▲ 해당 답안 중 3가지 선택 기재

13 해체공법의 종류 중 유압력에 의한 공법 2가지를 쓰시오.(4점)

[기사2202]

① 유압식 확대기에 의한 공법
② 잭에 의한 공법
③ 압쇄기에 의한 공법

▲ 해당 답안 중 2가지 선택 기재

14 구조물의 축조 장소에 예상하중보다 더 많은 하중으로 사전 성토하여 지반 침하를 촉진하고 전단강도를 증가시키는 지반개량공법의 이름을 쓰시오.(3점)

[기사1704/기사2202]

• 프리로딩(선행재하)공법

2022년 1회 필답형 기출복원문제

신규문제 1문항 중복문제 13문항

01 산업안전보건에 관한 규칙에 의거 사업주는 크레인을 사용하여 근로자를 운반하거나 근로자를 달아 올린 상태에서 작업에 종사시켜서는 안 되는데 부득이하게 크레인을 사용하여 근로자를 운반하려고 할 경우의 조치사항 3가지를 쓰시오.(6점) [산기0602/산기1202/산기1702/기사2102/기사2201/기사2204/기사2403]

① 탑승설비가 뒤집히거나 떨어지지 않도록 필요한 조치를 할 것
② 안전대나 구명줄을 설치하고, 안전난간을 설치할 수 있는 구조인 경우에는 안전난간을 설치할 것
③ 탑승설비를 하강시킬 때에는 동력하강방법으로 할 것

02 다음은 사다리식 통로의 안전기준에 대한 사항이다. 빈칸을 채우시오.(3점)
[기사0302/기사0401/기사0601/산기0702/산기0801/기사1402/산기1601/기사1602/산기1604/산기1902/산기1904/기사2201/기사2402]

가) 사다리의 상단을 걸쳐놓은 지점으로부터 (①)cm 이상 올라가도록 할 것
나) 사다리식 통로의 길이가 10m 이상인 경우는 (②)m 이내마다 계단참을 설치할 것
다) 사다리식 통로의 기울기는 (③)도 이하로 할 것

① 60
② 5
③ 75

03 차량계 건설기계를 사용하여 작업을 할 때는 작업계획을 작성하고, 그 작업계획에 따라 작업을 실시하도록 하여야 한다. 이 작업계획에 포함되어야 할 사항 3가지를 쓰시오.(3점) [기사0301/산기0504/산기0604/기사0704/산기1002/산기1102/산기1304/산기1401/산기1502/기사1604/기사1702/기사1902/기사1904/산기2001/기사2201]

① 사용하는 차량계 건설기계의 종류 및 성능
② 차량계 건설기계의 운행경로
③ 차량계 건설기계에 의한 작업방법

04 ( )안에 알맞은 조치를 쓰시오.(3점) [기사0701/기사1402/기사1801/기사2201]

사업주는 순간풍속이 ( )m/s를 초과하는 바람이 불어올 우려가 있는 경우 옥외에 설치되어 있는 주행크레인에 대하여 이탈방지장치를 작동시키는 등 이탈 방지를 위한 조치를 하여야 한다.

• 30

05 산업안전보건법상 이동식 크레인을 사용하여 작업하기 전에 점검할 사항을 3가지 쓰시오.(3점)

[산기0501/기사0802/산기1202/산기1302/산기1701/기사1902/산기1904/기사2201]

① 권과방지장치나 그 밖의 경보장치의 기능
② 브레이크·클러치 및 조정장치의 기능
③ 와이어로프가 통하고 있는 곳 및 작업장소의 지반상태

06 지게차를 사용하여 작업을 하는 때 작업 시작 전 점검사항 4가지를 쓰시오.(4점)

[산기0901/기사1201/기사1402/산기1504/기사2201]

① 제동장치 및 조종장치 기능의 이상 유무
② 하역장치 및 유압장치 기능의 이상 유무
③ 바퀴의 이상 유무
④ 전조등·후미등·방향지시기 및 경보장치 기능의 이상 유무

07 달비계 또는 높이 5m 이상의 비계를 조립, 해체하거나 변경작업을 할 때 사업주로서 준수하여야 할 사항을 3가지 쓰시오.(3점) [기사0402/산기0604/기사0702/산기0801/기사0802/기사1102/기사1501/산기1501/기사1904/기사2201/기사2304]

① 근로자가 관리감독자의 지휘에 따라 작업하도록 할 것
② 조립·해체 또는 변경의 시기·범위 및 절차를 그 작업에 종사하는 근로자에게 주지시킬 것
③ 조립·해체 또는 변경 작업구역에는 해당 작업에 종사하는 근로자가 아닌 사람의 출입을 금지하고 그 내용을 보기 쉬운 장소에 게시할 것
④ 비, 눈, 그 밖의 기상상태의 불안정으로 날씨가 몹시 나쁜 경우는 그 작업을 중지시킬 것
⑤ 재료·기구 또는 공구 등을 올리거나 내리는 경우는 근로자가 달줄 또는 달포대 등을 사용하게 할 것
⑥ 비계재료의 연결·해체작업을 하는 경우는 폭 20cm 이상의 발판을 설치하고 근로자로 하여금 안전대를 사용하도록 하는 등 추락을 방지하기 위한 조치를 할 것

▲ 해당 답안 중 3가지 선택 기재

08 발파작업 시 관리감독자의 유해·위험방지업무 4가지를 쓰시오.(4점)

[기사0302/기사0404/기사0702/기사0804/기사1304/기사1402/기사2201]

① 점화 전에 점화작업에 종사하는 근로자가 아닌 사람에게 대피를 지시하는 일
② 점화작업에 종사하는 근로자에게 대피장소 및 경로를 지시하는 일
③ 점화 전에 위험구역 내에서 근로자가 대피한 것을 확인하는 일
④ 점화신호를 하는 일

09 보기에서 주어진 하인리히의 재해예방 대책 5단계 중 불안전한 요소를 발견하는 단계를 쓰고, 시정책의 적용단계에서 적용할 3E를 모두 쓰시오.(5점)　　　　　　　　　　　　　　　　　　　　　　　　　　[기사2201]

> - 제1단계 : 안전관리조직
> - 제3단계 : 분석평가
> - 제5단계 : 시정책의 적용
> - 제2단계 : 사실의 발견
> - 제4단계 : 시정책의 선정

가) 불안전한 요소를 발견하는 단계 : 사실의 발견
나) 3E
　① 교육(Education)　　② 기술(Engineering)　　③ 관리(Enforcement)

10 다음에서 주어지는 작업조건에 따른 적합한 보호구를 쓰시오.(6점)　　　　　　　　　　　[기사0304/기사2201]

> ① 물체가 떨어지거나 날아올 위험 또는 근로자가 추락할 위험이 있는 작업
> ② 높이 또는 깊이 2m 이상의 추락할 위험이 있는 장소에서 하는 작업
> ③ 물체의 낙하·충격, 물체에의 끼임, 감전 또는 정전기의 대전에 의한 위험이 있는 작업
> ④ 물체가 흩날릴 위험이 있는 작업
> ⑤ 용접 시 불꽃이나 물체가 흩날릴 위험이 있는 작업
> ⑥ 감전의 위험이 있는 작업

① 안전모　　　　② 안전대　　　　③ 안전화
④ 보안경　　　　⑤ 보안면　　　　⑥ 절연용 보호구

11 건설공사의 총 공사원가가 100억원이고, 이 중 재료비와 직접노무비의 합이 60억원인 터널신설공사의 산업안전보건관리비를 다음 기준표를 참고하여 계산하시오.(5점)　　　[기사0601/기사1102/기사1504/기사2201]

공사규모 공사분류	5억원 미만	5억원 이상 ~ 50억원 미만		50억원 이상
		비율	기초액	
중건설공사	3.64%	3.05%	2,975,000원	3.11%
건축공사	3.11%	2.28%	4,325,000원	2.37%

- 산업안전보건관리비 = 대상액(재료비+직접노무비) × 요율에서 대상액은 60억원이고, 요율은 터널의 신설공사이므로 중건설공사에 해당하므로 3.11%가 된다.
- 산업안전보건관리비 = 60억원 × 3.11% = 186,600,000원이다.

12 콘크리트 구조체 공사 시 외부작업에 사용하는 비계의 종류 5가지를 쓰시오. (5점) [기사1704/기사2201]

① 강관비계   ② 강관틀비계   ③ 달비계
④ 달대비계   ⑤ 말비계   ⑥ 시스템비계
⑦ 통나무비계 등

▲ 해당 답안 중 5가지 선택 기재

13 히빙 현상의 방지대책 5가지를 쓰시오. (5점)
[기사0704/기사0902/산기1101/산기1201/기사1602/기사1801/산기1902/기사2201/기사2204]

① 어스앵커를 설치한다.
② 굴착주변을 웰 포인트(Well point)공법과 병행한다.
③ 흙막이 벽의 근입심도를 확보한다.
④ 지반개량으로 흙의 전단강도를 높인다.
⑤ 굴착주변의 상재하중을 제거하여 토압을 최대한 낮춘다.
⑥ 굴착방식을 아일랜드 컷 방식으로 개선한다.
⑦ 토류벽의 배면토압을 경감시킨다.
⑧ 굴착저면에 토사 등 인공중력을 가중시킨다.

▲ 해당 답안 중 5가지 선택 기재

14 가설통로 설치 시 사업주의 조치사항 5가지를 쓰시오. (5점)
[기사0602/기사1502/기사1704/기사1801/기사2201/기사2401]

① 견고한 구조로 할 것
② 경사는 30도 이하로 할 것
③ 경사가 15도를 초과하는 경우는 미끄러지지 아니하는 구조로 할 것
④ 추락할 위험이 있는 장소에는 안전난간을 설치할 것
⑤ 수직갱에 가설된 통로의 길이가 15m 이상인 경우는 10m 이내마다 계단참을 설치할 것
⑥ 건설공사에 사용하는 높이 8m 이상인 비계다리에는 7m 이내마다 계단참을 설치할 것

▲ 해당 답안 중 5가지 선택 기재

2021년 4회 필답형 기출복원문제

신규문제 3문항　중복문제 11문항

01 다음 안전표지판의 명칭을 쓰시오.(3점)　　　　　　　　　　　　　　　　[기사1902/2104]

① 사용금지　　　　　　② 산화성물질경고　　　　　　③ 고압전기경고

02 건설업 산업안전보건관리비 계상 및 사용기준에 따른 안전보건관리비 기본항목 4가지를 쓰시오.(4점)

[기사2104]

① 안전시설비
② 안전관리자·보건관리자의 임금 등
③ 보호구 등
④ 안전보건진단비 등
⑤ 안전보건교육비 등
⑥ 근로자 건강장해예방비 등
⑦ 건설재해예방전문지도기관의 지도에 대한 대가로 지급하는 비용

▲ 해당 답안 중 4가지 선택 기재

03 보기와 같은 특징을 갖는 안전관리조직을 쓰시오.(3점)　　　　　　　　　　　　[기사2104]

- 안전지식과 기술축적이 용이하다.
- 권한 다툼이나 조정 때문에 통제수속이 복잡해지며 시간과 노력이 소모된다.
- 생산부분은 안전에 대한 책임과 권한이 없다.

- 참모(Staff)형 조직

04 산업안전보건법령상 다음 경우에 해당하는 양중기의 와이어로프(또는 달기체인)의 안전계수를 빈칸에 써 넣으시오.(4점) [기사0801/산기1001/기사1202/산기1204/기사1501/산기1504/기사1701/기사1702/산기1902/기사2104]

> ○ 근로자가 탑승하는 운반구를 지지하는 경우 : (①) 이상
> ○ 화물의 하중을 직접 지지하는 경우 : (②) 이상
> ○ 훅, 샤클, 클램프, 리프팅 빔의 경우 : (③) 이상
> ○ 그 밖의 경우 : (④) 이상

① 10　　　　　　　　　　　　② 5
③ 3　　　　　　　　　　　　④ 4

05 흙의 동상 방지대책 3가지를 쓰시오.(5점) [기사0601/기사0602/기사0904/기사1304/산기1304/기사1401/기사1402/기사1702/기사1801/산기2004/기사2104/기사2202]

① 동결되지 않은 흙으로 치환한다.
② 지하수위를 낮춘다.
③ 흙 속에 단열재료를 매입한다.
④ 지표의 흙을 화학약품 처리하여 동결온도를 낮춘다.
⑤ 모관수의 상승을 차단하기 위하여 지하수위 상층에 조립토층을 설치한다.

▲ 해당 답안 중 3가지 선택 기재

06 작업발판에 대한 다음 (　)안에 알맞은 수치를 쓰시오.(4점) [기사1401/산기1702/기사1902/산기2001/기사2104/기사2302]

> 가) 비계의 높이가 2m 이상인 작업장소에 설치하는 작업발판의 폭은 (①)cm 이상으로 하고, 발판재료 간의 틈은 (②)cm 이하로 할 것
> 나) 작업발판재료는 뒤집히거나 떨어지지 않도록 (③) 이상의 지지물에 연결하거나 고정시킬 것
> 다) 추락의 위험이 있는 장소에는 (④)을 설치할 것

① 40　　　　　　　　　　　　② 3
③ 2　　　　　　　　　　　　④ 안전난간

07 보일링 방지대책 3가지를 쓰시오.(6점)

[기사0802/기사0901/기사1002/산기1402/기사1504/기사1601/산기1804/기사1901/기사2104]

① 주변 지하수위를 낮춘다.
② 흙막이 벽의 근입 깊이를 깊게 한다.
③ 지하수의 흐름을 막는다.
④ 굴착한 흙을 즉시 매립하여 원상회복시킨다.
⑤ 차수성이 높은 흙막이를 설치한다.

▲ 해당 답안 중 3가지 선택 기재

08 컨베이어 작업 시작 전에 점검해야 할 사항 3가지를 쓰시오.(6점)

[기사0601/기사1404/기사2104]

① 원동기 및 풀리(Pulley) 기능의 이상 유무
② 이탈 등의 방지장치 기능의 이상 유무
③ 비상정지장치 기능의 이상 유무
④ 원동기·회전축·기어 및 풀리 등의 덮개 또는 울 등의 이상 유무

▲ 해당 답안 중 3가지 선택 기재

09 양중기의 종류 중 동력을 사용하여 사람이나 화물을 운반하는 것을 목적으로 하는 기계설비를 리프트라 한다. 산업안전보건기준에 관한 규칙에서 규정하고 있는 리프트의 종류 3가지를 쓰시오.(3점)

[기사0804/기사1601/기사2104]

① 건설용 리프트 ② 산업용 리프트
③ 자동차정비용 리프트 ④ 이삿짐운반용 리프트

▲ 해당 답안 중 3가지 선택 기재

10 터널공사표준안전작업지침-NATM공법에서 터널작업 시 사전에 계측계획을 수립하고 그 계획에 따라 계측을 하여야 한다. 이때 계측계획에 포함되어야 할 사항 4가지를 쓰시오.(4점)

[기사2104]

① 측정위치 개소 및 측정의 기능 분류 ② 계측시 소요장비
③ 계측빈도 ④ 계측결과 분석방법
⑤ 변위 허용치 기준 ⑥ 이상 변위시 조치 및 보강대책
⑦ 계측 전담반 운영계획 ⑧ 계측관리 기록분석 계통기준 수립

▲ 해당 답안 중 4가지 선택 기재

11 강관비계와 구조체 사이에 설치하는 벽이음의 역할을 2가지 쓰시오.(4점) [기사작업1802/기사2104]

① 비계 전체의 좌굴을 방지한다.
② 풍하중에 의한 무너짐을 방지한다.

12 거푸집 동바리의 고정·조립 또는 해체작업, 그리고 지반의 굴착작업 시의 관리감독자의 유해·위험방지 업무 3가지를 쓰시오.(6점) [기사0401/기사0701/기사1302/기사2104]

① 안전한 작업방법을 결정하고 작업을 지휘하는 일
② 재료·기구의 결함 유무를 점검하고 불량품을 제거하는 일
③ 작업 중 안전대 및 안전모 등 보호구 착용 상황을 감시하는 일

13 산업안전보건교육 중 근로자 정기안전·보건교육의 교육내용 4가지를 쓰시오.(단, 일반관리에 관한 사항은 제외)(4점) [기사1901/기사2104]

① 산업안전 및 사고 예방에 관한 사항
② 산업보건 및 직업병 예방에 관한 사항
③ 위험성 평가에 관한 사항
④ 산업안전보건법령 및 산업재해보상보험 제도에 관한 사항
⑤ 직무스트레스 예방 및 관리에 관한 사항
⑥ 직장 내 괴롭힘, 고객의 폭언 등으로 인한 건강장해 예방 및 관리에 관한 사항
⑦ 유해·위험 작업환경 관리에 관한 사항
⑧ 건강증진 및 질병 예방에 관한 사항

▲ 해당 답안 중 5가지 선택 기재
※ ①~⑥은 근로자 및 관리감독자 정기교육, 채용 시 및 작업내용 변경 시 교육의 공통내용임

2021년 2회 필답형 기출복원문제

신규문제 5문항 중복문제 9문항

01 사업주가 시스템 비계를 사용하여 비계를 구성하는 경우 준수사항 3가지를 쓰시오.(6점)
[기사1104/기사1401/기사1402/기사2102]

① 수직재·수평재·가새재를 견고하게 연결하는 구조가 되도록 할 것
② 비계 밑단의 수직재와 받침철물은 밀착되도록 설치하고, 수직재와 받침철물의 연결부의 겹침길이는 받침철물 전체 길이의 3분의 1 이상이 되도록 할 것
③ 수평재는 수직재와 직각으로 설치하여야 하며, 체결 후 흔들림이 없도록 견고하게 설치할 것
④ 수직재와 수직재의 연결철물은 이탈되지 않도록 견고한 구조로 할 것
⑤ 벽 연결재의 설치간격은 제조사가 정한 기준에 따라 설치할 것

▲ 해당 답안 중 3가지 선택 기재

02 산업안전보건법상 건설업 중 유해·위험방지계획서 제출 대상사업에 대한 설명이다. ( )에 알맞은 내용을 쓰시오.(5점) [기사0302/기사0504/산기0602/기사0702/기사0802/산기1001/기사1102/기사1802/기사1901/산기1904/기사2102]

가) 지상높이가 (①)m 이상인 건축물 또는 인공구조물, 연면적 3만m^2 이상인 건축물 또는 연면적 5천m^2 이상의 문화 및 집회시설, 판매시설, 운수시설, 종교시설, 의료시설 중 종합병원, 숙박시설 중 관광숙박시설, 지하도상가 또는 냉동·냉장창고시설의 건설·개조 또는 해체
나) 최대 지간길이가 (②)m 이상인 교량 건설 등 공사
다) 다목적 댐, 발전용 댐 및 저수용량 (③) 이상의 용수 전용 댐, 지방상수도 전용 댐 건설 등의 공사
다) 연면적 (④) 이상의 냉동·냉장창고시설의 설비공사 및 단열공사
마) 깊이 (⑤)m 이상인 굴착공사

① 31   ② 50   ③ 2천만톤
④ 5천m^2 ⑤ 10

03 운반하역표준안전작업지침에 의거 화물을 운반할 때의 준수사항 2가지를 쓰시오.(4점) [기사1701/기사2102]

① 운반 시의 시선은 진행방향을 향하고 뒷걸음 운반을 해서는 안 된다.
② 어깨높이보다 높은 위치에서 화물을 들고 운반해서는 안 된다.
③ 쌓여 있는 화물을 운반할 때에는 중간 또는 하부에서 뽑아내어서는 안 된다.
④ 화물의 운반은 수평거리 운반을 원칙으로 하며, 여러 번 들어 움직이거나 중계 운반, 반복운반을 해서는 안 된다.

▲ 해당 답안 중 2가지 선택 기재

04 다음의 차량계 건설기계에 대해서 설명하시오.(4점)　　　　　　　　　　　　　　　　　　　　　[기사2102]

① 앵글 도저	② 틸트 도저

① 블레이드 면의 방향이 진행 방향의 중심선에 대하여 20~30°의 경사가 진 것으로서 이것은 사면굴착·정지·흙메우기 등으로 차체의 진행에 따라 흙을 측면으로 보내는 작업에 적당하다.

② 블레이드를 레버로 조정가능하고 상하 20~25°까지 기울일 수 있는 불도저로 나무뿌리 제거, V형 배수로 작업 등에 이용된다.

05 다음 안전보건표지의 이름을 쓰시오.(4점)　　　　　　　　　　　　　　　　　　　　　　　　　　[기사2102]

① 급성독성물질경고　　　　　　② 폭발성물질경고

06 산업안전보건에 관한 규칙에 의거 사업주는 크레인을 사용하여 근로자를 운반하거나 근로자를 달아 올린 상태에서 작업에 종사시켜서는 안 되는데 부득이하게 크레인을 사용하여 근로자를 운반하려고 할 경우의 조치사항 3가지를 쓰시오.(6점)　　　　　[산기0602/산기1202/산기1702/기사2102/기사2201/기사2204/기사2403]

① 탑승설비가 뒤집히거나 떨어지지 않도록 필요한 조치를 할 것
② 안전대나 구명줄을 설치하고, 안전난간을 설치할 수 있는 구조인 경우에는 안전난간을 설치할 것
③ 탑승설비를 하강시킬 때에는 동력하강방법으로 할 것

07 작업장에서 크레인을 사용하여 운반작업을 하려고 한다. 작업개시 전에 사업주가 관리감독자로 하여금 점검하도록 하여야 할 사항을 3가지 쓰시오.(6점)

① 권과방지장치·브레이크·클러치 및 운전장치의 기능
② 주행로의 상측 및 트롤리(Trolley)가 횡행하는 레일의 상태
③ 와이어로프가 통하고 있는 곳의 상태

08 Safe-T-score를 구하고 안전도에 대한 심각성 여부를 판정하시오.(4점)

- 전년도 도수율 : 120
- 근로자수 : 400명
- 올해년도 도수율 : 100
- 올해년도 근로시간 수 : 1일 8시간 300일 근무

가) Safe-T-Score
- Safe-T-Score를 구하려면 현재의 도수율(빈도율), 과거의 도수율(빈도율), 현재의 총 근로시간을 알아야 한다.
- 올해의 총 근로시간 = 400 × 8 × 300 = 960,000시간이다.
- Safe-T-Score는 $\dfrac{100-120}{\sqrt{\dfrac{120}{960,000}\times 1,000,000}} \approx -\dfrac{20}{11.180} \approx -1.79$이다.

나) 심각성 여부 : Safe-T-Score가 -2~+2 사이에 있으므로 과거와 큰 차이가 없음을 확인할 수 있다.

09 강관비계 조립 시 벽이음 또는 버팀을 설치하는 간격을 보여주고 있다. ( )을 채우시오.(4점)

종류	조립 간격 (단위: m)	
	수직방향	수평방향
단관비계	(①)	(②)
틀비계(높이가 5m 미만의 것을 제외한다)	(③)	(④)

① 5 ② 5 ③ 6 ④ 8

10 하인리히의 재해구성 비율에 대해 설명하시오.(2점)

- 1:29:300 재해구성 비율로 총 사고 발생건수 330건을 대상으로 중상(1) : 경상(29) : 무상해사고(300)의 재해구성 비율을 말한다.

11 굴착면의 높이가 2m 이상이 되는 지반의 굴착작업 시 특별교육 내용 3가지를 쓰시오.(단, 그밖에 안전·보건 관리에 필요한 사항 제외)(3점) [기사2102]

① 지반의 형태·구조 및 굴착 요령에 관한 사항
② 지반의 붕괴재해 예방에 관한 사항
③ 붕괴방지용 구조물 설치 및 작업방법에 관한 사항
④ 보호구의 종류 및 사용에 관한 사항

▲ 해당 답안 중 3가지 선택 기재

12 깊이 10.5[m] 이상의 굴착의 경우 흙막이 구조의 안전을 예측하기 위해 설치하여야하는 계측기기 4가지를 쓰시오.(4점) [기사0802/기사2102]

① 수위계   ② 경사계   ③ 하중계
④ 응력계   ⑤ 침하계

▲ 해당 답안 중 4가지 선택 기재

13 추락재해방지 표준안전작업지침상 방망의 구조에 관한 설명에서 ( ) 안을 채우시오.(3점) [기사2102]

- 방망은 망, 테두리로프, 달기로프, 시험용사로 구성된다.
- 방망의 소재는 (①) 또는 그 이상의 물리적 성질을 갖는 것이어야 한다.
- 방망의 그물코는 사각 또는 (②)로서 그 크기는 (③)cm 이하이어야 한다.

① 합성섬유
② 마름모
③ 10

14 산업안전보건법령에 따라 건설업체의 산업재해 발생 보고시의 다음 수식을 완성하시오.(5점) [기사2102]

(1) 사고사망만인율 = (①) / 상시근로자 수 × 10,000
(2) 상시근로자 수 = (②) × 노무비율 / (③)

① 사고사망자 수
② 연간 국내공사 실적액
③ 건설업 월평균임금 × 12

2021년 1회 필답형 기출복원문제

신규문제 3문항   중복문제 11문항

01. 안전관리자를 정수 이상으로 증원·교체 임명할 수 있는 사유를 3가지 쓰시오.(6점)

[산기0802/산기0804/기사1001/기사1402/산기1501/산기1702/기사1704/산기2001/산기2002/기사2101]

① 해당 사업장의 연간재해율이 같은 업종의 평균재해율의 2배 이상인 경우
② 중대재해가 연간 2건 이상 발생한 경우
③ 관리자가 질병이나 그 밖의 사유로 3개월 이상 직무를 수행할 수 없게 된 경우
④ 화학적 인자로 인한 직업성질병자가 연간 3명 이상 발생한 경우

▲ 해당 답안 중 3가지 선택 기재

02. 산업안전보건법상 사업 내 안전·보건교육에 대한 교육시간을 쓰시오.(6점)

[기사0302/기사0502/기사0804/기사0904/기사1201/산기1304/산기1604/산기1801/산기1804/산기2003/기사2101/기사2202/기사2301]

교육과정	교육대상	교육시간
정기교육	사무직 종사 근로자	매반기 (①)시간 이상
채용 시의 교육	일용근로자 및 근로계약기간이 1주일 이하인 기간제근로자	(②)시간 이상
건설업 기초안전보건교육	건설 일용근로자	(③)시간 이상

① 6   ② 1   ③ 4

03. 연평균 200명이 근무하는 H사업장에서 사망재해가 1건 발생하여 1명 사망, 50일의 휴업일수가 2명 발생되고 20일의 휴업일수가 1명이 발생되었다. 강도율은?(단, 종업원의 근무는 8시간/일, 305일이다)(4점)

[기사0701/기사1402/기사2101]

• 강도율은 1천시간동안 노동할 때 발생한 재해로 인한 근로손실일수를 말한다.
• 연간총근로시간은 $200 \times 8 \times 305 = 488,000$시간이다.
• 근로손실일수를 구해야하는데 사망 1인당 근로손실일수는 7,500일이고, 휴업일수는 근로손실일수로 변환이 필요하다.
• 휴업일수는 $50 \times 2 + 20 = 120$일이므로 근로손실일수는 $120 \times \frac{305}{365} = 100.2739\cdots$이다. 따라서 총 근로손실일수는 $7,500 + 100.2739\ldots = 7,600.2739\cdots$일이다.
• 강도율은 $\frac{7,600.2739\cdots}{488,000} \times 1,000 \simeq 15.57$이다.

04 산업안전보건법상 안전관리자가 수행하여야 할 업무사항 4가지를 쓰시오.(4점)

[기사0804/산기0901/기사1001/산기1302/기사1704/산기2002/기사2101]

① 위험성 평가에 관한 보좌 및 조언·지도
② 사업장 순회점검·지도 및 조치의 건의
③ 해당 사업장 안전교육계획의 수립 및 안전교육 실시에 관한 보좌 및 조언·지도
④ 업무수행 내용의 기록·유지
⑤ 안전에 관한 사항의 이행에 관한 보좌 및 지도·조언
⑥ 산업재해에 관한 통계의 유지·관리·분석을 위한 보좌 및 지도·조언
⑦ 산업재해 발생의 원인 조사·분석 및 재발 방지를 위한 기술적 보좌 및 지도·조언
⑧ 산업안전보건위원회 또는 안전·보건에 관한 노사협의체에서 심의·의결한 업무와 해당 사업장의 안전보건관리규정 및 취업규칙에서 정한 업무
⑨ 안전인증대상 기계·기구 등과 자율안전확인대상 기계·기구 등 구입 시 적격품의 선정에 관한 보좌 및 지도·조언

▲ 해당 답안 중 4가지 선택 기재

05 다음 설명은 어떤 하중에 대한 설명인지 쓰시오.(2점)

[기사2101]

> 지브 혹은 붐의 경사각 및 길이 또는 지브의 위에 놓이는 도르래의 위치에 따라 부하시킬 수 있는 최대하중으로부터 각각 훅, 버킷 등 달아올리기 기구의 중량에 상당하는 하중을 공제한 하중

• 정격하중

06 산업안전보건법에 따른 명예산업안전감독관의 업무를 4가지 쓰시오.(단, 해당 사업장에서의 업무만)(4점)

[기사2101/기사2304]

① 사업장에서 하는 자체점검 참여 및 근로감독관이 하는 사업장 감독 참여
② 사업장 산업재해 예방계획 수립 참여 및 사업장에서 하는 기계·기구 자체검사 참석
③ 법령을 위반한 사실이 있는 경우 사업주에 대한 개선 요청 및 감독기관에의 신고
④ 산업재해 발생의 급박한 위험이 있는 경우 사업주에 대한 작업중지 요청
⑤ 작업환경측정, 근로자 건강진단 시의 참석 및 그 결과에 대한 설명회 참여
⑥ 직업성 질환의 증상이 있거나 질병에 걸린 근로자가 여러 명 발생한 경우 사업주에 대한 임시건강진단 실시 요청
⑦ 근로자에 대한 안전수칙 준수 지도

▲ 해당 답안 중 4가지 선택 기재

07 중량물 취급 작업 시 작업계획서에 포함되어야 하는 사항을 2가지 쓰시오. (4점)
[기사0502/기사0604/기사1401/산기1802/기사2101]

① 추락위험을 예방할 수 있는 안전대책
② 낙하위험을 예방할 수 있는 안전대책
③ 전도위험을 예방할 수 있는 안전대책
④ 협착위험을 예방할 수 있는 안전대책
⑤ 붕괴위험을 예방할 수 있는 안전대책

▲ 해당 답안 중 2가지 선택 기재

08 다음 현상이 발생하는 지반을 쓰시오. (4점) [기사2101/기사2302]

| ① 히빙 | ② 보일링 |

① 연약한 점토지반
② 사질토 지반

09 콘크리트 타설 시 거푸집 측압에 영향을 미치는 것에 관한 설명이다. 틀린 것을 골라 번호를 쓰시오. (3점)
[기사2101]

① 외기의 온·습도가 낮을수록 측압이 낮다.
② 진동기를 사용해 다지면 측압이 올라간다.
③ 슬럼프치가 낮으면 측압이 낮다.
④ 철근, 배근이 많으면 측압이 높다.

• ①, ④

10 잠함, 우물통, 수직갱 기타 이와 유사한 건설물 또는 설비의 내부에서 굴착작업을 하는 때에 사업주가 준수하여야 할 사항 3가지를 쓰시오. (6점)
[기사0402/기사0501/기사0502/기사0704/기사0801/기사0802/기사0904/산기1302/기사1501/기사1604/산기1904/기사2101]

① 산소 결핍 우려가 있는 경우는 산소의 농도를 측정하는 사람을 지명하여 측정하도록 할 것
② 근로자가 안전하게 오르내리기 위한 설비를 설치할 것
③ 굴착 깊이가 20m를 초과하는 경우는 해당 작업장소와 외부와의 연락을 위한 통신설비 등을 설치할 것
④ 산소 결핍이 인정되거나 굴착 깊이가 20m를 초과하는 경우에는 송기를 위한 설비를 설치하여 필요한 양의 공기를 공급할 것

▲ 해당 답안 중 3가지 선택 기재

11 이동식 크레인의 종류 3가지를 쓰시오.(3점)   [기사1701/기사2101/기사2401]

① 트럭 크레인　　　　② 휠 크레인
③ 무한궤도 크레인　　④ 철도 크레인
⑤ 부동 크레인

▲ 해당 답안 중 3가지 선택 기재

12 교량건설 공법 중 PGM 공법과 PSM 공법을 설명하시오.(4점)   [기사1301/기사2101]

① PGM(Precast Girder Method) : 교량 상부구조를 공사현장 외부에서 제작해서 운반 후 현장에서 조립하는 방법
② PSM(Precast Segment Method) : 교량 상부구조를 공사현장에서 직접 제작 후 현장에서 조립하는 방법

13 고소작업대 이동 시 준수사항 3가지를 쓰시오.(6점)   [기사1104/기사1704/기사2101]

① 작업대를 가장 낮게 내릴 것
② 작업자를 태우고 이동하지 말 것
③ 이동통로의 요철상태 또는 장애물의 유무 등을 확인할 것

14 차량계 하역운반기계(지게차 등)의 운전자가 운전위치를 이탈하고자 할 때 운전자가 준수하여야 할 사항을 2가지 쓰시오.(4점)   [산기0604/산기0804/산기0901/산기1302/기사1602/기사2002/기사2101/기사2402]

① 포크, 버킷, 디퍼 등의 장치를 가장 낮은 위치 또는 지면에 내려 둘 것
② 운전석을 이탈하는 경우는 시동키를 운전대에서 분리시킬 것
③ 원동기를 정지시키고 브레이크를 확실히 거는 등 갑작스러운 주행이나 이탈을 방지하기 위한 조치를 할 것

▲ 해당 답안 중 2가지 선택 기재

2020년 4회 필답형 기출복원문제

신규문제 1문항 중복문제 13문항

01 터널 등의 건설작업을 하는 경우 낙반 등에 의하여 근로자의 위험을 방지하기 위한 조치사항 3가지를 쓰시오. (6점)

[기사0304/산기0804/산기1002/산기1702/기사2004]

① 터널 지보공의 설치
② 록볼트의 설치
③ 부석의 제거

02 거푸집 동바리의 강재 기준 강도에 따른 신장율에서 강재의 종류가 강관이고 인장강도가 50kg/mm² 이상일 때의 신장율은 얼마인가?(3점)

[기사1702/기사2004]

• 10% 이상

03 수자원시설공사(댐)에서 재료비와 직접노무비의 합이 4,500,000,000원일 때 안전관리비를 계산하시오. (5점)

[기사1104/기사1604/기사2004/기사2401]

• 댐공사는 중건설공사이다. 중건설공사의 공사비가 5억원 이상 50억원 미만일 때 비율은 3.05%이고, 기초액은 2,975,000원이다.
• 산업안전보건관리비 = 대상액(재료비+직접노무비) × 요율 + 기초액에서 대상액은 45억원이고, 요율은 3.05%이고 기초액은 2,975,000원이 된다.
• 산업안전보건관리비 계상액 = 45억원 × 3.05% + 2,975,000 = 137,250,000+2,975,000 = 140,225,000원이다.

04 달비계 또는 높이 5m 이상의 비계를 조립·해체하거나 변경하는 작업에 있어 관리감독자의 직무수행 내용을 3가지 쓰시오.(6점)

[기사1002/기사1301/기사1504/기사2004]

① 재료의 결함 유무를 점검하고 불량품을 제거하는 일(해체 시 제외)
② 기구·공구·안전대 및 안전모 등의 기능을 점검하고 불량품을 제거하는 일
③ 작업방법 및 근로자 배치를 결정하고 작업 진행 상태를 감시하는 일
④ 안전대와 안전모 등의 착용 상황을 감시하는 일

▲ 해당 답안 중 3가지 선택 기재

05 철골공사 작업을 중지해야 하는 조건을 쓰시오.(단, 단위를 명확히 쓰시오)(3점) [산기0501/산기0701/산기0704/기사0901/기사1302/산기1404/기사1502/기사1504/산기1801/기사2004/기사2402]

① 풍속 - 초당 10m 이상
② 강설량 - 시간당 1cm 이상
③ 강우량 - 시간당 1mm 이상

06 산업안전보건법상 안전보건개선계획에 관한 내용이다. ( )안을 채우시오.(3점) [기사1704/기사2004]

> 안전보건개선계획의 수립·시행명령을 받은 사업주는 고용노동부장관이 정하는 바에 따라 안전보건개선계획서를 작성하여 그 명령을 받은 날부터 ( )일 이내에 관할 지방고용노동관서의 장에게 제출하여야 한다.

- 60

07 하인리히의 재해예방 대책 5단계를 순서대로 쓰시오.(3점) [기사0804/산기1604/기사1802/기사2004/기사2304]

① 1단계 - 안전관리조직
② 2단계 - 사실의 발견
③ 3단계 - 분석평가
④ 4단계 - 시정책의 선정
⑤ 5단계 - 시정책의 적용

08 양중기에 사용하는 권상용 와이어로프의 사용금지 사항이다. 빈칸을 채우시오.(4점) [기사0302/기사0404/산기0601/기사0704/산기0804/기사0901/산기1002/산기1201/기사1502/산기1502/기사1602/산기1602/산기1701/산기1901/기사2001/기사2004]

> 가) 와이어로프의 한 꼬임에서 끊어진 소선의 수가 (①)% 이상인 것.
> 나) 지름의 감소가 공칭지름의 (②)%를 초과하는 것.

① 10
② 7

09 공사용 가설도로를 설치하는 경우 준수사항 3가지를 쓰시오.(6점) [기사1202/기사1204/기사2004/기사2204]

① 도로는 장비와 차량이 안전하게 운행할 수 있도록 견고하게 설치할 것
② 도로와 작업장이 접하여 있을 경우는 방책 등을 설치할 것
③ 도로는 배수를 위하여 경사지게 설치하거나 배수시설을 설치할 것
④ 차량의 속도제한 표지를 부착할 것

▲ 해당 답안 중 3가지 선택 기재

10 터널 내의 누수로 인한 붕괴위험으로부터 근로자의 안전을 위해 수립하는 배수 및 방수계획의 내용 3가지를 쓰시오.(6점) [기사2004]

① 지하수위 및 투수계수에 의한 예상 누수량 산출
② 배수펌프 소요대수 및 용량
③ 배수방식의 선정 및 집수구 설치방식
④ 터널내부 누수개소 조사 및 점검 담당자 선임
⑤ 누수량 집수유도 계획 또는 방수계획
⑥ 굴착상부지반의 채수대 조사

▲ 해당 답안 중 3가지 선택 기재

11 작업장에서 크레인을 사용하여 운반작업을 하려고 한다. 작업개시 전에 사업주가 관리감독자로 하여금 점검하도록 하여야 할 사항을 3가지 쓰시오.(3점) [기사0304/기사0404/산기0502/산기0601 /산기0704/기사1001/산기1401/산기1402/기사1501/기사1702/산기1802/기사2004/기사2102/기사2302]

① 권과방지장치·브레이크·클러치 및 운전장치의 기능
② 주행로의 상측 및 트롤리(Trolley)가 횡행하는 레일의 상태
③ 와이어로프가 통하고 있는 곳의 상태

12 곤돌라의 안전장치 중 와이어로프가 일정한도 이상 감기는 것을 방지하는 장치의 명칭을 쓰시오.(3점) [기사0902/기사2004]

• 권과방지장치

13 굴착작업 시 토석이 붕괴되는 원인을 외적원인과 내적원인으로 구분할 때 외적원인에 해당하는 사항을 4가지 쓰시오.(4점)

[기사0901/기사1501/기사1904/기사2004/기사2403]

① 공사에 의한 진동 및 반복 하중의 증가
② 사면, 법면의 경사 및 기울기의 증가
③ 절토 및 성토 높이와 지하수위의 증가
④ 지표수·지하수의 침투에 의한 토사중량의 증가
⑤ 지진, 차량, 구조물의 하중작용
⑥ 토사 및 암석의 혼합층두께

▲ 해당 답안 중 4가지 선택 기재

14 안전모의 종류 AB, AE, ABE 사용 구분에 따른 용도를 쓰시오.(5점)

[기사0604/기사1504/산기1802/기사1902/기사2004]

① AB : 물체의 낙하 또는 비래 및 추락에 의한 위험을 방지 또는 경감시키기 위한 것
② AE : 물체의 낙하 또는 비래에 의한 위험을 방지 또는 경감하고, 머리부위 감전에 의한 위험을 방지하기 위한 것
③ ABE : 물체의 낙하 또는 비래 및 추락에 의한 위험을 방지 또는 경감하고, 머리부위 감전에 의한 위험을 방지하기 위한 것

2020년 3회 필답형 기출복원문제

신규문제 4문항 중복문제 10문항

01 관계수급인 근로자가 도급인의 사업장에서 작업을 하는 경우 도급인의 이행사항 2가지를 쓰시오.(4점)

① 도급인과 수급인을 구성원으로 하는 안전 및 보건에 관한 협의체의 구성 및 운영
② 작업장 순회점검
③ 관계수급인이 근로자에게 하는 안전보건교육의 실시 확인
④ 관계수급인이 근로자에게 하는 안전보건교육을 위한 장소 및 자료의 제공 등 지원
⑤ 발파, 화재, 폭발, 붕괴, 지진 등을 대비한 경보체계 운영과 대피방법 등 훈련
⑥ 위생시설 등 고용노동부령으로 정하는 시설의 설치 등을 위하여 필요한 장소의 제공 또는 도급인이 설치한 위생 시설 이용의 협조
⑦ 관계수급인 등의 작업시기·내용, 안전조치 및 보건조치 등의 확인

▲ 해당 답안 중 2가지 선택 기재

02 다음 조건의 건설업에서 선임해야 할 안전관리자의 인원을 쓰시오.(4점)

가) 공사금액이 800억원 이상 1,500억원 미만 : (①)명
나) 공사금액이 2,200억원 이상 3,000억원 미만 : (②)명

① 2명
② 4명

03 기둥·보·벽체·슬라브 등의 거푸집 동바리 등을 조립하거나 해체하는 작업을 하는 경우에 사업주가 준수해야 하는 사항 3가지를 쓰시오.(6점)

① 해당 작업을 하는 구역에는 관계 근로자가 아닌 사람의 출입을 금지할 것
② 비, 눈, 그 밖의 기상상태의 불안정으로 날씨가 몹시 나쁜 경우는 그 작업을 중지할 것
③ 재료, 기구 또는 공구 등을 올리거나 내리는 경우는 근로자로 하여금 달줄·달포대 등을 사용하도록 할 것
④ 낙하·충격에 의한 돌발적 재해를 방지하기 위하여 버팀목을 설치하고 거푸집 동바리 등을 인양장비에 매단 후에 작업을 하도록 하는 등 필요한 조치를 할 것

▲ 해당 답안 중 3가지 선택 기재

04 사업장에 승강기의 설치·조립·수리·점검 또는 해체작업을 하는 경우 사업주가 작업을 지휘하는 사람에게 이행하게 해야 하는 사항을 3가지 쓰시오.(6점) [기사1004/기사2003]

① 작업방법과 근로자의 배치를 결정하고 해당 작업을 지휘하는 일
② 재료의 결함 유무 또는 기구 및 공구의 기능을 점검하고 불량품을 제거하는 일
③ 작업 중 안전대 등 보호구의 착용 상황을 감시하는 일

05 종합재해지수(FSI)를 구하시오.(6점) [기사1004/기사1301/기사1802/기사2003]

- 근로자수 : 500명
- 연간재해발생건수 : 10건
- 업무시간 : 8시간/280일
- 휴업일수 : 159일

- 연간총근로시간 = 8 × 280 × 500 = 1,120,000시간이다. 종합재해지수를 구하기 위해서는 강도율과 도수율을 구해야한다. 휴업일수가 159일이므로 근로손실일수는 $159 \times \frac{280}{365} = 121.97 \cdots$ 일이다.

- 도수율 = $\frac{10}{1,120,000} \times 10^6 = 8.92857 \cdots$ 이다.

- 강도율 = $\frac{121.97 \cdots}{1,120,000} \times 1,000 = 0.1089 \cdots$ 이다.

- 종합재해지수 = $\sqrt{8.928 \cdots \times 0.108 \cdots} = \sqrt{0.972 \cdots} = 0.986 \cdots \simeq 0.99$ 이다.

06 화약류저장소 내의 운반이나 현장 내 소규모 운반일 때 준수할 사항을 2가지 쓰시오.(4점) [기사2003]

① 화약류를 갱내 또는 떨어진 발파 현장에 운반할 때는 정해진 포장 및 상자 등을 사용하여 운반하여야 한다.
② 화약류는 운반하는 자의 체력에 적당하도록 소량을 운반케 하여야 한다.
③ 빈 화약류 용기 및 포장재료는 제조자의 지시에 따라 처분하여야 한다.
④ 화약류를 운반할 때 화기나 전선의 부근을 피하고, 넘어지거나, 떨어뜨리거나, 부딪치거나 하지 않도록 주의하여야 한다.
⑤ 화약, 폭약 및 도폭선과 공업뇌관 또는 전기뇌관은 1인이 동시에 운반하여서는 안 된다. 1인에게 운반시킬 때는 별개 용기에 넣어 운반하여야 한다.
⑥ 전기뇌관을 운반할 때는 각선이 벗겨지지 않도록 용기에 넣고 건전지 및 타 전로의 벗겨진 전기기구를 휴대하지 말아야 하며 전등선, 동력선 기타 누전의 우려가 있는 것에 접근시키지 말아야 한다.

▲ 해당 답안 중 2가지 선택 기재

07 달기 체인을 달비계에 사용해서는 안 되는 기준 2가지를 쓰시오.(단, 균열이 있거나 심하게 변형된 것은 제외)(4점) [기사1104/산기1201/산기1302/기사2003/산기2003]

① 달기 체인의 길이가 달기 체인이 제조된 때의 길이의 5%를 초과한 것
② 링의 단면지름이 달기 체인이 제조된 때의 해당 링의 지름의 10%를 초과하여 감소한 것

08 거푸집 및 지보공(동바리) 시공 시 고려할 하중을 구분하고 각각의 종류 2가지를 쓰시오.(4점) [기사1802/기사2003]

가) 연직방향 하중
 ① 거푸집 및 타설 콘크리트 등에 의한 고정하중
 ② 작업원 및 작업기계 등에 의한 작업하중
 ③ 타설 시의 충격하중

나) 수평방향 하중
 ① 진동, 충격, 시공오차에 의한 횡방향 하중
 ② 풍압, 유수압, 지진 등

▲ 해당 답안 중 각각 2가지 선택 기재

09 건설기술진흥법 시행령에 따라 분야별 안전관리책임자 또는 안전관리담당자가 당일 공사작업자를 대상으로 매일 공사 착수 전에 실시해야 하는 안전교육 내용을 3가지 쓰시오.(6점) [기사2003]

① 당일 작업의 공법 이해
② 시공상세도면에 따른 세부 시공순서
③ 시공기술상의 주의사항

10 흙막이 지보공의 보강 또는 동바리를 설치하거나 해체하는 작업을 할 때 해야 하는 교육의 내용을 2가지 쓰시오.(단, 그밖에 안전·보건관리에 필요한 사항은 제외) (4점) [기사1704/기사2003]

① 작업안전 점검 요령과 방법에 관한 사항
② 동바리의 운반·취급 및 설치 시 안전작업에 관한 사항
③ 해체작업 순서와 안전기준에 관한 사항
④ 보호구 취급 및 사용에 관한 사항

▲ 해당 답안 중 2가지 선택 기재

11 산업안전보건법상 안전·보건표지 중 "녹십자" 표지를 그리시오.(단, 색상표시는 글자로 나타내도록 하고, 크기에 대한 기준은 표시하지 않아도 된다)(5점) [기사1202/기사2003]

① 바탕 : 흰색
② 도형 및 테두리 : 녹색

12 고소작업대를 사용하는 경우 준수사항 2가지를 쓰시오.(4점) [기사1102/기사1802/기사2003]
① 작업자가 안전모·안전대 등의 보호구를 착용하도록 할 것
② 관계자가 아닌 사람이 작업구역에 들어오는 것을 방지하기 위하여 필요한 조치를 할 것
③ 안전한 작업을 위하여 적정수준의 조도를 유지할 것
④ 전환스위치는 다른 물체를 이용하여 고정하지 말 것
⑤ 작업대는 정격하중을 초과하여 물건을 싣거나 탑승하지 말 것
⑥ 작업대의 붐대를 상승시킨 상태에서 탑승자는 작업대를 벗어나지 말 것
⑦ 전로에 근접하여 작업하는 경우는 작업감시자를 배치하는 등 감전사고를 방지하기 위하여 필요한 조치를 할 것

▲ 해당 답안 중 2가지 선택 기재

13 철륜 표면에 다수의 돌기를 붙여 접지 면적을 작게 하여 접지압을 증가시킨 롤러로서 고함수비 점성토 지반의 다짐작업에 적합한 롤러를 쓰시오.(3점) [기사1602/기사2003]

• 탬핑 롤러

14 정밀안전진단의 정의에 대해 쓰시오.(4점) [기사2003]
• 시설물의 물리적·기능적 결함을 발견하고 그에 대한 신속하고 적절한 조치를 하기 위하여 구조적 안전성과 결함의 원인 등을 조사·측정·평가하여 보수·보강 등의 방법을 제시하는 행위를 말한다.

2020년 2회 필답형 기출복원문제

신규문제 4문항 중복문제 10문항

01 물체를 투하하는 때는 적당한 투하설비를 갖춰야 한다. 투하설비를 갖춰야 하는 최소높이는?(3점)
[기사2002]

- 3m 이상

02 콘크리트 타설 시 거푸집 측압에 영향을 미치는 요인을 3가지 쓰시오.(3점)
[기사2002]
① 타설 높이 ② 슬럼프 ③ 타설 속도
④ 콘크리트 단위중량 ⑤ 철근량 ⑥ 온도와 습도 등

▲ 해당 답안 중 3가지 선택 기재

03 가공전로에 근접하여 비계를 설치하는 경우 가공전로와의 접촉을 방지하기 위해 필요한 조치 2가지를 쓰시오.(4점)
[기사2002]
① 가공전로를 이설할 것
② 가공전로에 절연 방호구를 설치할 것
③ 감전의 위험을 방지하기 위한 울타리를 설치할 것

▲ 해당 답안 중 2가지 선택 기재

04 타워크레인의 작업 중지에 관한 내용이다. 빈칸을 채우시오.(4점)
[산기0601/산기0804/산기0901/산기1302/기사2002/산기2002]

가) 설치·수리·점검 또는 해체작업을 중지하여야 하는 순간풍속은 (①)m/s이다.
나) 타워크레인의 운전작업을 중지하여야 하는 순간풍속은 (②)m/s이다.

① 10 ② 15

2020년 2회차 125

05 산업안전보건법상 사업주는 산업재해가 발생한 때에 관련 사항을 기록·보존하여야 한다. 재해 재발방지계획은 제외하고 기록·보존할 사항을 4가지 쓰시오.(4점)

① 사업장의 개요 및 근로자의 인적사항
② 재해 발생의 일시 및 장소
③ 재해 발생의 원인 및 과정
④ 재해 재발 방지계획

06 근로감독관이 질문·검사·점검하거나 관계서류의 제출을 요구할 수 있는 상황을 3가지 쓰시오.(6점)

① 산업재해가 발생하거나 산업재해 발생의 급박한 위험이 있는 경우
② 근로자의 신고 또는 고소·고발 등에 대한 조사가 필요한 경우
③ 법 또는 법에 따른 명령을 위반한 범죄의 수사 등 사법경찰관리의 직무를 수행하기 위하여 필요한 경우
④ 그 밖에 고용노동부장관 또는 지방고용노동관서의 장이 법 또는 법에 따른 명령의 위반 여부를 조사하기 위하여 필요하다고 인정하는 경우

▲ 해당 답안 중 3가지 선택 기재

07 작업발판의 끝이나 개구부로서 근로자가 추락할 위험이 있는 장소에서 작업 시 추락 방지대책 3가지를 쓰시오.(6점)

① 안전난간 설치   ② 울타리 설치   ③ 추락방호망 설치
④ 수직형 추락방망 설치   ⑤ 덮개 설치   ⑥ 개구부 표시

▲ 해당 답안 중 3가지 선택 기재

08 근로자의 안전을 위하여 터널 작업면에 대한 조명장치 및 설비를 확인하여야 할 사항에 대한 ( )안을 채우시오.(4점)

작업 기준	조도 기준
막장 구간	(①)
터널중간 구간	(②)
터널 입·출구, 수직구 구간	(③)

① 70Lux 이상   ② 50Lux 이상   ③ 30Lux 이상

09 다음은 안전보건관리책임자의 산업안전·보건 관련 교육시간에 대한 내용이다. 빈칸을 채우시오.(5점)

[기사0702/산기1502/기사2002]

교육대상	교육시간	
	신규교육	보수교육
• 안전보건관리책임자	(①)시간 이상	(②)시간 이상
• 안전관리자, 안전관리전문기관의 종사자	(③)시간 이상	(④)시간 이상
• 보건관리자, 보건관리전문기관의 종사자	(⑤)시간 이상	(⑥)시간 이상
• 건설재해예방 전문지도기관의 종사자	(⑦)시간 이상	(⑧)시간 이상
• 석면조사기관의 종사자	(⑨)시간 이상	(⑩)시간 이상

① 6 ② 6 ③ 34 ④ 24 ⑤ 34
⑥ 24 ⑦ 34 ⑧ 24 ⑨ 34 ⑩ 24

10 근로자의 위험을 방지하기 위하여 특정 작업을 하는 경우 작업장의 지형·지반 및 지층 상태 등에 대한 사전조사를 하고 그 결과를 기록·보전하여야 하며, 조사결과를 고려하여 작업계획서를 작성하고 그 계획에 따라 작업을 하도록 하여야 한다. 이에 해당하는 작업을 3가지 쓰시오.(6점)

[기사2002]

① 차량계 건설기계를 사용하는 작업
② 터널굴착작업
③ 채석작업
④ 건물 등의 해체작업
⑤ 중량물의 취급작업
⑥ 화학설비와 그 부속설비를 사용하는 작업 등

▲ 해당 답안 중 3가지 선택 기재

11 차량계 하역운반기계(지게차 등)의 운전자가 운전위치를 이탈하고자 할 때 운전자가 준수하여야 할 사항을 2가지 쓰시오.(4점)

[산기0604/산기0804/산기0901/산기1302/기사1602/기사2002/기사2101/기사2402]

① 포크, 버킷, 디퍼 등의 장치를 가장 낮은 위치 또는 지면에 내려 둘 것
② 운전석을 이탈하는 경우는 시동키를 운전대에서 분리시킬 것
③ 원동기를 정지시키고 브레이크를 확실히 거는 등 갑작스러운 주행이나 이탈을 방지하기 위한 조치를 할 것

▲ 해당 답안 중 2가지 선택 기재

12 산업안전보건법상 보호구의 안전인증 제품에 표시하여야 하는 사항을 4가지 쓰시오.(4점)

[기사1004/기사2002]

① 형식 또는 모델명
② 규격 또는 등급 등
③ 제조자명
④ 제조번호 및 제조연월
⑤ 안전인증 번호

▲ 해당 답안 중 4가지 선택 기재

13 사고예방대책의 기본원리 5단계 중 "시정책의 적용" 단계에서 적용할 3E를 모두 쓰시오.(3점)

[기사0902/기사1804/기사2002]

① 교육(Education)
② 기술(Engineering)
③ 관리(Enforcement)

14 공사금액이 1,800억원인 건설업에서 선임해야 할 안전관리자의 최소인원을 쓰시오.(4점)

[기사1004/기사1401/기사2002]

• 공사금액 1,500억원 이상 2,200억원 미만은 최소 **3명**의 안전관리자를 선임해야 한다.

2020년 1회 필답형 기출복원문제

신규문제 2문항 중복문제 12문항

01 다음은 가설통로를 설치하는 경우의 준수사항이다. (   ) 안을 채우시오.(4점)

[기사0304/기사1201/기사1404/기사2001/기사2302]

> 가) 경사가 (①)도를 초과하는 경우에는 미끄러지지 아니하는 구조로 할 것
> 나) 수직갱에 가설된 통로의 길이가 15미터 이상인 경우에는 (②)미터 이내마다 계단참을 설치할 것
> 다) 건설공사에 사용하는 높이 (③)미터 이상인 비계다리에는 (④)미터 이내마다 계단참을 설치할 것

① 15 ② 10 ③ 8 ④ 7

02 타워크레인을 설치·조립·해체하는 작업을 하는 경우에는 작업계획서를 작성하고 그 계획에 따라 작업을 하도록 하여야 한다. 작업계획에 포함되어야 할 내용을 4가지 쓰시오.(단, 타워크레인의 지지 방법은 제외한다)(4점)

[기사1104/기사2001]

① 타워크레인의 종류 및 형식
② 설치·조립 및 해체순서
③ 작업 도구·장비·가설설비 및 방호설비
④ 작업 인원의 구성 및 작업근로자의 역할 범위
⑤ 지지 방법

▲ 해당 답안 중 4가지 선택 기재

03 밀폐공간 작업으로 인한 건강장해의 예방에 관한 다음 용어의 설명에서 (   ) 안을 채우시오.(3점)

[산기0902/산기1204/산기1802/기사2001/산기2001]

> 적정공기란 산소농도의 범위가 (①)% 이상 23.5% 미만, 이산화탄소의 농도가 1.5% 미만, (②)의 농도가 30ppm 미만, (③)의 농도가 10ppm 미만인 수준의 공기를 말한다.

① 18
② 일산화탄소
③ 황화수소

04 OJT 교육에 대해서 간략히 설명하시오.(3점) [기사1701/기사2001]

- On Job Training의 약어로, 직장 내 훈련을 말한다. 주로 사업장 내에서 관리감독자가 강사가 되어 실시하는 개별교육으로 일상 업무를 통해 지식과 기능, 문제해결 능력을 향상시킨다.

05 근로자가 상시 분진작업과 관련된 업무를 하는 경우 사업주가 근로자에게 알려야 하는 사항을 3가지 쓰시오. (6점) [기사1204/기사2001]

① 분진의 유해성과 노출경로
② 분진의 발산 방지와 작업장의 환기 방법
③ 작업장 및 개인위생 관리
④ 호흡용 보호구의 사용 방법
⑤ 분진에 관련된 질병 예방 방법

▲ 해당 답안 중 3가지 선택 기재

06 차량계 건설기계를 사용하는 작업할 때 그 기계가 넘어지거나 굴러떨어짐으로써 근로자가 위험해질 우려가 있는 경우에 사업주의 조치사항을 3가지 쓰시오.(3점) [기사0304/기사0401/기사0504/기사0704/기사1702/기사1804/기사2001/산기2001]

① 유도하는 사람을 배치
② 지반의 부동침하 방지
③ 갓길의 붕괴 방지
④ 도로 폭의 유지

▲ 해당 답안 중 3가지 선택 기재

07 지반의 연화현상(Frost Boil) 방지대책을 2가지 쓰시오.(4점) [기사1302/기사2001]

① 단열재료를 삽입한다.
② 지하수위를 낮춘다.
③ 지표수의 침투를 방지하는 비닐 등을 설치한다.
④ 동결심도 아래에 배수층을 설치한다.

▲ 해당 답안 중 2가지 선택 기재

08 NATM공법에서 록볼트의 기능을 3가지 설명하시오. (6점) [기사1101/2001]

① 지반봉합 : 지반을 메워준다.
② 보(Beam) 형성 : 보를 형성한다.
③ 내압부여 : 내부에 압력을 부여한다.
④ 암반개량 : 암반전단의 저항력을 증대하고 잔류강대를 강화해 암반전체의 물성을 개선한다.
⑤ 마찰 : 마찰력의 발생으로 지층의 운동을 억제한다.
⑥ 아치 형성 : 아치 형상을 만들어 준다.

▲ 해당 답안 중 3가지 선택 기재

09 양중기에 사용하는 와이어로프의 사용금지 조건 3가지를 쓰시오. (3점)
[기사0302/기사0404/산기0601/기사0704/산기0804/기사0901/산기1002/산기1201/기사1502/산기1502/기사1602/산기1602/산기1701/산기1901/기사2001/기사2004/기사2301/기사2402]

① 이음매가 있는 것
② 와이어로프의 한 꼬임에서 끊어진 소선(素線)의 수가 10퍼센트 이상인 것
③ 지름의 감소가 공칭지름의 7퍼센트를 초과하는 것
④ 심하게 변형 또는 부식된 것
⑤ 꼬인 것
⑥ 열과 전기충격에 의해 손상된 것

▲ 해당 답안 중 3가지 선택 기재

10 근로자가 작업이나 통행 등으로 인하여 전기기계, 기구 또는 전로 등의 충전부분에 접촉하거나 접근함으로써 감전 위험이 있는 충전부분에 대하여 감전을 방지하기 위하여 취하는 방호조치 3가지를 쓰시오. (6점)
[기사0504/기사0804/기사1804/기사1904/기사2001]

① 충전부가 노출되지 않도록 폐쇄형 외함이 있는 구조로 할 것
② 충전부에 충분한 절연효과가 있는 방호망이나 절연덮개를 설치할 것
③ 충전부는 내구성이 있는 절연물로 완전히 덮어 감쌀 것
④ 발전소·변전소 및 개폐소 등 구획된 장소로서 관계 근로자가 아닌 사람의 출입이 금지되는 장소에 충전부를 설치하고, 위험표시 등의 방법으로 방호를 강화할 것
⑤ 전주 위 및 철탑 위 등 격리된 장소로서 관계 근로자가 아닌 사람이 접근할 우려가 없는 장소에 충전부를 설치할 것

▲ 해당 답안 중 3가지 선택 기재

11 아파트 공사현장이다. 근로자가 불안전한 작업발판 위에서 전기용접 작업을 하다가 지면으로 떨어져 부상을 입는 재해를 분석하고자 한다. 다음 물음에 답하시오.(5점)

| 발생형태 | (①) | 기인물 | (②) | 가해물 | (③) |

① 추락(떨어짐) ② 작업발판 ③ 지면

12 다음 안전보건표지의 이름을 쓰시오.(4점)

① 인화성물질경고 ② 급성독성물질경고

13 작업현장에서 꽂음접속기를 설치하거나 사용하는 경우의 준수사항을 3가지 쓰시오.(6점)

① 서로 다른 전압의 꽂음접속기는 서로 접속되지 아니한 구조의 것을 사용할 것
② 습윤한 장소에 사용되는 꽂음접속기는 방수형 등 그 장소에 적합한 것을 사용할 것
③ 근로자가 해당 꽂음접속기를 접속시킬 경우에는 땀 등으로 젖은 손으로 취급하지 않도록 할 것
④ 해당 꽂음접속기에 잠금장치가 있는 경우는 접속 후 잠그고 사용할 것

▲ 해당 답안 중 3가지 선택 기재

14 다음과 같은 조건에서 사고사망만인율을 계산하시오.(3점)

- 연간 상시근로자의 수 4,000명
- 재해로 1명의 사망자 발생

- $\frac{1}{4,000} \times 10,000 = 2.5[\text{‱}]$ 이다.

2019년 4회 필답형 기출복원문제

신규문제 1문항　중복문제 13문항

01 고용노동부령으로 정하는 산업재해 발생위험이 있는 장소 5곳을 쓰시오.(5점)　[기사0801/기사1701/기사1904]

① 토사·구축물·인공구조물 등이 붕괴될 우려가 있는 장소
② 기계·기구 등이 넘어지거나 무너질 우려가 있는 장소
③ 안전난간의 설치가 필요한 장소
④ 비계 또는 거푸집을 설치하거나 해체하는 장소
⑤ 건설용 리프트를 운행하는 장소
⑥ 지반을 굴착하거나 발파작업을 하는 장소
⑦ 엘리베이터홀 등 근로자가 추락할 위험이 있는 장소
⑧ 물체가 떨어지거나 날아올 위험이 있는 장소
⑨ 프레스 또는 전단기를 사용하여 작업은 하는 장소 등

▲ 해당 답안 중 5가지 선택 기재(법령개정으로 조문삭제됨)

02 굴착작업 시 토석이 붕괴되는 원인을 외적원인과 내적원인으로 구분할 때 외적원인에 해당하는 사항을 3가지 쓰시오.(6점)　[기사0901/기사1501/기사1904/기사2004/기사2403]

① 공사에 의한 진동 및 반복 하중의 증가
② 사면, 법면의 경사 및 기울기의 증가
③ 절토 및 성토 높이와 지하수위의 증가
④ 지표수·지하수의 침투에 의한 토사중량의 증가
⑤ 지진, 차량, 구조물의 하중작용
⑥ 토사 및 암석의 혼합층두께

▲ 해당 답안 중 3가지 선택 기재

03 무재해 추진 기둥(조직) 3가지를 쓰시오.(3점)　[기사1404/기사1904]

① 최고경영자
② 라인관리자
③ 근로자

04 다음은 강관비계에 관한 내용이다. 다음 빈칸을 채우시오.(6점)

[기사1302/산기1704/산기1802/산기1901/기사1904/산기2004/기사2302]

- 띠장 간격은 (①)m 이하로 설치할 것
- 비계기둥의 간격은 띠장 방향에서는 (②)m 이하, 장선 방향에서는 (③)m 이하로 할 것
- 비계기둥의 제일 윗부분으로부터 (④)m 되는 지점 밑 부분의 비계기둥은 (⑤)개의 강관으로 묶어 세울 것
- 비계기둥 간의 적재하중은 (⑥)kg을 초과하지 않도록 할 것

① 2 ② 1.85 ③ 1.5
④ 31 ⑤ 2 ⑥ 400

05 구조안전의 위험이 큰 철골구조물은 건립 중 강풍에 의한 풍압 등 외압에 대한 내력이 설계에 고려되어 있는지 확인하여야 할 구조물 5가지를 쓰시오.(5점)

[기사0604/기사0902/기사1001/기사1102/기사1204/기사1301/기사1504/기사1602/기사1804/기사1904]

① 높이 20m 이상의 구조물
② 구조물의 폭과 높이의 비가 1:4 이상인 구조물
③ 단면 구조에 현저한 차이가 있는 구조물
④ 기둥이 타이플레이트형인 구조물
⑤ 이음부가 현장용접인 구조물
⑥ 연면적당 철골량이 50kg/m² 이하인 구조물

▲ 해당 답안 중 5가지 선택 기재

06 근로자 500명이 근무하던 중 산업재해가 12건 발생하였고, 재해자 수가 15명 발생하여 600일의 근로손실이 발생하였다. ① 도수율, ② 강도율, ③ 연천인율을 구하시오.(단, 근로시간은 1일 9시간 270일 근무한다)(6점)

[기사1304/기사1904]

- 도수율, 강도율을 구하기 위해 먼저 연간총근로시간을 구한다.
- 연간총근로시간은 500×9×270 = 1,215,000시간이다.

① 도수율은 $\frac{12}{1,215,000} \times 1,000,000 \simeq 9.88$ 이다.

② 강도율은 $\frac{600}{1,215,000} \times 1,000 \simeq 0.49$ 이다.

③ 연천인율은 $\frac{15}{500} \times 1,000 = 30$ 이다.

07 달비계 또는 높이 5m 이상의 비계를 조립, 해체하거나 변경작업을 할 때 사업주로서 준수하여야 할 사항을 3가지 쓰시오.(3점) [기사0402/산기0604/기사0702/산기0801/기사0802/기사1102/기사1501/산기1501/기사1904/기사2201/기사2304]

① 근로자가 관리감독자의 지휘에 따라 작업하도록 할 것
② 조립·해체 또는 변경의 시기·범위 및 절차를 그 작업에 종사하는 근로자에게 주지시킬 것
③ 조립·해체 또는 변경 작업구역에는 해당 작업에 종사하는 근로자가 아닌 사람의 출입을 금지하고 그 내용을 보기 쉬운 장소에 게시할 것
④ 비, 눈, 그 밖의 기상상태의 불안정으로 날씨가 몹시 나쁜 경우는 그 작업을 중지시킬 것
⑤ 재료·기구 또는 공구 등을 올리거나 내리는 경우는 근로자가 달줄 또는 달포대 등을 사용하게 할 것
⑥ 비계재료의 연결·해체작업을 하는 경우는 폭 20cm 이상의 발판을 설치하고 근로자로 하여금 안전대를 사용하도록 하는 등 추락을 방지하기 위한 조치를 할 것

▲ 해당 답안 중 3가지 선택 기재

08 고용노동부장관이 산업재해 예방활동에 대한 참여와 지원을 촉진하기 위하여 명예산업안전감독관에 위촉할 수 있는 대상자 3가지를 쓰시오.(3점) [기사1102/기사1504/기사1904]

① 산업안전보건위원회 또는 노사협의체 설치 대상 사업의 근로자 중에서 근로자대표가 사업주의 의견을 들어 추천하는 사람
② 연합단체인 노동조합 또는 그 지역 대표기구에 소속된 임직원 중에서 해당 연합단체인 노동조합 또는 그 지역대표기구가 추천하는 사람
③ 전국 규모의 사업주단체 또는 그 산하조직에 소속된 임직원 중에서 해당 단체 또는 그 산하조직이 추천하는 사람
④ 산업재해 예방 관련 업무를 하는 단체/그 산하조직에 소속된 임직원 중에서 해당 단체 또는 그 산하조직이 추천하는 사람

▲ 해당 답안 중 3가지 선택 기재

09 전기기계·기구 또는 전로 등의 충전부분에 접촉 시 감전 방지대책 3가지를 쓰시오.(6점) [기사0504/기사0804/기사1804/기사1904/기사2001]

① 충전부가 노출되지 않도록 폐쇄형 외함이 있는 구조로 할 것
② 충전부에 충분한 절연효과가 있는 방호망이나 절연덮개를 설치할 것
③ 충전부는 내구성이 있는 절연물로 완전히 덮어 감쌀 것
④ 발전소·변전소 및 개폐소 등 구획된 장소로서 관계 근로자가 아닌 사람의 출입이 금지되는 장소에 충전부를 설치하고, 위험표시 등의 방법으로 방호를 강화할 것
⑤ 전주 위 및 철탑 위 등 격리된 장소로서 관계 근로자가 아닌 사람이 접근할 우려가 없는 장소에 충전부를 설치할 것

▲ 해당 답안 중 3가지 선택 기재

10 산업안전보건법에 따른 자율안전확인대상 기계·기구를 3가지 쓰시오.(3점) [기사0902/기사1904/기사2302]

① 산업용 로봇　　② 혼합기　　③ 파쇄기 또는 분쇄기
④ 컨베이어　　⑤ 자동차정비용 리프트　　⑥ 인쇄기
⑦ 연삭기 또는 연마기(휴대형 제외)
⑧ 식품가공용기계(파쇄·절단·혼합·제면기만 해당)
⑨ 공작기계(선반, 드릴기, 평삭·형삭기, 밀링만 해당한다)
⑩ 고정형 목재가공용기계(둥근톱, 대패, 루타기, 띠톱, 모떼기 기계만 해당)

▲ 해당 답안 중 3가지 선택 기재

11 다음 중 맞는 것을 고르시오.(3점) [기사1904]

> ① 전반전단파괴 : 흙 전체가 모두 전단파괴되는 것을 말한다.
> ② 펀칭전단파괴 : 기초의 폭에 비해 근입깊이가 작을 때 주로 발생한다.
> ③ 전반전단파괴 : 주로 느슨한 사질토 및 점토 지반에서 주로 발생한다.
> ④ 국부전단파괴 : 주로 굳은 사질토 및 점토 지반에서 주로 발생한다.

- ①

12 산업안전보건기준에 관한 규칙에 따른 암반의 굴착 시 굴착면의 기울기 기준을 채우시오.(5점)
[기사0401/기사0504/기사0702/산기1502/기사1701/기사1702/산기1804/기사1904/기사2301]

지반의 종류	기울기
모래	(①)
연암	(②)
(③)	1 : 1.0
경암	(④)
그 밖의 흙	(⑤)

① 1 : 1.8　　② 1 : 1.0　　③ 풍화암
④ 1 : 0.5　　⑤ 1 : 1.2

13 차량계 건설기계를 사용하여 작업을 할 때는 작업계획을 작성하고, 그 작업계획에 따라 작업을 실시하도록 하여야 한다. 이 작업계획에 포함되어야 할 사항 3가지를 쓰시오.(3점) [기사0301/산기0504/산기0604/기사0704/산기1002/산기1102/산기1304/산기1401/산기1502/기사1604/기사1702/기사1902/기사1904/산기2001/기사2201]

① 사용하는 차량계 건설기계의 종류 및 성능
② 차량계 건설기계의 운행경로
③ 차량계 건설기계에 의한 작업방법

14 히빙현상의 발생 원인 3가지를 쓰시오.(3점) [기사1104/기사1904/기사2202]

① 연약한 점토지반
② 흙막이 벽 굴삭면과 배면부의 토압차이
③ 흙막이 벽체의 근입장 부족
④ 지표 재하중

▲ 해당 답안 중 3가지 선택 기재

2019년 2회 필답형 기출복원문제

신규문제 1문항   중복문제 13문항

01 다음 안전표지판의 명칭을 쓰시오.(3점)   [기사1902/2104]

① 사용금지   ② 산화성물질경고   ③ 고압전기경고

02 산업안전보건법상 이동식 크레인을 사용하여 작업하기 전에 점검할 사항을 3가지 쓰시오.(3점)
[산기0501/기사0802/산기1202/산기1302/산기1701/기사1902/산기1904/기사2201]

① 권과방지장치나 그 밖의 경보장치의 기능
② 브레이크·클러치 및 조정장치의 기능
③ 와이어로프가 통하고 있는 곳 및 작업장소의 지반상태

03 차량계 건설기계를 사용하여 작업을 할 때에는 작업계획을 작성하고, 그 작업계획에 따라 작업을 실시하도록 하여야 한다. 이 작업계획에 포함되어야 할 사항 3가지를 쓰시오.(6점) [기사0301/산기0504/산기0604/
기사0704/산기1002/산기1102/산기1304/산기1401/산기1502/기사1604/기사1702/기사1902/기사1904/산기2001/기사2201]

① 사용하는 차량계 건설기계의 종류 및 성능
② 차량계 건설기계의 운행경로
③ 차량계 건설기계에 의한 작업방법

04 안전모의 종류 AB, AE, ABE 사용구분에 따른 용도를 쓰시오.(3점)
[기사0604/기사1504/산기1802/기사1902/기사2004/기사2302]

① AB : 물체의 낙하 또는 비래 및 추락에 의한 위험을 방지 또는 경감시키기 위한 것
② AE : 물체의 낙하 또는 비래에 의한 위험을 방지 또는 경감하고, 머리부위 감전에 의한 위험을 방지하기 위한 것
③ ABE : 물체의 낙하 또는 비래 및 추락에 의한 위험을 방지 또는 경감하고, 머리부위 감전에 의한 위험을 방지하기 위한 것

05 사업주가 구축물 등에 대한 구조검토, 안전진단 등의 안전성 평가를 하여 근로자에게 미칠 위험성을 미리 제거해야 하는 경우를 3가지 쓰시오.(단, 그 밖의 잠재위험이 예상될 경우 제외)(6점)

[산기0601/기사1004/기사1101/기사1204/기사1302/산기1404/기사1602/기사1902/기사2301]

① 구축물등의 인근에서 굴착·항타작업 등으로 침하·균열 등이 발생하여 붕괴의 위험이 예상될 경우
② 구축물등에 지진, 동해(凍害), 부동침하(不同沈下) 등으로 균열·비틀림 등이 발생했을 경우
③ 구축물등이 그 자체의 무게·적설·풍압 또는 그 밖에 부가되는 하중 등으로 붕괴 등의 위험이 있을 경우
④ 화재 등으로 구축물등의 내력(耐力)이 심하게 저하됐을 경우
⑤ 오랜 기간 사용하지 않던 구축물등을 재사용하게 되어 안전성을 검토해야 하는 경우
⑥ 구축물등의 주요구조부에 대한 설계 및 시공 방법의 전부 또는 일부를 변경하는 경우

▲ 해당 답안 중 3가지 선택 기재

06 산업안전보건법령상 고용노동부장관이 명예산업안전감독관을 해촉할 수 있는 경우 2가지를 쓰시오.(4점)

[기사1004/기사1204/기사1601/기사1902/산기1902]

① 근로자대표가 사업주의 의견을 들어 명예산업안전감독관의 해촉을 요청한 경우
② 명예산업안전감독관이 해당 단체 또는 그 산하조직으로부터 퇴직하거나 해임된 경우
③ 명예산업안전감독관의 업무와 관련하여 부정한 행위를 한 경우
④ 질병이나 부상 등의 사유로 명예산업안전감독관의 업무수행이 곤란하게 된 경우

▲ 해당 답안 중 2가지 선택 기재

07 균열이 있는 암석의 경사면 붕괴방지를 위해 설치하거나 조치를 하여야 할 사항 3가지를 쓰시오.(3점)

[기사0302/기사1201/기사1804/기사1902/산기1904]

① 옹벽, 흙막이 지보공을 설치해 경사면 붕괴를 방지한다.
② 균열이 많은 암반에 철망을 씌워 경사면 붕괴를 방지한다.
③ 측구를 설치하여 지표수 침투를 방지한다.
④ 지반은 안전한 경사로 하고 낙하의 위험이 있는 토석은 제거한다.
⑤ 지반의 붕괴 또는 토석의 낙하 원인이 되는 빗물이나 지하수 등을 배제한다.

▲ 해당 답안 중 3가지 선택 기재

08 사업주는 중대재해가 발생한 사실을 알게 된 경우는 지체없이 관할 지방고용노동관서의 장에게 전화·팩스, 또는 그 밖에 적절한 방법으로 보고하여야 한다. 다만, 천재지변 등 부득이한 사유가 발생한 경우는 그 사유가 소멸된 때부터 지체없이 보고해야 하는데 이때 보고사항을 2가지 쓰시오.(단, 그 밖의 중요한 사항은 제외)(4점) [기사0401/기사0602/기사0701/산기1401/기사1902]

① 발생 개요
② 피해 상황
③ 조치 및 전망

▲ 해당 답안 중 2가지 선택 기재

09 안전관리비로 사용가능한 항목을 [보기]에서 고르시오.(4점) [기사1902]

[보기]
① 출입금지 표지, 가설 울타리
② 감리인이나 외부에서 방문하는 인사에게 지급하는 보호구
③ 계단, 통로, 비계에 추가로 설치하는 안전난간
④ 절토부 및 성토부 등의 토사유실방지를 위한 설비
⑤ 작업장 내부에서 이루어지는 안전기원제

• ③, ⑤

10 작업발판에 대한 다음 (   )안에 알맞은 수치를 쓰시오.(5점) [기사1401/산기1702/기사1902/산기2001/기사2104]

가) 비계의 높이가 2m 이상인 작업장소에 설치하는 작업발판의 폭은 (①)cm 이상으로 하고, 발판재료 간의 틈은 (②)cm 이하로 할 것
나) 선박 및 보트 건조작업의 경우 선박블록 또는 엔진실 등의 좁은 작업공간에 작업발판을 설치하기 위하여 필요하면 작업발판의 폭을 (③)cm 이상으로 할 수 있고, 걸침비계의 경우 강관기둥 때문에 발판재료 간의 틈을 3cm 이하로 유지하기 곤란하면 (④)cm 이하로 할 수 있다. 이 경우 그 틈 사이로 물체 등이 떨어질 우려가 있는 곳에는 출입금지 등의 조치를 하여야 한다.
다) 작업발판재료는 뒤집히거나 떨어지지 않도록 (⑤) 이상의 지지물에 연결하거나 고정시킬 것

① 40   ② 3   ③ 30
④ 5   ⑤ 2

11 와이어로프의 안전계수에 대해서 설명하시오.(4점) [기사1002/기사1604/기사1902]

• 안전계수는 와이어로프 등의 절단하중 값을 그 와이어로프 등에 걸리는 하중의 최댓값으로 나눈 값을 말한다.

12 유해·위험방지계획서에 첨부되는 안전보건관리계획의 첨부서류 4가지를 쓰시오.(단, 공사개요서는 제외) (4점) [기사0902/기사1202/기사1902]

① 공사 현장의 주변 현황 및 주변과의 관계를 나타내는 도면(매설물 현황을 포함한다)
② 전체 공정표
③ 산업안전보건관리비 사용계획서
④ 안전관리조직표
⑤ 재해발생 위험 시 연락 및 대피방법

▲ 해당 답안 중 4가지 선택 기재

13 토공사의 비탈면 보호방법(공법)의 종류를 4가지만 쓰시오.(4점) [기사1601/산기1801/기사1902/산기2004/기사2401]

① 식생공법　　　　　　② 피복공법
③ 뿜칠공법　　　　　　④ 붙임공법
⑤ 격자틀공법　　　　　⑥ 낙석방호공법

▲ 해당 답안 중 4가지 선택 기재

14 산업안전보건법상 양중기 종류 2가지를 쓰시오.(세부사항까지 쓰시오)(4점)
[기사0502/산기0701/기사1201/산기1401/산기1502/산기1701/기사1902/산기1904]

① 이동식 크레인　　　　② 곤돌라
③ 승강기　　　　　　　④ 크레인(호이스트를 포함)
⑤ 리프트(이삿짐운반용 리프트의 경우는 적재하중이 0.1톤 이상인 것으로 한정)

▲ 해당 답안 중 2가지 선택 기재

2019년 1회 필답형 기출복원문제

신규문제 4문항 중복문제 10문항

01 종합재해지수를 구하시오.(4점) [기사1201/기사1901/기사2301]

- 근로자 수 : 500명
- 근로시간 : 1일 8시간 / 1년 280일
- 연간재해발생건수 : 6건
- 휴업일수 : 103일

- 연간총근로시간 = 8시간×280일×500명 = 1,120,000시간이다. 종합재해지수를 구하기 위해서는 강도율과 도수율을 구해야 한다. 휴업일수가 103일이므로 근로손실일수는 $103 \times \frac{280}{365} = 79.013\cdots$ 일이다.
- 도수율 = $\frac{6}{1,120,000} \times 10^6 = 5.357\cdots$ 이다.
- 강도율 = $\frac{79.013\cdots}{1,120,000} \times 1,000 = 0.070\cdots$ 이다.
- 종합재해지수 = $\sqrt{5.357\cdots \times 0.070\cdots} = \sqrt{0.3779\cdots} = 0.6147\cdots \approx 0.61$ 이다.

02 콘크리트 구조물 해체공법 선정 시 고려사항 4가지를 쓰시오.(4점) [기사1901]

① 재해에 대한 안전성　　② 구조적 안전성
③ 작업성　　　　　　　　④ 경제성
⑤ 해체 대상물의 구조　　⑥ 해체 대상물의 부재단면 및 높이

▲ 해당 답안 중 4가지 선택 기재

03 해체공법의 종류 5가지를 쓰시오.(5점) [기사1901]

① 기계력에 의한 공법
② 전도에 의한 공법
③ 유압력에 의한 공법
④ 화약, 가스 폭발력에 의한 공법
⑤ 제트력에 의한 공법

04 산업안전보건교육 중 근로자 정기안전 · 보건교육의 교육내용 5가지를 쓰시오.(단, 일반관리에 관한 사항은 제외)(5점) [기사1901/기사2104]

① 산업안전 및 사고 예방에 관한 사항
② 산업보건 및 직업병 예방에 관한 사항
③ 위험성 평가에 관한 사항
④ 산업안전보건법령 및 산업재해보상보험 제도에 관한 사항
⑤ 직무스트레스 예방 및 관리에 관한 사항
⑥ 직장 내 괴롭힘, 고객의 폭언 등으로 인한 건강장해 예방 및 관리에 관한 사항
⑦ 유해 · 위험 작업환경 관리에 관한 사항
⑧ 건강증진 및 질병 예방에 관한 사항

▲ 해당 답안 중 5가지 선택 기재
※ ①~⑥은 근로자 및 관리감독자 정기교육, 채용 시 및 작업내용 변경 시 교육의 공통내용임

05 산업안전보건법상 건설업 중 유해 · 위험방지계획서 제출 대상사업에 대한 설명이다. ( )에 알맞은 내용을 쓰시오.(5점) [기사0302/기사0504/산기0602/기사0702/기사0802/산기1001/기사1102/기사1802/기사1901/산기1904/기사2102]

> 가) 지상높이가 (①)m 이상인 건축물 또는 인공구조물, 연면적 3만m² 이상인 건축물 또는 연면적 5천m² 이상의 문화 및 집회시설, 판매시설, 운수시설, 종교시설, 의료시설 중 종합병원, 숙박시설 중 관광숙박시설, 지하도상가 또는 냉동 · 냉장창고시설의 건설 · 개조 또는 해체
> 나) 최대 지간길이가 (②)m 이상인 교량 건설 등 공사
> 다) 다목적 댐, 발전용 댐 및 저수용량 (③) 이상의 용수 전용 댐, 지방상수도 전용 댐 건설 등의 공사
> 다) 연면적 (④) 이상의 냉동 · 냉장창고시설의 설비공사 및 단열공사
> 마) 깊이 (⑤)m 이상인 굴착공사

① 31
② 50
③ 2천만톤
④ 5천m²
⑤ 10

06 직계식(Line) 조직의 장 · 단점을 각각 1가지씩 쓰시오.(4점) [기사1901]

가) 장점
① 안전에 관한 지시나 조치가 신속하고 철저하다.
② 참모형 조직보다 경제적인 조직이다.
나) 단점
① 안전보건에 관한 전문 지식이나 기술의 축적이 어렵다.
② 안전정보 및 신기술 개발이 어렵다.

▲ 해당 답안 중 각각 1가지씩 선택 기재

07 고소작업 중인 작업자가 작업대에서 떨어져 지면에 닿아 상해를 입었을 때, 재해의 발생형태, 기인물 및 가해물을 각각 쓰시오.(3점) [기사1501/기사1901/기사2304]

| 발생형태 | (①) | 기인물 | (②) | 가해물 | (③) |

① 추락(떨어짐) ② 작업대 ③ 지면

08 작업으로 인하여 물체가 떨어지거나 날아올 위험이 있는 경우 위험방지를 위하여 취해야 할 조치사항 3가지를 쓰시오.(6점) [산기1401/기사1601/산기1602/산기1604/산기1802/기사1901/산기2001/산기2002]

① 낙하물 방지망 설치 ② 수직보호망 설치
③ 방호선반 설치 ④ 출입금지구역의 설정
⑤ 보호구의 착용

▲ 해당 답안 중 3가지 선택 기재

09 강관비계 조립 시 벽이음 또는 버팀을 설치하는 간격을 보여주고 있다. (   )을 채우시오.(4점) [기사0402/산기0504/산기0604/기사0702/산기1102/산기1301/산기1402/산기1502/산기1804/기사1901/기사2102/기사2403]

종류	조립 간격 (단위: m)	
	수직방향	수평방향
단관비계	(①)	(②)
틀비계(높이가 5m 미만의 것을 제외한다)	(③)	(④)

① 5 ② 5 ③ 6 ④ 8

10 비계 작업 시 비, 눈 그 밖의 기상상태의 불안정으로 날씨가 몹시 나빠서 작업을 중지시킨 후 그 비계에서 작업을 재개할 때 점검사항을 4가지 쓰시오.(4점) [산기0902/기사1001/산기1102/기사1301/기사1402/기사1404/산기1602/산기1704/기사1801/기사1901]

① 발판 재료의 손상 여부 및 부착 또는 걸림 상태
② 해당 비계의 연결부 또는 접속부의 풀림 상태
③ 연결 재료 및 연결철물의 손상 또는 부식 상태
④ 손잡이의 탈락 여부
⑤ 기둥의 침하, 변형, 변위 또는 흔들림 상태
⑥ 로프의 부착 상태 및 매단 장치의 흔들림 상태

▲ 해당 답안 중 4가지 선택 기재

11 건설업체의 산업재해발생률을 산출하는 사고사망만인율을 구하는 계산식을 쓰시오.(3점) [기사1901]

- 사고사망만인율(‰)은 $\dfrac{\text{사고사망자수}}{\text{상시근로자수}} \times 10,000$ 으로 구한다.

12 보일링 방지대책 3가지를 쓰시오.(6점) [기사0802/기사0901/기사1002/산기1402/기사1504/기사1601/산기1804/기사1901/기사2104]

① 주변 지하수위를 낮춘다.
② 흙막이 벽의 근입 깊이를 깊게 한다.
③ 지하수의 흐름을 막는다.
④ 굴착한 흙을 즉시 매립하여 원상회복시킨다.
⑤ 차수성이 높은 흙막이를 설치한다.

▲ 해당 답안 중 3가지 선택 기재

13 감전 시 인체에 미치는 주된 영향인자를 3가지 쓰시오.(3점) [기사0402/기사0704/산기1704/기사1901]

① 통전전류의 크기
② 통전경로
③ 통전시간
④ 통전전원의 종류와 질

▲ 해당 답안 중 3가지 선택 기재

14 다음 안전표지판의 명칭을 쓰시오.(4점) [기사1001/기사1901]

① 보행금지   ② 인화성물질경고
③ 낙하물경고 ④ 녹십자 표지

2018년 4회 필답형 기출복원문제

신규문제 2문항 중복문제 12문항

01 안전관리자를 두어야 할 수급인인 사업주는 도급인인 사업주가 안전관리자를 선임하지 아니할 수 있는 요건을 2가지 쓰시오.(4점)

① 도급인인 사업주 자신이 선임하여야 할 안전관리자를 둔 경우
② 안전관리자를 두어야 할 수급인인 사업주의 업종별로 상시근로자 수(건설업의 경우 공사금액)를 합계하여 그 상시근로자 수에 해당하는 안전관리자를 추가로 선임한 경우

02 건설현장에서 사용하는 지게차가 갖추어야 하는 방호장치 3가지를 쓰시오.(3점)

① 전조등과 후미등
② 헤드가드
③ 백레스트

03 위험예지활동의 하나인 TBM(Tool Box Meeting)에 대해서 설명하시오.(3점)

• 작업 시작 전 및 후에 10분정도의 시간으로 10명 이하로 구성된 팀원 전원이 모여 현장에서 있었던 상황에 대해서 대화한 후 납득하는 작업장 안전회의를 말한다.

04 1톤 이상의 크레인을 사용하는 작업 시의 특별안전보건교육 내용을 3가지 쓰시오.(단, 그 밖에 안전·보건관리에 필요한 사항은 제외)(6점)

① 방호장치의 종류, 기능 및 취급에 관한 사항
② 화물의 취급 및 안전작업방법에 관한 사항
③ 신호방법 및 공동작업에 관한 사항
④ 걸고리·와이어로프 및 비상정지장치 등의 기계·기구 점검에 관한 사항
⑤ 인양 물건의 위험성 및 낙하·비래(飛來)·충돌재해 예방에 관한 사항
⑥ 인양물이 적재될 지반의 조건, 인양하중, 풍압 등이 인양물과 타워크레인에 미치는 영향

▲ 해당 답안 중 3가지 선택 기재

05 지하 가스공사 작업 중 가스 농도를 측정하는 자를 지정해야 한다. 이때 가스 농도를 측정하는 시점 3가지를 쓰시오.(6점) [기사0602/기사0901/기사1804]

① 매일 작업을 시작하기 전
② 가스의 누출이 의심되는 경우
③ 장시간 작업을 계속하는 경우
④ 가스가 발생하거나 정체할 위험이 있는 장소가 있는 경우

▲ 해당 답안 중 3가지 선택 기재

06 사고예방대책의 기본원리 5단계 중 "시정책의 적용" 단계에서 적용할 3E를 모두 쓰시오.(5점) [기사0902/기사1804/기사2002]

① 교육(Education)
② 기술(Engineering)
③ 관리(Enforcement)

07 사질토 지반에서 굴착저면과 흙막이 배면과의 수위 차이로 인해 굴착저면의 흙과 물이 함께 위로 솟구쳐 오르는 현상을 무엇이라 하는가?(3점) [기사1804/기사2301]

• 보일링

08 추락방지용 방망의 테두리 로프 및 달기 로프의 인장속도가 매분 20cm 이상 30cm 이하의 등속 인장 시험을 행한 경우 인장강도 (①)kg 이상이어야 한다. 방망사의 신품에 대한 인장강도는 그물코 종류에 따라 다음과 같다. ( ) 안에 알맞은 말을 쓰시오.(3점) [기사0601/기사1804]

■ 방망사의 신품에 대한 인장강도

그물코의 크기	매듭방망 인장강도
10cm	(②)kg
5cm	(③)kg

① 1,500   ② 200   ③ 110

09 균열이 있는 암석의 경사면 붕괴방지를 위해 설치하거나 조치를 하여야 할 사항 3가지를 쓰시오.(3점)

[기사0302/기사1201/기사1804/기사1902/산기1904]

① 옹벽, 흙막이 지보공을 설치해 경사면 붕괴를 방지한다.
② 균열이 많은 암반에 철망을 씌워 경사면 붕괴를 방지한다.
③ 측구를 설치하여 지표수 침투를 방지한다.
④ 지반은 안전한 경사로 하고 낙하의 위험이 있는 토석은 제거한다.
⑤ 지반의 붕괴 또는 토석의 낙하 원인이 되는 빗물이나 지하수 등을 배제한다.

▲ 해당 답안 중 3가지 선택 기재

10 구조안전의 위험이 큰 철골구조물은 건립 중 강풍에 의한 풍압 등 외압에 대한 내력이 설계에 고려되어 있는지 확인하여야 할 구조물 4가지를 쓰시오.(4점)

[기사0604/기사0902/기사1001/기사1102/기사1204/기사1301/기사1504/기사1602/기사1804/기사1904]

① 높이 20m 이상의 구조물
② 구조물의 폭과 높이의 비가 1:4 이상인 구조물
③ 단면 구조에 현저한 차이가 있는 구조물
④ 기둥이 타이플레이트형인 구조물
⑤ 이음부가 현장용접인 구조물
⑥ 연면적당 철골량이 50kg/m² 이하인 구조물

▲ 해당 답안 중 4가지 선택 기재

11 전기기계·기구 또는 전로 등의 충전부분에 접촉 시 감전 방지대책 2가지를 쓰시오.(4점)

[기사0504/기사0804/기사1804/기사1904/기사2001]

① 충전부가 노출되지 않도록 폐쇄형 외함이 있는 구조로 할 것
② 충전부에 충분한 절연효과가 있는 방호망이나 절연덮개를 설치할 것
③ 충전부는 내구성이 있는 절연물로 완전히 덮어 감쌀 것
④ 발전소·변전소 및 개폐소 등 구획된 장소로서 관계 근로자가 아닌 사람의 출입이 금지되는 장소에 충전부를 설치하고, 위험표시 등의 방법으로 방호를 강화할 것
⑤ 전주 위 및 철탑 위 등 격리된 장소로서 관계 근로자가 아닌 사람이 접근할 우려가 없는 장소에 충전부를 설치할 것

▲ 해당 답안 중 2가지 선택 기재

12 도수율, 강도율, 연천인율을 구하는 식을 쓰고, 설명하시오.(6점) [기사1804]

① 도수율은 $\dfrac{\text{연간 재해 건수}}{\text{연간 총근로시간}} \times 10^6$ 으로 구하고, 100만 작업시간당 재해의 발생 건수를 말한다.

② 강도율은 $\dfrac{\text{근로손실 일수}}{\text{연간 총근로 시간}} \times 1,000$ 으로 구하고, 재해로 인한 근로손실의 정도로 1,000시간당 근로손실일수를 나타낸다.

③ 연인천율은 $\dfrac{\text{연간 재해자 수}}{\text{연평균 근로자 수}} \times 1,000$ 으로 구하고, 1년간 평균 근로자 1,000명당 재해자의 수를 나타낸다.

13 차량계 건설기계 작업 시 넘어지거나, 굴러떨어짐에 의해 근로자에게 위험을 미칠 우려가 있을 경우 조치사항을 3가지 쓰시오.(6점) [기사0304/기사0401/기사0504/기사0704/기사1702/기사1804/기사2001/산기2001]

① 유도하는 사람을 배치
② 지반의 부동침하 방지
③ 갓길의 붕괴 방지
④ 도로 폭의 유지

▲ 해당 답안 중 3가지 선택 기재

14 하역작업을 할 때 화물운반용 또는 고정용으로 사용할 수 없는 섬유로프의 사용제한 조건 2가지를 쓰시오 (4점) [기사0904/산기1101/산기1104/기사1302/산기1402/산기1702/산기1801/기사1802/기사1804/기사2204]

① 꼬임이 끊어진 것
② 심하게 손상되거나 부식된 것

2018년 2회 필답형 기출복원문제

신규문제 2문항 중복문제 12문항

01 하인리히의 재해예방 대책 5단계를 순서대로 쓰시오.(3점) [기사0804/산기1604/기사1802/기사2004/기사2304]

① 1단계 - 안전관리조직
② 2단계 - 사실의 발견
③ 3단계 - 분석평가
④ 4단계 - 시정책의 선정
⑤ 5단계 - 시정책의 적용

02 흙막이 공사 지반침하의 원인에 해당하는 현상에 대한 설명이다. ( )안에 알맞은 내용을 쓰시오.(3점) [기사1802]

- (①) : 연약한 하부 지반의 흙파기에서 흙막이 내외면의 중량차이로 인해 저면 흙이 붕괴되고 흙막이 외부 흙이 내부로 밀려 들어와 불룩하게 되는 현상
- (②) : 사질토 지반에서 굴착저면과 흙막이 배면사이의 지하수위 차이로 인해 굴착저면의 흙과 물이 위로 솟구쳐 오르는 현상
- (③) : 사질토 지반에서 지하수위의 차이로 인해 지반 내에 물의 통로가 생기게 되어 흙이 세굴되는 현상

① 히빙현상   ② 보일링현상   ③ 파이핑 현상

03 거푸집 동바리에 작용하는 하중을 구분하여 2가지씩 쓰시오.(4점) [기사1802/기사2003]

가) 연직방향 하중
① 거푸집 및 타설 콘크리트 등에 의한 고정하중
② 작업원 및 작업기계 등에 의한 작업하중
③ 타설 시의 충격하중

나) 수평방향 하중
① 진동, 충격, 시공오차에 의한 횡방향 하중
② 풍압, 유수압, 지진 등

▲ 해당 답안 중 각각 2가지 선택 기재

04 채석작업 시 작업계획서에 포함될 내용을 4가지 쓰시오.(4점)

[기사0504/기사0604/기사0801/산기0904/기사1002/기사1101/기사1202/산기1202/기사1402/기사1502/산기1702/기사1802/산기1902]

① 발파방법
② 암석의 가공장소
③ 암석의 분할방법
④ 굴착면의 높이와 기울기
⑤ 굴착면 소단의 위치와 넓이
⑥ 표토 또는 용수의 처리방법
⑦ 갱내에서의 낙반 및 붕괴방지 방법
⑧ 노천굴착과 갱내굴착의 구별 및 채석방법 등

▲ 해당 답안 중 4가지 선택 기재

05 고소작업대를 이용하여 작업하는 경우의 준수사항을 3가지 쓰시오.(6점)

[기사1102/기사1802/기사2003]

① 작업자가 안전모·안전대 등의 보호구를 착용하도록 할 것
② 관계자가 아닌 사람이 작업구역에 들어오는 것을 방지하기 위하여 필요한 조치를 할 것
③ 안전한 작업을 위하여 적정수준의 조도를 유지할 것
④ 전환스위치는 다른 물체를 이용하여 고정하지 말 것
⑤ 작업대는 정격하중을 초과하여 물건을 싣거나 탑승하지 말 것
⑥ 작업대의 붐대를 상승시킨 상태에서 탑승자는 작업대를 벗어나지 말 것
⑦ 전로에 근접하여 작업하는 경우는 작업감시자를 배치하는 등 감전사고를 방지하기 위하여 필요한 조치를 할 것

▲ 해당 답안 중 3가지 선택 기재

06 종합재해지수(FSI)를 구하시오.(4점)

[기사1004/기사1301/기사1802/기사2003]

- 근로자 수 : 500명
- 근로시간 : 1일 8시간 / 1년 280일
- 연간재해발생건수 : 10건
- 휴업일수 : 159일

- 연간총근로시간 = 8시간×280일×500명 = 1,120,000시간이다. 종합재해지수를 구하기 위해서는 강도율과 도수율을 구해야한다. 휴업일수가 159일이므로 근로손실일수는 $159 \times \frac{280}{365} = 121.97 \cdots$ 일이다.

- 도수율 = $\frac{10}{1,120,000} \times 10^6 = 8.92857 \cdots$ 이다.

- 강도율 = $\frac{121.97 \cdots}{1,120,000} \times 1,000 = 0.1089 \cdots$ 이다.

- 종합재해지수 = $\sqrt{8.928 \cdots \times 0.108 \cdots} = \sqrt{0.972 \cdots} = 0.986 \cdots \simeq 0.99$ 이다.

07 동상현상의 원인을 2가지 쓰시오. (4점) [기사1802]
① 높은 지하수위
② 모관수 상승

08 산업안전보건법상 승강기의 종류를 4가지 쓰시오. (4점) [기사0801/산기0904/기사1004/기사1802/산기1804/기사2302]
① 승객용 엘리베이터　　　② 승객화물용 엘리베이터
③ 화물용 엘리베이터　　　④ 소형화물용 엘리베이터
⑤ 에스컬레이터

▲ 해당 답안 중 4가지 선택 기재

09 굴착공사 전 토질조사 사항을 2가지 쓰시오. (4점) [기사0302/기사0404/산기0502/
기사0504/산기0602/산기0801/기사0804/기사1001/기사1004/산기1101/산기1104/산기1401/기사1802/기사2301]
① 형상·지질 및 지층의 상태
② 균열·함수·용수 및 동결의 유무 또는 상태
③ 매설물 등의 유무 또는 상태
④ 지반의 지하수위 상태

▲ 해당 답안 중 2가지 선택 기재

10 건설업 중 유해·위험방지계획서 제출 대상사업 3가지에 대하여 보기의 (　)에 알맞은 수치 등을 쓰시오. (6점)
[기사0302/기사0504/산기0602/기사0702/기사0802/산기1001/기사1102/기사1802/기사1901/산기1904]

> 가) 연면적 (　①　)의 문화 및 집회시설(전시장 및 동물원·식물원은 제외한다), 판매시설, 운수시설(고속철도의 역사 및 집배송시설은 제외한다), 종교시설, 의료시설 중 종합병원, 숙박시설 중 관광숙박시설, 지하도상가 또는 냉동·냉장창고시설의 건설·개조 또는 해체(이하 "건설 등"이라 한다.)
> 나) 최대 지간길이가 (　②　)인 교량 건설 등 공사
> 다) 깊이 (　③　)인 굴착공사

① 5천m^2 이상　　　② 50m 이상　　　③ 10m 이상

11 안전보건관리책임자의 산업안전·보건 관련 신규교육 및 보수교육 시간을 각각 쓰시오.(4점)

[기사0801/기사1802]

① 신규교육 : 6시간
② 보수교육 : 6시간

12 하역작업을 할 때 화물운반용 또는 고정용으로 사용할 수 없는 섬유로프의 사용제한 조건 2가지를 쓰시오.(4점)

[기사0904/산기1101/산기1104/기사1302/산기1402/산기1702/산기1801/기사1802/기사1804]

① 꼬임이 끊어진 것
② 심하게 손상되거나 부식된 것

13 다음은 건설업 안전관리자의 수 및 선임방법에 대한 설명이다. ( )안에 알맞은 숫자를 쓰시오.(4점)

[기사0404/기사0901/기사1802]

- 건설업에서 공사금액 120억원 이상 800억원 미만 시 안전관리자의 수는 (①)으로 한다.
- 건설업에서 공사금액 800억원 이상 1,500억원 미만 시 안전관리자의 수는 (②)으로 한다.

① 1명 이상
② 2명 이상

14 안전·보건표지 색도기준에 대해서 빈칸을 넣으시오.(6점)

[기사0502/기사0702/산기1604/기사1802/산기2003]

바탕	기본모형색채	색도기준	용도	사 용 례
흰색	(①)	7.5R 4/14	금지	정지신호, 소화설비 및 그 장소, 유해행위의 금지
무색			경고	화학물질 취급장소에서의 유해·위험 경고
(②)	검은색	5Y 8.5/12	경고	화학물질 취급장소에서의 유해·위험 경고 이외의 위험 경고, 주의표지 또는 기계방호물
파란색	흰색	(③)	지시	특정행위의 지시 및 사실의 고지
녹색	흰색	2.5G 4/10	안내	비상구 및 피난소, 사람 또는 차량의 통행표지

① 빨간색
② 노란색
③ 2.5PB 4/10

2018년 1회 필답형 기출복원문제

01 산업안전보건법상 사업주는 산업재해가 발생한 때에 관련 사항을 기록·보존하여야 한다. 기록·보존할 사항을 4가지 쓰시오.(4점)

① 사업장의 개요 및 근로자의 인적사항
② 재해 발생의 일시 및 장소
③ 재해 발생의 원인 및 과정
④ 재해 재발방지 계획

02 ( )안에 알맞은 조치를 쓰시오.(3점)

> 사업주는 순간풍속이 ( )m/s를 초과하는 바람이 불어올 우려가 있는 경우 옥외에 설치되어 있는 주행크레인에 대하여 이탈방지장치를 작동시키는 등 이탈 방지를 위한 조치를 하여야 한다.

- 30

03 하인리히가 제시한 재해예방의 4원칙을 쓰시오.(4점)

① 예방가능의 원칙
② 손실우연의 원칙
③ 원인연계의 원칙
④ 대책선정의 원칙

04 명예산업안전감독관을 위촉하는 자는 누구인지, 위촉된 명예산업안전감독관의 임기는 얼마인지를 쓰시오.(4점)

① 고용노동부장관이 위촉한다.
② 임기는 2년으로 하되, 연임할 수 있다.

05 히빙 현상의 방지대책 4가지를 쓰시오.(4점)

[기사0704/기사0902/산기1101/산기1201/기사1602/기사1801/산기1902/기사2201/기사2204]

① 어스앵커를 설치한다.
② 굴착주변을 웰 포인트(Well point)공법과 병행한다.
③ 흙막이 벽의 근입심도를 확보한다.
④ 지반개량으로 흙의 전단강도를 높인다.
⑤ 굴착주변의 상재하중을 제거하여 토압을 최대한 낮춘다.
⑥ 굴착방식을 아일랜드 컷 방식으로 개선한다.
⑦ 토류벽의 배면토압을 경감시킨다.
⑧ 굴착저면에 토사 등 인공중력을 가중시킨다.

▲ 해당 답안 중 4가지 선택 기재

06 비계 작업 시 비, 눈 그 밖의 기상상태의 불안정으로 날씨가 몹시 나빠서 작업을 중지시킨 후 그 비계에서 작업을 재개할 때 점검사항을 5가지 쓰시오.(5점)

[산기0902/기사1001/산기1102/기사1301/기사1402/기사1404/산기1602/산기1704/기사1801/기사1901/기사2204]

① 발판 재료의 손상 여부 및 부착 또는 걸림 상태
② 해당 비계의 연결부 또는 접속부의 풀림 상태
③ 연결 재료 및 연결철물의 손상 또는 부식 상태
④ 손잡이의 탈락 여부
⑤ 기둥의 침하, 변형, 변위 또는 흔들림 상태
⑥ 로프의 부착 상태 및 매단 장치의 흔들림 상태

▲ 해당 답안 중 5가지 선택 기재

07 굴착공사 시 토사붕괴의 발생을 예방하기 위해 점검해야 할 사항 5가지를 쓰시오.(5점)   [기사1801]

① 전 지표면의 답사
② 경사면의 지층 변화부 상황 확인
③ 부석의 상황 변화의 확인
④ 용수의 발생 유무 또는 용수량의 변화 확인
⑤ 결빙과 해빙에 대한 상황의 확인
⑥ 각종 경사면 보호공의 변위, 탈락 유무

▲ 해당 답안 중 5가지 선택 기재

08 같은 장소에서 행하여지는 사업으로서 사업의 일부나 전부를 도급을 주는 경우 그 사업의 관리책임자를 안전보건총괄책임자로 지정하여야 하는데 이의 대상이 되는 공사의 총 공사금액은 얼마 이상이어야 하는가? (3점)   [기사1801]

- 20억원 이상

09 근로자의 안전을 위하여 터널 작업면에 대한 조명장치 및 설비를 확인하여야 할 사항에 대한 ( )안을 채우시오. (3점)   [기사1801/기사2002]

작업 기준	조도 기준
막장 구간	(①)
터널중간 구간	(②)
터널 입·출구, 수직구 구간	(③)

① 70Lux 이상   ② 50Lux 이상   ③ 30Lux 이상

10 산업안전보건법상 사업 내 안전·보건교육에 대한 교육시간을 쓰시오. (4점)
[기사0302/기사0502/기사0804/기사0904/기사1201/산기1304/산기1604/기사1801/산기1804/산기2003/기사2101/기사2301]

교육과정	교육대상	교육시간
정기교육	관리감독자의 지위에 있는 사람	연간 (①)시간 이상
채용 시의 교육	일용근로자 및 근로계약기간이 1주일 이하인 기간제 근로자	(②)시간 이상
	그 밖의 근로자	(③)시간 이상
작업내용 변경 시의 교육	일용근로자 및 근로계약기간이 1주일 이하인 기간제 근로자	(④)시간 이상
	그 밖의 근로자	(⑤)시간 이상

① 16   ② 1   ③ 8
④ 1   ⑤ 2

11 가설통로 설치 시 사업주의 조치사항 5가지를 쓰시오. (5점)
[기사0602/기사1502/기사1704/기사1801/기사2201/기사2401]

① 견고한 구조로 할 것
② 경사는 30도 이하로 할 것
③ 경사가 15도를 초과하는 경우는 미끄러지지 아니하는 구조로 할 것
④ 추락할 위험이 있는 장소에는 안전난간을 설치할 것
⑤ 수직갱에 가설된 통로의 길이가 15m 이상인 경우는 10m 이내마다 계단참을 설치할 것
⑥ 건설공사에 사용하는 높이 8m 이상인 비계다리에는 7m 이내마다 계단참을 설치할 것

▲ 해당 답안 중 5가지 선택 기재

12 콘크리트 구조물로 옹벽을 축조할 경우, 필요한 안정조건을 3가지 쓰시오.(6점) [기사1801/산기1802]

① 활동에 대한 안정
② 전도에 대한 안정
③ 지반지지력에 대한 안정
④ 원호활동에 대한 안정

▲ 해당 답안 중 3가지 선택 기재

13 다음에 안전관리자의 최소 인원을 쓰시오.(4점) [기사1302/기사1801]

| ① 총공사금액이 700억원 이상 | ② 총공사금액이 1,500억원 이상 |

① 1명   ② 3명

14 흙의 동상 방지대책 3가지를 쓰시오.(6점)
[기사0601/기사0602/기사0904/기사1304/산기1304/기사1401/기사1402/기사1702/기사1801/산기2004/기사2104/기사2202]

① 동결되지 않은 흙으로 치환한다.
② 지하수위를 낮춘다.
③ 흙 속에 단열재료를 매입한다.
④ 지표의 흙을 화학약품 처리하여 동결온도를 낮춘다.
⑤ 모관수의 상승을 차단하기 위하여 지하수위 상층에 조립토층을 설치한다.

▲ 해당 답안 중 3가지 선택 기재

2017년 4회 필답형 기출복원문제

신규문제 1문항 중복문제 13문항

01 다음은 건축공사인 건설업의 산업안전보건관리비를 구하기 위한 기초자료를 표시한 것이다. 건설업 산업안전관리비를 구하시오.(5점) [기사1201/기사1704]

- 노무비 70억(직접노무비 40억, 간접노무비 30억) • 재료비 30억 • 기계경비 30억

공사종류	대상액 5억원 미만	5억원 이상 50억원 미만		50억원 이상	보건관리자 선임대상
		비율(X)	기초액(C)		
건축공사	3.11%	2.28%	4,325,000원	2.37%	2.64%
토목공사	3.15%	2.53%	3,300,000원	2.60%	2.73%
중건설공사	3.64%	3.05%	2,975,000원	3.11%	3.39%
특수건설공사	2.07%	1.59%	2,450,000원	1.64%	1.78%

- 산업안전보건관리비 = 대상액(재료비+직접노무비) × 요율에서 대상액은 (30+40)억원이고, 요율은 건축공사이고 대상액이 50억원 이상이므로 주어진 요율과 같이 2.37%가 된다.
- 산업안전보건관리비 계상액 = 70억원 × 2.37% = 165,900,000원이다.

02 가설통로 설치 시 준수사항 4가지를 쓰시오.(4점) [기사0602/기사1502/기사1704/기사1801/기사2201]

① 견고한 구조로 할 것
② 경사는 30도 이하로 할 것
③ 경사가 15도를 초과하는 경우는 미끄러지지 아니하는 구조로 할 것
④ 추락할 위험이 있는 장소에는 안전난간을 설치할 것
⑤ 수직갱에 가설된 통로의 길이가 15m 이상인 경우는 10m 이내마다 계단참을 설치할 것
⑥ 건설공사에 사용하는 높이 8m 이상인 비계다리에는 7m 이내마다 계단참을 설치할 것

▲ 해당 답안 중 4가지 선택 기재

03 콘크리트 구조체 공사 시 외부작업에 사용하는 비계의 종류 5가지를 쓰시오.(5점) [기사1704/기사2201]

① 강관비계 ② 강관틀비계 ③ 달비계
④ 달대비계 ⑤ 말비계 ⑥ 시스템비계
⑦ 통나무비계 등

▲ 해당 답안 중 5가지 선택 기재

04 산업안전보건위원회의 위원장의 선출방법과 산업안전보건위원회에서 의결된 사항의 해석 또는 이행방법 등에 관하여 의견이 일치하지 않는 경우의 처리방법에 대해서 쓰시오.(4점) [기사1401/기사1704]

① 위원장 선출방법 : 산업안전보건위원회의 위원장은 위원 중에서 호선한다. 이 경우 근로자위원과 사용자위원 중 각 1명을 공동위원장으로 선출할 수 있다.
② 산업안전보건위원회에서 의결된 사항의 해석 또는 이행방법 등에 관하여 의견이 일치하지 않는 경우의 처리방법 : 근로자위원과 사용자위원의 합의에 따라 산업안전보건위원회에 중재기구를 두어 해결하거나 제3자에 의한 중재를 받아야 한다.

05 산업안전보건법상 안전보건개선계획 수립대상 사업장 등에 관한 내용이다. ( )안을 채우시오.(6점) [기사1704/기사2004]

- 고용노동부장관은 (①), (②), 그 밖의 사항에 대하여 산업재해 예방을 위하여 종합적인 개선조치를 할 필요가 있다고 인정할 때에는 대통령령으로 정하는 바에 따라 사업주에게 그 (①), (②), 그 밖의 사항에 관한 안전보건개선계획의 수립·시행을 명할 수 있다.
- 안전보건개선계획의 수립·시행명령을 받은 사업주는 고용노동부장관이 정하는 바에 따라 안전보건개선계획서를 작성하여 그 명령을 받은 날부터 (③)일 이내에 관할 지방고용노동관서의 장에게 제출하여야 한다.

① 사업장　　　　　② 시설　　　　　③ 60

06 산업안전보건법상 안전관리자가 수행하여야 할 업무사항 4가지를 쓰시오.(4점)
[기사0804/산기0901/기사1001/산기1302/기사1704/산기2002/기사2101]

① 위험성 평가에 관한 보좌 및 조언·지도
② 사업장 순회점검·지도 및 조치의 건의
③ 해당 사업장 안전교육계획의 수립 및 안전교육 실시에 관한 보좌 및 조언·지도
④ 업무수행 내용의 기록·유지
⑤ 안전에 관한 사항의 이행에 관한 보좌 및 지도·조언
⑥ 산업재해에 관한 통계의 유지·관리·분석을 위한 보좌 및 지도·조언
⑦ 산업재해 발생의 원인 조사·분석 및 재발 방지를 위한 기술적 보좌 및 지도·조언
⑧ 산업안전보건위원회 또는 안전·보건에 관한 노사협의체에서 심의·의결한 업무와 해당 사업장의 안전보건관리규정 및 취업규칙에서 정한 업무
⑨ 안전인증대상 기계·기구 등과 자율안전확인대상 기계·기구 등 구입 시 적격품의 선정에 관한 보좌 및 지도·조언

▲ 해당 답안 중 4가지 선택 기재

07 구조물의 축조 장소에 예상하중보다 더 많은 하중으로 사전 성토하여 지반 침하를 촉진하고 전단강도를 증가시키는 지반개량공법의 이름을 쓰시오.(3점) [기사1704/기사2202]

- 프리로딩(선행재하)공법

08 지게차를 사용하여 작업을 하는 때 작업 시작 전 점검사항 4가지를 쓰시오.(4점) [산기0901/기사1201/기사1402/산기1504/기사1704/기사2201]

① 제동장치 및 조종장치 기능의 이상 유무
② 하역장치 및 유압장치 기능의 이상 유무
③ 바퀴의 이상 유무
④ 전조등·후미등·방향지시기 및 경보장치 기능의 이상 유무

09 고소작업대 이동 시 준수사항 2가지 쓰시오.(4점) [기사1104/기사1704/기사2101]

① 작업대를 가장 낮게 내릴 것
② 작업자를 태우고 이동하지 말 것
③ 이동통로의 요철상태 또는 장애물의 유무 등을 확인할 것

▲ 해당 답안 중 2가지 선택 기재

10 근로자의 추락 등에 의한 위험방지를 위하여 안전난간 설치기준이다. (   )안을 채우시오.(6점) [산기0502/산기0904/기사1102/산기1501/기사1704/기사2202]

가) 상부 난간대는 바닥면·발판 또는 경사로의 표면으로부터 (①)cm 이상 지점에 설치하고, 상부 난간대를 (②)cm 이하에 설치하는 경우는 중간 난간대는 상부 난간대와 바닥면 등의 중간에 설치하여야 하며, (②)cm 이상 지점에 설치하는 경우는 중간 난간대를 2단 이상으로 균등하게 설치하고 난간의 상하 간격은 (③)cm 이하가 되도록 할 것
나) 발끝막이판은 바닥면 등으로부터 (④)cm 이상의 높이를 유지할 것
다) 난간대는 지름 (⑤)cm 이상의 금속제 파이프나 그 이상의 강도가 있는 재료일 것
라) 안전난간은 구조적으로 가장 취약한 지점에서 가장 취약한 방향으로 작용하는 (⑥)kg 이상의 하중에 견딜 수 있는 튼튼한 구조일 것

① 90   ② 120   ③ 60
④ 10   ⑤ 2.7   ⑥ 100

11 다음 설명과 같은 안전보건관리조직의 형태를 쓰시오.(3점)　　　　　　　　　　　　　　　[기사1704]

> - 안전과 생산을 별개로 취급하기 쉽다.
> - 100~500명의 중규모 사업장에 적합하다.
> - 스탭 스스로 생산라인의 안전업무를 행하는 것은 아니다.
> - 권한 다툼이나 조정이 복잡하며, 시간과 비용이 많이 든다.

- 참모(Staff)형 조직

12 흙막이 지보공의 보강 또는 동바리를 설치하거나 해체하는 작업 시의 특별안전·보건교육 대상 작업별 교육내용을 4가지 쓰시오.(단, 그 밖에 안전·보건관리에 필요한 사항은 제외)(4점)　[기사1704/기사2003]

① 작업 안전 점검 요령과 방법에 관한 사항
② 동바리의 운반·취급 및 설치 시 안전작업에 관한 사항
③ 해체작업 순서와 안전기준에 관한 사항
④ 보호구 취급 및 사용에 관한 사항

13 안전관리자를 정수 이상으로 증원·교체 임명할 수 있는 사유를 3가지 쓰시오.(3점)
[산기0802/산기0804/기사1001/기사1402/산기1501/산기1702/기사1704/산기2001/산기2002/기사2101]

① 해당 사업장의 연간재해율이 같은 업종의 평균재해율의 2배 이상인 경우
② 중대재해가 연간 2건 이상 발생한 경우
③ 관리자가 질병이나 그 밖의 사유로 3개월 이상 직무를 수행할 수 없게 된 경우
④ 화학적 인자로 인한 직업성질병자가 연간 3명 이상 발생한 경우

▲ 해당 답안 중 3가지 선택 기재

2017년 2회 필답형 기출복원문제

신규문제 1문항 중복문제 13문항

01 근로자가 불안전한 작업발판 위에서 전기용접 작업을 하다가 지면으로 떨어져 부상을 입는 재해를 분석하고자 한다. 다음 물음에 답하시오.(5점) [기사1404/기사1702/기사2001]

| 발생형태 | (①) | 기인물 | (②) | 가해물 | (③) |

① 추락(떨어짐)   ② 작업발판   ③ 지면

02 터널 건설작업 시 배기가스나 분진 등으로 시계가 제한되는 경우 시계유지에 필요한 조치사항 2가지를 쓰시오.(4점) [기사1501/기사1702]

① 환기를 한다.
② 물을 뿌린다.

03 산업안전보건법상 크레인에 설치한 방호장치의 종류 3가지를 쓰시오(3점)
[산기0704/기사0904/기사1404/산기1601/기사1702/산기1801/산기1902/기사2204]

① 과부하방지장치   ② 권과방지장치
③ 비상정지장치   ④ 제동장치

▲ 해당 답안 중 3가지 선택 기재

04 산업안전보건법령상 다음 경우에 해당하는 양중기의 와이어로프(또는 달기체인)의 안전계수를 빈칸에 써 넣으시오.(4점) [기사0801/산기1001/기사1202/산기1204/기사1501/산기1504/기사1701/기사1702/산기1902/기사2104/산기2202]

○ 근로자가 탑승하는 운반구를 지지하는 경우 : (①) 이상
○ 화물의 하중을 직접 지지하는 경우 : (②) 이상
○ 훅, 샤클, 클램프, 리프팅 빔의 경우 : (③) 이상
○ 그 밖의 경우 : (④) 이상

① 10   ② 5   ③ 3   ④ 4

05 작업장에서 크레인을 사용하여 운반작업을 하려고 한다. 작업개시 전에 사업주가 관리감독자로 하여금 점검하도록 하여야 할 사항을 3가지 쓰시오.(6점)

[기사0304/기사0404/산기0502/산기0601 /산기0704/기사1001/산기1401/산기1402/기사1501/기사1702/산기1802/기사2004/기사2102/기사2302]

① 권과방지장치·브레이크·클러치 및 운전장치의 기능
② 주행로의 상측 및 트롤리(Trolley)가 횡행하는 레일의 상태
③ 와이어로프가 통하고 있는 곳의 상태

06 차량계 건설기계를 사용하는 작업할 때에 그 기계가 넘어지거나 굴러떨어짐으로써 근로자가 위험해질 우려가 있는 경우 사업주가 취해야 할 조치를 2가지 쓰시오.(4점)

[기사0304/기사0401/기사0504/기사0704/기사1702/기사1804/기사2001/산기2001]

① 유도하는 사람을 배치
② 지반의 부동침하 방지
③ 갓길의 붕괴 방지
④ 도로 폭의 유지

▲ 해당 답안 중 2가지 선택 기재

07 다음은 이동식 사다리를 설치하여 사용함에 있어서 준수할 사항에 대한 설명이다. ( )을 채우시오.(3점)

[기사0404/기사0601/기사1702]

- 길이가 (①)m를 초과해서는 안 된다.
- 다리의 벌림은 벽 높이의 (②) 정도가 적당하다.
- 벽면 상부로부터 최소한 (③)cm 이상의 연장길이가 있어야 한다.

① 6   ② 1/4   ③ 60

08 NATM 공법의 터널공사에서 지질 및 지층에 관한 조사를 통해 확인할 사항 4가지를 쓰시오.(4점)

[기사0701/기사1202/기사1702]

① 시추(보링)위치
② 토층분포상태
③ 투수계수
④ 지하수위
⑤ 지반의 지지력

▲ 해당 답안 중 4가지 선택 기재

09 거푸집 동바리의 강재 기준 강도에 따른 신장율에서 강재의 종류가 강관이고 인장강도가 50kg/mm^{2}이상일 때의 신장율은 얼마인가?(3점) [기사1702/기사2004]

- 10% 이상

10 산업안전보건법상 다음 그림에 해당하는 안전보건표지의 명칭을 쓰시오.(4점) [기사1702]

① 산화성물질경고   ② 폭발성물질경고

11 차량계 건설기계의 작업계획에 포함사항 2가지를 쓰시오.(4점) [기사0301/산기0504/산기0604/ 기사0704/산기1002/산기1102/산기1304/기사1401/산기1502/기사1604/기사1702/기사1902/기사1904/산기2001/기사2201]

① 사용하는 차량계 건설기계의 종류 및 성능
② 차량계 건설기계의 운행경로
③ 차량계 건설기계에 의한 작업방법

▲ 해당 답안 중 2가지 선택 기재

12 지반의 동결방지 대책(조치사항) 3가지를 쓰시오.(6점) [기사0601/기사0602/기사0904/기사1304/산기1304/기사1401/기사1402/기사1702/기사1801/산기2004]

① 동결되지 않은 흙으로 치환한다.
② 지하수위를 낮춘다.
③ 흙 속에 단열재료를 매입한다.
④ 지표의 흙을 화학약품 처리하여 동결온도를 낮춘다.
⑤ 모관수의 상승을 차단하기 위하여 지하수위 상층에 조립토층을 설치한다.

▲ 해당 답안 중 3가지 선택 기재

13
산업안전보건기준에 관한 규칙에 따른 암반의 굴착 시 굴착면의 기울기 기준을 채우시오.(6점)

[기사0401/기사0504/기사0702/산기1502/기사1701/기사1702/산기1804/기사1904/기사2301]

지반의 종류	기울기	지반의 종류	기울기
모래	(①)	풍화암	(③)
경암	(②)		

① 1 : 1.8
② 1 : 0.5
③ 1 : 1.0

14
연평균 200인의 근로자를 가진 사업장에서 연간 발생한 재해를 분석하였을 때, 그중 사망 1명, 2명은 50일 가료, 1명은 20일 가료로 분석되었다. 강도율을 구하고, 산출한 강도율의 의미를 쓰시오.(단, 1일 8시간, 1년 305일 근로)(4점)

[기사0301/기사0701/기사0901/기사0902/기사1402/기사1501/기사1702]

- 강도율은 1천 시간동안 근로할 때 발생하는 근로손실일수를 의미한다. 강도율을 구하기 위해서는 근로손실일수와 연간총근로시간을 구해야한다.
- 연간총근로시간은 200 × 8 × 305 = 488,000시간이다.
- 근로손실일수를 구하기 위하여 사망 1명은 7,500일이 된다.
- 가료의 경우 휴업일수에 해당하므로 2 × 50일 + 20일 = 120일의 가료이므로 $120 \times \frac{305}{365}$ = 100.2739…의 근로손실수에 해당한다. 즉, 총 근로손실일수 = 7,500+100.27 = 7,600.27일이다.

① 강도율 = $\frac{7,600.27}{488,000} \times 1,000$ = 15.5743… ≈ 15.57이 된다.

② 강도율이 15.57이라는 것은 1천 시간동안 근로할 경우 15.57일의 근로손실일수가 발생한다는 의미이다.

2017년 1회 필답형 기출복원문제

신규문제 2문항 　 중복문제 12문항

01 굴착공사 시 히빙과 보일링 현상 방지대책을 2가지씩 쓰시오.(4점)　[기사0904/기사1701]

가) 히빙 대책
① 어스앵커를 설치한다.
② 굴착주변을 웰 포인트(Well point)공법과 병행한다.
③ 흙막이 벽의 근입심도를 확보한다.
④ 지반개량으로 흙의 전단강도를 높인다.
⑤ 굴착주변의 상재하중을 제거하여 토압을 최대한 낮춘다.
⑥ 굴착방식을 아일랜드 컷 방식으로 개선한다.

나) 보일링 대책
① 주변 지하수위를 낮춘다
② 흙막이 벽의 근입 깊이를 깊게 한다.
③ 지하수의 흐름을 막는다.
④ 굴착한 흙을 즉시 매립하여 원상회복시킨다.
⑤ 차수성이 높은 흙막이를 설치한다.

▲ 해당 답안 중 각각 2가지씩 선택 기재

02 Safe-T-score를 구하고 안전도에 대한 심각성 여부를 판정하시오.(4점)　[기사1001/기사1202/기사1701/기사2102/기사2304]

- 전년도 도수율 : 120
- 근로자수 : 400명
- 올해년도 도수율 : 100
- 올해년도 근로시간 수 : 1일 8시간 300일 근무

가) Safe-T-Score
- Safe-T-Score를 구하려면 현재의 도수율(빈도율), 과거의 도수율(빈도율), 현재의 총 근로시간을 알아야 한다.
- 올해의 총 근로시간 = 400 × 8 × 300 = 960,000시간이다.
- Safe-T-Score는 $\dfrac{100-120}{\sqrt{\dfrac{120}{960,000}\times 1,000,000}} \approx -\dfrac{20}{11.180} \cdots \approx -1.79$이다.

나) 심각성 여부 : Safe-T-Score가 -2~+2 사이에 있으므로 과거와 큰 차이가 없음을 확인할 수 있다.

03 안전·보건진단을 받아 안전보건개선계획을 수립·제출하도록 명할 수 있는 사업장 2곳을 쓰시오.(4점)

[기사1201/기사1701]

① 사업주가 안전·보건조치의무를 이행하지 아니하여 중대재해가 발생한 사업장
② 산업재해율이 같은 업종 평균 산업재해율의 2배 이상인 사업장
③ 직업성 질병자가 연간 2명 이상(상시근로자 1천명 이상 사업장의 경우 3명 이상) 발생한 사업장
④ 작업환경 불량, 화재·폭발 또는 누출사고 등으로 사업장 주변까지 피해가 확산된 사업장

▲ 해당 답안 중 2가지 선택 기재

04 1톤 이상의 크레인을 사용하는 작업 또는 1톤 미만의 크레인 또는 호이스트를 5대 이상 보유한 사업장에서 해당 기계로 하는 작업 시 특별안전·보건 교육내용 3가지를 쓰시오.(단, 그밖에 안전·보건관리에 필요한 사항은 제외)(3점)

[기사1204/기사1701/기사1804]

① 방호장치의 종류, 기능 및 취급에 관한 사항
② 화물의 취급 및 안전작업방법에 관한 사항
③ 신호방법 및 공동작업에 관한 사항
④ 걸고리·와이어로프 및 비상정지장치 등의 기계·기구 점검에 관한 사항
⑤ 인양 물건의 위험성 및 낙하·비래(飛來)·충돌재해 예방에 관한 사항
⑥ 인양물이 적재될 지반의 조건, 인양하중, 풍압 등이 인양물과 타워크레인에 미치는 영향

▲ 해당 답안 중 3가지 선택 기재

05 다음 안전표지판의 명칭을 쓰시오.(4점)

[기사0902/기사1401/기사1701]

① 사용금지 ② 인화성물질경고
③ 폭발성물질경고 ④ 낙하물경고

06
산업안전보건법령상 다음 경우에 해당하는 양중기의 와이어로프(또는 달기체인)의 안전계수를 빈칸에 써 넣으시오.(4점) [기사0801/산기1001/기사1202/산기1204/기사1501/산기1504/기사1701/기사1702/산기1902/기사2104]

- 근로자가 탑승하는 운반구를 지지하는 경우 : (①) 이상
- 화물의 하중을 직접 지지하는 경우 : (②) 이상
- 훅, 샤클, 클램프, 리프팅 빔의 경우 : (③) 이상
- 그 밖의 경우 : (④) 이상

① 10   ② 5   ③ 3   ④ 4

07
고용노동부령으로 정하는 산업재해 발생위험이 있는 장소 5곳을 쓰시오.(5점) [기사0801/기사1701/기사1904]

① 토사·구축물·인공구조물 등이 붕괴될 우려가 있는 장소
② 기계·기구 등이 넘어지거나 무너질 우려가 있는 장소
③ 안전난간의 설치가 필요한 장소
④ 비계 또는 거푸집을 설치하거나 해체하는 장소
⑤ 건설용 리프트를 운행하는 장소
⑥ 지반을 굴착하거나 발파작업을 하는 장소
⑦ 엘리베이터홀 등 근로자가 추락할 위험이 있는 장소
⑧ 물체가 떨어지거나 날아올 위험이 있는 장소
⑨ 프레스 또는 전단기를 사용하여 작업을 하는 장소 등

▲ 해당 답안 중 5가지 선택 기재(법령개정으로 조문삭제됨)

08
산업안전보건기준에 관한 규칙에 따른 암반의 굴착 시 굴착면의 기울기 기준을 채우시오.(5점) [기사0401/기사0504/기사0702/산기1502/기사1701/기사1702/산기1804/기사1904/기사2301]

지반의 종류	기울기
모래	(①)
연암	(②)
(③)	1 : 1.0
경암	(④)
그 밖의 흙	(⑤)

① 1 : 1.8   ② 1 : 1.0   ③ 풍화암
④ 1 : 0.5   ⑤ 1 : 1.2

09 양중기(승강기 제외)를 사용하여 작업하는 운전자 또는 작업자가 보기 쉬운 곳에 부착해야할 것을 2가지 쓰시오.(4점) [기사1102/기사1701]

① 운전속도
② 경고표시
③ 정격하중

▲ 해당 답안 중 2가지 선택 기재

10 OJT 교육을 설명하시오.(3점) [기사1701/기사2001]

- OJT 교육은 주로 사업장 내 직장 상사가 강사가 되어 실시하는 개별교육으로 일상 업무를 통해서 업무와 관련된 지식, 기능, 문제해결 능력을 향상시키는 교육훈련 방법이다. 개개인에 대한 교육이 가능하며 즉시 업무에 연결되므로 효과가 즉각 발생한다.

11 이동식 크레인의 종류 2가지를 쓰시오.(4점) [기사1701/기사2101/기사2401]

① 트럭 크레인
② 휠 크레인
③ 무한궤도 크레인
④ 철도 크레인
⑤ 부동 크레인

▲ 해당 답안 중 2가지 선택 기재

12 운반하역표준안전작업지침에 의거 인력에 의한 화물을 운반할 때의 준수사항 3가지를 쓰시오.(6점) [기사1701/기사2102]

① 운반 시의 시선은 진행방향을 향하고 뒷걸음 운반을 해서는 안 된다.
② 어깨높이보다 높은 위치에서 하물을 들고 운반해서는 안 된다.
③ 쌓여 있는 하물을 운반할 때에는 중간 또는 하부에서 뽑아내어서는 안 된다.
④ 화물의 운반은 수평거리 운반을 원칙으로 하며, 여러 번 들어 움직이거나 중계 운반, 반복운반을 해서는 안 된다.

▲ 해당 답안 중 3가지 선택 기재

13 다음 ( )안에 알맞은 내용을 쓰시오.(4점) [기사1701]

- (①) : 블레이드가 수평이고, 또 불도저의 진행방향에 직각으로 블레이드 면을 부착한 것으로서 주로 중굴착 작업에 사용된다.
- (②) : 블레이드 면의 방향이 진행 방향의 중심선에 대하여 20~30°의 경사가 진 것으로서 이것은 사면굴착·정지·흙메우기 등으로 차체의 진행에 따라 흙을 측면으로 보내는 작업에 적당하다.

① 스트레이트 도저

② 앵글 도저

14 산업안전보건법령상 크레인을 사용하여 작업하는 경우 준수사항을 3가지 쓰시오.(6점) [기사1701]

① 인양할 하물을 바닥에서 끌어당기거나 밀어내는 작업을 하지 아니할 것
② 고정된 물체를 직접 분리·제거하는 작업을 하지 아니할 것
③ 미리 근로자의 출입을 통제하여 인양 중인 하물이 작업자의 머리 위로 통과하지 않도록 할 것
④ 인양할 하물이 보이지 아니하는 경우는 어떠한 동작도 하지 아니할 것
⑤ 유류드럼이나 가스통 등 운반 도중에 떨어져 폭발하거나 누출될 가능성이 있는 위험물 용기는 보관함에 담아 안전하게 매달아 운반할 것

▲ 해당 답안 중 3가지 선택 기재

2016년 4회 필답형 기출복원문제

신규문제 2문항 중복문제 12문항

01 추락방지용 방망 그물코(매듭있음)의 크기는 몇 mm인지 쓰시오.(3점)

- 100mm 이하

02 셔블계 건설기계 중 기계가 위치한 지면보다 높은 곳의 땅을 파는데 적합한 굴착기계를 쓰시오.(3점)

- 파워셔블

03 잠함, 우물통, 수직갱 기타 이와 유사한 건설물 또는 설비의 내부에서 굴착작업을 하는 때에 사업주가 준수하여야 할 사항 3가지를 쓰시오.(6점)

① 산소 결핍 우려가 있는 경우는 산소의 농도를 측정하는 사람을 지명하여 측정하도록 할 것
② 근로자가 안전하게 오르내리기 위한 설비를 설치할 것
③ 굴착 깊이가 20m를 초과하는 경우는 해당 작업장소와 외부와의 연락을 위한 통신설비 등을 설치할 것
④ 산소 결핍이 인정되거나 굴착 깊이가 20m를 초과하는 경우에는 송기를 위한 설비를 설치하여 필요한 양의 공기를 공급할 것

▲ 해당 답안 중 3가지 선택 기재

04 산업안전보건법상 특별안전보건교육 중 거푸집 동바리의 조립 또는 해체작업 대상 작업에 대한 교육내용에 해당되는 사항을 3가지 쓰시오.(단, 그 밖의 안전보건관리에 필요한 사항은 제외한다)(6점)

① 동바리의 조립방법 및 작업 절차에 관한 사항
② 조립재료의 취급방법 및 설치기준에 관한 사항
③ 조립 해체 시의 사고 예방에 관한 사항
④ 보호구 착용 및 점검에 관한 사항

▲ 해당 답안 중 3가지 선택 기재

05 회전날 끝에 다이아몬드 입자를 혼합 경화하여 제조된 절단톱으로 기둥, 보, 바닥, 벽체를 적당한 크기로 절단하여 해체하는 공법의 준수사항을 3가지 쓰시오.(3점) [기사1201/기사1604]

① 작업현장은 정리정돈이 잘되어야 한다.
② 절단기에 사용되는 전기 및 급·배수설비를 수시로 정비·점검하여야 한다.
③ 회전톱날에는 접촉방지 커버를 부착하여야 한다.
④ 회전톱날의 조임 상태는 안전한지 작업 전에 점검하여야 한다.
⑤ 절단기는 사용 전·후 점검하고 정비해 두어야 한다.
⑥ 절단 진행방향은 직선으로 하고 저항이 큰 자재는 최소단면으로 절단하여야 한다.
⑦ 절단 중 회전톱날을 냉각시키는 냉각수는 충분한지 점검하고 불꽃이 많이 비산되거나 수증기 등이 발생되면 과열의 위험이 있으므로 절단력을 약하게 하거나 작업을 일시 중단한 뒤 다시 작업을 실시하여야 한다.

▲ 해당 답안 중 3가지 선택 기재

06 추락방호망 설치기준 3가지를 쓰시오.(6점) [기사1302/산기1601/기사1604]

① 추락방호망의 설치위치는 가능하면 작업면으로부터 가까운 지점에 설치하여야 하며, 작업면으로부터 망의 설치지점까지의 수직거리는 10m를 초과하지 아니할 것
② 추락방호망은 수평으로 설치하고, 망의 처짐은 짧은 변 길이의 12% 이상이 되도록 할 것
③ 건축물 등의 바깥쪽으로 설치하는 경우 추락방호망의 내민 길이는 벽면으로부터 3m 이상 되도록 할 것

07 리프트의 운반구에 근로자를 탑승시켜서는 아니 되지만 탑승이 가능한 경우의 조치를 쓰시오.(3점) [기사1604]

① 리프트의 수리작업을 할 때 그 작업에 종사하는 근로자가 위험해질 우려가 없도록 조치한 경우
② 리프트의 조정작업을 할 때 그 작업에 종사하는 근로자가 위험해질 우려가 없도록 조치한 경우
③ 리프트의 점검작업을 할 때 그 작업에 종사하는 근로자가 위험해질 우려가 없도록 조치한 경우

08 수자원시설공사(댐)에서 재료비와 직접노무비의 합이 4,500,000,000원일 때 안전관리비를 계산하시오. (5점) [기사1104/기사1604/기사2004/기사2401]

• 댐공사는 중건설공사이다. 중건설공사의 공사비가 5억원 이상 50억원 미만일 때 비율은 3.05%이고, 기초액은 2,975,000원이다.
• 산업안전보건관리비 = 대상액(재료비+직접노무비) × 요율 + 기초액에서 대상액은 45억원이고, 요율은 3.05%이고 기초액은 2,975,000원이 된다.
• 산업안전보건관리비 계상액 = 45억원 × 3.05% + 2,975,000 = 137,250,000+2,975,000 = 140,225,000원이다.

09
공정진행에 따른 안전관리비 사용기준이다. 빈칸을 채우시오.(3점)

공정률	50% 이상 ~ 70% 미만	70% 이상 ~ 90% 미만	90% 이상
사용기준	(①)% 이상	(②)% 이상	(③)% 이상

① 50 ② 70 ③ 90

10
와이어로프의 안전계수에 대하여 설명하시오.(3점)

- 안전계수는 와이어로프 등의 절단하중 값을 그 와이어로프 등에 걸리는 하중의 최댓값으로 나눈 값을 말한다.

11
근로감독관이 질문·검사·점검하거나 관계서류의 제출을 요구할 수 있는 상황을 3가지 쓰시오.(6점)

① 산업재해가 발생하거나 산업재해 발생의 급박한 위험이 있는 경우
② 근로자의 신고 또는 고소·고발 등에 대한 조사가 필요한 경우
③ 법 또는 법에 따른 명령을 위반한 범죄의 수사 등 사법경찰관리의 직무를 수행하기 위하여 필요한 경우
④ 그 밖에 고용노동부장관 또는 지방고용노동관서의 장이 법 또는 법에 따른 명령의 위반 여부를 조사하기 위하여 필요하다고 인정하는 경우

▲ 해당 답안 중 3가지 선택 기재

12
안전보건교육에 있어 건설업 기초안전보건교육에 대한 다음 각 물음에 답을 쓰시오.(4점)

가) 교육대상의 교육시간을 쓰시오.
나) 교육내용을 3가지만 쓰시오.

가) 4시간
나) 교육내용
 ① 건설공사의 종류(건축·토목 등) 및 시공 절차
 ② 산업재해 유형별 위험요인 및 안전보건조치
 ③ 안전보건관리체제 현황 및 산업안전보건 관련 근로자 권리·의무

13 차량계 건설기계의 작업계획에 포함사항 3가지를 쓰시오.(3점)   [기사0301/산기0504/산기0604/
기사0704/산기1002/산기1102/산기1304/산기1401/산기1502/기사1604/기사1702/기사1902/산기1904/산기2001/기사2201]

① 사용하는 차량계 건설기계의 종류 및 성능
② 차량계 건설기계의 운행경로
③ 차량계 건설기계에 의한 작업방법

14 차량계 하역운반 기계에 화물적재 시 준수사항을 3가지 쓰시오.(6점)
[기사1004/산기1102/기사1604/산기2104/기사2401]

① 하중이 한쪽으로 치우치지 않도록 적재한다.
② 구내운반차 또는 화물자동차의 경우 화물의 붕괴 또는 낙하에 의한 위험을 방지하기 위하여 화물에 로프를 거는 등 필요한 조치를 한다.
③ 운전자의 시야를 가리지 않도록 화물을 적재한다.

2016년 2회 필답형 기출복원문제

신규문제 2문항 중복문제 12문항

01 히빙 현상의 방지대책 5가지를 쓰시오.(5점) [기사0704/기사0902/산기1101/산기1201/기사1602/기사1801/산기1902/기사2201]

① 어스앵커를 설치한다.
② 굴착주변을 웰 포인트(Well point)공법과 병행한다.
③ 흙막이 벽의 근입심도를 확보한다.
④ 지반개량으로 흙의 전단강도를 높인다.
⑤ 굴착주변의 상재하중을 제거하여 토압을 최대한 낮춘다.
⑥ 굴착방식을 아일랜드 컷 방식으로 개선한다.
⑦ 토류벽의 배면토압을 경감시킨다.
⑧ 굴착저면에 토사 등 인공중력을 가중시킨다.

▲ 해당 답안 중 5가지 선택 기재

02 산업재해 발생 보고에 관한 내용이다. (   )에 내용을 쓰시오.(4점) [기사1602]

> 사업주는 산업재해로 사망자가 발생하거나 3일 이상의 요양이 필요한 부상을 입거나 질병에 걸린 사람이 발생한 경우는 해당 산업재해가 발생한 날로부터 (①)개월 이내에 (②)를 작성하여 관할 지방고용노동청장 또는 지청장에게 제출하여야 한다.

① 1
② 산업재해조사표

03 건물 해체작업 시 작업계획에 포함될 사항을 4가지 쓰시오.(4점) [기사0301/기사0502/기사1101/기사1602]

① 해체의 방법 및 해체 순서도면
② 사업장 내 연락방법
③ 해체물의 처분계획
④ 해체작업용 화약류 등의 사용계획서
⑤ 해체작업용 기계·기구 등의 작업계획서
⑥ 가설설비·방호설비·환기설비 및 살수·방화설비 등의 방법

▲ 해당 답안 중 4가지 선택 기재

04 사업주가 구축물 등에 대한 구조검토, 안전진단 등의 안전성 평가를 하여 근로자에게 미칠 위험성을 미리 제거해야 하는 경우를 3가지 쓰시오.(단, 그 밖의 잠재위험이 예상될 경우 제외)(6점)

[산기0601/기사1004/기사1101/기사1204/기사1302/산기1404/기사1602/기사1902/기사2301]

① 구축물등의 인근에서 굴착·항타작업 등으로 침하·균열 등이 발생하여 붕괴의 위험이 예상될 경우
② 구축물등에 지진, 동해(凍害), 부동침하(不同沈下) 등으로 균열·비틀림 등이 발생했을 경우
③ 구축물등이 그 자체의 무게·적설·풍압 또는 그 밖에 부가되는 하중 등으로 붕괴 등의 위험이 있을 경우
④ 화재 등으로 구축물등의 내력(耐力)이 심하게 저하됐을 경우
⑤ 오랜 기간 사용하지 않던 구축물등을 재사용하게 되어 안전성을 검토해야 하는 경우
⑥ 구축물등의 주요구조부에 대한 설계 및 시공 방법의 전부 또는 일부를 변경하는 경우

▲ 해당 답안 중 3가지 선택 기재

05 구조안전의 위험이 큰 철골구조물은 건립 중 강풍에 의한 풍압 등 외압에 대한 내력이 설계에 고려되어 있는지 확인하여야 할 구조물 4가지를 쓰시오.(4점)

[기사0604/기사0902/기사1001/기사1102/기사1204/기사1301/기사1504/기사1602/기사1804/기사1904]

① 높이 20m 이상의 구조물
② 구조물의 폭과 높이의 비가 1:4 이상인 구조물
③ 단면 구조에 현저한 차이가 있는 구조물
④ 기둥이 타이플레이트형인 구조물
⑤ 이음부가 현장용접인 구조물
⑥ 연면적당 철골량이 50kg/m² 이하인 구조물

▲ 해당 답안 중 4가지 선택 기재

06 철륜 표면에 다수의 돌기를 붙여 접지 면적을 작게 하여 접지압을 증가시킨 롤러로서 고함수비 점성토 지반의 다짐작업에 적합한 롤러를 쓰시오.(3점)

[기사1602/기사2003]

• 탬핑 롤러

07 양중기에 사용하는 권상용 와이어로프의 사용금지 사항이다. 빈칸을 채우시오.(4점)

가) 와이어로프의 한 꼬임에서 끊어진 소선의 수가 (①)% 이상인 것.
나) 지름의 감소가 (②)의 7%를 초과하는 것.

① 10
② 공칭지름

08 굴착면의 높이가 2m 이상이 되는 암석의 굴착작업 시 특별교육 내용 3가지를 쓰시오.(단, 그밖에 안전·보건관리에 필요한 사항 제외)(6점)

① 안전거리 및 안전기준에 관한 사항
② 방호물의 설치 및 기준에 관한 사항
③ 보호구 및 신호방법 등에 관한 사항
④ 폭발물 취급 요령과 대피 요령에 관한 사항

▲ 해당 답안 중 3가지 선택 기재

09 리프트를 사용하여 작업하는 때의 안전작업 수칙 4가지를 쓰시오.(4점)

① 울타리를 설치하는 등 관계 근로자가 아닌 사람의 출입을 금지하여야 한다.
② 리프트의 운반구 이탈 등의 위험을 방지하기 위하여 권과방지장치, 과부하방지장치, 비상정지장치 등을 설치하는 등 필요한 조치를 하여야 한다.
③ 운반구의 내부에만 탑승조작장치가 설치되어 있는 리프트를 사람이 탑승하지 아니한 상태로 작동하게 해서는 아니 된다.
④ 리프트 운반구를 주행로 위에 달아 올린 상태로 정지시켜 두어서는 아니 된다.

10 다음 ( )안에 알맞은 내용을 쓰시오.(4점)

가) 낙하물 방지망 설치 높이는 (①)m 이내마다 설치하고 내민 길이는 벽면으로부터 (②)m 이상으로 할 것
나) 수평면과의 각도는 (③)도 이상 (④)도 이하를 유지 할 것

① 10
② 2
③ 20
④ 30

11 차량계 하역운반기계(지게차 등)의 운전자가 운전위치를 이탈하고자 할 때 운전자가 준수하여야 할 사항을 2가지 쓰시오.(4점)
[산기0604/산기0804/산기0901/산기1302/기사1602/기사2002/기사2101/기사2402]

① 포크, 버킷, 디퍼 등의 장치를 가장 낮은 위치 또는 지면에 내려 둘 것
② 운전석을 이탈하는 경우는 시동키를 운전대에서 분리시킬 것
③ 원동기를 정지시키고 브레이크를 확실히 거는 등 갑작스러운 주행이나 이탈을 방지하기 위한 조치를 할 것

▲ 해당 답안 중 2가지 선택 기재

12 안면부 여과식 방진마스크의 시험 성능기준에 있는 각 등급별 여과제 분진 등 포집효율 기준을 [표]의 빈칸을 채우시오.(3점)
[기사1001/기사1602/기사2302]

종류	등급	시험%
안면부 여과식	특급	(①)
	1급	(②)
	2급	(③)

① 99% 이상
② 94% 이상
③ 80% 이상

13 건축공사에서 직접재료비 250,000,000원이고, 관급재료비 350,000,000원, 직접노무비 200,000,000원일 때 안전관리비를 계산하시오.(6점)
[기사1204/1602]

• 산업안전보건관리비 = 대상액(재료비+직접노무비) × 요율 + 기초액에서 대상액은 (2.5+3.5+2)억원이고, 요율은 건축공사이고 대상액이 5억원 이상 50억원 미만이므로 2.28%이고, 기초액은 4,325,000원이 된다.
• 산업안전보건관리비 계상액 = 8억원 × 2.28% + 4,325,000 = 18,240,000+4,325,000 = 22,565,000원이다.
• 사업주가 재료를 제공하는 경우 해당 재료비를 포함시키지 않은 대상액을 기준으로 계상한 안전관리비의 1.2배를 초과할 수 없다. 이를 기준으로 계상하면 대상액은 (2.5+2)억원으로 5억원 미만이므로 (4.5억원 × 3.11%) × 1.2 = 16,794,000원으로 위에서 계상한 금액이 이를 초과하므로 16,794,000원이 산업안전·보건관리비가 된다.

14 다음은 사다리식 통로의 안전기준에 대한 사항이다. 빈칸을 채우시오.(3점)

[기사0302/기사0401/기사0601/산기0702/산기0801/산기1402/산기1601/기사1602/산기1604/산기1902/산기1904/기사2201/기사2402]

가) 사다리의 상단을 걸쳐놓은 지점으로부터 (①)cm 이상 올라가도록 할 것
나) 사다리식 통로의 길이가 10m 이상인 경우는 (②)m 이내마다 계단참을 설치할 것
다) 사다리식 통로의 기울기는 (③)도 이하로 할 것

① 60
② 5
③ 75

2016년 1회 필답형 기출복원문제

신규문제 0문항 중복문제 13문항

01 안전보건관리규정의 작성 및 변경절차에 관한 사항이다. 다음 ( )을 넣으시오. (4점)

> 가) 안전보건관리규정을 작성하여야 할 사업은 상시근로자 (①) 명 이상을 사용하는 사업으로 한다.
> 나) 안전보건관리규정을 작성하여야 할 사유가 발생한 날로부터 (②)일 이내에 안전보건관리규정을 작성하여야 한다.
> 다) 안전보건관리규정을 작성하거나 변경할 때에는 (③)의 심의·의결을 거쳐야 한다.
> 라) (③)가 설치되어 있지 아니한 사업장의 경우는 (④)의 동의를 받아야 한다.

① 100
② 30
③ 산업안전보건위원회
④ 근로자대표

02 콘크리트 타설을 하기 위해 콘크리트 펌프나 콘크리트 펌프카 이용 작업 시 사업자의 준수사항 3가지를 쓰시오. (6점)

① 작업을 시작하기 전에 콘크리트 펌프용 비계를 점검하고 이상을 발견하였으면 즉시 보수할 것
② 건축물의 난간 등에서 작업하는 근로자가 호스의 요동·선회로 인하여 추락하는 위험을 방지하기 위하여 안전난간 설치 등 필요한 조치를 할 것
③ 콘크리트 펌프카의 붐을 조정하는 경우는 주변의 전선 등에 의한 위험을 예방하기 위한 적절한 조치를 할 것
④ 작업 중에 지반의 침하, 아웃트리거의 손상 등에 의하여 콘크리트 펌프카가 넘어질 우려가 있는 경우는 이를 방지하기 위한 적절한 조치를 할 것

▲ 해당 답안 중 3가지 선택 기재

03 양중기의 종류 중 동력을 사용하여 사람이나 화물을 운반하는 것을 목적으로 하는 기계설비를 리프트라 한다. 산업안전보건기준에 관한 규칙에서 규정하고 있는 리프트의 종류 3가지를 쓰시오. (3점)

① 건설용 리프트
② 산업용 리프트
③ 자동차정비용 리프트
④ 이삿짐운반용 리프트

▲ 해당 답안 중 3가지 선택 기재

04 절연손상으로 인한 위험전압의 발생으로 야기되는 간접접촉에 대한 방지대책을 2가지 쓰시오.(4점)

[기사1002/기사1601]

① 동시에 접촉가능한 2개의 도전성부분을 2m 이상 격리시킬 것
② 동시에 접촉가능한 2개의 도전성부분을 절연체로 된 방호울로 격리시킬 것
③ 2,000V의 시험전압에 견디고 누설전류가 1mA 이하가 되도록 어느 한 부분을 절연시킬 것

▲ 해당 답안 중 2가지 선택 기재

05 작업으로 인하여 물체가 떨어지거나 날아올 위험이 있는 경우 위험방지를 위하여 취해야 할 조치사항 3가지를 쓰시오.(5점)

[산기1401/기사1601/산기1602/산기1604/기사1802/기사1901/산기2001/산기2002/기사2204]

① 낙하물 방지망 설치　　　② 수직보호망 설치
③ 방호선반 설치　　　　　④ 출입금지구역의 설정
⑤ 보호구의 착용

▲ 해당 답안 중 3가지 선택 기재

06 토공사의 비탈면 보호방법(공법)의 종류를 4가지 쓰시오.(4점)

[기사1601/산기1801/기사1902/산기2004/기사2401]

① 식생공법　　　　② 피복공법
③ 뿜칠공법　　　　④ 붙임공법
⑤ 격자틀공법　　　⑥ 낙석방호공법

▲ 해당 답안 중 4가지 선택 기재

07 보일링 방지대책 4가지를 쓰시오.(4점)

[기사0802/기사0901/기사1002/산기1402/기사1504/기사1601/산기1804/기사1901/기사2104]

① 주변 지하수위를 낮춘다.　　　② 흙막이 벽의 근입 깊이를 깊게 한다.
③ 지하수의 흐름을 막는다.　　　④ 굴착한 흙을 즉시 매립하여 원상회복시킨다.
⑤ 차수성이 높은 흙막이를 설치한다.

▲ 해당 답안 중 4가지 선택 기재

08 산업안전보건법상 안전보건표지의 종류에 대한 색채기준을 표의 ( )안에 써넣으시오.(4점)

[기사1301/기사1601]

내용	바탕색	기본모형 - 색
금연	(①)	빨간색
폭발물성물질경고	(②)	빨간색
안전복 착용	(③)	-
비상용 기구	(④)	흰색

① 흰색
② 무색
③ 파란색
④ 녹색

09 산업안전보건법상 특별안전보건교육 중 "거푸집 동바리의 조립 또는 해체작업" 대상 작업에 대한 교육내용에서 포함하여야 할 사항 3가지를 쓰시오.(단, 그 밖의 안전보건관리에 필요한 사항은 제외한다)(6점)

[산기0701/기사1002/산기1104/기사1401/기사1601/기사1604/산기1902]

① 동바리의 조립방법 및 작업 절차에 관한 사항
② 조립재료의 취급방법 및 설치기준에 관한 사항
③ 조립 해체 시의 사고 예방에 관한 사항
④ 보호구 착용 및 점검에 관한 사항

▲ 해당 답안 중 3가지 선택 기재

10 연평균 근로자 수 600명, A 회사의 안전전담부서에서 6개월간 아래와 같이 안전전담 활동 시 안전활동율을 계산하시오.(단, 1일 9시간, 월 22일 근무, 6개월간의 사고건수는 2건)(6점)

[기사1101/기사1601]

- 불안전한 행동 20건 발견 조치
- 권고 12건
- 안전회의 6회
- 불안전한 상태 34건 조치
- 안전홍보 3건

- 안전활동율 = $\dfrac{\text{안전활동건수}}{\text{총근로시간} \times \text{평균근로자수}} \times 1,000,000 =$

$\dfrac{75}{9 \times 22 \times 6 \times 600} \times 1,000,000 = \dfrac{75}{712,800} \times 1,000,000 \simeq 105.2188 \cdots$ 이므로 105.22이다.

11 다음 보기의 안전관리자 최소 인원을 쓰시오.(3점)　　　　　　　　　　　　　[기사0902/기사1202/기사1601]

> ① 운수업 - 상시근로자 500명
> ② 건설업 - 총 공사금액 1,000억원
> ③ 건설업 - 총 공사금액 2,000억원

① 2명(운수업은 상시근로자 500명 이상일 때 2명, 50명~500명 미만은 1명)
② 2명(공사금액 800억원 이상 1,500억원 미만일 경우 2명)
③ 3명(공사금액 1,500억원 이상 2,200억원 미만일 경우 3명)

12 산업안전보건법령상 고용노동부장관이 명예산업안전감독관을 해촉할 수 있는 경우를 2가지 쓰시오.(4점)
　　　　　　　　　　　　　　　　　　　　　　　　　　　　　[기사1004/기사1204/기사1601/기사1902/산기1902]

① 근로자대표가 사업주의 의견을 들어 명예산업안전감독관의 해촉을 요청한 경우
② 명예산업안전감독관이 해당 단체 또는 그 산하조직으로부터 퇴직하거나 해임된 경우
③ 명예산업안전감독관의 업무와 관련하여 부정한 행위를 한 경우
④ 질병이나 부상 등의 사유로 명예산업안전감독관의 업무수행이 곤란하게 된 경우

▲ 해당 답안 중 2가지 선택 기재

13 건설업체 산업재해발생률에서 상시근로자의 수 산출식을 쓰시오.(4점)　[기사0801/기사1101/기사1601/기사2403]

• 상시근로자 수 = $\dfrac{\text{연간국내공사실적액} \times \text{노무비율}}{\text{건설업월평균임금} \times 12}$ 이다.

2015년 4회 필답형 기출복원문제

신규문제 3문항 중복문제 11문항

01 산업안전보건법상 안전검사대상 유해·위험기계의 종류를 5가지 쓰시오.(단, 조건이 있는 경우는 조건을 쓰시오)(5점)

① 프레스 ② 전단기 ③ 리프트
④ 압력용기 ⑤ 곤돌라 ⑥ 컨베이어
⑦ 산업용 로봇 ⑧ 원심기(산업용만) ⑨ 크레인(정격하중 2톤 미만 제외)
⑩ 국소배기장치(이동식 제외) ⑪ 롤러기(밀폐형 구조 제외)

▲ 해당 답안 중 5가지 선택 기재

02 계단 설치기준이다. 다음 ( )을 채우시오.(5점)

가) 사업주는 계단 및 계단참을 설치하는 경우 매 m^2당 (①)kg 이상의 하중에 견딜 수 있는 강도를 가진 구조로 설치하여야 하며, 안전율은 (②)이상으로 하여야 한다.
나) 사업주는 계단을 설치하는 경우 그 폭을 (③)m 이상으로 하여야 한다.
다) 사업주는 계단을 설치하는 경우 바닥면으로부터 높이 (④)m 이내의 공간에 장애물이 없도록 하여야 한다.
라) 사업주는 높이 (⑤)m 이상인 계단의 개방된 측면에 안전난간을 설치하여야 한다.

① 500 ② 4 ③ 1
④ 2 ⑤ 1

03 지반의 붕괴, 구축물의 붕괴 또는 토석의 낙하 등에 의하여 근로자가 위험해질 우려가 있는 경우 그 위험을 방지하기 위한 조치사항이다. 빈칸을 채우시오.(4점)

지반은 안전한 경사로 하고 낙하의 위험이 있는 토석을 제거하거나 옹벽, (①) 등을 설치하고, 지반의 붕괴 또는 토석의 낙하 원인이 되는 빗물이나 (②) 등을 배제할 것

① 흙막이 지보공 ② 지하수

04 보일링 현상 방지대책 3가지를 쓰시오.(단, 작업중지, 굴착토 원상 매립은 제외)(3점)
[기사0802/기사0901/기사1002/산기1402/기사1504/기사1601/산기1804/기사1901]

① 주변 지하수위를 낮춘다.
② 흙막이 벽의 근입 깊이를 깊게 한다.
③ 지하수의 흐름을 막는다.
④ 차수성이 높은 흙막이를 설치한다.

▲ 해당 답안 중 3가지 선택 기재

05 관리감독자 안전보건업무 수행 시 안전관리비에서 업무수당을 지급할 수 있는 작업을 5가지 쓰시오.(단, 건설업 외의 작업은 제외)(5점)
[기사1504]

① 건설용 리프트·곤돌라를 이용한 작업
② 굴착 깊이가 2m 이상인 지반의 굴착작업
③ 흙막이 지보공의 보강, 동바리 설치 또는 해체작업
④ 터널 안에서의 굴착작업, 터널 거푸집의 조립 또는 콘크리트 작업
⑤ 굴착면의 깊이가 2미터 이상인 암석 굴착 작업
⑥ 거푸집지보공의 조립 또는 해체작업
⑦ 비계의 조립, 해체 또는 변경작업
⑧ 맨홀작업, 산소결핍장소에서의 작업
⑨ 전압이 75볼트 이상인 정전 및 활선작업
⑩ 전주 또는 통신주에서의 케이블 공중가설작업
⑪ 도로에 인접하여 관로, 케이블 등을 매설하거나 철거하는 작업 등

▲ 해당 답안 중 5가지 선택 기재

06 고용노동부장관이 산업재해 예방활동에 대한 참여와 지원을 촉진하기 위하여 명예산업안전감독관에 위촉할 수 있는 대상자 3가지를 쓰시오.(5점)
[기사1102/기사1504/기사1904]

① 산업안전보건위원회 또는 노사협의체 설치 대상 사업의 근로자 중에서 근로자대표가 사업주의 의견을 들어 추천하는 사람
② 연합단체인 노동조합 또는 그 지역 대표기구에 소속된 임직원 중에서 해당 연합단체인 노동조합 또는 그 지역대표기구가 추천하는 사람
③ 전국 규모의 사업주단체 또는 그 산하조직에 소속된 임직원 중에서 해당 단체 또는 그 산하조직이 추천하는 사람
④ 산업재해 예방 관련 업무를 하는 단체/그 산하조직에 소속된 임직원 중에서 해당 단체 또는 그 산하조직이 추천하는 사람

▲ 해당 답안 중 3가지 선택 기재

2015년 4회차

07 전기기계·기구 중 이동형이나 휴대형의 것으로 감전방지용 누전차단기를 설치해야 하는 기준을 3가지 쓰시오.(5점)

[기사0404/기사0802/기사1504/기사2401]

① 대지전압이 150V를 초과하는 이동형 또는 휴대형 전기기계·기구
② 물 등 도전성이 높은 액체가 있는 습윤장소에서 사용하는 저압용 전기기계·기구
③ 철판·철골 위 등 도전성이 높은 장소에서 사용하는 이동형 또는 휴대형 전기기계·기구
④ 임시배선의 전로가 설치되는 장소에서 사용하는 이동형 또는 휴대형 전기기계·기구

▲ 해당 답안 중 3가지 선택 기재

08 산업안전보건법상 리프트를 사용하여 작업하는 때의 작업 시작 전 점검사항 2가지 쓰시오.(4점)

[기사0902/기사1504]

① 방호장치·브레이크 및 클러치의 기능
② 와이어로프가 통하고 있는 곳의 상태

09 달비계 또는 높이 5m 이상의 비계를 조립·해체하거나 변경하는 작업에 있어 관리감독자의 직무수행 내용을 4가지 쓰시오.(4점)

[기사1002/기사1301/기사1504/기사2004]

① 재료의 결함 유무를 점검하고 불량품을 제거하는 일(해체 시 제외)
② 기구·공구·안전대 및 안전모 등의 기능을 점검하고 불량품을 제거하는 일
③ 작업방법 및 근로자 배치를 결정하고 작업 진행 상태를 감시하는 일
④ 안전대와 안전모 등의 착용 상황을 감시하는 일

10 건설공사의 총 공사원가가 100억원이고, 이 중 재료비와 직접노무비의 합이 60억원인 터널신설공사의 산업안전보건관리비를 다음 기준표를 참고하여 계산하시오.(5점)

[기사0601/기사1102/기사1504/기사2201]

공사규모 공사분류	5억원 미만	5억원 이상 ~ 50억원 미만		50억원 이상
		비율	기초액	
중건설공사	3.64%	3.05%	2,975,000원	3.11%
건축공사	3.11%	2.28%	4,325,000원	2.37%

• 산업안전보건관리비 = 대상액(재료비+직접노무비) × 요율에서 대상액은 60억원이고, 요율은 터널의 신설공사이므로 중건설공사에 해당하므로 3.11%가 된다.
• 산업안전보건관리비 = 60억원 × 3.11% = 186,600,000원이다.

11 안전모의 종류 AB, AE, ABE 사용구분에 따른 용도를 쓰시오.(3점)

[기사0604/기사1504/산기1802/기사1902/기사2004/기사2302]

① AB : 물체의 낙하 또는 비래 및 추락에 의한 위험을 방지 또는 경감시키기 위한 것
② AE : 물체의 낙하 또는 비래에 의한 위험을 방지 또는 경감하고, 머리부위 감전에 의한 위험을 방지하기 위한 것
③ ABE : 물체의 낙하 또는 비래 및 추락에 의한 위험을 방지 또는 경감하고, 머리부위 감전에 의한 위험을 방지하기 위한 것

12 철골공사 작업을 중지해야 하는 조건을 쓰시오.(단, 단위를 명확히 쓰시오)(3점)

[산기0501/산기0701/산기0704/기사0901/기사1302/산기1404/기사1502/기사1504/산기1801/기사2004/기사2402]

① 풍속 – 초당 10m 이상
② 강설량 – 시간당 1cm 이상
③ 강우량 – 시간당 1mm 이상

13 철골구조물 건립 중 강풍에 의한 풍압 등 외압에 대한 내력이 설계에 고려될 구조물을 5가지 쓰시오.(5점)

[기사0604/기사0902/기사1001/기사1102/기사1204/기사1301/기사1504/기사1602/기사1804/기사1904]

① 높이 20m 이상의 구조물
② 구조물의 폭과 높이의 비가 1:4 이상인 구조물
③ 단면 구조에 현저한 차이가 있는 구조물
④ 기둥이 타이플레이트형인 구조물
⑤ 이음부가 현장용접인 구조물
⑥ 연면적당 철골량이 50kg/m^2 이하인 구조물

▲ 해당 답안 중 5가지 선택 기재

14 기초지반의 성질을 적극적으로 개량하기 위한 지반개량 공법을 4가지 쓰시오.(4점)

[기사1504]

① 다짐공법　　② 탈수공법　　③ 고결안정공법
④ 치환공법　　⑤ 재하공법　　⑥ 전기화학고결법

▲ 해당 답안 중 4가지 선택 기재

2015년 2회 필답형 기출복원문제

신규문제 1문항 중복문제 13문항

01 적응기제 중 방어기제 및 도피기제를 각각 2가지씩 쓰시오.(4점) [기사1204/기사1502/기사2401]

가) 방어기제
① 합리화 ② 동일화 ③ 보상
④ 투사 ⑤ 승화

나) 도피기제
① 억압 ② 공격 ③ 고립
④ 퇴행 ⑤ 백일몽

▲ 해당 답안 중 각각 2가지 선택 기재

02 다음 공법의 이름을 각각 쓰시오.(4점) [기사1502/기사2403]

① 흙막이 벽의 배면을 원통형으로 굴착하고, 여기에 고강도 PC강재 등의 인장재와 그라우트를 주입시켜 형성한 앵커체(deadman)에 긴장력을 주어 흙막이 벽을 지지시키는 공법은?
② 지하의 굴착과 병행하여 지상의 기둥, 보 등의 구조를 축조하면서 지하연속벽을 흙막이 벽으로 하여 굴착하면서 구조체를 형성해가는 공법은?

① 어스앵커공법
② 탑다운공법

03 사질토 지반 개량공법의 종류 4가지를 쓰시오.(4점) [기사0701/기사0804/기사1502/기사2304]

① 진동다짐 공법 ② 다짐말뚝 공법
③ 폭파다짐 공법 ④ 전기충격 공법
⑤ 약액주입 공법

▲ 해당 답안 중 4가지 선택 기재

04

동일한 장소에서 행하여지는 사업의 사업주는 그가 사용하는 근로자와 그의 수급인이 사용하는 근로자가 동일한 장소에서 작업할 때 생기는 산업재해 예방을 위한 조치사항 3가지를 쓰시오.(6점)

[기사1104/기사1502/산기1504/기사2003/기사2403]

① 도급인과 수급인을 구성원으로 하는 안전 및 보건에 관한 협의체의 구성 및 운영
② 작업장 순회점검
③ 관계수급인이 근로자에게 하는 안전보건교육의 실시 확인
④ 관계수급인이 근로자에게 하는 안전보건교육을 위한 장소 및 자료의 제공 등 지원
⑤ 발파, 화재, 폭발, 붕괴, 지진 등을 대비한 경보체계 운영과 대피방법 등 훈련
⑥ 위생시설 등 고용노동부령으로 정하는 시설의 설치 등을 위하여 필요한 장소의 제공 또는 도급인이 설치한 위생시설 이용의 협조

▲ 해당 답안 중 3가지 선택 기재

05

가설통로 설치 시 사업주의 조치사항 5가지를 쓰시오.(5점)

[기사0602/기사1502/기사1704/기사1801/기사2201/기사2401]

① 견고한 구조로 할 것
② 경사는 30도 이하로 할 것
③ 경사가 15도를 초과하는 경우는 미끄러지지 아니하는 구조로 할 것
④ 추락할 위험이 있는 장소에는 안전난간을 설치할 것
⑤ 수직갱에 가설된 통로의 길이가 15m 이상인 경우는 10m 이내마다 계단참을 설치할 것
⑥ 건설공사에 사용하는 높이 8m 이상인 비계다리에는 7m 이내마다 계단참을 설치할 것

▲ 해당 답안 중 5가지 선택 기재

06

부적격한 와이어로프의 사용금지 사항을 4가지 쓰시오.(4점)

[기사0302/기사0404/산기0601/기사0704/산기0804/기사0901/산기1002/산기1201/기사1502/산기1502/기사1602/산기1602/산기1701/산기1901/기사2001/기사2004/기사2301/기사2402]

① 이음매가 있는 것
② 와이어로프의 한 꼬임에서 끊어진 소선(素線)의 수가 10퍼센트 이상인 것
③ 지름의 감소가 공칭지름의 7퍼센트를 초과하는 것
④ 심하게 변형 또는 부식된 것
⑤ 꼬인 것
⑥ 열과 전기충격에 의해 손상된 것

▲ 해당 답안 중 4가지 선택 기재

07 PS 콘크리트에서 프리스트레스를 도입 즉시 일어나는 시간적 손실원인을 2가지 쓰시오.(4점)

[기사0501/기사1002/기사1004/기사1502/기사2401]

① 정착장치의 활동
② 콘크리트의 탄성수축
③ 포스트텐션 긴장재와 덕트 사이의 마찰

▲ 해당 답안 중 2가지 선택 기재

08 철골공사 작업을 중지해야 하는 조건이다. (　)을 채우시오.(3점)

[산기0501/산기0701/산기0704/기사0901/기사1302/산기1404/기사1502/기사1504/산기1801/기사2004/기사2402]

① 풍속 : 초당 (　)m 이상인 경우
② 강우량 : 시간당 (　)mm 이상인 경우
③ 강설량 : 시간당 (　)cm 이상인 경우

① 10　　　　　　　　② 1　　　　　　　　③ 1

09 채석작업을 하는 경우 채석작업계획에 포함되는 사항 4가지를 쓰시오.(4점)

[기사0504/기사0604/기사0801/산기0904/기사1002/기사1101/기사1202/산기1202/기사1402/기사1502/산기1702/기사1802/산기1902]

① 발파방법
② 암석의 가공장소
③ 암석의 분할방법
④ 굴착면의 높이와 기울기
⑤ 굴착면 소단의 위치와 넓이
⑥ 표토 또는 용수의 처리방법
⑦ 갱내에서의 낙반 및 붕괴방지 방법
⑧ 노천굴착과 갱내굴착의 구별 및 채석방법 등

▲ 해당 답안 중 4가지 선택 기재

10 건설공사 중 발생되는 파이핑 현상과 보일링 현상을 간략히 설명하시오.(4점)

[기사0504/기사1502]

① 파이핑(Piping) : 보일링(Boiling) 현상으로 인해 지반 내에서 물의 통로가 생기면서 흙이 세굴되는 현상
② 보일링(Boiling) : 사질토 지반에서 굴착저면과 흙막이 배면과의 수위 차이로 인해 굴착저면의 흙과 물이 함께 위로 솟구쳐 오르는 현상

11 터널 굴착공사 시 터널 내 공기 오염원인 4가지를 쓰시오.(4점)

① 분진
② 지반으로부터 용출되는 유해가스
③ 화약의 발파로 인한 연기와 가스
④ 사용기계의 배기가스
⑤ 유기물의 부패, 발효에 의한 가스
⑥ 작업원의 호흡에 의한 이산화탄소
⑦ 산소결핍 공기

▲ 해당 답안 중 4가지 선택 기재

12 굴착면의 높이가 2m 이상이 되는 암석의 굴착작업 시 특별교육 내용 3가지를 쓰시오.(단, 그밖에 안전·보건 관리에 필요한 사항 제외)(6점)

① 안전거리 및 안전기준에 관한 사항
② 방호물의 설치 및 기준에 관한 사항
③ 보호구 및 신호방법 등에 관한 사항
④ 폭발물 취급 요령과 대피 요령에 관한 사항

▲ 해당 답안 중 3가지 선택 기재

13 지난해 총 산업재해보상보험 보상액이 214,730,693,000원일 때, 하인리히 방식으로 다음 각 손실비용을 구하시오.(단, 계산과정을 명시하시오)(4점)

| ① 총 손실비용 | ② 직접 손실비용 | ③ 간접 손실비용 |

• 산업재해보상보험의 보상액이 바로 직접 손실비용에 해당한다. 아울러 하인리히의 재해손실비용 평가에서 직접비와 간접비의 비율은 1:4이다.
① 총 손실비용 : 하인리히 재해손실비용 평가에서 직접비용의 5배가 총 손실비용에 해당한다. 따라서 직접손실비용이 214,730,693,000원이므로 총 손실비용은 214,730,693,000 × 5 = 1,073,653,465,000원이다.
② 직접 손실비용 : 하인리히 재해손실비용 평가에서 재해손실보상금이 직접비용에 해당하므로 214,730,693,000원이다.
③ 간접 손실비용 : 하인리히 재해손실비용 평가에서 직접비용의 4배가 간접 손실비용에 해당하므로 간접 손실비용은 214,730,693,000 × 4 = 858,922,772,000원이다.

14 안전관리자를 두어야 할 수급인인 사업주는 도급인인 사업주가 안전관리자를 선임하지 아니할 수 있는 요건을 2가지 쓰시오.(4점) [기사1204/기사1502/기사1804]

① 도급인인 사업주 자신이 선임하여야 할 안전관리자를 둔 경우
② 안전관리자를 두어야 할 수급인인 사업주의 업종별로 상시근로자 수(건설업의 경우 공사금액)를 합계하여 그 상시근로자 수에 해당하는 안전관리자를 추가로 선임한 경우

2015년 1회 필답형 기출복원문제

신규문제 5문항 중복문제 9문항

01 산업안전보건법령상 다음 경우에 해당하는 양중기의 와이어로프(또는 달기체인)의 안전계수를 빈칸에 써 넣으시오.(4점)

- 근로자가 탑승하는 운반구를 지지하는 경우 : (①) 이상
- 화물의 하중을 직접 지지하는 경우 : (②) 이상
- 훅, 샤클, 클램프, 리프팅 빔의 경우 : (③) 이상
- 그 밖의 경우 : (④) 이상

① 10
② 5
③ 3
④ 4

02 이동식 사다리의 다리부분에는 미끄럼 방지장치를 하여야 한다. 다음 용도에 적절한 미끄럼 방지장치를 쓰시오.(5점)

① 지반이 평탄한 맨 땅
② 실내용
③ 돌마무릴 또는 인조석 깔기로 마감한 바닥

① 쐐기형 강스파이크
② 인조고무
③ 미끄럼방지 판자 및 미끄럼 방지 고정쇠

03 작업장에서 크레인을 사용하여 운반작업을 하려고 한다. 작업개시 전에 사업주가 관리감독자로 하여금 점검하도록 하여야 할 사항을 3가지 쓰시오.(3점)

① 권과방지장치·브레이크·클러치 및 운전장치의 기능
② 주행로의 상측 및 트롤리(Trolley)가 횡행하는 레일의 상태
③ 와이어로프가 통하고 있는 곳의 상태

04 고소작업 중인 작업자가 불안전한 작업대에서 떨어져 지면에 닿아 상해를 입었을 때, 재해의 발생형태, 기인물 및 가해물을 각각 쓰시오.(3점) [기사1501/기사1901/기사2304]

| 발생형태 | (①) | 기인물 | (②) | 가해물 | (③) |

① 추락(떨어짐) ② 작업대 ③ 지면

05 달비계 또는 높이 5m 이상의 비계를 조립, 해체하거나 변경작업을 할 때 사업주로서 준수하여야 할 사항을 3가지 쓰시오.(5점) [기사0402/산기0604/기사0702/산기0801/기사0802/기사1102/기사1501/산기1501/기사1904/기사2201/기사2304]

① 근로자가 관리감독자의 지휘에 따라 작업하도록 할 것
② 조립·해체 또는 변경의 시기·범위 및 절차를 그 작업에 종사하는 근로자에게 주지시킬 것
③ 조립·해체 또는 변경 작업구역에는 해당 작업에 종사하는 근로자가 아닌 사람의 출입을 금지하고 그 내용을 보기 쉬운 장소에 게시할 것
④ 비, 눈, 그 밖의 기상상태의 불안정으로 날씨가 몹시 나쁜 경우는 그 작업을 중지시킬 것
⑤ 재료·기구 또는 공구 등을 올리거나 내리는 경우는 근로자가 달줄 또는 달포대 등을 사용하게 할 것
⑥ 비계재료의 연결·해체작업을 하는 경우는 폭 20cm 이상의 발판을 설치하고 근로자로 하여금 안전대를 사용하도록 하는 등 추락을 방지하기 위한 조치를 할 것

▲ 해당 답안 중 3가지 선택 기재

06 연평균 100인의 근로자를 가진 사업장에서 연간 5건의 재해가 발생하였는데, 그중 사망 1명, 14급 2명, 1명은 30일 가료, 다른 1명은 7일 가료하였다. 강도율을 구하고, 산출한 강도율의 의미를 쓰시오.(4점) [기사1501]

• 강도율은 1천 시간동안 근로할 때 발생하는 근로손실일수를 의미한다. 강도율을 구하기 위해서는 근로손실일수와 연간총근로시간을 구해야한다.
• 연간총근로시간은 $100 \times 8 \times 300 = 240,000$시간이다.
• 근로손실일수를 구하기 위하여 사망 1명은 7,500일, 14급은 50일의 근로손실일수가 발생하므로 2명 100일이 된다.
• 가료의 경우 휴업일수에 해당하므로 30일 + 7일 = 37일의 가료이므로 $37 \times \frac{300}{365} = 30.4109 \cdots$의 근로손실일수에 해당한다. 즉, 총 근로손실일수 = 7,500+100+30.4109 = 7,630.4109일이다.
① 강도율 = $\frac{7,630.4109}{240,000} \times 1,000 \approx 31.79$가 된다.
② 강도율이 31.79라는 것은 1천 시간동안 근로할 경우 31.79일의 근로손실일수가 발생한다는 의미이다.

07 산업안전보건법령상 다음의 안전·보건표지별 종류를 각각 2가지씩 쓰시오.(4점) [기사0802/기사1501]

① 금지표지
- ㉠ 금연
- ㉡ 출입금지
- ㉢ 보행금지
- ㉣ 차량통행금지
- ㉤ 물체이동금지
- ㉥ 화기금지
- ㉦ 사용금지
- ㉧ 탑승금지

② 경고표지
- ㉠ 인화성물질경고
- ㉡ 부식성물질경고
- ㉢ 급성독성물질경고
- ㉣ 산화성물질경고
- ㉤ 폭발성물질경고
- ㉥ 방사성물질경고
- ㉦ 고압전기경고
- ㉧ 매달린물체경고
- ㉨ 낙하물경고 등

③ 지시표지
- ㉠ 보안경착용
- ㉡ 안전복착용
- ㉢ 보안면착용
- ㉣ 안전화착용
- ㉤ 귀마개착용
- ㉥ 안전모착용
- ㉦ 방독마스크착용
- ㉧ 방진마스크착용 등

④ 안내표지
- ㉠ 녹십자
- ㉡ 응급구호
- ㉢ 들것
- ㉣ 세안장치
- ㉤ 비상용기구
- ㉥ 비상구 등

▲ 해당 답안 중 각각 2가지씩 선택 기재

08 굴착작업 시 토석이 붕괴되는 원인을 외적원인과 내적원인으로 구분할 때 외적원인에 해당하는 사항을 4가지 쓰시오.(4점) [기사0901/기사1501/기사1904/기사2004/기사2403]

① 공사에 의한 진동 및 반복 하중의 증가
② 사면, 법면의 경사 및 기울기의 증가
③ 절토 및 성토 높이와 지하수위의 증가
④ 지표수·지하수의 침투에 의한 토사중량의 증가
⑤ 지진, 차량, 구조물의 하중작용
⑥ 토사 및 암석의 혼합층두께

▲ 해당 답안 중 4가지 선택 기재

09 하인리히가 제시한 재해예방의 4원칙을 쓰시오.(4점) [산기0902/산기1101/산기1202/산기1401/기사1501/기사1801/산기2001/기사2202]

① 예방가능의 원칙
② 손실우연의 원칙
③ 원인연계의 원칙
④ 대책선정의 원칙

10 잠함, 우물통, 수직갱 또는 이와 비슷한 건설물이나 설비의 내부에서 굴착작업을 할 때 준수하여야 할 사항을 3가지 쓰시오.(6점) [기사0402/기사0501/기사0502/기사0704/기사0801/기사0802/기사0904/산기1302/기사1501/기사1604/산기1904]

① 산소 결핍 우려가 있는 경우는 산소의 농도를 측정하는 사람을 지명하여 측정하도록 할 것
② 근로자가 안전하게 오르내리기 위한 설비를 설치할 것
③ 굴착 깊이가 20m를 초과하는 경우는 해당 작업장소와 외부와의 연락을 위한 통신설비 등을 설치할 것
④ 산소 결핍이 인정되거나 굴착 깊이가 20m를 초과하는 경우에는 송기를 위한 설비를 설치하여 필요한 양의 공기를 공급할 것

▲ 해당 답안 중 3가지 선택 기재

11 거푸집 해체 시 안전상 유의사항을 설명한 것이다. ( )안에 적절한 말을 쓰시오.(6점) [기사1501]

가) 거푸집 해체는 순서에 의해 실시하며, (①)을 배치한다.
나) 콘크리트 자중 및 시공 중에 가해지는 하중에 충분히 견딜만한 (②)를 가질 때까지는 해체하지 아니한다.
다) 해체작업 시에는 안전모 등 (③)를 착용한다.
라) 해체작업장 주위에는 관계자를 제외하고는 (④) 조치를 하여야 한다.
마) (⑤) 동시 해체작업은 원칙적으로 금지한다. 불가피한 경우 긴밀한 연락을 유지한다.
바) 보 또는 슬래브 거푸집을 제거할 때에는 (⑥)에 의한 돌발적 재해를 방지하여야 한다.

① 안전담당자   ② 강도   ③ 안전 보호장구
④ 출입금지   ⑤ 상하   ⑥ 낙하 충격

12 항타기에 의하여 항타(파일링) 작업을 할 때 준수하여야 할 안전사항을 3가지 쓰시오.(5점) [기사1402/1501]

① 운전 중 항타기의 권상용 와이어로프 부근에 근로자의 출입을 금지시킨다.
② 하중을 건 상태에서 운전자가 운전위치를 이탈하여서는 안 된다.
③ 지반침하로 인한 전도방지 조치를 한다.
④ 아웃트리거·받침 등 지지구조물이 미끄러질 우려가 있는 경우에는 말뚝 또는 쐐기 등을 사용하여 해당 지지구조물을 고정시킨다.
⑤ 상단 부분은 버팀대·버팀줄로 고정하여 안정시키고, 그 하단 부분은 견고한 버팀·말뚝 또는 철골 등으로 고정시킨다.
⑥ 항타기를 사용하여 말뚝 및 널말뚝 등을 끌어올리는 경우에는 그 훅 부분이 드럼 또는 도르래의 바로 아래에 위치하도록 하여 끌어올려야 한다.

▲ 해당 답안 중 3가지 선택 기재

13 해중공사 또는 한중 콘크리트 공사에 적당한 시멘트를 1가지 쓰시오.(3점) [기사1501]

① 조강 포틀랜드 시멘트
② 알루미나 시멘트

▲ 해당 답안 중 1가지 선택 기재

14 터널 건설작업 시 배기가스나 분진 등으로 시계가 제한되는 경우 시계유지에 필요한 조치사항 2가지를 쓰시오.(4점) [기사1501]

① 환기를 한다.
② 물을 뿌린다.

MEMO

2025 고시넷 고패스

건설안전기사 실기

필답형 + 작업형

기출복원문제 + 유형분석

**필답형 회차별
기출복원문제 31회분
2015~2024년**

실전풀이문제

gosinet
(주)고시넷

2024년 3회 필답형 기출복원문제

신규문제 5문항 중복문제 9문항

☞ 답안은 68Page

01 산업안전보건법상 건설업 안전보건관리규정에 관련된 다음 물음에 답하시오.(4점) [기사2403]

가) 건설업에서 안전보건관리규정을 작성해야 할 상시 근로자 수 기준을 쓰시오.
나) 안전보건관리규정을 변경할 사유가 발생했을 때 발생한 날로부터 며칠 이내에 변경해야 하는지 쓰시오.

02 다음 공법의 명칭을 쓰시오.(4점) [기사1502/기사2403]

① 흙막이 벽의 배면을 원통형으로 굴착하고, 여기에 고강도 PC강재 등의 인장재와 그라우트를 주입시켜 형성한 앵커체(deadman)에 긴장력을 주어 흙막이 벽을 지지시키는 공법은?
② 지하의 굴착과 병행하여 지상의 기둥, 보 등의 구조를 축조하면서 지하연속벽을 흙막이 벽으로 하여 굴착하면서 구조체를 형성해가는 공법은?

03 동일한 장소에서 행하여지는 사업의 사업주가 사용하는 근로자와 그의 수급인이 사용하는 근로자가 동일한 장소에서 작업할 때 생기는 산업재해 예방을 위한 조치사항 3가지를 쓰시오.(6점)

[기사1104/기사1502/산기1504/기사2003/기사2403]

04 공기압축기를 가동할 때 사업주가 작업을 시작하기 전에 관리감독자로 하여금 점검하도록 해야 하는 사항을 2가지 쓰시오.(단, 그 밖의 연결 부위의 이상 유무는 제외)(4점) [기사2403]

05 건설업 산업안전보건관리비 계상 및 사용기준에 관련된 다음 물음에 답하시오.(4점) [기사2403]

> 가) 공사원가계산서 구성항목 중 직접재료비, 간접재료비와 직접노무비를 합한 금액(발주자가 재료를 제공할 경우에는 해당 재료비를 포함)을 (①)(이)라 한다.
> 나) 건설공사의 시공을 주도하여 총괄·관리하는 자(발주자로부터 건설공사를 최초로 도급받은 수급인 제외)를 (②)(이)라 한다.

06 강관비계 조립 시 벽이음 또는 버팀을 설치하려고 한다. 다음 물음에 답하시오.(5점)
[기사0402/산기0504/산기0604/기사0702/산기1102/산기1301/산기1402/산기1502/산기1804/기사1901/기사2102/기사2403]

> 가) 다음 표의 빈칸을 채우시오.
>
> | 종류 | 조립 간격 (단위: m) | |
> |---|---|---|
> | | 수직방향 | 수평방향 |
> | (①) | 5 | (②) |
> | 틀비계(높이가 5m 미만의 것을 제외한다) | 6 | (③) |
>
> 나) 인장재(引張材)와 압축재로 구성된 경우에는 인장재와 압축재의 간격을 쓰시오.

07 수직재, 수평재, 가새재 등 각각의 부재를 공장에서 제작하고 현장에서 조립하여 사용하는 조립형 비계를 무엇이라고 하는지 쓰시오.(2점) [기사2403]

08 다음 조건의 건설업에서 선임해야 할 안전관리자의 인원을 쓰시오.(단, 전체 공사기간 중 전·후 15에 해당하는 기간은 제외)(6점)

  가) 공사금액이 800억원 이상 1,500억원 미만 : (①)명
  나) 공사금액이 2,200억원 이상 3,000억원 미만 : (②)명
  다) 공사금액이 7,200억원 이상 8,500억원 미만 : (③)명

09 연평균 200인의 근로자를 가진 사업장에서 5건의 재해가 발생하였을 때, 그중 사망 1명, 14급은 2명, 1명은 30일 가료, 1명은 7일 가료로 분석되었다. 강도율을 구하시오.(단, 1일 8시간, 1년 300일 근로)(4점)

10 산업안전보건법상 안전보건총괄책임자의 직무를 3가지 쓰시오.(단, 도급 시 산업재해 예방조치는 제외)(6점)

11 산업재해발생률에서 상시근로자의 수 산출식을 쓰시오.(4점)

12 굴착작업 시 토석이 붕괴되는 원인을 외적원인과 내적원인으로 구분할 때 외적원인에 해당하는 사항을 3가지 쓰시오.(3점)

[기사0901/기사1501/기사1904/기사2004/기사2403]

13 안전보건교육에 있어 건설업 기초안전 보건교육에 대한 다음 각 물음에 답을 쓰시오.(4점)

[기사1301/기사1604/기사2403]

> 가) 교육대상의 교육시간을 쓰시오.
> 나) 교육내용을 3가지만 쓰시오.

14 산업안전보건에 관한 규칙에 의거 사업주는 크레인을 사용하여 근로자를 운반하거나 근로자를 달아 올린 상태에서 작업에 종사시켜서는 안 되는데 부득이하게 크레인을 사용하여 근로자를 운반하려고 할 경우의 조치사항 2가지를 쓰시오.(4점)

[산기0602/산기1202/산기1702/기사2102/기사2201/기사2204/기사2403]

2024년 2회 필답형 기출복원문제

신규문제 8문항 중복문제 6문항

☞ 답안은 72Page

01 정기안전점검 결과 건설공사의 물리적·기능적 결함 등이 발견되어 보수·보강 등의 조치를 하기 위하여 필요한 경우에 실시하는 안전점검을 쓰시오.(3점) [기사2402]

02 산업안전보건법상 중대재해와 관련된 다음 물음에 답하시오.(4점) [기사2402]

> 가) 중대재해가 발생되었을 때 사업주가 관할 지방고용노동관서의 장에게 보고하는 내용을 2가지 쓰시오.(단, 그 밖의 중요한 사항은 제외)
> 나) 중대재해의 종류를 2가지 쓰시오.

03 산업안전보건법상 철골공사 중 추락방지를 위해 갖춰야 할 설비를 5가지 쓰시오.(5점) [기사2402]

04 콘크리트 타설작업을 하는 경우 사업주의 준수사항을 3가지 쓰시오.(6점) [기사2402]

05 사업주가 달비계에 사용하는 와이어로프의 사용금지 조건 4가지를 쓰시오.(4점)

[기사0302/기사0404/산기0601/기사0704/산기0804/기사0901/산기1002/
산기1201/기사1502/산기1502/기사1602/산기1602/기사1701/산기1901/기사2001/기사2004/기사2301/기사2402]

06 산업안전보건법상 크레인과 관련된 다음 설명의 ( ) 안을 채우시오.(4점) [기사2402]

가) 원동장치, 감속장치 및 드럼 등을 일체형으로 조합한 양중장치와 이 양중장치를 사용하여 화물의 권상 및 횡행 또는 권상 동작만을 행하는 크레인 : (①)
나) 크레인의 권상하중에서 훅, 크래브 또는 버킷 등 달기기구의 중량에 상당하는 하중을 뺀 하중 : (②)
다) 주행레일 중심 간의 거리 : (③)
라) 수직면에서 지브 각(angle)의 변화 : (④)

07 2024년 총산업재해보상보험 보상액이 214,730,693,000원일 경우 하인리히 방식으로 다음 각 손실비용을 구하시오.(6점) [기사2402]

① 직접 손실비용
② 간접 손실비용
③ 총 손실비용

08 곤돌라 작업 시 근로자가 탑승 가능한 경우 2가지를 쓰시오.(4점) [기사0502/기사1401/기사2402]

09 재해의 원인분석방법 중 통계적 원인분석방법 2가지를 쓰시오.(2점) [기사2402]

10 차량계 하역운반기계(지게차 등)의 운전자가 운전위치를 이탈하고자 할 때 운전자가 준수하여야 할 사항을 2가지 쓰시오.(4점) [산기0604/산기0804/산기0901/산기1302/기사1602/기사2002/기사2101/기사2402]

11 산업안전보건법상 사다리식 통로의 안전기준 3가지를 쓰시오.(6점)

[기사0302/기사0401/기사0601/산기0702/산기0801/산기1402/산기1601/기사1602/산기1604/산기1902/산기1904/기사2201/기사2402]

12 건설공사도급인이 안전 및 보건에 관한 협의체를 구성한 경우 산업안전보건위원회의 위원을 구성할 수 있는 구성원 조건을 4가지 쓰시오.(4점)

[기사2402]

13 철골공사 작업을 중지해야 하는 조건이다. ( )을 채우시오.(4점)

[산기0501/산기0701/산기0704/기사0901/기사1302/산기1404/기사1502/기사1504/산기1801/기사2004/기사2402]

가) 풍속 : (①) 이상인 경우
나) 강우량 : (②) 이상인 경우

14 안전보건개선계획과 관련된 다음 설명의 ( ) 안을 채우시오.(4점) [기사2402]

> 사업주는 안전보건개선계획을 수립할 때에는 (①)의 심의를 거쳐야 한다. 다만, (①)가 설치되어 있지 아니한 사업장의 경우에는 (②)의 의견을 들어야 한다.

2024년 1회 필답형 기출복원문제

신규문제 5문항 중복문제 9문항

☞ 답안은 77Page

01 양중기와 관련된 다음 물음에 답하시오.(4점) [기사2401]

가) 다음 설명에 해당하는 양중기의 종류를 쓰시오.
  ① 달기발판 또는 운반구, 승강장치, 그 밖의 장치 및 이들에 부속된 기계부품에 의하여 구성되고, 와이어로프 또는 틸기깅선에 의하여 달기발판 또는 운반구가 전용 승강장치에 의하여 오르내리는 설비
  ② 훅이나 그 밖의 달기구 등을 사용하여 화물을 권상 및 횡행 또는 권상동작만을 하여 양중하는 것
나) 리프트의 종류 2가지를 쓰시오.

02 PS 콘크리트에서 프리스트레스를 도입 즉시 일어나는 시간적 손실원인을 2가지 쓰시오.(4점)

[기사0501/기사1002/기사1004/기사1502/기사2401]

03 차량계 하역운반 기계에 화물적재 시 준수사항을 3가지 쓰시오.(6점)

[기사1004/산기1102/기사1604/산기2104/기사2401]

04 적응기제 중 방어기제 및 도피기제를 각각 2가지씩 쓰시오.(4점)   [기사1204/기사1502/기사2401]

05 수자원시설공사(댐)에서 재료비와 직접노무비의 합이 4,500,000,000원일 때 산업안전보건관리비를 계산하시오.(3점)   [기사1104/기사1604/기사2004/기사2401]

06 다음 안전보건표지의 이름을 쓰시오.(4점)   [기사2001]

①	②

07 이동식 크레인의 종류 3가지를 쓰시오.(3점)   [기사1701/기사2101/기사2401]

08 산업안전보건법상 안전·보건진단을 받아 안전보건개선계획을 수립·제출하도록 명할 수 있는 사업장의 종류를 3가지 쓰시오.(6점)

09 흙막이 공법의 종류를 다음과 같이 분류할 때 각각의 종류를 3가지씩 쓰시오.(6점)

　가) 흙막이 지지방식에 의한 분류
　나) 구조방식에 의한 분류

10 토공사의 비탈면 보호방법(공법)의 종류를 4가지 쓰시오.(4점)

11 가설구조물이 갖춰야 할 구비요건을 3가지 쓰시오.(5점)

12 가설통로 설치 시 사업주의 조치사항 3가지를 쓰시오.(3점)

[기사0602/기사1502/기사1704/기사1801/기사2201/기사2401]

13 전기기계·기구 중 이동형이나 휴대형의 것으로 감전방지용 누전차단기를 설치해야 하는 기준을 2가지 쓰시오.(4점)

[기사0404/기사0802/기사1504/기사2401]

14 콘크리트 파쇄용 화약류 취급시 준수사항을 2가지 쓰시오.(단, 근로자 안전에 관한 사항은 제외)(4점)

[기사2401]

2023년 4회 필답형 기출복원문제

신규문제 4문항 중복문제 10문항

☞ 답안은 81Page

01 무재해운동의 3원칙을 쓰시오.(3점) [기사2304]

02 다음과 같은 조건에서 사고사망만인율을 계산하시오.(3점) [기사2001/기사2304]

- 연간 상시근로자의 수 4,000명
- 재해로 1명의 사망자 발생

03 철근을 정착시키는 방식 2가지를 쓰시오.(4점) [기사2304]

04 다음 설명에 맞는 거푸집의 부재 명칭을 각각 쓰시오.(4점) [기사2304]

가) (①) : 거푸집의 일부로서 콘크리트에 직접 접하는 목재나 금속 등 판류를 말한다.
나) (②) : 타설된 콘크리트가 소정의 강도를 얻을 때까지 거푸집 및 장선·멍에를 적정한 위치에 유지시키고, 상부하중을 지지하기 위해 설치하는 부재를 말한다.

05 하인리히의 재해예방 대책 5단계를 순서대로 쓰시오.(3점)

06 고소작업 중인 작업자가 불안전한 작업대에서 떨어져 지면에 닿아 상해를 입었을 때, 재해의 발생형태, 기인물 및 가해물을 각각 쓰시오.(3점)

| 발생형태 | (①) | 기인물 | (②) | 가해물 | (③) |

07 달비계 또는 높이 5m 이상의 비계를 조립, 해체하거나 변경작업을 할 때 사업주로서 준수하여야 할 사항을 3가지 쓰시오.(5점)

08 굴착면의 높이가 2m 이상이 되는 암석의 굴착작업 시 특별교육 내용 3가지를 쓰시오.(단, 그밖에 안전·보건 관리에 필요한 사항 제외)(6점)

09 Safe-T-score를 구하고 안전도에 대한 심각성 여부를 판정하시오.(4점)

[기사1001/기사1202/기사1701/기사2102/기사2304]

- 전년도 도수율 : 120
- 근로자수 : 400명
- 올해년도 도수율 : 100
- 올해년도 근로시간 수 : 1일 8시간 300일 근무

10 콘크리트 타설을 하기 위해 콘크리트 펌프나 콘크리트 펌프카 이용 작업 시 사업자의 준수사항 3가지를 쓰시오.(6점)

[기사1104/기사1601/산기1701/기사2304]

11 사질토 지반 개량공법의 종류 2가지를 쓰시오.(4점)

[기사0701/기사0804/기사1502/기사2304]

12 산업안전보건법상 작업발판 일체형 거푸집의 종류를 4가지 쓰시오.(4점) [기사1102/기사2304]

13 산업안전보건법에 따른 명예산업안전감독관의 업무를 4가지 쓰시오.(단, 해당 사업장에서의 업무만)(4점) [기사1304/기사2101/기사2304]

14 초음파 법에 의한 콘크리트 균열깊이를 평가하는 방법을 3가지 쓰시오.(3점) [기사2304]

2023년 2회 필답형 기출복원문제

신규문제 4문항 중복문제 10문항

☞ 답안은 85Page

01 다음은 근로자가 지붕 위에서 작업 할 때 추락이나 넘어질 위험이 있는 경우 사업주의 조치사항이다. ( ) 안을 채우시오.(4점) [기사2302]

> 가. 지붕의 가장자리에 안전난간을 설치할 것
> 나. 채광창(skylight)에는 견고한 구조의 (①)를 설치할 것
> 다. 슬레이트 등 강도가 약한 재료로 덮은 지붕에는 폭 (②)센티미터 이상의 발판을 설치할 것

02 다음에서 제시하는 산업재해통계의 산출식을 쓰시오.(6점) [기사2302]

> ① 휴업재해율
> ② 도수율
> ③ 강도율

03 다음은 산업안전보건법령상 강관비계의 구조에 대한 설명이다. ( ) 안을 채우시오.(3점)
[기사1302/산기1704/산기1802/산기1901/기사1904/산기2004/기사2302]

> • 띠장 간격은 (①)m 이하로 설치할 것
> • 비계기둥의 간격은 띠장 방향에서는 (②)m 이하, 장선 방향에서는 1.5m 이하로 할 것
> • 비계기둥의 제일 윗부분으로부터 (③)m 되는 지점 밑 부분의 비계기둥은 2개의 강관으로 묶어 세울 것

04 다음은 가설통로를 설치하는 경우의 준수사항이다. (　) 안을 채우시오.(6점)

[기사0304/기사1201/기사1404/기사2001/기사2302]

> 가) 경사는 (①)도 이하로 할 것. 다만, 계단을 설치하거나 높이 2미터 미만의 가설통로로서 튼튼한 손잡이를 설치한 경우에는 그러하지 아니하다.
> 나) 경사가 (②)도를 초과하는 경우에는 미끄러지지 아니하는 구조로 할 것
> 다) 수직갱에 가설된 통로의 길이가 (③)미터 이상인 경우에는 (④)미터 이내마다 계단참을 설치할 것
> 다) 건설공사에 사용하는 높이 (⑤)미터 이상인 비계다리에는 (⑥)미터 이내마다 계단참을 설치할 것

05 작업장에서 크레인을 사용하여 운반작업을 하려고 한다. 작업개시 전에 사업주가 관리감독자로 하여금 점검하도록 하여야 할 사항을 3가지 쓰시오.(6점)

[기사0304/기사0404/산기0502/산기0601
/산기0704/기사1001/산기1401/산기1402/기사1501/기사1702/산기1802/기사2004/기사2102/기사2302]

06 다음 현상이 발생하는 지반을 쓰시오.(4점)

[기사2101/기사2302]

| ① 히빙 | ② 보일링 |

07 토목공사 다짐기계에 따른 다짐공법의 종류를 3가지 쓰시오.(3점)

[기사2302]

08 콘크리트 타설 시 거푸집 측압이 커지는 경우를 4가지 쓰시오.(4점)　　　　　　　　　　　　[기사2302]

09 산업안전보건법상 흙막이 지보공을 설치하였을 때 사업주가 정기적으로 점검하고 이상이 발견되면 즉시 보수해야 할 사항을 3가지 쓰시오.(3점)　　　[산기 0602/산기0701/산기1402/산기1702/산기2002/기사2302]

10 안면부 여과식 방진마스크의 시험 성능기준에 있는 각 등급별 여과제 분진 등 포집효율 기준을 [표]의 빈 칸을 채우시오.(6점)　　　[기사1001/기사1602/기사2302]

종류	등급	시험%
안면부 여과식	특급	(①)
	1급	(②)
	2급	(③)

11 산업안전보건법상 승강기의 종류를 4가지 쓰시오.(4점)　　　[기사0801/산기0904/기사1004/기사1802/산기1804/기사2302]

12 산업안전보건법상 안전모의 종류별 사용구분에 따른 용도를 쓰시오.(4점)

[기사0604/기사1504/산기1802/기사1902/기사2004/기사2302]

13 산업안전보건법에 따른 자율안전확인대상 기계·기구를 4가지 쓰시오.(4점)

[기사0902/기사1904/기사2302]

14 작업발판에 대한 다음 ( )안에 알맞은 수치를 쓰시오.(4점)

[기사1401/산기1702/기사1902/산기2001/기사2104/기사2302]

가) 비계의 높이가 2m 이상인 작업장소에 설치하는 작업발판의 폭은 (①)cm 이상으로 하고, 발판재료 간의 틈은 (②)cm 이하로 할 것
나) 선박 및 보트 건조작업의 경우 선박블록 또는 엔진실 등의 좁은 작업공간에 작업발판을 설치하기 위하여 필요하면 작업발판의 폭을 (③)cm 이상으로 할 수 있고, 걸침비계의 경우 강관기둥 때문에 발판재료 간의 틈을 3cm 이하로 유지하기 곤란하면 (④)cm 이하로 할 수 있다. 이 경우 그 틈 사이로 물체 등이 떨어질 우려가 있는 곳에는 출입금지 등의 조치를 하여야 한다.

2023년 1회 필답형 기출복원문제

신규문제 2문항 중복문제 12문항

☞ 답안은 89Page

01 사업주가 구축물 등에 대한 구조검토, 안전진단 등의 안전성 평가를 하여 근로자에게 미칠 위험성을 미리 제거해야 하는 경우를 3가지 쓰시오.(단, 그 밖의 잠재위험이 예상될 경우 제외)(6점)

[산기0601/기사1004/기사1101/기사1204/기사1302/산기1404/기사1602/기사1902/기사2301]

02 산업안전보건기준에 관한 규칙에 따른 암반의 굴착 시 굴착면의 기울기 기준을 채우시오.(5점)

[기사0401/기사0504/기사0702/산기1502/기사1701/기사1702/산기1804/기사1904/기사2301]

지반의 종류	기울기
모래	(①)
연암	(②)
(③)	1 : 1.0
경암	(④)
그 밖의 흙	(⑤)

03 곤돌라형 달비계를 설치하는 경우 사용하는 와이어로프의 사용금지 조건 3가지를 쓰시오.(단, 이음매가 있는 것, 꼬인 것은 제외)(3점)

[기사0302/기사0404/산기0601/기사0704/산기0804/기사0901/산기1002/산기1201/기사1502/산기1502/기사1602/산기1602/산기1701/산기1901/기사2001/기사2004/기사2301/기사2402]

04 사질토 지반에서 굴착저면과 흙막이 배면과의 수위 차이로 인해 굴착저면의 흙과 물이 함께 위로 솟구쳐 오르는 현상을 무엇이라 하는가?(3점) [기사1804/기사2301]

05 위험예지활동의 하나인 TBM(Tool Box Meeting)에 대해서 설명하시오.(3점)
[산기0504/산기0701/산기0902/산기1502/산기1702/기사1804/산기1902/기사2301]

06 산업안전보건법상 사업 내 안전·보건교육에 대한 교육시간을 쓰시오.(4점)
[기사0302/기사0502/기사0804/기사0904/기사1201/산기1304/산기1604/기사1801/산기1804/산기2003/기사2101/기사2202/기사2301]

교육과정	교육대상	교육시간
정기교육	관리감독자의 지위에 있는 사람	연간 (①)시간 이상
채용 시의 교육	일용근로자 및 근로계약기간이 1주일 이하인 기간제근로자	(②)시간 이상
작업내용 변경 시 교육	일용근로자 및 근로계약기간이 1주일 이하인 기간제근로자 외의 근로자	(③)시간 이상
건설업 기초안전보건교육	건설 일용근로자	(④)시간 이상

07 종합재해지수를 구하시오.(4점) [기사1201/기사1901/기사2301]

- 근로자 수 : 500명
- 연간재해발생건수 : 6건
- 근로시간 : 1일 8시간 / 1년 280일
- 휴업일수 : 103일

08 계단 설치기준이다. 다음 ( )을 채우시오.(6점)

> 가) 사업주는 계단 및 계단참을 설치하는 경우 매 m^2당 (①)kg 이상의 하중에 견딜 수 있는 강도를 가진 구조로 설치하여야 하며, 안전율은 (②)이상으로 하여야 한다.
> 나) 사업주는 높이가 3미터를 초과하는 계단에 높이 3미터 이내마다 진행방향으로 길이 (③)미터 이상의 계단참을 설치해야 한다.

09 사업주가 터널 지보공을 설치한 경우에 수시로 점검하고 이상을 발견한 경우에는 즉시 보강하거나 보수하여야 할 사항을 3가지 쓰시오.(3점)

10 굴착공사 전 토질조사 사항을 4가지 쓰시오.(4점)

11 안전대 종류에 관한 설명의 ( ) 안을 채우시오.(6점)

종류	사용구분
벨트식 안전그네식	(①)
	(②)
	추락방지대
	(③)

12 다음 안전보건표지의 명칭을 쓰시오.(4점)

⚠️	①
🚫🚜	②

13 항타기 또는 항발기 조립 및 해체 시 사업주의 점검사항을 3가지 쓰시오.(5점)

14 거푸집 동바리로 사용하는 파이프 서포트 설치 시 준수사항으로 다음 빈칸을 채우시오.(4점)

가) 파이프 서포트를 (①)개 이상 이어서 사용하지 않도록 할 것
나) 높이가 3.5m를 초과하는 경우에는 높이 2m 이내마다 수평연결재를 (②)개 방향으로 만들고 수평연결재의 변위를 방지할 것
다) 시스템 동바리의 경우 수직 및 수평하중에 대해 동바리의 구조적 안정성이 확보되도록 조립도에 따라 수직재 및 수평재에는 (③)를 견고하게 설치할 것
라) 시스템 동바리 최상단과 최하단의 수직재와 받침철물은 서로 밀착되도록 설치하고 수직재와 받침철물의 연결부의 겹침길이는 받침철물 전체길이의 (④) 이상 되도록 할 것

2022년 4회 필답형 기출복원문제

신규문제 4문항 중복문제 10문항

☞ 답안은 93Page

01 계단 설치기준이다. 다음 ( )을 채우시오.(5점) [기사1204/기사1504/기사2202/기사2204/기사2301]

가) 사업주는 계단 및 계단참을 설치하는 경우 매 m^2당 (①)kg 이상의 하중에 견딜 수 있는 강도를 가진 구조로 설치하여야 하며, 안전율은 (②)이상으로 하여야 한다.
나) 사업주는 계단을 설치하는 경우 그 폭을 (③)m 이상으로 하여야 한다.
다) 사업주는 높이 (④)m 이상인 계단의 개방된 측면에 안전난간을 설치하여야 한다.
라) 사업주는 높이가 3m를 초과하는 계단에 높이 3m 이내마다 진행방향으로 길이 (⑤)m 이상의 계단참을 설치하여야 한다.

02 산업안전보건에 관한 규칙에 의거 사업주는 크레인을 사용하여 근로자를 운반하거나 근로자를 달아 올린 상태에서 작업에 종사시켜서는 안 되는데 부득이하게 크레인을 사용하여 근로자를 운반하려고 할 경우의 조치사항 3가지를 쓰시오.(5점) [산기0602/산기1202/산기1702/기사2102/기사2201/기사2204/기사2403]

03 시멘트의 품질시험방법을 5가지 쓰시오.(5점) [기사2204]

04 하역작업을 할 때 화물운반용 또는 고정용으로 사용할 수 없는 섬유로프의 사용제한 조건 2가지를 쓰시오. (4점) [기사0904/산기1101/산기1104/기사1302/산기1402/산기1702/산기1801/기사1802/기사1804/기사2204]

05 산업안전보건법상 크레인, 이동식 크레인, 리프트, 곤돌라 또는 승강기에 설치하는 방호장치의 종류 4가지를 쓰시오.(4점)

[산기0704/기사0904/기사1404/산기1601/기사1702/산기1801/산기1902/기사2204]

06 히빙 현상의 방지대책 5가지를 쓰시오.(5점)

[기사0704/기사0902/산기1101/산기1201/기사1602/기사1801/산기1902/기사2201/기사2204]

07 일반건설공사(갑)에서 직접재료비 21,000,000,000원이고, 관급재료비 9,000,000,000원, 직접노무비 19,000,000,000원 일 때 안전관리비를 계산하시오.(5점)

[기사2204]

08 공사용 가설도로를 설치하는 경우 준수사항 2가지를 쓰시오.(4점) [기사1202/기사1204/기사2004/기사2204]

09 작업으로 인하여 물체가 떨어지거나 날아올 위험이 있는 경우 위험방지를 위하여 취해야 할 조치사항 3가지를 쓰시오.(3점) [산기1401/기사1601/산기1602/기사1604/산기1802/기사1901/산기2001/산기2002/기사2204]

10 시설물의 안전 및 유지관리에 관한 특별법상 도로터널 제1종 시설물의 종류를 3가지 쓰시오.(5점)
[기사2204]

11 공정진행에 따른 안전관리비 사용기준이다. 빈칸을 채우시오.(3점)
[기사0402/기사0902/기사1304/기사1604/기사2204]

공정률	50% 이상 ~ 70% 미만	70% 이상 ~ 90% 미만	90% 이상
사용기준	(①)% 이상	(②)% 이상	(③)% 이상

12 해체작업용 기계·기구의 종류 5가지를 쓰시오.(5점) [기사2204]

13 비계 작업 시 비, 눈 그 밖의 기상상태의 불안정으로 날씨가 몹시 나빠서 작업을 중지시킨 후 그 비계에서 작업을 재개할 때 점검사항을 4가지 쓰시오.(4점)
[산기0902/기사1001/산기1102/기사1301/기사1402/기사1404/산기1602/산기1704/기사1801/기사1901/기사2204]

2022년 2회 필답형 기출복원문제

신규문제 3문항 　중복문제 11문항

☞ 답안은 97Page

01 산업안전보건법령상 공사금액 1,000억원의 건설업에서 선임해야 하는 안전관리자의 최소 인원(단, 공기 85% 기간 기준)와 1명 이상 반드시 포함되어야 하는 안전관리자의 자격을 2가지 쓰시오.(6점) [기사2202]

02 근로자의 추락 등에 의한 위험방지를 위하여 안전난간 설치기준이다. ( )안을 채우시오.(3점)

[산기0502/산기0904/기사1102/산기1501/기사1704/기사2202]

> 가) 상부 난간대는 바닥면·발판 또는 경사로의 표면으로부터 (①)cm 이상 지점에 설치하고, 상부 난간대를 120cm 이하에 설치하는 경우는 중간 난간대는 상부 난간대와 바닥면 등의 중간에 설치하여야 하며, 120cm 이상 지점에 설치하는 경우는 중간 난간대를 2단 이상으로 균등하게 설치하고 난간의 상하 간격은 (②)cm 이하가 되도록 할 것
> 나) 발끝막이판은 바닥면 등으로부터 (③)cm 이상의 높이를 유지할 것

03 산업안전보건법상 사업 내 안전·보건교육에 대한 교육시간을 쓰시오.(4점)

[기사0302/기사0502/기사0804/기사0904/기사1201/산기1304/산기1604/기사1801/산기1804/산기2003/기사2101/기사2202/기사2301]

교육과정	교육대상	교육시간
정기교육	사무직 종사 근로자	매반기 (①)시간 이상
	관리감독자의 지위에 있는 사람	연간 (②)시간 이상
작업내용 변경 시의 교육	그 밖의 근로자	(③)시간 이상
건설업 기초안전보건교육	건설 일용근로자	(④)시간 이상

04 계단 설치기준이다. 다음 ( )을 채우시오.(4점) [기사1204/기사1504/기사2202/기사2204/기사2301]

> 사업주는 계단 및 계단참을 설치하는 경우 매 m²당 (①)kg 이상의 하중에 견딜 수 있는 강도를 가진 구조로 설치하여야 하며, 안전율은 (②)이상으로 하여야 한다.

05 건설현장의 지난 한 해 동안 근무상황은 다음과 같은 경우에 도수율, 강도율, 종합재해지수를 구하시오. (6점) [기사1401/기사2202]

> - 연평균 근로자 수 : 200명
> - 연간작업일수 : 300일
> - 연간재해발생건수 : 9건
> - 시간 외 작업시간 합계 : 20,000시간
> - 1일 작업시간 : 8시간
> - 출근율 : 90%
> - 휴업일수 : 125일
> - 지각 및 조퇴시간 합계 : 2,000시간

06 발파작업 시 관리감독자의 유해 · 위험방지업무 4가지를 쓰시오.(4점)
[기사0302/기사0404/기사0702/기사0804/기사1304/기사1402/기사2201/기사2202]

07 히빙현상의 발생 원인 3가지를 쓰시오.(5점) [기사1104/기사1904/기사2202]

08 흙의 동상 방지대책 2가지를 쓰시오.(4점)
[기사0601/기사0602/기사0904/기사1304/산기1304/기사1401/기사1402/기사1702/기사1801/산기2004/기사2202]

09 산업안전보건법상 안전보건개선계획 수립대상 사업장 등에 관한 내용이다. ( )안을 채우시오.(6점) [기사1704/기사2004/기사2202]

가) 안전보건개선계획의 수립·시행명령을 받은 사업주는 고용노동부장관이 정하는 바에 따라 안전보건개선계획서를 작성하여 그 명령을 받은 날부터 (①)일 이내에 관할 지방고용노동관서의 장에게 제출하여야 한다.
나) 제출하는 안전보건개선계획서에는 시설, (②), (③), 산업재해 예방 및 작업환경의 개선을 위하여 필요한 사항이 포함되어야 한다.

10 산업안전보건법령상 빗물 등의 침투에 의한 붕괴재해를 예방하기 위하여 사업주가 취해야 할 조치 2가지를 쓰시오.(4점) [기사2202]

11 하인리히가 제시한 재해예방의 4원칙을 쓰시오.(4점)

[산기0902/산기1101/산기1202/산기1401/기사1501/기사1801/산기2001/기사2202]

12 지하 가스공사 작업 중 가스 농도를 측정하는 자를 지정해야 한다. 이때 가스 농도를 측정하는 시점 3가지를 쓰시오.(3점)

[기사0602/기사0901/기사1804/기사2202]

13 해체공법의 종류 중 유압력에 의한 공법 2가지를 쓰시오.(4점) [기사2202]

14 구조물의 축조 장소에 예상하중보다 더 많은 하중으로 사전 성토하여 지반 침하를 촉진하고 전단강도를 증가시키는 지반개량공법의 이름을 쓰시오.(3점)

[기사1704/기사2202]

2022년 1회 필답형 기출복원문제

신규문제 1문항 중복문제 13문항

☞ 답안은 101Page

01 산업안전보건에 관한 규칙에 의거 사업주는 크레인을 사용하여 근로자를 운반하거나 근로자를 달아 올린 상태에서 작업에 종사시켜서는 안 되는데 부득이하게 크레인을 사용하여 근로자를 운반하려고 할 경우의 조치사항 3가지를 쓰시오.(6점)

[산기0602/산기1202/산기1702/기사2102/기사2201/기사2204/기사2403]

02 다음은 사다리식 통로의 안전기준에 대한 사항이다. 빈칸을 채우시오.(3점)

[기사0302/기사0401/기사0601/산기0702/산기0801/산기1402/기사1601/기사1602/산기1604/산기1902/산기1904/기사2201/기사2402]

가) 사다리의 상단을 걸쳐놓은 지점으로부터 (①)cm 이상 올라가도록 할 것
나) 사다리식 통로의 길이가 10m 이상인 경우는 (②)m 이내마다 계단참을 설치할 것
다) 사다리식 통로의 기울기는 (③)도 이하로 할 것

03 차량계 건설기계를 사용하여 작업을 할 때는 작업계획을 작성하고, 그 작업계획에 따라 작업을 실시하도록 하여야 한다. 이 작업계획에 포함되어야 할 사항 3가지를 쓰시오.(3점)

[기사0301/산기0504/산기0604/기사0704/산기1002/산기1102/산기1304/산기1401/산기1502/기사1604/기사1702/기사1902/기사1904/산기2001/기사2201]

04 ( )안에 알맞은 조치를 쓰시오.(3점)

[기사0701/기사1402/기사1801/기사2201]

사업주는 순간풍속이 ( )m/s를 초과하는 바람이 불어올 우려가 있는 경우 옥외에 설치되어 있는 주행크레인에 대하여 이탈방지장치를 작동시키는 등 이탈 방지를 위한 조치를 하여야 한다.

2022년 1회차 233

05 산업안전보건법상 이동식 크레인을 사용하여 작업하기 전에 점검할 사항을 3가지 쓰시오.(3점)
[산기0501/기사0802/산기1202/산기1302/산기1701/기사1902/산기1904/기사2201]

06 지게차를 사용하여 작업을 하는 때 작업 시작 전 점검사항 4가지를 쓰시오.(4점)
[산기0901/기사1201/기사1402/산기1504/기사2201]

07 달비계 또는 높이 5m 이상의 비계를 조립, 해체하거나 변경작업을 할 때 사업주로서 준수하여야 할 사항을 3가지 쓰시오.(3점) [기사0402/산기0604/기사0702/산기0801/기사0802/기사1102/기사1501/산기1501/기사1904/기사2201/기사2304]

08 발파작업 시 관리감독자의 유해·위험방지업무 4가지를 쓰시오.(4점)
[기사0302/기사0404/기사0702/기사0804/기사1304/기사1402/기사2201]

09 보기에서 주어진 하인리히의 재해예방 대책 5단계 중 불안전한 요소를 발견하는 단계를 쓰고, 시정책의 적용단계에서 적용할 3E를 모두 쓰시오.(5점) [기사2201]

- 제1단계 : 안전관리조직
- 제2단계 : 사실의 발견
- 제3단계 : 분석평가
- 제4단계 : 시정책의 선정
- 제5단계 : 시정책의 적용

10 다음에서 주어지는 작업조건에 따른 적합한 보호구를 쓰시오.(6점) [기사0304/기사2201]

① 물체가 떨어지거나 날아올 위험 또는 근로자가 추락할 위험이 있는 작업
② 높이 또는 깊이 2m 이상의 추락할 위험이 있는 장소에서 하는 작업
③ 물체의 낙하·충격, 물체에의 끼임, 감전 또는 정전기의 대전에 의한 위험이 있는 작업
④ 물체가 흩날릴 위험이 있는 작업
⑤ 용접 시 불꽃이나 물체가 흩날릴 위험이 있는 작업
⑥ 감전의 위험이 있는 작업

11 건설공사의 총 공사원가가 100억원이고, 이 중 재료비와 직접노무비의 합이 60억원인 터널신설공사의 산업안전보건관리비를 다음 기준표를 참고하여 계산하시오.(5점) [기사0601/기사1102/기사1504/기사2201]

공사규모 공사분류	5억원 미만	5억원 이상 ~ 50억원 미만		50억원 이상
		비율	기초액	
중건설공사	3.64%	3.05%	2,975,000원	3.11%
건축공사	3.11%	2.28%	4,325,000원	2.37%

12 콘크리트 구조체 공사 시 외부작업에 사용하는 비계의 종류 5가지를 쓰시오.(5점) [기사1704/기사2201]

13 히빙 현상의 방지대책 5가지를 쓰시오.(5점)
[기사0704/기사0902/산기1101/산기1201/기사1602/기사1801/산기1902/기사2201/기사2204]

14 가설통로 설치 시 사업주의 조치사항 5가지를 쓰시오.(5점)
[기사0602/기사1502/기사1704/기사1801/기사2201/기사2401]

2021년 4회 필답형 기출복원문제

신규문제 3문항 중복문제 11문항

☞ 답안은 105Page

01 다음 안전표지판의 명칭을 쓰시오.(3점) [기사1902/2104]

02 건설업 산업안전보건관리비 계상 및 사용기준에 따른 안전보건관리비 기본항목 4가지를 쓰시오.(4점) [기사2104]

03 보기와 같은 특징을 갖는 안전관리조직을 쓰시오.(3점) [기사2104]

- 안전지식과 기술축적이 용이하다.
- 권한 다툼이나 조정 때문에 통제수속이 복잡해지며 시간과 노력이 소모된다.
- 생산부분은 안전에 대한 책임과 권한이 없다.

04 산업안전보건법령상 다음 경우에 해당하는 양중기의 와이어로프(또는 달기체인)의 안전계수를 빈칸에 써 넣으시오.(4점)

- 근로자가 탑승하는 운반구를 지지하는 경우 : (①) 이상
- 화물의 하중을 직접 지지하는 경우 : (②) 이상
- 훅, 샤클, 클램프, 리프팅 빔의 경우 : (③) 이상
- 그 밖의 경우 : (④) 이상

05 흙의 동상 방지대책 3가지를 쓰시오.(5점)

06 작업발판에 대한 다음 ( )안에 알맞은 수치를 쓰시오.(4점)

가) 비계의 높이가 2m 이상인 작업장소에 설치하는 작업발판의 폭은 (①)cm 이상으로 하고, 발판재료 간의 틈은 (②)cm 이하로 할 것
나) 작업발판재료는 뒤집히거나 떨어지지 않도록 (③) 이상의 지지물에 연결하거나 고정시킬 것
다) 추락의 위험이 있는 장소에는 (④)을 설치할 것

07 보일링 방지대책 3가지를 쓰시오.(6점)   [기사0802/기사0901/기사1002/산기1402/기사1504/기사1601/산기1804/기사1901/기사2104]

08 컨베이어 작업 시작 전에 점검해야 할 사항 3가지를 쓰시오.(6점)   [기사0601/기사1404/기사2104]

09 양중기의 종류 중 동력을 사용하여 사람이나 화물을 운반하는 것을 목적으로 하는 기계설비를 리프트라 한다. 산업안전보건기준에 관한 규칙에서 규정하고 있는 리프트의 종류 3가지를 쓰시오.(3점)   [기사0804/기사1601/기사2104]

10 터널공사표준안전작업지침-NATM공법에서 터널작업 시 사전에 계측계획을 수립하고 그 계획에 따라 계측을 하여야 한다. 이때 계측계획에 포함되어야 할 사항 4가지를 쓰시오.(4점)   [기사2104]

11 강관비계와 구조체 사이에 설치하는 벽이음의 역할을 2가지 쓰시오.(4점) [기사작업1802/기사2104]

12 거푸집 동바리의 고정·조립 또는 해체작업, 그리고 지반의 굴착작업 시의 관리감독자의 유해·위험방지 업무 3가지를 쓰시오.(6점) [기사0401/기사0701/기사1302/기사2104]

13 산업안전보건교육 중 근로자 정기안전·보건교육의 교육내용 4가지를 쓰시오.(단, 일반관리에 관한 사항은 제외)(4점) [기사1901/기사2104]

2021년 2회 필답형 기출복원문제

신규문제 5문항 중복문제 9문항

☞ 답안은 109Page

01 사업주가 시스템 비계를 사용하여 비계를 구성하는 경우 준수사항 3가지를 쓰시오.(6점)
[기사1104/기사1401/기사1402/기사2102]

02 산업안전보건법상 건설업 중 유해·위험방지계획서 제출 대상사업에 대한 설명이다. ( )에 알맞은 내용을 쓰시오.(5점) [기사0302/기사0504/산기0602/기사0702/기사0802/산기1001/기사1102/기사1802/기사1901/산기1904/기사2102]

가) 지상높이가 (①)m 이상인 건축물 또는 인공구조물, 연면적 3만m^2 이상인 건축물 또는 연면적 5천m^2 이상의 문화 및 집회시설, 판매시설, 운수시설, 종교시설, 의료시설 중 종합병원, 숙박시설 중 관광숙박시설, 지하도상가 또는 냉동·냉장창고시설의 건설·개조 또는 해체
나) 최대 지간길이가 (②)m 이상인 교량 건설 등 공사
다) 다목적 댐, 발전용 댐 및 저수용량 (③) 이상의 용수 전용 댐, 지방상수도 전용 댐 건설 등의 공사
다) 연면적 (④) 이상의 냉동·냉장창고시설의 설비공사 및 단열공사
마) 깊이 (⑤)m 이상인 굴착공사

03 운반하역표준안전작업지침에 의거 화물을 운반할 때의 준수사항 2가지를 쓰시오.(4점) [기사1701/기사2102]

04 다음의 차량계 건설기계에 대해서 설명하시오.(4점)

① 앵글 도저   ② 틸트 도저

05 다음 안전보건표지의 이름을 쓰시오.(4점)

06 산업안전보건에 관한 규칙에 의거 사업주는 크레인을 사용하여 근로자를 운반하거나 근로자를 달아 올린 상태에서 작업에 종사시켜서는 안 되는데 부득이하게 크레인을 사용하여 근로자를 운반하려고 할 경우의 조치사항 3가지를 쓰시오.(6점)

07 작업장에서 크레인을 사용하여 운반작업을 하려고 한다. 작업개시 전에 사업주가 관리감독자로 하여금 점검하도록 하여야 할 사항을 3가지 쓰시오.(6점)

[기사0304/기사0404/산기0502/산기0601/산기0704/기사1001/산기1401/산기1402/기사1501/기사1702/산기1802/기사2004/기사2102/기사2302]

08 Safe-T-score를 구하고 안전도에 대한 심각성 여부를 판정하시오.(4점)

[기사1001/기사1202/기사1701/기사2102/기사2304]

- 전년도 도수율 : 120
- 근로자수 : 400명
- 올해년도 도수율 : 100
- 올해년도 근로시간 수 : 1일 8시간 300일 근무

09 강관비계 조립 시 벽이음 또는 버팀을 설치하는 간격을 보여주고 있다. ( )을 채우시오.(4점)

[기사0402/산기0504/산기0604/기사0702/산기1102/산기1301/산기1402/산기1502/산기1804/기사1901/기사2102/기사2403]

종류	조립 간격 (단위: m)	
	수직방향	수평방향
단관비계	(①)	(②)
틀비계(높이가 5m 미만의 것을 제외한다)	(③)	(④)

10 하인리히의 재해구성 비율에 대해 설명하시오.(2점)

[기사1101/기사2102]

11 굴착면의 높이가 2m 이상이 되는 지반의 굴착작업 시 특별교육 내용 3가지를 쓰시오.(단, 그밖에 안전·보건 관리에 필요한 사항 제외)(3점) [기사2102]

12 깊이 10.5[m] 이상의 굴착의 경우 흙막이 구조의 안전을 예측하기 위해 설치하여야하는 계측기기 4가지를 쓰시오.(4점) [기사0802/기사2102]

13 추락재해방지 표준안전작업지침상 방망의 구조에 관한 설명에서 ( ) 안을 채우시오.(3점) [기사2102]

- 방망은 망, 테두리로프, 달기로프, 시험용사로 구성된다.
- 방망의 소재는 (①) 또는 그 이상의 물리적 성질을 갖는 것이어야 한다.
- 방망의 그물코는 사각 또는 (②)로서 그 크기는 (③)cm 이하이어야 한다.

14 산업안전보건법령에 따라 건설업체의 산업재해 발생 보고시의 다음 수식을 완성하시오.(5점) [기사2102]

(1) 사고사망만인율 = (①) / 상시근로자 수 × 10,000
(2) 상시근로자 수 = (②) × 노무비율 / (③)

2021년 1회 필답형 기출복원문제

신규문제 3문항　중복문제 11문항

☞ 답안은 113Page

01 안전관리자를 정수 이상으로 증원·교체 임명할 수 있는 사유를 3가지 쓰시오.(6점)

[산기0802/산기0804/기사1001/기사1402/산기1501/산기1702/기사1704/산기2001/산기2002/기사2101]

02 산업안전보건법상 사업 내 안전·보건교육에 대한 교육시간을 쓰시오.(6점)

[기사0302/기사0502/기사0804/기사0904/기사1201/산기1304/산기1604/산기1801/산기1804/산기2003/기사2101/기사2202/기사2301]

교육과정	교육대상	교육시간
정기교육	사무직 종사 근로자	매반기 (①)시간 이상
채용 시의 교육	일용근로자 및 근로계약기간이 1주일 이하인 기간제근로자	(②)시간 이상
건설업 기초안전보건교육	건설 일용근로자	(③)시간 이상

03 연평균 200명이 근무하는 H사업장에서 사망재해가 1건 발생하여 1명 사망, 50일의 휴업일수가 2명 발생되고 20일의 휴업일수가 1명이 발생되었다. 강도율은?(단, 종업원의 근무는 8시간/일, 305일이다)(4점)

[기사0701/기사1402/기사2101]

2021년 1회차　**245**

04 산업안전보건법상 안전관리자가 수행하여야 할 업무사항 4가지를 쓰시오.(4점)

[기사0804/산기0901/기사1001/산기1302/기사1704/산기2002/기사2101]

05 다음 설명은 어떤 하중에 대한 설명인지 쓰시오.(2점)

[기사2101]

> 지브 혹은 붐의 경사각 및 길이 또는 지브의 위에 놓이는 도르래의 위치에 따라 부하시킬 수 있는 최대하중으로부터 각각 훅, 버킷 등 달아올리기 기구의 중량에 상당하는 하중을 공제한 하중

06 산업안전보건법에 따른 명예산업안전감독관의 업무를 4가지 쓰시오.(단, 해당 사업장에서의 업무만)(4점)

[기사2101/기사2304]

07 중량물 취급 작업 시 작업계획서에 포함되어야 하는 사항을 2가지 쓰시오.(4점)

[기사0502/기사0604/기사1401/산기1802/기사2101]

08 다음 현상이 발생하는 지반을 쓰시오.(4점)

[기사2101/기사2302]

① 히빙　　　　　　　　　　　　② 보일링

09 콘크리트 타설 시 거푸집 측압에 영향을 미치는 것에 관한 설명이다. 틀린 것을 골라 번호를 쓰시오.(3점)

[기사2101]

① 외기의 온·습도가 낮을수록 측압이 낮다.　② 진동기를 사용해 다지면 측압이 올라간다.
③ 슬럼프치가 낮으면 측압이 낮다.　　　　　④ 철근, 배근이 많으면 측압이 높다.

10 잠함, 우물통, 수직갱 기타 이와 유사한 건설물 또는 설비의 내부에서 굴착작업을 하는 때에 사업주가 준수하여야 할 사항 3가지를 쓰시오.(6점)

[기사0402/기사0501/기사0502/기사0704/기사0801/기사0802/기사0904/산기1302/기사1501/기사1604/산기1904/기사2101]

11 이동식 크레인의 종류 3가지를 쓰시오.(3점) [기사1701/기사2101/기사2401]

12 교량건설 공법 중 PGM 공법과 PSM 공법을 설명하시오.(4점) [기사1301/기사2101]

13 고소작업대 이동 시 준수사항 3가지를 쓰시오.(6점) [기사1104/기사1704/기사2101]

14 차량계 하역운반기계(지게차 등)의 운전자가 운전위치를 이탈하고자 할 때 운전자가 준수하여야 할 사항을 2가지 쓰시오.(4점) [산기0604/산기0804/산기0901/산기1302/기사1602/기사2002/기사2101/기사2402]

2020년 4회 필답형 기출복원문제

신규문제 1문항   중복문제 13문항

☞ 답안은 117Page

01 터널 등의 건설작업을 하는 경우 낙반 등에 의하여 근로자의 위험을 방지하기 위한 조치사항 3가지를 쓰시오. (6점)
[기사0304/산기0804/산기1002/산기1702/기사2004]

02 거푸집 동바리의 강재 기준 강도에 따른 신장율에서 강재의 종류가 강관이고 인장강도가 50kg/mm² 이상일 때의 신장율은 얼마인가?(3점)
[기사1702/기사2004]

03 수자원시설공사(댐)에서 재료비와 직접노무비의 합이 4,500,000,000원일 때 안전관리비를 계산하시오. (5점)
[기사1104/기사1604/기사2004/기사2401]

04 달비계 또는 높이 5m 이상의 비계를 조립·해체하거나 변경하는 작업에 있어 관리감독자의 직무수행 내용을 3가지 쓰시오.(6점)
[기사1002/기사1301/기사1504/기사2004]

05 철골공사 작업을 중지해야 하는 조건을 쓰시오.(단, 단위를 명확히 쓰시오)(3점) [산기0501/산기0701/산기0704/기사0901/기사1302/산기1404/기사1502/기사1504/산기1801/기사2004/기사2402]

06 산업안전보건법상 안전보건개선계획에 관한 내용이다. (   )안을 채우시오.(3점) [기사1704/기사2004]

> 안전보건개선계획의 수립·시행명령을 받은 사업주는 고용노동부장관이 정하는 바에 따라 안전보건개선계획서를 작성하여 그 명령을 받은 날부터 (   )일 이내에 관할 지방고용노동관서의 장에게 제출하여야 한다.

07 하인리히의 재해예방 대책 5단계를 순서대로 쓰시오.(3점) [기사0804/산기1604/기사1802/기사2004/기사2304]

08 양중기에 사용하는 권상용 와이어로프의 사용금지 사항이다. 빈칸을 채우시오.(4점) [기사0302/기사0404/산기0601/기사0704/산기0804/기사0901/산기1002/산기1201/기사1502/산기1502/기사1602/산기1602/산기1701/산기1901/기사2001/기사2004]

> 가) 와이어로프의 한 꼬임에서 끊어진 소선의 수가 (①)% 이상인 것.
> 나) 지름의 감소가 공칭지름의 (②)%를 초과하는 것.

09 공사용 가설도로를 설치하는 경우 준수사항 3가지를 쓰시오.(6점) [기사1202/기사1204/기사2004/기사2204]

10 터널 내의 누수로 인한 붕괴위험으로부터 근로자의 안전을 위해 수립하는 배수 및 방수계획의 내용 3가지를 쓰시오.(6점) [기사2004]

11 작업장에서 크레인을 사용하여 운반작업을 하려고 한다. 작업개시 전에 사업주가 관리감독자로 하여금 점검하도록 하여야 할 사항을 3가지 쓰시오.(3점) [기사0304/기사0404/산기0502/산기0601 /산기0704/기사1001/산기1401/산기1402/기사1501/기사1702/산기1802/기사2004/기사2102/기사2302]

12 곤돌라의 안전장치 중 와이어로프가 일정한도 이상 감기는 것을 방지하는 장치의 명칭을 쓰시오.(3점) [기사0902/기사2004]

13 굴착작업 시 토석이 붕괴되는 원인을 외적원인과 내적원인으로 구분할 때 외적원인에 해당하는 사항을 4가지 쓰시오.(4점)

[기사0901/기사1501/기사1904/기사2004/기사2403]

14 안전모의 종류 AB, AE, ABE 사용 구분에 따른 용도를 쓰시오.(5점)

[기사0604/기사1504/산기1802/기사1902/기사2004]

2020년 3회 필답형 기출복원문제

신규문제 4문항 중복문제 10문항

☞ 답안은 121Page

01 관계수급인 근로자가 도급인의 사업장에서 작업을 하는 경우 도급인의 이행사항 2가지를 쓰시오.(4점)

[기사1104/기사1502/산기1504/기사2003/기사2403]

02 다음 조건의 건설업에서 선임해야 할 안전관리자의 인원을 쓰시오.(4점)

[기사2003/기사2403]

가) 공사금액이 800억원 이상 1,500억원 미만 : (①)명
나) 공사금액이 2,200억원 이상 3,000억원 미만 : (②)명

03 기둥·보·벽체·슬라브 등의 거푸집 동바리 등을 조립하거나 해체하는 작업을 하는 경우에 사업주가 준수해야 하는 사항 3가지를 쓰시오.(6점)

[기사0501/기사0602/기사2003]

04 사업장에 승강기의 설치·조립·수리·점검 또는 해체작업을 하는 경우 사업주가 작업을 지휘하는 사람에게 이행하게 해야 하는 사항을 3가지 쓰시오.(6점)   [기사1004/기사2003]

05 종합재해지수(FSI)를 구하시오.(6점)   [기사1004/기사1301/기사1802/기사2003]

- 근로자수 : 500명
- 연간재해발생건수 : 10건
- 업무시간 : 8시간/280일
- 휴업일수 : 159일

06 화약류저장소 내의 운반이나 현장 내 소규모 운반일 때 준수할 사항을 2가지 쓰시오.(4점)   [기사2003]

07 달기 체인을 달비계에 사용해서는 안 되는 기준 2가지를 쓰시오.(단, 균열이 있거나 심하게 변형된 것은 제외)(4점)
[기사1104/산기1201/산기1302/기사2003/산기2003]

08 거푸집 및 지보공(동바리) 시공 시 고려할 하중을 구분하고 각각의 종류 2가지를 쓰시오.(4점)
[기사1802/기사2003]

09 건설기술진흥법 시행령에 따라 분야별 안전관리책임자 또는 안전관리담당자가 당일 공사작업자를 대상으로 매일 공사 착수 전에 실시해야 하는 안전교육 내용을 3가지 쓰시오.(6점)
[기사2003]

10 흙막이 지보공의 보강 또는 동바리를 설치하거나 해체하는 작업을 할 때 해야 하는 교육의 내용을 2가지 쓰시오.(단, 그밖에 안전·보건관리에 필요한 사항은 제외)(4점)
[기사1704/기사2003]

11 산업안전보건법상 안전·보건표지 중 "녹십자" 표지를 그리시오.(단, 색상표시는 글자로 나타내도록 하고, 크기에 대한 기준은 표시하지 않아도 된다)(5점) [기사1202/기사2003]

12 고소작업대를 사용하는 경우 준수사항 2가지를 쓰시오.(4점) [기사1102/기사1802/기사2003]

13 철륜 표면에 다수의 돌기를 붙여 접지 면적을 작게 하여 접지압을 증가시킨 롤러로서 고함수비 점성토 지반의 다짐작업에 적합한 롤러를 쓰시오.(3점) [기사1602/기사2003]

14 정밀안전진단의 정의에 대해 쓰시오.(4점) [기사2003]

2020년 2회 필답형 기출복원문제

신규문제 4문항 중복문제 10문항

☞ 답안은 125Page

01 물체를 투하하는 때는 적당한 투하설비를 갖춰야 한다. 투하설비를 갖춰야 하는 최소높이는?(3점)

[기사2002]

02 콘크리트 타설 시 거푸집 측압에 영향을 미치는 요인을 3가지 쓰시오.(3점)

[기사2002]

03 가공전로에 근접하여 비계를 설치하는 경우 가공전로와의 접촉을 방지하기 위해 필요한 조치 2가지를 쓰시오.(4점)

[기사2002]

04 타워크레인의 작업 중지에 관한 내용이다. 빈칸을 채우시오.(4점)

[산기0601/산기0804/산기0901/산기1302/기사2002/산기2002]

가) 설치·수리·점검 또는 해체작업을 중지하여야 하는 순간풍속은 (①)m/s이다.
나) 타워크레인의 운전작업을 중지하여야 하는 순간풍속은 (②)m/s이다.

05 산업안전보건법상 사업주는 산업재해가 발생한 때에 관련 사항을 기록·보존하여야 한다. 재해 재발방지계획은 제외하고 기록·보존할 사항을 4가지 쓰시오.(4점) [기사0501/기사0701/산기1204/기사1801/기사2002/산기2002]

06 근로감독관이 질문·검사·점검하거나 관계서류의 제출을 요구할 수 있는 상황을 3가지 쓰시오.(6점)
[기사1304/기사1604/기사2002]

07 작업발판의 끝이나 개구부로서 근로자가 추락할 위험이 있는 장소에서 작업 시 추락 방지대책 3가지를 쓰시오.(6점) [기사0401/산기0501/산기1002/기사1201/산기1201/산기1504/산기1802/산기1902/산기1904/기사2002/산기2003/산기2004]

08 근로자의 안전을 위하여 터널 작업면에 대한 조명장치 및 설비를 확인하여야 할 사항에 대한 ( )안을 채우시오.(4점) [기사1801/기사2002]

작업 기준	조도 기준
막장 구간	(①)
터널중간 구간	(②)
터널 입·출구, 수직구 구간	(③)

09 다음은 안전보건관리책임자의 산업안전·보건 관련 교육시간에 대한 내용이다. 빈칸을 채우시오.(5점)

교육대상	교육시간	
	신규교육	보수교육
• 안전보건관리책임자	(①)시간 이상	(②)시간 이상
• 안전관리자, 안전관리전문기관의 종사자	(③)시간 이상	(④)시간 이상
• 보건관리자, 보건관리전문기관의 종사자	(⑤)시간 이상	(⑥)시간 이상
• 건설재해예방 전문지도기관의 종사자	(⑦)시간 이상	(⑧)시간 이상
• 석면조사기관의 종사자	(⑨)시간 이상	(⑩)시간 이상

10 근로자의 위험을 방지하기 위하여 특정 작업을 하는 경우 작업장의 지형·지반 및 지층 상태 등에 대한 사전조사를 하고 그 결과를 기록·보전하여야 하며, 조사결과를 고려하여 작업계획서를 작성하고 그 계획에 따라 작업을 하도록 하여야 한다. 이에 해당하는 작업을 3가지 쓰시오.(6점)

11 차량계 하역운반기계(지게차 등)의 운전자가 운전위치를 이탈하고자 할 때 운전자가 준수하여야 할 사항을 2가지 쓰시오.(4점)

12 산업안전보건법상 보호구의 안전인증 제품에 표시하여야 하는 사항을 4가지 쓰시오.(4점)

[기사1004/기사2002]

13 사고예방대책의 기본원리 5단계 중 "시정책의 적용" 단계에서 적용할 3E를 모두 쓰시오.(3점)

[기사0902/기사1804/기사2002]

14 공사금액이 1,800억원인 건설업에서 선임해야 할 안전관리자의 최소인원을 쓰시오.(4점)

[기사1004/기사1401/기사2002]

2020년 1회 필답형 기출복원문제

신규문제 2문항   중복문제 12문항

☞ 답안은 129Page

01 다음은 가설통로를 설치하는 경우의 준수사항이다. ( ) 안을 채우시오.(4점)

[기사0304/기사1201/기사1404/기사2001/기사2302]

가) 경사가 (①)도를 초과하는 경우에는 미끄러지지 아니하는 구조로 할 것
나) 수직갱에 가설된 통로의 길이가 15미터 이상인 경우에는 (②)미터 이내마다 계단참을 설치할 것
다) 건설공사에 사용하는 높이 (③)미터 이상인 비계다리에는 (④)미터 이내마다 계단참을 설치할 것

02 타워크레인을 설치·조립·해체하는 작업을 하는 경우에는 작업계획서를 작성하고 그 계획에 따라 작업을 하도록 하여야 한다. 작업계획에 포함되어야 할 내용을 4가지 쓰시오.(단, 타워크레인의 지지 방법은 제외한다)(4점)

[기사1104/기사2001]

03 밀폐공간 작업으로 인한 건강장해의 예방에 관한 다음 용어의 설명에서 ( ) 안을 채우시오.(3점)

[산기0902/산기1204/산기1802/기사2001/산기2001]

적정공기란 산소농도의 범위가 (①)% 이상 23.5% 미만, 이산화탄소의 농도가 1.5% 미만, (②)의 농도가 30ppm 미만, (③)의 농도가 10ppm 미만인 수준의 공기를 말한다.

04 OJT 교육에 대해서 간략히 설명하시오.(3점)

05 근로자가 상시 분진작업과 관련된 업무를 하는 경우 사업주가 근로자에게 알려야 하는 사항을 3가지 쓰시오.
(6점)

06 차량계 건설기계를 사용하는 작업할 때 그 기계가 넘어지거나 굴러떨어짐으로써 근로자가 위험해질 우려가 있는 경우에 사업주의 조치사항을 3가지 쓰시오.(3점)

07 지반의 연화현상(Frost Boil) 방지대책을 2가지 쓰시오.(4점)

08 NATM공법에서 록볼트의 기능을 3가지 설명하시오.(6점)　　　　　　　　　　　[기사1101/2001]

09 양중기에 사용하는 와이어로프의 사용금지 조건 3가지를 쓰시오.(3점)　[기사0302/기사0404/산기0601/기사0704/
산기0804/기사0901/산기1002/산기1201/기사1502/산기1502/기사1602/산기1602/산기1701/산기1901/기사2001/기사2004/기사2301/기사2402]

10 근로자가 작업이나 통행 등으로 인하여 전기기계, 기구 또는 전로 등의 충전부분에 접촉하거나 접근함으로써 감전 위험이 있는 충전부분에 대하여 감전을 방지하기 위하여 취하는 방호조치 3가지를 쓰시오.(6점)
　　　　　　　　　　　　　　　　　　　　　　　　　[기사0504/기사0804/기사1804/기사1904/기사2001]

11 아파트 공사현장이다. 근로자가 불안전한 작업발판 위에서 전기용접 작업을 하다가 지면으로 떨어져 부상을 입는 재해를 분석하고자 한다. 다음 물음에 답하시오.(5점)

| 발생형태 | (①) | 기인물 | (②) | 가해물 | (③) |

12 다음 안전보건표지의 이름을 쓰시오.(4점)

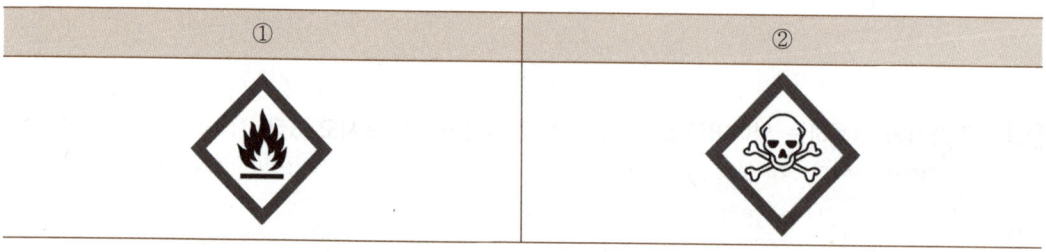

13 작업현장에서 꽂음접속기를 설치하거나 사용하는 경우의 준수사항을 3가지 쓰시오.(6점)

14 다음과 같은 조건에서 사고사망만인율을 계산하시오.(3점)

- 연간 상시근로자의 수 4,000명
- 재해로 1명의 사망자 발생

2019년 4회 필답형 기출복원문제

신규문제 1문항 중복문제 13문항

☞ 답안은 133Page

01 고용노동부령으로 정하는 산업재해 발생위험이 있는 장소 5곳을 쓰시오.(5점) [기사0801/기사1701/기사1904]

02 굴착작업 시 토석이 붕괴되는 원인을 외적원인과 내적원인으로 구분할 때 외적원인에 해당하는 사항을 3가지 쓰시오.(6점) [기사0901/기사1501/기사1904/기사2004/기사2403]

03 무재해 추진 기둥(조직) 3가지를 쓰시오.(3점) [기사1404/기사1904]

04 다음은 강관비계에 관한 내용이다. 다음 빈칸을 채우시오.(6점)

- 띠장 간격은 (①)m 이하로 설치할 것
- 비계기둥의 간격은 띠장 방향에서는 (②)m 이하, 장선 방향에서는 (③)m 이하로 할 것
- 비계기둥의 제일 윗부분으로부터 (④)m 되는 지점 밑 부분의 비계기둥은 (⑤)개의 강관으로 묶어 세울 것
- 비계기둥 간의 적재하중은 (⑥)kg을 초과하지 않도록 할 것

05 구조안전의 위험이 큰 철골구조물은 건립 중 강풍에 의한 풍압 등 외압에 대한 내력이 설계에 고려되어 있는지 확인하여야 할 구조물 5가지를 쓰시오.(5점)

m^2

06 근로자 500명이 근무하던 중 산업재해가 12건 발생하였고, 재해자 수가 15명 발생하여 600일의 근로손실이 발생하였다. ① 도수율, ② 강도율, ③ 연천인율을 구하시오.(단, 근로시간은 1일 9시간 270일 근무한다)(6점)

07 달비계 또는 높이 5m 이상의 비계를 조립, 해체하거나 변경작업을 할 때 사업주로서 준수하여야 할 사항을 3가지 쓰시오.(3점)　[기사0402/산기0604/기사0702/산기0801/기사0802/기사1102/기사1501/산기1501/기사1904/기사2201/기사2304]

08 고용노동부장관이 산업재해 예방활동에 대한 참여와 지원을 촉진하기 위하여 명예산업안전감독관에 위촉할 수 있는 대상자 3가지를 쓰시오.(3점)　[기사1102/기사1504/기사1904]

09 전기기계·기구 또는 전로 등의 충전부분에 접촉 시 감전 방지대책 3가지를 쓰시오.(6점)　[기사0504/기사0804/기사1804/기사1904/기사2001]

10 산업안전보건법에 따른 자율안전확인대상 기계·기구를 3가지 쓰시오.(3점) [기사0902/기사1904/기사2302]

11 다음 중 맞는 것을 고르시오.(3점) [기사1904]

① 전반전단파괴 : 흙 전체가 모두 전단파괴되는 것을 말한다.
② 펀칭전단파괴 : 기초의 폭에 비해 근입깊이가 작을 때 주로 발생한다.
③ 전반전단파괴 : 주로 느슨한 사질토 및 점토 지반에서 주로 발생한다.
④ 국부전단파괴 : 주로 굳은 사질토 및 점토 지반에서 주로 발생한다.

12 산업안전보건기준에 관한 규칙에 따른 암반의 굴착 시 굴착면의 기울기 기준을 채우시오.(5점)
[기사0401/기사0504/기사0702/산기1502/기사1701/기사1702/산기1804/기사1904/기사2301]

지반의 종류	기울기
모래	(①)
연암	(②)
(③)	1 : 1.0
경암	(④)
그 밖의 흙	(⑤)

13 차량계 건설기계를 사용하여 작업을 할 때는 작업계획을 작성하고, 그 작업계획에 따라 작업을 실시하도록 하여야 한다. 이 작업계획에 포함되어야 할 사항 3가지를 쓰시오.(3점)

[기사0301/산기0504/산기0604/기사0704/산기1002/산기1102/산기1304/산기1401/산기1502/기사1604/기사1702/기사1902/기사1904/산기2001/기사2201]

14 히빙현상의 발생 원인 3가지를 쓰시오.(3점)

[기사1104/기사1904/기사2202]

2019년 2회 필답형 기출복원문제

01 다음 안전표지판의 명칭을 쓰시오.(3점)

02 산업안전보건법상 이동식 크레인을 사용하여 작업하기 전에 점검할 사항을 3가지 쓰시오.(3점)

03 차량계 건설기계를 사용하여 작업을 할 때에는 작업계획을 작성하고, 그 작업계획에 따라 작업을 실시하도록 하여야 한다. 이 작업계획에 포함되어야 할 사항 3가지를 쓰시오.(6점)

04 안전모의 종류 AB, AE, ABE 사용구분에 따른 용도를 쓰시오.(3점)

05 사업주가 구축물 등에 대한 구조검토, 안전진단 등의 안전성 평가를 하여 근로자에게 미칠 위험성을 미리 제거해야 하는 경우를 3가지 쓰시오.(단, 그 밖의 잠재위험이 예상될 경우 제외)(6점)

[산기0601/기사1004/기사1101/기사1204/기사1302/산기1404/기사1602/기사1902/기사2301]

06 산업안전보건법령상 고용노동부장관이 명예산업안전감독관을 해촉할 수 있는 경우 2가지를 쓰시오.(4점)

[기사1004/기사1204/기사1601/기사1902/산기1902]

07 균열이 있는 암석의 경사면 붕괴방지를 위해 설치하거나 조치를 하여야 할 사항 3가지를 쓰시오.(3점)

[기사0302/기사1201/기사1804/기사1902/산기1904]

08 사업주는 중대재해가 발생한 사실을 알게 된 경우는 지체없이 관할 지방고용노동관서의 장에게 전화·팩스, 또는 그 밖에 적절한 방법으로 보고하여야 한다. 다만, 천재지변 등 부득이한 사유가 발생한 경우는 그 사유가 소멸된 때부터 지체없이 보고해야 하는데 이때 보고사항을 2가지 쓰시오.(단, 그 밖의 중요한 사항은 제외)(4점)

[기사0401/기사0602/기사0701/산기1401/기사1902]

09 안전관리비로 사용가능한 항목을 [보기]에서 고르시오.(4점) [기사1902]

[보기]
① 출입금지 표지, 가설 울타리
② 감리인이나 외부에서 방문하는 인사에게 지급하는 보호구
③ 계단, 통로, 비계에 추가로 설치하는 안전난간
④ 절토부 및 성토부 등의 토사유실방지를 위한 설비
⑤ 작업장 내부에서 이루어지는 안전기원제

10 작업발판에 대한 다음 (   )안에 알맞은 수치를 쓰시오.(5점) [기사1401/산기1702/기사1902/산기2001/기사2104]

가) 비계의 높이가 2m 이상인 작업장소에 설치하는 작업발판의 폭은 (①)cm 이상으로 하고, 발판재료 간의 틈은 (②)cm 이하로 할 것
나) 선박 및 보트 건조작업의 경우 선박블록 또는 엔진실 등의 좁은 작업공간에 작업발판을 설치하기 위하여 필요하면 작업발판의 폭을 (③)cm 이상으로 할 수 있고, 걸침비계의 경우 강관기둥 때문에 발판재료 간의 틈을 3cm 이하로 유지하기 곤란하면 (④)cm 이하로 할 수 있다. 이 경우 그 틈 사이로 물체 등이 떨어질 우려가 있는 곳에는 출입금지 등의 조치를 하여야 한다.
다) 작업발판재료는 뒤집히거나 떨어지지 않도록 (⑤) 이상의 지지물에 연결하거나 고정시킬 것

11 와이어로프의 안전계수에 대해서 설명하시오.(4점) [기사1002/기사1604/기사1902]

12 유해·위험방지계획서에 첨부되는 안전보건관리계획의 첨부서류 4가지를 쓰시오.(단, 공사개요서는 제외) (4점) [기사0902/기사1202/기사1902]

13 토공사의 비탈면 보호방법(공법)의 종류를 4가지만 쓰시오.(4점) [기사1601/산기1801/기사1902/산기2004/기사2401]

14 산업안전보건법상 양중기 종류 2가지를 쓰시오.(세부사항까지 쓰시오)(4점) [기사0502/산기0701/기사1201/산기1401/산기1502/산기1701/기사1902/산기1904]

2019년 1회 필답형 기출복원문제

신규문제 4문항 중복문제 10문항

☞ 답안은 142Page

01 종합재해지수를 구하시오.(4점)   [기사1201/기사1901/기사2301]

- 근로자 수 : 500명
- 근로시간 : 1일 8시간 / 1년 280일
- 연간재해발생건수 : 6건
- 휴업일수 : 103일

02 콘크리트 구조물 해체공법 선정 시 고려사항 4가지를 쓰시오.(4점)   [기사1901]

03 해체공법의 종류 5가지를 쓰시오.(5점)   [기사1901]

04 산업안전보건교육 중 근로자 정기안전·보건교육의 교육내용 5가지를 쓰시오.(단, 일반관리에 관한 사항은 제외)(5점) [기사1901/기사2104]

05 산업안전보건법상 건설업 중 유해·위험방지계획서 제출 대상사업에 대한 설명이다. ( )에 알맞은 내용을 쓰시오.(5점) [기사0302/기사0504/산기0602/기사0702/기사0802/산기1001/기사1102/기사1802/기사1901/산기1904/기사2102]

> 가) 지상높이가 (①)m 이상인 건축물 또는 인공구조물, 연면적 3만m^2 이상인 건축물 또는 연면적 5천m^2 이상의 문화 및 집회시설, 판매시설, 운수시설, 종교시설, 의료시설 중 종합병원, 숙박시설 중 관광숙박시설, 지하도상가 또는 냉동·냉장창고시설의 건설·개조 또는 해체
> 나) 최대 지간길이가 (②)m 이상인 교량 건설 등 공사
> 다) 다목적 댐, 발전용 댐 및 저수용량 (③) 이상의 용수 전용 댐, 지방상수도 전용 댐 건설 등의 공사
> 다) 연면적 (④) 이상의 냉동·냉장창고시설의 설비공사 및 단열공사
> 마) 깊이 (⑤)m 이상인 굴착공사

06 직계식(Line) 조직의 장·단점을 각각 1가지씩 쓰시오.(4점) [기사1901]

07 고소작업 중인 작업자가 작업대에서 떨어져 지면에 닿아 상해를 입었을 때, 재해의 발생형태, 기인물 및 가해물을 각각 쓰시오.(3점) [기사1501/기사1901/기사2304]

| 발생형태 | (①) | 기인물 | (②) | 가해물 | (③) |

08 작업으로 인하여 물체가 떨어지거나 날아올 위험이 있는 경우 위험방지를 위하여 취해야 할 조치사항 3가지를 쓰시오.(6점) [산기1401/기사1601/산기1602/산기1604/산기1802/기사1901/산기2001/산기2002]

09 강관비계 조립 시 벽이음 또는 버팀을 설치하는 간격을 보여주고 있다. ( )을 채우시오.(4점)
[기사0402/산기0504/산기0604/기사0702/산기1102/산기1301/산기1402/산기1502/산기1804/기사1901/기사2102/기사2403]

종류	조립 간격 (단위: m)	
	수직방향	수평방향
단관비계	(①)	(②)
틀비계(높이가 5m 미만의 것을 제외한다)	(③)	(④)

10 비계 작업 시 비, 눈 그 밖의 기상상태의 불안정으로 날씨가 몹시 나빠서 작업을 중지시킨 후 그 비계에서 작업을 재개할 때 점검사항을 4가지 쓰시오.(4점)
[산기0902/기사1001/산기1102/기사1301/기사1402/기사1404/산기1602/산기1704/기사1801/기사1901]

11 건설업체의 산업재해발생률을 산출하는 사고사망만인율을 구하는 계산식을 쓰시오.(3점)

12 보일링 방지대책 3가지를 쓰시오.(6점)

13 감전 시 인체에 미치는 주된 영향인자를 3가지 쓰시오.(3점)

14 다음 안전표지판의 명칭을 쓰시오.(4점)

2018년 4회 필답형 기출복원문제

신규문제 2문항 중복문제 12문항

01 안전관리자를 두어야 할 수급인인 사업주는 도급인인 사업주가 안전관리자를 선임하지 아니할 수 있는 요건을 2가지 쓰시오.(4점)

02 건설현장에서 사용하는 지게차가 갖추어야 하는 방호장치 3가지를 쓰시오.(3점)

03 위험예지활동의 하나인 TBM(Tool Box Meeting)에 대해서 설명하시오.(3점)

04 1톤 이상의 크레인을 사용하는 작업 시의 특별안전보건교육 내용을 3가지 쓰시오.(단, 그 밖에 안전·보건관리에 필요한 사항은 제외)(6점)

05 지하 가스공사 작업 중 가스 농도를 측정하는 자를 지정해야 한다. 이때 가스 농도를 측정하는 시점 3가지를 쓰시오.(6점)

06 사고예방대책의 기본원리 5단계 중 "시정책의 적용" 단계에서 적용할 3E를 모두 쓰시오.(5점)

07 사질토 지반에서 굴착저면과 흙막이 배면과의 수위 차이로 인해 굴착저면의 흙과 물이 함께 위로 솟구쳐 오르는 현상을 무엇이라 하는가?(3점)

08 추락방지용 방망의 테두리 로프 및 달기 로프의 인장속도가 매분 20cm 이상 30cm 이하의 등속 인장 시험을 행한 경우 인장강도 (①)kg 이상이어야 한다. 방망사의 신품에 대한 인장강도는 그물코 종류에 따라 다음과 같다. ( ) 안에 알맞은 말을 쓰시오.(3점)

■ 방망사의 신품에 대한 인장강도

그물코의 크기	매듭방망 인장강도
10cm	(②)kg
5cm	(③)kg

09 균열이 있는 암석의 경사면 붕괴방지를 위해 설치하거나 조치를 하여야 할 사항 3가지를 쓰시오.(3점)

[기사0302/기사1201/기사1804/기사1902/산기1904]

10 구조안전의 위험이 큰 철골구조물은 건립 중 강풍에 의한 풍압 등 외압에 대한 내력이 설계에 고려되어 있는지 확인하여야 할 구조물 4가지를 쓰시오.(4점)

[기사0604/기사0902/기사1001/기사1102/기사1204/기사1301/기사1504/기사1602/기사1804/기사1904]

m^2

11 전기기계·기구 또는 전로 등의 충전부분에 접촉 시 감전 방지대책 2가지를 쓰시오.(4점)

[기사0504/기사0804/기사1804/기사1904/기사2001]

12   도수율, 강도율, 연천인율을 구하는 식을 쓰고, 설명하시오.(6점)   [기사1804]

13   차량계 건설기계 작업 시 넘어지거나, 굴러떨어짐에 의해 근로자에게 위험을 미칠 우려가 있을 경우 조치사항을 3가지 쓰시오.(6점)   [기사0304/기사0401/기사0504/기사0704/기사1702/기사1804/기사2001/산기2001]

14   하역작업을 할 때 화물운반용 또는 고정용으로 사용할 수 없는 섬유로프의 사용제한 조건 2가지를 쓰시오.(4점)   [기사0904/산기1101/산기1104/기사1302/산기1402/산기1702/산기1801/기사1802/기사1804/기사2204]

2018년 2회 필답형 기출복원문제

신규문제 2문항 중복문제 12문항

☞ 답안은 150Page

01 하인리히의 재해예방 대책 5단계를 순서대로 쓰시오.(3점)   [기사0804/산기1604/기사1802/기사2004/기사2304]

02 흙막이 공사 지반침하의 원인에 해당하는 현상에 대한 설명이다. (　)안에 알맞은 내용을 쓰시오.(3점)

[기사1802]

- (①) : 연약한 하부 지반의 흙파기에서 흙막이 내외면의 중량차이로 인해 저면 흙이 붕괴되고 흙막이 외부 흙이 내부로 밀려 들어와 불룩하게 되는 현상
- (②) : 사질토 지반에서 굴착저면과 흙막이 배면사이의 지하수위 차이로 인해 굴착저면의 흙과 물이 위로 솟구쳐 오르는 현상
- (③) : 사질토 지반에서 지하수위의 차이로 인해 지반 내에 물의 통로가 생기게 되어 흙이 세굴되는 현상

03 거푸집 동바리에 작용하는 하중을 구분하여 2가지씩 쓰시오.(4점)   [기사1802/기사2003]

04 채석작업 시 작업계획서에 포함될 내용을 4가지 쓰시오.(4점)

[기사0504/기사0604/기사0801/산기0904/기사1002/기사1101/기사1202/산기1202/기사1402/기사1502/산기1702/기사1802/산기1902]

05 고소작업대를 이용하여 작업하는 경우의 준수사항을 3가지 쓰시오.(6점)

[기사1102/기사1802/기사2003]

06 종합재해지수(FSI)를 구하시오.(4점)

[기사1004/기사1301/기사1802/기사2003]

- 근로자 수 : 500명
- 근로시간 : 1일 8시간 / 1년 280일
- 연간재해발생건수 : 10건
- 휴업일수 : 159일

07 동상현상의 원인을 2가지 쓰시오.(4점)   [기사1802]

08 산업안전보건법상 승강기의 종류를 4가지 쓰시오.(4점)   [기사0801/산기0904/기사1004/기사1802/산기1804/기사2302]

09 굴착공사 전 토질조사 사항을 2가지 쓰시오.(4점)   [기사0302/기사0404/산기0502/ 기사0504/산기0602/산기0801/기사0804/기사1001/기사1004/산기1101/산기1104/산기1401/기사1802/기사2301]

10 건설업 중 유해·위험방지계획서 제출 대상사업 3가지에 대하여 보기의 ( )에 알맞은 수치 등을 쓰시오.(6점)   [기사0302/기사0504/산기0602/기사0702/기사0802/산기1001/기사1102/기사1802/기사1901/산기1904]

> 가) 연면적 (①)의 문화 및 집회시설(전시장 및 동물원·식물원은 제외한다), 판매시설, 운수시설(고속철도의 역사 및 집배송시설은 제외한다), 종교시설, 의료시설 중 종합병원, 숙박시설 중 관광숙박시설, 지하도상가 또는 냉동·냉장창고시설의 건설·개조 또는 해체(이하 "건설 등"이라 한다.)
> 나) 최대 지간길이가 (②)인 교량 건설 등 공사
> 다) 깊이 (③)인 굴착공사

11 안전보건관리책임자의 산업안전·보건 관련 신규교육 및 보수교육 시간을 각각 쓰시오.(4점)

12 하역작업을 할 때 화물운반용 또는 고정용으로 사용할 수 없는 섬유로프의 사용제한 조건 2가지를 쓰시오.(4점)

13 다음은 건설업 안전관리자의 수 및 선임방법에 대한 설명이다. (   )안에 알맞은 숫자를 쓰시오.(4점)

- 건설업에서 공사금액 120억원 이상 800억원 미만 시 안전관리자의 수는 (①)으로 한다.
- 건설업에서 공사금액 800억원 이상 1,500억원 미만 시 안전관리자의 수는 (②)으로 한다.

14 안전·보건표지 색도기준에 대해서 빈칸을 넣으시오.(6점)

바탕	기본모형색채	색도기준	용도	사용 례
흰색	(①)	7.5R 4/14	금지	정지신호, 소화설비 및 그 장소, 유해행위의 금지
무색			경고	화학물질 취급장소에서의 유해·위험 경고
(②)	검은색	5Y 8.5/12	경고	화학물질 취급장소에서의 유해·위험 경고 이외의 위험 경고, 주의표지 또는 기계방호물
파란색	흰색	(③)	지시	특정행위의 지시 및 사실의 고지
녹색	흰색	2.5G 4/10	안내	비상구 및 피난소, 사람 또는 차량의 통행표지

2018년 1회 필답형 기출복원문제

신규문제 2문항 　중복문제 12문항

☞ 답안은 154Page

01 산업안전보건법상 사업주는 산업재해가 발생한 때에 관련 사항을 기록·보존하여야 한다. 기록·보존할 사항을 4가지 쓰시오.(4점)

[기사0501/기사0701/산기1204/기사1801/기사2002/산기2002]

02 ( )안에 알맞은 조치를 쓰시오.(3점)

[기사0701/기사1402/기사1801/기사2201]

사업주는 순간풍속이 ( )m/s를 초과하는 바람이 불어올 우려가 있는 경우 옥외에 설치되어 있는 주행크레인에 대하여 이탈방지장치를 작동시키는 등 이탈 방지를 위한 조치를 하여야 한다.

03 하인리히가 제시한 재해예방의 4원칙을 쓰시오.(4점)

[산기0902/산기1101/산기1202/산기1401/기사1501/기사1801/산기2001]

04 명예산업안전감독관을 위촉하는 자는 누구인지, 위촉된 명예산업안전감독관의 임기는 얼마인지를 쓰시오.(4점)

[기사1201/기사1801]

05 히빙 현상의 방지대책 4가지를 쓰시오.(4점)

[기사0704/기사0902/산기1101/산기1201/기사1602/기사1801/산기1902/기사2201/기사2204]

06 비계 작업 시 비, 눈 그 밖의 기상상태의 불안정으로 날씨가 몹시 나빠서 작업을 중지시킨 후 그 비계에서 작업을 재개할 때 점검사항을 5가지 쓰시오.(5점)

[산기0902/기사1001/산기1102/기사1301/기사1402/기사1404/산기1602/산기1704/기사1801/기사1901/기사2204]

07 굴착공사 시 토사붕괴의 발생을 예방하기 위해 점검해야 할 사항 5가지를 쓰시오.(5점)　　　　[기사1801]

08 같은 장소에서 행하여지는 사업으로서 사업의 일부나 전부를 도급을 주는 경우 그 사업의 관리책임자를 안전보건총괄책임자로 지정하여야 하는데 이의 대상이 되는 공사의 총 공사금액은 얼마 이상이어야 하는가? (3점)

[기사1801]

09 근로자의 안전을 위하여 터널 작업면에 대한 조명장치 및 설비를 확인하여야 할 사항에 대한 ( )안을 채우시오. (3점)

[기사1801/기사2002]

작업 기준	조도 기준
막장 구간	(①)
터널중간 구간	(②)
터널 입·출구, 수직구 구간	(③)

10 산업안전보건법상 사업 내 안전·보건교육에 대한 교육시간을 쓰시오. (4점)

[기사0302/기사0502/기사0804/기사0904/기사1201/산기1304/산기1604/기사1801/산기1804/산기2003/기사2101/기사2301]

교육과정	교육대상	교육시간
정기교육	관리감독자의 지위에 있는 사람	연간 (①)시간 이상
채용 시의 교육	일용근로자 및 근로계약기간이 1주일 이하인 기간제 근로자	(②)시간 이상
	그 밖의 근로자	(③)시간 이상
작업내용 변경 시의 교육	일용근로자 및 근로계약기간이 1주일 이하인 기간제 근로자	(④)시간 이상
	그 밖의 근로자	(⑤)시간 이상

11 가설통로 설치 시 사업주의 조치사항 5가지를 쓰시오. (5점)

[기사0602/기사1502/기사1704/기사1801/기사2201/기사2401]

12 콘크리트 구조물로 옹벽을 축조할 경우, 필요한 안정조건을 3가지 쓰시오.(6점) [기사1801/산기1802]

13 다음에 안전관리자의 최소 인원을 쓰시오.(4점) [기사1302/기사1801]

① 총공사금액이 700억원 이상   ② 총공사금액이 1,500억원 이상

14 흙의 동상 방지대책 3가지를 쓰시오.(6점)
[기사0601/기사0602/기사0904/기사1304/산기1304/기사1401/기사1402/기사1702/기사1801/산기2004/기사2104/기사2202]

2017년 4회 필답형 기출복원문제

신규문제 1문항 중복문제 13문항

☞ 답안은 158Page

01 다음은 건축공사인 건설업의 산업안전보건관리비를 구하기 위한 기초자료를 표시한 것이다. 건설업 산업안전관리비를 구하시오.(5점) [기사1201/기사1704]

- 노무비 70억(직접노무비 40억, 간접노무비 30억)
- 재료비 30억
- 기계경비 30억

공사종류 \ 대상액	5억원 미만	5억원 이상 50억원 미만		50억원 이상	보건관리자 선임대상
		비율(X)	기초액(C)		
건축공사	3.11%	2.28%	4,325,000원	2.37%	2.64%
토목공사	3.15%	2.53%	3,300,000원	2.60%	2.73%
중건설공사	3.64%	3.05%	2,975,000원	3.11%	3.39%
특수건설공사	2.07%	1.59%	2,450,000원	1.64%	1.78%

02 가설통로 설치 시 준수사항 4가지를 쓰시오.(4점) [기사0602/기사1502/기사1704/기사1801/기사2201]

03 콘크리트 구조체 공사 시 외부작업에 사용하는 비계의 종류 5가지를 쓰시오.(5점) [기사1704/기사2201]

04 산업안전보건위원회의 위원장의 선출방법과 산업안전보건위원회에서 의결된 사항의 해석 또는 이행방법 등에 관하여 의견이 일치하지 않는 경우의 처리방법에 대해서 쓰시오.(4점)

[기사1401/기사1704]

05 산업안전보건법상 안전보건개선계획 수립대상 사업장 등에 관한 내용이다. (   )안을 채우시오.(6점)

[기사1704/기사2004]

- 고용노동부장관은 (①), (②), 그 밖의 사항에 대하여 산업재해 예방을 위하여 종합적인 개선조치를 할 필요가 있다고 인정할 때에는 대통령령으로 정하는 바에 따라 사업주에게 그 (①), (②), 그 밖의 사항에 관한 안전보건개선계획의 수립·시행을 명할 수 있다.
- 안전보건개선계획의 수립·시행명령을 받은 사업주는 고용노동부장관이 정하는 바에 따라 안전보건개선계획서를 작성하여 그 명령을 받은 날부터 (③)일 이내에 관할 지방고용노동관서의 장에게 제출하여야 한다.

06 산업안전보건법상 안전관리자가 수행하여야 할 업무사항 4가지를 쓰시오.(4점)

[기사0804/산기0901/기사1001/산기1302/기사1704/산기2002/기사2101]

07 구조물의 축조 장소에 예상하중보다 더 많은 하중으로 사전 성토하여 지반 침하를 촉진하고 전단강도를 증가시키는 지반개량공법의 이름을 쓰시오.(3점) [기사1704/기사2202]

08 지게차를 사용하여 작업을 하는 때 작업 시작 전 점검사항 4가지를 쓰시오.(4점) [산기0901/기사1201/기사1402/산기1504/기사1704/기사2201]

09 고소작업대 이동 시 준수사항 2가지 쓰시오.(4점) [기사1104/기사1704/기사2101]

10 근로자의 추락 등에 의한 위험방지를 위하여 안전난간 설치기준이다. (   )안을 채우시오.(6점) [산기0502/산기0904/기사1102/산기1501/기사1704/기사2202]

가) 상부 난간대는 바닥면·발판 또는 경사로의 표면으로부터 (①)cm 이상 지점에 설치하고, 상부 난간대를 (②)cm 이하에 설치하는 경우는 중간 난간대는 상부 난간대와 바닥면 등의 중간에 설치하여야 하며, (②)cm 이상 지점에 설치하는 경우는 중간 난간대를 2단 이상으로 균등하게 설치하고 난간의 상하 간격은 (③)cm 이하가 되도록 할 것
나) 발끝막이판은 바닥면 등으로부터 (④)cm 이상의 높이를 유지할 것
다) 난간대는 지름 (⑤)cm 이상의 금속제 파이프나 그 이상의 강도가 있는 재료일 것
라) 안전난간은 구조적으로 가장 취약한 지점에서 가장 취약한 방향으로 작용하는 (⑥)kg 이상의 하중에 견딜 수 있는 튼튼한 구조일 것

11 다음 설명과 같은 안전보건관리조직의 형태를 쓰시오.(3점)

- 안전과 생산을 별개로 취급하기 쉽다.
- 100~500명의 중규모 사업장에 적합하다.
- 스탭 스스로 생산라인의 안전업무를 행하는 것은 아니다.
- 권한 다툼이나 조정이 복잡하며, 시간과 비용이 많이 든다.

12 흙막이 지보공의 보강 또는 동바리를 설치하거나 해체하는 작업 시의 특별안전·보건교육 대상 작업별 교육내용을 4가지 쓰시오.(단, 그 밖에 안전·보건관리에 필요한 사항은 제외)(4점)

13 안전관리자를 정수 이상으로 증원·교체 임명할 수 있는 사유를 3가지 쓰시오.(3점)

2017년 2회 필답형 기출복원문제

신규문제 1문항 중복문제 13문항

☞ 답안은 162Page

01 근로자가 불안전한 작업발판 위에서 전기용접 작업을 하다가 지면으로 떨어져 부상을 입는 재해를 분석하고자 한다. 다음 물음에 답하시오(5점) [기사1404/기사1702/기사2001]

| 발생형태 | (①) | 기인물 | (②) | 가해물 | (③) |

02 터널 건설작업 시 배기가스나 분진 등으로 시계가 제한되는 경우 시계유지에 필요한 조치사항 2가지를 쓰시오.(4점) [기사1501/기사1702]

03 산업안전보건법상 크레인에 설치한 방호장치의 종류 3가지를 쓰시오(3점) [산기0704/기사0904/기사1404/산기1601/기사1702/산기1801/산기1902/기사2204]

04 산업안전보건법령상 다음 경우에 해당하는 양중기의 와이어로프(또는 달기체인)의 안전계수를 빈칸에 써 넣으시오.(4점) [기사0801/산기1001/기사1202/산기1204/기사1501/산기1504/기사1701/기사1702/산기1902/기사2104/산기2202]

- 근로자가 탑승하는 운반구를 지지하는 경우 : (①) 이상
- 화물의 하중을 직접 지지하는 경우 : (②) 이상
- 훅, 샤클, 클램프, 리프팅 빔의 경우 : (③) 이상
- 그 밖의 경우 : (④) 이상

05 작업장에서 크레인을 사용하여 운반작업을 하려고 한다. 작업개시 전에 사업주가 관리감독자로 하여금 점검하도록 하여야 할 사항을 3가지 쓰시오.(6점)

06 차량계 건설기계를 사용하는 작업할 때에 그 기계가 넘어지거나 굴러떨어짐으로써 근로자가 위험해질 우려가 있는 경우 사업주가 취해야 할 조치를 2가지 쓰시오.(4점)

07 다음은 이동식 사다리를 설치하여 사용함에 있어서 준수할 사항에 대한 설명이다. (   )을 채우시오.(3점)

- 길이가 (①)m를 초과해서는 안 된다.
- 다리의 벌림은 벽 높이의 (②) 정도가 적당하다.
- 벽면 상부로부터 최소한 (③)cm 이상의 연장길이가 있어야 한다.

08 NATM 공법의 터널공사에서 지질 및 지층에 관한 조사를 통해 확인할 사항 4가지를 쓰시오.(4점)

09 거푸집 동바리의 강재 기준 강도에 따른 신장율에서 강재의 종류가 강관이고 인장강도가 50kg/mm²이상일 때의 신장율은 얼마인가?(3점)

10 산업안전보건법상 다음 그림에 해당하는 안전보건표지의 명칭을 쓰시오.(4점)

11 차량계 건설기계의 작업계획에 포함사항 2가지를 쓰시오.(4점)

12 지반의 동결방지 대책(조치사항) 3가지를 쓰시오.(6점)

13 산업안전보건기준에 관한 규칙에 따른 암반의 굴착 시 굴착면의 기울기 기준을 채우시오.(6점)

[기사0401/기사0504/기사0702/산기1502/기사1701/기사1702/산기1804/기사1904/기사2301]

지반의 종류	기울기	지반의 종류	기울기
모래	(①)	풍화암	(③)
경암	(②)		

14 연평균 200인의 근로자를 가진 사업장에서 연간 발생한 재해를 분석하였을 때, 그중 사망 1명, 2명은 50일 가료, 1명은 20일 가료로 분석되었다. 강도율을 구하고, 산출한 강도율의 의미를 쓰시오.(단, 1일 8시간, 1년 305일 근로)(4점)

[기사0301/기사0701/기사0901/기사0902/기사1402/기사1501/기사1702]

2017년 1회 필답형 기출복원문제

신규문제 2문항 중복문제 12문항

☞ 답안은 166Page

01 굴착공사 시 히빙과 보일링 현상 방지대책을 2가지씩 쓰시오.(4점) [기사0904/기사1701]

02 Safe-T-score를 구하고 안전도에 대한 심각성 여부를 판정하시오.(4점)

[기사1001/기사1202/기사1701/기사2102/기사2304]

- 전년도 도수율 : 120
- 올해년도 도수율 : 100
- 근로자수 : 400명
- 올해년도 근로시간 수 : 1일 8시간 300일 근무

03 안전·보건진단을 받아 안전보건개선계획을 수립·제출하도록 명할 수 있는 사업장 2곳을 쓰시오.(4점)

[기사1201/기사1701]

04 1톤 이상의 크레인을 사용하는 작업 또는 1톤 미만의 크레인 또는 호이스트를 5대 이상 보유한 사업장에서 해당 기계로 하는 작업 시 특별안전·보건 교육내용 3가지를 쓰시오.(단, 그밖에 안전·보건관리에 필요한 사항은 제외)(3점)

[기사1204/기사1701/기사1804]

05 다음 안전표지판의 명칭을 쓰시오.(4점)

[기사0902/기사1401/기사1701]

| ① | ② | ③ | ④ |

06 산업안전보건법령상 다음 경우에 해당하는 양중기의 와이어로프(또는 달기체인)의 안전계수를 빈칸에 써넣으시오.(4점) [기사0801/산기1001/기사1202/산기1204/기사1501/산기1504/기사1701/기사1702/산기1902/기사2104]

> ○ 근로자가 탑승하는 운반구를 지지하는 경우 : (①) 이상
> ○ 화물의 하중을 직접 지지하는 경우 : (②) 이상
> ○ 훅, 샤클, 클램프, 리프팅 빔의 경우 : (③) 이상
> ○ 그 밖의 경우 : (④) 이상

07 고용노동부령으로 정하는 산업재해 발생위험이 있는 장소 5곳을 쓰시오.(5점) [기사0801/기사1701/기사1904]

08 산업안전보건기준에 관한 규칙에 따른 암반의 굴착 시 굴착면의 기울기 기준을 채우시오.(5점) [기사0401/기사0504/기사0702/산기1502/기사1701/기사1702/산기1804/기사1904/기사2301]

지반의 종류	기울기
모래	(①)
연암	(②)
(③)	1 : 1.0
경암	(④)
그 밖의 흙	(⑤)

09 양중기(승강기 제외)를 사용하여 작업하는 운전자 또는 작업자가 보기 쉬운 곳에 부착해야할 것을 2가지 쓰시오.(4점)　　　　　　　　　　　　　　　　　　　　　　　　　　　　　[기사1102/기사1701]

10 OJT 교육을 설명하시오.(3점)　　　　　　　　　　　　　　　　　　　　　　　　[기사1701/기사2001]

11 이동식 크레인의 종류 2가지를 쓰시오.(4점)　　　　　　　　　　　　[기사1701/기사2101/기사2401]

12 운반하역표준안전작업지침에 의거 인력에 의한 화물을 운반할 때의 준수사항 3가지를 쓰시오.(6점)
　　[기사1701/기사2102]

13 다음 (   )안에 알맞은 내용을 쓰시오.(4점)

- (①) : 블레이드가 수평이고, 또 불도저의 진행방향에 직각으로 블레이드 면을 부착한 것으로서 주로 중굴착 작업에 사용된다.
- (②) : 블레이드 면의 방향이 진행 방향의 중심선에 대하여 20~30°의 경사가 진 것으로서 이것은 사면굴착·정지·흙메우기 등으로 차체의 진행에 따라 흙을 측면으로 보내는 작업에 적당하다.

14 산업안전보건법령상 크레인을 사용하여 작업하는 경우 준수사항을 3가지 쓰시오.(6점)

2016년 4회 필답형 기출복원문제

신규문제 2문항 중복문제 12문항

☞ 답안은 171Page

01 추락방지용 방망 그물코(매듭있음)의 크기는 몇 mm인지 쓰시오.(3점) [기사0901/기사1604]

02 셔블계 건설기계 중 기계가 위치한 지면보다 높은 곳의 땅을 파는데 적합한 굴착기계를 쓰시오.(3점) [기사1604]

03 잠함, 우물통, 수직갱 기타 이와 유사한 건설물 또는 설비의 내부에서 굴착작업을 하는 때에 사업주가 준수하여야 할 사항 3가지를 쓰시오.(6점) [기사0402/기사0501/기사0502/기사0704/기사0801/기사0802/기사0904/산기1302/기사1501/기사1604/산기1904/기사2101]

04 산업안전보건법상 특별안전보건교육 중 거푸집 동바리의 조립 또는 해체작업 대상 작업에 대한 교육내용에 해당되는 사항을 3가지 쓰시오.(단, 그 밖의 안전보건관리에 필요한 사항은 제외한다)(6점) [산기0701/기사1002/산기1104/기사1401/기사1601/기사1604/산기1902]

05 회전날 끝에 다이아몬드 입자를 혼합 경화하여 제조된 절단톱으로 기둥, 보, 바닥, 벽체를 적당한 크기로 절단하여 해체하는 공법의 준수사항을 3가지 쓰시오.(3점)　　　　　　　　　　　　　　　[기사1201/기사1604]

06 추락방호망 설치기준 3가지를 쓰시오.(6점)　　　　　　　　　　　　　　　　　　　　[기사1302/산기1601/기사1604]

07 리프트의 운반구에 근로자를 탑승시켜서는 아니 되지만 탑승이 가능한 경우의 조치를 쓰시오.(3점)
　　　[기사1604]

08 수자원시설공사(댐)에서 재료비와 직접노무비의 합이 4,500,000,000원일 때 안전관리비를 계산하시오. (5점)　　　　　　　　　　　　　　　　　　　　　　　　　　　[기사1104/기사1604/기사2004/기사2401]

09 공정진행에 따른 안전관리비 사용기준이다. 빈칸을 채우시오.(3점)

[기사0402/기사0902/기사1304/기사1604/기사2204]

공정률	50% 이상 ~ 70% 미만	70% 이상 ~ 90% 미만	90% 이상
사용기준	(①)% 이상	(②)% 이상	(③)% 이상

10 와이어로프의 안전계수에 대하여 설명하시오.(3점)

[기사1002/기사1604/기사1902]

11 근로감독관이 질문·검사·점검하거나 관계서류의 제출을 요구할 수 있는 상황을 3가지 쓰시오.(6점)

[기사1304/기사1604/기사2002]

12 안전보건교육에 있어 건설업 기초안전보건교육에 대한 다음 각 물음에 답을 쓰시오.(4점)

[기사1301/기사1604/기사2403]

> 가) 교육대상의 교육시간을 쓰시오.
> 나) 교육내용을 3가지만 쓰시오.

13 차량계 건설기계의 작업계획에 포함사항 3가지를 쓰시오.(3점)   [기사0301/산기0504/산기0604/
기사0704/산기1002/산기1102/산기1304/산기1401/산기1502/기사1604/기사1702/기사1902/기사1904/산기2001/기사2201]

14 차량계 하역운반 기계에 화물적재 시 준수사항을 3가지 쓰시오.(6점)
[기사1004/산기1102/기사1604/산기2104/기사2401]

2016년 2회 필답형 기출복원문제

신규문제 2문항 중복문제 12문항

☞ 답안은 175Page

01 히빙 현상의 방지대책 5가지를 쓰시오.(5점) [기사0704/기사0902/산기1101/산기1201/기사1602/기사1801/산기1902/기사2201]

02 산업재해 발생 보고에 관한 내용이다. (   )에 내용을 쓰시오.(4점) [기사1602]

> 사업주는 산업재해로 사망자가 발생하거나 3일 이상의 요양이 필요한 부상을 입거나 질병에 걸린 사람이 발생한 경우는 해당 산업재해가 발생한 날로부터 (①)개월 이내에 (②)를 작성하여 관할 지방고용노동청장 또는 지청장에게 제출하여야 한다.

03 건물 해체작업 시 작업계획에 포함될 사항을 4가지 쓰시오.(4점) [기사0301/기사0502/기사1101/기사1602]

04 사업주가 구축물 등에 대한 구조검토, 안전진단 등의 안전성 평가를 하여 근로자에게 미칠 위험성을 미리 제거해야 하는 경우를 3가지 쓰시오.(단, 그 밖의 잠재위험이 예상될 경우 제외)(6점)

[산기0601/기사1004/기사1101/기사1204/기사1302/산기1404/기사1602/기사1902/기사2301]

05 구조안전의 위험이 큰 철골구조물은 건립 중 강풍에 의한 풍압 등 외압에 대한 내력이 설계에 고려되어 있는지 확인하여야 할 구조물 4가지를 쓰시오.(4점)

[기사0604/기사0902/기사1001/기사1102/기사1204/기사1301/기사1504/기사1602/기사1804/기사1904]

m^2

06 철륜 표면에 다수의 돌기를 붙여 접지 면적을 작게 하여 접지압을 증가시킨 롤러로서 고함수비 점성토 지반의 다짐작업에 적합한 롤러를 쓰시오.(3점)

[기사1602/기사2003]

07 양중기에 사용하는 권상용 와이어로프의 사용금지 사항이다. 빈칸을 채우시오.(4점)

> 가) 와이어로프의 한 꼬임에서 끊어진 소선의 수가 (①)% 이상인 것.
> 나) 지름의 감소가 (②)의 7%를 초과하는 것.

08 굴착면의 높이가 2m 이상이 되는 암석의 굴착작업 시 특별교육 내용 3가지를 쓰시오.(단, 그밖에 안전·보건 관리에 필요한 사항 제외)(6점)

09 리프트를 사용하여 작업하는 때의 안전작업 수칙 4가지를 쓰시오.(4점)

10 다음 ( )안에 알맞은 내용을 쓰시오.(4점)

> 가) 낙하물 방지망 설치 높이는 (①)m 이내마다 설치하고 내민 길이는 벽면으로부터 (②)m 이상으로 할 것
> 나) 수평면과의 각도는 (③)도 이상 (④)도 이하를 유지 할 것

11 차량계 하역운반기계(지게차 등)의 운전자가 운전위치를 이탈하고자 할 때 운전자가 준수하여야 할 사항을 2가지 쓰시오.(4점)
[산기0604/산기0804/산기0901/산기1302/기사1602/기사2002/기사2101/기사2402]

12 안면부 여과식 방진마스크의 시험 성능기준에 있는 각 등급별 여과제 분진 등 포집효율 기준을 [표]의 빈 칸을 채우시오.(3점)
[기사1001/기사1602/기사2302]

종류	등급	시험%
안면부 여과식	특급	(①)
	1급	(②)
	2급	(③)

13 건축공사에서 직접재료비 250,000,000원이고, 관급재료비 350,000,000원, 직접노무비 200,000,000원일 때 안전관리비를 계산하시오.(6점)
[기사1204/1602]

14 다음은 사다리식 통로의 안전기준에 대한 사항이다. 빈칸을 채우시오.(3점)

[기사0302/기사0401/기사0601/산기0702/산기0801/산기1402/산기1601/기사1602/산기1604/산기1902/산기1904/기사2201/기사2402]

가) 사다리의 상단을 걸쳐놓은 지점으로부터 (①)cm 이상 올라가도록 할 것
나) 사다리식 통로의 길이가 10m 이상인 경우는 (②)m 이내마다 계단참을 설치할 것
다) 사다리식 통로의 기울기는 (③)도 이하로 할 것

2016년 1회 필답형 기출복원문제

신규문제 0문항 중복문제 13문항

01 안전보건관리규정의 작성 및 변경절차에 관한 사항이다. 다음 ( )을 넣으시오. (4점)

가) 안전보건관리규정을 작성하여야 할 사업은 상시근로자 (①) 명 이상을 사용하는 사업으로 한다.
나) 안전보건관리규정을 작성하여야 할 사유가 발생한 날로부터 (②)일 이내에 안전보건관리규정을 작성하여야 한다.
다) 안전보건관리규정을 작성하거나 변경할 때에는 (③)의 심의·의결을 거쳐야 한다.
라) (③)가 설치되어 있지 아니한 사업장의 경우는 (④)의 동의를 받아야 한다.

02 콘크리트 타설을 하기 위해 콘크리트 펌프나 콘크리트 펌프카 이용 작업 시 사업자의 준수사항 3가지를 쓰시오. (6점)

03 양중기의 종류 중 동력을 사용하여 사람이나 화물을 운반하는 것을 목적으로 하는 기계설비를 리프트라 한다. 산업안전보건기준에 관한 규칙에서 규정하고 있는 리프트의 종류 3가지를 쓰시오. (3점)

04 절연손상으로 인한 위험전압의 발생으로 야기되는 간접접촉에 대한 방지대책을 2가지 쓰시오.(4점)

[기사1002/기사1601]

05 작업으로 인하여 물체가 떨어지거나 날아올 위험이 있는 경우 위험방지를 위하여 취해야 할 조치사항 3가지를 쓰시오.(5점)

[산기1401/기사1601/산기1602/산기1604/산기1802/기사1901/산기2001/산기2002/기사2204]

06 토공사의 비탈면 보호방법(공법)의 종류를 4가지 쓰시오.(4점) [기사1601/산기1801/기사1902/산기2004/기사2401]

07 보일링 방지대책 4가지를 쓰시오.(4점)

[기사0802/기사0901/기사1002/산기1402/기사1504/기사1601/산기1804/기사1901/기사2104]

08
산업안전보건법상 안전보건표지의 종류에 대한 색채기준을 표의 ( )안에 써넣으시오.(4점)

내용	바탕색	기본모형 - 색
금연	(①)	빨간색
폭발물성물질경고	(②)	빨간색
안전복 착용	(③)	-
비상용 기구	(④)	흰색

09
산업안전보건법상 특별안전보건교육 중 "거푸집 동바리의 조립 또는 해체작업" 대상 작업에 대한 교육내용에서 포함하여야 할 사항 3가지를 쓰시오.(단, 그 밖의 안전보건관리에 필요한 사항은 제외한다)(6점)

10
연평균 근로자 수 600명, A 회사의 안전전담부서에서 6개월간 아래와 같이 안전전담 활동 시 안전활동율을 계산하시오.(단, 1일 9시간, 월 22일 근무, 6개월간의 사고건수는 2건)(6점)

- 불안전한 행동 20건 발견 조치
- 권고 12건
- 안전회의 6회
- 불안전한 상태 34건 조치
- 안전홍보 3건

11 다음 보기의 안전관리자 최소 인원을 쓰시오.(3점)

① 운수업 - 상시근로자 500명
② 건설업 - 총 공사금액 1,000억원
③ 건설업 - 총 공사금액 2,000억원

12 산업안전보건법령상 고용노동부장관이 명예산업안전감독관을 해촉할 수 있는 경우를 2가지 쓰시오.(4점)

13 건설업체 산업재해발생률에서 상시근로자의 수 산출식을 쓰시오.(4점)

2015년 4회 필답형 기출복원문제

신규문제 3문항   중복문제 11문항

01 산업안전보건법상 안전검사대상 유해·위험기계의 종류를 5가지 쓰시오.(단, 조건이 있는 경우는 조건을 쓰시오)(5점)

02 계단 설치기준이다. 다음 ( )을 채우시오.(5점)

가) 사업주는 계단 및 계단참을 설치하는 경우 매 m^2당 (①)kg 이상의 하중에 견딜 수 있는 강도를 가진 구조로 설치하여야 하며, 안전율은 (②)이상으로 하여야 한다.
나) 사업주는 계단을 설치하는 경우 그 폭을 (③)m 이상으로 하여야 한다.
다) 사업주는 계단을 설치하는 경우 바닥면으로부터 높이 (④)m 이내의 공간에 장애물이 없도록 하여야 한다.
라) 사업주는 높이 (⑤)m 이상인 계단의 개방된 측면에 안전난간을 설치하여야 한다.

03 지반의 붕괴, 구축물의 붕괴 또는 토석의 낙하 등에 의하여 근로자가 위험해질 우려가 있는 경우 그 위험을 방지하기 위한 조치사항이다. 빈칸을 채우시오.(4점)

지반은 안전한 경사로 하고 낙하의 위험이 있는 토석을 제거하거나 옹벽, (①) 등을 설치하고, 지반의 붕괴 또는 토석의 낙하 원인이 되는 빗물이나 (②) 등을 배제할 것

04 보일링 현상 방지대책 3가지를 쓰시오.(단, 작업중지, 굴착토 원상 매립은 제외)(3점)

[기사0802/기사0901/기사1002/산기1402/기사1504/기사1601/산기1804/기사1901]

05 관리감독자 안전보건업무 수행 시 안전관리비에서 업무수당을 지급할 수 있는 작업을 5가지 쓰시오.(단, 건설업 외의 작업은 제외)(5점)

[기사1504]

06 고용노동부장관이 산업재해 예방활동에 대한 참여와 지원을 촉진하기 위하여 명예산업안전감독관에 위촉할 수 있는 대상자 3가지를 쓰시오.(5점)

[기사1102/기사1504/기사1904]

07 전기기계 · 기구 중 이동형이나 휴대형의 것으로 감전방지용 누전차단기를 설치해야 하는 기준을 3가지 쓰시오.(5점)

[기사0404/기사0802/기사1504/기사2401]

08 산업안전보건법상 리프트를 사용하여 작업하는 때의 작업 시작 전 점검사항 2가지 쓰시오.(4점)

[기사0902/기사1504]

09 달비계 또는 높이 5m 이상의 비계를 조립 · 해체하거나 변경하는 작업에 있어 관리감독자의 직무수행 내용을 4가지 쓰시오.(4점)

[기사1002/기사1301/기사1504/기사2004]

10 건설공사의 총 공사원가가 100억원이고, 이 중 재료비와 직접노무비의 합이 60억원인 터널신설공사의 산업안전보건관리비를 다음 기준표를 참고하여 계산하시오.(5점)

[기사0601/기사1102/기사1504/기사2201]

공사분류 \ 공사규모	5억원 미만	5억원 이상 ~ 50억원 미만		50억원 이상
		비율	기초액	
중건설공사	3.64%	3.05%	2,975,000원	3.11%
건축공사	3.11%	2.28%	4,325,000원	2.37%

11 안전모의 종류 AB, AE, ABE 사용구분에 따른 용도를 쓰시오.(3점)

[기사0604/기사1504/산기1802/기사1902/기사2004/기사2302]

12 철골공사 작업을 중지해야 하는 조건을 쓰시오.(단, 단위를 명확히 쓰시오)(3점)

[산기0501/산기0701/산기0704/기사0901/기사1302/산기1404/기사1502/기사1504/산기1801/기사2004/기사2402]

13 철골구조물 건립 중 강풍에 의한 풍압 등 외압에 대한 내력이 설계에 고려될 구조물을 5가지 쓰시오.(5점)

[기사0604/기사0902/기사1001/기사1102/기사1204/기사1301/기사1504/기사1602/기사1804/기사1904]

m^2

14 기초지반의 성질을 적극적으로 개량하기 위한 지반개량 공법을 4가지 쓰시오.(4점) [기사1504]

2015년 2회 필답형 기출복원문제

신규문제 2문항 중복문제 12문항

☞ 답안은 188Page

01 적응기제 중 방어기제 및 도피기제를 각각 2가지씩 쓰시오.(4점) [기사1204/기사1502/기사2401]

02 다음 공법의 이름을 각각 쓰시오.(4점) [기사1502/기사2403]

① 흙막이 벽의 배면을 원통형으로 굴착하고, 여기에 고강도 PC강재 등의 인장재와 그라우트를 주입시켜 형성한 앵커체(deadman)에 긴장력을 주어 흙막이 벽을 지지시키는 공법은?
② 지하의 굴착과 병행하여 지상의 기둥, 보 등의 구조를 축조하면서 지하연속벽을 흙막이 벽으로 하여 굴착하면서 구조체를 형성해가는 공법은?

03 사질토 지반 개량공법의 종류 4가지를 쓰시오.(4점) [기사0701/기사0804/기사1502/기사2304]

04 동일한 장소에서 행하여지는 사업의 사업주는 그가 사용하는 근로자와 그의 수급인이 사용하는 근로자가 동일한 장소에서 작업할 때 생기는 산업재해 예방을 위한 조치사항 3가지를 쓰시오.(6점)

[기사1104/기사1502/산기1504/기사2003/기사2403]

05 가설통로 설치 시 사업주의 조치사항 5가지를 쓰시오.(5점)

[기사0602/기사1502/기사1704/기사1801/기사2201/기사2401]

06 부적격한 와이어로프의 사용금지 사항을 4가지 쓰시오.(4점) [기사0302/기사0404/산기0601/기사0704/
산기0804/기사0901/산기1002/산기1201/기사1502/산기1502/기사1602/산기1602/산기1701/산기1901/기사2001/기사2004/기사2301/기사2402]

07 PS 콘크리트에서 프리스트레스를 도입 즉시 일어나는 시간적 손실원인을 2가지 쓰시오.(4점)

[기사0501/기사1002/기사1004/기사1502/기사2401]

08 철골공사 작업을 중지해야 하는 조건이다. ( )을 채우시오.(3점)

[산기0501/산기0701/산기0704/기사0901/기사1302/산기1404/기사1502/기사1504/산기1801/기사2004/기사2402]

① 풍속 : 초당 (   )m 이상인 경우
② 강우량 : 시간당 (   )mm 이상인 경우
③ 강설량 : 시간당 (   )cm 이상인 경우

09 채석작업을 하는 경우 채석작업계획에 포함되는 사항 4가지를 쓰시오.(4점)

[기사0504/기사0604/기사0801/산기0904/기사1002/기사1101/기사1202/산기1202/기사1402/기사1502/산기1702/기사1802/산기1902]

10 건설공사 중 발생되는 파이핑 현상과 보일링 현상을 간략히 설명하시오.(4점) [기사0504/기사1502]

11 터널 굴착공사 시 터널 내 공기 오염원인 4가지를 쓰시오.(4점) [기사1201/기사1502]

12 굴착면의 높이가 2m 이상이 되는 암석의 굴착작업 시 특별교육 내용 3가지를 쓰시오.(단, 그밖에 안전·보건 관리에 필요한 사항 제외)(6점) [기사1001/기사1502/기사1602/기사2304]

13 지난해 총 산업재해보상보험 보상액이 214,730,693,000원일 때, 하인리히 방식으로 다음 각 손실비용을 구하시오.(단, 계산과정을 명시하시오)(4점) [기사1502]

① 총 손실비용　　　② 직접 손실비용　　　③ 간접 손실비용

14 안전관리자를 두어야 할 수급인인 사업주는 도급인인 사업주가 안전관리자를 선임하지 아니할 수 있는 요건을 2가지 쓰시오.(4점) [기사1204/기사1502/기사1804]

2015년 1회 필답형 기출복원문제

신규문제 5문항   중복문제 9문항

☞ 답안은 193Page

01 산업안전보건법령상 다음 경우에 해당하는 양중기의 와이어로프(또는 달기체인)의 안전계수를 빈칸에 써 넣으시오.(4점) [기사0801/산기1001/기사1202/산기1204/기사1501/산기1504/기사1701/기사1702/산기1902/기사2104]

- 근로자가 탑승하는 운반구를 지지하는 경우 : (①) 이상
- 화물의 하중을 직접 지지하는 경우 : (②) 이상
- 훅, 샤클, 클램프, 리프팅 빔의 경우 : (③) 이상
- 그 밖의 경우 : (④) 이상

02 이동식 사다리의 다리부분에는 미끄럼 방지장치를 하여야 한다. 다음 용도에 적절한 미끄럼 방지장치를 쓰시오.(5점) [기사1501]

① 지반이 평탄한 맨 땅
② 실내용
③ 돌마무릴 또는 인조석 깔기로 마감한 바닥

03 작업장에서 크레인을 사용하여 운반작업을 하려고 한다. 작업개시 전에 사업주가 관리감독자로 하여금 점검하도록 하여야 할 사항을 3가지 쓰시오.(3점) [기사0304/기사0404/산기0502/산기0601
/산기0704/기사1001/산기1401/산기1402/기사1501/기사1702/산기1802/기사2004/기사2102/기사2302]

04 고소작업 중인 작업자가 불안전한 작업대에서 떨어져 지면에 닿아 상해를 입었을 때, 재해의 발생형태, 기인물 및 가해물을 각각 쓰시오.(3점) [기사1501/기사1901/기사2304]

| 발생형태 | (①) | 기인물 | (②) | 가해물 | (③) |

05 달비계 또는 높이 5m 이상의 비계를 조립, 해체하거나 변경작업을 할 때 사업주로서 준수하여야 할 사항을 3가지 쓰시오.(5점) [기사0402/산기0604/기사0702/산기0801/기사0802/기사1102/기사1501/산기1501/기사1904/기사2201/기사2304]

06 연평균 100인의 근로자를 가진 사업장에서 연간 5건의 재해가 발생하였는데, 그중 사망 1명, 14급 2명, 1명은 30일 가료, 다른 1명은 7일 가료하였다. 강도율을 구하고, 산출한 강도율의 의미를 쓰시오.(4점) [기사1501]

07 산업안전보건법령상 다음의 안전·보건표지별 종류를 각각 2가지씩 쓰시오.(4점) [기사0802/기사1501]

08 굴착작업 시 토석이 붕괴되는 원인을 외적원인과 내적원인으로 구분할 때 외적원인에 해당하는 사항을 4가지 쓰시오.(4점) [기사0901/기사1501/기사1904/기사2004/기사2403]

09 하인리히가 제시한 재해예방의 4원칙을 쓰시오.(4점) [산기0902/산기1101/산기1202/산기1401/기사1501/기사1801/산기2001/기사2202]

10 잠함, 우물통, 수직갱 또는 이와 비슷한 건설물이나 설비의 내부에서 굴착작업을 할 때 준수하여야 할 사항을 3가지 쓰시오.(6점) [기사0402/기사0501/기사0502/기사0704/기사0801/기사0802/기사0904/산기1302/기사1501/기사1604/산기1904]

11 거푸집 해체 시 안전상 유의사항을 설명한 것이다. ( )안에 적절한 말을 쓰시오.(6점) [기사1501]

> 가) 거푸집 해체는 순서에 의해 실시하며, (①)을 배치한다.
> 나) 콘크리트 자중 및 시공 중에 가해지는 하중에 충분히 견딜만한 (②)를 가질 때까지는 해체하지 아니한다.
> 다) 해체작업 시에는 안전모 등 (③)를 착용한다.
> 라) 해체작업장 주위에는 관계자를 제외하고는 (④) 조치를 하여야 한다.
> 마) (⑤) 동시 해체작업은 원칙적으로 금지한다. 불가피한 경우 긴밀한 연락을 유지한다.
> 바) 보 또는 슬래브 거푸집을 제거할 때에는 (⑥)에 의한 돌발적 재해를 방지하여야 한다.

12 항타기에 의하여 항타(파일링) 작업을 할 때 준수하여야 할 안전사항을 3가지 쓰시오.(5점)

[기사1402/1501]

13 해중공사 또는 한중 콘크리트 공사에 적당한 시멘트를 1가지 쓰시오.(3점) [기사1501]

14 터널 건설작업 시 배기가스나 분진 등으로 시계가 제한되는 경우 시계유지에 필요한 조치사항 2가지를 쓰시오.(4점) [기사1501]

MEMO

MEMO

MEMO

2025
고시넷 고패스

건설안전기사 실기
필답형 + 작업형
기출복원문제 + 유형분석

작업형 유형별 기출복원문제 197題

한국산업인력공단 국가기출자격

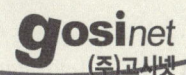

작업형 유형별 기출복원문제 197題

001 동영상은 목재가공용 둥근톱을 이용하여 작업을 하던 중 발생된 재해사례를 보여주고 있다. 동영상을 참고하여 다음 각 물음에 답하시오.(6점) [기사1901A]

작업자가 목장갑을 착용하고 목재를 가공하고 있다. 둥근톱장치에는 반발예방장치가 설치되어 있지 않다.

가) 동영상에 보여진 재해의 발생원인을 2가지만 쓰시오.
나) 동영상에서의 기계장치를 사용하는데 필요한 방호장치 2가지를 쓰시오.

가) 재해의 발생원인
  ① 회전기계 작업 중 장갑을 착용하고 작업하고 있다.
  ② 분할날 등 반발예방장치가 설치되지 않은 둥근톱장치를 사용해서 작업 중이다.
나) 방호장치
  ① 반발예방장치
  ② 톱날접촉예방장치

002
동영상은 목재가공용 둥근톱을 이용하여 작업을 하던 중 발생된 재해사례를 보여주고 있다. 동영상을 참고하여 다음 각 물음에 답하시오.(6점) [산기1602A/기사1802A/산기1804A/기사1904C/기사2101C/기사2104A/기사2202A/기사2301C]

작업자가 목장갑을 착용하고 목재를 가공하고 있다. 둥근톱장치에는 반발예방장치가 설치되어 있지 않다.

가) 동영상에 보여진 재해의 발생원인을 2가지만 쓰시오.
나) 동영상에서와 같이 전동기계·기구를 사용하여 작업을 할 때 누전차단기를 반드시 설치해야 하는 작업장소를 1가지 쓰시오.

가) 재해의 발생원인
① 회전기계 작업 중 장갑을 착용하고 작업하고 있다.
② 분할날 등 반발예방장치가 설치되지 않은 둥근톱장치를 사용해서 작업 중이다.
나) 누전차단기를 설치해야 하는 작업장소
① 대지전압이 150V를 초과하는 이동형 또는 휴대형 전기기계·기구를 사용할 때
② 철판·철골 위 등 도전성이 높은 장소에서 이동형 또는 휴대형 전기기계·기구를 사용할 때
③ 물 등 도전성이 높은 액체가 있는 습윤장소에서 사용하는 저압용 전기기계·기구를 사용할 때
④ 임시배선의 전로가 설치되는 장소에서 사용하는 이동형 또는 휴대형 전기기계·기구

▲ 나)의 답안 중 1가지 선택 기재

003 동영상은 난간을 설치하는 모습을 보여주고 있다. 높이 2미터 이상의 추락할 위험이 있는 장소에서 작업하는 근로자에게 착용시켜야 하는 보호구를 쓰시오.(4점) [산기2101A/산기2102A/기사2102C/기사2204A]

영상은 보강토 옹벽에서 난간을 설치하는 모습을 보여주고 있다. 작업장소는 높이 2미터 이상의 추락 위험이 상존하는 지역이다.

- 안전대

✔ 보호구

안전모	물체가 떨어지거나 날아올 위험 또는 근로자가 추락할 위험이 있는 작업
안전대(安全帶)	높이 또는 깊이 2미터 이상의 추락할 위험이 있는 장소에서 하는 작업
안전화	물체의 낙하·충격, 물체에의 끼임, 감전 또는 정전기의 대전(帶電) 위험이 있는 작업
보안경	물체가 흩날릴 위험이 있는 작업
보안면	용접 시 불꽃이나 물체가 흩날릴 위험이 있는 작업
절연용 보호구	감전의 위험이 있는 작업
방열복	고열에 의한 화상 등의 위험이 있는 작업
방진마스크	선창 등 분진(粉塵)이 심하게 발생하는 하역작업
방한모·방한복·방한화·방한장갑	섭씨 영하 18도 이하인 급냉동어창에서 하는 하역작업
승차용 안전모	물건을 운반하거나 수거·배달하기 위하여 이륜자동차를 운행하는 작업

004 동영상은 안전대를 착용하고 고소작업을 하고 있는 근로자의 작업모습을 보여주고 있다. 작업자가 착용하고 있는 안전대의 명칭 및 용도를 쓰시오.(4점)

[기사1602C]

영상은 작업자가 전신주에서 안전대를 착용하고 작업중에 있는 모습을 보여준다. 두손을 자유롭게 사용할 수 있도록 해주는 안전대이다.

① 명칭 : 벨트식
② 용도 : U자 걸이 전용

✔ 안전대의 종류와 특징

벨트식 안전대		안전그네식 안전대	
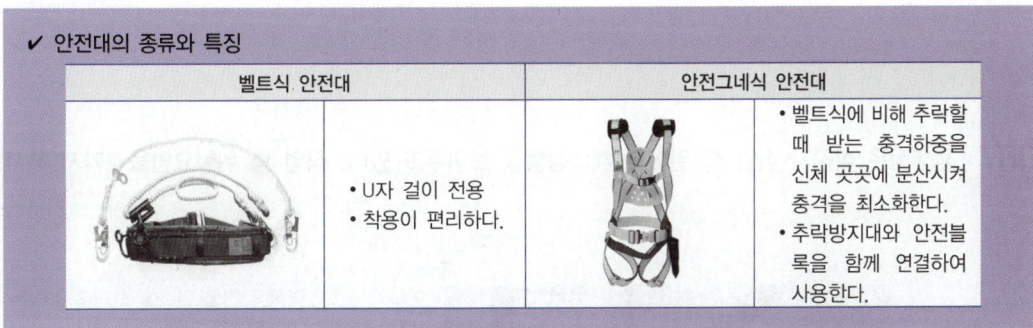	• U자 걸이 전용 • 착용이 편리하다.		• 벨트식에 비해 추락할 때 받는 충격하중을 신체 곳곳에 분산시켜 충격을 최소화한다. • 추락방지대와 안전블록을 함께 연결하여 사용한다.

005 높이가 2m 이상의 비계에서 작업 시 작업자가 착용해야 할 개인보호구를 쓰시오.(단, 안전모 제외)(4점)

[기사2004B]

고소의 비계에서 작업중인 작업자를 보여주고 있다.

• 안전대(안전대 부착설비)

006 동영상은 말비계를 이용한 작업현장을 보여주고 있다. 작업 중 근로자가 착용해야 하는 보호구 2가지를 쓰시오.(4점)

[기사1801C/기사1904A/기사2104B/기사2202C]

말비계 위에서 작업자가 아파트 계단 콘크리트 벽면을 핸드그라인더로 정리하는 작업을 보여주고 있다. 분진이 안개처럼 뿌옇게 작업자를 덮친다.

① 방진마스크 ② 보안경

007 동영상은 석공사 작업 중 일어난 재해상황을 보여주고 있다. 작업 중 위험요인을 2가지 쓰시오.(4점)

[기사1802C/기사2204C/기사2401B]

영상은 건물 외벽에 석재를 붙이는 작업 모습을 보여주고 있다. 비계 위 부실한 작업발판 위에서 작업 중이며, 안전대를 착용하지 않은 작업자는 벙거지 모자를 쓰고 작업하고 있다. 석재의 크기가 다소 커 덮개가 없는 그라인더를 이용해서 석재의 끝부분을 절단하고 있다.

① 안전모 및 안전대 등 개인 보호구를 착용하지 않았다.
② 비계 최상부에 안전난간을 설치하지 않았다.
③ 작업발판이 부실하다.
④ 핸드 그라인더의 회전날 접촉방지 커버를 미부착하였다.
⑤ 먼지가 많이 나는 연삭작업을 하면서 방진마스크를 착용하지 않았다.

▲ 해당 답안 중 2가지 선택 기재

008 동영상은 차량계 건설기계를 이용하는 작업현장의 모습을 보여주고 있다. 해당 작업을 수행함에 있어 조치 사항에 대한 설명의 ( )안을 채우시오.(5점)

[기사2104A]

콘크리트 공장에서부터 작업현장까지 콘크리트를 실어나르는 트럭의 모습을 보여주고 있다. 차량 뒷부분의 드럼은 운행중에도 계속 회전하고 있다.

해당작업, 작업장의 지형·지반 및 지층 상태 등에 대한 (①)를 하고 그 결과를 기록·보존하여야 하며, 조사결과를 고려하여 (②)를 작성하고 그 계획에 따라 작업을 하도록 하여야 한다.

① 사전조사   ② 작업계획서

✔ **사전조사 및 작업계획서 작성**
  ㉠ 개요
   • 사업주는 근로자의 위험을 방지하기 위하여 해당 작업, 작업장의 지형·지반 및 지층 상태 등에 대한 사전조사를 하고 그 결과를 기록·보존하여야 하며, 조사결과를 고려하여 작업계획서를 작성하고 그 계획에 따라 작업을 하도록 하여야 한다.
  ㉡ 대상 작업
   • 타워크레인을 설치·조립·해체하는 작업
   • 차량계 하역운반기계등을 사용하는 작업(화물자동차를 사용하는 도로상의 주행작업은 제외)
   • 차량계 건설기계를 사용하는 작업
   • 화학설비와 그 부속설비를 사용하는 작업
   • 전기작업(해당 전압이 50볼트를 넘거나 전기에너지가 250볼트암페어를 넘는 경우로 한정)
   • 굴착면의 높이가 2미터 이상이 되는 지반의 굴착작업
   • 터널굴착작업
   • 채석작업
   • 건물 등의 해체작업
   • 중량물의 취급작업
   • 궤도나 그 밖의 관련 설비의 보수·점검작업
   • 열차의 교환·연결 또는 분리 작업

009 동영상은 굴착기계로 터널굴착을 하고 작업한 흙을 버리는 장면을 보여준다. 터널굴착방법의 가) 명칭과 나) 작업계획에 포함되어야 할 사항 3가지를 쓰시오.(6점)

[기사1501C/기사1701B/기사1801A/기사1802B/기사1902B/기사1904A/기사2002A/기사2102B/기사2302B/기사2302C]

영상은 터널굴착작업 현장을 보여주고 있다. 굴착 후 나온 흙을 버리는 장면을 보여주고 있다.

가) 명칭 : T.B.M(Tunnel Boring Machine) 공법
나) 작업계획 포함사항
　① 굴착의 방법
　② 터널지보공 및 복공의 시공방법과 용수의 처리방법
　③ 환기 또는 조명시설을 설치할 때에 그 방법

> ✔ TBM(Tunnel Boring Machine) 공법
> 　㉠ 개요
> 　　• 터널 전단면 굴착기로 수평으로 터널을 굴착하는 기계를 이용한 굴착방법을 말한다.
> 　㉡ 적용이 곤란한 지반
> 　　• 지하수위가 높은 모래 자갈층 지반
> 　　• 전석층 또는 토사와 암반의 경계부
> 　　• 유해가스의 발생가능 지역

> ✔ 터널굴착작업
> 　㉠ 사전조사 내용
> 　　• 보링(Boring) 등 적절한 방법으로 낙반·출수 및 가스폭발 등으로 인한 근로자의 위험을 방지하기 위하여 미리 지형·지질 및 지층상태를 조사
> 　㉡ 작업계획서 내용
> 　　• 굴착의 방법
> 　　• 터널지보공 및 복공의 시공방법과 용수의 처리방법
> 　　• 환기 또는 조명시설을 설치할 때는 그 방법

010

동영상은 터널현장에서의 공정 중 한 가지를 찍은 것이다. 동영상을 참고하여 다음 각 물음에 답하시오.(6점)

[기사1401C/기사1402C/기사1601A/기사1604B/기사1701C/산기1802B/기사1804B/기사2001A]

어두운 터널 안으로 차량이 들어가고 터널 현장의 울퉁불퉁한 모습이 보인다. 근로자가 차량의 기능을 점검한 후 터널 외벽에 압축공기를 이용해서 콘크리트를 분무타설을 한다.

가) 동영상에서 작업하고 있는 공정의 명칭을 쓰시오.
나) 터널굴착작업 시의 작업계획서 내 포함사항을 3가지 쓰시오.
다) 숏크리트 타설 시의 작업계획서 내 포함사항 2가지를 쓰시오.

가) 공정 명 : 숏크리트 타설 공정
나) 터널굴착작업 작업계획서 포함사항
　① 굴착의 방법
　② 터널지보공 및 복공의 시공방법과 용수의 처리방법
　③ 환기 또는 조명시설을 설치할 때에 그 방법
다) 숏크리트 타설 시의 작업계획서 포함사항
　① 압송거리　　　② 분진방지대책　　　③ 리바운드방지대책
　④ 작업의 안전수칙　⑤ 사용목적 및 투입장비 등

▲ 다)의 답안 중 2가지 선택 기재

✔ 숏크리트 타설 공법
　㉠ 개요
　　• 압축공기를 이용하여 콘크리트를 암반면에 뿜어 붙이는 공법을 말한다.
　㉡ 작업계획서 포함사항
　　• 압송거리　　　　　• 분진방지대책
　　• 리바운드방지대책　• 작업의 안전수칙
　　• 사용목적 및 투입장비　• 건식, 습식공법의 선택
　　• 노즐의 분사출력기준　• 재료의 혼입기준

011 동영상은 해체작업을 보여주고 있다. 다음 각 물음에 답하시오.(4점)

[기사1404C/기사1501B/기사1601A/기사1702C/기사1704C/기사1901A/기사1902C/기사2002C/기사2003B/기사2102B]

커다란 가위손과 같은 기계장치가 건물을 해체하고 있는 모습을 보여주고 있다.

가) 동영상에서 보여주고 있는 해체 공법을 쓰시오.
나) 동영상에서와 같은 작업 시 해체계획에 포함되어야 할 사항 2가지를 쓰시오.

가) 해체공법의 명칭 : 압쇄공법
나) 해체계획
　　① 해체의 방법 및 해체 순서도면　　② 사업장 내 연락방법
　　③ 해체물의 처분계획　　　　　　　　④ 해체작업용 기계·기구 등의 작업계획서
　　⑤ 해체작업용화약류의 사용계획서
　　⑥ 가설설비·방호설비·환기설비 및 살수·방화설비 등의 방법

▲ 나)의 답안 중 2가지 선택 기재

✔ 압쇄 공법

• 유압식 파워셔블에 부착하여 콘크리트 등에 강력한 압축력을 가하는 압쇄기를 이용해 파쇄하는 방법이다.

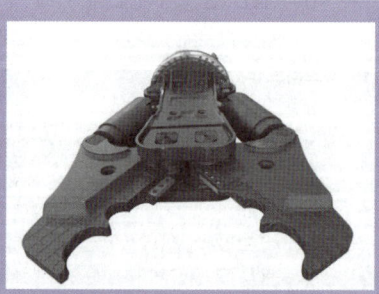

012 동영상은 노면 정리작업 현장을 보여주고 있다. 해당 건설기계의 명칭과 해당 건설기계를 사용하여 작업할 때 작업계획서 작성에 포함되어야 할 사항 3가지를 쓰시오.(6점)

[기사1401B/기사1502A/산기1801A/기사1804C/기사2001B]

차량계 건설기계를 이용하여 작업장 진입로의 노면을 정리하고 있는 모습을 보여주고 있다.

가) 건설기계의 명칭 : 로더
나) 작업계획서 포함사항
　① 사용하는 차량계 건설기계의 종류 및 성능
　② 차량계 건설기계의 운행경로
　③ 차량계 건설기계의 작업방법

013 동영상은 터널공사현장과 자동경보장치를 보여주고 있다. 터널공사 시 자동경보장치의 당일 작업 시작 전 점검 및 보수사항 2가지를 쓰시오.(6점) [기사1704C/산기1801B/기사1901C/산기1904B/기사2002D/기사2004D]

터널공사 현장을 보여주고 있다. 터널 진입로 입구에 설치된 사각형 박스(자동경보장치)를 집중적으로 보여준 후 터널 내부를 보여준다.

① 계기의 이상유무
② 검지부의 이상유무
③ 경보장치의 이상유무

014 동영상을 보고 가) 재해의 종류, 나) 재해의 발생원인, 다) 해결방법을 각각 1가지씩 쓰시오.(6점)

[기사1601C/기사2001B/기사2002D]

타워크레인이 화물을 1줄걸이로 인양해서 올리고 있고, 하부에 근로자가 안전모 턱끈을 매지 않은 채 양중작업을 보지 못하고 지나가고 있는 중에 화물이 탈락하면서 낙하하여 근로자와 충돌하였다. 현장에 신호수가 보이지 않는다.

가) 재해의 종류 : 낙하(맞음)
나) 재해의 발생원인
   ① 화물 인양 시 1줄걸이로 인양함으로써 화물이 무게중심을 잃고 낙하했다.
   ② 작업 반경 내 출입금지구역에 근로자가 출입하였다.
   ③ 작업자가 안전모를 안전하게 착용하지 않았다.
   ④ 신호수를 배치하지 않았다.
다) 대책
   ① 화물을 인양할 때는 반드시 2줄 걸이로 하도록 한다.
   ② 인양작업 중 근로자의 출입을 금지한다.
   ③ 작업자는 안전모 등 개인보호구를 안전하게 착용한다.
   ④ 신호수를 배치한다.

▲ 나)와 다) 답안 중 각각 1가지씩 선택 기재

015 동영상은 작업자가 통로를 걷다 개구부로 추락하는 상황을 보여주고 있다. 추락의 위험이 존재하는 장소에서의 안전 조치사항 3가지를 쓰시오.(6점) [기사1401C/산기1402A/산기1402B/산기1504B/기사1504C/기사1602B/산기1701B/산기1702A/기사1804B/산기2002B/기사2004C/기사2101A/기사2102A/기사2104C/기사2202C/기사2204A/기사2301A/기사2304B/기사2403B]

작업자가 통로를 걷다 개구부를 미처 확인하지 못하여 개구부로 추락하는 상황을 보여주고 있다.
해당 개구부에는 별도의 방호장치가 설치되지 않은 상태이다.

① 안전난간을 설치한다.
② 수직형 추락방망을 설치한다.
③ 울타리를 설치한다.
④ 덮개를 뒤집히거나 떨어지지 않도록 설치한다.
⑤ 추락방호망을 설치한다.
⑥ 어두울 때도 알아볼 수 있도록 개구부임을 표시한다.
⑦ 추락방호망 설치가 곤란한 경우 작업자에게 안전대를 착용하게 하는 등 추락방지 조치를 한다.

▲ 해당 답안 중 3가지 선택 기재

016 동영상은 아파트 단지 내에서 하수관로 매설작업을 수행하고 있는 전경을 보여주고 있다. 동영상을 참고하여 재해의 발생원인과 재해방지를 위한 조치사항 3가지를 쓰시오.(6점) [기사1904C/기사2104C]

타워크레인이 화물을 1줄걸이로 인양해서 올리고 있고, 하부에 근로자가 안전모 턱끈을 매지 않은 채 양중작업을 보지 못하고 지나가고 있는 중에 화물이 탈락하면서 낙하하여 근로자와 충돌하였다. 신호수가 보이지 않는다.

가) 재해 발생원인
   ① 긴 자재를 인양하는데 1줄걸이로 했다.
   ② 인양작업 중 근로자의 출입을 통제하지 않았다.
   ③ 유도하는 사람을을 배치하지 않았다.

나) 재해방지 조치
   ① 긴 자재 인양 시 2줄걸이 한다.
   ② 인양작업 중 근로자의 출입을 금지한다.
   ③ 유도하는 사람을 배치한다.

017 동영상은 낙하물방지망을 보수하는 장면이다. 다음 각 물음에 답하시오.(6점)

[기사1404C/기사1602B/기사2101B/기사2102A/기사2201B/기사2201C/기사2202A/기사2202C/기사2302C/기사2403A]

고소에 설치된 낙하물방지망의 한쪽 끝이 풀려 바람에 날리는 장면을 보여주고 있다. 이에 작업자가 낙하물방지망을 보수하기 위해 바람에 날리는 낙하물방지망의 매듭 부위에 접근하고 있는 장면을 보여주고 있다.

가) 재해발생형태를 쓰시오.
나) 동영상에서 추락방지를 위해 필요한 조치사항을 1가지 쓰시오.
다) 낙하물방지망의 설치는 (①)m 이내마다 설치하고, 내민 길이는 벽면으로부터 (②)m 이상으로 하고, 수평면과의 각도는 (③)도를 유지하도록 한다.

가) 재해발생형태 : 추락(떨어짐)
나) 추락방지 조치사항
  ① 작업발판을 설치한다.
  ② 추락방호망을 설치한다.
  ③ 안전대를 착용한다.
다) ① 10   ② 2   ③ 20~30

▲ 나)의 답안 중 1가지 선택 기재

✔ 낙하물방지망 또는 방호선반 설치 시 준수사항
  • 높이 10m 이내마다 설치하고, 내민 길이는 벽면으로부터 2m 이상으로 할 것
  • 수평면과의 각도는 20도 이상 30도 이하를 유지할 것

018 동영상은 작업자가 유로폼을 건네주다 아래로 떨어뜨리는 영상이다. 낙하 재해를 방지하기 위한 대책을 2가지 쓰시오.(4점)

[산기1904B/산기2001A/기사2003A]

고소에서 작업 중에 작업발판이 없어 불안해하던 작업자가 딛고선 비계에 살짝 미끄러지면서 파이프를 떨어뜨리는 사고가 발생했다. 마침 작업장 아래에 다른 작업자가 주머니에 손을 넣고 지나가다가 떨어진 파이프에 맞아 쓰러지는 사고가 발생하는 것을 보여주고 있다. 이때 작업현장에는 낙하물방지망 등 방호설비가 설치되지 않은 상태이다.

① 낙하물방지망 설치 ② 방호선반의 설치
③ 수직보호망의 설치 ④ 출입금지구역의 설정

▲ 해당 답안 중 2가지 선택 기재

019 추락방지용으로 매듭있는 방망을 신품으로 설치하는 경우, 그물코의 종류에 따른 방망사의 인장강도를 쓰시오.(4점)

[기사1602B]

고소에 설치된 낙하물방지망의 한쪽 끝이 풀려 바람에 날리는 장면을 보여주고 있다. 이에 작업자가 낙하물방지망을 보수하기 위해 바람에 날리는 낙하물방지망의 매듭 부위에 접근하고 있는 장면을 보여주고 있다.

① 5cm : 110kg ② 10cm : 200kg

✔ 방망사 신품 및 폐기 시의 인장강도[단, ( )은 폐기기준이다]

그물코 한변 길이	무매듭방망	매듭방망
10cm	240kg 이상(150kg)	200kg 이상(135kg)
5cm		110kg 이상(60kg)

020 영상은 추락방호망을 보여주고 있다. 추락방호망의 설치기준을 3가지 쓰시오.(6점)

[기사1801A/기사1904A/기사2104C/기사2204C/기사2301B/기사2302B/기사2402B/기사2403C]

건설현장에 설치된 추락방호망을 보여주고 있다.

① 추락방호망의 설치위치는 가능하면 작업면으로부터 가까운 지점에 설치하여야 하며, 작업면으로부터 망의 설치지점까지의 수직거리는 10미터를 초과하지 아니할 것
② 추락방호망은 수평으로 설치하고, 망의 처짐은 짧은 변 길이의 12퍼센트 이상이 되도록 할 것
③ 건축물 등의 바깥쪽으로 설치하는 경우 추락방호망의 내민 길이는 벽면으로부터 3미터 이상 되도록 할 것

021 영상은 추락방호망이 설치된 작업현장을 보여주고 있다. 추락방호망 설치 시 망의 처짐에 대한 기준에 대한 설명의 빈칸을 채우시오.(4점)

[기사1901A/기사1902A/기사2001A/기사2003A]

건설현장에 설치된 추락방호망을 보여주고 있다. 망의 처짐이 다소 길어 보수가 필요한 것으로 판단된다.

추락방호망의 설치 시 방망의 중앙부 처짐은 방망의 짧은 변 길이의 (   ) 이상이 되어야 한다.

- 12%

022 아파트 공사현장에서 추락방호망을 보여준다. 동영상에서 방호장치에 관한 사항을 보기 쉬운 장소에 표시되어야 하는 사항을 2가지 쓰시오.(4점) [기사1504B/기사1604B/기사1704B]

아파트 공사현장에 설치된 추락방호망들을 보여주고 있다.

① 제조자명 ② 제조연월 ③ 재봉치수
④ 그물코   ⑤ 신품인 때 방망의 강도

▲ 해당 답안 중 2가지 선택 기재

023 동영상은 작업자가 외부비계를 타고 올라가다 떨어지는 사고상황을 보여주고 있다. 재해의 형태와 시설측면에서 위험요인 2가지를 쓰시오.(6점) [기사1404B/기사1504C/기사1601B/기사1602C/산기1604B/산기1701A/산기1701B/산기1702A/기사1702C/산기1704A/산기1804A/산기1804B/산기1901A/기사1901C/산기2004A/기사2004D]

작업자가 캔 음료를 먹고 있고, 리프트를 타고 다른 작업자가 올라가자, 바닥에 캔 음료를 버리고 외부비계를 타고 올라가다 떨어지는 재해가 발생했다. 이때 작업자 안전모의 턱끈이 풀려있는 상태였다.

가) 재해형태 : 추락(떨어짐)
나) 위험요인
    ① 비계 상에 사다리 및 비계다리 등 승강시설이 설치되어 있지 않았다.
    ② 추락방호망이 설치되어 있지 않았다.
    ③ 작업발판이 설치되어 있지 않았다.
    ④ 울, 손잡이 또는 충분한 강도를 가진 발판 등이 설치되지 않았다.

▲ 나)의 답안 중 2가지 선택 기재

024 동영상은 작업자가 외부비계를 타고 올라가다 떨어지는 사고상황을 보여주고 있다. 시설 측면에서 위험요인에 대한 안전대책 3가지를 쓰시오.(6점)　　　　[기사1501B/산기1701A/기사2004A/기사2201C]

작업자가 캔 음료를 먹고 있고, 리프트를 타고 다른 작업자가 올라가자, 바닥에 캔 음료를 버리고 외부비계를 타고 올라가다 떨어지는 재해가 발생했다. 이때 작업자 안전모의 턱끈이 풀려있는 상태였다.

① 작업발판을 설치한다.
② 추락방호망을 설치한다.
③ 비계 상에 사다리 및 비계다리 등 승강시설을 설치한다.
④ 울, 손잡이 또는 충분한 강도를 가진 발판 등을 설치한다.

▲ 해당 답안 중 3가지 선택 기재

025 동영상은 아파트 신축공사현장을 보여주고 있다. 영상을 참고하여 근로자의 추락 위험요인 2가지를 쓰시오. (단, 영상에서 제시된 안전방망, 방호선반, 안전난간 등의 설치는 제외한다.)(4점)　　　　[기사2002A/2202A]

아파트 건설현장에서 작업자 둘이 거푸집을 옮기는 중에 거푸집이 낙하하다 낙하물방지망에 걸리는 모습을 보여준다. 작업자들은 안전대를 착용하지 않았으며 작업발판이나 안전난간이 설치되지 않은 것을 보여준다.

① 작업발판이 설치되지 않았다.
② 근로자가 안전대를 미착용하였다.

026 동영상은 강교량 건설현장을 보여주고 있다. 영상을 참고하여 고소작업 시 추락재해를 방지하기 위한 안전조치 사항 2가지를 쓰시오. (단, 영상에서 제시된 안전방망, 방호선반, 안전난간 등의 설치는 제외한다.)(4점)

[산기1402A/산기1404A/기사1502A/기사1504B/산기1601A/산기1601B/기사1604A/기사1804A/산기1804A]

강교량 건설현장에서 작업 중에 있던 근로자가 고소작업 중 추락하는 재해상황을 보여주고 있다.

① 작업발판 설치
② 근로자 안전대 착용

027 건물 외벽 돌마감 공사현장이다. 작업 중 위험요소 2가지와 대책 2가지를 쓰시오.(4점) [기사1904B]

건물 외벽에 석재를 붙이는 동영상이다. 지면으로부터 2m 넘는 곳에 근로자 2명이 작업 중인데, 안전난간은 없고 작업 장소 주변이 각종 공구와 자재로 어지럽다. 위쪽의 작업자는 구두를 신고 있다. 아래쪽에서 작업 중인 작업자는 보호구 착용상태가 불량한데 돌을 들어서 위의 작업자에게 전달하려는 순간 허리가 삐끗하면서 화면이 종료되었다.

가) 위험요소
① 안전난간이 설치되지 않았다. ② 작업발판이 설치되지 않았다.
③ 작업자가 안전모를 착용하지 않았다. ④ 작업장의 정리정돈 상태가 불량하다.

나) 대책
① 안전난간을 설치한다. ② 작업발판을 설치한다.
③ 작업자가 안전모 등을 바르게 착용한다. ④ 작업장의 정리정돈을 철저히 한다.

▲ 해당 답안 중 각각 2가지씩 선택 기재

028 동영상은 작업발판 위에서 작업 중 발생한 재해를 보여주고 있다. 영상에서 확인되는 작업 시 유의사항 3가지를 쓰시오.(6점)

[기사1504A/기사1702A/산기1704A/기사2001A/기사2202B]

동영상은 구두를 신고 도장작업을 하며 불량하게 설치된 작업발판 위에서 도장부위에 해당하는 위만 바라보면서 옆으로 이동하다 추락하는 재해상황을 보여주고 있다. 이동식 비계에는 안전난간이 설치되지 않았으며, 별도의 방호시설이 없다.

① 작업발판의 설치 불량
② 관리감독의 소홀
③ 작업방법 및 자세 불량
④ 안전대 미착용
⑤ 안전난간의 미설치
⑥ 추락방호망의 미설치

▲ 해당 답안 중 3가지 선택 기재

029 동영상은 빌딩의 엘리베이터 피트 거푸집 공사현장을 보여주고 있다. 동영상을 통해 발생할 수 있는 위험상황을 1가지 쓰시오.(4점)

[기사1501C/기사1602C/기사2402A]

엘리베이터 피트 거푸집 공사현장이다. 근로자의 접근을 막기 위한 별도의 조치가 마련되어 있지 않다.

① 안전난간이 설치되지 않았다.
② 울타리가 설치되지 않았다.
③ 덮개가 설치되지 않았다.
④ 추락방호망 등이 설치되지 않았다.

▲ 해당 답안 중 1가지 선택 기재

030 영상과 같은 장소에서 건설작업에 종사하는 근로자는 전로에 근로자의 신체 등이 접촉하거나 접근함으로 인하여 감전의 위험이 발생할 우려가 있다. 감전의 위험요소 3가지를 쓰시오.(단, 통전전류의 세기는 제외) (6점)

[기사1402C/기사1504A/기사1704A/기사1902B/기사2004C]

전신주 위에서 작업중에 감전된 재해자를 구난하는 모습을 보여주고 있다.

① 통전시간 ② 통전경로
③ 전원의 종류 ④ 전원의 종류와 질

▲ 해당 답안 중 3가지 선택 기재

031 산업안전보건기준에 관한 규칙에서 정한 전기기계·기구에 설치된 누전차단기의 기준에 관한 다음 설명의 빈칸을 채우시오.(4점)

[기사2104C/기사2202B]

철골용접을 진행하는 작업현장에서 전기를 사용하고자 콘센트에 연결하는 작업을 보여주고 있다. 특히 전기기계에 설치된 누전차단기의 모습을 집중적으로 보여준다.

전기기계·기구에 설치되어 있는 누전차단기는 정격감도전류가 (①) 이하이고 작동시간은 (②) 이내일 것

① 30mA ② 0.03초

032 동영상에서는 작업현장에서 근로자가 꽂음접속기를 만지다가 감전된 재해현장을 보여주고 있다. 꽂음접속기 설치 및 사용시 준수사항 3가지를 쓰시오.(6점) [기사1902A/기사2003B/기사2403B]

작업현장에서 작업자가 전기기기를 사용하기 위해 꽂음접속기에 플러그를 꽂으려다 감전되는 상황을 보여주고 있다. 작업자는 땀에 젖은 손을 대충 바지에 닦고 꽂음접속기를 만지다가 감전된 것으로 추정된다.

① 서로 다른 전압의 꽂음접속기는 서로 접속되지 아니한 구조의 것을 사용할 것
② 습윤한 장소에 사용되는 꽂음접속기는 방수형 등 그 장소에 적합한 것을 사용할 것
③ 근로자가 해당 꽂음접속기를 접속시킬 경우에는 땀 등으로 젖은 손으로 취급하지 않도록 할 것
④ 해당 꽂음접속기에 잠금장치가 있는 경우는 접속 후 잠그고 사용할 것

▲ 해당 답안 중 3가지 선택 기재

033 동영상은 철조망 안쪽에 변압기(=임시배전반) 설치장소의 충전부에 접촉하여 감전사고가 발생한 것을 보여주고 있다. 간접 접촉 예방대책 3가지를 쓰시오.(6점) [기사1401B/기사1404B/산기1501A/기사1502B/산기1504B/
기사1601A/기사1601C/산기1602A/산기1604B/산기1701A/기사1702C/기사1704B/기사1804A/기사2001B]

동영상은 건설현장의 한쪽에 마련된 임시배전반이 설치된 장소를 보여주고 있다. 새로운 장비의 설치를 위해서 일부 근로자가 임시배전반이 보관된 철조망 안으로 들어가서 변압기를 옮기다가 노출된 충전부에 접촉하여 감전재해가 발생하는 모습을 보여주고 있다.

① 충전부가 노출되지 않도록 폐쇄형 외함이 있는 구조로 할 것
② 충전부에 충분한 절연효과가 있는 방호망이나 절연덮개를 설치할 것
③ 충전부는 내구성이 있는 절연물로 완전히 덮어 감쌀 것
④ 발전소·변전소 및 개폐소 등 구획된 장소로서 관계 근로자가 아닌 사람의 출입이 금지되는 장소에 충전부를 설치하고, 위험표시 등의 방법으로 방호를 강화할 것
⑤ 전주 위 및 철탑 위 등 격리된 장소로서 관계 근로자가 아닌 사람이 접근할 우려가 없는 장소에 충전부를 설치할 것

▲ 해당 답안 중 3가지 선택 기재

034 동영상은 작업자가 계단이 없는 이동식 비계에 올라가다가 전기에 감전되는 재해장면을 보여주고 있다. 충전전로에 의한 감전 예방대책을 3가지 쓰시오.(6점)　　　　　　　　　　　　　　　　　　　　　　　[산기1901B/기사2002B]

작업자가 이동식 비계에서 용접을 하려고 비계를 올라가다가 전기에 감전되는 사고가 발생한 장면을 보여주고 있다.

① 충전전로를 취급하는 근로자에게 그 작업에 적합한 절연용 보호구를 착용시킬 것
② 충전전로에 근접한 장소에서 전기작업을 하는 경우에는 해당 전압에 적합한 절연용 방호구를 설치할 것
③ 고압 및 특별고압의 전로에서 전기작업을 하는 근로자에게 활선작업용 기구 및 장치를 사용하도록 할 것
④ 충전전로를 방호, 차폐하거나 절연 등의 조치를 하는 경우는 근로자의 신체가 전로와 직접 접촉하거나 도전재료, 공구 또는 기기를 통하여 간접 접촉되지 않도록 할 것

▲ 해당 답안 중 3가지 선택 기재

035 동영상은 펌프카로 전주 활선에 근접해서 작업을 하고 있는 것을 보여주고 있다. 감전 방지대책을 3가지 쓰시오.(6점)　　　　　　　　　　　　　　　　　　　　　　　　　　　　　　　　　　　　[기사1601B]

펌프카를 이용해서 콘크리트 타설을 하는 작업현장을 보여주고 있다. 작업현장의 주변에 전주가 있으며 현재 활선상태로 판단된다.

① 해당 충전전로를 이설할 것
② 감전의 위험을 방지하기 위한 울타리를 설치할 것
③ 해당 충전전로에 절연용 방호구를 설치할 것
④ 근로자는 해당 충전전로에 적합한 절연용 보호구 등을 착용하거나 사용할 것
⑤ 차량 등의 절연되지 않은 부분이 접근 한계거리 이내로 접근하지 않도록 할 것

▲ 해당 답안 중 3가지 선택 기재

036 동영상은 충전전로 인근에서 차량계 건설기계를 이용한 작업중인 모습을 보여주고 있다. 폐쇄형 외함이 있는 충전부 주변에 설치된 절연용 방호구의 이름을 쓰시오.(4점)
[기사2104A]

폐쇄형 외함이 있는 충전부 주변에 초록색 펜스가 쳐져있고 감전주의 표지판이 부착되어 있는 모습을 보여주고 있다.

- 울타리

037 동영상은 전등 및 전구(조명기구)가 파손되어 전구를 빼던 중 충전부에 감전되는 재해 영상이다. 위험방지조치를 2가지 쓰시오.(4점)
[기사1801C]

전등 및 전구(조명기구)가 파손되어 교체하려고 전구를 빼던 중 충전부에 감전되는 상황을 보여주고 있다.
작업장에서 임시로 사용하는 전등에서 전기 스위치를 내리지도 않은 상태에서 전구를 교체하려다 발생한 사고이다.

① 전구의 이탈방지 및 파손방지를 위해 보호망을 부착한다.
② 전기 스위치를 내린 후 전구를 교체한다.

038 동영상은 변전시설을 보여주고 있다. 해당 장소에서 작업 중인 근로자의 안전조치사항을 3가지 쓰시오. (6점)

[기사1702A]

철조망 안쪽 변압기(=임시배전반) 설치장소에 무단으로 들어가서 충전부에 접촉하여 감전사고가 발생한 상황을 보여주고 있다.

① 외부인 출입금지 구역으로 지정한다.
② 작업조건에 맞는 절연보호구(절연화, 절연장갑 등)을 착용하고 작업한다.
③ 전기작업 유자격자가 점검 및 보수 등의 전기작업을 실시한다.
④ 충전부 활선 작업 시 최소 접근한계 거리를 유지한다.
⑤ 정전 작업 시 불시투입 방지조치로 모선에 단락접지기구를 설치하고 전원측 차단기에는 잠금장치 및 꼬리표를 부착한다.

▲ 해당 답안 중 3가지 선택 기재

039 동영상을 보고 가스용기 운반 시와 용접작업 시의 문제점을 각각 2가지씩 쓰시오. (6점)

[기사1502A/기사1701A/기사1704A/기사1904C/기사2101A]

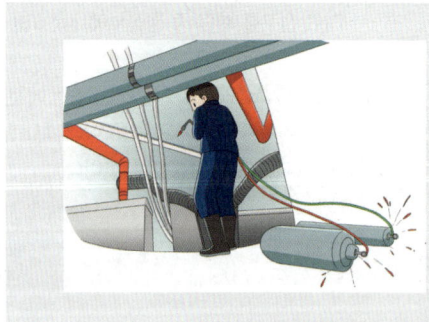

현장에 근로자가 맨손으로 아크 용접 중이다. 트럭이 회색 가스용기 1개와 녹색 가스용기 2개를 싣고 오는 장면과 함께 가스통 연결부를 줌인(캡이 씌어져 있지 않다)한다. 용접현장 옆에 차량이 도착한 후 운전자가 내려 회색 가스통을 던지듯이 세게 내려놓고 있다. 얼마 후 용접 불티에 의해 현장이 폭발하는 동영상이다.

가) 가스용기 운반 시의 문제점
  ① 용기 운반시 캡을 씌우지 않았다.
  ② 가스 용기에 충격을 가했다.
나) 용접작업 시의 문제점
  ① 용접용 장갑을 착용하지 않았다.
  ② 불티방지망을 설치하지 않았다.

040 동영상은 고소에서 가스용접 중인 작업자를 보여주고 있다. 금속의 용접·용단 또는 가열작업을 하는 경우 가스 등의 누출 또는 방출로 인한 폭발·화재 또는 화상을 방지하기 위해 준수해야 할 사항 3가지를 쓰시오. (6점)

[기사2003B/기사2204C]

고소에서 가스용접 중인 모습을 보여주고 있다. 작업자는 용접용 보안면을 착용하고 있으나 작업발판이 불안정하여 위태로운 모습을 보여준다.

① 가스 등의 호스와 취관은 손상·마모 등에 의하여 가스등이 누출할 우려가 없는 것을 사용할 것
② 가스 등의 취관 및 호스의 상호 접촉부분은 호스밴드, 호스클립 등 조임기구를 사용하여 가스 등이 누출되지 않도록 할 것
③ 가스 등의 호스에 가스 등을 공급하는 경우에는 미리 그 호스에서 가스 등이 방출되지 않도록 필요한 조치를 할 것
④ 용단작업을 하는 경우에는 취관으로부터 산소의 과잉방출로 인한 화상을 예방하기 위하여 근로자가 조절밸브를 서서히 조작하도록 주지시킬 것
⑤ 작업을 중단하거나 마치고 작업장소를 떠날 경우에는 가스 등의 공급구의 밸브나 콕을 잠글 것
⑥ 사용 중인 가스 등을 공급하는 공급구의 밸브나 콕에는 그 밸브나 콕에 접속된 가스 등의 호스를 사용하는 사람의 명찰을 붙이는 등 가스 등의 공급에 대한 오조작을 방지하기 위한 표시를 할 것
⑦ 가스 등의 분기관은 전용 접속기구를 사용하여 불량체결을 방지하여야 하며, 서로 이어지지 않는 구조의 접속기구 사용, 서로 다른 색상의 배관·호스의 사용 및 꼬리표 부착 등을 통하여 서로 다른 가스배관과의 불량체결을 방지할 것

▲ 해당 답안 중 3가지 선택 기재

041 동영상은 용접작업 등에 사용하는 가스의 용기들을 보여주고 있다. 가스용기 취급상의 준수사항을 5가지 쓰시오.(5점)

[기사1402B/기사1601B/기사1702A/산기1902A/기사2302C]

용접작업에 사용하는 가스용기들을 일렬로 세워둔 모습을 보여주고 있다.

① 밸브의 개폐는 서서히 할 것
② 용기의 온도를 섭씨 40도 이하로 유지할 것
③ 전도의 위험이 없도록 할 것
④ 충격을 가하지 않도록 할 것
⑤ 운반하는 경우에는 캡을 씌울 것
⑥ 용해아세틸렌의 용기는 세워 둘 것
⑦ 용기의 부식·마모 또는 변형상태를 점검한 후 사용할 것
⑧ 사용하는 경우에는 용기의 마개에 부착되어 있는 유류 및 먼지를 제거할 것
⑨ 사용 전 또는 사용 중인 용기와 그 밖의 용기를 명확히 구별하여 보관할 것
⑩ 통풍이나 환기가 불충분한 장소, 화기를 사용하는 장소 및 그 부근, 위험물 또는 인화성 액체를 취급하는 장소 및 그 부근에서 사용하거나 설치·저장 또는 방치하지 않도록 할 것

▲ 해당 답안 중 5가지 선택 기재

042 동영상은 상수도관 매설작업 현장을 보여주고 있다. 용접작업 중인 근로자들이 착용하고 있는 보호구의 종류 4가지와 교류아크용접장치의 방호장치를 쓰시오.(6점)

[기사1801A/산기1804B/기사1902C/기사2002B/기사2201A/기사2202A/기사2304C]

동영상은 상수도관 매설현장이다. 한쪽에서는 근로자들이 배관을 용접하고 있고, 한쪽에서는 펌프를 이용해서 물을 빼는 작업을 진행중에 있다. 용접기에 별도의 방호장치가 부착되어 있지 않으며, 작업자는 별도의 보호구를 착용하지 않은 상태에서 작업중이다.

가) 용접용 보호구
   ① 용접용 보안면   ② 용접용 장갑
   ③ 용접용 앞치마   ④ 용접용 안전화
나) 교류아크용접장치의 방호장치 : 자동전격방지장치

043 동영상은 상수도관 매설작업 현장에서 용접작업 중 감전되는 재해장면을 보여주고 있다. 용접작업 중 감전대책을 3가지 쓰시오.(6점)

[기사2003A]

동영상은 상수도관 매설현장이다. 한쪽에서는 근로자들이 배관을 용접하고 있고, 한쪽에서는 펌프를 이용해서 물을 빼는 작업을 진행중에 있다. 용접기에 별도의 방호장치가 부착되어 있지 않으며, 작업자는 별도의 보호구를 착용하지 않은 상태에서 작업중이다.

① 자동전격방지장치를 설치한다.
② 용접작업자는 절연보호구를 착용한다.
③ 충분한 용량을 가진 단락 접지기구를 이용하여 접지한다.
④ 용접기의 전원개폐기는 가까운 곳에 설치한다.

▲ 해당 답안 중 3가지 선택 기재

044 동영상은 지하의 밀폐공간에서 방수작업을 진행하는 도중 근로자가 쓰러지는 영상을 보여주고 있다. 동종의 재해를 방지하기 위한 안전대책 2가지를 쓰시오.(4점)

[기사1804C]

영상은 지하실 밀폐공간에서 방수작업을 하던 작업자가 쓰러지는 모습을 보여준다.

① 사업주는 근로자가 밀폐공간에서 작업을 하는 경우에 작업을 시작하기 전과 작업 중에 해당 작업장을 적정공기 상태가 유지되도록 환기하여야 한다.
② 환기하기가 매우 곤란한 경우에는 근로자에게 공기호흡기 또는 송기마스크를 지급하여 착용하도록 한다.

045 산업안전보건법상 관리대상 유해물질을 취급하는 작업장의 보기 쉬운 장소에 사업주가 게시해야 할 사항을 4가지 쓰시오.(4점)

[기사2403B]

유해물질 취급 작업장에서 근로자가 유해물질이 담긴 용기를 옮기고 있다.

① 관리대상 유해물질의 명칭
② 인체에 미치는 영향
③ 취급상 주의사항
④ 착용하여야 할 보호구
⑤ 응급조치와 긴급 방재 요령

▲ 해당 답안 중 4가지 선택 기재

046 영상은 분진 작업현장을 보여준다. 근로자가 상시 분진작업을 하는 경우 사업주가 알려야 하는 사항을 3가지 쓰시오.(6점)

[기사2403B]

분진이 많이 발생하는 작업현장에서 근로자들이 방진마스크를 착용한 채 작업중인 모습을 보여준다.

① 분진의 유해성과 노출경로
② 분진의 발산 방지와 작업장의 환기 방법
③ 작업장 및 개인위생 관리
④ 호흡용 보호구의 사용 방법
⑤ 분진에 관련된 질병 예방 방법

▲ 해당 답안 중 3가지 선택 기재

047 동영상은 작업자 3명이 흡연 후 개구부를 열고 들어가 밀폐공간에서 질식사고가 발생하는 장면을 보여주고 있다. 산소결핍기준과 산소결핍 방지대책 3가지를 쓰시오.(6점)

[기사1401A/기사1402C/기사1504A/기사1601C/산기1602A/기사1701A/기사2004C/기사2201A]

작업자 3명이 흡연한 후, 그 중 2명이 맨홀 뚜껑을 열고 들어간 지하실 밀폐공간에서 방수작업을 하고 있다. 일정 시간이 흐른 후 (시계를 자주 보여준다)에 남은 작업자 1명이 밀폐공간을 확인하니 2명의 작업자가 쓰러져 있는 모습을 보여주고 있다.

가) 산소결핍기준 : 공기 중 산소농도가 18% 미만인 경우
나) 안전대책
  ① 작업 시작 전 산소농도 및 유해가스 농도를 측정하고, 작업 중에도 계속 환기시킨다.
  ② 환기를 실시할 수 없거나 산소결핍 위험장소에 들어갈 때는 호흡용 보호구를 반드시 착용하도록 한다.
  ③ 감시인을 배치한다.

048 동영상은 작업자 3명이 흡연 후 개구부를 열고 들어가 밀폐공간에서 질식사고가 발생하는 장면을 보여주고 있다. 산소결핍이 우려되는 밀폐공간에서 작업 시의 문제점을 3가지 쓰시오.(6점)

[기사1601C/기사1702B/기사1904A/기사2004A/기사2101B/기사2104B]

작업자 3명이 흡연한 후, 그 중 2명이 맨홀 뚜껑을 열고 들어간 지하실 밀폐공간에서 방수작업을 하고 있다. 일정 시간이 흐른 후 (시계를 자주 보여준다)에 남은 작업자 1명이 밀폐공간을 확인하니 2명의 작업자가 쓰러져 있는 모습을 보여주고 있다.

① 작업 시작 전 산소농도 및 유해가스 농도를 측정하지 않았다.
② 산소결핍 위험장소에 들어가면서 호흡용 보호구를 착용하지 않았다.
③ 감시인을 배치하지 않았다.

049 동영상은 밀폐공간에서의 작업을 보여주고 있다. 밀폐된 공간 즉, 잠함, 우물통, 수직갱 등에서 굴착작업 시 사업주가 준수해야 하는 사항을 3가지 쓰시오.(6점)

[기사1901B/기사2002C/기사2003D/기사2401A]

동영상은 우물통 작업현장을 보여주고 있다.

① 굴착깊이가 20m를 초과하는 경우에는 해당 작업장소와 외부와의 연락을 위한 통신설비 등을 설치할 것
② 산소결핍이 우려가 되는 경우에는 산소 농도를 측정하는 사람을 지명하여 측정하도록 할 것
③ 근로자가 안전하게 오르내리기 위한 설비를 설치할 것
④ 굴착깊이가 20m를 초과하는 경우에는 송기를 위한 설비를 설치하여 필요한 양의 공기를 공급할 것

▲ 해당 답안 중 3가지 선택 기재

050 동영상은 작업자 2명이 흡연한 후 그중 1명이 맨홀 뚜껑을 열고 들어간 밀폐공간에서 질식사고가 발생한 것을 보여주고 있다. 작업에 필요한 적정 산소농도와 우려 및 결핍 시의 조치사항을 각각 1가지씩 쓰시오.(5점)

[기사1401B/기사1604B/기사1902C/기사2002B]

작업자 3명이 흡연한 후, 그 중 2명이 맨홀 뚜껑을 열고 들어간 지하실 밀폐공간에서 방수작업을 하고 있다. 일정 시간이 흐른 후 (시계를 자주 보여준다)에 남은 작업자 1명이 밀폐공간을 확인하니 2명의 작업자가 쓰러져 있는 모습을 보여주고 있다.

가) 적정 산소농도 : 공기 중 산소농도가 18% 이상 23.5% 미만
나) 조치사항
　① 산소 결핍 우려 시 : 산소의 농도를 측정하는 사람을 지명하여 측정하도록 할 것
　② 산소 결핍 인정 시 : 송기를 위한 설비를 설치하여 필요한 양의 공기를 공급할 것

051 인화성 가스가 발생할 가능성이 있는 곳에서 작업하는 경우 가스의 농도를 측정하는 사람을 지명하고 가스 농도를 측정해야 하는 경우를 3가지 쓰시오.(6점)

[기사2401C]

도시가스관이 설치된 지하공간에서 가스관 점검을 위해 작업을 하기 위해 준비작업 중의 모습을 보여준다.

① 매일 작업을 시작하기 전
② 가스의 누출이 의심되는 경우
③ 장시간 작업을 계속하는 경우
④ 가스가 발생하거나 정체할 위험이 있는 장소가 있는 경우

▲ 해당 답안 중 3가지 선택 기재

052 동영상은 밀폐공간에서 질식사고가 발생하는 장면을 보여주고 있다. 밀폐공간에서 작업 시작 전 사업주가 확인해야 할 사항을 4가지 쓰시오.(4점) [기사2402B]

작업자 3명이 흡연한 후, 그 중 2명이 맨홀 뚜껑을 열고 들어간 지하실 밀폐공간에서 방수작업을 하고 있다. 일정 시간이 흐른 후 (시계를 자주 보여준다)에 남은 작업자 1명이 밀폐공간을 확인하니 2명의 작업자가 쓰러져 있는 모습을 보여주고 있다.

① 작업 일시, 기간, 장소 및 내용 등 작업 정보
② 관리감독자, 근로자, 감시인 등 작업자 정보
③ 산소 및 유해가스 농도의 측정결과 및 후속조치 사항
④ 작업 중 불활성가스 또는 유해가스의 누출·유입·발생 가능성 검토 및 후속조치 사항
⑤ 작업 시 착용하여야 할 보호구의 종류
⑥ 비상연락체계

▲ 해당 답안 중 4가지 선택 기재

053 영상에서 보여주고 있는 건설기계의 명칭과 주요작업을 쓰시오.(4점) [기사1604B]

① 천공기 : 천공
② 굴삭기 : 굴삭

054 동영상은 노면을 깎는 작업을 보여주고 있다. 건설기계의 명칭과 용도 3가지를 쓰시오.(6점)

[기사1501B/기사1601B/기사1602C/기사1802A/기사1901C/기사2002D/산기2101A/기사2102A/기사2201A/기사2403C]

차량계 건설기계를 이용해서 노면을 깎는 작업을 보여주고 있다.

가) 명칭 : 불도저
나) 용도
   ① 지반의 정지작업   ② 굴착작업
   ③ 적재작업   ④ 운반작업

▲ 나)의 답안 중 3가지 선택 기재

055 동영상은 불도저의 작업상황을 보여주고 있다. 이와 같은 차량계 건설기계를 사용하여 작업하는 때에 안전조치 사항 3가지를 쓰시오.(6점)

[기사1604C/기사1901A]

차량계 건설기계를 이용해서 노면을 깎는 작업을 보여주고 있다.

① 경사면을 오르고 내릴 때에는 배토판을 가능한 낮게 한다.
② 신호수를 배치한다.
③ 작업구역 내 관계 근로자 외의 출입을 금지시킨다.
④ 장비의 전도·전락 등에 의한 위험방지조치를 한다.

▲ 해당 답안 중 3가지 선택 기재

056 동영상은 준설작업을 하고 있는 모습을 보여주고 있다. 영상에서 보여진 건설기계의 용도를 2가지 쓰시오. (4점) [산기1404A/산기1502A/산기1602A/기사1702B/산기1704A]

크레인형 굴착기계를 이용해서 준설작업을 하는 모습을 보여준다.

① 수중굴착 ② 교량기초 작업
③ 건축물의 지하실 공사 ④ 호퍼(Hopper) 작업

▲ 해당 답안 중 2가지 선택 기재

057 동영상은 차량계 건설기계의 작업상황을 보여주고 있다. 영상에 나오는 건설기계의 명칭 및 용도 2가지를 쓰시오.(4점) [산기1402A/기사1404C/기사1601B/산기1601B/산기1701A/기사1801A/산기1804B/기사1902B/기사2003E]

차량계 건설기계를 이용해서 노면을 깎는 작업을 보여주고 있다.

가) 명칭 : 스크레이퍼
나) 용도
① 토사의 굴착 및 운반 ② 지반 고르기
③ 하역작업 ④ 성토작업

▲ 나)의 답안 중 2가지 선택 기재

058 동영상은 잔골재를 밀고 있는 건설기계의 작업현장을 보여주고 있다. 동영상에 나오는 건설기계의 명칭과 용도를 2가지 쓰시오.(6점) [기사1501C/산기1504B/기사1602B/산기1701B/기사1801B/산기1802A/산기2004B/기사2004C]

차량계 건설기계를 이용해서 땅을 고르는 모습을 보여준다.

가) 건설기계의 명칭 : 모터그레이더
나) 용도
   ① 정지작업　　　　② 도로정리　　　　③ 측구굴착

▲ 나)의 답안 중 2가지 선택 기재

059 동영상은 머캐덤 롤러를 보여주고 있다. 다짐작업 후에 쓰이는 장비로 앞·뒤에 바퀴가 하나씩 있고, 바퀴는 쇠로 되어 있는 건설기계는?(4점) [산기1904A/기사2002B]

롤러를 이용해서 아스팔트를 다지고 있는 모습을 보여주고 있다.

• 탠덤롤러

060 동영상은 차량계 건설기계를 보여주고 있다. 동영상에 나오는 건설기계의 가) 명칭을 쓰고, 나) 적재물을 회전시키는 이유 2가지를 쓰시오.(4점)   [기사1501C/기사1704B]

콘크리트 공장에서부터 작업현장까지 콘크리트를 실어나르는 트럭의 모습을 보여주고 있다. 차량 뒷부분의 드럼은 운행중에도 계속 회전하고 있다.

가) 명칭 : 콘크리트 믹서 트럭
나) 회전이유
　① 골재, 시멘트 및 물을 완전히 혼합하여 균질한 혼합물을 생성한다.
　② 재료 분리가 발생하지 않게 하고, 양생을 방지한다.

061 동영상은 차량계 건설기계의 작업 모습을 보여주고 있다. 기계의 명칭과 용도를 쓰시오.(5점)
　　　　[기사1402B/산기1501A/기사1504B/산기1602B/기사1701B/기사1704A]

아스팔트 포장작업 현장을 보여주고 있다. 차량계 건설기계가 아스팔트 포장작업의 대부분을 혼자서 해내는 모습을 보여준다.

① 명칭 : 아스팔트 피니셔
② 용도 : 아스팔트 플랜트에서 제조된 혼합재(混合材)를 덤프트럭으로부터 받아, 자동으로 주행하면서 정해진 너비와 두께로 깔고 다져 마무리 하는 도로포장용 건설기계이다.

062 동영상은 차량계 건설기계를 이용한 사면굴착공사를 보여주고 있다. 동영상과 같은 사면에서의 건설기계의 전도·전락을 방지하기 위해 필요한 조치사항 3가지를 쓰시오.(6점)

[기사1401B/기사1401C/기사1402C/기사1601A/산기1602A/기사1604C/기사1701B/기사1801B/산기1804A/기사1902A/기사2403C]

차량계 건설기계를 이용해서 사면을 굴착하는 모습을 보여주고 있다.

① 유도하는 사람을 배치 ② 지반의 부동침하 방지
③ 갓길의 붕괴 방지 ④ 도로 폭의 유지

▲ 해당 답안 중 3가지 선택 기재

063 영상은 백호를 이용해 작업하던 중 운전자가 내려 이탈한다. 차량계 건설기계의 운전자가 운전위치를 이탈하고자 할 때 준수해야 할 사항을 3가지 쓰시오.(6점)

[기사1704C/기사1901A/기사2001B/기사2104B/기사2201A/기사2202B/기사2204A]

백호가 굴착한 흙을 덤프트럭에 싣고 있는 작업을 보여준 후 작업자가 갑자기 작업중에 화장실에 간다면서 시동이 걸린 상태에서 차량에서 이탈하는 모습을 보여준다.

① 포크, 버킷, 디퍼 등의 장치를 가장 낮은 위치 또는 지면에 내려 둘 것
② 원동기를 정지시키고 브레이크를 확실히 거는 등 갑작스러운 주행이나 이탈을 방지하기 위한 조치를 할 것
③ 운전석을 이탈하는 경우에는 시동키를 운전대에서 분리시킬 것

064 영상은 굴착기를 이용한 굴착작업 현장의 모습을 보여주고 있다. 굴착기의 사용 전 점검사항을 3가지 쓰시오.(6점)
[기사2204A]

백호를 이용해 흙을 굴착하는 작업현장의 모습이다. 작업 전 작업지휘자가 백호 운전자에게 다가와 굴착기 점검여부를 확인하고 있다.

① 운전자격 적정여부
② 안전장치 설치 및 사용상태
③ 목적외 사용금지
④ 굴착작업 운행의 안전성
⑤ 안전작업을 위한 준수사항

▲ 해당 답안 중 3가지 선택 기재

065 동영상은 차량계 하역운반기계를 이송하기 위해 싣는 작업을 보여주고 있다. 건설기계를 싣고 내리는 작업 시 전도 또는 전락에 의한 위험을 방지하기 위한 조치사항 2가지를 쓰시오.(4점) [기사1602B/산기1804B]

지게차를 이송하기 위해 트레일러에 싣는 모습을 보여준다. 그 후 트레일러가 지게차를 싣고 이동한다.

① 싣거나 내리는 작업은 평탄하고 견고한 장소에서 할 것
② 가설대 등을 사용하는 경우에는 충분한 폭 및 강도와 적당한 경사를 확보할 것
③ 지정운전자의 성명·연락처 등을 보기 쉬운 곳에 표시하고 지정운전자 외에는 운전하지 않도록 할 것
④ 발판을 사용하는 경우에는 충분한 길이·폭 및 강도를 가진 것을 사용하고 적당한 경사를 유지하기 위하여 견고하게 설치할 것

▲ 해당 답안 중 2가지 선택 기재

066 동영상은 콘크리트 믹서 트럭의 바퀴를 물로 씻는 장면을 보여주고 있다. 이 장비의 이름과 용도를 쓰시오. (4점)
[산기1904A/산기2003A/기사2001A/기사2304C]

공사현장에 출입하는 콘크리트 믹서 트럭이 공사현장을 떠나는 출구쪽에서 별도의 장비를 통과하는 모습을 보여준다. 해당 장비에서는 물이 분무되고 콘크리트 믹서 트럭의 바퀴에 묻은 흙 등을 씻어내는 모습을 보여준다.

① 이름 : 세륜기
② 용도 : 건설기계의 바퀴에 묻은 분진이나 토사를 제거한다.

067 동영상은 철근을 인력으로 운반하는 모습이다. 이와 같은 운반작업을 할 때 주의하여야 할 사항을 3가지 쓰시오. (5점)
[산기1401B/기사1504B/산기1604A/기사1702B/기사2001C/산기2002A/기사2302B]

철근을 운반하는 중 철근 위에서 잠시 쉬고 있는 근로자들의 모습을 보여주고 있다.

① 1인당 무게는 25kg 정도가 적절하며, 무리한 운반을 삼가야 한다.
② 2인 이상이 1조가 되어 어깨메기로 하여 운반하는 등 안전을 도모하여야 한다.
③ 긴 철근을 부득이 한 사람이 운반할 때에는 한쪽 어깨에 메고 한쪽 끝(뒤)을 끌면서 운반하여야 한다.
④ 운반할 때는 양 끝을 묶어서 운반한다.
⑤ 내려놓을 때는 천천히 내려놓고 던지지 않아야 한다.
⑥ 공동작업을 할 때는 신호에 따라 작업을 한다.

▲ 해당 답안 중 3가지 선택 기재

068 동영상은 화물자동차에 화물을 적재하는 모습을 보여주고 있다. 산업안전보건기준에 관한 규칙에 따라 화물자동차의 짐걸이로 사용해서는 안 되는 섬유로프 2가지를 쓰시오.(4점) [기사2101B/기사2201B]

화물자동차에 화물을 적재한 후 섬유로프로 화물을 결박하는 모습을 보여주고 있다. 섬유로프의 군데군데 손상된 모습을 보여준다.

① 꼬임이 끊어진 것
② 심하게 손상되거나 부식된 것

069 동영상은 기존 도로와 작업장 진입로를 보여주고 있다. 도로와 작업장에 높이 차이가 있거나 차로의 노면이 작업장의 주차장으로 잠식될 우려가 있는 경우의 조치사항을 2가지 쓰시오.(4점) [기사1802B/기사2002E]

작업장 옆 도로와 작업장을 빨간색 고깔로 구분해 놓은 모습을 보여주고 있다.

① 연석
② 방호울타리

070 동영상은 근로자가 손수레에 모래를 싣고 작업 중 사고가 발생하였다. 다음 물음에 답을 쓰시오.(6점)

[기사1501C/기사1602B/기사1901A/기사2002E]

근로자가 리프트를 타고 손수레에 모래를 가득 싣고 작업하는 중으로 모래를 뒤로 가면서 뿌리고 있다. 작업 장소는 리프트 설치 장소이고, 안전난간이 해체된 상태에서 뒤로 추락하는 모습이며 안전모의 턱 끈은 풀린 상태이다.

가) 리프트의 안전장치를 2가지 쓰시오.
나) 사고의 종류를 쓰시오.
다) 재해 발생원인을 2가지 쓰시오.

가) 안전장치
　① 과부하방지장치
　② 권과방지장치
　③ 비상정지장치 및 제동장치
나) 사고의 종류 : 추락(떨어짐)
다) 재해 발생원인
　① 운전한계를 초과할 때까지 적재하였다.
　② 1인이 운반하여 주변상황을 파악하지 못하였다.
　③ 추락 위험이 있는 곳에 안전난간이 설치되지 않았다.

▲ 가)와 다) 답안 중 각각 2가지씩 선택 기재

071

동영상은 굴삭기를 이용하여 굴착한 흙을 덤프트럭으로 운반하는 작업을 하고 있다. 동영상을 참고하여 작업 시 문제점과 안전대책을 각각 2가지씩 쓰시오.(4점)

[기사1501A/기사1604A]

백호로 굴착한 흙을 덤프트럭에 싣고 있는 작업을 보여주고 있다. 별도의 유도자가 없으며, 주변에 장애물들이 널려 있다. 한눈에 보기에도 너무 많은 흙과 돌을 실어 덮개가 닫히지도 않는다. 싣고 난 후 빠져나가는데 먼지 등으로 앞을 볼 수가 없는 상황이다. 작업장에 근로자가 아닌 일반 행인이 작업을 구경중이다.

가) 문제점
  ① 유도하는 사람이 배치되지 않았으며, 장애물을 제거하지 않고 작업에 임했다.
  ② 적재적량 상차가 이뤄지지 않았으며, 상차 후 덮개를 덮지 않고 운행했다.
  ③ 작업장 출입 시 살수 실시 및 운행속도 제한 의무를 지키지 않았다.
  ④ 작업장 내 관계자 외 출입을 통제하지 않았다.

나) 안전대책
  ① 유도하는 사람이 배치하고, 장애물을 제거한 후 작업한다.
  ② 적재적량 상차와 상차 후 덮개를 덮고 운행한다.
  ③ 분진발생을 억제하기 위해 취하는 살수의 실시 및 운행속도 제한을 한다.
  ④ 작업현장 내 관계자 외 출입을 통제한다.

▲ 해당 답안 중 각각 2가지씩 선택 기재

072 동영상은 굴착작업 현장을 보여주고 있다. 굴착작업을 할 때 토사등의 붕괴 또는 낙하에 의한 위험을 미리 방지하기 위해 미리 작업장소 및 그 주변의 지반에 대하여 조사하여야 할 사항과 사업주가 점검해야 할 사항을 2가지씩 쓰시오.(6점) [기사1602A/기사2201A/기사2302A/기사2402A]

백호로 굴착중인 작업현장을 보여주고 있다. 주변 지층이 연약지반이어서인지 지반의 붕괴 위험이 있어 위험해 보인다.

가) 조사사항
　① 형상·지질 및 지층의 상태
　② 매설물 등의 유무 또는 상태
　③ 지반의 지하수위 상태
　④ 균열·함수·용수 및 동결의 유무 또는 상태
나) 점검사항
　① 작업장소 및 그 주변의 부석·균열의 유무
　② 함수·용수 및 동결의 유무 또는 상태의 변화

▲ 가)의 답안 중 2가지 선택 기재

073 동영상은 지게차가 판넬을 들고 신호수에 신호에 따라 운반하다가 화물이 신호수에게 낙하하는 장면이다. 이에 따른 사고원인을 3가지 쓰시오.(6점) [산기1504A/산기1602A/산기1702A/기사1804C/기사2003C]

지게차로 화물을 이동 중에 발생한 재해상황을 보여주고 있다. 화물을 적재한 후 포크를 높이 올린 상태에서 이동 중이며, 이동 시 화물이 흔들리는 모습을 보여준다. 이후 화면에서 흔들리던 화물이 신호수에게 낙하하여 재해가 발생한다.

① 하중이 한쪽으로 치우치게 적재하였다.
② 화물 적재 시 운전자의 시야를 가리지 않도록 하여야 하는데 그렇지 않았다.
③ 화물의 붕괴 및 낙하에 의한 위험을 방지하기 위해 화물에 로프를 거는 등 필요한 조치를 하지 않았다.
④ 지게차 작업반경 내 관계자외 작업자가 출입하고 있다.

▲ 해당 답안 중 3가지 선택 기재

074 동영상은 노천 굴착작업 현장을 보여주고 있다. 굴착작업 시 지반에 따른 굴착면의 기울기 기준과 관련된 다음 내용에 빈칸을 채우시오.(6점) [기사2002A/기사2402A]

백호가 노천을 굴착하고 있다. 작업 중 옆에 쌓아두었던 부석이 굴러와 작업자가 다칠뻔한 장면을 보여주고 있다.

지반의 종류	기울기
모래	①
풍화암	②
경암	③

① 1 : 1.8   ② 1 : 1   ③ 1 : 0.5

✔ 굴착면의 기울기 기준

지반의 종류	기울기
모래	1 : 1.8
연암 및 풍화암	1 : 1.0
경암	1 : 0.5
그 밖의 흙	1 : 1.2

075 동영상은 굴착작업 현장을 보여주고 있다. 풍화암 기울기 구배기준과 굴착작업 시 지반 붕괴 또는 토석에 의한 근로자 위험 발생 시 위험을 방지하기 위한 조치사항을 2가지 쓰시오.(4점)

[기사1401B/기사1601A/산기1604A/산기1702B/산기1904A]

백호의 굴착작업 현장 모습을 보여주고 있다.

가) 기울기 구배기준 : 1 : 1.0
나) 굴착작업 시 위험 방지 조치사항
　① 흙막이 지보공의 설치
　② 방호망의 설치
　③ 근로자의 출입 금지

▲ 나)의 답안 중 2가지 선택 기재

076 동영상은 경사면에서의 굴착공사 현장을 보여주고 있다. 경사면에 대한 굴착공사에 있어서 경사면의 안전성을 확인하기 위하여 검토해야 하는 사항을 3가지 쓰시오.(6점)

[기사2003A/기사2102C]

경사면의 굴착공사를 하기 전에 경사면의 안전성을 확인하기 위해 작업현장을 조사하고 있다.

① 지질조사　　　　　　② 토질시험　　　　　　③ 풍화의 정도
④ 용수의 상황　　　　　⑤ 과거의 붕괴된 사례유무　⑥ 통층의 방향과 경사면의 상호관련성
⑦ 단층, 파쇄대의 방향 및 폭　⑧ 사면붕괴 이론적 분석

▲ 해당 답안 중 3가지 선택 기재

077 동영상은 도로 옆 사면을 보여준다. 사면굴착 이후 사면보호를 위한 방법 중 구조물에 의한 보호방법을 5가지 쓰시오.(5점)
[기사1404B/기사1502B/기사1504A/기사1601C/기사1701C/기사1702C]

지방국도의 도로 옆 사면을 보여주고 있다. 사면굴착 후 사면보호를 위한 작업이 진행중에 있다.

① 비탈면 녹화 ② 낙석방지 울타리 ③ 격자블록 붙이기
④ 숏크리트 ⑤ 낙석방지망 ⑥ 돌 쌓기 공법
⑥ 블록 쌓기 공법

▲ 해당 답안 중 5가지 선택 기재

078 동영상은 굴착작업 현장을 보여주고 있다. 굴착작업에 있어서 관리감독자의 점검사항을 3가지 쓰시오.(6점)
[기사1604C/기사1802C/기사2204C]

백호로 굴착중인 작업현장을 보여주고 있다. 주변 지층이 연약지반이어서 인지 지반의 붕괴 위험이 있어 위험해 보인다.

① 작업장소 및 그 주변의 부석·균열의 유무
② 함수·용수의 유무
③ 동결상태의 변화를 점검

079 동영상은 차량계 건설기계를 이용한 사면굴착공사를 보여주고 있다. 동영상과 같은 굴착공사에서 토석붕괴의 원인을 3가지 쓰시오.(6점) [기사1501A/기사1602B/산기2001A/기사2003A]

차량계 건설기계를 이용해서 사면을 굴착하는 모습을 보여주고 있다.

① 사면, 법면의 경사 및 기울기의 증가
② 절토 및 성토 높이의 증가
③ 공사에 의한 진동 및 반복 하중의 증가
④ 지표수 및 지하수의 침투에 의한 토사 중량의 증가
⑤ 지진, 차량, 구조물의 하중작용
⑥ 토사 및 암석의 혼합층두께

▲ 해당 답안 중 3가지 선택 기재

080 동영상은 절토작업을 진행중인 굴착공사 현장의 모습을 보여주고 있다. 일정상 부득이 하게 동시작업을 진행해야 하는 경우 사전에 취해야 할 조치사항을 3가지 쓰시오.(6점) [기사2102B]

절토작업을 현장 위쪽과 아래쪽에서 동시에 진행하고 있는 모습을 보여주고 있다.

① 견고한 낙하물 방호시설 설치
② 부석제거
③ 신호수 및 담당자 배치
④ 작업장소에 불필요한 기계 등의 방치 금지

▲ 해당 답안 중 3가지 선택 기재

081 동영상은 개착시공 현장 사면을 파란색 타프로 덮어둔 모습을 보여주고 있다. 작업장 사면에 설치된 천막의 역할을 2가지 쓰시오.(4점)
[기사2003E]

영상은 개착시공 현장의 사면을 파란색 타프로 덮어둔 모습을 보여주고 있다.

① 빗물의 유입방지
② 비산 먼지 방지
③ 사면의 보호

▲ 해당 답안 중 2가지 선택 기재

082 동영상은 관로 터파기, 관 부설 및 되메우기 작업현장에 대한 영상이다. 굴착공사 시 지반의 붕괴로 인한 근로자 위험방지를 위한 안전 조치사항을 3가지 쓰시오.(6점)
[기사1401B/산기1402A/기사1501B/기사1702B/기사1702C/기사1801C/산기1804B/기사1901C/기사2001C/기사2102C]

관로 터파기, 관 부설 및 되메우기 작업 중이다. 관로 위에 계측기를 보여주고 있다. 흄관을 백호로 인양 중이다. 관로 위에 여러 사람들이 모여 있으며, 터파기 장소 옆에 토사가 적재되어 있는 모습을 보여준다.

① 흙막이 지보공의 설치   ② 방호망의 설치
③ 근로자 출입금지 설정

083 동영상은 원심력 철근콘크리트 말뚝을 시공하는 현장을 보여준다. 말뚝의 항타공법 종류 2가지를 쓰시오. (4점) [기사1501C/기사1602A/기사1904C]

영상은 원심력 철근콘크리트 말뚝을 시공하는 현장의 모습을 보여주고 있다.

① 타격관입공법
② 진동공법
③ 압입공법
④ 프리보링공법

▲ 해당 답안 중 2가지 선택 기재

084 동영상은 흙막이 공사현장을 보여주고 있다. 영상과 같은 흙막이 공법의 명칭을 쓰시오.(3점) [기사1801A]

흙막이 공정의 모습을 보여주고 있다. 먼저 파일을 박은 다음 터파기를 진행하면서 토류판을 파일 사이에 넣어 벽체를 형성시키고 있다.

• H-Pile + 토류판

작업형_유형별 기출복원문제 197題 **383**

085 동영상은 흙막이 공법을 보여주고 있다. 해당 흙막이 공법의 명칭과 재료 2가지를 쓰시오.(4점)

[기사1402C/기사1502A/기사1504B/기사1702A]

흙막이 공정의 모습을 보여주고 있다. 굴착하고자하는 부지의 외곽에 흙막이 벽을 설치하고 양측 토압의 균형을 유지하면서 버팀대를 대고 그 사이에 널 말뚝을 박아 넣어 벽체를 형성시키고 있다.

가) 공법명칭 : 버팀대 공법
나) 재료
    ① 토류판   ② 버팀대   ③ 띠장   ④ 버팀목

▲ 나)의 답안 중 2가지 선택 기재

086 동영상은 작업현장을 보여주고 있다. 동영상에서 보여주는 현장의 흙막이 시설의 공법 명칭은?(3점)

[기사1904B/기사2101B/기사2201B]

H파일과 토류판으로 이루어진 가시설 흙막이벽이 보인다. 버팀대가 보이지 않는다.
토류판, 띠장, 엄지말뚝 앞열과 뒷열을 연결해주는 부재를 보여준다.

• 2열 자립식 흙막이 공법

087 동영상은 흙막이 공법의 한 종류를 보여주고 있다. 이 공법의 명칭과 해당 공법의 역학적 특징을 2가지 쓰시오.(6점)

[기사1902A/기사2003C/기사2201A]

동영상은 흙막이를 보여주면서 H형으로 된 줄이 이어져 있는 것을 보여주고, 다음 화면은 흙막이에 연결되어있던 선로에 노란색으로 되어 있는 사각형의 기계를 연달아 보여준다.

가) 명칭 : 어스앵커공법

나) 역학적 관점에서의 특징
① 앵커체가 각각의 구조체이므로 적용성이 좋다.
② 작업능률이 좋으며 토공사 범위를 한 번에 시공할 수 있다.
③ 본 구조물의 바닥과 기둥의 위치에 관계없이 앵커를 설치할 수도 있다.
④ 앵커에 프리스트레스를 주기 때문에 흙막이 벽의 변형을 방지하고 주변 지반의 침하를 최소한으로 억제할 수 있다.
⑤ 널말뚝 후면부를 천공하고 인장재를 삽입하는 방식인 관계로 인근구조물이나 지중매설물에 따라 시공이 곤란할 수 있다.

▲ 나)의 답안 중 2가지 선택 기재

088 동영상은 흙막이를 보여주면서 H형으로 된 줄이 이어져 있는 것을 보여주고, 다음 화면은 흙막이에 연결되어있던 선로에 노란색으로 되어 있는 사각형의 기계를 보여준다. 이 공법의 명칭과 동영상에 보여준 계측기의 종류와 용도를 3가지 쓰시오.(5점) [기사1501B/기사1601C/기사1602C/기사1804A/기사2001C]

동영상은 흙막이를 보여주면서 H형으로 된 줄이 이어져 있는 것을 보여주고, 다음 화면은 흙막이에 연결되어있던 선로에 노란색으로 되어 있는 사각형의 기계를 연달아 보여준다.

가) 명칭 : 어스앵커공법
나) 계측기의 종류와 용도
　① 지표침하계 - 지표면의 침하량을 측정
　② 수위계 - 지반 내 지하수위의 변화 측정
　③ 지중경사계 - 지중의 수평 변위량을 측정

089 동영상은 흙막이 지보공 설치 작업을 보여주고 있다. 도심 깊은 굴착 후 흙막이 지보공의 가시설비에 대한 정기 점검사항 3가지를 쓰시오.(6점) [산기1402A/산기1601B/산기1602B/기사1802A/기사1901B/산기1901B/산기1902B/기사1904B/산기2002B/기사2003A/산기2003A/산기2004A/기사2204B/기사2402B]

흙막이 지보공이 설치된 작업현장을 보여주고 있다. 이틀 동안 계속된 비로 인해 지보공의 일부가 터져서 토사가 밀려든 모습이다.

① 침하의 정도　　　　　　　② 버팀대 긴압의 정도
③ 부재의 접속부·부착부 및 교차부 상태
④ 부재의 손상·변형·부식·변위 및 탈락의 유무와 상태

▲ 해당 답안 중 3가지 선택 기재

090 동영상은 트렌치 컷 굴착방식으로 작업하는 것을 보여주고 있다. 토사 붕괴 및 낙석 등에 의한 위험을 방지하기 위해 관리감독자가 작업 시작 전 확인사항을 2가지 쓰시오.(4점)

[기사1402B/기사1404A/기사1404B/기사1601A]

외주부분에 흙막이 벽을 설치한 후 외주부분을 먼저 굴착하고, 그 후 외주부분에 구조체를 만든 다음 중앙부분의 나머지를 굴착하고 있다.

① 작업장소 및 그 주변의 부석·균열의 유무
② 함수·용수의 변화 점검
③ 동결상태의 변화 점검

▲ 해당 답안 중 2가지 선택 기재

091 동영상에서 보여주는 곳에서 작업자의 추락을 방지하기 위한 안전대책을 3가지 쓰시오.(3점) [기사2004B]

옹벽을 보여주고 있다. 옹벽의 한쪽에 밑으로 떨어질 수 있는 구멍이 있다.

① 작업자 출입금지 조치
② 안전난간 설치
③ 덮개 설치

092 동영상은 석축이 붕괴된 현장을 보여주고 있다. 동영상을 참고하여 석축쌓기 완료 후 붕괴원인을 3가지 쓰시오. (6점)
[기사1604A/기사1804A/기사1902A/기사2201A/기사2204B/기사2402A]

비가 내린 후 석축이 붕괴된 현장의 모습을 보여주고 있다.

① 옹벽 뒤채움 재료불량 및 다짐불량
② 과도한 토압의 발생
③ 배수불량으로 인한 수압발생
④ 기초지반의 침하
⑤ 동결융해

▲ 해당 답안 중 3가지 선택 기재

093 동영상은 흙막이 공법 중 타이로드 공법을 보여준다. 흙막이 공사 시 재해예방을 위한 안전대책 2가지를 쓰시오. (4점)
[기사1401B/기사1604C/산기1802B]

굴착부 주변에 흙막이 벽을 만든 후 와이어로프나 강봉을 적용하는 버팀목 대신 굴착부 밖에 묻어 볼트를 체결하는 과정을 보여주고 있다.

① 흙막이 지보공의 재료로 변형 부식되거나 심하게 손상된 것을 사용해서는 아니 된다.
② 흙막이 지보공을 조립하는 경우 미리 조립도를 작성하여 그 조립도에 따라 조립하도록 한다.
③ 설계도서에 따른 계측을 하고 계측 분석 결과 토압의 증가 등 이상한 점을 발견한 경우에는 즉시 보강조치를 하여야 한다.

▲ 해당 답안 중 2가지 선택 기재

094 동영상은 4~5층 아파트 시공현장 외부벽체 거푸집을 보여준다. 가) 거푸집 명칭, 나) 콘크리트 측압에 영향을 주는 요인 2가지, 다) 장점 3가지를 쓰시오.(6점) [기사1504A/산기1601B/기사1701C/산기1702B/기사1704A]

동일 모듈로 구성된 아파트 건설현장을 보여주고 있다. 대형화, 단순화된 거푸집을 한번에 설치 및 해체하는 모습을 보여주고 있다.

가) 명칭 : 갱폼
나) 콘크리트 측압 요인
   ① 콘크리트 비중   ② 콘크리트 타설 속도   ③ 슬럼프
   ④ 철근량   ⑤ 진동 다짐 횟수   ⑥ 타설 높이
다) 장점
   ① 공기단축과 인건비 절약
   ② 미장공사 생략
   ③ 가설비계공사를 하지 않아도 됨
   ④ 타워크레인 등 시공장비에 의해 한번에 설치 가능

▲ 나) 답안 중 2가지, 다) 답안 중 3가지 선택 기재

095 동영상은 교각의 거푸집 공사현장을 보여주고 있다. 동영상에 나타나는 교각거푸집 공사의 가) 명칭, 나) 장점을 2가지 쓰시오.(6점)　　　　　　　　　　　　　　　　　　　　　　　　[기사1401C/기사1604A]

Silo 공사에서 로드(Rod)·유압잭(Jack) 등을 이용하여 거푸집을 연속적으로 이동시키면서 콘크리트를 타설하는 모습을 보여주고 있다.

가) 명칭 : 슬라이딩폼(슬립폼)
나) 장점
　① 시공속도가 빠르다.(공기단축)
　② 시공이음이 없이 균일한 형상으로 시공이 가능하다.
　③ 연속시공으로 양생기간이 필요하지 않다.

▲ 나)의 답안 중 2가지 선택 기재

096 동영상은 교각에서 오토클라이밍폼 작업을 하는 과정을 보여준다. [보기]의 작업순서를 맞게 번호로 쓰시오.(4점)　　　　　　　　　　　　　　　　　　　　　　　　　　　　　　　　　　　　　[기사1504A/기사1702C]

자동승강장치를 이용하여 타워크레인의 지원없이 거푸집 자체를 인양시키면서 벽체 거푸집을 시공하는 모습을 보여주고 있다.

[보기]

① 오토클라이밍 폼으로 교각시공
② 측경간 시공
③ 중앙 Key segment
④ 중앙 박스 타설(키세그 연결 전)
⑤ 상부타설 시작
⑥ 상부타설 진행

• ① → ⑤ → ⑥ → ② → ④ → ③

097 동영상은 거푸집 동바리가 침하하여 무너지는 상황을 보여주고 있다. 거푸집 동바리의 침하를 방지하기 위한 조치 3가지를 쓰시오.(6점) [기사1802B/기사1904B/기사2102C/기사2104A/기사2302B/기사2401C/기사2403B]

① 받침목이나 깔판의 사용   ② 콘크리트 타설   ③ 말뚝박기

098 영상은 거푸집이 붕괴하는 사고를 보여주고 있다. 거푸집 동바리 조립 작업 시 준수사항(안전대책) 3가지를 쓰시오.(6점) [기사1504B/기사1602A/기사1701B/기사1804B/기사2002D/기사2401A]

① 받침목이나 깔판의 사용, 콘크리트 타설, 말뚝박기 등 동바리의 침하를 방지하기 위한 조치를 할 것
② 동바리의 상하 고정 및 미끄러짐 방지 조치를 할 것
③ 상부·하부의 동바리가 동일 수직선상에 위치하도록 하여 깔판·받침목에 고정시킬 것
④ 개구부 상부에 동바리를 설치하는 경우에는 상부하중을 견딜 수 있는 견고한 받침대를 설치할 것
⑤ 동바리의 이음은 같은 품질의 재료를 사용할 것
⑥ 강재의 접속부 및 교차부는 볼트·클램프 등 전용철물을 사용하여 단단히 연결할 것
⑦ 거푸집의 형상에 따른 부득이한 경우를 제외하고는 깔판이나 받침목은 2단 이상 끼우지 않도록 할 것
⑧ 깔판이나 받침목을 이어서 사용하는 경우에는 그 깔판·받침목을 단단히 연결할 것
⑨ U헤드 등의 단판이 없는 동바리의 상단에 멍에 등을 올릴 경우에는 해당 상단에 U헤드 등의 단판을 설치하고, 멍에 등이 전도되거나 이탈되지 않도록 고정시킬 것

▲ 해당 답안 중 3가지 선택 기재

099 동영상은 파이프 서포트를 사용한 거푸집 동바리이다. 영상에서와 같이 파이프 받침의 조립 시 준수사항 3가지를 쓰시오.(6점) [기사1501B/기사1604A/기사1702B/기사2201C/기사2204A]

거푸집 동바리가 설치된 건설현장의 모습을 보여주고 있다.
특히 동바리로 사용하는 파이프 받침(서포트)에 대해 집중조명하고 있다.

① 파이프 서포트를 3개 이상 이어서 사용하지 않도록 할 것
② 파이프 서포트를 이어서 사용하는 경우에는 4개 이상의 볼트 또는 전용철물을 사용하여 이을 것
③ 높이가 3.5m를 초과하는 경우에는 높이 2m 이내마다 수평연결재 2개 방향으로 만들고 수평연결재의 변위를 방지할 것

✔ 동바리로 사용하는 파이프 서포트 조립 시 준수사항
- 파이프 서포트를 3개 이상 이어서 사용하지 않도록 할 것
- 파이프 서포트를 이어서 사용하는 경우에는 4개 이상의 볼트 또는 전용철물을 사용하여 이을 것
- 높이가 3.5m를 초과하는 경우 높이 2m 이내마다 수평연결재를 2개 방향으로 만들고 수평연결재의 변위를 방지할 것

100 동영상은 거푸집 동바리의 조립 영상이다. 동영상을 보고 관련 질문에 답하시오.(6점) [기사1604C]

동영상은 거푸집 동바리를 조립하고 있는 모습을 보여주고 있다.

가) 강재와 강재와의 접속부 및 교차부는 (①)·(②) 등 전용철물을 사용하여 단단히 연결할 것
나) 동바리로 사용하는 파이프 서포트의 경우 높이가 (③)미터를 초과하는 경우에는 높이 (④)미터 이내마다 수평연결재를 2개 방향으로 만들고 수평연결재의 변위를 방지할 것
다) (⑤)이나 (⑥)의 사용, 콘크리트 타설, 말뚝박기 등 동바리의 침하를 방지하기 위한 조치를 할 것

① 볼트　　　② 클램프　　　③ 3.5
④ 2　　　　⑤ 받침목　　　⑥ 깔판

101 동영상은 거푸집 동바리를 설치하는 모습을 보여주고 있다. 동영상을 참고하여 해당 거푸집 동바리를 조립할 때 사업주의 준수사항 2가지를 쓰시오.(4점)

[기사2104C/기사2304C]

영상은 계단실의 경사 거푸집 동바리를 설치하는 모습을 보여주고 있다.

① 거푸집의 형상에 따른 부득이한 경우를 제외하고는 깔판·깔목 등을 2단 이상 끼우지 않도록 할 것
② 깔판·깔목 등을 이어서 사용하는 경우에는 깔판·깔목은 단단히 연결할 것
③ 경사면에 설치하는 동바리는 연직도를 유지하도록 깔판·깔목 등으로 고정할 것
④ 연직하게 설치되는 동바리는 경사면방향 분력으로 인하여 미끄러짐 및 전도가 발생할 수 있으므로 모든 동바리에 가새를 설치하는 등 안전조치할 것

▲ 해당 답안 중 2가지 선택 기재

102 영상은 거푸집 설치 작업을 보여주고 있다. 동영상에서 보여주는 부재의 명칭 3가지를 쓰시오(6점)

[기사2101C/기사2102B/기사2201B]

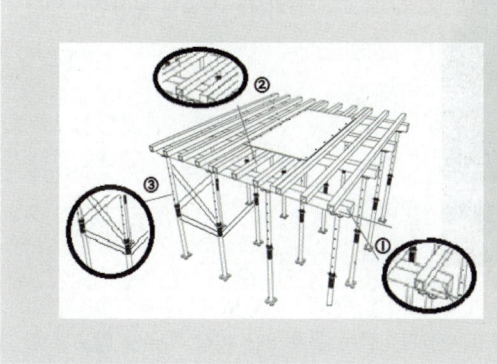

거푸집 설치 공사가 진행중인 모습을 보여주고 있다. 설치공사 중에 특정 부재의 모습을 확대해서 보여준다. 가로로 일정 간격으로 설치된 부재와 그 위에 세로로 역시 일정한 간격으로 설치된 부재를 보여준 후 마지막으로 위의 가로세로로 된 부재의 조합을 받치고 있는 기둥과 그 기둥을 가로, 대각선 등으로 연결한 부재를 보여준다.

① 멍에   ② 장선   ③ 거푸집 동바리(서포트)

✔ 거푸집의 구성요소
 • 멍에 : 장선을 받치기 위해서 일정한 간격으로 배열한 부재이다.
 • 장선 : 지붕 바닥 마루널 등을 받기 위해 좁은 간격으로 배열된 부자재로 멍에 위에 깔아준다.
 • 거푸집 동바리(써포트, SUPPORT) : 수평부재를 받쳐주고 상부하중을 하부로 전달하는 압축부재를 말한다.

103 영상은 거푸집을 설치하는 현장을 보여주고 있다. 거푸집 설치 시 사용하는 연결철물의 명칭과 기능을 각각 쓰시오.(5점)

[기사2003A/기사2101A]

거푸집 설치 모습을 보여주고 있다. 거푸집의 조임과 거푸집 축의 유지를 위해서 전용 철물을 연결하고 있는 모습을 보여준다.

① 연결철물의 명칭 : 폼타이(거푸집 긴결재)
② 기능 : 거푸집의 변형 방지

104 동영상은 거푸집 동바리를 설치하는 모습을 보여주고 있다. 동영상을 참고하여 해당 거푸집 동바리를 조립할 때 사업주의 준수사항 2가지를 쓰시오.(4점)

[기사2104C/기사2304C]

영상은 계단실의 경사 거푸집 동바리를 설치하는 모습을 보여주고 있다.

① 거푸집의 형상에 따른 부득이한 경우를 제외하고는 깔판·깔목 등을 2단 이상 끼우지 않도록 할 것
② 깔판·깔목 등을 이어서 사용하는 경우에는 깔판·깔목은 단단히 연결할 것
③ 경사면에 설치하는 동바리는 연직도를 유지하도록 깔판·깔목 등으로 고정할 것
④ 연직하게 설치되는 동바리는 경사면방향 분력으로 인하여 미끄러짐 및 전도가 발생할 수 있으므로 모든 동바리에 가새를 설치하는 등 안전조치할 것.

▲ 해당 답안 중 2가지 선택 기재

105 영상은 거푸집을 설치하는 현장을 보여주고 있다. 거푸집 설치 시 거푸집이 콘크리트 하중이나 그 밖의 외력에 견딜 수 있도록 하는데 필요한 조치 2가지를 쓰시오.(4점)
[기사2101A]

거푸집 설치 모습을 보여주고 있다. 거푸집의 조임과 거푸집 축의 유지를 위해서 전용 철물을 연결하고 있는 모습을 보여준다.

① 폼타이(거푸집 긴결재) ② 버팀대 ③ 지지대

▲ 해당 답안 중 2가지 선택 기재

106 동영상은 콘크리트 타설 및 타설 후 면마감 작업을 보여주고 있다. 콘크리트 타설작업 시 안전조치 사항을 3가지 쓰시오.(6점)
[산기1604B/산기1801A/기사1801C/산기1804A/기사1804C/기사1901C/산기1902A/산기2001A/산기2004A/기사2004B]

콘크리트 타설 현장의 모습을 보여주고 있다. 타설할 때 작업발판도 없고 난간도 없고 방망도 없으며, 작업자는 안전모 턱끈을 느슨하게 하고 있다.

① 콘크리트 타설작업 시 거푸집 붕괴의 위험이 발생할 우려가 있으면 충분한 보강조치를 할 것
② 설계도서상의 콘크리트 양생기간을 준수하여 거푸집 동바리 등을 해체할 것
③ 콘크리트를 타설하는 경우에는 편심이 발생하지 않도록 골고루 분산하여 타설할 것
④ 당일의 작업을 시작하기 전에 해당 작업에 관한 거푸집 동바리 등의 변형·변위 및 지반의 침하 유무 등을 점검하고 이상이 있으면 보수할 것
⑤ 작업 중에는 거푸집 동바리 등의 변형·변위 및 침하 유무 등을 감시할 수 있는 감시자를 배치하여 이상이 있으면 작업을 중지하고 근로자를 대피시킬 것

▲ 해당 답안 중 3가지 선택 기재

107 영상은 거푸집 동바리의 설치 잘못으로 인해 거푸집이 붕괴하는 사고를 보여주고 있다. 영상에서 거푸집 동바리의 설치상태가 잘못된 점을 찾아 3가지 쓰시오.(6점) [기사1402B/기사1504C/기사1604B]

거푸집 동바리가 붕괴되는 재해상황을 보여주고 있다. 재해상황을 보여주기 전 거푸집 동바리 설치 작업 시 동바리의 위치가 불량한 것과 수평연결재를 설치하지 않은 것, 각재가 파손되거나 변형된 것 등을 보여준다.

① 동바리의 위치 불량
② 수평 연결재의 미설치
③ 변형 및 파손된 각재의 사용

108 동영상은 교량 상부에서 콘크리트 펌프카를 사용한 콘크리트 타설 작업을 보여주고 있다. 콘크리트 펌프 또는 콘크리트 펌프카 사용 시 준수사항을 3가지 쓰시오.(6점) [기사1401A/기사1404A/기사1502B/기사1601B /기사1702A/기사1804B/산기1901A/산기1904A/기사2001A/기사2001B/기사2002C/기사2003D/기사2101C/기사2102B/기사2201B/기사2204B /기사2204C/기사2401B/기사2403C]

신호수가 신호를 하면서 콘크리트 타설작업이 진행 중인 상황을 보여주고 있다. 교량상부에서 콘크리트 펌프카를 사용하여 타설작업 중이다.

① 작업을 시작하기 전에 콘크리트 펌프용 비계를 점검하고 이상을 발견하였으면 즉시 보수할 것
② 건축물의 난간 등에서 작업하는 근로자가 호스의 요동·선회로 인하여 추락하는 위험을 방지하기 위하여 안전 난간 설치 등 필요한 조치를 할 것
③ 콘크리트 펌프카의 붐을 조정하는 경우에는 주변의 전선 등에 의한 위험을 예방하기 위한 적절한 조치를 할 것
④ 작업 중에 지반의 침하, 아웃트리거의 손상 등에 의하여 콘크리트 펌프카가 넘어질 우려가 있는 경우는 이를 방지하기 위한 적절한 조치를 할 것

▲ 해당 답안 중 3가지 선택 기재

109 동영상은 프리캐스트 콘크리트의 제작과정을 보여주고 있다. 프리캐스트 콘크리트의 장점을 3가지 쓰시오. (6점)   [산기1404A/산기1601A/산기1604A/기사1801B/산기1802A/기사2003B/기사2004D/기사2301A]

벽, 바닥 등을 구성하는 콘크리트 부재를 공장에서 적당한 크기로 만드는 과정을 보여주고 있다.

① 양질의 부재를 경제적으로 생산할 수 있다.
② 기계화작업으로 공기단축을 꾀할 수 있다.
③ 기상과 관계없이 작업이 가능하며, 특히 한랭기의 시공 시 유리하다.

110 동영상은 프리캐스트(PCS) 콘크리트 작업과정을 보여주고 있다. 가) 올바른 제작 순서와 나) 4번 화면의 작업이름을 쓰시오.(6점)   [산기1404A/산기1601A/산기1604A/기사1801B/산기1802A/기사2003B/기사2004D]

벽, 바닥 등을 구성하는 콘크리트 부재를 공장에서 적당한 크기로 만드는 과정을 보여주고 있다. 특별히 4번 화면의 모습을 집중적으로 보여준다.

① 탈형
② 거푸집제작(박지제도포)
③ 철근 배근 및 조립
④ 수중양생
⑤ 콘크리트 타설
⑥ 선 부착품 설치(인서트, 전기부품 등) – 철근 거치

가) 순서 : ② → ⑥ → ③ → ⑤ → ④ → ①
나) 4번 화면의 작업이름 : 수중양생

111 동영상은 콘크리트 타설작업을 보여주고 있다. 콘크리트 양생을 위한 거푸집 존치기간과 관련된 다음 설명의 ( ) 안을 채우시오.(4점)
[기사2304B]

콘크리트 타설 현장의 모습을 보여주고 있다. 타설할 때 작업발판도 없고 난간도 없고 방망도 없으며, 작업자는 안전모 턱끈을 느슨하게 하고 있다.

	조강포틀랜드 시멘트	보통포틀랜드 시멘트
20°C 이상 :	(①)일	4일
10~20°C :	3일	(②)일

① 2
② 6

112 동영상은 백호로 콘크리트를 타설하는 장면을 보여주고 있다. 동영상에서 확인할 수 있는 위험요인 3가지를 쓰시오.(6점)
[기사1501C/기사1701A/기사1704C]

백호를 이용해 콘크리트 타설을 하는 상황이다. 백호가 서 있는 위치 역시 안정되지 않은 지반이고, 백호의 버킷 밑에 근로자 2명이 아무런 위화감 없이 삽질을 하고 있다. 주변에 별도의 유도자가 없는 상황이어서 위험하다.

① 작업장소의 하부지반의 침하로 인한 백호가 전도되어 협착사고가 발생할 수 있다.
② 백호 버킷 연결부 등이 작업 중 탈락할 수 있음에도 작업자가 백호 버킷 아래에서 작업하고 있다.
③ 근로자에게 위험을 미칠 우려가 있는 경우임에도 유도자를 배치하지 않았다.

113 동영상은 철근의 조립간격을 보여주고 있다. 다음 물음에 답을 쓰시오.(4점)   [기사1504C/기사1701C]

철근콘크리트 구조의 구조부재에 설치된 철근의 조립형태를 보여주고 있다.
특히 축방향과 수직으로 배치된 철근을 집중조명하고 있다.

① 기초에서 주철근에 가로로 들어가는 철근의 역할
② 기둥에서 전단력에 저항하는 철근의 이름

① 주철근 구속으로 좌굴방지
② 띠철근

114 동영상은 철근공사를 진행 중인 작업장을 보여주고 있다. 해당 작업장 및 작업자가 안전준수 위반한 사항을 3가지 쓰시오.(6점)   [기사2003E/기사2201C/기사2202B]

철근공사를 진행 중인 작업장이다. 주변에 안전통로도 없이 철근을 밟고 이동하면서 작업하는 안전대도 착용하지 않은 작업자를 보여준다. 작업자가 이음철근을 가지고 있음을 보여주고 있다.

① 안전통로 미설치   ② 작업발판 미설치
③ 개인보호구 미착용   ④ 실족방지망 미설치

▲ 해당 답안 중 3가지 선택 기재

115 교각공사의 주철근 모습을 보여주는 동영상이다. 장래 이음 등을 고려한 노출된 철근의 보호방법 3가지를 쓰시오.(6점)

[기사1404C/기사1601A/기사1702B/기사1902B]

영상은 교각공사현장을 보여주고 있다. 공사가 끝났는지 작업자는 보이지 않고 교각 위로 올라온 철근은 비를 맞았는지 녹이 많이 슬어서 흉측하다.

① 철근에 비닐 등을 덮어 빗물이나 습기를 차단한다.
② 방청도료를 도포하여 철근 부식을 방지한다.
③ 철근의 변위·변형을 방지하기 위해 철사 등으로 묶어 놓는다.

116 동영상에서와 같은 건설현장에서 철골작업 시 작업을 중지하여야 하는 기후조건 3가지를 쓰시오.(6점)

[기사1402A/산기1501A/산기1604B/산기1701B/산기1702B/기사1704B/산기1801A/산기1802B/기사1901A/산기1902B/산기1904B/기사2002E/산기2004B]

철골구조물 건립 공사현장을 보여주고 있다.

① 풍속이 초당 10m 이상인 경우
② 강우량이 시간당 1mm 이상인 경우
③ 강설량이 시간당 1cm 이상인 경우

117 동영상은 철골구조물 건립작업 현장을 보여주고 있다. 철골구조물 건립 중 강풍에 의한 풍압 등 외압에 대한 내력이 설계에 고려되었는지 확인할 대상 구조물을 3가지 쓰시오.(6점) [기사1801B/기사2002E]

철골구조물 건립 공사현장을 보여주고 있다. 바람에 철골구조물의 보조자재들이 날리는 모습을 보여준다.

① 높이 20미터 이상의 구조물
② 구조물의 폭과 높이의 비가 1:4 이상인 구조물
③ 단면구조에 현저한 차이가 있는 구조물
④ 연면적당 철골량이 50kg/m² 이하인 구조물
⑤ 기둥이 타이플레이트(Tie plate)형인 구조물
⑥ 이음부가 현장용접인 구조물

▲ 해당 답안 중 3가지 선택 기재

118 동영상에서는 철골작업 현장을 보여주고 있다. 철골 기둥의 승강용 트랩 설치와 관련된 다음 물음에 답하시오.(4점) [기사1802A/기사1904B/기사2101C/기사2102B/기사2201B/기사2204C]

철골구조물 건립 공사현장을 보여주고 있다. 복장이 불량한 작업자가 어슬렁거리는 모습을 보여준다. 승강용 트랩을 타고 위로 올라가야 하는데 복장이 불량해서 올라갈 수 있을지 걱정스럽다.

① 사용하는 철근의 규격   ② 트랩의 설치 간격   ③ 트랩 설치 시 폭의 규격

① 16mm   ② 30cm 이내   ③ 30cm 이상

119 동영상은 철골공사현장에서 발생한 재해상황을 보여주고 있다. 동영상을 참고하여 위험요인을 2가지 쓰시오.(4점) [기사2003D/기사2004A/기사2201C]

고소에서 철골작업 중 공중에 설치된 H빔 철골 격자구조물 위를 걷던 근로자가 추락하는 재해상황을 보여주고 있다. 작업자는 안전대를 착용하지 않았고, 추락방호망, 수직형 추락방망 등이 설치되어 있지 않은 작업장이다.

① 근로자 안전대 미착용
② 추락방호망 미설치

120 동영상에서는 철골작업 현장을 보여주고 있다. 와이어로프로 철골을 인양하고 앵커 볼트에 고정한 후 인양 와이어로프를 제거할 때 준수사항 2가지를 쓰시오.(4점) [기사2104C/기사2302A]

영상은 철골작업장에서 철골기둥을 타고 올라가 앵커 볼트를 고정하는 작업 현장을 보여주고 있다. 작업을 마친 작업자가 트랩을 이용하지 않고 무리하게 기둥에서 뛰어내리는 모습을 보여준다.

① 기둥위로 올라갈 때 또는 기둥에서 내려올 때는 기둥의 트랩을 이용하여야 한다.
② 안전대를 사용해야 하며, 샤클핀이 빠져 떨어지는 일 등이 발생하지 않도록 주의해야 한다.
③ 기둥 베이스 구멍을 통해 앵커 볼트를 보면서 정확히 유도하고, 볼트가 손상되지 않도록 조심스럽게 제자리에 위치시켜야 한다. 이때 손, 발이 끼지 않도록 주의한다.
④ 바른 위치에 잘 들어갔는지 확인하고 앵커 볼트 전체의 균형을 유지하면서 확실히 조여야 한다.
⑤ 인양 와이어 로프를 제거하기 위하여 기둥위로 올라갈 때 또는 기둥에서 내려올 때는 기둥의 트랩을 이용하여야 한다.
⑥ 인양 와이어 로프를 풀어 제거할 때에는 안전대를 사용해야 하며 샤클핀이 빠져 떨어지는 일 등이 발생하지 않도록 주의해야 한다.

▲ 해당 답안 중 2가지 선택 기재

121 H빔 철골을 이용하여 보를 설치하는 장면을 보여주고 있다. 이 작업 중 와이어로프를 해체할 때 준수해야 하는 사항을 2가지 쓰시오.(4점)

[기사2004A]

크레인을 이용해서 H빔 철골을 운반하여 철골보를 설치하는 모습을 보여주고 있다. 이후 와이어로프를 해체하는 장면을 집중적으로 보여주면서 영상이 끝난다.

① 안전대를 사용하여 보위를 이동하여야 한다.
② 안전대를 설치할 구명줄은 보의 설치와 동시에 기둥간에 설치하도록 해야 한다.

122 동영상은 강관비계 설치 현장을 보여주고 있다. 동영상에서와 같은 강관비계의 설치·조립 시 준수해야 할 사항 2가지를 쓰시오.(4점)

[기사1704C]

강관비계를 설치한 작업현장의 모습을 보여주고 있다.

① 교차가새로 보강할 것
② 강관의 접속부 또는 교차부는 적합한 부속철물을 사용하여 접속하거나 단단히 묶을 것
③ 외줄비계·쌍줄비계 또는 돌출비계에 대해서는 벽이음 및 버팀을 설치할 것
④ 비계기둥에는 미끄러지거나 침하하는 것을 방지하기 위하여 밑받침 철물을 사용하거나 깔판·받침목을 사용하여 밑둥잡이를 설치하는 등의 조치를 할 것
⑤ 가공전로에 근접하여 비계를 설치하는 경우에는 가공전로를 이설하거나 가공전로에 절연용 방호구를 장착하는 등 가공전로와의 접촉을 방지하기 위한 조치를 할 것

▲ 해당 답안 중 2가지 선택 기재

123 동영상은 강관비계 설치 작업장을 보여주고 있다. 강관비계에 관한 설명에서 빈칸을 채우시오.(4점)

[기사1401A/기사1504C/기사1701B/기사1801B/산기1802B/산기1901A/기사1902A/산기1904A/산기2002A/기사2003D/기사2004C/기사2304A]

강관비계를 설치한 작업현장의 모습을 보여주고 있다.

가) 띠장간격은 (①)m 이하로 설치할 것
나) 비계기둥의 간격은 띠장 방향에서는 1.85m 이하, 장선 방향에서는 (②)m 이하로 할 것
다) 비계기둥의 제일 윗부분으로부터 31m 되는 지점 밑 부분의 비계기둥은 (③)개의 강관으로 묶어 세울 것
라) 비계기둥 간의 적재하중은 (④)kg을 초과하지 않도록 할 것

① 2　　② 1.5　　③ 2　　④ 400

124 강관비계에 대한 다음 동영상을 보고 강관비계 조립 시의 준수사항에 대한 다음 물음의 ( )을 채우시오.(4점)

[기사1701A]

강관비계를 설치한 작업현장의 모습을 보여주고 있다.

가) 비계기둥에는 미끄러지거나 (①)하는 것을 방지하기 위하여 밑받침철물을 사용하거나 깔판·받침목 등을 사용하여 밑둥잡이를 설치하는 등의 조치를 할 것
나) 강관의 접속부 또는 교차부(交叉部)는 적합한 (②)을 사용하여 접속하거나 단단히 묶도록 한다.
다) 외줄비계·쌍줄비계 또는 돌출비계에 대해서는 (③) 및 (④)을 설치하도록 한다.

① 침하　　　　② 부속철물
③ 벽이음　　　④ 버팀

125 동영상은 강관비계를 설치하는 모습을 보여주고 있다. 파이프 서포트가 미끄러지거나 침하하는 것을 방지하기 위한 조치를 3가지 쓰시오.(6점)
[기사2101C]

강관비계를 설치한 작업현장의 모습을 보여주고 있다.

① 밑받침 철물을 사용
② 깔판 사용
③ 받침목 사용

126 영상은 비계 설치 모습을 보여주고 있다. 산업안전보건법상 강관틀비계의 설치기준에 대한 다음 설명에서 ( ) 안을 채우시오.(6점)
[산기2002B/기사2002C/기사2301C]

강관틀비계가 설치된 작업현장의 모습을 보여주고 있다.

가) 비계기둥의 밑둥에는 밑받침 철물을 사용하여야 하며 밑받침에 고저차(高低差)가 있는 경우에는 조절형 밑받침철물을 사용하여 각각의 강관틀비계가 항상 수평 및 수직을 유지하도록 할 것
나) 높이가 20m를 초과하거나 중량물의 적재를 수반하는 작업을 할 경우에는 주틀 간의 간격을 (①)m 이하로 할 것
다) 주틀 간에 (②)를 설치하고 최상층 및 5층 이내마다 수평재를 설치할 것
라) 수직방향으로 6m, 수평방향으로 (③)m 이내마다 벽이음을 할 것
마) 길이가 띠장 방향으로 4미터 이하이고 높이가 10미터를 초과하는 경우에는 10미터 이내마다 띠장 방향으로 버팀기둥을 설치할 것

① 1.8
② 교차가새
③ 8

127 동영상은 강관비계가 설치된 작업현장을 보여주고 있다. 동영상을 보고 위험 사항 및 해결책을 각각 1가지씩 쓰시오.(4점)　　　　　　　　　　　　　　　　　　　　　　　　　　　　　　　　　[기사1904A]

비계기둥 하부가 미끄럼 방지조치가 되어 있지 않으며, 맨바닥에 깔판이 누락된 곳이 보인다. 깔판 전체가 아닌 모서리 부분이 비계기둥을 받치고 있다.

① 위험 사항 : 비계기둥 기초를 보강하지 않았다.
② 해결책 : 비계기둥 하부를 충분히 다짐한 후 깔판과 받침목 등을 평탄하게 설치한다.

128 동영상은 강관비계를 보여주고 있다. 다음 물음에 답하시오.(4점)　　　[기사2401A]

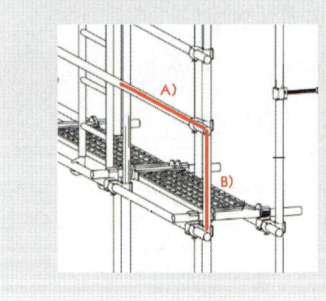

강관비계가 설치된 현장의 모습을 보여주고 있다. 그러던 중 강관비계를 구성하는 요소들을 하나하나 비춰주는데 띠장의 모습을 집중적으로 부각시키고 있다.

가) 영상에서 지시하는 A)와 B)의 길이를 쓰시오.
나) 비계기둥 간의 최대 적재하중을 쓰시오.

가) A) 1.85m 이하　　　　　　　B) 2m 이하
나) 400kg

129 영상은 비계의 설치 현장을 보여주고 있다. 영상에서와 같은 강관틀비계의 조립 시 준수사항 3가지를 쓰시오.(6점)

[기사1901B/기사2002A]

강관틀비계가 설치된 작업현장의 모습을 보여주고 있다.

① 높이가 20미터를 초과하거나 중량물의 적재를 수반하는 작업의 경우 주틀 간의 간격을 1.8미터 이하로 할 것
② 주틀 간에 교차 가새를 설치하고 최상층 및 5층 이내마다 수평재를 설치할 것
③ 수직방향으로 6미터, 수평방향으로 8미터 이내마다 벽이음을 할 것
④ 길이가 띠장 방향으로 4m 이하이고 높이가 10m를 초과하는 경우 10m 이내마다 띠장 방향으로 버팀기둥을 설치할 것
⑤ 비계기둥의 밑둥에는 밑받침 철물을 사용하여야 하며 밑받침에 고저차가 있는 경우에는 조절형 밑받침 철물을 사용하여 각각의 강관틀 비계가 항상 수평 및 수직을 유지하도록 할 것

▲ 해당 답안 중 3가지 선택 기재

130 동영상에서 지시한 비계의 구성요소 명칭을 쓰고, 해당 구성요소의 설치기준을 2가지 쓰시오.(6점)

[기사2401C]

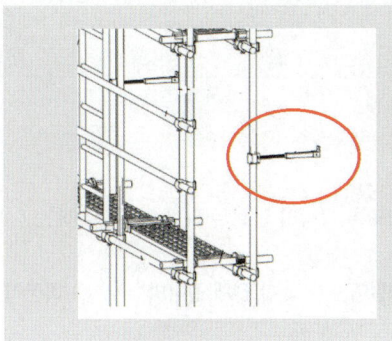

강관틀비계가 설치된 모습을 보여준다. 특히 강관틀비계와 인접건물을 연결한 철물을 집중적으로 보여주고 있다.

가) 명칭 : 벽이음
나) 철물의 설치기준
  • 수직방향으로 6m 이내
  • 수평방향으로 8m 이내

131 동영상은 강관틀비계의 구성요소를 보여주고 있다. A~D까지의 요소명을 쓰시오. (4점) [기사2401B]

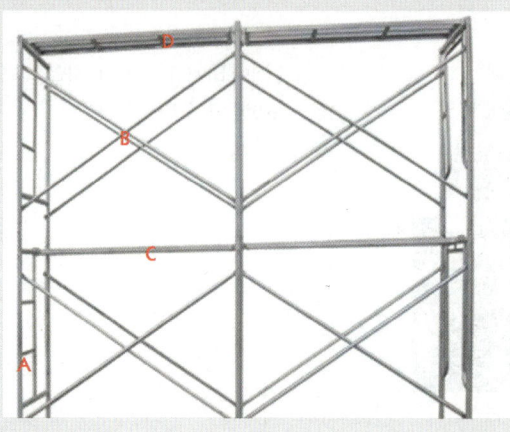

강관틀비계의 구성요소를 보여주고 있다. A는 주틀(기본틀)로 기둥역할을 하는 틀이고, B는 기본틀과 기본틀을 연결하는 가새이고, C는 수평틀 혹은 띠장으로 2개의 기본틀을 연결하는 강관, D는 근로자가 작업하기 위한 작업발판을 보여주고 있다.

① A : 주틀(기본틀)
② B : 교차가새
③ C : 띠장(수평틀)
④ D : 작업발판

132 동영상은 시스템 비계가 설치된 작업장을 보여주고 있다. 시스템 비계의 설치와 관련된 다음 설명의 빈칸을 채우시오. (6점) [산기1902B/기사2101B/기사2102C/기사2104B/기사2301C/기사2302A]

영상은 시스템 비계가 설치된 작업현장의 모습이다.

- 수직 및 수평하중에 의한 동바리 본체의 변위가 발생하지 않도록 각각의 단위 수직재 및 수평재에는 (①)를 견고하게 설치하도록 할 것
- 동바리 최상단과 최하단의 수직재와 (②)의 연결부의 겹침길이는 (②) 전체 길이의 (③) 이상이 되도록 할 것

① 가새재
② 받침철물
③ 3분의 1

✔ 시스템 비계 조립 시 준수사항
- 비계 기둥의 밑둥에는 밑받침 철물을 사용하여야 하며, 밑받침에 고저차가 있는 경우에는 조절형 밑받침 철물을 사용하여 시스템 비계가 항상 수평 및 수직을 유지하도록 할 것
- 경사진 바닥에 설치하는 경우에는 피벗형 받침 철물 또는 쐐기 등을 사용하여 밑받침 철물의 바닥면이 수평을 유지하도록 할 것
- 가공전로에 근접하여 비계를 설치하는 경우에는 가공전로를 이설하거나 가공전로에 절연용 방호구를 설치하는 등 가공전로와의 접촉을 방지하기 위하여 필요한 조치를 할 것
- 비계 내에서 근로자가 상하 또는 좌우로 이동하는 경우에는 반드시 지정된 통로를 이용하도록 주지시킬 것
- 비계 작업 근로자는 같은 수직면상의 위와 아래 동시 작업을 금지할 것
- 작업발판에는 제조사가 정한 최대적재하중을 초과하여 적재해서는 아니 되며, 최대적재하중이 표기된 표지판을 부착하고 근로자에게 주지시키도록 할 것

133 영상은 비계의 조립 작업을 보여주고 있다. 영상의 비계 조립 작업 시 사업주가 준수해야 할 사항에 대한 다음 설명의 빈 칸을 채우시오.(6점) [기사2102A/기사2201A/기사2202A]

시스템 비계의 조립작업을 보여주고 있다.

가) 경사진 바닥에 설치하는 경우에는 (①) 또는 (②) 등을 사용하여 밑받침 철물의 바닥면이 수평을 유지하도록 할 것
나) 가공전로에 근접하여 비계를 설치하는 경우에는 가공전로를 이설하거나 가공전로에 (③)를 설치하는 등 가공전로와의 접촉을 방지하기 위하여 필요한 조치를 할 것

① 피벗형 받침 철물
② 쐐기
③ 절연용 방호구

134 영상은 비계의 설치 작업을 보여주고 있다. 비계의 설치 중 연결철물의 역할이나 기능을 2가지 쓰시오.(4점)

[기사2001C]

비계의 설치작업 모습을 보여주고 있다. 비계의 흔들림과 붕괴를 방지하기 위해서 비계를 바닥이나 콘크리트 벽체와 연결하는 전용철물을 고정하고 있는 모습이다.

① 풍하중으로 인한 무너짐 방지
② 편심하중으로 인한 무너짐 방지

135 동영상은 비계를 이용한 작업현장을 보여주고 있다. 작업자가 사용하는 비계의 종류, 비계의 높이가 2미터 이상일 경우 작업발판의 폭, 지주부재와 수평면의 기울기를 쓰시오.(6점)

[기사1802C/기사1804C/기사1902A/기사2003D/기사2202A/기사2202B/기사2302B/기사2304C]

말비계 위에서 작업자가 작업중인 모습을 보여주고 있다.

① 비계의 종류 : 말비계
② 작업발판의 폭 : 40cm 이상
③ 기울기 : 75° 이하

136 동영상은 이동식 비계를 이용한 작업 중 추락재해가 발생하는 것을 보여준다. 이동식 비계 바퀴의 뜻밖의 갑작스러운 이동 또는 전도를 방지하기 위해 브레이크·쐐기 등으로 바퀴를 고정하는 장치의 이름을 쓰시오.(4점) [기사1901C/기사1904C/기사2001B]

• 아웃트리거

137 동영상은 이동식 비계를 이용한 작업 중 추락재해가 발생하는 것을 보여준다. 이동식 비계의 올바른 설치기준을 3가지 쓰시오.(6점) [기사1404B/기사1602C/기사1604B/산기1604B/산기1702A/기사1801B/산기1801B/기사1802A/기사1802B/산기1804B/기사1904B/기사2001A/기사2002B/기사2304A/기사2402A]

① 승강용 사다리는 견고하게 설치할 것
② 비계의 최상부에서 작업을 하는 경우에는 안전난간을 설치할 것
③ 작업발판의 최대적재하중은 250킬로그램을 초과하지 않도록 할 것
④ 작업발판은 항상 수평을 유지하고 작업발판 위에서 안전난간을 딛고 작업을 하거나 받침대 또는 사다리를 사용하여 작업하지 않도록 할 것
⑤ 이동식 비계의 바퀴에는 뜻밖의 갑작스러운 이동 또는 전도를 방지하기 위하여 브레이크·쐐기 등으로 바퀴를 고정시킨 다음 비계의 일부를 견고한 시설물에 고정하거나 아웃트리거를 설치하는 등 필요한 조치를 할 것

▲ 해당 답안 중 3가지 선택 기재

138 동영상은 이동식 비계를 이용한 작업 중 추락재해가 발생하는 것을 보여준다. 이동식 비계 바퀴의 뜻밖의 갑작스러운 이동 또는 전도를 방지하기 위하여 설치하는 것을 쓰시오.(4점)
[기사2002C]

이동식 비계를 이용해서 거푸집 설치작업을 진행중인 모습을 보여준다. 비계를 고정하지 않아 흔들리다 작업자가 바닥으로 추락하는 재해가 발생한다.

- 브레이크·쐐기

139 동영상은 이동식 비계를 이용한 작업 중 추락재해가 발생하는 것을 보여준다. 이동식 비계와 관련한 다음 설명의 ( )을 채우시오.(5점)
[기사2004A/기사2101A/기사2204C]

이동식 비계를 이용해서 거푸집 설치작업을 진행중인 모습을 보여준다. 비계를 고정하지 않아 흔들리다 작업자가 바닥으로 추락하는 재해가 발생한다.

가) 이동식 비계의 바퀴에는 뜻밖의 갑작스러운 이동 또는 전도를 방지하기 위하여 (①) 등으로 바퀴를 고정시킨 다음 비계의 일부를 견고한 시설물에 고정하거나 (②)를 설치하는 등 필요한 조치를 할 것
나) 비계의 최상부에서 작업을 하는 경우에는 (③)을 설치할 것

① 브레이크·쐐기
② 아웃트리거(Outrigger)
③ 안전난간

140 동영상은 비계의 조립 및 해체와 관련된 영상이다. 동영상을 참조하여 비계의 조립 및 해체 시 조치사항 3가지를 쓰시오.(6점)   [기사1401A/산기1902A/기사1902B/기사2003D/기사2102A/기사2302A]

높이가 7m 정도 이상인 비계의 해체작업을 보여주고 있다.

① 근로자는 관리감독자의 지휘에 따라 작업하도록 할 것
② 조립·해체 또는 변경의 시기·범위 및 절차를 그 작업에 종사하는 근로자에게 주지시킬 것
③ 작업구역에는 해당 작업을 하는 구역에는 관계 근로자가 아닌 사람의 출입을 금지할 것
④ 비, 눈, 그 밖의 기상상태의 불안정으로 날씨가 몹시 나쁜 경우에는 그 작업을 중지할 것
⑤ 비계재료의 연결·해체작업을 하는 경우는 폭 20cm 이상의 발판을 설치하고 근로자로 하여금 안전대를 사용하도록 하는 등 추락을 방지하기 위한 조치를 할 것
⑥ 재료, 기구 또는 공구 등을 올리거나 내리는 경우에는 근로자로 하여금 달줄·달포대 등을 사용하도록 할 것

▲ 해당 답안 중 3가지 선택 기재

141 동영상은 철골공사 작업 시에 이용되는 작업발판을 만드는 비계로서 상하이동을 할 수 없는 구조이다. 사진을 참고하여 다음 각 물음에 답하시오.(4점)   [산기1501B/산기1702A/기사2003E]

철골작업 시 주로 이용하는 비계의 모습을 보여주고 있다. 높이가 고정되어 있으며 작업자의 발판역할을 하는 비계이다.

① 비계의 명칭을 쓰시오.
② 비계의 하중에 대한 최소 안전계수를 쓰시오.
③ 철근을 사용할 때 최소의 공칭지름을 쓰시오.
④ 비계를 매다는 철선(소성철선)의 호칭치수를 쓰시오.

① 달대비계   ② 8 이상   ③ 19mm   ④ #8

142 동영상은 비계 설치 작업을 보여주고 있다. 비계작업 시 벽이음철물의 역할을 2가지 쓰시오.(4점)

[기사1802B]

비계의 설치작업 모습을 보여주고 있다. 비계의 흔들림과 붕괴를 방지하기 위해서 비계를 콘크리트 벽체와 연결하는 벽이음철물을 고정하고 있는 모습이다.

① 비계 전체의 좌굴을 방지한다.
② 풍하중에 의한 무너짐을 방지한다.
③ 편심하중에 의한 무너짐을 방지한다.

▲ 해당 답안 중 2가지 선택 기재

143 동영상은 비계의 설치현장을 보여주고 있다. 동영상에서 비계의 벽이음을 위해 설치하는 삼각형 부재의 명칭을 쓰시오.(4점)

[기사2003B]

비계의 벽이음을 위해 빨간색 모양의 부재를 벽에 설치하는 모습을 보여주고 있다.

- 브라켓(Bracket)

144 동영상은 비계의 조립, 해체, 변경작업을 하는 중 강관비계(아시바)가 떨어져 밑에 있던 근로자가 놀라는 장면이다. 재해예방을 위한 준수사항을 3가지 쓰시오.(6점)

[기사1401A/기사1501A/기사1602B/산기1701B/산기1702B/기사1702C/산기1802A/기사2004B]

동영상은 비계 조립, 해체, 변경작업을 하는 모습을 보여주고 있다. 작업발판 없이 비계에서 비계를 해체중이다. 안전모의 턱끈이 풀린 작업자가 아래쪽에 지나가고 있다. 비계를 해체한 작업자가 해체된 비계발판을 아래로 집어던지자 아래쪽 작업자가 놀라는 모습을 보여준다.

① 해체한 비계를 아래로 내릴 때는 달줄 또는 달포대를 사용한다.
② 작업반경 내 출입금지구역을 설정하여 근로자의 출입을 금지한다.
③ 작업근로자에게 안전모 등 개인보호구를 착용시킨다.
④ 작업발판을 설치한다.
⑤ 안전대 부착설비를 설치하고 안전대를 착용한다.

▲ 해당 답안 중 3가지 선택 기재

145 동영상은 비계에서 작업 중 발생한 재해영상이다. 동영상에서 위험요인 2가지를 찾아 쓰시오.(4점)

[산기1504B/산기1701A/기사1901B]

비계에서 작업을 하고 있던 근로자가 파이프를 순간 놓쳐 밑에 작업하고 있던 근로자에게 떨어지는 영상으로 밑에 작업자는 주머니에 손을 넣고 돌아다닌다.

① 작업현장 내 관계자 외 출입을 통제하지 않았다.
② 작업장 근로자가 안전모 등 개인보호구를 착용하지 않았다.
③ 낙하물방지망 및 안전난간을 설치하지 않았다.

▲ 해당 답안 중 2가지 선택 기재

146 동영상은 이동식 비계를 이용한 작업 중 추락재해가 발생하는 것을 보여준다. 재해발생원인을 3가지 쓰시오. (6점)

[산기1601A/기사1602A/기사1802C/기사1902C/산기2003B/기사2003C]

이동식 비계를 이용해서 거푸집 설치작업을 진행중인 모습을 보여준다. 비계를 고정하지 않아 흔들리다 작업자가 바닥으로 추락하는 재해가 발생한다.

① 바퀴를 브레이크 및 쐐기 등으로 고정시키지 않아 흔들림
② 작업자가 안전대를 착용하지 않음
③ 비계 최상부에 안전난간을 설치하지 않음

147 동영상은 결빙된 도로 모습을 보여주고 있다. 도로가 결빙되었을 때 사업주 준수사항을 3가지 쓰시오. (6점)

[기사2401A]

도로가 결빙되어 도로 위에 얼음이 언 모습을 보여주고 있다.

① 가설계단, 작업발판, 개구부 주위 및 근로자의 이동 통로에 결빙부위를 신속히 제거하거나 모래, 부직포 등을 이용하여 미끄럼 방지 조치를 하여야 한다.
② 현장 내 가설도로에는 차량계 건설기계의 미끄럼 방지를 위하여 모래함이나 염화칼슘 등을 비치하고 근로자와 건설장비의 동선을 분리하여야 한다.
③ 현장 내 처마 부위 또는 흙막이 지보공, 터널 수직구 상부 등에 고드름이 발생할 경우 고드름의 낙하로 인한 재해를 예방하기 위하여 고드름을 제거하거나 접근금지구역을 설정하는 등의 조치를 하여야 한다.
④ 철골작업(철탑, 비계 포함)의 경우 철골계단 단부 등 개구부 주변에서 결빙으로 인해 넘어짐, 떨어짐의 위험이 있는지를 확인하고, 결빙 부위제거 및 안전난간 설치 등 넘어짐, 떨어짐 방지조치를 실시하여야 한다.

▲ 해당 답안 중 3가지 선택 기재

148 동영상은 동절기에 도로를 관리하고 있는 모습을 보여주고 있다. 동절기 도로에 조치해야 할 사항 3가지를 쓰시오.(6점)

[기사2004B]

눈이 내리는 도로의 모습이다. 눈을 치우고, 모래를 뿌리고, 삽으로 얼어붙은 구간의 얼음을 부수고 있다.

① 모래를 뿌린다.   ② 쌓인 눈을 제거한다.
③ 얼어붙은 얼음을 제거한다.   ④ 도로에 온열시설을 한다.
⑤ 염화칼슘을 뿌려서 도로의 눈이 얼지 않게 한다.

▲ 해당 답안 중 3가지 선택 기재

149 영상은 작업현장에 눈이 많이 와서 쌓여있는 모습을 보여주고 있다. 폭설이나 한파가 왔을 때 작업장에서의 조치사항을 3가지 쓰시오.(5점)

[산기1901B/기사2101A]

작업현장에 눈이 많이 와서 쌓여 작업자들이 눈을 치우는 모습을 보여주고 있다.

① 적설량이 많을 경우 가시설 및 가설구조물 위에 쌓인 눈을 제거한다.
② 근로자가 통행하는 통로에 눈이나 얼어붙은 얼음을 제거하거나 모래나 부직포 등을 이용해 미끄럼 방지조치를 실시한다.
③ 노출된 상·하수도 관로, 제수변 등에 보온시설을 설치하여 동파 또는 동결을 방지한다.
④ 근로자의 한랭질환을 방지하기 위해 두꺼운 옷이나 장갑 등 방한용 피복을 지급한다.

▲ 해당 답안 중 3가지 선택 기재

150 동영상은 작업장 내의 통로를 보여주고 있다. 작업장으로 통하는 장소 혹은 작업장 내에 근로자가 통행하는 통로의 경우 높이 얼마 이내에 장애물이 없도록 하여야 하는가?(4점) [기사1802C/기사2104B]

작업장 내의 통로를 보여주고 있다.

- 2미터 이내

151 동영상은 작업장에 설치된 가설통로를 보여주고 있다. 가설통로 설치 시 준수사항 3가지를 쓰시오.(단, 견고한 구조로 할 것은 제외)(6점) [기사1801B/기사2001B/산기2003B/기사2202B/기사2402A]

영상은 작업장에 설치된 가설통로의 설치 현황을 보여주고 있다.

① 경사는 30도 이하로 할 것
② 경사가 15도를 초과하는 경우에는 미끄러지지 아니하는 구조로 할 것
③ 추락할 위험이 있는 장소에는 안전난간을 설치할 것
④ 수직갱에 가설된 통로의 길이가 15m 이상인 경우는 10m 이내마다 계단참을 설치할 것
⑤ 건설공사에 사용하는 높이 8m 이상인 비계다리에는 7m 이내마다 계단참을 설치할 것

▲ 해당 답안 중 3가지 선택 기재

152 동영상은 작업장에 설치된 가설통로를 보여주고 있다. 가설통로 경사의 각도기준을 쓰시오.(4점)

[기사1804B/기사2004D]

영상은 작업장에 설치된 가설통로의 설치현황을 보여주고 있다.

- 30도 이하

153 영상은 가설구조물이나 개구부 등에서 추락 위험을 방지하기 위해 설치하여야 하는 시설·설비를 보여주고 있다. 영상에서 지시되는 "가" 부재의 명칭과 설치기준을 쓰시오.(5점)

[기사2003E/기사2402B]

작업현장의 안전난간을 영상으로 보여주면서 발끝막이판을 "가"라는 표식으로 지시하고 있다.

① 명칭 : 발끝막이판
② 설치기준 : 바닥면 등으로부터 10cm 이상의 높이를 유지할 것

154 동영상은 고정식 수직사다리를 보여주고 있다. 동영상을 참고하여 사다리식 통로를 설치할 때의 준수사항에 대한 물음에 답하시오.(6점) [기사1502B/기사1504C/기사1701A/기사1804C/기사2403B/기사2403C]

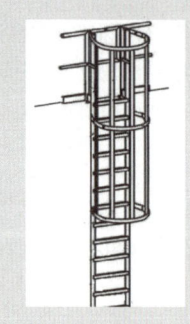

작업현장에 설치된 고정식 수직사다리를 보여주고 있다. 바닥에서부터 높이 2.5미터 되는 지점부터는 등받이울이 설치된 것을 확인할 수 있다.

가) 고정식 사다리식 통로의 기울기는 수평면에 대하여 (①)도 이하로 하고, 그 높이가 (②)미터 이상인 경우에는 바닥으로부터 높이가 2.5미터 되는 지점부터 등받이울을 설치할 것
나) 사다리식 통로의 길이가 10m 이상일 때에는 (③)m 이내마다 계단참을 설치하여야 한다.

① 90
② 7
③ 5

> ✔ **사다리식 통로의 안전기준**
> - 견고한 구조로 할 것
> - 심한 손상·부식 등이 없는 재료를 사용할 것
> - 발판의 간격은 일정하게 할 것
> - 발판과 벽과의 사이는 15cm 이상의 간격을 유지할 것
> - 폭은 30cm 이상으로 할 것
> - 사다리가 넘어지거나 미끄러지는 것을 방지하기 위한 조치를 할 것
> - 사다리의 상단은 걸쳐놓은 지점으로부터 60cm 이상 올라가도록 할 것
> - 사다리식 통로의 길이가 10m 이상인 경우는 5m 이내마다 계단참을 설치할 것
> - 사다리식 통로의 기울기는 75도 이하로 하고, 고정식 사다리식 통로의 기울기는 90도 이하로 하고, 그 높이가 7미터 이상인 경우에는 바닥으로부터 높이가 2.5미터 되는 지점부터 등받이울을 설치하는데 등받이울이 있으면 근로자가 이동이 곤란한 경우는 개인용 추락 방지 시스템을 설치하고 근로자로 하여금 전신안전대를 사용하도록 할 것
> - 고정식 사다리식 통로의 기울기는 90도 이하로 하고, 그 높이가 7m 이상인 경우는 바닥으로부터 높이가 2.5m 되는 지점부터 등받이울을 설치할 것
> - 접이식 사다리 기둥은 사용 시 접혀지거나 펼쳐지지 않도록 철물 등을 사용하여 견고하게 조치할 것

155 동영상은 작업장에 설치된 계단을 보여주고 있다. 동영상에서와 같이 작업장에 계단 및 계단참을 설치할 경우 준수하여야 하는 사항에 대하여 다음 (   )안에 알맞은 내용을 쓰시오.(6점)

[산기1401A/기사1404C/기사1501A/산기1502A/산기1504A/기사1701B/산기1701B/
기사1702A/기사1704B/기사1704C/기사1801A/기사1901C/산기1902A/기사1904B/기사2003C/기사2003E/기사2102C]

작업장에 설치된 가설계단을 보여주고 있다.

가) 계단 및 계단참을 설치할 때에는 매 제곱미터 당 (①)kg 이상의 하중을 견딜 수 있는 강도를 가진 구조로 설치하여야 하며, 안전율은 (②) 이상으로 하여야 한다.
나) 계단을 설치할 때에는 그 폭을 (③)m 이상으로 하여야 한다.
다) 높이가 3m를 초과하는 계단에는 높이 (④)m 이내마다 진행방향으로 길이 (⑤)m 이상의 계단참을 설치하여야 한다.
라) 계단을 설치하는 경우 바닥면으로부터 높이 (⑥)미터 이내의 공간에 장애물이 없도록 하여야 한다.

① 500　　　　　　　　　　　　② 4
③ 1　　　　　　　　　　　　　④ 3
⑤ 1.2　　　　　　　　　　　　⑥ 2

✔ 계단 및 계단참
- 사업주는 계단 및 계단참을 설치하는 경우 매 m^2당 500kg 이상의 하중에 견딜 수 있는 강도를 가진 구조로 설치하여야 하며, 안전율은 4 이상으로 하여야 한다.
- 사업주는 계단 및 승강구 바닥을 구멍이 있는 재료로 만드는 경우 렌치나 그 밖의 공구 등이 낙하할 위험이 없는 구조로 하여야 한다.
- 사업주는 계단을 설치하는 경우 그 폭을 1m 이상으로 하여야 한다.
- 사업주는 계단에 손잡이 외의 다른 물건 등을 설치하거나 쌓아 두어서는 아니 된다.
- 사업주는 높이가 3m를 초과하는 계단에 높이 3m 이내마다 진행방향으로 길이 1.2m 이상의 계단참을 설치하여야 한다.
- 사업주는 계단을 설치하는 경우 바닥면으로부터 높이 2m 이내의 공간에 장애물이 없도록 하여야 한다.
- 사업주는 높이 1m 이상인 계단의 개방된 측면에 안전난간을 설치하여야 한다.

156 동영상은 안전난간을 보여주고 있다. 개구부에 설치하는 동영상에 나오는 구조물의 구조에 대한 설명 중 ( )에 해당하는 값을 채우시오.(5점) [기사2002A/기사2401C/기사2402B/기사2403A]

작업장에 가설구조물이나 개구부 등에서 추락 위험을 방지하기 위해 설치한 안전난간의 모습을 보여주고 있다.

가) 상부 난간대는 바닥면·발판 또는 경사로의 표면으로부터 (①)cm 이상 지점에 설치하고, 상부 난간대를 (②)cm 이하에 설치하는 경우에는 중간 난간대는 상부 난간대와 바닥면 등의 중간에 설치한다.
나) 발끝막이판은 바닥면 등으로부터 (③)cm 이상의 높이를 유지
다) 난간대는 지름 (④)cm 이상의 금속제 파이프나 그 이상의 강도가 있는 재료일 것
라) 안전난간은 구조적으로 가장 취약한 지점에서 가장 취약한 방향으로 작용하는 (⑤)kg 이상의 하중에 견딜 수 있는 튼튼한 구조일 것

① 90
② 120
③ 10
④ 2.7
⑤ 100

✔ 안전난간의 구조
- 상부 난간대, 중간 난간대, 발끝막이판 및 난간기둥으로 구성할 것
- 상부 난간대는 바닥면·발판 또는 경사로의 표면으로부터 90cm 이상 지점에 설치하고, 상부 난간대를 120cm 이하에 설치하는 경우는 중간 난간대는 상부 난간대와 바닥면 등의 중간에 설치하여야 하며, 120cm 이상 지점에 설치하는 경우는 중간 난간대를 2단 이상으로 균등하게 설치하고 난간의 상하 간격은 60cm 이하가 되도록 할 것
- 발끝막이판은 바닥면 등으로부터 10cm 이상의 높이를 유지할 것
- 난간기둥은 상부 난간대와 중간 난간대를 견고하게 떠받칠 수 있도록 적정한 간격을 유지할 것
- 상부 난간대와 중간 난간대는 난간 길이 전체에 걸쳐 바닥면등과 평행을 유지할 것
- 난간대는 지름 2.7cm 이상의 금속제 파이프나 그 이상의 강도가 있는 재료일 것
- 안전난간은 구조적으로 가장 취약한 지점에서 가장 취약한 방향으로 작용하는 100kg 이상의 하중에 견딜 수 있는 튼튼한 구조일 것

157 동영상은 안전난간을 보여주고 있다. 개구부에 설치하는 동영상에 나오는 구조물의 구조에 대한 설명 중 ( )에 해당하는 값을 채우시오.(4점)

[기사1704B/산기1901A/기사1902C/산기1904A/기사2001B/기사2002C/기사2004D/기사2104A]

작업장에 가설구조물이나 개구부 등에서 추락 위험을 방지하기 위해 설치한 안전난간의 모습을 보여주고 있다.

가) (①)은 바닥면 등으로부터 10cm 이상의 높이를 유지
나) 상부 난간대는 바닥면·발판 또는 경사로의 표면으로부터 (②)cm 이상 지점에 설치하고, 상부 난간대를 (③)cm 이하에 설치하는 경우에는 중간 난간대는 상부 난간대와 바닥면 등의 중간에 설치하여야 하며, (③)cm 이상 지점에 설치하는 경우에는 중간 난간대를 2단 이상으로 균등하게 설치하고 난간의 상하 간격은 (④)cm 이하가 되도록 할 것. 다만, 난간기둥 간의 간격이 25cm 이하인 경우에는 중간 난간대를 설치하지 아니할 수 있다.

① 발끝막이판　　　　② 90
③ 120　　　　　　　④ 60

158 동영상은 가설구조물이나 개구부 등에서 추락위험을 방지하기 위해 설치하는 안전난간을 보여주고 있다. 안전난간 각 부위의 명칭을 쓰시오.(4점)

[기사1501C/기사1602A/기사1902B/산기2003B/기사2201A/기사2304A]

추락위험을 방지하기 위해 설치된 안전난간의 구성요소들을 차례대로 보여주고 있다.

① 난간기둥　　　　② 상부 난간대
③ 중간 난간대　　　④ 발끝막이판

159 호이스트 정기점검 중 발생한 재해상황을 보여주고 있다. 호이스트의 방호장치 3가지를 쓰시오.(5점)

[기사2004D/기사2101B]

호이스트의 정기점검 장면을 보여주고 있다. 점검자가 호이스트가 제대로 움직이는지 조작버튼을 누르는 모습을 보여준다.

① 과부하방지장치 ② 권과방지장치 ③ 비상정지장치 및 제동장치

✔ 방호장치의 조정

• 크레인 • 이동식 크레인 • 리프트 • 곤돌라 • 승강기	• 과부하방지장치 • 권과방지장치 • 비상정지장치 및 제동장치 • 승강기의 파이널 리미트 스위치(Final limit switch), 속도조절기, 출입문 인터록(Inter lock) 등

160 동영상은 타워크레인 작업상황을 보여주고 있다. 해당 작업을 진행하는데 있어서 구비해야 할 방호장치를 3가지 쓰시오.(6점)

[산기1404B/산기1601A/산기1702B/기사1802A/기사1804A/산기1804B/기사1902B/기사1904A/기사2003C/기사2301A/기사2402B]

건설현장에서 타워크레인으로 화물을 인양하는 모습을 보여주고 있다.

① 과부하방지장치 ② 권과방지장치 ③ 비상정지장치 및 제동장치

161 동영상은 건설현장에서 사용하는 리프트의 위치별 방호장치를 보여주고 있다. 그림에 맞는 장치의 이름을 쓰시오.(단, 순서 관계없이 법령상의 방호장치 명칭을 쓸 것)(6점)   [기사2402A]

① 과부하방지장치　　② 완충스프링　　③ 비상정지장치
④ 출입문연동장치　　⑤ 방호울출입문연동장치　　⑥ 3상전원차단장치

162 동영상은 타워크레인 사고상황을 보여주고 있다. 물음에 답하시오.(6점) [기사2301C/기사2304B]

타워크레인으로 합판(거푸집)더미를 1줄걸이로 인양하다가 중심을 잃고 하물을 떨어뜨리는 사고가 발생했다. 인양작업중임에도 아래쪽에는 작업자가 무단으로 횡단하고 있는 모습을 보여준다.

가) 동영상에 보여진 재해의 발생원인을 1가지 쓰시오.
나) 공칭지름 20mm 와이어로프가 지름 18mm일 때 폐기여부를 판단하시오.

가) 재해의 발생원인
  ① 타워크레인 작업 중 미리 근로자의 출입을 통제하여 하물이 작업자의 머리 위로 통과하지 않도록 하여야 하는데 근로자의 출입을 통제하지 않았다.
  ② 하물을 안전하게 2줄걸이로 인양하지 않고 1줄걸이로 인양하였다.
나) 와이어로프의 폐기 기준은 지름의 감소가 공칭지름의 7%를 초과한 것이다. 20mm의 와이어로프가 18mm가 되었다는 것은 $\frac{(20-18)}{20} \times 100 = 10\%$가 감소한 것이므로 7%를 초과하여 폐기되어야 한다.

163 동영상은 와이어로프 체결 과정을 보여주고 있다. 와이어로프 클립 체결 방법 중 가장 가) 올바른 것, 나) 주어진 와이어로프 직경에 따른 클립수를 쓰시오.(6점)
[기사1404B/기사1602C/산기1804A/기사2304C/기사2401A/기사2403A]

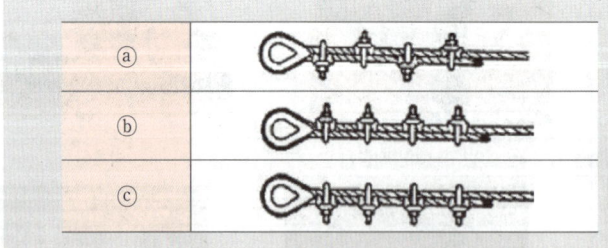

와이어로프의 클립 체결된 내역을 3가지 보여주고 있다. 해당 와이어로프의 화면에는 각 와이어로프마다 클립의 새들 위치가 서로 다른 것을 확인할 수 있다.

16mm 이하	16~28mm	28mm 초과
①	5개	②

가) ⓑ
나) ① 4개   ② 6개

164 영상은 크레인을 이용한 화물의 인양작업을 보여주고 있다. 화물 인양 시 훅에 매다는 로프의 각도 기준에 대해 쓰시오.(4점)
[기사2001C]

타워크레인이 화물을 1줄걸이로 인양해서 화물트럭에 적재하고 있다. 트럭에는 안전모를 쓰지 않은 작업자 1인이 작업을 돕고 있다. 인양작업 중에 화물에 부딪힐뻔하는 모습을 보여주기도 한다.

- 60° 이하

165 동영상은 항타작업 현장을 보여주고 있다. 항타작업에 사용하는 권상용 와이어로프의 사용제한 조건을 3가지 쓰시오.(6점)
[산기1404B/기사1502A/산기1604B/산기1702B/산기1802A/기사1804C/기사2001C/산기2004A/기사2004C/기사2202A/기사2204A/기사2401C]

항타기를 이용하여 전주를 세우는 작업을 보여주고 있다.

① 이음매가 있는 것
② 와이어로프의 한꼬임에서 끊어진 소선의 수가 10% 이상인 것
③ 지름의 감소가 공칭지름의 7%를 초과한 것
④ 심하게 변형 또는 부식된 것
⑤ 꼬인 것
⑥ 열과 전기충격에 의해 손상된 것

▲ 해당 답안 중 3가지 선택 기재

166 동영상은 옥상 위에 설치된 지브 크레인의 모습을 보여주고 있다. 동영상에서와 같이 구조물 위에 크레인을 설치할 경우 구조적인 안전성을 위해 사전에 검토해야 할 사항을 3가지 쓰시오.(6점)

[산기1804B/기사2002E]

건물 외부 공사를 위해 건물 옥상에 설치된 지브 크레인을 보여주고 있다.

① 전도에 대한 안전성
② 활동에 대한 안전성
③ 지반 지지력에 대한 안전성

167 동영상은 탑승설비를 설치한 크레인 작업현장을 보여주고 있다. 산업안전보건법상 동영상의 크레인에 대한 사업주 조치사항을 2가지 쓰시오.(4점)

[기사2403C]

이동식 크레인에 탑승설비를 설치하고 근로자가 탑승하여 고속도로변의 가림막 설비를 설치하고 있다.

① 탑승설비가 뒤집히거나 떨어지지 않도록 필요한 조치를 할 것
② 안전대나 구명줄을 설치하고, 안전난간을 설치할 수 있는 구조인 경우에는 안전난간을 설치할 것
③ 탑승설비를 하강시킬 때에는 동력하강방법으로 할 것

▲ 해당 답안 중 2가지 선택 기재

168 동영상에서 차량계 건설기계를 보여주고 있다. 다음 물음에 답하시오.(4점) [기사1401C/기사1502A/기사1604B]

영상은 차량계 건설기계의 모습을 보여주고 있다.

① 동영상에서 보여주고 있는 건설장비의 명칭을 쓰시오.
② 화물의 하중을 직접 지지하는 경우에 사용되는 와이어로프의 안전율은 얼마인가?

① 이동식 크레인
② 5 이상

169 동영상은 타워크레인을 해체하여 트럭에 적재하는 모습을 보여주고 있다. 동영상을 보고 불안전한 요소 3가지를 쓰시오.(6점) [기사2102B]

해체한 타워크레인을 트럭의 적재함에 싣고 있는 모습을 보여준다.
트럭의 적재함에 안전모를 착용하지 않은 작업자가 올라와서 와이어로프에 매달린 크레인 몸체를 손으로 밀어 적재함에 위치시키고 있다. 별도의 신호수가 보이지 않으며 다른 작업자들이 인양물 아래를 지나가고 있다.

① 작업자가 안전모를 착용하지 않았다.
② 작업반경 및 중량물 하부에 근로자들이 출입하고 있다.
③ 신호수가 배치되지 않았다.

170 크레인으로 교량을 인양하는 장면을 보여주고 있다. 동영상을 참고하여 크레인 작업 시의 준수사항을 3가지 쓰시오.(5점)
[기사1904C/산기2001A/산기2002A/기사2002B/기사2301C]

크레인으로 2줄걸이로 강교량을 인양 중이다. 신호수가 배치되어 있으며, 인양물 아래로 근로자들이 돌아다니는 모습을 보여준다. 인양물에 사람이 타고 있다.

① 인양할 하물을 바닥에서 끌어당기거나 밀어내는 작업을 하지 아니할 것
② 고정된 물체를 직접 분리·제거하는 작업을 하지 아니할 것
③ 미리 근로자의 출입을 통제하여 인양 중인 하물이 작업자의 머리 위로 통과하지 않도록 할 것
④ 인양할 하물이 보이지 아니하는 경우는 어떠한 동작도 하지 아니할 것
⑤ 유류드럼이나 가스통 등 운반 도중에 떨어져 폭발하거나 누출될 가능성이 있는 위험물 용기는 보관함에 담아 안전하게 매달아 운반할 것

▲ 해당 답안 중 3가지 선택 기재

171 영상은 강풍이 불고 있는 작업현장을 보여주고 있다. 강풍 시 타워크레인의 작업제한에 대한 풍속기준을 쓰시오.(4점)
[기사2003E/기사2401C/기사2403C]

강풍이 불고 있는 작업현장을 보여주고 있다. 강풍에 타워크레인이 흔들리는 모습을 보여준다.

① 순간풍속이 초당 10미터 초과 시 타워크레인의 설치·수리·점검 또는 해체 작업을 중지
② 순간풍속이 초당 15미터 초관 시 타워크레인의 운전작업을 중지

✔ 강풍에 대한 조치

순간풍속이 초당 35 미터 초과	• 건설용 리프트에 대하여 받침의 수를 증가시키는 등 그 붕괴 등을 방지하기 위한 조치를 하여야 한다. • 옥외에 설치된 승강기에 대하여 받침의 수를 증가시키는 등 승강기가 무너지는 것을 방지하기 위한 조치를 하여야 한다.
순간풍속이 초당 30 미터 초과	• 옥외에 설치된 주행 크레인에 대하여 이탈방지장치를 작동시키는 등 이탈 방지를 위한 조치를 하여야 한다. • 옥외에 설치된 양중기를 사용하여 작업을 하는 경우 미리 기계 각 부위에 이상이 있는지를 점검하여야 한다.
순간풍속이 초당 15 미터 초과	타워크레인의 운전작업을 중지
순간풍속이 초당 10 미터 초과	타워크레인의 설치·수리·점검 또는 해체작업을 중지

172 화면은 이동식 크레인을 이용하던 중 발생한 재해사례를 나타내고 있다. 이동식 크레인 운전자가 준수해야 할 사항 2가지를 쓰시오.(5점)   [기사1401B/기사1604A/기사1901A]

이동식 크레인을 이용하여 철제배관을 옮기는 중 신호수와 신호방법이 맞지 않아 물체가 흔들리며 철골에 부딪쳐 작업자 위로 자재가 낙하하는 재해상황을 보여주고 있다.

① 일정한 신호방법을 정하고 신호수의 신호에 따라 작업한다.
② 화물을 매단 채 운전석을 이탈하지 않는다.
③ 작업 종료 후 크레인에 동력을 차단시키고 정지조치를 확실히 한다.

▲ 해당 답안 중 2가지 선택 기재

173 동영상은 건설기계의 작업 중 발생한 재해상황을 보여주고 있다. 해당 건설기계를 이용하여 인양 중 발생한 재해의 종류, 위험요소와 방지대책을 각각 3가지 쓰시오.(6점) [기사1402C/기사1804B]

트럭 크레인을 이용하여 인양작업을 진행 중에 와이어로프의 결속불량으로 하물이 떨어져 근처를 지나던 작업자를 덮치는 재해가 발생하였다. 신호수가 보이지 않는다.

가) 재해의 종류 : 낙하(맞음)

나) 위험요소
　① 작업반경 및 중량물 하부에 근로자들이 출입하고 있다.
　② 인양작업 전 와이어로프의 결속상태를 확인하지 않았다.
　③ 신호수를 배치하지 않았다.

다) 방지대책
　① 작업반경 및 중량물 하부에 출입금지 조치를 실시하여야 한다.
　② 인양작업 전 와이어로프의 결속상태를 미리 확인한다.
　③ 신호수를 배치하고, 신호수의 지시에 따라 인양한다.

174 동영상은 건설기계의 작업상황을 보여주고 있다. 해당 건설기계에 대한 위험요소와 방지대책을 각각 3가지 쓰시오.(6점)   [기사1801C/기사1904B/기사2204B]

트럭 크레인이 붐대를 펴고 운행중이다.

가) 위험요소
① 트럭 크레인 수평 및 아웃트리거 설치 전 및 이동 시 붐대를 펴고 이동하고 있다.
② 작업반경 및 중량물 하부에 근로자들이 출입하고 있다.
③ 작업 시작 전 지면의 상태를 확인하지 않고 아웃트리거를 설치하였다.
④ 신호수를 배치하지 않았다.

나) 방지대책
① 트럭 크레인 수평 및 아웃트리거 설치 전 및 이동 시 붐대는 접어 정위치에 고정하여야 한다.
② 작업반경 및 중량물 하부에 출입금지 조치를 실시하여야 한다.
③ 작업 시작 전 지면의 상태를 확인하고, 노면이 평탄하고 견고한 부위에 아웃트리거를 설치한다.
④ 신호수를 배치한다.

▲ 해당 답안 중 각각 2가지씩 선택 기재

175 동영상은 트럭크레인을 이용한 화물인양작업을 보여주고 있다. 영상을 통해 확인 가능한 트럭크레인 작업 시 위험요소와 이에 대한 안전대책을 각각 3가지씩 쓰시오.(6점)
[기사1402B/기사2003E]

트럭크레인에 붐대를 접지 않은 상태에서 이동하고, 아웃트리거를 습윤한 연약지반에 설치, 와이어로프 2줄 걸이를 하는데 이음매가 살짝 보이면서 작업을 하고 있다.

가) 위험요소
① 연약한 지반에 아웃트리거를 아무런 보강없이 설치하였다.
② 붐대를 접지 않은 상태로 이동하게 되면 작업자와 충돌 위험이 있다.
③ 인양물 밑으로 작업자가 이동하고 있다.

나) 안전대책
① 연약한 지반에 아웃트리거를 설치할 때는 각부 또는 가대의 침하를 방지하기 위하여 깔판·받침목 등을 사용해야 한다.
② 붐대를 접지 않은 상태로 이동하게 되면 작업자와 충돌 위험이 있으므로 붐대를 접고 이동하도록 한다.
③ 출입금지구역을 설정하여 크레인에 전도사고 발생 시 작업자의 안전을 확보한다.

176 호이스트 정기점검 중 발생한 재해상황을 보여주고 있다. 해당 재해를 방지하기 위해 착용해야 할 보호구를 쓰시오.(4점)
[기사2002D]

호이스트 크레인의 정기점검 중 발생한 재해상황을 보여주고 있다. 전원이 연결된 호이스트의 내부를 분해하다가 발생한 감전재해이다.

- 내전압용 절연장갑

177 동영상은 굴착기를 이용한 인양작업이다. 이때 사업주 준수사항을 3가지 쓰시오.(6점) [기사2401B]

굴착기를 이용해서 대형 석축을 인양하여 이동시키고 있다.

① 굴착기 제조사에서 정한 작업설명서에 따라 인양할 것
② 사람을 지정하여 인양작업을 신호하게 할 것
③ 인양물과 근로자가 접촉할 우려가 있는 장소에 근로자의 출입을 금지시킬 것
④ 지반의 침하 우려가 없고 평평한 장소에서 작업할 것
⑤ 인양 대상 화물의 무게는 정격하중을 넘지 않을 것

▲ 해당 답안 중 3가지 선택 기재

178 영상은 지하층 파일 작업 현장을 보여주고 있다. 동영상을 참고하여 작업 시 안전조치 사항 2가지를 쓰시오. (4점) [기사2001C]

사면에 콘크리트 말뚝을 시공하는 영상이다. 말뚝에 파란색 캡을 씌우고 주변 지반을 파란색 천막으로 덮는 것을 보여준다.

① 지표수의 유입이 되지 않도록 한다.
② 지하수 유출, 지반의 이완 및 침하, 각종 부재의 변형 등을 수시로 점검하고 이상이 있을 시 안전성을 검토하도록 한다.

179 동영상은 항타기 작업 중 무너지는 장면을 보여주고 있다. 무너짐 방지 방법 3가지를 쓰시오.(6점)

[산기1701A/기사1701C/산기1801B/기사1802B/기사1904C/기사2002E/기사2004D/기사2101B/기사2401C]

연약지반에 별도의 보강작업 없이 항타 작업을 진행 중에 항타기가 밀리면서 전도된 상황을 보여주고 있다.

① 연약한 지반에 설치하는 경우에는 아웃트리거·받침 등 지지구조물의 침하를 방지하기 위하여 깔판·받침목 등을 사용할 것
② 시설 또는 가설물 등에 설치하는 경우에는 그 내력을 확인하고 내력이 부족하면 그 내력을 보강할 것
③ 아웃트리거·받침 등 지지구조물이 미끄러질 우려가 있는 경우에는 말뚝 또는 쐐기 등을 사용하여 해당 지지구조물을 고정시킬 것
④ 궤도 또는 차로 이동하는 항타기 또는 항발기에 대해서는 불시에 이동하는 것을 방지하기 위하여 레일 클램프(rail clamp) 및 쐐기 등으로 고정시킬 것
⑤ 상단 부분은 버팀대·버팀줄로 고정하여 안정시키고, 그 하단 부분은 견고한 버팀·말뚝 또는 철골 등으로 고정시킬 것

▲ 해당 답안 중 3가지 선택 기재

180 동영상은 항타기 작업 중 무너지는 장면을 보여주고 있다. 무너짐 방지 방법과 관련된 조건과 관련된 대책을 쓰시오.(6점)

[기사1404A/산기1504A/산기1602B/기사1704A/산기1902A/기사2003C]

연약지반에 별도의 보강작업 없이 항타작업을 진행 중에 항타기가 밀리면서 전도된 상황을 보여주고 있다.

① 아웃트리거·받침 등 지지구조물이 미끄러질 우려가 있는 경우의 조치사항을 쓰시오.
② 상단과 하단의 고정방법을 쓰시오.
③ 연약한 지반에 설치하는 경우 조치사항을 쓰시오.

① 말뚝 또는 쐐기 등을 사용하여 해당 지지구조물을 고정시킬 것
② 상단 부분은 버팀대·버팀줄로 고정하여 안정시키고, 그 하단 부분은 견고한 버팀·말뚝 또는 철골 등으로 고정시킬 것
③ 아웃트리거·받침 등 지지구조물의 침하를 방지하기 위하여 깔판·받침목 등을 사용할 것

181 동영상은 리프트를 이용해 자재를 옮기는 장면을 보여주고 있다. 동영상을 참고하여 불안전한 행동 1가지와 불안전한 상태 2가지를 쓰시오. (6점) [기사2102A/기사2204B]

안전난간도 없으며, 추락방호망도 설치되지 않은 작업장이다. 리프트 왼쪽에 리프트를 이용해서 옮길 자재를 쌓아두고 안전모를 쓰지않은 작업자가 리프트에 자재를 싣고 있다. 각 층에서는 리프트를 타기 위해 대기하는 작업자들이 문 밖으로 몸을 내밀어 리프트의 위치를 확인중이다.(작업자들은 안전대를 착용하지 않고 있다.)
리프트보다 더 큰 자재를 옮기려다보니 리프트의 문이 닫기지 않는다.

가) 불안전한 행동
   ① 작업자가 안전모를 착용하지 않고 있다.
   ② 리프트 탑승 대기자들이 안전대도 착용하지 않은 채 문 밖으로 몸을 내밀어 리프트의 위치를 확인하고 있다.
나) 불안전한 상태
   ① 리프트의 문이 닫지 않히지 않은 상태에서 운행되고 있다.
   ② 안전난간을 설치하지 않았다.
   ③ 추락방호망을 설치하지 않았다.

▲ 해당 답안 중 가) 1가지, 나) 2가지 선택 기재

182 동영상은 터널현장에서의 공정 중 한 가지를 찍은 것이다. 동영상을 참고하여 다음 각 물음에 답하시오.(6점)

[기사1601B/기사2003D/기사2301A]

어두운 터널 안으로 차량이 들어가고 터널 현장의 울퉁불퉁한 모습이 보인다. 근로자가 차량의 기능을 점검한 후 터널 외벽에 콘크리트를 압력공기를 이용하여 타설을 한다.

가) 동영상에서 작업하고 있는 공정의 명칭을 쓰시오.
나) 공법의 종류 2가지를 쓰시오.
다) 작업계획서 내 포함사항을 3가지 쓰시오.

가) 공정 명 : 숏크리트 타설 공정
나) 공법의 종류
　① 습식공법
　② 건식공법
다) 작업계획서 포함사항
　① 압송거리　　　　② 분진방지대책　　　③ 리바운드 방지 대책
　④ 작업의 안전수칙　⑤ 사용목적 및 투입장비　⑥ 건식, 습식공법의 선택
　⑦ 노즐의 분사출력기준　⑧ 재료의 혼입기준

▲ 다)의 답안 중 3가지 선택 기재

183 동영상은 터널을 시공하는 모습을 보여주고 있다. 터널시공의 안전성 확보를 위한 계측항목 3가지를 쓰시오. (5점)
[기사1901B/기사2003B]

암반자체의 지지력에 숏크리트와 지보재로 보강하는 NATM 공법으로 터널을 시공하고 있다.

① 내공변위 측정   ② 지중변위 측정   ③ 지중침하 측정
④ 터널 내 육안조사 ⑤ 천단침하 측정   ⑥ 록볼트 인발시험
⑦ 지표면 침하측정 ⑧ 지중변위 측정   ⑨ 지하수위 측정 등

▲ 해당 답안 중 3가지 선택 기재

184 동영상은 지하의 작업장에서 보통작업을 하고 있는 상황을 보여주고 있다. 작업조도의 기준을 쓰시오.(4점)
[기사1802C/기사1804B/산기1902A/기사1904C/기사2003D/기사2101C/기사2104A/기사2202B/기사2204B]

작업자가 지하의 밀폐된 작업장에서 도장 작업을 하고 있는 상황을 보여주고 있다.

• 150럭스 이상

✔ 근로자가 상시 작업하는 장소의 작업면 조도			
초정밀작업	정밀작업	보통작업	그 밖의 작업
750Lux 이상	300Lux 이상	150Lux 이상	75Lux 이상

185 동영상은 터널작업 강아치 지보공을 보여준다. 터널공사 시 터널 작업면에 대한 조도 기준에 관한 다음 물음의 빈 칸을 채우시오.(6점)

[기사2304A]

영상은 터널굴착작업 현장의 모습이다. 강아치 지보공을 보여준다.

가) 막장구간 (①)럭스 이상
나) 터널중간구간 (②)럭스 이상
다) 터널입·출구, 수직구 구간 (③)럭스 이상

① 70 ② 50 ③ 30

186 동영상은 록볼트 설치 작업을 하고 있는 터널공사현장이다. 록볼트의 역할 3가지를 쓰시오.(4점)

[기사1401C/기사1604C/기사1801A/기사1902C/기사2003A]

터널공사현장에서 암반을 보강하기 위해 록볼트를 설치하는 모습을 보여주고 있다.

① 봉합작용 - 발파 등으로 느슨해진 암괴를 암반에 고정하여 낙반 등을 방지한다.
② 암반개량작용 - 암반전단 저항력을 증대하고 잔류강도가 증가시켜 암반전체의 물성을 개선한다.
③ 마찰작용 - 마찰력의 발생으로 지층의 운동을 방지한다.
④ 보 형성 - 보를 형성한다.
⑤ 내압부여 - 내부에 압력을 부여한다.
⑥ 아치 형성 - 아치 형상을 만들어준다.

▲ 해당 답안 중 3가지 선택 기재

187 동영상은 터널 내에서 공사를 하는 현장을 보여주고 있다. 터널공사현장에서의 불안전한 행동 및 상태를 영상을 보고 2가지를 쓰시오.(4점)

[기사1801A]

터널 내 공사 진행상황을 보여주고 있다. 조명이 어두워 전방확인이 불가능하고, 환기가 좋지 않은지 작업자들의 얼굴이 자주 찌푸려진다. 바닥은 지하수 처리가 되지 않는지 흥건하게 젖어있다. 작업자들은 안전모 등을 제대로 착용하지 않고 있어 위험하다.

① 조명 불량으로 작업 중 충돌한다.
② 환기불량에 의해 근로자 진폐 등 직업병이 발생한다.
③ 개인보호구 미지급 및 착용불량으로 분진을 흡입할 수 있다.
④ 지하수 처리 미흡에 의해 바닥 지반 습윤으로 전도 및 감전된다.

▲ 해당 답안 중 2가지 선택 기재

188 영상은 터널공사에서 콘크리트 라이닝을 하고 있는 모습을 보여주고 있다. 콘크리트 라이닝의 목적 3가지를 쓰시오.(6점)

[기사1504A/기사1701C/기사1704A/기사2102A]

터널 원지반의 변형이나 허물어짐을 억제해 누수를 막기 위한 구조체에 해당하는 콘크리트 라이닝 작업현장을 보여주고 있다.

① 누수 방지　　　　　　② 토압·수압 등의 외력에 저항
③ 내구성 향상　　　　　④ 굴착면의 안정유지
⑤ 풍화 방지　　　　　　⑥ 조도계수 향상

▲ 해당 답안 중 3가지 선택 기재

189 동영상은 교량의 설치 현장을 보여주고 있다. 설치 작업전에 작성해야 할 작업계획서의 내용을 3가지 쓰시오.(단, 그 밖에 안전·보건에 관련된 사항은 제외)(6점) [기사2102C/기사2104B/기사2204B/기사2403A]

영상은 최대 지간 길이가 35미터인 교량의 설치 현장 모습이다.

① 작업 방법 및 순서
② 작업지휘자 배치계획
③ 사용하는 기계 등의 종류 및 성능, 작업방법
④ 부재(部材)의 낙하·전도 또는 붕괴를 방지하기 위한 방법
⑤ 작업에 종사하는 근로자의 추락 위험을 방지하기 위한 안전조치 방법
⑥ 공사에 사용되는 가설 철구조물 등의 설치·사용·해체 시 안전성 검토 방법

▲ 해당 답안 중 3가지 선택 기재

190 동영상은 현재 개통 중인 서해대교의 공사현장이다. 다음 각 물음에 답하시오.(6점)
[산기1401A/기사1402B/기사1504B/산기1602B/기사1701A/기사1702B/산기1704A]

지금은 개통된 서해대교의 마지막 공사 현장의 모습을 보여주고 있다.

가) 이 교량의 형식을 쓰시오.
나) 교량 공정이 다음과 같을 때 시공순서를 번호로 나열하시오.
　① 케이블 설치　② 주탑 시공　③ 상판 아스팔트 타설　④ 우물통 기초공사

가) 사장교
나) ④ → ② → ① → ③

191 동영상은 교량건설공법을 보여주고 있다. 공법의 ① 명칭, ② 설명을 쓰시오.(4점) [기사1501A/기사1604C]

교량의 건설장면을 보여주고 있다. 교각을 시공한 후 교각의 좌우균형을 맞춰가면서 교량의 상부구조를 시공하고 있다.

① F.C.M 공법(Free Cantilever Method)
② 설명 : 동바리 없이 기 시공되어 있는 교각을 이용하여 교각의 좌·우로 하중의 균형을 맞추면서 이동식 작업대차(Form traveller)를 이용하여 세그먼트(Segment)를 순차적으로 제작하면서 교량 상부 구조를 시공해 나가는 공법을 말한다. 교량하부의 이동이 불가능하거나 동바리 사용이 어려울 때 주로 이용되는 공법이다.

192 동영상은 교량 공사현장의 모습을 보여주고 있다. 다음 물음에 답하시오.(6점) [기사2201C/기사2304A]

최대지간길이 30m 이상인 콘크리트 교량 건설현장의 모습을 보여준다. 크레인으로 중량물 부재를 인양하는 모습이다.

가) 재료, 기구 또는 공구 등을 올리거나 내릴 경우 사업주의 준수사항 1가지를 쓰시오.
나) 중량물 부재를 크레인 등으로 인양하는 경우의 사업주 준수사항 1가지를 쓰시오.
다) 자재나 부재의 낙하·전도 또는 붕괴 등에 의하여 근로자에게 위험을 미칠 우려가 있을 경우의 사업주 준수사항 1가지를 쓰시오.

가) 근로자로 하여금 달줄, 달포대 등을 사용하도록 할 것
나) ① 부재에 인양용 고리를 견고하게 설치한다.
    ② 인양용 로프는 부재에 두 군데 이상 결속하여 인양한다.
    ③ 중량물이 안전하게 거치되기 전까지는 걸이로프를 해제시키지 않아야 한다.
다) ① 출입금지구역을 설정한다.
    ② 자재 또는 가설시설의 좌굴 또는 변형 방지를 위한 보강재 부착 등의 조치를 한다.

▲ 나)와 다) 답안 중 각각 1가지씩 선택 기재

193 동영상은 터널 내부에서 장약을 넣고 있는 작업자들과 전체 작업장을 보여준 후 터널 외부를 보여주고 폭파하는 듯 주변이 떨림이 발생한다. 장약 사용 시 준수사항 3가지를 쓰시오.(6점)

[기사1601C/기사1704C/기사2001A/기사2002A/기사2004B/기사2104B/기사2403A]

터널 내부에서 장약을 넣고 있는 작업자들과 전체 작업장을 보여준 후 터널 외부를 보여주고 폭파하는 듯 주변의 떨림이 발생하는 것을 보여준다.

① 약포를 발파공 내에서 강하게 압착하지 않아야 한다.
② 인접장소에서 전기용접 등의 작업이나 흡연을 금지시킨다.
③ 장전물에는 종이, 솜 등을 사용하지 않아야 한다.
④ 전기뇌관을 사용할 때에는 전선, 모터 등에 접근하지 않도록 하여야 한다.
⑤ 천공작업이 완료된 후 장약작업을 실시하여야 하며 천공·장약의 동시작업을 하지 않아야 한다.
⑥ 폭약을 장전할 때는 발파구멍을 잘 청소하며 이 때 공저까지 완전히 청소하여 작은 돌 등을 남기지 않아야 한다.
⑦ 장약봉은 똑바르고 옹이가 없는 목재 등 부도체로 하고 장전구는 마찰, 정전기 등에 의한 폭발의 위험성이 없는 절연성의 것을 사용하여야 한다.

▲ 해당 답안 중 3가지 선택 기재

194 낙석, 암석, 붕괴 위험이 있는 지역에서 채석작업을 하는 영상이다. 채석작업 시 당일 작업 시작 전 점검사항 2가지를 쓰시오.(4점)

[기사1904A]

채석작업을 하는 현장을 보여주고 있다.

① 작업장소 및 그 주변 지반의 부석과 균열의 유무와 상태
② 함수·용수 및 동결상태의 변화

195 동영상은 터널 공사 현장을 보여준다. 물음에 답하시오.(6점) [기사2401B/기사2403B]

TBM 공법으로 시추한 터널에서 발생한 각종 바위와 사토를 컨베이어를 통해 터널 밖으로 이송하는 모습과 이를 광산열차에 실어 나르는 모습을 보여주고 있다.

가) 버력처리 장비 선정 시 고려해야 할 사항을 3가지 쓰시오.
나) 버력처리 시 차량계 운전장비의 작업시작 전 점검사항을 3가지 쓰시오.

가) ① 운반 통로의 노면상태
　② 터널의 경사도
　③ 굴착방식
　④ 버력의 상상 및 함수비
　⑤ 굴착단면의 크기 및 단위발파 버력의 물량

나) ① 제동장치 및 조절장치 기능 이상 유무
　② 하역장치 및 유압장치 기능의 이상 유무
　③ 차륜의 이상 유무
　④ 경광, 경음장치의 이상 유무

▲ 해당 답안 중 3가지씩 선택 기재

196 동영상은 터널 발파작업 현장을 보여준다. 해당 작업에 종사하는 근로자가 준수해야 할 사항을 3가지 쓰시오.(6점)

[기사2401C]

터널 내부에서 장약을 넣고 있는 작업자들과 전체 작업장을 보여준 후 터널 외부를 보여주고 폭파하는 듯 주변의 떨림이 발생하는 것을 보여준다.

① 얼어붙은 다이나마이트는 화기에 접근시키거나 그 밖의 고열물에 직접 접촉시키는 등 위험한 방법으로 융해되지 않도록 할 것
② 화약이나 폭약을 장전하는 경우에는 그 부근에서 화기를 사용하거나 흡연을 하지 않도록 할 것
③ 장전구(裝塡具)는 마찰·충격·정전기 등에 의한 폭발의 위험이 없는 안전한 것을 사용할 것
④ 발파공의 충진재료는 점토·모래 등 발화성 또는 인화성의 위험이 없는 재료를 사용할 것
⑤. 전기뇌관에 의한 발파의 경우 점화하기 전에 화약류를 장전한 장소로부터 30미터 이상 떨어진 안전한 장소에서 전선에 대하여 저항측정 및 도통(導通)시험을 할 것

▲ 해당 답안 중 3가지 선택 기재

197 낙석, 암석, 붕괴 위험이 있는 지역에서 채석작업을 하는 영상이다. 채석작업 중인 근로자를 보호하기 위한 안전조치사항 2가지를 쓰시오.(4점)

[기사1702A]

채석작업을 하는 현장을 보여주고 있다. 백호 뒤로 작업과 관련 없는 사람이 지나가고 있다.

① 작업 시작 전에 작업장소 및 그 주변 지반의 부석과 균열의 유무와 상태, 함수·용수 및 동결상태의 변화를 점검할 것
② 발파 후 그 발파 장소와 그 주변의 부석 및 균열의 유무와 상태를 점검할 것
③ 붕괴 또는 낙하에 의하여 근로자를 위험하게 할 우려가 있는 토석·입목 등을 미리 제거하거나 방호망을 설치하는 등 위험을 방지하기 위하여 필요한 조치를 하여야 한다.

▲ 해당 답안 중 2가지 선택 기재

MEMO

2025
고시넷 고패스

건설안전기사 실기
필답형 + 작업형
기출복원문제 + 유형분석

**작업형 회차별
기출복원문제 70회분
(2018~2024년)**

한국산업인력공단 국가기술자격

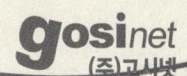

2024년 3회 A형 작업형 기출복원문제

신규문제 2문항 중복문제 6문항

01 동영상은 수직갱에 설치된 가설통로를 보여준다. 가설통로 설치시 지켜야 할 사항과 관련한 다음 설명의 ( )을 채우시오.(4점)

[기사2004A/기사2101A/기사2304C/기사2403A]

수직갱에 설치된 가설통로를 보여주고 있다.

수직갱에 가설된 통로의 길이가 (①)m 이상인 경우는 (②)m 이내마다 계단참을 설치할 것

① 15   ② 10

02 동영상은 와이어로프의 체결 과정을 보여주고 있다. 와이어로프의 클립 체결 방법 중 가장 가) 올바른 것, 나) 주어진 와이어로프 직경에 따른 클립수를 쓰시오.(6점)

[기사1404B/기사1602C/산기1804A/기사2304C/기사2401A/기사2403A]

		와이어로프의 클립 체결된 내역을 3가지 보여주고 있다. 해당 와이어로프의 화면에는 각 와이어로프마다 클립의 새들 위치가 서로 다른 것을 확인할 수 있다.
ⓐ		
ⓑ		
ⓒ		

16mm 이하	16~28mm	28mm 초과
①	5개	②

가) ⓑ
나) ① 4개   ② 6개

03 동영상은 낙하물방지망을 보수하는 장면이다. 다음 각 물음에 답하시오.(5점)

[기사1404C/기사1602B/기사2101B/기사2102A/기사2201B/기사2201C/기사2202A/기사2202C/기사2302C/기사2403A]

고소에 설치된 낙하물방지망의 한쪽 끝이 풀려 바람에 날리는 장면을 보여주고 있다. 이에 작업자가 낙하물방지망을 보수하기 위해 바람에 날리는 낙하물방지망의 매듭 부위에 접근하고 있는 장면을 보여주고 있다.

가) 동영상에서 추락방지를 위해 필요한 조치사항을 1가지 쓰시오.
나) 낙하물방지망의 설치는 (①)m 이내마다 설치하고, 내민 길이는 벽면으로부터 (②)m 이상으로 한다.

가) ① 작업발판을 설치한다.
　② 추락방호망을 설치한다.
　③ 안전대를 착용한다.
나) ① 10　　② 2

▲ 가)의 답안 중 1가지 선택 기재

04 동영상은 흙막이 벽체의 붕괴현장을 보여주고 있다. 히빙 방지 대책을 2가지 쓰시오.(4점) [기사2403A]

흙막이 벽체가 내외의 토사 중량차에 의해 부풀어 오르는 현상인 히빙 현상으로 인해 붕괴된 모습을 보여주고 있다.

① 흙막이 벽의 근입심도를 확보한다.　② 지반개량으로 흙의 전단강도를 높인다.
③ 토류 벽의 배면토압을 경감시킨다.　④ 굴착저면에 토사 등 인공중력을 가중시킨다.
⑤ 지하수의 유입을 막고, 주변 수위를 낮춘다.
⑥ 어스앵커를 설치하거나 소단을 두면서 굴착한다.
⑦ 굴착주변을 웰포인트(Well point)공법과 병행한다.
⑧ 굴착주변의 상재하중을 제거하여 토압을 최대한 낮춘다.

▲ 해당 답안 중 2가지 선택 기재

05 동영상은 교량의 설치 현장을 보여주고 있다. 설치·해체 또는 변경 작업시 작성해야 할 작업계획서의 내용을 3가지 쓰시오.(단, 그 밖에 안전·보건에 관련된 사항은 제외)(6점) [기사2102C/기사2104B/기사2204B/기사2403A]

영상은 최대 지간 길이가 35미터인 교량의 설치 현장 모습이다.

① 작업 방법 및 순서
② 작업지휘자 배치계획
③ 사용하는 기계 등의 종류 및 성능, 작업방법
④ 부재(部材)의 낙하·전도 또는 붕괴를 방지하기 위한 방법
⑤ 작업에 종사하는 근로자의 추락 위험을 방지하기 위한 안전조치 방법
⑥ 공사에 사용되는 가설 철구조물 등의 설치·사용·해체 시 안전성 검토 방법

▲ 해당 답안 중 3가지 선택 기재

06 동영상은 터널 내부에서 장약을 넣고 있는 작업자들과 전체 작업장을 보여준 후 터널 외부를 보여주고 폭파하는 듯 주변이 떨림이 발생한다. 장약 사용 시 준수사항 3가지를 쓰시오.(6점)
[기사1601C/기사1704C/기사2001A/기사2002A/기사2004B/기사2104B/기사2403A]

터널 내부에서 장약을 넣고 있는 작업자들과 전체 작업장을 보여준 후 터널 외부를 보여주고 폭파하는 듯 주변의 떨림이 발생하는 것을 보여준다.

① 약포를 발파공 내에서 강하게 압착하지 않아야 한다.
② 인접장소에서 전기용접 등의 작업이나 흡연을 금지시킨다.
③ 장전물에는 종이, 솜 등을 사용하지 않아야 한다.
④ 전기뇌관을 사용할 때에는 전선, 모터 등에 접근하지 않도록 하여야 한다.
⑤ 천공작업이 완료된 후 장약작업을 실시하여야 하며 천공·장약의 동시작업을 하지 않아야 한다.
⑥ 폭약을 장전할 때는 발파구멍을 잘 청소하며 이 때 공저까지 완전히 청소하여 작은 돌 등을 남기지 않아야 한다.
⑦ 장약봉은 똑바르고 옹이가 없는 목재 등 부도체로 하고 장전구는 마찰, 정전기 등에 의한 폭발의 위험성이 없는 절연성의 것을 사용하여야 한다.

▲ 해당 답안 중 3가지 선택 기재

07 동영상은 안전난간을 보여주고 있다. 개구부에 설치하는 동영상에 나오는 구조물의 구조에 대한 설명 중 ( )에 해당하는 값을 채우시오.(5점) [기사2002A/기사2401C/기사2402B/기사2403A]

작업장에 가설구조물이나 개구부 등에서 추락 위험을 방지하기 위해 설치한 안전난간의 모습을 보여주고 있다.

가) 안전난간은 상부 난간대, 중간 난간대, (①) 및 난간기둥으로 구성할 것
나) 상부 난간대는 바닥면·발판 또는 경사로의 표면으로부터 (②)cm 이상 지점에 설치하고, 상부 난간대를 (③)cm 이하에 설치하는 경우는 중간 난간대는 상부 난간대와 바닥면 등의 중간에 설치하여야 하며, (③)cm 이상 지점에 설치하는 경우는 중간 난간대를 2단 이상으로 균등하게 설치하고 난간의 상하 간격은 (④)cm 이하가 되도록 할 것

① 발끝막이판
② 90
③ 120
④ 60

08 동영상은 타워크레인 붕괴상황을 보여주고 있다. 다음 설명의 ( ) 안을 채우시오.(4점) [기사2403A]

단독으로 설치된 타워크레인이 벽체에 지지할 수 없어 와이어로프로 지지하는 모습을 보여주고 있다. 이후 강풍에 흔들린 타워크레인이 붕괴하는 모습을 보여준다.

와이어로프 설치각도는 수평면에서 (①)도 이내로 하되, 지지점은 (②)개소 이상으로 하고, 같은 각도로 설치할 것

① 60
② 4

2024년 3회 B형 작업형 기출복원문제

신규문제 3문항   중복문제 5문항

01 동영상은 터널 공사 현장을 보여준다. 버력처리 장비 선정 시 고려해야 할 사항을 2가지 쓰시오.(4점)

[기사2401B/기사2403B]

TBM 공법으로 시추한 터널에서 발생한 각종 바위와 사토를 컨베이어를 통해 터널 밖으로 이송하는 모습과 이를 광산열차에 실어 나르는 모습을 보여주고 있다.

① 운반 통로의 노면상태
② 터널의 경사도
③ 굴착방식
④ 버력의 상상 및 함수비
⑤ 굴착단면의 크기 및 단위발파 버력의 물량

▲ 해당 답안 중 2가지 선택 기재

02 영상은 분진 작업현장을 보여준다. 근로자가 상시 분진작업을 하는 경우 사업주가 알려야 하는 사항을 3가지 쓰시오.(6점)

[기사2403B]

분진이 많이 발생하는 작업현장에서 근로자들이 방진마스크를 착용한 채 작업중인 모습을 보여준다.

① 분진의 유해성과 노출경로
② 분진의 발산 방지와 작업장의 환기 방법
③ 작업장 및 개인위생 관리
④ 호흡용 보호구의 사용 방법
⑤ 분진에 관련된 질병 예방 방법

▲ 해당 답안 중 3가지 선택 기재

03 동영상은 거푸집 동바리가 침하하여 무너지는 상황을 보여주고 있다. 거푸집 동바리 조립 시 사업주 준수사항을 3가지 쓰시오.(6점)　　　　[기사1504B/기사1602A/기사1701B/기사1804B/기사2002D/기사2403B]

거푸집 동바리가 붕괴되는 재해상황을 보여주고 있다. 재해상황을 보여주기 전 거푸집 동바리 설치 작업 시 동바리의 위치가 불량한 것과 수평연결재를 설치하지 않은 것, 각 재가 파손되거나 변형된 것 등을 보여준다.

① 받침목이나 깔판의 사용, 콘크리트 타설, 말뚝박기 등 동바리의 침하를 방지하기 위한 조치를 할 것
② 동바리의 상하 고정 및 미끄러짐 방지 조치를 할 것
③ 상부·하부의 동바리가 동일 수직선상에 위치하도록 하여 깔판·받침목에 고정시킬 것
④ 개구부 상부에 동바리를 설치하는 경우에는 상부하중을 견딜 수 있는 견고한 받침대를 설치할 것
⑤ 동바리의 이음은 같은 품질의 재료를 사용할 것
⑥ 강재의 접속부 및 교차부는 볼트·클램프 등 전용철물을 사용하여 단단히 연결할 것
⑦ 거푸집의 형상에 따른 부득이한 경우를 제외하고는 깔판이나 받침목은 2단 이상 끼우지 않도록 할 것
⑧ 깔판이나 받침목을 이어서 사용하는 경우에는 그 깔판·받침목을 단단히 연결할 것

▲ 해당 답안 중 3가지 선택 기재

04 산업안전보건법상 관리대상 유해물질을 취급하는 작업장의 보기 쉬운 장소에 사업주가 게시해야 할 사항을 4가지 쓰시오.(4점)　　　　[기사2403B]

유해물질 취급 작업장에서 근로자가 유해물질이 담긴 용기를 옮기고 있다.

① 관리대상 유해물질의 명칭　　② 인체에 미치는 영향
③ 취급상 주의사항　　　　　　　④ 착용하여야 할 보호구
⑤ 응급조치와 긴급 방재 요령

▲ 해당 답안 중 4가지 선택 기재

05 동영상은 작업자가 통로를 걷다 개구부로 추락하는 상황을 보여주고 있다. 추락의 위험이 존재하는 장소에서의 안전 조치사항 3가지를 쓰시오.(6점) [기사1401C/산기1402A/산기1402B/산기1504B/기사1504C/기사1602B/산기1701B/산기1702A/기사1804B/산기2002B/기사2004C/기사2101A/기사2102A/기사2104C/기사2202C/기사2204A/기사2301A/기사2304B/기사2403B]

작업자가 통로를 걷다 개구부를 미처 확인하지 못하여 개구부로 추락하는 상황을 보여주고 있다.
해당 개구부에는 별도의 방호장치가 설치되지 않은 상태이다.

① 안전난간을 설치한다.
② 수직형 추락방망을 설치한다.
③ 울타리를 설치한다.
④ 덮개를 뒤집히거나 떨어지지 않도록 설치한다.
⑤ 추락방호망을 설치한다.
⑥ 어두울 때도 알아볼 수 있도록 개구부임을 표시한다.
⑦ 추락방호망 설치가 곤란한 경우 작업자에게 안전대를 착용하게 하는 등 추락방지 조치를 한다.

▲ 해당 답안 중 3가지 선택 기재

06 동영상은 35m 깊이의 수직갱에 설치된 가설통로를 보여준다. 가설통로 설치시 지켜야 할 사항과 관련한 다음 물음에 답하시오.(4점) [기사2403B]

수직갱에 설치된 가설통로를 보여주고 있다.

가) 산업안전보건법상 수직갱에 설치된 가설통로에 계단참을 설치할 때의 준수사항을 쓰시오.
나) 동영상에서 주어진 수직갱에는 최소 몇 개의 계단참을 설치해야 하는지 쓰시오.

가) 수직갱에 가설된 통로의 길이가 15m 이상인 경우는 10m 이내마다 계단참을 설치할 것
나) 10m 이내마다 계단참을 설치하므로 35m에는 최소 3개 이상의 계단참을 설치해야 한다.

07 동영상에서는 작업현장에서 근로자가 꽂음접속기를 만지다가 감전된 재해현장을 보여주고 있다. 꽂음접속기 설치 및 사용시 준수사항 2가지를 쓰시오.(4점) [기사1902A/기사2003B/기사2403B]

작업현장에서 작업자가 전기기기를 사용하기 위해 꽂음접속기에 플러그를 꽂으려다 감전되는 상황을 보여주고 있다. 작업자는 땀에 젖은 손을 대충 바지에 닦고 꽂음접속기를 만지다가 감전된 것으로 추정된다.

① 서로 다른 전압의 꽂음접속기는 서로 접속되지 아니한 구조의 것을 사용할 것
② 습윤한 장소에 사용되는 꽂음접속기는 방수형 등 그 장소에 적합한 것을 사용할 것
③ 근로자가 해당 꽂음접속기를 접속시킬 경우에는 땀 등으로 젖은 손으로 취급하지 않도록 할 것
④ 해당 꽂음접속기에 잠금장치가 있는 경우는 접속 후 잠그고 사용할 것

▲ 해당 답안 중 2가지 선택 기재

08 동영상은 고정식 수직사다리를 보여주고 있다. 동영상을 참고하여 사다리식 통로를 설치할 때의 준수사항에 대한 물음에 답하시오.(6점) [기사1502B/기사1504C/기사1701A/기사1804C/기사2403B/기사2403C]

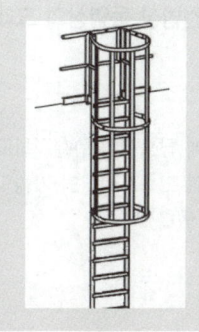

작업현장에 설치된 고정식 수직사다리를 보여주고 있다. 바닥에서부터 높이 2.5미터 되는 지점부터는 등받이울이 설치된 것을 확인할 수 있다.

가) 사다리의 상단은 걸쳐놓은 지점으로부터 (①)cm 이상 올라가도록 할 것
나) 사다리식 통로의 기울기는 75도 이하로 하고, 고정식 사다리식 통로의 기울기는 90도 이하로 하고, 그 높이가 (②)미터 이상인 경우에는 바닥으로부터 높이가 (③)미터 되는 지점부터 등받이울을 설치하는데 등받이울이 있으면 근로자가 이동이 곤란한 경우는 개인용 추락 방지 시스템을 설치하고 근로자로 하여금 전신안전대를 사용하도록 할 것

① 60   ② 7   ③ 2.5

2024년 3회 C형 작업형 기출복원문제

신규문제 2문항   중복문제 6문항

01 동영상은 차량계 건설기계를 이용한 사면굴착공사를 보여주고 있다. 동영상과 같은 사면에서의 건설기계의 전도·전락을 방지하기 위해 필요한 조치사항 3가지를 쓰시오.(6점)

[기사1401B/기사1401C/기사1402C/기사1601A/산기1602A/기사1604C/기사1701B/기사1801B/산기1804A/기사1902A/기사2403C]

차량계 건설기계를 이용해서 사면을 굴착하는 모습을 보여주고 있다.

① 유도하는 사람을 배치
② 지반의 부동침하 방지
③ 갓길의 붕괴 방지
④ 도로 폭의 유지

▲ 해당 답안 중 3가지 선택 기재

02 동영상은 탑승설비를 설치한 크레인 작업현장을 보여주고 있다. 산업안전보건법상 동영상의 크레인에 대한 사업주 조치사항을 2가지 쓰시오.(4점)

[기사2403C]

이동식 크레인에 탑승설비를 설치하고 근로자가 탑승하여 고속도로변의 가림막 설비를 설치하고 있다.

① 탑승설비가 뒤집히거나 떨어지지 않도록 필요한 조치를 할 것
② 안전대나 구명줄을 설치하고, 안전난간을 설치할 수 있는 구조인 경우에는 안전난간을 설치할 것
③ 탑승설비를 하강시킬 때에는 동력하강방법으로 할 것

▲ 해당 답안 중 2가지 선택 기재

03 동영상은 고정식 수직사다리를 보여주고 있다. 동영상을 참고하여 사다리식 통로를 설치할 때의 준수사항에 대한 물음에 답하시오.(6점) [기사1502B/기사1504C/기사1701A/기사1804C/기사2403B/기사2403C]

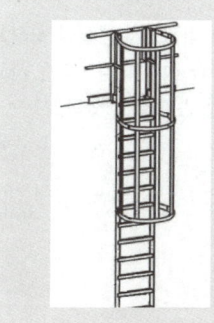

작업현장에 설치된 고정식 수직사다리를 보여주고 있다. 바닥에서부터 높이 2.5미터 되는 지점부터는 등받이울이 설치된 것을 확인할 수 있다.

가) 발판과 벽과의 사이는 (①)cm 이상의 간격을 유지할 것
나) 폭은 (②)cm 이상으로 할 것
다) 사다리식 통로의 길이가 10m 이상인 경우는 (③)m 이내마다 계단참을 설치할 것

① 15   ② 30   ③ 5

04 영상은 추락방호망을 보여주고 있다. 추락방호망의 설치기준과 관련된 다음 설명의 ( ) 안을 채우시오.(6점)
[기사1801A/기사1904A/기사2104C/기사2204C/기사2301B/기사2302B/기사2402B/기사2403C]

건설현장에 설치된 추락방호망을 보여주고 있다.

가) 추락방호망의 설치위치는 가능하면 작업면으로부터 가까운 지점에 설치하여야 하며, 작업면으로부터 망의 설치 지점까지의 수직거리는 (①)를 초과하지 아니할 것
나) 추락방호망은 (②)으로 설치하고, 망의 처짐은 짧은 변 길이의 (③) 이상이 되도록 할 것

① 10미터   ② 수평   ③ 12퍼센트

05 동영상은 작업자가 계단이 없는 이동식 비계에 올라가다가 전기에 감전되는 재해장면을 보여주고 있다. 충전전로에서의 전기작업 시 조치사항과 관련된 다음 설명의 ( ) 안을 채우시오.(6점) [기사2403C]

작업자가 이동식 비계에서 용접을 하려고 비계를 올라가다가 전기에 감전되는 사고가 발생한 장면을 보여주고 있다.

유자격자가 아닌 근로자가 충전전로 인근의 높은 곳에서 작업할 때에 근로자의 몸 또는 긴 도전성 물체가 방호되지 않은 충전전로에서 대지전압이 50킬로볼트 이하인 경우에는 (①)센티미터 이내로, 대지전압이 50킬로볼트를 넘는 경우에는 (②)킬로볼트당 (③)센티미터씩 더한 거리 이내로 각각 접근할 수 없도록 할 것

① 300   ② 10   ③ 10

06 동영상은 노면을 깎는 작업을 보여주고 있다. 건설기계의 명칭과 용도 1가지를 쓰시오.(4점)
[기사1501B/기사1601B/기사1602C/기사1802A/기사1901C/기사2002D/산기2101A/기사2102A/기사2201A/기사2403C]

차량계 건설기계를 이용해서 노면을 깎는 작업을 보여주고 있다.

가) 명칭 : 불도저
나) 용도
　① 지반의 정지작업　　② 굴착작업
　③ 적재작업　　　　　④ 운반작업

▲ 나)의 답안 중 1가지 선택 기재

07 동영상은 교량 상부에서 콘크리트 펌프카를 사용한 콘크리트 타설 작업을 보여주고 있다. 콘크리트 펌프 또는 콘크리트 펌프카 사용 시 준수사항을 2가지 쓰시오.(4점) [기사1401A/기사1404A/기사1502B/기사1601B/ 기사1702A/기사1804A/산기1901A/산기1904A/기사2001A/기사2001B/기사2002C/기사2003D/기사2101C/기사2102B/기사2201B/기사2204B /기사2204C/기사2401B/기사2403C]

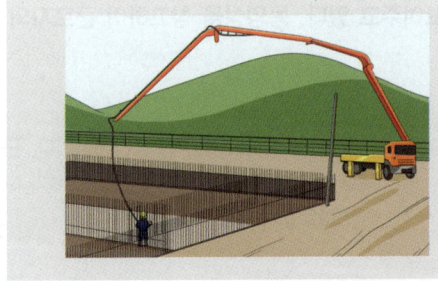

신호수가 신호를 하면서 콘크리트 타설작업이 진행 중인 상황을 보여주고 있다. 교량상부에서 콘크리트 펌프카를 사용하여 타설작업 중이다.

① 작업을 시작하기 전에 콘크리트 펌프용 비계를 점검하고 이상을 발견하였으면 즉시 보수할 것
② 건축물의 난간 등에서 작업하는 근로자가 호스의 요동·선회로 인하여 추락하는 위험을 방지하기 위하여 안전난간 설치 등 필요한 조치를 할 것
③ 콘크리트 펌프카의 붐을 조정하는 경우에는 주변의 전선 등에 의한 위험을 예방하기 위한 적절한 조치를 할 것
④ 작업 중에 지반의 침하, 아웃트리거의 손상 등에 의하여 콘크리트 펌프카가 넘어질 우려가 있는 경우는 이를 방지하기 위한 적절한 조치를 할 것

▲ 해당 답안 중 2가지 선택 기재

08 영상은 강풍이 불고 있는 작업현장을 보여주고 있다. 강풍 시 타워크레인의 작업제한에 대한 풍속기준을 쓰시오.(4점) [기사2003E/기사2401C/기사2403C]

강풍이 불고 있는 작업현장을 보여주고 있다. 강풍에 타워크레인이 흔들리는 모습을 보여준다.

① 순간풍속이 초당 10미터 초과 시 타워크레인의 설치·수리·점검 또는 해체 작업을 중지
② 순간풍속이 초당 15미터 초과 시 타워크레인의 운전작업을 중지

2024년 2회 A형 작업형 기출복원문제

신규문제 4문항 중복문제 4문항

01 동영상은 빌딩의 엘리베이터 피트 거푸집 공사현장을 보여주고 있다. 동영상을 참고하여 근로자의 추락을 방지하기 위한 안전조치사항을 3가지 쓰시오.(4점) [기사1501C/기사1602C/기사2402A]

엘리베이터 피트 거푸집 공사현장이다. 근로자의 접근을 막기 위한 별도의 조치가 마련되어 있지 않다.

① 안전난간 설치
② 울타리 설치
③ 수직형 추락방망 설치
④ 덮개 설치
⑤ 안전대 착용
⑥ 추락방호망 설치

▲ 해당 답안 중 3가지 선택 기재

02 동영상은 건설현장에서 사용하는 리프트의 위치별 방호장치를 보여주고 있다. 주어진 장치 중 순서 관계없이 법령상의 방호장치 명칭을 3가지 쓰시오.(6점) [기사2402A]

① 과부하방지장치   ② 비상정지장치   ④ 출입문연동장치(인터록)

03 동영상은 이동식 비계를 이용한 작업 중 추락재해가 발생하는 것을 보여준다. 이동식 비계의 올바른 설치 기준을 3가지 쓰시오.(6점) [기사1404B/기사1602C/기사1604B/산기1604B/산기1702A/ 기사1801B/산기1801B/기사1802A/기사1802B/산기1804B/기사1904B/기사2001A/기사2002B/기사2304A/기사2402A]

이동식 비계를 이용해서 거푸집 설치작업을 진행중인 모습을 보여준다. 비계를 고정하지 않아 흔들리다 작업자가 바닥으로 추락하는 재해가 발생한다.

① 승강용 사다리는 견고하게 설치할 것
② 비계의 최상부에서 작업을 하는 경우에는 안전난간을 설치할 것
③ 작업발판의 최대적재하중은 250킬로그램을 초과하지 않도록 할 것
④ 작업발판은 항상 수평을 유지하고 작업발판 위에서 안전난간을 딛고 작업을 하거나 받침대 또는 사다리를 사용하여 작업하지 않도록 할 것
⑤ 이동식 비계의 바퀴에는 뜻밖의 갑작스러운 이동 또는 전도를 방지하기 위하여 브레이크·쐐기 등으로 바퀴를 고정시킨 다음 비계의 일부를 견고한 시설물에 고정하거나 아웃트리거를 설치하는 등 필요한 조치를 할 것

▲ 해당 답안 중 3가지 선택 기재

04 동영상은 굴착작업 현장을 보여주고 있다. 굴착작업과 관련한 다음 물음에 답하시오.(4점) [기사2402A]

백호가 노천을 굴착하고 있다. 작업 중 옆에 쌓아두었던 부석이 굴러와 작업자가 다칠뻔한 장면을 보여주고 있다.

가) 연암의 굴착면 기울기 기준을 쓰시오.
나) 굴착작업을 할 때 토사등의 붕괴 또는 낙하에 의한 위험을 미리 방지하기 위해 사업주가 점검해야 할 사항을 2가지 쓰시오.

가) 1 : 1.0
나) ① 작업장소 및 그 주변의 부석·균열의 유무
　　② 함수·용수 및 동결의 유무 또는 상태의 변화

05 동영상은 수직갱에 설치된 가설통로를 보여준다. 가설통로 설치시 지켜야 할 사항과 관련한 다음 설명의 ( )을 채우시오.(4점)

[기사2004A/기사2101A/기사2304C/기사2402A/기사2402B]

수직갱에 설치된 가설통로를 보여주고 있다.

가) 경사는 (①)도 이하로 할 것
나) 경사가 (②)도를 초과하는 경우에는 미끄러지지 아니하는 구조로 할 것
다) 수직갱에 가설된 통로의 길이가 15m 이상인 경우는 (③)m 이내마다 계단참을 설치할 것
라) 건설공사에 사용하는 높이 8m 이상인 비계다리에는 (④)m 이내마다 계단참을 설치할 것

① 30　　　　　　　　　② 15
③ 10　　　　　　　　　④ 7

06 동영상은 석축이 붕괴된 현장을 보여주고 있다. 동영상을 참고하여 석축쌓기 완료 후 붕괴원인을 3가지 쓰시오.(6점)

[기사1604A/기사1804A/기사1902A/기사2201A/기사2204B/기사2402A]

비가 내린 후 석축이 붕괴된 현장의 모습을 보여주고 있다.

① 옹벽 뒤채움 재료불량 및 다짐불량　　② 과도한 토압의 발생
③ 배수불량으로 인한 수압발생　　　　　④ 기초지반의 침하
⑤ 동결융해

▲ 해당 답안 중 3가지 선택 기재

07 영상은 고소작업대를 이용한 작업현장을 보여주고 있다. 고소작업대의 설치시 준수사항을 2가지 쓰시오.(4점)

[기사2402A]

건설현장에서 높은 장소에 설치된 배관을 수리하기 위해 고소작업대를 이용하여 작업중인 모습을 보여주고 있다.

① 바닥과 고소작업대는 가능하면 수평을 유지하도록 할 것
② 갑작스러운 이동을 방지하기 위하여 아웃트리거 또는 브레이크 등을 확실히 사용할 것

08 동영상은 낙하물로 인해 발생한 재해 영상이다. 관련 물음에 답하시오.(6점)

[기사2402A]

고소에서 작업 중에 작업발판이 없어 불안해하던 작업자가 딛고선 비계에 살짝 미끄러지면서 파이프를 떨어뜨리는 사고가 발생했다. 마침 작업장 아래에 다른 작업자가 주머니에 손을 넣고 지나가다가 떨어진 파이프에 맞아 쓰러지는 사고가 발생하는 것을 보여주고 있다. 이 때 작업현장에는 낙하물방지망 등 방호설비가 설치되지 않은 상태이다.

가) 떨어지는 물체를 막아주는 용도의 망을 1가지 쓰시오.
나) 해당 망의 설치와 관련한 사업주 준수사항을 2가지 쓰시오.

가) ① 낙하물방지망　　　　② 수직보호망
나) ① 높이 10m 이내마다 설치하고, 내민 길이는 벽면으로부터 2m 이상으로 할 것
　　② 수평면과의 각도는 20도 이상 30도 이하를 유지할 것

▲ 가)의 답안 중 1가지 선택 기재

2024년 2회 B형 작업형 기출복원문제

신규문제 3문항   중복문제 5문항

01 영상은 추락방호망을 보여주고 있다. 추락방호망의 설치기준을 3가지 쓰시오.(6점)

[기사1801A/기사1904A/기사2104C/기사2204C/기사2301B/기사2302B/기사2402B/기사2403C]

건설현장에 설치된 추락방호망을 보여주고 있다.

① 추락방호망의 설치위치는 가능하면 작업면으로부터 가까운 지점에 설치하여야 하며, 작업면으로부터 망의 설치지점까지의 수직거리는 10미터를 초과하지 아니할 것
② 추락방호망은 수평으로 설치하고, 망의 처짐은 짧은 변 길이의 12퍼센트 이상이 되도록 할 것
③ 건축물 등의 바깥쪽으로 설치하는 경우 추락방호망의 내민 길이는 벽면으로부터 3미터 이상 되도록 할 것

02 동영상은 타워크레인 작업상황을 보여주고 있다. 해당 작업을 진행하는데 있어서 구비해야 할 방호장치를 3가지 쓰시오.(6점)

[산기1404B/산기1601A/산기1702B/기사1802A/기사1804A/산기1804B/기사1902B/기사1904A/기사2003C/기사2301A/기사2402B]

건설현장에서 타워크레인으로 화물을 인양하는 모습을 보여주고 있다.

① 과부하방지장치   ② 권과방지장치   ③ 비상정지장치 및 제동장치

03 영상은 가설구조물이나 개구부 등에서 추락 위험을 방지하기 위해 설치하여야 하는 시설·설비를 보여주고 있다. 영상에서 지시되는 "가" 부재의 명칭과 설치기준을 쓰시오.(5점) [기사2003E/기사2402B]

작업현장의 안전난간을 영상으로 보여주면서 발끝막이판을 "가"라는 표식으로 지시하고 있다.

① 명칭 : 발끝막이판
② 설치기준 : 바닥면 등으로부터 10cm 이상의 높이를 유지할 것

04 동영상을 보고 물음에 답하시오.(6점) [기사2402B]

타워크레인이 화물을 1줄걸이로 인양해서 올리고 있고, 하부에 근로자가 안전모 턱끈을 매지 않은 채 양중작업을 보지 못하고 지나가고 있는 중에 화물이 탈락하면서 낙하하여 근로자와 충돌하였다. 현장에 신호수가 보이지 않는다.

가) 권상용 와이어로프의 폐기기준 4가지를 쓰시오.
나) 해당 영상의 재해발생형태를 쓰시오.

가) ① 이음매가 있는 것
② 와이어로프의 한 꼬임에서 끊어진 소선(素線)의 수가 10퍼센트 이상인 것
③ 지름의 감소가 공칭지름의 7퍼센트를 초과하는 것
④ 꼬인 것
⑤ 심하게 변형되거나 부식된 것
⑥ 열과 전기충격에 의해 손상된 것
나) 낙하(맞음)

▲ 가)의 답안 중 4가지 선택 기재

05 동영상은 밀폐공간에서 질식사고가 발생하는 장면을 보여주고 있다. 밀폐공간에서 작업 시작 전 사업주가 확인해야 할 사항을 4가지 쓰시오.(4점)

[기사2402B]

작업자 3명이 흡연한 후, 그 중 2명이 맨홀 뚜껑을 열고 들어간 지하실 밀폐공간에서 방수작업을 하고 있다. 일정 시간이 흐른 후 (시계를 자주 보여준다)에 남은 작업자 1명이 밀폐공간을 확인하니 2명의 작업자가 쓰러져 있는 모습을 보여주고 있다.

① 작업 일시, 기간, 장소 및 내용 등 작업 정보
② 관리감독자, 근로자, 감시인 등 작업자 정보
③ 산소 및 유해가스 농도의 측정결과 및 후속조치 사항
④ 작업 중 불활성가스 또는 유해가스의 누출·유입·발생 가능성 검토 및 후속조치 사항
⑤ 작업 시 착용하여야 할 보호구의 종류
⑥ 비상연락체계

▲ 해당 답안 중 4가지 선택 기재

06 동영상은 수직갱에 설치된 가설통로를 보여준다. 가설통로 설치시 지켜야 할 사항과 관련한 다음 설명의 ( )을 채우시오.(4점)

[기사2004A/기사2101A/기사2304C/기사2402A/기사2402B]

수직갱에 설치된 가설통로를 보여주고 있다.

가) 경사는 (①)도 이하로 할 것. 다만, 계단을 설치하거나 높이 (②)미터 미만의 가설통로로서 튼튼한 손잡이를 설치한 경우에는 그러하지 아니하다.
나) 경사가 (③)도를 초과하는 경우에는 미끄러지지 아니하는 구조로 할 것

① 30　　　　　② 2　　　　　③ 15

07 동영상은 안전난간을 보여주고 있다. 개구부에 설치하는 동영상에 나오는 구조물의 구조에 대한 설명 중 ( )에 해당하는 값을 채우시오.(5점) [기사2002A/기사2401C/기사2402B/기사2403A]

작업장에 가설구조물이나 개구부 등에서 추락 위험을 방지하기 위해 설치한 안전난간의 모습을 보여주고 있다.

가) 상부 난간대는 바닥면·발판 또는 경사로의 표면으로부터 (①)cm 이상 지점에 설치하고, 상부 난간대를 (②)cm 이하에 설치하는 경우에는 중간 난간대는 상부 난간대와 바닥면 등의 중간에 설치한다.
나) 발끝막이판은 바닥면 등으로부터 (③)cm 이상의 높이를 유지
다) 난간대는 지름 (④)cm 이상의 금속제 파이프나 그 이상의 강도가 있는 재료일 것

① 90 ② 120
③ 10 ④ 2.7

08 동영상은 이동식 비계를 보여주고 있다. 물음에 답하시오.(4점) [기사2402B]

작업자가 이동식 비계에서 작업하는 모습을 보여주다 이동식 비계의 아랫부분에 설치된 장치를 집중적으로 보여준다.

① 작업발판의 최대 적재하중을 쓰시오.
② 영상에서 가르키는 장치의 이름을 쓰시오.

① 250kg
② 아웃트리거

2024년 1회 A형 작업형 기출복원문제

신규문제 1문항 중복문제 7문항

01 동영상은 와이어로프 체결 과정을 보여주고 있다. 와이어로프 클립 체결 방법 중 가장 가) 올바른 것, 나) 주어진 와이어로프 직경에 따른 클립수를 쓰시오.(4점)

[기사1404B/기사1602C/산기1804A/기사2304C/기사2401A/기사2403A]

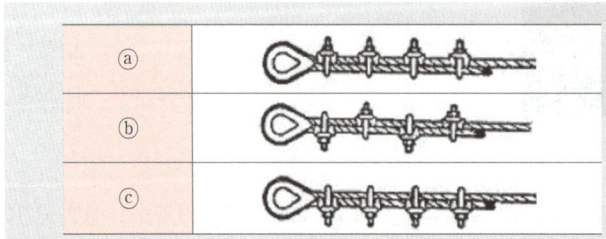

16mm 이하	16~28mm	28mm 초과
4개	①	②

가) ⓐ
나) ① 5개　　　② 6개

02 동영상은 작업장의 바닥, 도로 및 통로 등에서 낙하물이 근로자에게 위험을 미칠 우려가 있는 경우에 설치하는 낙하물방지망을 보여준다. 이에 대한 다음 설명 중 빈칸을 채우시오.(4점)

[기사2401A]

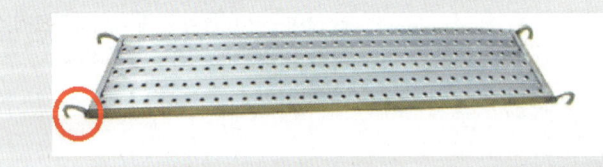

비계 등에 설치하는 작업발판의 모습을 보여주고 있다. 그러던 중 작업발판의 모서리에 있는 고리 부분을 집중적으로 보여준다.

가) 영상에서 지시하는 것의 명칭 및 용도를 쓰시오.
나) "작업발판의 폭은 (①)cm 이상으로 하고, 발판재료 간의 틈은 (②)cm 이하로 할 것"에서 ( ) 안을 채우시오.

가) ① 명칭 : 걸침고리
　　② 용도 : 수평재와 보재를 지지물에 고정시킬 수 있게 한다.
나) ① 40　　　② 3

03 동영상은 결빙된 도로 모습을 보여주고 있다. 도로가 결빙되었을 때 사업주 준수사항을 3가지 쓰시오.(6점)

[기사2401A]

도로가 결빙되어 도로 위에 얼음이 언 모습을 보여주고 있다.

① 가설계단, 작업발판, 개구부 주위 및 근로자의 이동 통로에 결빙부위를 신속히 제거하거나 모래, 부직포 등을 이용하여 미끄럼 방지 조치를 하여야 한다.
② 현장 내 가설도로에는 차량계 건설기계의 미끄럼 방지를 위하여 모래함이나 염화칼슘 등을 비치하고 근로자와 건설장비의 동선을 분리하여야 한다.
③ 현장 내 처마 부위 또는 흙막이 지보공, 터널 수직구 상부 등에 고드름이 발생할 경우 고드름의 낙하로 인한 재해를 예방하기 위하여 고드름을 제거하거나 접근금지구역을 설정하는 등의 조치를 하여야 한다.
④ 철골작업(철탑, 비계 포함)의 경우 철골계단 단부 등 개구부 주변에서 결빙으로 인해 넘어짐, 떨어짐의 위험이 있는지를 확인하고, 결빙 부위제거 및 안전난간 설치 등 넘어짐, 떨어짐 방지조치를 실시하여야 한다.

▲ 해당 답안 중 3가지 선택 기재

04 동영상은 강관비계를 보여주고 있다. 다음 물음에 답하시오.(4점)

[기사2401A]

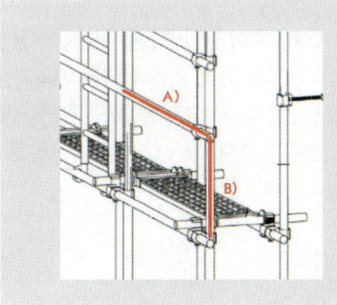

강관비계가 설치된 현장의 모습을 보여주고 있다. 그러던 중 강관비계를 구성하는 요소들을 하나하나 비춰주는데 띠장의 모습을 집중적으로 부각시키고 있다.

가) 영상에서 지시하는 A)와 B)의 길이를 쓰시오.
나) 비계기둥 간의 최대 적재하중을 쓰시오.

가) A) 1.85m 이하   B) 2m 이하
나) 400kg

05 동영상은 밀폐공간에서의 작업을 보여주고 있다. 밀폐된 공간 즉, 잠함, 우물통, 수직갱 등에서 굴착작업 시 사업주가 준수해야 하는 사항을 3가지 쓰시오.(6점) [기사1901B/기사2002C/기사2003D/기사2401A]

동영상은 우물통 작업현장을 보여주고 있다.

① 굴착깊이가 20m를 초과하는 경우에는 해당 작업장소와 외부와의 연락을 위한 통신설비 등을 설치할 것
② 산소결핍이 우려가 되는 경우에는 산소 농도를 측정하는 사람을 지명하여 측정하도록 할 것
③ 근로자가 안전하게 오르내리기 위한 설비를 설치할 것
④ 굴착깊이가 20m를 초과하는 경우에는 송기를 위한 설비를 설치하여 필요한 양의 공기를 공급할 것

▲ 해당 답안 중 3가지 선택 기재

06 동영상은 지게차 접촉사고 영상을 보여주고 있다. 차량계 하역운반기계 등에 접촉되어 근로가자 위험해질 울가 있는 장소에 위험방지를 위한 조치사항 3가지를 쓰시오.(6점) [기사2401A]

대형트럭에 실린 화물을 지게차가 옮겨 적재하는 중에 화물에 가려 지나가는 사람과 접촉사고가 발생하는 장면을 보여주고 있다.

① 근로자 출입을 금지한다.
② 작업지휘자 또는 유도자를 배치한다.
③ 차량계 하역운반기계의 운전자는 작업지휘자 또는 유도자의 유도를 따른다.

07 영상은 거푸집이 붕괴하는 사고를 보여주고 있다. 물음에 답하시오.(6점) [기사2401A]

거푸집 동바리가 붕괴되는 재해상황을 보여주고 있다. 재해상황을 보여주기 전 거푸집 동바리 설치 작업 시 동바리의 위치가 불량한 것과 수평연결재를 설치하지 않은 것, 각 재가 파손되거나 변형된 것 등을 보여준다.

가) 거푸집 동바리 조립 작업 시 준수사항(안전대책) 2가지를 쓰시오.
나) 동바리로 사용하는 파이프 서포트의 경우 사업주 준수사항에 대한 다음 설명의 ( ) 안을 채우시오.
  ㉠ 파이프 서포트를 (①)개 이상 이어서 사용하지 않도록 할 것
  ㉡ 파이프 서포트를 이어서 사용하는 경우에는 (②)개 이상의 볼트 또는 전용철물을 사용하여 이을 것
  ㉢ 높이가 (③)미터를 초과하는 경우에는 높이 2미터 이내마다 수평연결재를 2개 방향으로 만들고 수평연결재의 변위를 방지할 것

가) ① 받침목이나 깔판의 사용, 콘크리트 타설, 말뚝박기 등 동바리의 침하를 방지하기 위한 조치를 할 것
  ② 동바리의 상하 고정 및 미끄러짐 방지 조치를 할 것
  ③ 상부·하부의 동바리가 동일 수직선상에 위치하도록 하여 깔판·받침목에 고정시킬 것
  ④ 개구부 상부에 동바리를 설치하는 경우에는 상부하중을 견딜 수 있는 견고한 받침대를 설치할 것
  ⑤ 동바리의 이음은 같은 품질의 재료를 사용할 것
  ⑥ 강재의 접속부 및 교차부는 볼트·클램프 등 전용철물을 사용하여 단단히 연결할 것
  ⑦ 거푸집의 형상에 따른 부득이한 경우를 제외하고는 깔판이나 받침목은 2단 이상 끼우지 않도록 할 것
  ⑧ 깔판이나 받침목을 이어서 사용하는 경우에는 그 깔판·받침목을 단단히 연결할 것
  ⑨ U헤드 등의 단판이 없는 동바리의 상단에 멍에 등을 올릴 경우에는 해당 상단에 U헤드 등의 단판을 설치하고, 멍에 등이 전도되거나 이탈되지 않도록 고정시킬 것
나) ① 3   ② 4   ③ 3.5

▲ 가)의 답안 중 2가지 선택 기재

08 동영상은 비계를 이용한 작업현장을 보여주고 있다. 물음에 답하시오.(4점) [기사2401A]

말비계 위에서 작업자가 작업중인 모습을 보여주고 있다.

가) 영상에서 작업자가 사용하는 비계의 명칭을 쓰시오.
나) 산업안전보건법상 동영상 비계의 조립·사용 시 사업주 준수사항와 관련한 다음 설명의 ( ) 안을 채우시오.
　㉠ 지주부재와 수평면의 기울기를 (①)도 이하로 하고, 지주부재와 지주부재 사이를 고정시키는 보조부재를 설치할 것
　㉡ 말비계의 높이가 (②)미터를 초과하는 경우에는 작업발판의 폭을 40센티미터 이상으로 할 것

가) 말비계
나) ① 75　　　　　② 2

2024년 1회 B형 작업형 기출복원문제

신규문제 4문항 중복문제 4문항

01 동영상은 지하의 작업장에서 작업을 하고 있는 상황을 보여주고 있다. 다음과 같은 조건에서의 작업조도의 기준을 쓰시오.(4점)

[산기2001A/산기2302A/기사2401B]

작업자가 지하의 밀폐된 작업장에서 도장작업을 하고 있는 상황을 보여주고 있다.

① 초정밀작업 : (　)럭스 이상　② 정밀작업 : (　)럭스 이상
③ 보통작업 : (　)럭스 이상　④ 그 밖의 작업 : (　)럭스 이상

① 750　② 300
③ 150　④ 75

02 영상은 지게차로 화물을 이송하는 장면을 보여주고 있다. 지게차에 필요한 방호장치를 5가지 쓰시오.(4점)

[기사2401B]

작업장에서 화물을 지게차로 옮기다 사고가 발생하는 장면을 보여주고 있다.

① 헤드가드　② 백레스트　③ 전조등
④ 후미등　⑤ 안전벨트

2024년 1회 B형　**475**

03 동영상은 교량 상부에서 콘크리트 펌프카를 사용한 콘크리트 타설 작업을 보여주고 있다. 콘크리트 펌프 또는 콘크리트 펌프카 사용 시 준수사항을 3가지 쓰시오.(6점) [기사1401A/기사1404A/기사1502B/기사1601B /기사1702A/기사1804B/산기1901A/산기1904A/기사2001A/기사2001B/기사2002C/기사2003D/기사2101C/기사2102B/기사2201B/기사2204B /기사2204C/기사2401B/기사2403C]

신호수가 신호를 하면서 콘크리트 타설작업이 진행 중인 상황을 보여주고 있다. 교량상부에서 콘크리트 펌프카를 사용하여 타설작업 중이다.

① 작업을 시작하기 전에 콘크리트 펌프용 비계를 점검하고 이상을 발견하였으면 즉시 보수할 것
② 건축물의 난간 등에서 작업하는 근로자가 호스의 요동·선회로 인하여 추락하는 위험을 방지하기 위하여 안전난간 설치 등 필요한 조치를 할 것
③ 콘크리트 펌프카의 붐을 조정하는 경우에는 주변의 전선 등에 의한 위험을 예방하기 위한 적절한 조치를 할 것
④ 작업 중에 지반의 침하, 아웃트리거의 손상 등에 의하여 콘크리트 펌프카가 넘어질 우려가 있는 경우는 이를 방지하기 위한 적절한 조치를 할 것

▲ 해당 답안 중 3가지 선택 기재

04 동영상은 굴착기를 이용한 인양작업이다. 이때 사업주 준수사항을 3가지 쓰시오.(6점) [기사2401B]

굴착기를 이용해서 대형 석축을 인양하여 이동시키고 있다.

① 굴착기 제조사에서 정한 작업설명서에 따라 인양할 것
② 사람을 지정하여 인양작업을 신호하게 할 것
③ 인양물과 근로자가 접촉할 우려가 있는 장소에 근로자의 출입을 금지시킬 것
④ 지반의 침하 우려가 없고 평평한 장소에서 작업할 것
⑤ 인양 대상 화물의 무게는 정격하중을 넘지 않을 것

▲ 해당 답안 중 3가지 선택 기재

05 동영상을 참고하여 작업 중 위험요인을 4가지 쓰시오.(4점)   [기사1802C/기사2204C/기사2401B]

영상은 건물 외벽에 석재를 붙이는 작업 모습을 보여주고 있다. 비계 위 부실한 작업발판 위에서 작업 중이며, 안전대를 착용하지 않은 작업자는 벙거지 모자를 쓰고 작업하고 있다. 석재의 크기가 다소 커 덮개가 없는 그라인더를 이용해서 석재의 끝부분을 절단하고 있다.

① 안전모 및 안전대 등 개인 보호구를 착용하지 않았다.
② 비계 최상부에 안전난간을 설치하지 않았다.
③ 작업발판이 부실하다.
④ 핸드 그라인더의 회전날 접촉방지 커버를 미부착하였다.
⑤ 먼지가 많이 나는 연삭작업을 하면서 방진마스크를 착용하지 않았다.

▲ 해당 답안 중 4가지 선택 기재

06 동영상은 흙막이 지보공 설치 작업을 보여주고 있다. 도심 깊은 굴착 후 흙막이 지보공의 가시설비에 대한 정기 점검사항 3가지를 쓰시오.(6점)   [산기1402A/산기1601B/산기1602B/기사1802A/
기사1901B/산기1901B/산기1902B/기사1904B/산기2002B/기사2003A/산기2003A/산기2004A/기사2204B/기사2402B]

흙막이 지보공이 설치된 작업현장을 보여주고 있다. 이틀 동안 계속된 비로 인해 지보공의 일부가 터져서 토사가 밀려든 모습이다.

① 침하의 정도   ② 버팀대 긴압의 정도
③ 부재의 접속부·부착부 및 교차부 상태
④ 부재의 손상·변형·부식·변위 및 탈락의 유무와 상태

▲ 해당 답안 중 3가지 선택 기재

07 동영상은 강관틀비계의 구성요소를 보여주고 있다. A~D까지의 요소명을 쓰시오.(4점) [기사2401B]

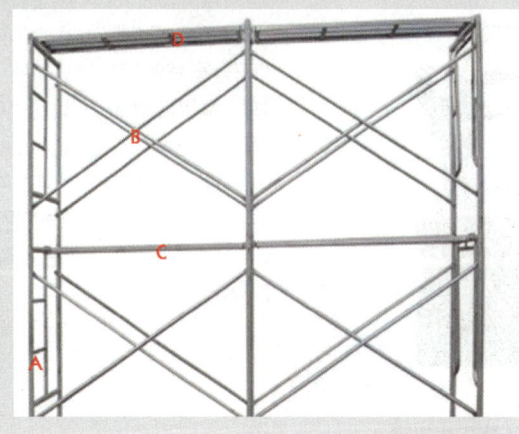

강관틀비계의 구성요소를 보여주고 있다. A는 주틀(기본틀)로 기둥역할을 하는 틀이고, B는 기본틀과 기본틀을 연결하는 가새이고, C는 수평틀 혹은 띠장으로 2개의 기본틀을 연결하는 강관, D는 근로자가 작업하기 위한 작업발판을 보여주고 있다.

① A : 주틀(기본틀)
② B : 교차가새
③ C : 띠장(수평틀)
④ D : 작업발판

08 동영상은 터널 공사 현장을 보여준다. 물음에 답하시오.(6점) [기사2401B/기사2403B]

TBM 공법으로 시추한 터널에서 발생한 각종 바위와 사토를 컨베이어를 통해 터널 밖으로 이송하는 모습과 이를 광산열차에 실어 나르는 모습을 보여주고 있다.

가) 버력처리 장비 선정 시 고려해야 할 사항을 3가지 쓰시오.
나) 버력처리 시 차량계 운전장비의 작업시작 전 점검사항을 3가지 쓰시오.

가) ① 운반 통로의 노면상태　　② 터널의 경사도
　　③ 굴착방식　　　　　　　　④ 버력의 상상 및 함수비
　　⑤ 굴착단면의 크기 및 단위발파 버력의 물량
나) ① 제동장치 및 조절장치 기능 이상 유무　② 하역장치 및 유압장치 기능의 이상 유무
　　③ 차륜의 이상 유무　　　　　　　　　　 ④ 경광, 경음장치의 이상 유무

▲ 해당 답안 중 3가지씩 선택 기재

2024년 1회 C형 작업형 기출복원문제

신규문제 3문항　중복문제 5문항

01 동영상은 거푸집 동바리가 침하하여 무너지는 상황을 보여주고 있다. 거푸집 동바리의 침하를 방지하기 위한 조치 2가지를 쓰시오.(4점) [기사1802B/기사1904B/기사2102C/기사2104A/기사2302B/기사2401B/기사2403B]

거푸집 동바리가 붕괴되는 재해상황을 보여주고 있다. 재해상황을 보여주기 전 거푸집 동바리 설치 작업 시 동바리의 위치가 불량한 것과 수평연결재를 설치하지 않은 것, 각 재가 파손되거나 변형된 것 등을 보여준다.

① 받침목이나 깔판의 사용　② 콘크리트 타설
③ 말뚝박기

▲ 해당 답안 중 2가지 선택 기재

02 동영상은 항타작업 현장을 보여주고 있다. 항타작업에 사용하는 권상용 와이어로프의 사용제한 조건을 4가지 쓰시오.(단, 이음매가 있는 것, 꼬인 것 제외)(4점) [산기1404B/기사1502A/산기1604B/기사1702B/산기1802A/기사1804C/기사2001C/산기2004A/기사2004C/기사2202A/기사2204A/기사2401C]

항타기를 이용하여 전주를 세우는 작업을 보여주고 있다.

① 와이어로프의 한꼬임에서 끊어진 소선의 수가 10% 이상인 것
② 지름의 감소가 공칭지름의 7%를 초과한 것
③ 심하게 변형 또는 부식된 것
④ 열과 전기충격에 의해 손상된 것

03 동영상은 안전난간을 보여주고 있다. 개구부에 설치하는 동영상에 나오는 구조물의 구조에 대한 설명 중 ( )에 해당하는 값을 채우시오.(5점)　　　　　　　　　　　　　　[기사2002A/기사2401C/기사2402B/기사2403A]

작업장에 가설구조물이나 개구부 등에서 추락 위험을 방지하기 위해 설치한 안전난간의 모습을 보여주고 있다.

가) 안전난간은 상부 난간대, 중간 난간대, (①) 및 난간기둥으로 구성할 것
나) 상부 난간대는 바닥면·발판 또는 경사로의 표면으로부터 (②)cm 이상 지점에 설치하고, 상부 난간대를 (③)cm 이하에 설치하는 경우에는 중간 난간대는 상부 난간대와 바닥면 등의 중간에 설치하여야 하며, (③)cm 이상 지점에 설치하는 경우는 중간 난간대를 (④)단 이상으로 균등하게 설치하고 난간의 상하 간격은 (⑤)cm 이하가 되도록 할 것

① 발끝막이판　　　　　② 90　　　　　③ 120
④ 2　　　　　　　　　⑤ 60

04 영상은 강풍이 불고 있는 작업현장을 보여주고 있다. 강풍 시 타워크레인의 작업제한에 대한 풍속기준을 쓰시오.(4점)　　　　　　　　　　　　　　　　　[기사2003E/기사2401C/기사2403C]

강풍이 불고 있는 작업현장을 보여주고 있다. 강풍에 타워크레인이 흔들리는 모습을 보여준다.

① 순간풍속이 초당 10미터 초과 시 타워크레인의 설치·수리·점검 또는 해체 작업을 중지
② 순간풍속이 초당 15미터 초과 시 타워크레인의 운전작업을 중지

05 동영상은 항타기 작업 중 무너지는 장면을 보여주고 있다. 무너짐 방지 방법 3가지를 쓰시오.(6점)

[산기1701A/기사1701C/산기1801B/기사1802B/기사1904C/기사2002E/기사2004D/기사2101B/기사2401C]

연약지반에 별도의 보강작업 없이 항타 작업을 진행 중에 항타기가 밀리면서 전도된 상황을 보여주고 있다.

① 연약한 지반에 설치하는 경우에는 아웃트리거·받침 등 지지구조물의 침하를 방지하기 위하여 깔판·받침목 등을 사용할 것
② 시설 또는 가설물 등에 설치하는 경우에는 그 내력을 확인하고 내력이 부족하면 그 내력을 보강할 것
③ 아웃트리거·받침 등 지지구조물이 미끄러질 우려가 있는 경우에는 말뚝 또는 쐐기 등을 사용하여 해당 지지구조물을 고정시킬 것
④ 궤도 또는 차로 이동하는 항타기 또는 항발기에 대해서는 불시에 이동하는 것을 방지하기 위하여 레일 클램프(rail clamp) 및 쐐기 등으로 고정시킬 것
⑤ 상단 부분은 버팀대·버팀줄로 고정하여 안정시키고, 그 하단 부분은 견고한 버팀·말뚝 또는 철골 등으로 고정시킬 것

▲ 해당 답안 중 3가지 선택 기재

06 인화성 가스가 발생할 가능성이 있는 곳에서 작업하는 경우 가스의 농도를 측정하는 사람을 지명하고 가스 농도를 측정해야 하는 경우를 3가지 쓰시오.(5점)

[기사2401C]

도시가스관이 설치된 지하공간에서 가스관 점검을 위해 작업을 하기 위해 준비작업 중의 모습을 보여준다.

① 매일 작업을 시작하기 전   ② 가스의 누출이 의심되는 경우
③ 장시간 작업을 계속하는 경우   ④ 가스가 발생하거나 정체할 위험이 있는 장소가 있는 경우

▲ 해당 답안 중 3가지 선택 기재

07 동영상에서 지시한 비계의 구성요소 명칭을 쓰고, 해당 구성요소의 설치기준을 2가지 쓰시오.(6점)

[기사2401C]

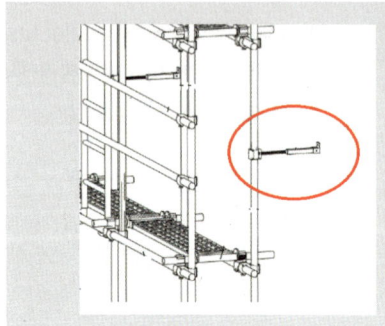

강관틀비계가 설치된 모습을 보여준다. 특히 강관틀비계와 인접건물을 연결한 철물을 집중적으로 보여주고 있다.

가) 명칭 : 벽이음
나) 철물의 설치기준
  • 수직방향으로 6m 이내
  • 수평방향으로 8m 이내

08 동영상은 터널 발파작업 현장을 보여준다. 해당 작업에 종사하는 근로자가 준수해야 할 사항을 3가지 쓰시오. (6점)

[기사2401C]

터널 내부에서 장약을 넣고 있는 작업자들과 전체 작업장을 보여준 후 터널 외부를 보여주고 폭파하는 듯 주변의 떨림이 발생하는 것을 보여준다.

① 얼어붙은 다이나마이트는 화기에 접근시키거나 그 밖의 고열물에 직접 접촉시키는 등 위험한 방법으로 융해되지 않도록 할 것
② 화약이나 폭약을 장전하는 경우에는 그 부근에서 화기를 사용하거나 흡연을 하지 않도록 할 것
③ 장전구(裝塡具)는 마찰·충격·정전기 등에 의한 폭발의 위험이 없는 안전한 것을 사용할 것
④ 발파공의 충진재료는 점토·모래 등 발화성 또는 인화성의 위험이 없는 재료를 사용할 것
⑤ 전기뇌관에 의한 발파의 경우 점화하기 전에 화약류를 장전한 장소로부터 30미터 이상 떨어진 안전한 장소에서 전선에 대하여 저항측정 및 도통(導通)시험을 할 것

▲ 해당 답안 중 3가지 선택 기재

2023년 4회 A형 작업형 기출복원문제

신규문제 3문항   중복문제 5문항

01 동영상은 강관비계 설치 현장을 보여주고 있다. 동영상에서와 같은 강관비계의 설치기준에 대하여 다음 ( )안에 알맞은 내용을 써 넣으시오.(4점)

[기사1401A/산기1404B/기사1504C/기사1701B/
기사1801B/산기1802B/산기1901A/기사1902A/산기1904A/산기2002A/기사2003D/기사2004C/기사2304A]

강관비계를 설치한 작업현장의 모습을 보여주고 있다.

가) 비계기둥의 간격은 띠장 방향에서는 (①)m 이하로 할 것
나) 비계기둥의 간격은 장선방향에서는 (②)m 이하로 할 것
다) 띠장 간격은 (③)m 이하로 설치할 것
라) 비계기둥 간의 적재하중은 (④)kg을 초과하지 않도록 할 것

① 1.85   ② 1.5   ③ 2   ④ 400

02 동영상은 가설구조물이나 개구부 등에서 추락위험을 방지하기 위해 설치하는 안전난간을 보여주고 있다. 안전난간 각 부위의 명칭을 쓰시오.(4점)

[기사1501C/기사1602A/기사1902B/산기2003B/기사2201A/기사2304A]

추락위험을 방지하기 위해 설치된 안전난간의 구성요소들을 차례대로 보여주고 있다.

① 난간기둥   ② 상부 난간대
③ 중간 난간대   ④ 발끝막이판

03 동영상은 이동식 비계를 이용한 작업 중 추락재해가 발생하는 것을 보여준다. 이동식 비계의 올바른 설치 기준을 2가지 쓰시오.(4점)

[기사1404B/기사1602C/기사1604B/산기1604B/산기1702A/기사1801B/산기1801B/기사1802A/기사1802B/산기1804B/기사1904B/기사2001A/기사2002B/기사2304A/기사2402A]

이동식 비계를 이용해서 거푸집 설치작업을 진행중인 모습을 보여준다. 비계를 고정하지 않아 흔들리다 작업자가 바닥으로 추락하는 재해가 발생한다.

① 승강용 사다리는 견고하게 설치할 것
② 비계의 최상부에서 작업을 하는 경우에는 안전난간을 설치할 것
③ 작업발판의 최대적재하중은 250킬로그램을 초과하지 않도록 할 것
④ 작업발판은 항상 수평을 유지하고 작업발판 위에서 안전난간을 딛고 작업을 하거나 받침대 또는 사다리를 사용하여 작업하지 않도록 할 것
⑤ 이동식 비계의 바퀴에는 뜻밖의 갑작스러운 이동 또는 전도를 방지하기 위하여 브레이크·쐐기 등으로 바퀴를 고정시킨 다음 비계의 일부를 견고한 시설물에 고정하거나 아웃트리거를 설치하는 등 필요한 조치를 할 것

▲ 해당 답안 중 2가지 선택 기재

04 영상은 추락방호망을 보여주고 있다. 추락방호망의 설치기준을 2가지 쓰시오.(4점)

[기사1801A/기사1904A/기사2104C/기사2204C/기사2301B/기사2302B/기사2402B/기사2403C]

건설현장에 설치된 추락방호망을 보여주고 있다.

① 추락방호망의 설치위치는 가능하면 작업면으로부터 가까운 지점에 설치하여야 하며, 작업면으로부터 망의 설치지점까지의 수직거리는 10미터를 초과하지 아니할 것
② 추락방호망은 수평으로 설치하고, 망의 처짐은 짧은 변 길이의 12퍼센트 이상이 되도록 할 것
③ 건축물 등의 바깥쪽으로 설치하는 경우 추락방호망의 내민 길이는 벽면으로부터 3미터 이상 되도록 할 것

▲ 해당 답안 중 2가지 선택 기재

05 동영상은 터널작업 강아치 지보공을 보여준다. 터널공사 시 터널 작업면에 대한 조도 기준에 관한 다음 물음의 빈 칸을 채우시오.(6점) [기사2304A]

영상은 터널굴착작업 현장의 모습이다. 강아치 지보공을 보여준다.

가) 막장구간 (①)럭스 이상
나) 터널중간구간 (②)럭스 이상
다) 터널입·출구, 수직구 구간 (③)럭스 이상

① 70　　　　　② 50　　　　　③ 30

---

06 동영상은 철골공사현장을 보여주고 있다. 동영상을 참고하여 물음에 답하시오.(6점) [기사2304A]

폭우(폭설)과 강풍이 동반된 악천후 야간에 철골작업 중 H빔에 작업자가 안전대 부착설비를 체결하는 모습을 보여주고 있다. 추락방호망은 설치되어 있고, 현장 아래에 작업자가 탑승한 지게차가 대기 중인 모습을 보여준다.

가) 동영상의 악천후가 작업자에게 미치는 위험요인 1가지를 쓰시오.
나) 작업의 중지 조건에 대한 다음 빈칸을 채우시오.
　① 10분당 평균 풍속이 초당 (　　) 이상인 경우
　② 1시간당 강우량이 (　　) 이상인 경우

가) 위험요인
　① 악천후임에도 불구하고 작업을 중지하지 않았다.
　② 자재나 도구 등이 위에서 떨어지거나 날아와서 다칠 위험이 있다.
나) ① 10m　　　② 1mm

07 동영상은 콘크리트 교량 공사현장의 모습을 보여주고 있다. 다음 물음에 답하시오.(6점)

[기사2201C/기사2304A]

최대지간길이 30m 이상인 콘크리트 교량 건설현장의 모습을 보여준다. 크레인으로 중량물 부재를 인양하는 모습이다.

가) 재료, 기구 또는 공구 등을 올리거나 내릴 경우 사업주의 준수사항 1가지를 쓰시오.
나) 중량물 부재를 크레인 등으로 인양하는 경우의 사업주 준수사항 1가지를 쓰시오.
다) 자재나 부재의 낙하·전도 또는 붕괴 등에 의하여 근로자에게 위험을 미칠 우려가 있을 경우의 사업주 준수사항 1가지를 쓰시오.

가) 근로자로 하여금 달줄, 달포대 등을 사용하도록 할 것
나) ① 부재에 인양용 고리를 견고하게 설치한다.
　　② 인양용 로프는 부재에 두 군데 이상 결속하여 인양한다.
　　③ 중량물이 안전하게 거치되기 전까지는 걸이로프를 해제시키지 않아야 한다.
다) ① 출입금지구역을 설정한다.
　　② 자재 또는 가설시설의 좌굴 또는 변형 방지를 위한 보강재 부착 등의 조치를 한다.

▲ 나)와 다) 답안 중 각각 1가지씩 선택 기재

08 동영상은 아파트 신축공사현장을 보여주고 있다. 영상을 참고하여 ( )을 채우시오.(6점)

[기사2304A]

비계에서 작업을 하고 있던 근로자가 파이프를 순간 놓쳐 밑에 작업하고 있던 근로자에게 떨어지는 영상으로 밑에 작업자는 주머니에 손을 넣고 돌아다닌다.

• 사업주는 높이 (①)m 이상인 장소에서 물체를 투하하는 경우 적당한 (②)를 설치하거나 (③)을 배치하는 등 위험을 방지하기 위한 조치를 해야 한다.

① 3　　　　　　　　② 투하설비　　　　　　　　③ 감시인

2023년 4회 B형 작업형 기출복원문제

신규문제 5문항   중복문제 3문항

01 동영상은 이동식 비계를 이용한 작업 중 추락재해가 발생하는 것을 보여준다. 이동식 비계의 설치 기준에 대한 다음 물음에 답하시오.(6점)

[산기2002A/기사2004B/기사2304B]

이동식 비계를 이용해서 거푸집 설치작업을 진행중인 모습을 보여준다. 비계를 고정하지 않아 흔들리다 작업자가 바닥으로 추락하는 재해가 발생한다.

가) 이동식 비계의 바퀴에 뜻밖의 갑작스러운 이동 또는 전도를 방지하기 위하여 설치하는 장치 2가지를 쓰시오.
나) 작업발판의 최대적재하중을 쓰시오.

가) ① 브레이크   ② 쐐기   ③ 아웃트리거(Outrigger)
나) 250kg

▲ 가) 답안 중 2가지 선택 기재

02 동영상은 콘크리트 타설작업을 보여주고 있다. 콘크리트 양생을 위한 거푸집 존치기간과 관련된 다음 설명의 ( ) 안을 채우시오.(4점)

[기사2304B]

콘크리트 타설 현장의 모습을 보여주고 있다. 타설할 때 작업발판도 없고 난간도 없고 방망도 없으며, 작업자는 안전모 턱끈을 느슨하게 하고 있다.

	조강포틀랜드 시멘트	보통포틀랜드 시멘트
20℃ 이상 :	(①)일	4일
10 ~ 20℃ :	3일	(②)일

① 2   ② 6

2023년 4회 B형   **487**

03 영상은 크레인을 이용한 화물의 인양작업을 보여주고 있다. 크레인을 사용하여 걸이 작업을 하는 경우의 준수사항을 3가지 쓰시오.(6점)　　　　　　　　　　　　　　　　　　　　　　　　　　　　[기사2304B]

타워크레인이 화물을 1줄걸이로 인양해서 화물트럭에 적재하고 있다. 트럭에는 안전모를 쓰지 않은 작업자 1인이 작업을 돕고 있다. 인양작업 중에 화물에 부딪힐뻔 하는 모습을 보여주기도 한다.

① 와이어로프 등은 크레인의 후크 중심에 걸어야 한다.
② 인양 물체의 안정을 위하여 2줄 걸이 이상을 사용하여야 한다.
③ 밑에 있는 물체를 걸고자 할 때에는 위의 물체를 제거한 후에 행하여야 한다.
④ 매다는 각도는 60도 이내로 하여야 한다.
⑤ 근로자를 매달린 물체위에 탑승시키지 않아야 한다.

▲ 해당 답안 중 3가지 선택 기재

04 영상은 터널 지보공을 설치하는 모습을 보여준다. 터널 강(鋼)아치 지보공의 조립 시 준수해야 할 사항을 3가지 쓰시오.(6점)　　　　　　　　　　　　　　　　　　　　　　　　　　　　　　[기사2304B]

터널 강아치 지보공을 조립설치하는 모습을 보여주고 있다.

① 조립간격은 조립도에 따를 것
② 주재가 아치작용을 충분히 할 수 있도록 쐐기를 박는 등 필요한 조치를 할 것
③ 연결볼트 및 띠장 등을 사용하여 주재 상호간을 튼튼하게 연결할 것
④ 터널 등의 출입구 부분에는 받침대를 설치할 것
⑤ 낙하물이 근로자에게 위험을 미칠 우려가 있는 경우에는 널판 등을 설치할 것

▲ 해당 답안 중 3가지 선택 기재

05 동영상은 고정식 수직사다리를 보여주고 있다. 동영상을 참고하여 사다리식 통로를 설치할 때의 준수사항에 대한 물음에 답하시오.(4점) [기사2304B]

작업현장에 설치된 고정식 수직사다리를 보여주고 있다. 바닥에서부터 높이 2.5미터 되는 지점부터는 등받이울이 설치된 것을 확인할 수 있다.

가) 고정식 사다리식 통로의 기울기는 수평면에 대하여 90도 이하로 하고, 그 높이가 7미터 이상인 경우에는 바닥으로부터 높이가 (①)미터 되는 지점부터 등받이울을 설치할 것
나) 발판과 벽과의 사이는 (②)센티미터 이상의 간격을 유지할 것

① 2.5   ② 15

06 동영상은 작업자가 통로를 걷다 개구부로 추락하는 상황을 보여주고 있다. 추락의 위험이 존재하는 장소에서의 안전 조치사항 3가지를 쓰시오.(6점) [기사1401C/산기1402A/산기1402B/산기1504B/기사1504C/기사1602B/산기1701B/산기1702A/기사1804B/산기2002B/기사2004C/기사2101A/기사2102A/기사2104C/기사2202C/기사2204A/기사2301A/기사2304B/기사2403B]

작업자가 통로를 걷다 개구부를 미처 확인하지 못하여 개구부로 추락하는 상황을 보여주고 있다.
해당 개구부에는 별도의 방호장치가 설치되지 않은 상태이다.

① 안전난간을 설치한다.
② 수직형 추락방망을 설치한다.
③ 울타리를 설치한다.
④ 추락방호망을 설치한다.
⑤ 덮개를 뒤집히거나 떨어지지 않도록 설치한다.
⑥ 어두울 때도 알아볼 수 있도록 개구부임을 표시한다.
⑦ 추락방호망 설치가 곤란한 경우 작업자에게 안전대를 착용하게 하는 등 추락방지 조치를 한다.

▲ 해당 답안 중 3가지 선택 기재

07 동영상은 타워크레인 사고상황을 보여주고 있다. 공칭지름 20mm 와이어로프가 지름 18mm일 때 폐기여부를 판단하시오.(4점)

[기사2301C/기사2304B]

타워크레인으로 합판(거푸집)더미를 1줄걸이로 인양하다가 중심을 잃고 하물을 떨어뜨리는 사고가 발생했다. 인양작업중임에도 아래쪽에는 작업자가 무단으로 횡단하고 있는 모습을 보여준다.

- 와이어로프의 폐기 기준은 지름의 감소가 공칭지름의 7%를 초과한 것이다. 20mm의 와이어로프가 18mm가 되었다는 것은 $\frac{(20-18)}{20} \times 100 = 10\%$가 감소한 것이므로 7%를 초과하여 폐기되어야 한다.

08 동영상은 가설공사 현장을 보여주고 있다. 가설공사 현장에 경사로를 설치하여 사용할 때 사업주의 준수사항을 4가지 쓰시오.(4점)

[기사2304B]

가설공사 현장의 경사로를 보여주고 있다.

① 시공하중 또는 폭풍, 진동 등 외력에 대하여 안전하도록 설계하여야 한다.
② 경사로는 항상 정비하고 안전통로를 확보하여야 한다.
③ 비탈면의 경사각은 30도 이내로 한다.
④ 경사로의 폭은 최소 90센티미터 이상이어야 한다.
⑤ 높이 7미터 이내마다 계단참을 설치하여야 한다.
⑥ 추락방지용 안전난간을 설치하여야 한다.
⑦ 목재는 미송, 육송 또는 그 이상의 재질을 가진 것이어야 한다.
⑧ 경사로 지지기둥은 3미터 이내마다 설치하여야 한다.
⑨ 발판은 폭 40센티미터 이상으로 하고, 틈은 3센티미터 이내로 설치하여야 한다.
⑩ 발판이 이탈하거나 한쪽 끝을 밟으면 다른쪽이 들리지 않게 장선에 결속하여야 한다.
⑪ 결속용 못이나 철선이 발에 걸리지 않아야 한다.

▲ 해당 답안 중 4가지 선택 기재

2023년 4회 C형 작업형 기출복원문제

신규문제 2문항 중복문제 6문항

01 동영상은 수직갱에 설치된 가설통로를 보여준다. 가설통로 설치시 지켜야 할 사항과 관련한 다음 설명의 ( )을 채우시오.(4점) [기사2004A/기사2101A/기사2304C/기사2403A]

수직갱에 설치된 가설통로를 보여주고 있다.

가) 경사는 (①)도 이하로 할 것. 다만, 계단을 설치하거나 높이 (②)미터 미만의 가설통로로서 튼튼한 손잡이를 설치한 경우에는 그러하지 아니하다.
나) 건설공사에 사용하는 높이 (③)미터 이상인 비계다리에는 (④)미터 이내마다 계단참을 설치할 것

① 30 ② 2 ③ 8 ④ 7

02 동영상은 상수도관 매설작업 현장을 보여주고 있다. 용접작업 중인 근로자들이 착용하고 있는 보호구의 종류 3가지를 쓰시오.(6점) [기사1604C/기사1801A/기사2201A/기사2304C]

동영상은 상수도관 매설현장이다. 한쪽에서는 근로자들이 배관을 용접하고 있고, 한쪽에서는 펌프를 이용해서 물을 빼는 작업을 진행중에 있다. 용접기에 별도의 방호장치가 부착되어 있지 않으며, 작업자는 별도의 보호구를 착용하지 않은 상태에서 작업 중이다.

① 용접용 보안면   ② 용접용 장갑
③ 용접용 안전화   ④ 용접용 앞치마

▲ 해당 답안 중 3가지 선택 기재

03 동영상은 와이어로프의 체결 과정을 보여주고 있다. 와이어로프의 클립 체결 방법 중 가장 가) 올바른 것, 나) 주어진 와이어로프 직경에 따른 클립수를 쓰시오.(6점)

[기사1404B/기사1602C/산기1804A/기사2304C/기사2401A/기사2403A]

ⓐ	
ⓑ	
ⓒ	

와이어로프의 클립 체결된 내역을 3가지 보여주고 있다. 해당 와이어로프의 화면에는 각 와이어로프마다 클립의 새들 위치가 서로 다른 것을 확인할 수 있다.

16mm 이하	16~28mm	28mm 초과
①	5개	②

가) ⓑ
나) ① 4개   ② 6개

04 동영상은 말비계를 이용한 작업현장을 보여주고 있다. 말비계 조립 시 준수사항에 관련된 다음 설명의 빈칸을 채우시오.(4점)

[기사2002A/기사2304C]

말비계 위에서 작업자가 도배 작업중인 모습을 보여주고 있다.

가) 말비계의 높이가 2미터를 초과하는 경우에는 작업발판의 폭을 (①) 이상으로 할 것
나) 지주부재와 수평면의 기울기를 (②)도 이하로 하고, 지주부재와 지주부재 사이를 고정시키는 보조부재를 설치할 것

① 40센티미터   ② 75

05 영상은 고소작업대를 이용한 작업현장을 보여주고 있다. 고소작업대 사용 시 작업자의 안전을 위한 조치사항을 3가지 쓰시오.(단, 보호구 사용은 제외)(6점) [기사2304C]

건설현장에서 높은 장소에 설치된 배관을 수리하기 위해 고소작업대를 이용하여 작업중인 모습을 보여주고 있다.

① 관계자가 아닌 사람이 작업구역에 들어오는 것을 방지하기 위하여 필요한 조치를 할 것
② 안전한 작업을 위하여 적정수준의 조도를 유지할 것
③ 전로(電路)에 근접하여 작업을 하는 경우에는 작업감시자를 배치하는 등 감전사고를 방지하기 위하여 필요한 조치를 할 것
④ 작업대를 정기적으로 점검하고 붐·작업대 등 각 부위의 이상 유무를 확인할 것
⑤ 전환스위치는 다른 물체를 이용하여 고정하지 말 것
⑥ 작업대는 정격하중을 초과하여 물건을 싣거나 탑승하지 말 것
⑦ 작업대의 붐대를 상승시킨 상태에서 탑승자는 작업대를 벗어나지 말 것. 다만, 작업대에 안전대 부착설비를 설치하고 안전대를 연결하였을 때에는 그러하지 아니하다.

▲ 해당 답안 중 3가지 선택 기재

06 동영상은 굴착작업 현장을 보여주고 있다. 영상을 참고하여 지반 내 깊은 곳을 굴착하는데 사용하는 버킷이 양쪽에 달린 굴착기계의 명칭을 쓰시오.(4점) [기사2304C]

좁고 깊은 장소에 버킷을 와이어로 매달아 수직으로 떨어뜨려 흙을 굴착하고 있다. 두 개의 버킷이 양쪽으로 달려있다.

• 클램쉘(Clamshell)

07 동영상은 거푸집 동바리를 설치하는 모습을 보여주고 있다. 동영상을 참고하여 해당 거푸집 동바리를 조립할 때 사업주의 준수사항 2가지를 쓰시오.(4점)

[기사2104C/기사2304C]

영상은 계단실의 경사 거푸집 동바리를 설치하는 모습을 보여주고 있다.

① 거푸집의 형상에 따른 부득이한 경우를 제외하고는 깔판·깔목 등을 2단 이상 끼우지 않도록 할 것
② 깔판·깔목 등을 이어서 사용하는 경우에는 깔판·깔목은 단단히 연결할 것
③ 경사면에 설치하는 동바리는 연직도를 유지하도록 깔판·깔목 등으로 고정할 것
④ 연직하게 설치되는 동바리는 경사면방향 분력으로 인하여 미끄러짐 및 전도가 발생할 수 있으므로 모든 동바리에 가새를 설치하는 등 안전조치할 것.

▲ 해당 답안 중 2가지 선택 기재

08 동영상은 콘크리트 믹서 트럭의 바퀴를 물로 씻는 장면을 보여주고 있다. 이 장비의 이름과 용도를 쓰시오. (6점)

[산기1904A/산기2003A/기사2001A/기사2304C]

공사현장에 출입하는 콘크리트 믹서 트럭이 공사현장을 떠나는 출구쪽에서 별도의 장비를 통과하는 모습을 보여준다. 해당 장비에서는 물이 분무되고 콘크리트 믹서 트럭의 바퀴에 묻은 흙 등을 씻어내는 모습을 보여준다.

① 이름 : 세륜기
② 용도 : 건설기계의 바퀴에 묻은 분진이나 토사를 제거한다.

2023년 2회 A형 작업형 기출복원문제

신규문제 4문항 중복문제 4문항

01 영상은 터널공사에서 콘크리트 라이닝을 하고 있는 모습을 보여주고 있다. 콘크리트 라이닝 시공방식을 선정하기 전 검토사항을 2가지 쓰시오.(4점)   [기사2302A]

터널 원지반의 변형이나 허물어짐을 억제해 누수를 막기 위한 구조체에 해당하는 콘크리트 라이닝 작업현장을 보여주고 있다.

① 지질, 암질상태 ② 단면 형상
③ 라이닝의 작업능률 ④ 굴착공법

▲ 해당 답안 중 2가지 선택 기재

02 동영상은 아파트 단지 내에서 하수관로 매설작업을 수행하고 있는 전경을 보여주고 있다. 동영상을 참고하여 ① 재해발생형태, ② 기인물, ③ 가해물을 쓰시오.(6점)   [기사2302A]

백호가 흄관을 1줄걸이로 인양해서 올리고 있고, 흄관 아래에 근로자가 안전모 턱끈을 매지 않은 채 관로를 청소중이다. 신호수가 보이고 있으나 백호 운전자는 시야확보가 힘든지 작업에 어려움을 표시하고 있다. 신호수가 흄관을 손으로 당기는데 흄관이 탈락하면서 낙하하여 근로자의 다리가 끼이는 사고를 보여준다.

① 재해발생형태 : 끼임 ② 기인물 : 백호
③ 가해물 : 흄관

03 동영상은 굴착작업에 대해서 보여주고 있다. 공사 전 굴착시기와 작업순서 등을 정하기 위해 작업장소 등에 대한 조사내용을 2가지 쓰시오.(4점)   [기사1704B/기사1901C/기사2002D/기사2201B/기사2302A]

백호로 굴착중인 작업현장을 보여주고 있다. 주변 지층이 연약지반이어서인지 지반의 붕괴 위험이 있어 위험해 보인다.

① 형상·지질 및 지층의 상태
② 매설물 등의 유무 또는 상태
③ 지반의 지하수위 상태
④ 균열·함수·용수 및 동결의 유무 또는 상태

▲ 해당 답안 중 2가지 선택 기재

04 동영상은 비계의 조립 및 해체와 관련된 영상이다. 동영상을 참조하여 비계의 조립 및 해체 시 조치사항 3가지를 쓰시오.(6점)   [기사1401A/산기1902A/기사1902B/기사2003D/기사2102A/기사2302A]

높이가 7m 정도인 비계의 해체작업을 보여주고 있다.

① 근로자는 관리감독자의 지휘에 따라 작업하도록 할 것
② 조립·해체 또는 변경의 시기·범위 및 절차를 그 작업에 종사하는 근로자에게 주지시킬 것
③ 작업구역에는 해당 작업을 하는 구역에는 관계 근로자가 아닌 사람의 출입을 금지할 것
④ 비, 눈, 그 밖의 기상상태의 불안정으로 날씨가 몹시 나쁜 경우에는 그 작업을 중지할 것
⑤ 비계재료의 연결·해체작업을 하는 경우는 폭 20cm 이상의 발판을 설치하고 근로자로 하여금 안전대를 사용하도록 하는 등 추락을 방지하기 위한 조치를 할 것
⑥ 재료, 기구 또는 공구 등을 올리거나 내리는 경우에는 근로자로 하여금 달줄·달포대 등을 사용하도록 할 것

▲ 해당 답안 중 3가지 선택 기재

05 동영상은 아파트 신축공사현장을 보여주고 있다. 영상을 참고하여 물음에 답하시오.(4점) [기사2302A]

비계에서 작업을 하고 있던 근로자가 파이프를 순간 놓쳐 밑에 작업하고 있던 근로자에게 떨어지는 영상으로 밑에 작업자는 주머니에 손을 넣고 돌아다닌다.

가) 사업주는 높이가 얼마 이상인 장소에서 물체를 투하하는 경우 적당한 투하설비를 설치하거나 감시인을 배치하는 등 위험을 방지하기 위한 조치를 해야 하는지 쓰시오.
나) 동영상의 사고 발생을 막기 위한 안전시설을 1가지 쓰시오.

가) 3m
나) ① 낙하물 방지망   ② 수직보호망   ③ 방호선반

▲ 나) 답안 중 1가지 선택 기재

06 동영상은 거푸집 동바리를 조립하는 모습을 보여주고 있다. 해당 작업을 하는 경우 사업주가 준수해야 할 사항에 대한 다음 설명의 ( ) 안을 채우시오.(6점) [산기1902B/기사2101B/기사2102C/기사2104B/기사2301C/기사2302A]

고소에서 철골작업 중 공중에 설치된 H빔 철골 격자구조물 위를 걷던 근로자가 추락하는 재해상황을 보여주고 있다. 작업자는 안전대를 착용하지 않았고, 추락방호망 등이 설치되어 있지 않은 작업장이다.

- 수직 및 수평하중에 대해 동바리의 구조적 안정성이 확보되도록 조립도에 따라 수직재 및 수평재에는 (①)를 견고하게 설치할 것
- 동바리 최상단과 최하단의 수직재와 (②)은 서로 밀착되도록 설치하고 수직재와 (②)의 연결부의 겹침길이는 (②) 전체길이의 (③) 이상 되도록 할 것

① 가새재   ② 받침철물   ③ 3분의 1

07 동영상에서는 철골작업 현장을 보여주고 있다. 와이어로프로 철골을 인양하고 앵커 볼트에 고정한 후 인양 와이어로프를 제거할 때 준수사항 2가지를 쓰시오.(4점)

[기사2104C/기사2302A]

영상은 철골작업장에서 철골기둥을 타고 올라가 앵커 볼트를 고정하는 작업 현장을 보여주고 있다. 작업을 마친 작업자가 트랩을 이용하지 않고 무리하게 기둥에서 뛰어내리는 모습을 보여준다.

① 기둥위로 올라갈 때 또는 기둥에서 내려올 때는 기둥의 트랩을 이용하여야 한다.
② 안전대를 사용해야 하며, 샤클핀이 빠져 떨어지는 일 등이 발생하지 않도록 주의해야 한다.
③ 기둥 베이스 구멍을 통해 앵커 볼트를 보면서 정확히 유도하고, 볼트가 손상되지 않도록 조심스럽게 제자리에 위치시켜야 한다. 이때 손, 발이 끼지 않도록 주의한다.
④ 바른 위치에 잘 들어갔는지 확인하고 앵커 볼트 전체의 균형을 유지하면서 확실히 조여야 한다.
⑤ 인양 와이어 로프를 제거하기 위하여 기둥위로 올라갈 때 또는 기둥에서 내려올 때는 기둥의 트랩을 이용하여야 한다.
⑥ 인양 와이어 로프를 풀어 제거할 때에는 안전대를 사용해야 하며 샤클핀이 빠져 떨어지는 일 등이 발생하지 않도록 주의해야 한다.

▲ 해당 답안 중 2가지 선택 기재

08 동영상은 건설기계 장비를 이용한 현장의 모습이다. 영상에 나온 (가) 건설기계 2가지의 명칭과 (나) 건설기계를 경사면에 주정차할 때 사용해야 하는 안전시설의 명칭을 쓰시오.(6점)

[기사2302A]

가) ① 타이어 롤러 ② 아스팔트 피니셔
나) 고임목(쐐기, 구름방지대, 구름멈춤대)

2023년 2회 B형 작업형 기출복원문제

신규문제 3문항   중복문제 5문항

01 동영상은 타워크레인의 설치작업을 보여주고 있다. 타워크레인의 설치 및 해체를 업으로 하려는 경우 갖춰야 하는 가) 등록인원 수와 나) 자격조건을 2가지 쓰시오.(6점) [기사2302B]

영상은 타워크레인을 설치하기 위해 작업자들이 공중에서 설치작업을 진행하는 모습을 보여주고 있다.

가) 4명
나) ① 판금제관기능사 또는 비계기능사의 자격을 가진 사람
    ② 타워크레인 설치·해체작업 교육기관에서 지정된 교육을 이수하고 수료시험에 합격한 사람으로서 합격 후 5년이 지나지 않은 사람
    ③ 타워크레인 설치·해체작업 교육기관에서 보수교육을 이수한 후 5년이 지나지 않은 사람

▲ 나) 답안 중 2가지 선택 기재

02 동영상을 보고 해당 터널 굴착 작업공법의 명칭을 쓰시오.(2점)
[기사1501C/기사1701B/기사1801A/기사1802B/기사1902B/기사1904A/기사2002A/기사2102B/기사2302B]

영상은 터널굴착작업 현장을 보여주고 있다. 굴착 후 나온 흙을 버리는 장면을 보여주고 있다.

• T.B.M(Tunnel Boring Machine) 공법

03 동영상은 철근을 인력으로 운반하는 모습이다. 이와 같은 운반작업을 할 때 주의하여야 할 사항을 3가지 쓰시오.(6점)
[산기1401B/기사1504B/산기1604A/기사1702B/기사2001C/산기2002A/기사2302B]

철근을 운반하는 중 철근 위에서 잠시 쉬고 있는 근로자들의 모습을 보여주고 있다.

① 1인당 무게는 25kg 정도가 적절하며, 무리한 운반을 삼가야 한다.
② 2인 이상이 1조가 되어 어깨메기로 하여 운반하는 등 안전을 도모하여야 한다.
③ 긴 철근을 부득이 한 사람이 운반할 때에는 한쪽 어깨에 메고 한쪽 끝(뒤)을 끌면서 운반하여야 한다.
④ 운반할 때는 양 끝을 묶어서 운반한다.
⑤ 내려놓을 때는 천천히 내려놓고 던지지 않아야 한다.
⑥ 공동작업을 할 때는 신호에 따라 작업을 한다.

▲ 해당 답안 중 3가지 선택 기재

04 영상은 거푸집 동바리의 설치 잘못으로 인해 거푸집의 붕괴사고가 발생한 것을 보여주고 있다. 동바리 설치 · 조립 시 동바리의 침하방지를 위한 조치사항 3가지를 쓰시오.(6점)
[기사1802B/기사1904B/기사2102C/기사2104A/기사2302B]

거푸집 동바리가 붕괴되는 재해상황을 보여주고 있다. 재해상황을 보여주기 전 거푸집 동바리 설치 작업 시 동바리의 위치가 불량한 것과 수평연결재를 설치하지 않은 것, 각 재가 파손되거나 변형된 것 등을 보여준다.

① 받침목이나 깔판의 사용   ② 콘크리트 타설   ③ 말뚝박기

05 영상은 가설구조물의 설치현황을 보여주고 있다. 통로발판을 설치하여 사용할 때 사업주의 준수사항을 3가지 쓰시오.(6점)

[기사2302B]

건축물 공사 현장에 설치된 가설구조물의 모습을 보여주고 있다. 그 중 통로발판의 모습을 집중해서 보여준다.

① 근로자가 작업 및 이동하기에 충분한 넓이가 확보되어야 한다.
② 추락의 위험이 있는 곳에는 안전난간이나 철책을 설치하여야 한다.
③ 발판을 겹쳐 이음하는 경우 장선 위에서 이음을 하고 겹침길이는 20센티미터 이상으로 하여야 한다.
④ 발판 1개에 대한 지지물은 2개 이상이어야 한다.
⑤ 작업발판의 최대폭은 1.6미터 이내이어야 한다.
⑥ 작업발판 위에는 돌출된 못, 옹이, 철선 등이 없어야 한다.
⑦ 비계발판의 구조에 따라 최대 적재하중을 정하고 이를 초과하지 않도록 하여야 한다.

▲ 해당 답안 중 3가지 선택 기재

06 동영상은 비계를 이용한 작업현장을 보여주고 있다. 작업자가 사용하는 비계의 종류, 비계의 높이가 2미터를 초과하는 경우 작업발판의 폭을 쓰시오.(4점) [기사1802C/기사1804C/기사1902A/기사2003D/기사2302B]

말비계 위에서 작업자가 작업중인 모습을 보여주고 있다.

① 비계의 종류 : 말비계   ② 작업발판의 폭 : 40cm 이상

07 동영상은 비계의 구성요소를 보여주고 있다. 지시하는 비계의 구성요소 명칭을 쓰시오.(4점) [기사2302B]

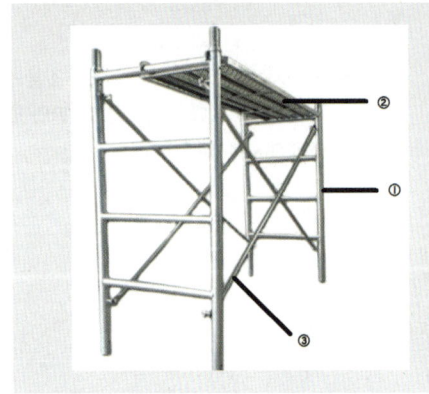

강관틀 비계를 보여주면서 해당 비계를 구성하는 구성요소들을 하나하나 보여주고 있다. 세 번째 구성요소는 X자 형태의 모습을 전체적으로 보여준다.

① 기둥 ② 작업발판 ③ 교차가새

08 영상은 추락방호망을 보여주고 있다. 추락방호망의 설치기준을 3가지 쓰시오.(6점)

[기사1801A/기사1904A/기사2104C/기사2301B/기사2302B/기사2304A]

건설현장에 설치된 추락방호망을 보여주고 있다.

① 추락방호망의 설치위치는 가능하면 작업면으로부터 가까운 지점에 설치하여야 하며, 작업면으로부터 망의 설치지점까지의 수직거리는 10미터를 초과하지 아니할 것
② 추락방호망은 수평으로 설치하고, 망의 처짐은 짧은 변 길이의 12퍼센트 이상이 되도록 할 것
③ 건축물 등의 바깥쪽으로 설치하는 경우 추락방호망의 내민 길이는 벽면으로부터 3미터 이상 되도록 할 것

2023년 2회 C형 작업형 기출복원문제

신규문제 4문항 중복문제 4문항

01 동영상은 이동식 비계를 이용한 작업 중 추락재해가 발생하는 것을 보여준다. 재해발생원인을 3가지 쓰시오. (6점)
[산기1601A/기사1602A/기사1802C/기사1902C/산기2003B/기사2003C/기사2302C]

이동식 비계를 이용해서 거푸집 설치작업을 진행중인 모습을 보여준다. 비계를 고정하지 않아 흔들리다 작업자가 바닥으로 추락하는 재해가 발생한다. 비계 최상위 층에 안전난간이 없으며, 작업자는 안전대를 착용하지 않았다.

① 바퀴를 브레이크 및 쐐기 등으로 고정시키지 않아 흔들림
② 작업자가 안전대를 착용하지 않음
③ 비계 최상부에 안전난간을 설치하지 않음

02 동영상은 건설현장에서 벽의 구멍을 뚫는 모습을 보여주고 있다. (가) 감전위험을 방지하기 위해 착용해야 할 보호구 1가지와 (나) 분진이 흩날리는 장소에서 착용해야 할 보호구 1가지를 쓰시오.(4점) [기사2302C]

보호구(안전모, 면 마스크, 방진복, 운동화 등)를 착용한 작업자가 햄머드릴을 들고 벽에 구멍을 뚫고 있는 모습을 보여주고 있다. 운동화를 신고 전기 콘센트에 연결된 전선을 밟는 모습을 보여준다.

(가) 감전위험 방지 보호구
  ① 내전압용 절연장갑   ② 절연화
(나) 분진이 흩날리는 장소에서의 보호구
  ① 방진마스크   ② 보안경

▲ 해당 답안 중 1가지씩 각각 기재

03 동영상은 굴착기계로 터널굴착을 하고 작업한 흙을 버리는 장면을 보여준다. 터널굴착기계의 가) 명칭과 나) 작업계획에 포함되어야 할 사항 2가지를 쓰시오.(5점)

[기사1501C/기사1701B/기사1801A/기사1802B/기사1902B/기사1904A/기사2002A/기사2102B/기사2302B/기사2302C]

영상은 터널굴착작업 현장을 보여주고 있다. 굴착 후 나온 흙을 버리는 장면을 보여주고 있다.

가) 명칭 : T.B.M(Tunnel Boring Machine)
나) 작업계획 포함사항
① 굴착의 방법
② 터널지보공 및 복공의 시공방법과 용수의 처리방법
③ 환기 또는 조명시설을 설치할 때에 그 방법

▲ 해당 답안 중 2가지 선택 기재

04 동영상은 철골공사 현장의 모습을 보여주고 있다. 철골공사에 있어서 추락을 방지하거나 비래낙하 및 비산방지를 위한 재해방지설비에 대한 다음 표의 빈 칸을 채우시오.(6점)

[기사2302C]

크레인을 이용해서 H빔 철골을 운반하여 철골보를 설치하는 모습을 보여주고 있다. 이후 와이어로프를 해체하는 장면을 집중적으로 보여주면서 영상이 끝난다.

기능	용도, 사용장소, 조건	설비
추락자를 보호할 수 있는 것	작업대 설치가 어렵거나 개구부 주위로 난간설치가 어려운 곳	①
추락의 우려가 있는 위험장소에서 작업자의 행동을 제한하는 것	개구부 및 작업대의 끝	②
불꽃의 비산방지	용접, 용단을 수반하는 작업	③

① 추락방지용 방망   ② 난간, 울타리   ③ 석면포

05 동영상을 보고 금속의 용접·용단 또는 가열에 사용되는 가스 등의 용기를 취급하는 경우에 위험을 방지하기 위해 조치할 사항을 3가지 쓰시오.(6점) [기사1402B/기사1601B/기사1702A/산기1902A/기사2302C]

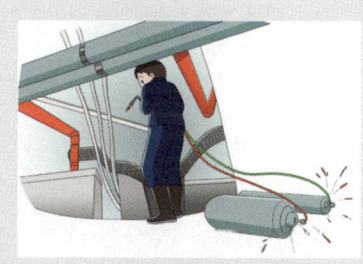

근로자가 맨손으로 아크 용접 중이고 그 옆을 트럭이 회색 가스용기 1개와 녹색 가스용기 2개를 싣고 오는 장면이 보인 후 가스통 연결부를 줌인(캡이 씌어져 있지 않다)한다. 차량이 도착한 후 운전자가 내려 회색 가스통을 차에서 내리는데 바닥에 세게 내려놓는 바람에 폭발하는 동영상이다.

① 용기의 온도를 섭씨 40도 이하로 유지할 것
② 전도의 위험이 없도록 할 것
③ 충격을 가하지 않도록 할 것
④ 운반하는 경우에는 캡을 씌울 것
⑤ 사용하는 경우에는 용기의 마개에 부착되어 있는 유류 및 먼지를 제거할 것
⑥ 밸브의 개폐는 서서히 할 것
⑦ 사용 전 또는 사용 중인 용기와 그 밖의 용기를 명확히 구별하여 보관할 것
⑧ 용해아세틸렌의 용기는 세워 둘 것
⑨ 용기의 부식·마모 또는 변형상태를 점검한 후 사용할 것

▲ 해당 답안 중 3가지 선택 기재

06 동영상은 낙하물방지망을 보수하는 장면이다. 낙하물방지망 또는 방호선반을 설치하는 경우에 대한 다음 설명의 빈칸을 채우시오.(3점) [기사1404C/기사1602B/기사2101B/기사2102A/기사2201B/기사2201C/기사2202A/기사2202C/기사2302C/기사2403A]

고소에 설치된 낙하물방지망의 한쪽 끝이 풀려 바람에 날리는 장면을 보여주고 있다. 이에 작업자가 낙하물방지망을 보수하기 위해 바람에 날리는 낙하물방지망의 매듭 부위에 접근하고 있는 장면을 보여주고 있다.

• 낙하물방지망의 설치는 (①)m 이내마다 설치하고, 내민 길이는 벽면으로부터 (②)m 이상으로 하고, 수평면과의 각도는 20° 이상 (③)° 이하를 유지하도록 한다.

① 10   ② 2   ③ 30

07 영상은 비계의 조립 작업을 보여주고 있다. 영상의 비계 조립 작업 시 준수사항 3가지를 쓰시오.(6점)

[기사2001C/기사2302C]

시스템 비계의 조립작업을 보여주고 있다.

① 경사진 바닥에 설치하는 경우에는 피벗형 받침 철물 또는 쐐기 등을 사용하여 밑받침 철물의 바닥면이 수평을 유지하도록 할 것
② 비계 내에서 근로자가 상하 또는 좌우로 이동하는 경우에는 반드시 지정된 통로를 이용하도록 주지시킬 것
③ 비계 작업 근로자는 같은 수직면상의 위와 아래 동시 작업을 금지할 것
④ 작업발판에는 제조사가 정한 최대적재하중을 초과하여 적재해서는 아니 되며, 최대적재하중이 표기된 표지판을 부착하고 근로자에게 주지시키도록 할 것
⑤ 비계 기둥의 밑둥에는 밑받침 철물을 사용하여야 하며, 밑받침에 고저차가 있는 경우에는 조절형 밑받침 철물을 사용하여 시스템 비계가 항상 수평 및 수직을 유지하도록 할 것
⑥ 가공전로에 근접하여 비계를 설치하는 경우에는 가공전로를 이설하거나 가공전로에 절연용 방호구를 설치하는 등 가공전로와 의 접촉을 방지하기 위하여 필요한 조치를 할 것

▲ 해당 답안 중 3가지 선택 기재

08 동영상은 타워크레인 작업상황을 보여주고 있다. 양중기에서 사용하는 달기와이어로프의 안전계수를 각각 쓰시오.(4점)

[기사2302C]

건설현장에서 타워크레인으로 화물을 인양하는 모습을 보여주고 있다.

가) 근로자가 탑승하는 운반구를 지지하는 달기와이어로프 또는 달기체인의 경우: (①) 이상
나) 화물의 하중을 직접 지지하는 달기와이어로프 또는 달기체인의 경우: (②) 이상

① 10
② 5

2023년 1회 A형 작업형 기출복원문제

신규문제 1문항 중복문제 7문항

01 동영상은 프리캐스트 콘크리트의 제작과정을 보여주고 있다. 프리캐스트 콘크리트의 장점을 3가지 쓰시오. (6점) [산기1404A/산기1601A/산기1604A/기사1801B/산기1802A/기사2003B/기사2004D/기사2301A]

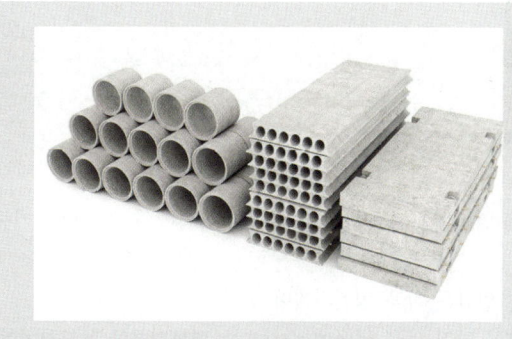

벽, 바닥 등을 구성하는 콘크리트 부재를 공장에서 적당한 크기로 만드는 과정을 보여주고 있다.

① 양질의 부재를 경제적으로 생산할 수 있다.
② 기계화작업으로 공기단축을 꾀할 수 있다.
③ 기상과 관계없이 작업이 가능하며, 특히 한랭기의 시공 시 유리하다.

02 동영상에서는 강관비계 설치현장을 보여주고 있다. 동영상에서와 같은 강관비계의 설치기준에 대하여 다음 ( )안에 알맞은 내용을 써 넣으시오.(4점) [기사2004C/기사2301A]

강관비계를 설치한 작업현장의 모습을 보여주고 있다.

가) 비계기둥 간의 적재하중은 (①)kg을 초과하지 않도록 할 것
나) 작업발판의 폭은 40cm 이상으로 하고, 발판재료 간의 틈은 (②)cm 이하로 할 것

① 400   ② 3

03 동영상은 철골공사 현장을 보여주고 있다. 철골공사 중 철골기둥을 다른 철골기둥에 접속시키는 경우의 준수사항을 2가지 쓰시오.(4점)

[기사2301A]

철골공사 현장에서 철골기둥을 다른 철골 기둥과 접속시키는 모습을 보여주고 있다. 아래쪽에서 안전관리자가 진행상황을 쳐다 보고 있는 중이다.

① 근로자는 2인 1조로 하여 기둥에 올라간 다음 안전대를 기둥의 윗쪽 부분에 설치한 후 인양되는 기둥을 기다리 도록 한다.
② 기둥이 아래층 기둥의 윗부분까지 인양되면 일단 동작을 정지시켜야 한다.
③ 인양된 기둥이 흔들리거나 기둥의 접속방향이 맞지 않을 경우에는 신호를 명확히하여 유도하여야 한다.
④ 기둥의 접속에 앞서 이음철판(Splice plate)에 설치된 볼트를 느슨하게 풀어 둔다.
⑤ 아래층 기둥 윗부분 가까이 이동하면 작업자는 수공구 등을 이용하여 정확한
접속위치로 유도하여야 한다.
⑥ 볼트를 필요한 수만큼 신속히 체결하여야 한다.
⑦ 기둥의 접속이 용접인 경우 세우기 철판(election piece)을 이용하여 견고히 상하 기둥을 접속한다.

▲ 해당 답안 중 2가지 선택 기재

04 동영상을 보고 가스용기 운반 시의 문제점을 3가지 쓰시오.(6점)

[기사1502A/기사1701A/기사1704A/기사1904C/기사2101A/기사2301A]

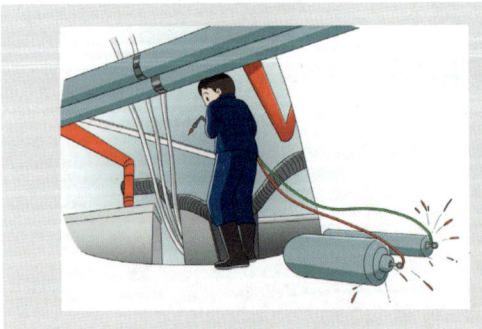

근로자가 맨손으로 아크 용접 중이고 그 옆을 트럭이 회색 가스용기 1개와 녹색 가스용기 2개를 싣고 오는 장면이 보인 후 가스통 연결부를 죔인(캡이 씌어져 있지 않다)한다. 차량이 도착한 후 운전자가 내려 고정되어 있지 않은 회색 가스통을 차에서 내리는데 바닥에 세게 내려놓는 바람에 폭발하는 동영상이다.

① 용기 운반시 캡을 씌우지 않았다.
② 가스 용기에 충격을 가했다.
③ 이동시 가스통을 고정하지 않아 전도의 위험이 있다.

05 동영상은 작업장의 바닥, 도로 및 통로 등에서 낙하물이 근로자에게 위험을 미칠 우려가 있는 경우에 설치하는 낙하물방지망을 보여준다. 이에 대한 다음 설명 중 빈칸을 채우시오.(6점)

[기사1404C/기사1602B/기사2101B/기사2102A/기사2201C/기사2202A/기사2202C/기사2301A]

동영상은 작업장의 바닥, 도로 및 통로 등에서 낙하물이 근로자에게 위험을 미칠 우려가 있는 경우에 설치하는 낙하물방지망을 보여준다.

낙하물방지망 또는 방호선반을 설치하는 경우 높이 (①)미터 이내마다 설치하고, 내민 길이는 벽면으로부터 (②)미터 이상으로 해야 하며, 수평면과의 각도는 (③)도를 유지한다.

① 10   ② 2   ③ 20 ~ 30

06 동영상은 작업자가 통로를 걷다 개구부로 추락하는 상황을 보여주고 있다. 추락의 위험이 존재하는 장소에서의 안전 조치사항 2가지를 쓰시오.(4점)

[기사1401C/산기1402A/산기1402B/기사1504B/기사1504C/기사1602B/산기1701B/산기1702A/기사1804B/산기2002B/기사2004C/기사2101A/기사2102A/기사2104C/기사2202C/기사2204A/기사2301A/기사2304B/기사2403B]

작업자가 통로를 걷다 개구부를 미처 확인하지 못하여 개구부로 추락하는 상황을 보여주고 있다.
해당 개구부에는 별도의 방호장치가 설치되지 않은 상태이다.

① 안전난간을 설치한다.   ② 수직형 추락방망을 설치한다.
③ 울타리를 설치한다.   ④ 추락방호망을 설치한다.
⑤ 덮개를 뒤집히거나 떨어지지 않도록 설치한다.
⑥ 어두울 때도 알아볼 수 있도록 개구부임을 표시한다.
⑦ 추락방호망 설치가 곤란한 경우 작업자에게 안전대를 착용하게 하는 등 추락방지 조치를 한다.

▲ 해당 답안 중 2가지 선택 기재

07 동영상은 터널현장에서의 공정 중 한 가지를 찍은 것이다. 동영상을 참고하여 다음 각 물음에 답하시오.(4점)
[기사1404C/기사2003D/기사2301A]

어두운 터널 안으로 차량이 들어가고 터널 현장의 울퉁불퉁한 모습이 보인다. 근로자가 차량의 기능을 점검한 후 터널 외벽에 콘크리트를 압력공기를 이용하여 타설을 한다.

가) 동영상에서 작업하고 있는 공정의 명칭을 쓰시오.
나) 공법의 종류 2가지를 쓰시오.

가) 공정 명 : 숏크리트 타설 공정
나) 공법의 종류
  ① 습식공법   ② 건식공법

08 동영상은 타워크레인 작업상황을 보여주고 있다. 해당 작업을 진행하는데 있어서 구비해야 할 방호장치를 3가지 쓰시오.(6점) [산기1404B/산기1601A/산기1702B/기사1802A/기사1804A/산기1804B/기사1902B/기사1904A/기사2003C/기사2301A]

건설현장에서 타워크레인으로 화물을 인양하는 모습을 보여주고 있다.

① 과부하방지장치
② 권과방지장치
③ 비상정지장치 및 제동장치

2023년 1회 B형 작업형 기출복원문제

신규문제 7문항 중복문제 1문항

01 동영상을 보고 물음에 답하시오. (4점) [기사2301B]

시공이 완료된 보강토 옹벽이 도로와 접하는 부분을 보여준다. 옹벽이 끝나는 지점에 흙을 메우다만 구덩이가 존재한다.

① 동영상에서의 옹벽의 형상을 보고 명칭을 쓰시오.
② 시공 중 설치하는 안전시설물을 쓰시오.

① 보강토 옹벽
② 안전대 부착설비

02 영상은 추락방호망을 보여주고 있다. 추락방호망의 설치기준을 3가지 쓰시오. (6점)
[기사1801A/기사1904A/기사2104C/기사2204C/기사2301B/기사2302B/기사2402B/기사2403C]

건설현장에 설치된 추락방호망을 보여주고 있다.

① 추락방호망의 설치위치는 가능하면 작업면으로부터 가까운 지점에 설치하여야 하며, 작업면으로부터 망의 설치지점까지의 수직거리는 10미터를 초과하지 아니할 것
② 추락방호망은 수평으로 설치하고, 망의 처짐은 짧은 변 길이의 12퍼센트 이상이 되도록 할 것
③ 건축물 등의 바깥쪽으로 설치하는 경우 추락방호망의 내민 길이는 벽면으로부터 3미터 이상 되도록 할 것

03 동영상은 콘크리트 타설현장을 보여주고 있다. 콘크리트 타설 전 점검사항을 3가지 쓰시오.(6점)

[기사2301B]

펌프카를 이용해서 콘크리트를 타설하는 현장의 모습을 보여주고 있다. 작업자 1이 펌프카 호스 카이드를 잡고 콘크리트를 원하는 위치에 타설하고 있다.

① 거푸집동바리 등의 변형
② 거푸집동바리 등의 변위
③ 지반의 침하 유무

04 동영상을 참고하여 중량물의 적재 시 준수사항을 3가지 쓰시오.(4점)

[기사2301B]

높은 위치의 작업장에 드럼통 3개가 나란히 배치되어 있는 장면을 보여준다. 여러 명의 작업자가 해당 드럼통을 이동하는 중 하나의 드럼통이 굴러떨어지는 영상이다. 그 밑으로 작업자가 지나가고 있다..

① 구름멈춤대, 쐐기 등을 이용하여 중량물의 동요나 이동을 조절할 것
② 중량물이 구르는 방향인 경사면 아래로는 근로자의 출입을 제한할 것
③ 하역운반기계·운반용구를 사용할 것

05 동영상은 머케덤 롤러를 보여주고 있다. 앞·뒤에 바퀴가 하나씩 있고, 바퀴는 쇠로 되어 있는 건설기계의 ① 명칭과 ② 기능을 1가지 쓰시오.(4점)
[산기1904A/기사2002B/기사2301B]

전후에 쇠바퀴를 달고 있는 텐덤롤러가 아스팔트 도로 시공현장에서 아스팔트를 다지고 있는 모습을 보여주고 있다.

① 탠덤롤러   ② 다짐작업

06 동영상은 숏크리트 작업을 보여주고 있다. 터널공사표준안전작업지침에서 숏크리트의 최소 두께와 관련한 다음 ( )에 알맞은 값을 쓰시오.(4점)
[기사2301B]

어두운 터널 안으로 차량이 들어가고 터널 현장의 울퉁불퉁한 모습이 보인다. 근로자가 차량의 기능을 점검한 후 터널 외벽에 콘크리트를 압력공기를 이용하여 타설을 한다.

가) 약간 취약한 암반 : 2cm
나) 약간 파괴되기 쉬운 암반 : 3cm
다) 파괴되기 쉬운 암반 : (①)cm
라) 매우 파괴되기 쉬운 암반 : 7cm(철망병용)
마) 팽창성의 암반 : (②)cm(강재 지보공과 철망병용)

① 5   ② 15

07 동영상은 지게차가 하물을 들어올리는 작업을 보여주고 있다. 지게차가 하물을 들어올릴 때 준수해야 하는 사항에 대한 다음 설명의 ( ) 안을 채우시오.(6점)

[기사2301B]

지게차가 신호수의 지시에 따라 파일 더미에서 파일을 2개를 인양한 후 이동한 후 하역하는 모습을 보여주고 있다.

가) 지상에서 5cm 이상 (①)cm 지점까지 들어올린 후 일단 정지하여야 한다.
나) 지상에서 (②)cm 이상 (③)cm 이하의 높이까지 들어올린 후 이동한다.

① 10   ② 10   ③ 30

08 동영상은 굴착기계를 이용해 작업중인 모습을 보여주고 있다. 안전을 위해서 점검해야 할 사항을 3가지 쓰시오.(6점)

[기사2301B]

백호가 지반을 굴착하고 있는 모습을 보여주고 있다.

① 낙석, 낙하물 등의 위험이 예상되는 작업시 견고한 헤드가드 설치상태
② 브레이크 및 클러치의 작동상태
③ 타이어 및 궤도차륜 상태
④ 경보장치 작동상태
⑤ 부속장치의 상태

▲ 해당 답안 중 3가지 선택 기재

2023년 1회 C형 작업형 기출복원문제

신규문제 4문항 중복문제 4문항

01 영상은 비계 설치 모습을 보여주고 있다. 산업안전보건법상 강관틀 비계의 설치기준에 대한 다음 설명에서 ( ) 안을 채우시오. (6점) [산기2002B/기사2002C/기사2301C]

강관틀 비계가 설치된 작업현장의 모습을 보여주고 있다.

가) 높이가 20m를 초과하거나 중량물의 적재를 수반하는 작업을 할 경우에는 주틀 간의 간격을 (①)m 이하로 할 것
나) 주틀 간에 교차 가새를 설치하고 최상층 및 (②)층 이내마다 수평재를 설치할 것
다) 수직방향으로 6m, 수평방향으로 (③)m 이내마다 벽이음을 할 것

① 1.8   ② 5   ③ 8

02 이동식 사다리를 이용하여 작업중인 모습을 보여준다. 다음 각 물음에 답하시오. (4점) [기사2301C]

금속제 이동식 사다리를 이용하여 작업중인 모습을 보여주고 있다.

가) 사다리 디딤대의 수직 간격은 (①)cm ~ (②)cm 사이여야 한다.
나) 사다리의 길이는 (③)m 이하가 되어야 한다.

① 25   ② 35   ③ 6

03 동영상은 토공기계를 이용한 현장의 모습을 보여주고 있다. 다음의 경우에 해당 장비의 무너짐 방지를 위한 대책을 각각 1가지씩 쓰시오.(4점)   [기사2301C]

항타기를 이용한 파일을 땅에 박는 작업을 진행중에 있다.

가) 연약한 지반에 설치하는 경우
나) 궤도 또는 차로 이동하는 장비에 대해서 불시에 이동하는 것을 방지하기 위해서

가) ① 깔판   ② 받침목
나) ① 레일 클램프   ② 쐐기

▲ 답안 중 각각 1가지씩 선택 기재

04 동영상은 리프트 재해현장을 보여주고 있다. 다음 물음에 답하시오.(4점)   [기사2301C]

작업자가 손으로 리프트를 점검한 후 리프트를 이용하다가 리프트가 추락하는 사고가 발생한 모습을 보여주고 있다.

가) 리프트 점검 중 감전사고를 방지하기 위해 점검자가 손에 착용해야 하는 보호구를 쓰시오.
나) 사업주가 리프트의 운반구 이탈 등의 위험을 방지하기 위해 설치해야 하는 방호장치 2가지를 쓰시오.

가) 내전압용 절연장갑
나) 방호장치
　　① 과부하방지장치   ② 권과방지장치   ③ 비상정지장치

▲ 나)의 답안 중 2가지 선택 기재

05 크레인으로 교량을 인양하는 장면을 보여주고 있다. 동영상을 참고하여 크레인 작업 시의 준수사항을 2가지 쓰시오.(4점) [기사1904C/산기2001A/산기2002A/기사2002B/기사2301C]

크레인으로 2줄걸이로 강교량을 인양 중이다. 신호수가 배치되어 있으며, 인양물 아래로 근로자들이 돌아다니는 모습을 보여준다. 인양물에 사람이 타고 있다.

① 인양할 하물을 바닥에서 끌어당기거나 밀어내는 작업을 하지 아니할 것
② 고정된 물체를 직접 분리·제거하는 작업을 하지 아니할 것
③ 미리 근로자의 출입을 통제하여 인양 중인 하물이 작업자의 머리 위로 통과하지 않도록 할 것
④ 인양할 하물이 보이지 아니하는 경우는 어떠한 동작도 하지 아니할 것
⑤ 유류드럼이나 가스통 등 운반 도중에 떨어져 폭발하거나 누출될 가능성이 있는 위험물 용기는 보관함에 담아 안전하게 매달아 운반할 것

▲ 해당 답안 중 2가지 선택 기재

06 동영상은 거푸집 동바리를 조립하는 모습을 보여주고 있다. 해당 작업을 하는 경우 사업주가 준수해야 할 사항에 대한 다음 설명의 ( ) 안을 채우시오.(6점) [산기1902B/기사2101B/기사2102C/기사2104B/기사2301C/기사2302A]

고소에서 철골작업 중 공중에 설치된 H빔 철골 격자구조물 위를 걷던 근로자가 추락하는 재해상황을 보여주고 있다. 작업자는 안전대를 착용하지 않았고, 추락방호망 등이 설치되어 있지 않은 작업장이다.

- 수직 및 수평하중에 대해 동바리의 구조적 안정성이 확보되도록 조립도에 따라 수직재 및 수평재에는 (①)를 견고하게 설치할 것
- 동바리 최상단과 최하단의 수직재와 (②)은 서로 밀착되도록 설치하고 수직재와 (②)의 연결부의 겹침길이는 (②) 전체길이의 (③) 이상 되도록 할 것

① 가새재   ② 받침철물   ③ 3분의 1

07 동영상은 타워크레인 사고상황을 보여주고 있다. 물음에 답하시오.(6점) [기사2301C/기사2304B]

타워크레인으로 합판(거푸집)더미를 1줄걸이로 인양하다가 중심을 잃고 하물을 떨어뜨리는 사고가 발생했다. 인양작업중임에도 아래쪽에는 작업자가 무단으로 횡단하고 있는 모습을 보여준다.

가) 동영상에 보여진 재해의 발생원인을 1가지 쓰시오.
나) 공칭지름 20mm 와이어로프가 지름 18mm일 때 폐기여부를 판단하시오.

가) 재해의 발생원인
　① 타워크레인 작업 중 미리 근로자의 출입을 통제하여 하물이 작업자의 머리 위로 통과하지 않도록 하여야 하는데 근로자의 출입을 통제하지 않았다.
　② 하물을 안전하게 2줄걸이로 인양하지 않고 1줄걸이로 인양하였다.
나) 와이어로프의 폐기 기준은 지름의 감소가 공칭지름의 7%를 초과한 것이다. 20mm의 와이어로프가 18mm가 되었다는 것은 $\frac{(20-18)}{20} \times 100 = 10\%$가 감소한 것이므로 7%를 초과하여 폐기되어야 한다.

08 동영상은 목재가공용 둥근톱을 이용하여 작업을 하던 중 발생된 재해사례를 보여주고 있다. 동영상을 참고하여 다음 각 물음에 답하시오.(6점) [산기1602A/기사1802A/산기1804A/기사1904C/기사2101C/기사2104A/기사2202A/기사2301C]

작업자가 목장갑을 착용하고 목재를 가공하고 있다. 둥근톱장치에는 반발예방장치가 설치되어 있지 않다. 보안경 및 방진마스크를 착용하고 있지 않다.

가) 동영상에 보여진 재해의 발생원인을 2가지만 쓰시오.
나) 동영상에서와 같이 전동기계·기구를 사용하여 작업을 할 때 누전차단기를 반드시 설치해야 하는 작업장소를 1가지 쓰시오.

가) 재해의 발생원인
　① 회전기계 작업 중 장갑을 착용하고 작업하고 있다.
　② 분할날 등 반발예방장치가 설치되지 않은 둥근톱장치를 사용해서 작업 중이다.
　③ 분진작업 중에 방진마스크를 착용하지 않고 작업하고 있다.
나) 누전차단기를 설치해야 하는 작업장소
　① 대지전압이 150V를 초과하는 이동형 또는 휴대형 전기기계·기구를 사용할 때
　② 철판·철골 위 등 도전성이 높은 장소에서 이동형 또는 휴대형 전기기계·기구를 사용할 때
　③ 물 등 도전성이 높은 액체가 있는 습윤장소에서 사용하는 저압용 전기기계·기구를 사용할 때
　④ 임시배선의 전로가 설치되는 장소에서 사용하는 이동형 또는 휴대형 전기기계·기구

▲ 가)의 답안 중 2가지, 나)의 답안 중 1가지 선택 기재

2022년 4회 A형 작업형 기출복원문제

신규문제 2문항 중복문제 6문항

01 동영상은 자재보관창고에서 자재를 수불하는 모습을 보여주고 있다. 산업안전보건법령상 자재보관창고의 조도기준을 쓰시오.(3점)

[기사2104C/기사2204A]

동영상은 자재를 보관하는 창고에서 작업자가 요구하는 자재를 찾고, 이를 작업자에게 맞는지 확인을 받는 모습을 보여주고 있다.

- 75럭스 이상

02 동영상은 파이프 서포트를 사용한 거푸집 동바리이다. 영상에서와 같이 파이프 받침의 조립 시 준수사항과 관련된 다음 설명의 ( )을 채우시오.(4점)

[기사1501B/기사1604B/기사1702B/기사2201C/기사2204A]

거푸집 동바리가 설치된 건설현장의 모습을 보여주고 있다.
특히 동바리로 사용하는 파이프 받침(서포트)에 대해 집중조명하고 있다.

가) 파이프 서포트를 이어서 사용하는 경우에는 (①) 이상의 볼트 또는 전용철물을 사용하여 이을 것
나) 높이가 3.5m를 초과하는 경우 높이 (②) 이내마다 수평연결재를 2개 방향으로 만들고 수평연결재의 변위를 방지할 것

① 4개
② 2m

03 동영상은 작업자가 통로를 걷다 개구부로 추락하는 상황을 보여주고 있다. 추락의 위험이 존재하는 장소에서의 안전 조치사항 3가지를 쓰시오.(6점) [기사1401C/산기1402A/산기1402B/산기1504B/기사1504C/산기1602B/산기1701B/산기1702A/기사1804B/산기2002B/기사2004C/기사2101A/기사2102A/기사2104C/기사2202C/기사2204A/기사2301A/기사2304B/기사2403B]

작업자가 통로를 걷다 개구부를 미처 확인하지 못하여 개구부로 추락하는 상황을 보여주고 있다.
해당 개구부에는 별도의 방호장치가 설치되지 않은 상태이다.

① 안전난간을 설치한다.
② 수직형 추락방망을 설치한다.
③ 울타리를 설치한다.
④ 덮개를 뒤집히거나 떨어지지 않도록 설치한다.
⑤ 추락방호망을 설치한다.
⑥ 어두울 때도 알아볼 수 있도록 개구부임을 표시한다.
⑦ 추락방호망 설치가 곤란한 경우 작업자에게 안전대를 착용하게 하는 등 추락방지 조치를 한다.

▲ 해당 답안 중 3가지 선택 기재

04 영상은 백호를 이용해 작업하던 중 운전자가 내려 이탈한다. 차량계 건설기계의 운전자가 운전위치를 이탈하고자 할 때 준수해야 할 사항을 3가지 쓰시오.(6점) [기사1704C/기사1901A/기사2001B/기사2104B/기사2201A/기사2202B/기사2204A]

백호가 굴착한 흙을 덤프트럭에 싣고 있는 작업을 보여준 후 작업자가 갑자기 작업중에 화장실에 간다면서 시동이 걸린 상태에서 차량에서 이탈하는 모습을 보여준다.

① 포크, 버킷, 디퍼 등의 장치를 가장 낮은 위치 또는 지면에 내려 둘 것
② 원동기를 정지시키고 브레이크를 확실히 거는 등 갑작스러운 주행이나 이탈을 방지하기 위한 조치를 할 것
③ 운전석을 이탈하는 경우에는 시동키를 운전대에서 분리시킬 것

05 동영상은 항타작업 현장을 보여주고 있다. 항타작업에 사용하는 권상용 와이어로프의 사용제한 조건을 3가지 쓰시오.(6점)

[산기1404B/기사1502A/산기1604B/산기1702B/산기1802A/기사1804C/기사2001C/산기2004A/기사2004C/기사2202A/기사2204A]

항타기를 이용하여 전주를 세우는 작업을 보여주고 있다.

① 이음매가 있는 것
② 와이어로프의 한꼬임에서 끊어진 소선의 수가 10% 이상인 것
③ 지름의 감소가 공칭지름의 7%를 초과한 것
④ 심하게 변형 또는 부식된 것
⑤ 꼬인 것
⑥ 열과 전기충격에 의해 손상된 것

▲ 해당 답안 중 3가지 선택 기재

06 동영상은 추락위험이 존재하는 작업현장에서 일하는 근로자의 모습을 보여주고 있다. 산업안전보건법령상 해당 장소에서 근로자가 착용해야 하는 개인용 보호구를 2가지 쓰시오.(4점)

[산기2101A/산기2102A/기사2102C/기사2204A]

영상은 보강토 옹벽에서 난간을 설치하는 모습을 보여주고 있다. 작업장소는 높이 2미터 이상의 추락 위험이 상존하는 지역이다.

① 안전대
② 안전모

07 영상은 굴착기를 이용한 굴착작업 현장의 모습을 보여주고 있다. 굴착기의 사용 전 점검사항을 3가지 쓰시오. (6점)

[기사2204A]

백호를 이용해 흙을 굴착하는 작업현장의 모습이다. 작업 전 작업지휘자가 백호 운전자에게 다가와 굴착기 점검여부를 확인하고 있다.

① 운전자격 적정여부
② 안전장치 설치 및 사용상태
③ 목적외 사용금지
④ 굴착작업 운행의 안전성
⑤ 안전작업을 위한 준수사항

▲ 해당 답안 중 3가지 선택 기재

08 동영상은 타워크레인을 이용한 작업현장이다. 타워크레인 해체 작업 시 작성하여야 하는 작업계획서의 내용 4가지를 쓰시오.(6점)

[기사2204A]

동영상은 타워크레인을 이용한 작업현장이다. 타워크레인 이용 작업이 끝나 타워크레인 해체 작업을 준비하고 있다.

① 타워크레인의 종류 및 형식
② 설치·조립 및 해체순서
③ 작업 도구·장비·가설설비 및 방호설비
④ 작업 인원의 구성 및 작업근로자의 역할 범위
⑤ 지지 방법

▲ 해당 답안 중 4가지 선택 기재

2022년 4회 B형 작업형 기출복원문제

신규문제 1문항   중복문제 7문항

01 동영상은 흙막이 지보공 설치 작업을 보여주고 있다. 도심 깊은 굴착 후 흙막이 지보공의 가시설비에 대한 정기 점검사항 2가지를 쓰시오.(4점)

[산기1402A/산기1601B/산기1602B/기사1802A/ 기사1901B/산기1901B/산기1902B/기사1904B/산기2002B/기사2003A/산기2003A/산기2004A/기사2204B]

흙막이 지보공이 설치된 작업현장을 보여주고 있다. 이틀 동안 계속된 비로 인해 지보공의 일부가 터져서 토사가 밀려든 모습이다.

① 부재의 손상·변형·부식·변위 및 탈락의 유무와 상태
② 버팀대 긴압의 정도
③ 부재의 접속부·부착부 및 교차부 상태
④ 침하의 정도

▲ 해당 답안 중 2가지 선택 기재

02 영상은 샤클에 하중을 거는 장면이다. 두가지 체결방법을 보여주고 있는데 그 중 올바르게 설치한 것과 잘못 설치한 것은 왜 잘못 체결했는지 이유를 간단히 쓰시오(4점)

[기사2204B]

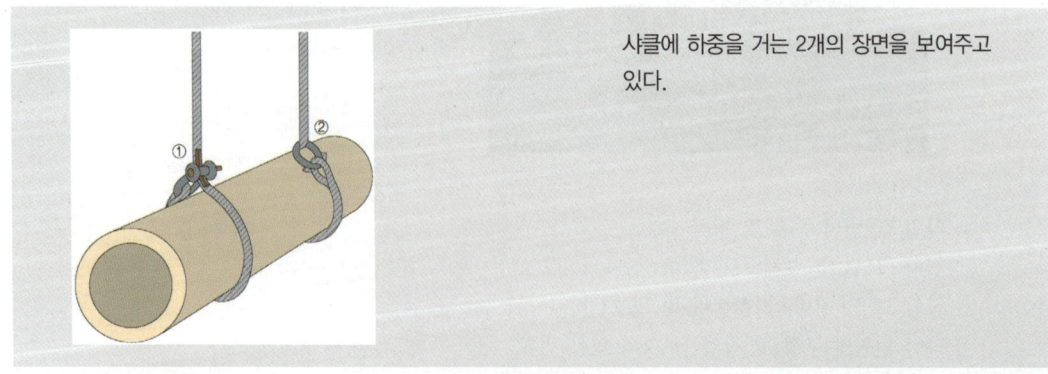

샤클에 하중을 거는 2개의 장면을 보여주고 있다.

가) 올바르게 설치한 것은 ②
나) ①의 경우 샤클 핀이 회전하는 상태로 하중을 연결한 것으로 피해야 하는 체결방법이다.

03 동영상은 교량의 설치 현장을 보여주고 있다. 설치 작업전에 작성해야 할 작업계획서의 내용을 3가지 쓰시오.
(단, 그 밖에 안전·보건에 관련된 사항은 제외)(6점) [기사2102C/기사2104B/기사2204B/기사2403A]

영상은 최대 지간 길이가 35미터 이상인 교량의 설치 현장 모습이다.

① 작업 방법 및 순서
② 작업지휘자 배치계획
③ 사용하는 기계 등의 종류 및 성능, 작업방법
④ 부재(部材)의 낙하·전도 또는 붕괴를 방지하기 위한 방법
⑤ 작업에 종사하는 근로자의 추락 위험을 방지하기 위한 안전조치 방법
⑥ 공사에 사용되는 가설 철구조물 등의 설치·사용·해체 시 안전성 검토 방법

▲ 해당 답안 중 3가지 선택 기재

04 동영상은 석축이 붕괴된 현장을 보여주고 있다. 동영상을 참고하여 석축쌓기 완료 후 붕괴원인을 3가지 쓰시오.(6점) [기사1604A/기사1804A/기사1902A/기사2201A/기사2204B]

비가 내린 후 석축이 붕괴된 현장의 모습을 보여주고 있다.

① 옹벽 뒤채움 재료불량 및 다짐불량   ② 과도한 토압의 발생
③ 배수불량으로 인한 수압발생   ④ 기초지반의 침하
⑤ 동결융해

▲ 해당 답안 중 3가지 선택 기재

05 동영상은 리프트를 이용해 자재를 옮기는 장면을 보여주고 있다. 동영상을 참고하여 불안전한 행동 1가지와 불안전한 상태 2가지를 쓰시오.(6점)

[기사2102A/기사2204B]

안전난간도 없으며, 추락방호망도 설치되지 않은 작업장이다. 리프트 왼쪽에 리프트를 이용해서 옮길 자재를 쌓아두고 안전모를 쓰지않은 작업자가 리프트에 자재를 싣고 있다. 각 층에서는 리프트를 타기 위해 대기하는 작업자들이 문 밖으로 몸을 내밀어 리프트의 위치를 확인중이다.(작업자들은 안전대를 착용하지 않고 있다.)
리프트보다 더 큰 자재를 옮기려다보니 리프트의 문이 닫기지 않는다.

가) 불안전한 행동
① 작업자가 안전모를 착용하지 않고 있다.
② 리프트 탑승 대기자들이 안전대도 착용하지 않은 채 문 밖으로 몸을 내밀어 리프트의 위치를 확인하고 있다.
나) 불안전한 상태
① 리프트의 문이 닫지 않히지 않은 상태에서 운행되고 있다.
② 안전난간을 설치하지 않았다.
③ 추락방호망을 설치하지 않았다.

▲ 해당 답안 중 가) 1가지, 나) 2가지 선택 기재

06 동영상은 지하의 작업장에서 보통작업을 하고 있는 상황을 보여주고 있다. 작업조도의 기준을 쓰시오.(4점)

[기사1802C/기사1804B/산기1902A/기사1904C/기사2003D/기사2101C/기사2104A/기사2202B/기사2204B]

작업자가 지하의 밀폐된 작업장에서 도장작업을 하고 있는 상황을 보여주고 있다.

• 150럭스 이상

07 동영상은 교량 상부에서 콘크리트 펌프카를 사용한 콘크리트 타설 작업을 보여주고 있다. 콘크리트 펌프 또는 콘크리트 펌프카 사용 시 준수사항을 3가지 쓰시오.(6점) [기사1401A/기사1404A/기사1502B/기사1601B/ 기사1702A/기사1804B/산기1901A/산기1904A/기사2001A/기사2001B/기사2002C/기사2003D/기사2101C/기사2102B/기사2201B/기사2204B /기사2204C/기사2401B/기사2403C]

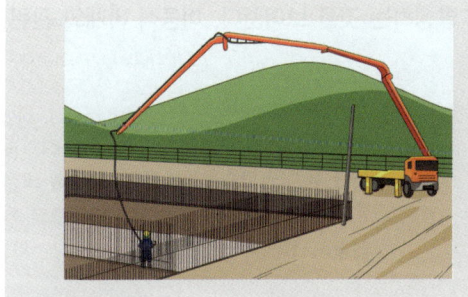

신호수가 신호를 하면서 콘크리트 타설작업이 진행 중인 상황을 보여주고 있다. 교량상부에서 콘크리트 펌프카를 사용하여 타설작업 중이다.

① 작업을 시작하기 전에 콘크리트 펌프용 비계를 점검하고 이상을 발견하였으면 즉시 보수할 것
② 건축물의 난간 등에서 작업하는 근로자가 호스의 요동·선회로 인하여 추락하는 위험을 방지하기 위하여 안전난간 설치 등 필요한 조치를 할 것
③ 콘크리트 펌프카의 붐을 조정하는 경우에는 주변의 전선 등에 의한 위험을 예방하기 위한 적절한 조치를 할 것
④ 작업 중에 지반의 침하, 아웃트리거의 손상 등에 의하여 콘크리트 펌프카가 넘어질 우려가 있는 경우는 이를 방지하기 위한 적절한 조치를 할 것

▲ 해당 답안 중 3가지 선택 기재

08 동영상은 건설기계의 작업상황을 보여주고 있다. 해당 건설기계에 대한 위험 방지대책을 2가지 쓰시오.(4점)
[기사1801C/기사1904B/기사2204B]

트럭 크레인이 붐대를 펴고 운행중이다.

① 트럭 크레인 수평 및 아웃트리거 설치 전 및 이동 시 붐대는 접어 정위치에 고정하여야 한다.
② 작업반경 및 중량물 하부에 출입금지 조치를 실시하여야 한다.
③ 작업 시작 전 지면의 상태를 확인하고, 노면이 평탄하고 견고한 부위에 아웃트리거를 설치한다.
④ 신호수를 배치한다.

▲ 해당 답안 중 2가지 선택 기재

2022년 4회 C형 작업형 기출복원문제

신규문제 1문항   중복문제 7문항

01 동영상은 이동식 비계를 이용한 작업 중 추락재해가 발생하는 것을 보여준다. 이동식 비계와 관련한 다음 설명의 (   )을 채우시오.(5점)   [기사2004A/기사2101A/기사2204C]

이동식 비계를 이용해서 거푸집 설치작업을 진행중인 모습을 보여준다. 비계를 고정하지 않아 흔들리다 작업자가 바닥으로 추락하는 재해가 발생한다.

가) 이동식 비계의 바퀴에는 뜻밖의 갑작스러운 이동 또는 전도를 방지하기 위하여 (①) 등으로 바퀴를 고정시킨 다음 비계의 일부를 견고한 시설물에 고정하거나 (②)를 설치하는 등 필요한 조치를 할 것
나) 비계의 최상부에서 작업을 하는 경우에는 (③)을 설치할 것

① 브레이크·쐐기   ② 아웃트리거(Outrigger)   ③ 안전난간

02 동영상에서는 철골작업 현장을 보여주고 있다. 철골 기둥의 승강용 트랩 설치와 관련된 다음 물음에 답하시오.(4점)   [기사1802A/1904B/기사2101C/기사2102B/기사2201B/기사2204C]

철골구조물 건립 공사현장을 보여주고 있다. 복장이 불량한 작업자가 어슬렁거리는 모습을 보여준다. 승강용 트랩을 타고 위로 올라가야 하는데 복장이 불량해서 올라갈 수 있을지 걱정스럽다.

① 사용하는 철근의 규격   ② 트랩의 설치 간격   ③ 트랩 설치 시 폭의 규격

① 16mm   ② 30cm 이내   ③ 30cm 이상

03 고소에서의 가스용접 작업을 보여주고 있다. 금속의 용접·용단 또는 가열작업을 하는 경우 가스 등의 누출 또는 방출로 인한 폭발·화재 또는 화상을 방지하기 위한 준수사항 3가지를 쓰시오.(6점) [기사2003B/기사2204C]

고소에서 가스용접 중인 모습을 보여주고 있다. 작업자는 용접용 보안면을 착용하고 있으나 작업발판이 불안정하여 위태로운 모습을 보여준다.

① 가스 등의 호스와 취관은 손상·마모 등에 의하여 가스등이 누출할 우려가 없는 것을 사용할 것
② 가스 등의 취관 및 호스의 상호 접촉부분은 호스밴드, 호스클립 등 조임기구를 사용하여 가스 등이 누출되지 않도록 할 것
③ 가스 등의 호스에 가스 등을 공급하는 경우 미리 그 호스에서 가스 등이 방출되지 않도록 필요한 조치를 할 것
④ 용단작업을 하는 경우에는 취관으로부터 산소의 과잉방출로 인한 화상을 예방하기 위하여 근로자가 조절밸브를 서서히 조작하도록 주지시킬 것
⑤ 작업을 중단하거나 마치고 작업장소를 떠날 경우에는 가스 등의 공급구의 밸브나 콕을 잠글 것
⑥ 사용 중인 가스 등을 공급하는 공급구의 밸브나 콕에는 그 밸브나 콕에 접속된 가스 등의 호스를 사용하는 사람의 명찰을 붙이는 등 가스 등의 공급에 대한 오조작을 방지하기 위한 표시를 할 것

▲ 해당 답안 중 3가지 선택 기재

04 동영상은 굴착작업 현장을 보여주고 있다. 굴착작업에 있어서 관리감독자의 점검사항을 2가지 쓰시오.(6점)
[기사1604C/기사1802C/기사2204C/기사2402A]

백호로 굴착중인 작업현장을 보여주고 있다. 주변 지층이 연약지반이어서인지 지반의 붕괴 위험이 있어 위험해 보인다.

① 작업장소 및 그 주변의 부석·균열의 유무
② 함수·용수 및 동결의 유무 또는 상태의 변화

05 영상은 추락방호망이 설치된 작업현장을 보여주고 있다. 추락방호망 설치 시 망의 처짐에 대한 기준에 대한 설명의 빈칸을 채우시오.(6점) [기사1801A/기사1904A/기사2104C/기사2204C/기사2301B/기사2302B/기사2402B/기사2403C]

건설현장에 설치된 추락방호망을 보여주고 있다. 망의 처짐이 다소 길어 보수가 필요한 것으로 판단된다.

가) 추락방호망의 설치 시 방망의 중앙부 처짐은 방망의 짧은 변 길이의 (①) 이상이 되어야 한다.
나) 추락방호망의 설치위치는 가능하면 작업면으로부터 가까운 지점에 설치하여야 하며, 작업면으로부터 망의 설치지점까지의 수직거리는 (②)를 초과하지 아니할 것
다) 건축물 등의 바깥쪽으로 설치하는 경우 추락방호망의 내민 길이는 벽면으로부터 (③) 이상 되도록 할 것

① 12% ② 10m ③ 3m

06 동영상을 참고하여 작업 중 위험요인을 3가지 쓰시오.(6점) [기사1802C/기사2204C/기사2401B]

영상은 건물 외벽에 석재를 붙이는 작업 모습을 보여주고 있다. 비계 위 부실한 작업발판 위에서 작업 중이며, 안전대를 착용하지 않은 작업자는 벙거지 모자를 쓰고 작업하고 있다. 석재의 크기가 다소 커 덮개가 없는 그라인더를 이용해서 석재의 끝부분을 절단하고 있다.

① 안전모 및 안전대 등 개인 보호구를 착용하지 않았다.
② 비계 최상부에 안전난간을 설치하지 않았다.
③ 작업발판이 부실하다.
④ 핸드 그라인더의 회전날 접촉방지 커버를 미부착하였다.
⑤ 먼지가 많이 나는 연삭작업을 하면서 방진마스크를 착용하지 않았다.

▲ 해당 답안 중 3가지 선택 기재

07 동영상은 교량 상부에서 콘크리트 펌프카를 사용한 콘크리트 타설 작업을 보여주고 있다. 콘크리트 펌프 또는 콘크리트 펌프카 사용 시 준수사항을 2가지 쓰시오.(4점) [기사1401A/기사1404A/기사1502B/기사1601B/ 기사1702A/기사1804B/산기1901A/산기1904A/기사2001A/기사2001B/기사2002C/기사2003D/기사2101C/기사2102B/기사2201B/기사2204B /기사2204C/기사2401B/기사2403C]

신호수가 신호를 하면서 콘크리트 타설작업이 진행 중인 상황을 보여주고 있다. 교량상부에서 콘크리트 펌프카를 사용하여 타설작업 중이다.

① 작업을 시작하기 전에 콘크리트 펌프용 비계를 점검하고 이상을 발견하였으면 즉시 보수할 것
② 건축물의 난간 등에서 작업하는 근로자가 호스의 요동·선회로 인하여 추락하는 위험을 방지하기 위하여 안전 난간 설치 등 필요한 조치를 할 것
③ 콘크리트 펌프카의 붐을 조정하는 경우에는 주변의 전선 등에 의한 위험을 예방하기 위한 적절한 조치를 할 것
④ 작업 중에 지반의 침하, 아웃트리거의 손상 등에 의하여 콘크리트 펌프카가 넘어질 우려가 있는 경우는 이를 방지하기 위한 적절한 조치를 할 것

▲ 해당 답안 중 2가지 선택 기재

08 동영상은 목재가공용 둥근톱을 이용하여 작업을 하던 중 발생된 재해사례를 보여주고 있다. 동영상을 참고하여 ( ) 안을 채우시오.(4점) [기사2204C]

작업자가 목장갑을 착용하고 목재를 가공하고 있다. 둥근톱장치에는 방호장치가 설치되어 있지 않다.

가) 목재가공용 둥근톱기계에 (①)예방장치를 설치하여야 한다.
나) 목재가공용 둥근톱기계에 (②)예방장치를 설치하여야 한다.

① (분할날 등) 반발   ② 톱날접촉

2022년 2회 A형 작업형 기출복원문제

신규문제 1문항 중복문제 7문항

01 영상은 비계의 조립 작업을 보여주고 있다. 영상의 비계 조립 작업 시 사업주가 준수해야 할 사항에 대한 다음 설명의 빈 칸을 채우시오.(6점) [기사2102A/기사2201A/기사2202A]

시스템 비계의 조립작업을 보여주고 있다.

가) 경사진 바닥에 설치하는 경우에는 (①) 또는 (②) 등을 사용하여 밑받침 철물의 바닥면이 수평을 유지하도록 할 것
나) 가공전로에 근접하여 비계를 설치하는 경우에는 가공전로를 이설하거나 가공전로에 (③)를 설치하는 등 가공전로와의 접촉을 방지하기 위하여 필요한 조치를 할 것

① 피벗형 받침 철물   ② 쐐기   ③ 절연용 방호구

02 동영상은 아파트 신축공사현장을 보여주고 있다. 영상을 참고하여 근로자의 추락 위험요인 2가지를 쓰시오. (단, 영상에서 제시된 안전방망, 방호선반, 안전난간 등의 설치는 제외한다.)(4점) [기사2002A/2202A]

아파트 건설현장에서 작업자 둘이 거푸집을 옮기는 중에 거푸집이 낙하하다 낙하물방지망에 걸리는 모습을 보여준다. 작업자들은 안전대를 착용하지 않았으며 작업발판이나 안전난간이 설치되지 않은 것을 보여준다.

① 작업발판이 설치되지 않았다.
② 근로자가 안전대를 미착용하였다.

03 동영상은 목재가공용 둥근톱을 이용하여 작업을 하던 중 발생된 재해사례를 보여주고 있다. 동영상을 참고하여 다음 각 물음에 답하시오.(6점) [산기1602A/기사1802A/산기1804A/기사1904C/기사2101C/기사2104A/기사2202A]

작업자가 목장갑을 착용하고 목재를 가공하고 있다. 둥근톱장치에는 반발예방장치가 설치되어 있지 않다.

가) 동영상에 보여진 재해의 발생원인을 2가지만 쓰시오.
나) 동영상에서와 같이 전동기계·기구를 사용하여 작업을 할 때 누전차단기를 반드시 설치해야 하는 작업장소를 1가지 쓰시오.

가) 재해의 발생원인
  ① 회전기계 작업 중 장갑을 착용하고 작업하고 있다.
  ② 분할날 등 반발예방장치가 설치되지 않은 둥근톱장치를 사용해서 작업 중이다.
나) 누전차단기를 설치해야 하는 작업장소
  ① 대지전압이 150V를 초과하는 이동형 또는 휴대형 전기기계·기구를 사용할 때
  ② 철판·철골 위 등 도전성이 높은 장소에서 이동형 또는 휴대형 전기기계·기구를 사용할 때
  ③ 물 등 도전성이 높은 액체가 있는 습윤장소에서 사용하는 저압용 전기기계·기구를 사용할 때
  ④ 임시배선의 전로가 설치되는 장소에서 사용하는 이동형 또는 휴대형 전기기계·기구

▲ 나) 답안 중 1가지 선택 기재

04 동영상은 비계를 이용한 작업현장을 보여주고 있다. 작업자가 사용하는 비계의 종류를 쓰시오.(4점)
[기사1802C/기사1804C/기사1902A/기사2003D/기사2202A/기사2202B]

비계 위에서 작업자가 작업중인 모습을 보여주고 있다.

• 말비계

2022년 2회 A형 533

05 동영상은 낙하물방지망을 보수하는 장면이다. 다음 ( ) 안을 채우시오.(4점)

[기사1404C/기사1602B/기사2101B/기사2102A/기사2201B/기사2201C/기사2202A/기사2202C/기사2302C/기사2403A]

고소에 설치된 낙하물방지망의 한쪽 끝이 풀려 바람에 날리는 장면을 보여주고 있다. 이에 작업자가 낙하물방지망을 보수하기 위해 바람에 날리는 낙하물방지망의 매듭 부위에 접근하고 있는 장면을 보여주고 있다.

낙하물방지망의 설치는 (①)마다 설치하고, 내민 길이는 벽면으로부터 (②)으로 한다.

① 10m 이내   ② 2m 이상

06 동영상은 콘크리트 교량 건설현장을 보여주고 있다. 영상을 참고하여 교량의 설치·해체 또는 변경작업을 하는 경우 준수해야할 사항을 2가지 쓰시오.(4점)

[기사2202A]

강교량 건설현장에서 작업 중에 있던 근로자가 고소작업 중 추락하는 재해상황을 보여주고 있다.

① 작업을 하는 구역에는 관계 근로자가 아닌 사람의 출입을 금지할 것
② 재료, 기구 또는 공구 등을 올리거나 내릴 경우에는 근로자로 하여금 달줄, 달포대 등을 사용하도록 할 것
③ 중량물 부재를 크레인 등으로 인양하는 경우에는 부재에 인양용 고리를 견고하게 설치하고, 인양용 로프는 부재에 두 군데 이상 결속하여 인양하여야 하며, 중량물이 안전하게 거치되기 전까지는 걸이로프를 해제시키지 아니 할 것
④ 자재나 부재의 낙하·전도 또는 붕괴 등에 의하여 근로자에게 위험을 미칠 우려가 있을 경우에는 출입금지구역의 설정, 자재 또는 가설시설의 좌굴(挫屈) 또는 변형 방지를 위한 보강재 부착 등의 조치를 할 것

▲ 해당 답안 중 2가지 선택 기재

07 동영상은 항타작업 현장을 보여주고 있다. 항타작업에 사용하는 권상용 와이어로프의 사용제한 조건을 3가지 쓰시오.(6점)

[산기1404B/기사1502A/산기1604B/산기1702B/산기1802A/기사1804C/기사2001C/산기2004A/기사2004C/기사2202A/기사2204A]

항타기를 이용하여 전주를 세우는 작업을 보여주고 있다.

① 이음매가 있는 것
② 와이어로프의 한꼬임에서 끊어진 소선의 수가 10% 이상인 것
③ 지름의 감소가 공칭지름의 7%를 초과한 것
④ 심하게 변형 또는 부식된 것
⑤ 꼬인 것
⑥ 열과 전기충격에 의해 손상된 것

▲ 해당 답안 중 3가지 선택 기재

08 동영상은 상수도관 매설작업 현장을 보여주고 있다. 용접작업 중인 근로자들이 착용하고 있는 보호구의 종류 4가지와 교류아크용접장치의 방호장치를 쓰시오.(6점)

[기사1801A/산기1804B/기사1902C/기사2002B/기사2201A/기사2202A]

동영상은 상수도관 매설현장이다. 한쪽에서는 근로자들이 배관을 용접하고 있고, 한쪽에서는 펌프를 이용해서 물을 빼는 작업을 진행중에 있다. 용접기에 별도의 방호장치가 부착되어 있지 않으며, 작업자는 별도의 보호구를 착용하지 않은 상태에서 작업 중이다.

가) 용접용 보호구
　① 용접용 보안면　　　　② 용접용 장갑
　② 용접용 앞치마　　　　④ 용접용 안전화
나) 교류아크용접장치의 방호장치 : 자동전격방지장치

2022년 2회 B형 작업형 기출복원문제

신규문제 1문항 중복문제 7문항

01 동영상은 작업장에 설치된 가설통로를 보여주고 있다. 가설통로의 경사에 대한 다음 설명의 빈칸을 채우시오.(4점)
[기사1801B/기사2001B/산기2003B/기사2202B/기사2304C]

영상은 작업장에 설치된 가설통로의 설치 현황을 보여주고 있다.

경사는 (①)도 이하로 할 것, 그리고 경사가 (②)도를 초과하는 경우에는 미끄러지지 아니하는 구조로 할 것

① 30 ② 15

02 동영상은 지하의 작업장에서 보통작업을 하고 있는 상황을 보여주고 있다. 작업조도의 기준을 쓰시오.(4점)
[기사1802C/기사1804B/산기1902A/기사1904C/기사2003D/기사2101C/기사2104A/기사2202B/기사2204B]

작업자가 지하의 밀폐된 작업장에서 도장작업을 하고 있는 상황을 보여주고 있다.

• 150럭스 이상

03 동영상은 관리대상 유해물질의 저장소를 보여주고 있다. 사업주가 저장장소에 해야 할 조치사항 2가지를 쓰시오.(4점)
[기사2202B]

각종 관리대상 유해물질이 저장된 저장소의 모습을 보여주고 있다.

① 관계 근로자가 아닌 사람의 출입을 금지하는 표시를 할 것
② 관리대상 유해물질의 증기를 실외로 배출시키는 설비를 설치할 것

04 영상은 백호를 이용해 작업하던 중 운전자가 내려 이탈한다. 차량계 건설기계의 운전자가 운전위치를 이탈하고자 할 때 준수해야 할 사항을 3가지 쓰시오.(6점)
[기사1704C/기사1901A/기사2001B/기사2104B/기사2201A/기사2202B/기사2204A]

백호가 굴착한 흙을 덤프트럭에 싣고 있는 작업을 보여준 후 작업자가 갑자기 작업중에 화장실에 간다면서 시동이 걸린 상태에서 차량에서 이탈하는 모습을 보여준다.

① 포크, 버킷, 디퍼 등의 장치를 가장 낮은 위치 또는 지면에 내려 둘 것
② 원동기를 정지시키고 브레이크를 확실히 거는 등 갑작스러운 주행이나 이탈을 방지하기 위한 조치를 할 것
③ 운전석을 이탈하는 경우에는 시동키를 운전대에서 분리시킬 것

05 동영상은 작업발판 위에서 작업 중 발생한 재해를 보여주고 있다. 영상에서 확인되는 작업 시 유의사항 3가지를 쓰시오.(6점) [기사1504A/기사1702A/산기1704A/기사2001A/기사2202B]

동영상은 구두를 신고 도장작업을 하며 불량하게 설치된 작업발판 위에서 도장부위에 해당하는 위만 바라보면서 옆으로 이동하다 추락하는 재해상황을 보여주고 있다. 이동식 비계에는 안전난간이 설치되지 않았으며, 별도의 방호시설이 없다.

① 작업발판의 설치 불량
② 관리감독의 소홀
③ 작업방법 및 자세 불량
④ 안전대 미착용
⑤ 안전난간의 미설치
⑥ 추락방호망의 미설치

▲ 해당 답안 중 3가지 선택 기재

06 동영상은 철근공사를 진행 중인 작업장을 보여주고 있다. 해당 작업장 및 작업자가 안전기준을 위반한 사항을 3가지 쓰시오.(6점) [기사2003E/기사2201C/기사2202B]

철근공사를 진행 중인 작업장이다. 주변에 안전통로도 없이 철근을 밟고 이동하면서 작업하는 안전대도 착용하지 않은 작업자를 보여준다. 작업자가 이음철근을 가지고 있음을 보여주고 있다.

① 안전통로 미설치
② 작업발판 미설치
③ 개인보호구 미착용
④ 실족방지망 미설치

▲ 해당 답안 중 3가지 선택 기재

07 동영상은 비계를 이용한 작업현장을 보여주고 있다. 작업자가 사용하는 비계의 종류와 지주부재와 수평면의 기울기를 쓰시오.(6점) [기사1802C/기사1804C/기사1902A/기사2003D/기사2202A/기사2202B]

비계 위에서 작업자가 작업중인 모습을 보여주고 있다.

① 비계의 종류 : 말비계
② 기울기 : 75° 이하

08 산업안전보건기준에 관한 규칙에서 정한 전기기계·기구에 설치된 누전차단기의 기준에 관한 다음 설명의 빈칸을 채우시오.(4점) [기사2104C/기사2202B]

철골용접을 진행하는 작업현장에서 전기를 사용하고자 콘센트에 연결하는 작업을 보여주고 있다. 특히 전기기계에 설치된 누전차단기의 모습을 집중적으로 보여준다.

전기기계·기구에 설치되어 있는 누전차단기는 정격감도전류가 (①) 이하이고 작동시간은 (②) 이내일 것

① 30mA   ② 0.03초

2022년 2회 C형 작업형 기출복원문제

신규문제 3문항 중복문제 5문항

01 동영상은 굴착작업 현장을 보여주고 있다. 굴착작업에서 경사면 붕괴에 대비하여 사전 조사해야 할 사항을 3가지 쓰시오. (6점)

[기사1704B/기사1901C/기사2002D/기사2201B/기사2202C/기사2302A]

백호로 굴착중인 작업현장을 보여주고 있다. 주변 지층이 연약지반이어서인지 지반의 붕괴 위험이 있어 위험해 보인다.

① 형상·지질 및 지층의 상태
② 매설물 등의 유무 또는 상태
③ 지반의 지하수위 상태
④ 균열·함수·용수 및 동결의 유무 또는 상태

▲ 해당 답안 중 3가지 선택 기재

02 동영상은 건설용 리프트에 대한 안전점검을 실시하는 모습을 보여주고 있다. 점검자가 손에 의한 감전을 방지하기 위해 착용해야 할 보호구를 쓰시오. (4점)

[기사2202C]

회사 자체적으로 각종 장비에 대한 안전점검을 실시하고 있다. 한 점검자가 건설용 리프트에 대한 안전점검을 실시하기 위해 리프트에 접근하여 점검하는 중 전기에 의한 감전으로 재해가 발생하는 모습을 보여준다.

• 절연용 장갑

03 동영상은 낙하물방지망을 보수하는 장면이다. 다음 물음에 답하시오.(6점)

[기사1404C/기사1602B/기사2101B/기사2102A/기사2201B/기사2201C/기사2202A/기사2202C/기사2302C/기사2403A]

고소에 설치된 낙하물방지망의 한쪽 끝이 풀려 바람에 날리는 장면을 보여주고 있다. 이에 작업자가 낙하물방지망을 보수하기 위해 바람에 날리는 낙하물방지망의 매듭 부위에 접근하고 있는 장면을 보여주고 있다.

가) 동영상에서 추락방지를 위해 필요한 조치사항을 1가지 쓰시오.
나) 낙하물방지망의 설치는 (①)m 이내마다 설치하고, 내민 길이는 벽면으로부터 (②)m 이상으로 하고, 수평면과의 각도는 (③)도를 유지하도록 한다.

가) 추락방지 조치사항
　① 작업발판을 설치한다.
　② 추락방호망을 설치한다.
　③ 안전대를 착용한다.
나) ① 10　② 2　③ 20~30

　　▲ 가) 답안 중 1가지 선택 기재

04 동영상은 말비계를 이용한 작업현장을 보여주고 있다. 작업 중 근로자가 착용해야 하는 보호구 2가지를 쓰시오.(4점)

[기사1801C/기사1904A/기사2104B/기사2202C]

말비계 위에서 작업자가 아파트 계단 콘크리트 벽면을 핸드그라인더로 정리하는 작업을 보여주고 있다. 분진이 안개처럼 뿌옇게 작업자를 덮친다.

① 방진마스크　　　② 보안경

05 동영상은 노면 정리작업 현장을 보여주고 있다. 해당 건설기계의 용도를 2가지 쓰시오.(4점)

[기사2202C]

차량계 건설기계(로더)를 이용하여 작업장 진입로의 노면을 정리하고 있는 모습을 보여주고 있다.

① 지반고르기
② 적재작업
③ 운반작업
④ 하역작업

▲ 해당 답안 중 2가지 선택 기재

06 동영상은 작업자가 통로를 걷다 개구부로 추락하는 상황을 보여주고 있다. 추락의 위험이 존재하는 장소에서의 안전 조치사항 3가지를 쓰시오.(6점) [기사1401C/산기1402A/산기1402B/산기1504B/기사1504C/기사1602B/산기1701B/산기1702B/기사1804B/산기2002B/기사2004C/기사2101A/기사2102A/기사2104C/기사2202C/기사2204A/기사2301A/기사2304B/기사2403B]

작업자가 통로를 걷다 개구부를 미처 확인하지 못하여 개구부로 추락하는 상황을 보여주고 있다.
해당 개구부에는 별도의 방호장치가 설치되지 않은 상태이다.

① 안전난간을 설치한다.
② 수직형 추락방망을 설치한다.
③ 울타리를 설치한다.
④ 덮개를 뒤집히거나 떨어지지 않도록 설치한다.
⑤ 추락방호망을 설치한다.
⑥ 어두울 때도 알아볼 수 있도록 개구부임을 표시한다.
⑦ 추락방호망 설치가 곤란한 경우 작업자에게 안전대를 착용하게 하는 등 추락방지 조치를 한다.

▲ 해당 답안 중 3가지 선택 기재

07 동영상은 아파트 단지 내에서 하수관로 매설작업을 수행하고 있는 전경을 보여주고 있다. 동영상을 참고하여 각 상황별 안전대책을 1가지씩 쓰시오.(6점)　　　　　　　　　　　　　　　　　　　　　　　　　[기사1904C/기사2104C]

타워크레인이 화물을 1줄걸이로 인양해서 올리고 있고, 하부에 근로자가 안전모 턱끈을 매지 않은 채 양중작업을 보지 못하고 지나가고 있는 중에 화물이 탈락하면서 낙하하여 근로자와 충돌하였다. 신호수가 보이지 않는다.

　가) 하수관로 인양 시 안전대책
　나) 하수관로 이동 시 안전대책
　다) 하수관로 내릴 시 안전대책

가) 인양 시 : 긴 자재를 인양할 때는 2줄걸이 한다.
나) 이동 시 : 유도하는 사람을 배치한다.
다) 내릴 시 : 작업반경 내 근로자의 출입을 금한다.

08 동영상은 수직갱에 설치된 가설통로를 보여주고 있다. 수직갱에 가설된 길이 15미터 이상의 가설통로는 몇 m 이내마다 계단참을 설치해야 하는지 쓰시오.(4점)　　　　　　　　　　　　　　　　　　　　　　　　　[기사2202C]

영상은 수직갱에 설치된 가설통로의 모습을 보여주고 있다.

• 10m

2022년 1회 A형 작업형 기출복원문제

신규문제 0문항   중복문제 8문항

01 동영상은 상수도관 매설작업 현장을 보여주고 있다. 용접작업 중인 근로자들이 착용하고 있는 보호구의 종류 3가지를 쓰시오.(3점)

[기사1604C/기사1801A/기사2201A/기사2304C]

동영상은 상수도관 매설현장이다. 한쪽에서는 근로자들이 배관을 용접하고 있고, 한쪽에서는 펌프를 이용해서 물을 빼는 작업을 진행중에 있다. 용접기에 별도의 방호장치가 부착되어 있지 않으며, 작업자는 별도의 보호구를 착용하지 않은 상태에서 작업 중이다.

① 용접용 보안면 ② 용접용 장갑
③ 용접용 안전화 ④ 용접용 앞치마

▲ 해당 답안 중 3가지 선택 기재

02 동영상은 노면을 깎는 작업을 보여주고 있다. 건설기계의 용도 3가지를 쓰시오.(4점)

[기사1501B/기사1601B/기사1602C/기사1802A/기사1901C/기사2002D/산기2101A/기사2102A/기사2201A/기사2403C]

차량계 건설기계를 이용해서 노면을 깎는 작업을 보여주고 있다.

① 굴착작업   ② 적재작업
③ 지반의 정지작업 ④ 운반작업

▲ 해당 답안 중 3가지 선택 기재

03 동영상은 석축이 붕괴된 현장을 보여주고 있다. 동영상을 참고하여 석축쌓기 완료 후 붕괴원인을 3가지 쓰시오. (6점) [기사1604A/기사1804A/기사1902A/기사2201A/기사2204B]

비가 내린 후 석축이 붕괴된 현장의 모습을 보여주고 있다.

① 옹벽 뒤채움 재료불량 및 다짐불량 ② 과도한 토압의 발생
③ 배수불량으로 인한 수압발생 ④ 기초지반의 침하
⑤ 동결융해

▲ 해당 답안 중 3가지 선택 기재

04 영상은 로더를 이용해 작업하던 중 운전자가 내려 이탈한다. 차량계 건설기계의 운전자가 운전위치를 이탈하고자 할 때 준수해야 할 사항을 3가지 쓰시오. (6점) [기사1704C/기사1901A/기사2104B/기사2201A]

로더(Loader)가 긴 자재 2개를 싣고 위로 올린 상태에서 이동하던 중 운전자가 갑자기 자리에서 이탈했다가 다시 돌아와 운전하는 장면을 보여주고 있다. 신호수는 안전모를 미착용한 상태로 로더 주변에서 휴대전화로 통화중이고, 작업과 관련없는 근로자들이 안전모를 미착용한 상태로 지나가는 모습을 보여주고 있다.

① 포크, 버킷, 디퍼 등의 장치를 가장 낮은 위치 또는 지면에 내려 둘 것
② 원동기를 정지시키고 브레이크를 확실히 거는 등 갑작스러운 주행이나 이탈을 방지하기 위한 조치를 할 것
③ 운전석을 이탈하는 경우에는 시동키를 운전대에서 분리시킬 것

05 동영상에서 보여주는 공법의 명칭을 쓰시오.(4점) [기사1904A/기사2004C/기사2104A/기사2201A]

동영상은 흙막이를 보여주면서 H형으로 된 줄이 이어져 있는 것을 보여주고, 다음 화면은 흙막이에 연결되어있던 선로에 노란색으로 되어 있는 사각형의 기계를 연달아 보여준다.

• 어스앵커공법

06 동영상은 작업자 3명이 흡연 후 개구부를 열고 들어가 밀폐공간에서 질식사고가 발생하는 장면을 보여주고 있다. 산소결핍이 우려되는 밀폐공간에서 산소결핍 방지대책을 3가지 쓰시오.(6점)
[기사1401A/기사1402C/기사1504A/기사1601C/산기1602A/기사1701A/기사2004C/기사2201A]

작업자 3명이 흡연한 후, 그 중 2명이 맨홀 뚜껑을 열고 들어간 지하실 밀폐공간에서 방수작업을 하고 있다. 일정 시간이 흐른 후 (시계를 자주 보여준다)에 남은 작업자 1명이 밀폐공간을 확인하니 2명의 작업자가 쓰러져 있는 모습을 보여주고 있다.

① 작업 시작 전 산소농도 및 유해가스 농도를 측정하고, 작업중에도 계속 환기시킨다.
② 산소결핍 위험장소에 들어갈 때는 호흡용 보호구(공기호흡기, 송기마스크)를 반드시 착용하도록 한다.
③ 산소결핍이 인정될 경우 송기를 위한 설비를 설치하여 필요한 양의 공기를 공급한다.
④ 감시인을 배치한다.

▲ 해당 답안 중 3가지 선택 기재

07 영상은 비계의 조립 작업을 보여주고 있다. 영상의 비계 조립 작업 시 사업주가 준수해야 할 사항에 대한 다음 설명의 빈 칸을 채우시오.(6점) [기사2102A/기사2201A/기사2202A]

시스템 비계의 조립작업을 보여주고 있다.

가) 경사진 바닥에 설치하는 경우에는 (①) 또는 (②) 등을 사용하여 밑받침 철물의 바닥면이 수평을 유지하도록 할 것
나) 가공전로에 근접하여 비계를 설치하는 경우에는 가공전로를 이설하거나 가공전로에 (③)를 설치하는 등 가공전로와의 접촉을 방지하기 위하여 필요한 조치를 할 것

① 피벗형 받침 철물 ② 쐐기
③ 절연용 방호구

08 동영상은 가설구조물이나 개구부 등에서 추락위험을 방지하기 위해 설치하는 안전난간을 보여주고 있다. 안전난간 각 부위의 명칭을 쓰시오.(4점) [기사1501C/기사1602A/기사1902B/산기2003B/기사2201A/기사2304A]

추락위험을 방지하기 위해 설치된 안전난간의 구성요소들을 차례대로 보여주고 있다.

① 난간기둥 ② 상부 난간대
③ 중간 난간대 ④ 발끝막이판

2022년 1회 B형 작업형 기출복원문제

신규문제 0문항 중복문제 8문항

01 동영상은 굴착작업에 대해서 보여주고 있다. 공사 전 굴착시기와 작업순서 등을 정하기 위해 작업장소 등에 대한 조사내용을 3가지 쓰시오.(6점)

[기사1704B/기사1901C/기사2002D/기사2201B/기사2202C]

백호로 굴착중인 작업현장을 보여주고 있다. 주변 지층이 연약지반이어서인지 지반의 붕괴 위험이 있어 위험해 보인다.

① 형상·지질 및 지층의 상태
② 매설물 등의 유무 또는 상태
③ 지반의 지하수위 상태
④ 균열·함수·용수 및 동결의 유무 또는 상태

▲ 해당 답안 중 3가지 선택 기재

02 영상은 거푸집 설치 작업을 보여주고 있다. 동영상에서 보여주는 부재의 명칭 3가지를 쓰시오(6점)

[기사2101C/기사2102B/기사2201B]

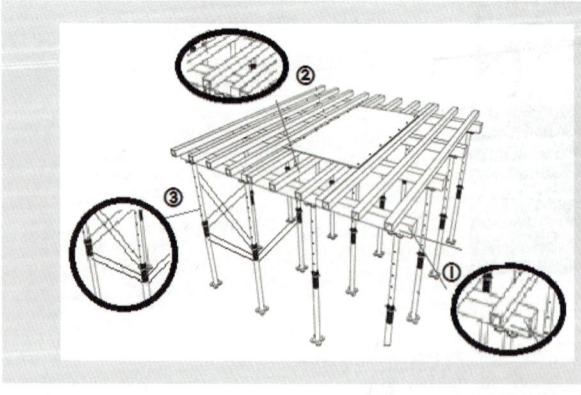

거푸집 설치 공사가 진행중인 모습을 보여주고 있다. 설치공사 중에 특정 부재의 모습을 확대해서 보여준다. 가로로 일정 간격으로 설치된 부재와 그 위에 세로로 역시 일정한 간격으로 설치된 부재를 보여준 후 마지막으로 위의 가로세로로 된 부재의 조합을 받치고 있는 기둥과 그 기둥을 가로, 대각선 등으로 연결한 부재를 보여준다.

① 멍에
② 장선
③ 거푸집 동바리(서포트)

03 동영상에서는 철골작업 현장을 보여주고 있다. 철골 기둥의 승강용 트랩 설치와 관련된 다음 물음에 답하시오.(4점)　[기사1802A/기사1904B/기사2101C/기사2102B/기사2201B/기사2204C]

철골구조물 건립 공사현장을 보여주고 있다. 복장이 불량한 작업자가 어슬렁거리는 모습을 보여준다. 승강용 트랩을 타고 위로 올라가야 하는데 복장이 불량해서 올라갈 수 있을지 걱정스럽다.

철골건립 중 건립위치까지 작업자가 안전하게 승강할 수 있는 사다리, 계단, 외부비계, 승강용 엘리베이터 등을 설치해야 하며 건립이 실시되는 층에서는 주로 기둥을 이용하여 올라가는 경우가 많으므로 기둥승강설비로서 기둥제작 시 (①)mm 철근 등을 이용하여 (②)cm 이내의 간격, (③)cm 이상의 폭으로 트랩을 설치하여야 하며 안전대 부착설비구조를 겸용하여야 한다.

① 16　　　　　　　　② 30　　　　　　　　③ 30

04 동영상은 작업현장을 보여주고 있다. 동영상에서 보여주는 현장의 흙막이 시설의 공법 명칭은?(4점)　[기사1904B/기사2101B/기사2201B]

H파일과 토류판으로 이루어진 가시설 흙막이벽이 보인다. 버팀대가 보이지 않는다.
토류판, 띠장, 엄지말뚝 앞열과 뒷열을 연결해주는 부재를 보여준다.

• 2열 자립식 흙막이 공법

05 동영상은 교량 상부에서 콘크리트 펌프카를 사용한 콘크리트 타설 작업을 보여주고 있다. 콘크리트 펌프 또는 콘크리트 펌프카 사용 시 준수사항을 3가지 쓰시오.(6점) [기사1401A/기사1404A/기사1502B/기사1601B/ 기사1702A/기사1804B/산기1901A/산기1904A/기사2001A/기사2001B/기사2002C/기사2003D/기사2101C/기사2102B/기사2201B/기사2204B /기사2204C/기사2401B/기사2403C]

신호수가 신호를 하면서 콘크리트 타설작업이 진행 중인 상황을 보여주고 있다. 교량상부에서 콘크리트 펌프카를 사용하여 타설작업 중이다.

① 작업을 시작하기 전에 콘크리트 펌프용 비계를 점검하고 이상을 발견하였으면 즉시 보수할 것
② 건축물의 난간 등에서 작업하는 근로자가 호스의 요동·선회로 인하여 추락하는 위험을 방지하기 위하여 안전 난간 설치 등 필요한 조치를 할 것
③ 콘크리트 펌프카의 붐을 조정하는 경우에는 주변의 전선 등에 의한 위험을 예방하기 위한 적절한 조치를 할 것
④ 작업 중에 지반의 침하, 아웃트리거의 손상 등에 의하여 콘크리트 펌프카가 넘어질 우려가 있는 경우는 이를 방지하기 위한 적절한 조치를 할 것

▲ 해당 답안 중 3가지 선택 기재

06 동영상은 낙하물방지망을 보여준다. 낙하물방지망의 설치간격과 내민 길이를 쓰시오.(5점)
[기사1404C/기사1602B/기사2101B/기사2102A/기사2201B/기사2201C/기사2202A/기사2202C]

동영상은 작업장의 바닥, 도로 및 통로 등에서 낙하물이 근로자에게 위험을 미칠 우려가 있는 경우에 설치하는 낙하물방지망을 보여준다.

① 설치간격 : 10m 이내
② 내민 길이 : 벽면으로부터 2m 이상

07 동영상은 화물자동차에 화물을 적재하는 모습을 보여주고 있다. 산업안전보건기준에 관한 규칙에 따라 화물자동차의 짐걸이로 사용해서는 안 되는 섬유로프 2가지를 쓰시오.(4점) [기사2101B/기사2201B]

화물자동차에 화물을 적재한 후 섬유로프로 화물을 결박하는 모습을 보여주고 있다. 섬유로프의 군데군데 손상된 모습을 보여준다.

① 꼬임이 끊어진 것
② 심하게 손상되거나 부식된 것

08 동영상은 타워크레인으로 화물인양 작업 중 발생한 재해를 보여주고 있다. 동영상을 보고 재해의 발생원인으로 추정되는 사항을 2가지 쓰시오.(4점) [기사1401C/기사1404A/기사1501A/기사1502B/산기1604B /산기1701A/기사1702C/기사1802B/산기1802B/기사2004C/기사2004A/기사2101C/기사2201B]

타워크레인이 화물을 1줄걸이로 인양해서 올리고 있고, 하부에 근로자가 안전모 턱끈을 매지 않은 채 양중작업을 보지 못하고 지나가고 있는 중에 화물이 탈락하면서 낙하하여 근로자와 충돌하였다.

① 화물 인양 시 1줄걸이로 인양함으로써 화물이 무게중심을 잃고 낙하했다.
② 작업 반경 내 출입금지구역에 근로자가 출입하였다.
③ 작업자가 안전모를 안전하게 착용하지 않았다.
④ 신호수를 배치하지 않았다.

▲ 해당 답안 중 2가지 선택 기재

2022년 1회 C형 작업형 기출복원문제

신규문제 1문항 중복문제 7문항

01 동영상은 노천 굴착작업 현장을 보여주고 있다. 풍화암 굴착작업 시 지반에 따른 굴착면의 기울기 기준을 쓰시오.(4점)
[산기1504B/산기1701B/산기1802A/기사1802B/산기2002B/기사2101A/기사2201C]

백호가 노천을 굴착하고 있다. 작업 중 옆에 쌓아두었던 부석이 굴러와 작업자가 다칠뻔한 장면을 보여주고 있다.

- 1 : 1.0

02 동영상은 철골공사현장에서 발생한 재해상황을 보여주고 있다. 동영상을 참고하여 위험요인을 2가지 쓰시오.(4점)
[기사2003D/기사2004A/기사2201C]

고소에서 철골작업 중 공중에 설치된 H빔 철골 격자구조물 위를 걷던 근로자가 추락하는 재해상황을 보여주고 있다. 작업자는 안전대를 착용하지 않았고, 추락방호망 등이 설치되어 있지 않은 작업장이다.

① 근로자 안전대 미착용
② 추락방호망 미설치

03 동영상은 작업자가 외부비계를 타고 올라가다 떨어지는 사고상황을 보여주고 있다. 시설 측면에서 위험요인에 대한 안전대책 3가지를 쓰시오.(6점) [기사1501B/산기1701A/기사2004A/기사2201C]

작업자가 캔 음료를 먹고 있고, 리프트를 타고 다른 작업자가 올라가자, 바닥에 캔 음료를 버리고 외부비계를 타고 올라가다 떨어지는 재해가 발생했다. 이때 작업자 안전모의 턱끈이 풀려있는 상태였다.

① 작업발판을 설치한다.
② 추락방호망을 설치한다.
③ 비계 상에 사다리 및 비계다리 등 승강시설을 설치한다.
④ 울, 손잡이 또는 충분한 강도를 가진 발판 등을 설치한다.

▲ 해당 답안 중 3가지 선택 기재

04 동영상은 교량 상부의 콘크리트 타설 작업을 보여주고 있다. 동영상을 참고하여 콘크리트 타설에 사용되는 건설기계의 장비의 이름을 쓰시오.(4점) [기사2002E/기사2201C]

콘크리트 펌프카를 이용하여 교량 상부에 콘크리트 타설을 하는 모습을 보여주고 있다.

• 콘크리트 펌프카

05 동영상은 거푸집 동바리의 조립 영상이다. 동바리로 사용하는 파이프 서포트의 설치 시 준수사항 1가지를 쓰시오.(4점)   [기사1501B/기사1604A/기사1702B/기사2201C/기사2204A]

거푸집 동바리가 설치된 건설현장의 모습을 보여주고 있다.
특히 동바리로 사용하는 파이프 받침(서포트)에 대해 집중조명하고 있다.

① 파이프 서포트를 3개 이상 이어서 사용하지 않도록 할 것
② 파이프 서포트를 이어서 사용하는 경우에는 4개 이상의 볼트 또는 전용철물을 사용하여 이을 것
③ 높이가 3.5m를 초과하는 경우에는 높이 2m 이내마다 수평연결재 2개 방향으로 만들고 수평연결재의 변위를 방지할 것

▲ 해당 답안 중 1가지 선택 기재

06 동영상은 낙하물방지망을 보수하는 장면이다. 다음 각 물음에 답하시오.(5점)
[기사1404C/기사1602B/기사2101B/기사2102A/기사2201B/기사2201C/기사2202A/기사2202C/기사2302C/기사2403A]

고소에 설치된 낙하물방지망의 한쪽 끝이 풀려 바람에 날리는 장면을 보여주고 있다. 이에 작업자가 낙하물방지망을 보수하기 위해 바람에 날리는 낙하물방지망의 매듭 부위에 접근하고 있는 장면을 보여주고 있다.

가) 동영상에서 추락방지를 위해 필요한 조치사항을 1가지 쓰시오.
나) 낙하물방지망의 설치는 (①)m 이내마다 설치하고, 내민 길이는 벽면으로부터 (②)m 이상으로 하고, 수평면과의 각도는 (③)도를 유지하도록 한다.

가) ① 작업발판을 설치한다.　　　② 추락방호망을 설치한다.
　　③ 안전대를 착용한다.
나) ① 10　　　　　　② 2　　　　　　③ 20~30

▲ 가) 답안 중 1가지 선택 기재

07 동영상은 철근공사를 진행 중인 작업장을 보여주고 있다. 해당 작업장 및 작업자가 안전준수 위반한 사항을 3가지 쓰시오.(6점)

[기사2003E/기사2201C]

철근공사를 진행 중인 작업장이다. 주변에 안전통로도 없이 철근을 밟고 이동하면서 작업하는 안전대도 착용하지 않은 작업자를 보여준다. 작업자가 이음철근을 가지고 있음을 보여주고 있다.

① 안전통로 미설치
② 작업발판 미설치
③ 개인보호구 미착용

08 동영상은 콘크리트 교량 공사현장의 모습을 보여주고 있다. 다음 물음에 답하시오.(6점)

[기사2201C/기사2304A]

최대지간길이 30m 이상인 콘크리트 교량 건설현장의 모습을 보여준다. 크레인으로 중량물 부재를 인양하는 모습이다.

가) 재료, 기구 또는 공구 등을 올리거나 내릴 경우 사업주의 준수사항 1가지를 쓰시오.
나) 중량물 부재를 크레인 등으로 인양하는 경우의 사업주 준수사항 1가지를 쓰시오.
다) 자재나 부재의 낙하·전도 또는 붕괴 등에 의하여 근로자에게 위험을 미칠 우려가 있을 경우의 사업주 준수사항 1가지를 쓰시오.

가) 근로자로 하여금 달줄, 달포대 등을 사용하도록 할 것
나) ① 부재에 인양용 고리를 견고하게 설치한다.
　　② 인양용 로프는 부재에 두 군데 이상 결속하여 인양한다.
　　③ 중량물이 안전하게 거치되기 전까지는 걸이로프를 해제시키지 않아야 한다.
다) ① 출입금지구역을 설정한다.
　　② 자재 또는 가설시설의 좌굴 또는 변형 방지를 위한 보강재 부착 등의 조치를 한다.

▲ 나)와 다) 답안 중 각각 1가지씩 선택 기재

2021년 4회 A형 작업형 기출복원문제

신규문제 2문항 중복문제 6문항

01 동영상은 지하의 작업장에서 보통작업을 하고 있는 상황을 보여주고 있다. 작업조도의 기준을 쓰시오.(4점)
[기사1802C/기사1804B/산기1902A/기사1904C/기사2003D/기사2101C/기사2104A/기사2202B/기사2204B]

작업자가 지하의 밀폐된 작업장에서 도장작업을 하고 있는 상황을 보여주고 있다.

- 150럭스 이상

02 동영상은 차량계 건설기계를 이용하는 작업현장의 모습을 보여주고 있다. 해당 작업을 수행함에 있어 조치사항에 대한 설명의 ( )안을 채우시오.(5점)
[기사2104A]

콘크리트 공장에서부터 작업현장까지 콘크리트를 실어나르는 트럭의 모습을 보여주고 있다. 차량 뒷부분의 드럼은 운행중에도 계속 회전하고 있다.

해당작업, 작업장의 지형·지반 및 지층 상태 등에 대한 (①)를 하고 그 결과를 기록·보존하여야 하며, 조사결과를 고려하여 (②)를 작성하고 그 계획에 따라 작업을 하도록 하여야 한다.

① 사전조사   ② 작업계획서

03 동영상은 안전난간을 보여주고 있다. 개구부에 설치하는 동영상에 나오는 구조물의 구조에 대한 설명 중 ( )에 해당하는 값을 채우시오.(6점)　　　　　　　　　　　　　　　　　　　　　　　　[기사1704B/기사2104A]

작업장에 가설구조물이나 개구부 등에서 추락 위험을 방지하기 위해 설치한 안전난간의 모습을 보여주고 있다.

가) 안전난간은 상부 난간대, 중간 난간대, (①) 및 난간기둥으로 구성할 것
나) 상부 난간대는 바닥면·발판 또는 경사로의 표면으로부터 (②) 이상 지점에 설치하고, 상부 난간대를 (③) 이하에 설치하는 경우에는 중간 난간대는 상부 난간대와 바닥면 등의 중간에 설치하여야 하며, (③) 이상 지점에 설치하는 경우에는 중간 난간대를 (④)단 이상으로 균등하게 설치하고 난간의 상하 간격은 (⑤) 이하가 되도록 한다.

① 발끝막이판　　　　　　② 90cm　　　　　　③ 120cm
④ 2　　　　　　　　　　④ 60cm

04 동영상에서 보여주는 공법의 명칭을 쓰시오.(4점)　　　　[기사1904A/기사2004C/기사2104A/기사2201A]

동영상은 흙막이를 보여주면서 H형으로 된 줄이 이어져 있는 것을 보여주고, 다음 화면은 흙막이에 연결되어있던 선로에 노란색으로 되어 있는 사각형의 기계를 연달아 보여준다.

- 어스앵커공법

05 동영상은 아파트 단지 내에서 하수관로 매설작업을 수행하고 있는 전경을 보여주고 있다. 동영상을 참고하여 재해방지를 위한 조치사항 3가지를 쓰시오.(6점)

[기사1404A/기사1502B/기사1604A/기사1701C/기사1902C/기사2002A/기사2002E/기사2004A]

타워크레인이 화물을 1줄걸이로 인양해서 올리고 있고, 하부에 근로자가 안전모 턱끈을 매지 않은 채 양중작업을 보지 못하고 지나가고 있는 중에 화물이 탈락하면서 낙하하여 근로자와 충돌하였다.

① 긴 자재 인양 시 2줄걸이 한다.
② 인양작업 중 근로자의 출입을 금지한다.
③ 유도하는 사람을 배치한다.

06 영상은 거푸집 동바리의 설치 잘못으로 인해 거푸집의 붕괴사고가 발생한 것을 보여주고 있다. 동바리 설치·조립 시 동바리의 침하방지를 위한 조치사항 3가지를 쓰시오.(6점)

[기사1802B/기사1904B/기사2102C/기사2104A/기사2302B]

거푸집 동바리가 붕괴되는 재해상황을 보여주고 있다. 재해상황을 보여주기 전 거푸집 동바리 설치 작업 시 동바리의 위치가 불량한 것과 수평연결재를 설치하지 않은 것, 각재가 파손되거나 변형된 것 등을 보여준다.

① 받침목이나 깔판의 사용
② 콘크리트 타설
③ 말뚝박기

07 동영상은 목재가공용 둥근톱을 이용하여 작업을 하던 중 발생된 재해사례를 보여주고 있다. 동영상을 참고하여 다음 각 물음에 답하시오.(5점) [산기1602A/기사1802A/산기1804A/기사1904C/기사2101C/기사2104A/기사2202A]

작업자가 목장갑을 착용하고 목재를 가공하고 있다. 둥근톱장치에는 반발예방장치가 설치되어 있지 않다.

가) 동영상에 보여진 재해의 발생원인을 2가지만 쓰시오.
나) 동영상에서와 같이 전동기계·기구를 사용하여 작업을 할 때 누전차단기를 반드시 설치해야 하는 작업장소를 1가지 쓰시오.

가) 재해의 발생원인
  ① 회전기계 작업 중 장갑을 착용하고 작업하고 있다.
  ② 분할날 등 반발예방장치가 설치되지 않은 둥근톱장치를 사용해서 작업 중이다.
나) 누전차단기를 설치해야 하는 작업장소
  ① 대지전압이 150V를 초과하는 이동형 또는 휴대형 전기기계·기구를 사용할 때
  ② 철판·철골 위 등 도전성이 높은 장소에서 이동형 또는 휴대형 전기기계·기구를 사용할 때
  ③ 물 등 도전성이 높은 액체가 있는 습윤장소에서 사용하는 저압용 전기기계·기구를 사용할 때
  ④ 임시배선의 전로가 설치되는 장소에서 사용하는 이동형 또는 휴대형 전기기계·기구

▲ 나)의 답안 중 1가지 선택 기재

08 동영상은 충전전로 인근에서 차량계 건설기계를 이용한 작업중인 모습을 보여주고 있다. 폐쇄형 외함이 있는 충전부 주변에 설치된 절연용 방호구의 이름을 쓰시오.(4점) [기사2104A]

폐쇄형 외함이 있는 충전부 주변에 초록색 펜스가 쳐져있고 감전주의 표지판이 부착되어 있는 모습을 보여주고 있다.

• 울타리

2021년 4회 B형 작업형 기출복원문제

01 동영상은 기존 건축물 벽면의 면갈이 작업을 보여주고 있다. 동영상에서와 같이 벽면 면갈이 작업 시 착용해야 할 안전보호구 2가지를 쓰시오.(4점) [기사1801C/기사1904A/기사2104B]

말비계 위에서 작업자가 아파트 계단 콘크리트 벽면을 핸드그라인더로 정리하는 작업을 보여주고 있다. 분진이 안개처럼 뿌옇게 작업자를 덮친다.

① 방진마스크
② 보안경

02 동영상은 작업장 내의 통로를 보여주고 있다. 작업장으로 통하는 장소 혹은 작업장 내에 근로자가 통행하는 통로의 경우 높이 얼마 이내에 장애물이 없도록 하여야 하는가?(4점) [기사1802C/기사2104B]

작업장 내의 통로를 보여주고 있다.

• 2미터 이내

03 동영상은 시스템 비계가 설치된 작업장을 보여주고 있다. 시스템 비계의 설치와 관련된 다음 설명의 빈칸을 채우시오.(4점) [산기1902B/기사2101B/기사2102C/기사2104B]

영상은 시스템 비계가 설치된 작업현장의 모습이다.

가) 수직재·수평재·(①)를 견고하게 연결하는 구조가 되도록 할 것
나) 비계 밑단의 수직재와 (②)은 밀착되도록 설치하고, 수직재와 받침철물의 연결부의 겹침길이는 받침철물 전체길이의 (③) 이상이 되도록 할 것

① 가새재
② 받침철물
③ 3분의 1

04 영상은 백호를 이용해 작업하던 중 운전자가 내려 이탈한다. 차량계 건설기계의 운전자가 운전위치를 이탈하고자 할 때 준수해야 할 사항을 3가지 쓰시오.(6점) [기사1704C/기사1901A/기사2104B/기사2201A/기사2202B/기사2204A]

백호가 굴착한 흙을 덤프트럭에 싣고 있는 작업을 보여준 후 작업자가 갑자기 작업중에 화장실에 간다면서 시동이 걸린 상태에서 차량에서 이탈하는 모습을 보여준다.

① 포크, 버킷, 디퍼 등의 장치를 가장 낮은 위치 또는 지면에 내려 둘 것
② 원동기를 정지시키고 브레이크를 확실히 거는 등 갑작스러운 주행이나 이탈을 방지하기 위한 조치를 할 것
③ 운전석을 이탈하는 경우에는 시동키를 운전대에서 분리시킬 것

05 동영상은 굴착작업 현장을 보여주고 있다. 연암을 굴착할 때의 굴착면 기울기의 기준을 쓰시오.(4점)

[기사2104B]

백호의 굴착작업 현장 모습을 보여주고 있다.

- 1 : 1.0

06 동영상은 터널 내부에서 장약을 넣고 있는 작업자들과 전체 작업장을 보여준 후 터널 외부를 보여주고 폭파하는 듯 주변이 떨림이 발생한다. 장약 사용 시 준수사항 3가지를 쓰시오.(6점)

[기사1601C/기사1704C/기사2001A/기사2002A/기사2004B/기사2104B/기사2403A]

터널 내부에서 장약을 넣고 있는 작업자들과 전체 작업장을 보여준 후 터널 외부를 보여주고 폭파하는 듯 주변의 떨림이 발생하는 것을 보여준다.

① 약포를 발파공 내에서 강하게 압착하지 않아야 한다.
② 인접장소에서 전기용접 등의 작업이나 흡연을 금지시킨다.
③ 장전물에는 종이, 솜 등을 사용하지 않아야 한다.
④ 전기뇌관을 사용할 때에는 전선, 모터 등에 접근하지 않도록 하여야 한다.
⑤ 천공작업이 완료된 후 장약작업을 실시하여야 하며 천공·장약의 동시작업을 하지 않아야 한다.
⑥ 폭약을 장전할 때는 발파구멍을 잘 청소하며 이 때 공저까지 완전히 청소하여 작은 돌 등을 남기지 않아야 한다.
⑦ 장약봉은 똑바르고 옹이가 없는 목재 등 부도체로 하고 장전구는 마찰, 정전기 등에 의한 폭발의 위험성이 없는 절연성의 것을 사용하여야 한다.

▲ 해당 답안 중 3가지 선택 기재

07 동영상은 작업자 3명이 흡연 후 개구부를 열고 들어가 밀폐공간에서 질식사고가 발생하는 장면을 보여주고 있다. 산소결핍이 우려되는 밀폐공간에서 작업 시의 문제점을 3가지 쓰시오.(6점)

[기사1601C/기사1702B/기사1904A/기사2004A/기사2101B/기사2104B]

작업자 3명이 흡연한 후, 그 중 2명이 맨홀 뚜껑을 열고 들어간 지하실 밀폐공간에서 방수작업을 하고 있다. 일정 시간이 흐른 후 (시계를 자주 보여준다)에 남은 작업자 1명이 밀폐공간을 확인하니 2명의 작업자가 쓰러져 있는 모습을 보여주고 있다.

① 작업 시작 전 산소농도 및 유해가스 농도를 측정하지 않았다.
② 산소결핍 위험장소에 들어갈 때는 호흡용 보호구를 반드시 착용해야 하는데 하지 않았다.
③ 감시인을 배치하지 않았다.

08 동영상은 교량의 설치 현장을 보여주고 있다. 설치 작업전에 작성해야 할 작업계획서의 내용을 3가지 쓰시오. (단, 그 밖에 안전·보건에 관련된 사항은 제외)(6점)

[기사2102C/기사2104B/기사2204B/기사2403A]

영상은 최대 지간 길이가 35미터인 교량의 설치 현장 모습이다.

① 작업 방법 및 순서
② 작업지휘자 배치계획
③ 사용하는 기계 등의 종류 및 성능, 작업방법
④ 부재(部材)의 낙하·전도 또는 붕괴를 방지하기 위한 방법
⑤ 작업에 종사하는 근로자의 추락 위험을 방지하기 위한 안전조치 방법
⑥ 공사에 사용되는 가설 철구조물 등의 설치·사용·해체 시 안전성 검토 방법

▲ 해당 답안 중 3가지 선택 기재

2021년 4회 C형 작업형 기출복원문제

신규문제 2문항 중복문제 6문항

01 영상은 추락방호망을 보여주고 있다. 추락방호망의 설치기준을 3가지 쓰시오.(6점)

[기사1801A/기사1904A/기사2104C/기사2204C/기사2301B/기사2302B/기사2402B/기사2403C]

건설현장에 설치된 추락방호망을 보여주고 있다.

① 추락방호망의 설치위치는 가능하면 작업면으로부터 가까운 지점에 설치하여야 하며, 작업면으로부터 망의 설치지점까지의 수직거리는 10미터를 초과하지 아니할 것
② 추락방호망은 수평으로 설치하고, 망의 처짐은 짧은 변 길이의 12퍼센트 이상이 되도록 할 것
③ 건축물 등의 바깥쪽으로 설치하는 경우 추락방호망의 내민 길이는 벽면으로부터 3미터 이상 되도록 할 것

02 동영상은 거푸집 동바리를 설치하는 모습을 보여주고 있다. 동영상을 참고하여 해당 거푸집 동바리를 조립할 때 사업주의 준수사항 2가지를 쓰시오.(4점)

[기사2104C/기사2304C]

영상은 계단실의 경사 거푸집 동바리를 설치하는 모습을 보여주고 있다.

① 거푸집의 형상에 따른 부득이한 경우를 제외하고는 깔판·깔목 등을 2단 이상 끼우지 않도록 할 것
② 깔판·깔목 등을 이어서 사용하는 경우에는 깔판·깔목은 단단히 연결할 것
③ 경사면에 설치하는 동바리는 연직도를 유지하도록 깔판·깔목 등으로 고정할 것
④ 연직하게 설치되는 동바리는 경사면방향 분력으로 인하여 미끄러짐 및 전도가 발생할 수 있으므로 모든 동바리에 가새를 설치하는 등 안전조치할 것

▲ 해당 답안 중 2가지 선택 기재

03 동영상은 자재창고에서 자재를 정리하는 모습을 보여주고 있다. 작업조도의 기준을 쓰시오. (4점)

[기사2104C/기사2204A]

작업자가 자재창고에서 자재를 정리하고 있는 모습을 보여주고 있다.

- 75럭스 이상

04 동영상은 아파트 단지 내에서 하수관로 매설작업을 수행하고 있는 전경을 보여주고 있다. 동영상을 참고하여 재해의 발생원인과 재해방지를 위한 조치사항을 각각 3가지 쓰시오. (6점)

[기사1904C/기사2104C]

백호가 흄관을 1줄걸이로 인양해서 올리고 있고, 흄관 아래에 근로자가 안전모 턱끈을 매지 않은 채 관로를 청소중이다. 신호수가 보이고 있으나 백호 운전자는 시야확보가 힘든지 작업에 어려움을 표시하고 있다. 신호수가 흄관을 손으로 당기는데 흄관이 탈락하면서 낙하하여 근로자와 충돌하였다.

가) 재해 발생원인
  ① 긴 자재를 인양하는데 1줄걸이로 했다.
  ② 인양작업 중 근로자의 출입을 통제하지 않았다.
  ③ 유도하는 사람을을 배치하지 않았다.
나) 재해방지 조치
  ① 긴 자재 인양 시 2줄걸이 한다.
  ② 인양작업 중 근로자의 출입을 금지한다.
  ③ 유도하는 사람을 배치한다.

05 산업안전보건기준에 관한 규칙에서 정한 전기기계·기구에 설치된 누전차단기의 기준에 관한 다음 설명의 빈칸을 채우시오.(4점)
[기사2104C/기사2202B]

철골용접을 진행하는 작업현장에서 전기를 사용하고자 콘센트에 연결하는 작업을 보여주고 있다. 특히 전기기계에 설치된 누전차단기의 모습을 집중적으로 보여준다.

전기기계·기구에 설치되어 있는 누전차단기는 정격감도전류가 (①) 이하이고 작동시간은 (②) 이내일 것

① 30mA ② 0.03초

06 동영상에서는 철골작업 현장을 보여주고 있다. 와이어로프로 철골을 인양하고 앵커 볼트에 고정한 후 인양 와이어로프를 제거할 때 준수사항 2가지를 쓰시오.(4점)
[기사2104C/기사2302A]

영상은 철골작업장에서 철골기둥을 타고 올라가 앵커 볼트를 고정하는 작업 현장을 보여주고 있다. 작업을 마친 작업자가 트랩을 이용하지 않고 무리하게 기둥에서 뛰어내리는 모습을 보여준다.

① 기둥위로 올라갈 때 또는 기둥에서 내려올 때는 기둥의 트랩을 이용하여야 한다.
② 안전대를 사용해야 하며, 샤클핀이 빠져 떨어지는 일 등이 발생하지 않도록 주의해야 한다.
③ 기둥 베이스 구멍을 통해 앵커 볼트를 보면서 정확히 유도하고, 볼트가 손상되지 않도록 조심스럽게 제자리에 위치시켜야 한다. 이때 손, 발이 끼지 않도록 주의한다.
④ 바른 위치에 잘 들어갔는지 확인하고 앵커 볼트 전체의 균형을 유지하면서 확실히 조여야 한다.
⑤ 인양 와이어 로프를 제거하기 위하여 기둥위로 올라갈 때 또는 기둥에서 내려올 때는 기둥의 트랩을 이용하여야 한다.
⑥ 인양 와이어 로프를 풀어 제거할 때에는 안전대를 사용해야 하며 샤클핀이 빠져 떨어지는 일 등이 발생하지 않도록 주의해야 한다.

▲ 해당 답안 중 2가지 선택 기재

07 건물외벽 돌마감 공사현장이다. 작업 중 위험요소 3가지를 쓰시오.(6점)

[기사1601A/기사1701C/기사1901B/기사2002D/기사2104C]

건물 외벽에 석재를 붙이는 동영상이 다. 지면으로부터 2m 넘는 곳에 근로자 2명이 작업 중인데, 안전난간은 없고 작업 장소 주변이 각종 공구와 자재로 어지럽다. 위쪽의 작업자는 구두를 신고 있다. 아래쪽에서 작업 중인 작업자는 보호구 착용상태가 불량한데 돌을 들어서 위의 작업자에게 전달하려는 순간 허리가 삐끗하면서 화면이 종료되었다.

① 안전난간이 설치되지 않았다.
② 작업발판이 설치되지 않았다.
③ 작업자가 안전모를 착용하지 않았다.
④ 작업장의 정리정돈 상태가 불량하다.

▲ 해당 답안 중 3가지 선택 기재

08 동영상은 작업자가 통로를 걷다 개구부로 추락하는 상황을 보여주고 있다. 추락의 위험이 존재하는 장소에서의 안전 조치사항 3가지를 쓰시오.(6점) [기사1401C/산기1402A/산기1402B/산기1504B/기사1504C/기사1602B/산기1701B/산기1702A/기사1804B/산기2002B/기사2004C/기사2101A/기사2102A/기사2104C/기사2202C/기사2204A/기사2301A/기사2304D/기사2403B]

작업자가 통로를 걷다 개구부를 미처 확인하지 못하여 개구부로 추락하는 상황을 보여주고 있다.
해당 개구부에는 별도의 방호장치가 설치되지 않은 상태이다.

① 안전난간을 설치한다.
② 수직형 추락방망을 설치한다.
③ 울타리를 설치한다.
④ 덮개를 뒤집히거나 떨어지지 않도록 설치한다.
⑤ 추락방호망을 설치한다.
⑥ 어두울 때도 알아볼 수 있도록 개구부임을 표시한다.
⑦ 추락방호망 설치가 곤란한 경우 작업자에게 안전대를 착용하게 하는 등 추락방지 조치를 한다.

▲ 해당 답안 중 3가지 선택 기재

2021년 2회 A형 작업형 기출복원문제

신규문제 0문항   중복문제 8문항

01 동영상은 비계를 이용한 작업현장을 보여주고 있다. 작업자가 사용하는 비계의 종류를 쓰시오.(4점)

[기사1802C/기사1804C/기사1902A/기사2003D/기사2202A/기사2202B]

말비계 위에서 작업자가 도배 작업중인 모습을 보여주고 있다.

- 말비계

02 영상은 터널공사에서 콘크리트 라이닝을 하고 있는 모습을 보여주고 있다. 콘크리트 라이닝의 목적 2가지를 쓰시오.(4점)

[기사1504A/기사1701C/기사1704A/기사2102A]

터널 원지반의 변형이나 허물어짐을 억제해 누수를 막기 위한 구조체에 해당하는 콘크리트 라이닝 작업현장을 보여주고 있다.

① 누수 방지
② 토압·수압 등의 외력에 저항
③ 내구성 향상
④ 굴착면의 안정유지
⑤ 풍화 방지
⑥ 조도계수 향상

▲ 해당 답안 중 2가지 선택 기재

03 동영상은 노면을 깎는 작업을 보여주고 있다. 해당 건설기계의 용도 3가지를 쓰시오.(3점)
[기사1501B/기사1601B/기사1602C/기사1802A/기사1901C/기사2002D/산기2101A/기사2102A/기사2201A/기사2403C]

차량계 건설기계(불도저)를 이용해서 노면을 깎는 작업을 보여주고 있다.

① 지반의 정지작업 ② 굴착작업
③ 적재작업 ④ 운반작업

▲ 해당 답안 중 3가지 선택 기재

04 동영상은 리프트를 이용해 자재를 옮기는 장면을 보여주고 있다. 동영상을 참고하여 위험요소 3가지를 쓰시오.(6점)
[기사2102A/기사2204B]

안전난간도 없으며, 추락방호망도 설치되지 않은 작업장이다. 리프트 왼쪽에 리프트를 이용해서 옮길 자재를 쌓아두고 안전모를 쓰지않은 작업자가 리프트에 자재를 싣고 있다. 각 층에서는 리프트를 타기 위해 대기하는 작업자들이 문 밖으로 몸을 내밀어 리프트의 위치를 확인중이다.(작업자들은 안전대를 착용하지 않고 있다.)
리프트보다 더 큰 자재를 옮기려다보니 리프트의 문이 닫기지 않는다.

① 작업자가 안전모를 착용하지 않고 있다.
② 리프트 탑승 대기자들이 안전대도 착용하지 않은 채 문 밖으로 몸을 내밀어 리프트의 위치를 확인하고 있다.
③ 리프트의 문이 닫지 않히지 않은 상태에서 운행되고 있다.
④ 안전난간을 설치하지 않았다.
⑤ 추락방호망을 설치하지 않았다.

▲ 해당 답안 중 3가지 선택 기재

05 동영상은 작업자가 통로를 걷다 개구부로 추락하는 상황을 보여주고 있다. 추락의 위험이 존재하는 장소에서의 안전 조치사항 3가지를 쓰시오.(6점) [기사1401C/산기1402A/산기1402B/산기1504B/기사1504C/기사1602B/산기1701B/산기1702A/기사1804D/산기2002B/기사2004C/기사2101A/기사2102A/기사2104C/기사2202C/기사2204A/기사2301A/기사2304B/기사2403B]

작업자가 통로를 걷다 개구부를 미처 확인하지 못하여 개구부로 추락하는 상황을 보여주고 있다.
해당 개구부에는 별도의 방호장치가 설치되지 않은 상태이다.

① 안전난간을 설치한다.
② 수직형 추락방망을 설치한다.
③ 울타리를 설치한다.
④ 덮개를 뒤집히거나 떨어지지 않도록 설치한다.
⑤ 추락방호망을 설치한다.
⑥ 어두울 때도 알아볼 수 있도록 개구부임을 표시한다.
⑦ 추락방호망 설치가 곤란한 경우 작업자에게 안전대를 착용하게 하는 등 추락방지 조치를 한다.

▲ 해당 답안 중 3가지 선택 기재

06 동영상은 작업장의 바닥, 도로 및 통로 등에서 낙하물이 근로자에게 위험을 미칠 우려가 있는 경우에 설치하는 낙하물방지망을 보여준다. 이에 대한 다음 설명 중 빈칸을 채우시오.(5점) [기사1404C/기사1602B/기사2101B/기사2102A/기사2201C/기사2202A/기사2202C/기사2301A]

동영상은 작업장의 바닥, 도로 및 통로 등에서 낙하물이 근로자에게 위험을 미칠 우려가 있는 경우에 설치하는 낙하물방지망을 보여준다.

낙하물방지망 또는 방호선반을 설치하는 경우 높이 (①)미터 이내마다 설치하고, 내민 길이는 벽면으로부터 (②)미터 이상으로 해야 하며, 수평면과의 각도는 20도 이상 (③)도 이하를 유지한다.

① 10 ② 2 ③ 30

07 영상은 비계의 조립 작업을 보여주고 있다. 영상의 비계 조립 작업 시 사업주가 준수해야 할 사항에 대한 다음 설명의 빈 칸을 채우시오.(6점) [기사2102A/기사2201A/기사2202A]

시스템 비계의 조립작업을 보여주고 있다.

가) 경사진 바닥에 설치하는 경우에는 (①) 또는 (②) 등을 사용하여 밑받침 철물의 바닥면이 수평을 유지하도록 할 것
나) 가공전로에 근접하여 비계를 설치하는 경우에는 가공전로를 이설하거나 가공전로에 (③)를 설치하는 등 가공전로와의 접촉을 방지하기 위하여 필요한 조치를 할 것

① 피벗형 받침 철물　　　② 쐐기　　　③ 절연용 방호구

08 동영상은 비계의 조립 및 해체와 관련된 영상이다. 동영상을 참조하여 비계의 조립 및 해체 시 조치사항 3가지를 쓰시오.(6점) [기사1401A/산기1902A/기사1902B/기사2003D/기사2102A/기사2302A]

높이가 7m 정도인 비계의 해체작업을 보여주고 있다.

① 작업구역에는 해당 작업을 하는 구역에는 관계 근로자가 아닌 사람의 출입을 금지할 것
② 비, 눈, 그 밖의 기상상태의 불안정으로 날씨가 몹시 나쁜 경우에는 그 작업을 중지할 것
③ 재료, 기구 또는 공구 등을 올리거나 내리는 경우에는 근로자로 하여금 달줄·달포대 등을 사용하도록 할 것
④ 낙하·충격에 의한 돌발적 재해를 방지하기 위하여 버팀목을 설치하고 거푸집 및 동바리를 인양장비에 매단 후에 작업을 하도록 하는 등 필요한 조치를 할 것

▲ 해당 답안 중 3가지 선택 기재

2021년 2회 B형 작업형 기출복원문제

신규문제 3문항 중복문제 5문항

01 영상은 거푸집 설치 작업을 보여주고 있다. 동영상에서 보여주는 부재의 명칭을 순서대로 쓰시오.(4점)

[기사2101C/기사2102B/기사2201B]

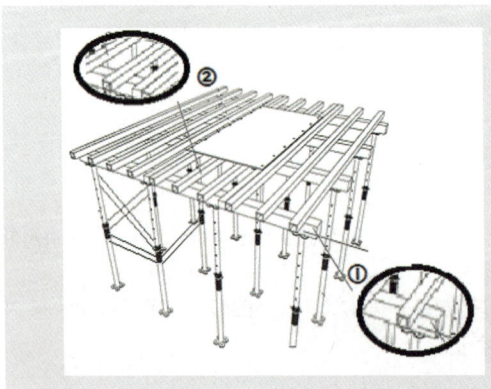

거푸집 설치 공사가 진행중인 모습을 보여주고 있다. 설치공사 중에 특정 부재의 모습을 확대해서 보여준다. 가로로 일정 간격으로 설치된 부재(①)와 그 위에 세로로 역시 일정한 간격으로 설치된 부재(②)를 보여준다.

① 멍에   ② 장선

02 동영상은 절토작업을 진행중인 굴착공사 현장의 모습을 보여주고 있다. 일정상 부득이 하게 동시작업을 진행해야 하는 경우 사전에 취해야 할 조치사항을 3가지 쓰시오.(6점)

[기사2102B]

절토작업을 현장 위쪽과 아래쪽에서 동시에 진행하고 있는 모습을 보여주고 있다.

① 견고한 낙하물 방호시설 설치
② 부석제거
③ 신호수 및 담당자 배치
④ 작업장소에 불필요한 기계 등의 방치 금지

▲ 해당 답안 중 3가지 선택 기재

03 동영상에서는 철골작업 현장을 보여주고 있다. 철골 기둥의 승강용 트랩 설치와 관련된 다음 물음에 답하시오.(4점)
[기사1802A/기사1904B/기사2101C/기사2102B/기사2201B/기사2204C]

철골구조물 건립 공사현장을 보여주고 있다. 복장이 불량한 작업자가 어슬렁거리는 모습을 보여준다. 승강용 트랩을 타고 위로 올라가야 하는데 복장이 불량해서 올라갈 수 있을지 걱정스럽다.

철골건립 중 건립위치까지 작업자가 안전하게 승강할 수 있는 사다리, 계단, 외부비계, 승강용 엘리베이터 등을 설치해야 하며 건립이 실시되는 층에서는 주로 기둥을 이용하여 올라가는 경우가 많으므로 기둥승강설비로서 기둥제작 시 (①)mm 철근 등을 이용하여 (②)cm 이내의 간격, (③)cm 이상의 폭으로 트랩을 설치하여야 하며 안전대 부착설비구조를 겸용하여야 한다.

① 16   ② 30   ③ 30

04 동영상은 타워크레인을 해체하여 트럭에 적재하는 모습을 보여주고 있다. 동영상을 보고 불안전한 요소 3가지를 쓰시오.(6점)
[기사2102B]

해체한 타워크레인을 트럭의 적재함에 싣고 있는 모습을 보여준다.
트럭의 적재함에 안전모를 착용하지 않은 작업자가 올라와서 와이어로프에 매달린 크레인 몸체를 손으로 밀어 적재함에 위치시키고 있다. 별도의 신호수가 보이지 않으며 다른 작업자들이 인양물 아래를 지나가고 있다.

① 작업자가 안전모를 착용하지 않았다.
② 작업반경 내 다른 사람이 통과하고 있다.
③ 신호수가 배치되지 않았다.

05 동영상은 지하의 작업장에서 보통작업을 하고 있는 상황을 보여주고 있다. 작업조도의 기준을 쓰시오.(4점)
[기사1802C/기사1804B/산기1902A/기사1904C/기사2003D/기사2101C/기사2102B/기사2104A]

작업자가 지하의 밀폐된 작업장에서 도장작업을 하고 있는 상황을 보여주고 있다.

- 150럭스 이상

06 동영상은 교량 상부에서 콘크리트 펌프카를 사용한 콘크리트 타설 작업을 보여주고 있다. 콘크리트 펌프 또는 콘크리트 펌프카 사용 시 준수사항을 3가지 쓰시오.(6점) [기사1401A/기사1404A/기사1502B/기사1601B /기사1702A/기사1804B/산기1901A/산기1904A/기사2001A/기사2001B/기사2002C/기사2003D/기사2101C/기사2102B/기사2201B/기사2204B /기사2204C/기사2401B/기사2403C]

신호수가 신호를 하면서 콘크리트 타설작업이 진행 중인 상황을 보여주고 있다. 교량상부에서 콘크리트 펌프카를 사용하여 타설작업 중이다.

① 작업을 시작하기 전에 콘크리트 펌프용 비계를 점검하고 이상을 발견하였으면 즉시 보수할 것
② 건축물의 난간 등에서 작업하는 근로자가 호스의 요동·선회로 인하여 추락하는 위험을 방지하기 위하여 안전난간 설치 등 필요한 조치를 할 것
③ 콘크리트 펌프카의 붐을 조정하는 경우에는 주변의 전선 등에 의한 위험을 예방하기 위한 적절한 조치를 할 것
④ 작업 중에 지반의 침하, 아웃트리거의 손상 등에 의하여 콘크리트 펌프카가 넘어질 우려가 있는 경우는 이를 방지하기 위한 적절한 조치를 할 것

▲ 해당 답안 중 3가지 선택 기재

07 동영상은 굴착기계로 터널굴착을 하고 작업한 흙을 버리는 장면을 보여준다. 터널굴착방법의 가) 명칭과 나) 작업계획에 포함되어야 할 사항 2가지를 쓰시오.(6점)

[기사1501C/기사1701B/기사1801A/기사1802B/기사1902B/기사1904A/기사2002A/기사2102B/기사2302B]

영상은 터널굴착작업 현장을 보여주고 있다. 굴착 후 나온 흙을 버리는 장면을 보여주고 있다.

가) 명칭 : T.B.M(Tunnel Boring Machine) 공법
나) 작업계획 포함사항
   ① 굴착의 방법
   ② 터널지보공 및 복공의 시공방법과 용수의 처리방법
   ③ 환기 또는 조명시설을 설치할 때에 그 방법

▲ 나)의 답안 중 2가지 선택 기재

08 동영상은 고정식 수직사다리를 보여준다. 높이가 7미터 이상인 사다리식 통로를 설치하는 경우 등받이울의 높이는 어느 지점부터 설치해야 하는가?(4점)

[기사2102B]

작업현장에 설치된 고정식 수직사다리를 보여주고 있다. 바닥에서부터 높이 2.5미터 되는 지점부터는 등받이울이 설치된 것을 확인할 수 있다.

• 2.5미터

2021년 2회 C형 작업형 기출복원문제

신규문제 1문항   중복문제 7문항

01 동영상은 난간을 설치하는 모습을 보여주고 있다. 높이 2미터 이상의 추락할 위험이 있는 장소에서 작업하는 근로자에게 착용시켜야 하는 보호구를 쓰시오.(4점) [산기2101A/산기2102A/기사2102C/기사2204A]

영상은 보강토 옹벽에서 난간을 설치하는 모습을 보여주고 있다. 작업장소는 높이 2미터 이상의 추락 위험이 상존하는 지역이다.

- 안전대

02 동영상은 작업장에 설치된 계단을 보여주고 있다. 작업장에 계단 및 계단참을 설치할 경우 준수해야 할 사항에 대한 빈칸을 채우시오.(4점) [산기1401A/기사1404C/기사1501A/산기1502A/산기1504A/기사1701B/산기1701B/기사1702A/기사1704B/기사1704C/기사1801A/기사1901C/산기1902A/기사1904B/기사2003C/기사2003E/기사2102C]

작업장에 설치된 계단에 여기저기 마무리가 안 된 여러개의 각관이 돌출되어 있다. 작업자가 작업장에 설치된 계단 위를 걷다가 돌출된 각관에 부딪혀 다치는 재해가 발생했다.

계단을 설치하는 경우 바닥면으로부터 높이 (   )m 이내의 공간에 장애물이 없도록 하여야 한다.

- 2m

03 동영상은 시스템 비계가 설치된 작업장을 보여주고 있다. 시스템 비계의 설치와 관련된 다음 설명의 빈칸을 채우시오.(4점) [산기1902B/기사2101B/기사2102C/기사2104B]

영상은 시스템 비계가 설치된 작업현장의 모습이다.

가) 수직재·수평재·(①)를 견고하게 연결하는 구조가 되도록 할 것
나) 비계 밑단의 수직재와 (②)은 밀착되도록 설치하고, 수직재와 받침철물의 연결부의 겹침길이는 받침철물 전체길이의 (③) 이상이 되도록 할 것

① 가새재
② 받침철물
③ 3분의 1

04 동영상은 근로자가 탑승한 곤돌라를 보여주고 있다. 산업안전보건법에서 정의한 근로자가 탑승한 운반구를 지지하는 달기 와이어로프의 안전계수는 얼마인가?(4점) [기사2102C]

곤돌라에서 작업 중이던 근로자가 추락하는 장면을 보여주고 있다.

• 10 이상

2021년 2회 C형 **577**

05 동영상은 관로 터파기, 관 부설 및 되메우기 작업현장에 대한 영상이다. 굴착공사 시 지반의 붕괴로 인한 근로자 위험방지를 위한 안전 조치사항을 3가지 쓰시오.(6점)

[기사1401B/산기1402A/기사1501B/기사1702B/기사1702C/기사1801C/산기1804B/기사1901C/기사2001C/기사2102C]

관로 터파기, 관 부설 및 되메우기 작업 중이다. 관로 위에 계측기를 보여주고 있다. 흄관을 백호로 인양 중이다. 관로 위에 여러 사람들이 모여 있으며, 터파기 장소 옆에 토사가 적재되어 있는 모습을 보여준다.

① 흙막이 지보공의 설치
② 방호망의 설치
③ 근로자 출입금지 설정

06 동영상은 경사면에서의 굴착공사 현장을 보여주고 있다. 경사면에 대한 굴착공사에 있어서 경사면의 안전성을 확인하기 위하여 검토해야 하는 사항을 3가지 쓰시오.(6점)

[기사2003A/기사2102C]

경사면의 굴착공사를 하기 전에 경사면의 안전성을 확인하기 위해 작업현장을 조사하고 있다.

① 지질조사　　　　② 토질시험　　　　③ 풍화의 정도
④ 용수의 상황　　　⑤ 과거의 붕괴된 사례유무　⑥ 통층의 방향과 경사면의 상호관련성
⑦ 단층, 파쇄대의 방향 및 폭　⑧ 사면붕괴 이론적 분석

▲ 해당 답안 중 3가지 선택 기재

07 영상은 거푸집 동바리의 설치 잘못으로 인해 거푸집의 붕괴사고가 발생한 것을 보여주고 있다. 동바리 설치·조립 시 동바리의 침하방지를 위한 조치사항 3가지를 쓰시오.(6점)

[기사1802B/기사1904B/기사2102C/기사2104A/기사2302B]

거푸집 동바리가 붕괴되는 재해상황을 보여주고 있다. 재해상황을 보여주기 전 거푸집 동바리 설치 작업 시 동바리의 위치가 불량한 것과 수평연결재를 설치하지 않은 것, 각재가 파손되거나 변형된 것 등을 보여준다.

① 받침목이나 깔판의 사용   ② 콘크리트 타설   ③ 말뚝박기

08 동영상은 교량의 설치 현장을 보여주고 있다. 설치 작업전에 작성해야 할 작업계획서의 내용을 3가지 쓰시오. (단, 그 밖에 안전·보건에 관련된 사항은 제외)(6점)

[기사2102C/기사2104B/기사2204B/기사2403A]

영상은 최대 지간 길이가 35미터인 교량의 설치 현장 모습이다.

① 작업 방법 및 순서
② 작업지휘자 배치계획
③ 사용하는 기계 등의 종류 및 성능, 작업방법
④ 부재(部材)의 낙하·전도 또는 붕괴를 방지하기 위한 방법
⑤ 작업에 종사하는 근로자의 추락 위험을 방지하기 위한 안전조치 방법
⑥ 공사에 사용되는 가설 철구조물 등의 설치·사용·해체 시 안전성 검토 방법

▲ 해당 답안 중 3가지 선택 기재

2021년 1회 A형 작업형 기출복원문제

신규문제 0문항　중복문제 8문항

01 영상은 거푸집을 설치하는 현장을 보여주고 있다. 거푸집 설치 시 거푸집이 콘크리트 하중이나 그 밖의 외력에 견딜 수 있도록 하는데 필요한 조치 2가지를 쓰시오.(4점)　[기사2003A/기사2101A]

거푸집 설치 모습을 보여주고 있다. 거푸집의 조임과 거푸집 축의 유지를 위해서 전용 철물을 연결하고 있는 모습을 보여준다.

① 긴결재(폼타이)　　　② 버팀대

02 영상은 작업현장에 눈이 많이 와서 쌓여있는 모습을 보여주고 있다. 폭설이나 한파가 왔을 때 작업장에서의 조치사항을 3가지 쓰시오.(5점)　[산기1901B/기사2101A]

작업현장에 눈이 많이 와서 쌓여 작업자들이 눈을 치우는 모습을 보여주고 있다.

① 적설량이 많을 경우 가시설 및 가설구조물 위에 쌓인 눈을 제거한다.
② 근로자가 통행하는 통로에 눈이나 얼어붙은 얼음을 제거하거나 모래나 부직포 등을 이용해 미끄럼 방지조치를 실시한다.
③ 노출된 상·하수도 관로, 제수변 등에 보온시설을 설치하여 동파 또는 동결을 방지한다.
④ 근로자의 한랭질환을 방지하기 위해 두꺼운 옷이나 장갑 등 방한용 피복을 지급한다.

▲ 해당 답안 중 3가지 선택 기재

03 동영상은 이동식 비계를 이용한 작업 중 추락재해가 발생하는 것을 보여준다. 이동식 비계와 관련한 다음 설명의 ( )을 채우시오.(5점) [기사2004A/기사2101A]

이동식 비계를 이용해서 거푸집 설치작업을 진행중인 모습을 보여준다. 비계를 고정하지 않아 흔들리다 작업자가 바닥으로 추락하는 재해가 발생한다.

가) 이동식 비계의 바퀴에는 뜻밖의 갑작스러운 이동 또는 전도를 방지하기 위하여 (①) 등으로 바퀴를 고정시킨 다음 비계의 일부를 견고한 시설물에 고정하거나 (②)를 설치하는 등 필요한 조치를 할 것
나) 작업발판의 최대 적재하중은 (③)kg을 초과하지 않도록 할 것

① 브레이크 · 쐐기   ② 아웃트리거(Outrigger)   ③ 250

04 동영상은 아파트 단지 내에서 하수관로 매설작업을 수행하고 있는 전경을 보여주고 있다. 동영상을 참고하여 재해방지를 위한 조치사항 3가지를 쓰시오.(6점) [기사1404A/기사1502B/기사1604A/ 기사1701C/기사1902C/기사2002A/기사2002E/기사2004A/산기2004A/기사2101A]

백호가 흄관을 1줄걸이로 인양해서 올리고 있고, 흄관 아래에 근로자가 안전모 턱끈을 매지 않은 채 관로를 청소중이다. 신호수가 보이고 있으나 백호 운전자는 시야확보가 힘든지 작업에 어려움을 표시하고 있다. 신호수가 흄관을 손으로 당기는데 흄관이 탈락하면서 낙하하여 근로자와 충돌하였다.

① 긴 자재 인양 시 2줄걸이 한다.
② 인양작업 중 근로자의 출입을 금지한다.
③ 유도하는 사람을 배치한다.

05 동영상은 작업자가 통로를 걷다 개구부로 추락하는 상황을 보여주고 있다. 추락의 위험이 존재하는 장소에서의 안전 조치사항 3가지를 쓰시오.(6점) [기사1401C/산기1402A/산기1402B/산기1504B/기사1504C/기사1602B/산기1701B/산기1702A/기사1804D/산기2002A/기사2004C/기사2101A/기사2102A/기사2104C/기사2202C/기사2204A/기사2301A/기사2304B/기사2403B]

작업자가 통로를 걷다 개구부를 미처 확인하지 못하여 개구부로 추락하는 상황을 보여주고 있다.
해당 개구부에는 별도의 방호장치가 설치되지 않은 상태이다.

① 안전난간을 설치한다.
② 수직형 추락방망을 설치한다.
③ 울타리를 설치한다.
④ 덮개를 뒤집히거나 떨어지지 않도록 설치한다.
⑤ 추락방호망을 설치한다.
⑥ 어두울 때도 알아볼 수 있도록 개구부임을 표시한다.
⑦ 추락방호망 설치가 곤란한 경우 작업자에게 안전대를 착용하게 하는 등 추락방지 조치를 한다.

▲ 해당 답안 중 3가지 선택 기재

06 동영상은 근로자가 손수레에 모래를 싣고 작업 중 사고가 발생하였다. 재해의 안전대책을 2가지 쓰시오.(4점)
[기사1701B/기사2101A]

근로자가 리프트를 타고 손수레에 모래를 가득 싣고 작업하는 중으로 모래를 뒤로 가면서 뿌리고 있다. 작업 장소는 리프트 설치 장소이고, 안전난간이 해체된 상태에서 뒤로 추락하는 모습이며 안전모의 턱 끈은 풀린 상태이다.

① 모래를 적재하중을 초과하여 싣지 않도록 한다.
② 2인 이상이 조를 이뤄 주변상황에 맞게 작업하도록 한다.
③ 추락 위험이 있는 곳에 안전난간을 설치한다.

▲ 해당 답안 중 2가지 선택 기재

07 동영상은 노천 굴착작업 현장을 보여주고 있다. 풍화암 굴착작업 시 지반에 따른 굴착면의 기울기 기준을 쓰시오.(4점)
[산기1504B/산기1701B/산기1802A/기사1802B/산기2002B/기사2101A/기사2201C]

백호가 노천을 굴착하고 있다. 작업 중 옆에 쌓아두었던 부석이 굴러와 작업자가 다칠뻔한 장면을 보여주고 있다.

- 1 : 1.0

08 동영상을 보고 가스용기 운반 시와 용접작업 시의 문제점을 각각 2가지씩 쓰시오.(4점)
[기사1502A/기사1701A/기사1704A/기사1904C/기사2101A/기사2301A]

근로자가 맨손으로 아크 용접 중이고 그 옆을 트럭이 회색 가스용기 1개와 녹색 가스용기 2개를 싣고 오는 장면이 보인 후 가스통 연결부를 죔인(캡이 씌어져 있지 않다)한다. 차량이 도착한 후 운전자가 내려 회색 가스통을 차에서 내리는데 바닥에 세게 내려놓는 바람에 폭발하는 동영상이다.

가) 가스용기 운반 시의 문제점
  ① 용기 운반시 캡을 씌우지 않았다.
  ② 가스 용기에 충격을 가했다.
나) 용접작업 시의 문제점
  ① 용접용 장갑을 착용하지 않았다.
  ② 불티방지망을 설치하지 않았다.

2021년 1회 B형 작업형 기출복원문제

01 동영상은 작업현장을 보여주고 있다. 동영상에서 보여주는 현장의 흙막이 시설의 공법 명칭은?(4점)

H파일과 토류판으로 이루어진 가시설 흙막이벽이 보인다. 버팀대가 보이지 않는다.
토류판, 띠장, 엄지말뚝 앞열과 뒷열을 연결해주는 부재를 보여준다.

- 2열 자립식 흙막이 공법

02 호이스트 정기점검 중 발생한 재해상황을 보여주고 있다. 호이스트의 방호장치 3가지를 쓰시오.(5점)

호이스트의 정기점검 장면을 보여주고 있다. 점검자가 호이스트가 제대로 움직이는지 조작버튼을 누르는 모습을 보여준다.

① 과부하방지장치
② 권과방지장치
③ 비상정지장치 및 제동장치

03 동영상은 항타기 작업 중 무너지는 장면을 보여주고 있다. 무너짐 방지 방법 3가지를 쓰시오.(6점)

[산기1701A/기사1701C/산기1801B/기사1802B/기사1904C/기사2002E/기사2004D/기사2101B]

연약지반에 별도의 보강작업 없이 항타 작업을 진행 중에 항타기가 밀리면서 전도된 상황을 보여주고 있다.

① 연약한 지반에 설치하는 경우에는 아웃트리거·받침 등 지지구조물의 침하를 방지하기 위하여 깔판·받침목 등을 사용할 것
② 시설 또는 가설물 등에 설치하는 경우에는 그 내력을 확인하고 내력이 부족하면 그 내력을 보강할 것
③ 아웃트리거·받침 등 지지구조물이 미끄러질 우려가 있는 경우에는 말뚝 또는 쐐기 등을 사용하여 해당 지지구조물을 고정시킬 것
④ 궤도 또는 차로 이동하는 항타기 또는 항발기에 대해서는 불시에 이동하는 것을 방지하기 위하여 레일 클램프(rail clamp) 및 쐐기 등으로 고정시킬 것
⑤ 상단 부분은 버팀대·버팀줄로 고정하여 안정시키고, 그 하단 부분은 견고한 버팀·말뚝 또는 철골 등으로 고정시킬 것

▲ 해당 답안 중 3가지 선택 기재

04 동영상은 지하의 작업장에서 작업을 하고 있는 상황을 보여주고 있다. 초정밀작업도 정밀작업도 보통작업도 아닌 경우의 작업조도의 기준을 쓰시오.(4점)

[기사2101B]

작업자가 지하의 밀폐된 작업장에서 도장작업을 하고 있는 상황을 보여주고 있다.

• 75럭스 이상

05 동영상은 작업자 3명이 흡연 후 개구부를 열고 들어가 밀폐공간에서 질식사고가 발생하는 장면을 보여주고 있다. 산소결핍이 우려되는 밀폐공간에서 작업 시의 문제점을 3가지 쓰시오.(6점)

[기사1601C/기사1702B/기사1904A/기사2004A/기사2101B/기사2104B]

작업자 3명이 흡연한 후, 그 중 2명이 맨홀 뚜껑을 열고 들어간 지하실 밀폐공간에서 방수작업을 하고 있다. 일정 시간이 흐른 후 (시계를 자주 보여준다)에 남은 작업자 1명이 밀폐공간을 확인하니 2명의 작업자가 쓰러져 있는 모습을 보여주고 있다.

① 작업 시작 전 산소농도 및 유해가스 농도를 측정하지 않았다.
② 산소결핍 위험장소에 들어갈 때는 호흡용 보호구를 반드시 착용해야 하는데 하지 않았다.
③ 감시인을 배치하지 않았다.

06 동영상은 낙하물방지망을 보수하는 장면이다. 다음 각 물음에 답하시오.(5점)

[기사1404C/기사1602B/기사2101B/기사2102A/기사2201B/기사2201C/기사2202A/기사2202C/기사2302C/기사2403A]

고소에 설치된 낙하물방지망의 한쪽 끝이 풀려 바람에 날리는 장면을 보여주고 있다. 이에 작업자가 낙하물방지망을 보수하기 위해 바람에 날리는 낙하물방지망의 매듭 부위에 접근하고 있는 장면을 보여주고 있다.

가) 동영상에서 추락방지를 위해 필요한 조치사항을 1가지 쓰시오.
나) 낙하물방지망의 설치는 (①)m 이내마다 설치하고, 내민 길이는 벽면으로부터 (②)m 이상으로 하고, 수평면과의 각도는 (③)도를 유지하도록 한다.

가) 추락방지 조치사항
　　① 작업발판을 설치한다.
　　② 추락방호망을 설치한다.
　　③ 안전대를 착용한다.
나) ① 10　　② 2　　③ 20~30

▲ 가)의 답안 중 1가지 선택 기재

07 동영상은 화물자동차에 화물을 적재하는 모습을 보여주고 있다. 산업안전보건기준에 관한 규칙에 따라 화물자동차의 짐걸이로 사용해서는 안 되는 섬유로프 2가지를 쓰시오.(4점) [기사2101B/기사2201B]

화물자동차에 화물을 적재한 후 섬유로프로 화물을 결박하는 모습을 보여주고 있다. 섬유로프의 군데군데 손상된 모습을 보여준다.

① 꼬임이 끊어진 것
② 심하게 손상되거나 부식된 것

08 동영상은 시스템 비계가 설치된 작업장을 보여주고 있다. 시스템 비계의 설치와 관련된 다음 설명의 빈칸을 채우시오.(6점) [산기1902B/기사2101B/기사2102C/기사2104B]

영상은 시스템 비계가 설치된 작업현장의 모습이다.

- 수직 및 수평하중에 의한 동바리 본체의 변위가 발생하지 않도록 각각의 단위 수직재 및 수평재에는 (①)를 견고하게 설치하도록 할 것
- 동바리 최상단과 최하단의 수직재와 (②)의 연결부의 겹침길이는 (②) 전체 길이의 (③) 이상이 되도록 할 것

① 가새재   ② 받침철물   ③ 3분의 1

2021년 1회 C형 작업형 기출복원문제

신규문제 2문항　중복문제 6문항

01 동영상은 강관비계를 설치하는 모습을 보여주고 있다. 파이프 서포트가 미끄러지거나 침하하는 것을 방지하기 위한 조치를 3가지 쓰시오.(6점)

[기사2101C]

강관비계를 설치한 작업현장의 모습을 보여주고 있다.

① 밑받침 철물을 사용
② 깔판 사용
③ 받침목 사용

02 동영상은 지하의 작업장에서 보통작업을 하고 있는 상황을 보여주고 있다. 작업조도의 기준을 쓰시오.(4점)

[기사1802C/기사1804B/산기1902A/기사1904C/기사2003D/기사2101C/기사2104A/기사2202B/기사2204B]

작업자가 지하의 밀폐된 작업장에서 도장작업을 하고 있는 상황을 보여주고 있다.

• 150럭스 이상

03 동영상은 노천 굴착작업 현장을 보여주고 있다. 경암 굴착작업 시 지반에 따른 굴착면의 기울기 기준을 쓰시오. (4점) [기사2101C]

백호가 노천을 굴착하고 있다. 작업 중 옆에 쌓아두었던 부석이 굴러와 작업자가 다칠뻔한 장면을 보여주고 있다.

- 1 : 0.5

04 동영상은 목재가공용 둥근톱을 이용하여 작업을 하던 중 발생된 재해사례를 보여주고 있다. 동영상을 참고하여 다음 각 물음에 답하시오. (6점) [산기1602A/기사1802A/산기1804A/기사1904C/기사2101C/기사2104A/기사2202A]

작업자가 목장갑을 착용하고 목재를 가공하고 있다. 둥근톱장치에는 반발예방장치가 설치되어 있지 않다.

가) 동영상에 보여진 재해의 발생원인을 2가지만 쓰시오.
나) 동영상에서와 같이 전동기계·기구를 사용하여 작업을 할 때 누전차단기를 반드시 설치해야 하는 작업장소를 1가지 쓰시오.

가) 재해의 발생원인
  ① 회전기계 작업 중 장갑을 착용하고 작업하고 있다.
  ② 분할날 등 반발예방장치가 설치되지 않은 둥근톱장치를 사용해서 작업 중이다.
나) 누전차단기를 설치해야 하는 작업장소
  ① 대지전압이 150V를 초과하는 이동형 또는 휴대형 전기기계·기구를 사용할 때
  ② 철판·철골 위 등 도전성이 높은 장소에서 이동형 또는 휴대형 전기기계·기구를 사용할 때
  ③ 물 등 도전성이 높은 액체가 있는 습윤장소에서 사용하는 저압용 전기기계·기구를 사용할 때
  ④ 임시배선의 전로가 설치되는 장소에서 사용하는 이동형 또는 휴대형 전기기계·기구

▲ 나)의 답안 중 1가지 선택 기재

05 영상은 거푸집 설치 작업을 보여주고 있다. 동영상에서 보여주는 부재의 명칭 3가지를 쓰시오.(6점)

[기사2101C/기사2102B/기사2201B]

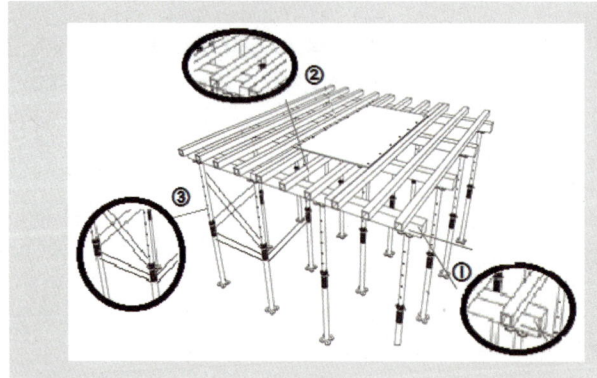

거푸집 설치 공사가 진행중인 모습을 보여주고 있다. 설치공사 중에 특정 부재의 모습을 확대해서 보여준다. 가로로 일정 간격으로 설치된 부재와 그 위에 세로로 역시 일정한 간격으로 설치된 부재를 보여준 후 마지막으로 위의 가로세로로 된 부재의 조합을 받치고 있는 기둥과 그 기둥을 가로, 대각선 등으로 연결한 부재를 보여준다.

① 멍에   ② 장선   ③ 거푸집 동바리(서포트)

06 동영상은 교량 상부에서 콘크리트 펌프카를 사용한 콘크리트 타설 작업을 보여주고 있다. 콘크리트 펌프 또는 콘크리트 펌프카 사용 시 준수사항을 3가지 쓰시오.(6점)

[기사1401A/기사1404A/기사1502B/기사1601B/기사1702A/기사1804B/산기1901A/산기1904A/기사2001A/기사2001B/기사2002C/기사2003D/기사2101C/기사2102B/기사2201B/기사2204B/기사2204C/기사2401B/기사2403C]

신호수가 신호를 하면서 콘크리트 타설작업이 진행 중인 상황을 보여주고 있다. 교량상부에서 콘크리트 펌프카를 사용하여 타설작업 중이다.

① 작업을 시작하기 전에 콘크리트 펌프용 비계를 점검하고·이상을 발견하였으면 즉시 보수할 것
② 건축물의 난간 등에서 작업하는 근로자가 호스의 요동·선회로 인하여 추락하는 위험을 방지하기 위하여 안전난간 설치 등 필요한 조치를 할 것
③ 콘크리트 펌프카의 붐을 조정하는 경우에는 주변의 전선 등에 의한 위험을 예방하기 위한 적절한 조치를 할 것
④ 작업 중에 지반의 침하, 아웃트리거의 손상 등에 의하여 콘크리트 펌프카가 넘어질 우려가 있는 경우는 이를 방지하기 위한 적절한 조치를 할 것

▲ 해당 답안 중 3가지 선택 기재

07 동영상에서는 철골작업 현장을 보여주고 있다. 철골 기둥의 승강용 트랩 설치와 관련된 다음 물음에 답하시오. (5점) [기사1802A/기사1904B/기사2101C/기사2102B/기사2201B/기사2204C]

철골구조물 건립 공사현장을 보여주고 있다. 복장이 불량한 작업자가 어슬렁거리는 모습을 보여준다. 승강용 트랩을 타고 위로 올라가야 하는데 복장이 불량해서 올라갈 수 있을지 걱정스럽다.

① 사용하는 철근의 규격　　② 트랩의 설치 간격　　③ 트랩 설치 시 폭의 규격

① 16mm　　② 30cm 이내　　③ 30cm 이상

08 동영상은 타워크레인으로 화물인양 작업 중 발생한 재해를 보여주고 있다. 동영상을 보고 재해의 발생원인으로 추정되는 사항을 3가지 쓰시오. (5점) [기사1401C/기사1404A/기사1501A/기사1502B/산기1604B /산기1701A/기사1702C/기사1802B/산기1802B/기사2004C/기사2004A/기사2101C/기사2201B]

타워크레인이 화물을 1줄걸이로 인양해서 올리고 있고, 하부에 근로자가 안전모 턱끈을 매지 않은 채 양중작업을 보지 못하고 지나가고 있는 중에 화물이 탈락하면서 낙하하여 근로자와 충돌하였다.

① 화물 인양 시 1줄걸이로 인양함으로써 화물이 무게중심을 잃고 낙하했다.
② 작업 반경 내 출입금지구역에 근로자가 출입하였다.
③ 작업자가 안전모를 안전하게 착용하지 않았다.
④ 신호수를 배치하지 않았다.

▲ 해당 답안 중 3가지 선택 기재

2020년 4회 A형 작업형 기출복원문제

01 동영상은 작업자 3명이 흡연 후 개구부를 열고 들어가 밀폐공간에서 질식사고가 발생하는 장면을 보여주고 있다. 산소결핍이 우려되는 밀폐공간에서 작업 시의 문제점을 3가지 쓰시오.(6점)

[기사1601C/기사1702B/기사1904A/기사2004A/기사2101B/기사2104B]

작업자 3명이 흡연한 후, 그 중 2명이 맨홀 뚜껑을 열고 들어간 지하실 밀폐공간에서 방수작업을 하고 있다. 일정 시간이 흐른 후 (시계를 자주 보여준다)에 남은 작업자 1명이 밀폐공간을 확인하니 2명의 작업자가 쓰러져 있는 모습을 보여주고 있다.

① 작업 시작 전 산소농도 및 유해가스 농도를 측정하지 않았다.
② 산소결핍 위험장소에 들어갈 때는 호흡용 보호구를 반드시 착용해야 하는데 하지 않았다.
③ 감시인을 배치하지 않았다.

02 동영상은 작업장에 설치된 계단을 보여주고 있다. 높이가 3m를 초과하는 계단에는 높이 3m 이내마다 너비 몇 m 이상의 계단참을 설치하여야 하는가?(5점)

[기사1902B/기사2002B/기사2004A]

작업장에 설치된 가설계단을 보여주고 있다. 작업자가 계단 주변을 걷다가 계단 설치 시에 만들어진 돌출된 파이프 부분에 부딪히는 재해가 발생한다.

- 1.2m

03 동영상은 작업자가 외부비계를 타고 올라가다 떨어지는 사고상황을 보여주고 있다. 시설 측면에서 위험요인에 대한 안전대책 3가지를 쓰시오.(6점)

[기사1501B/산기1701A/기사2004A/기사2201C]

작업자가 캔 음료를 먹고 있고, 리프트를 타고 다른 작업자가 올라가자, 바닥에 캔 음료를 버리고 외부비계를 타고 올라가다 떨어지는 재해가 발생했다. 이때 작업자 안전모의 턱끈이 풀려있는 상태였다.

① 작업발판을 설치한다.
② 추락방호망을 설치한다.
③ 비계 상에 사다리 및 비계다리 등 승강시설을 설치한다.
④ 울, 손잡이 또는 충분한 강도를 가진 발판 등을 설치한다.

▲ 해당 답안 중 3가지 선택 기재

04 동영상은 철골공사현장에서 발생한 재해상황을 보여주고 있다. 동영상을 참고하여 위험요인을 2가지 쓰시오.(4점)

[기사2003D/기사2004A/기사2201C]

고소에서 철골작업 중 공중에 설치된 H빔 철골 격자구조물 위를 걷던 근로자가 추락하는 재해상황을 보여주고 있다. 작업자는 안전대를 착용하지 않았고, 추락방호망, 수직형 추락방망 등이 설치되어 있지 않은 작업장이다.

① 근로자 안전대 미착용
② 추락방호망 미설치

05 동영상은 이동식 비계를 이용한 작업 중 추락재해가 발생하는 것을 보여준다. 이동식 비계와 관련한 다음 설명의 ( )을 채우시오.(5점) [기사2004A/기사2101A/기사2204C]

이동식 비계를 이용해서 거푸집 설치작업을 진행중인 모습을 보여준다. 비계를 고정하지 않아 흔들리다 작업자가 바닥으로 추락하는 재해가 발생한다.

가) 이동식 비계의 바퀴에는 뜻밖의 갑작스러운 이동 또는 전도를 방지하기 위하여 (①) 등으로 바퀴를 고정시킨 다음 비계의 일부를 견고한 시설물에 고정하거나 (②)를 설치하는 등 필요한 조치를 할 것
나) 비계의 최상부에서 작업을 하는 경우에는 (③)을 설치할 것

① 브레이크·쐐기 ② 아웃트리거(Outrigger) ③ 안전난간

06 동영상은 타워크레인으로 화물 인양작업 중 발생한 재해를 보여주고 있다. 동영상을 보고 위험요인 3가지를 쓰시오.(4점) [기사1401C/기사1404C/기사1501C/기사1502B/산기1604B /산기1701A/기사1702C/기사1802B/산기1802B/기사2004C/기사2004A/기사2101C/기사2201B]

타워크레인이 화물을 1줄걸이로 인양해서 올리고 있고, 하부에 근로자가 안전모 턱끈을 매지 않은 채 양중작업을 보지 못하고 지나가고 있는 중에 화물이 탈락하면서 낙하하여 근로자와 충돌하였다.

① 화물 인양 시 1줄걸이로 인양함으로써 화물이 무게중심을 잃고 낙하했다.
② 작업 반경 내 출입금지구역에 근로자가 출입하였다.
③ 작업자가 안전모를 안전하게 착용하지 않았다.
④ 신호수를 배치하지 않았다.

▲ 해당 답안 중 3가지 선택 기재

07 H빔 철골을 이용하여 보를 설치하는 장면을 보여주고 있다. 이 작업 중 와이어로프를 해체할 때 준수해야 하는 사항을 2가지 쓰시오.(4점)

[기사2004A]

크레인을 이용해서 H빔 철골을 운반하여 철골보를 설치하는 모습을 보여주고 있다. 이후 와이어로프를 해체하는 장면을 집중적으로 보여주면서 영상이 끝난다.

① 안전대를 사용하여 보위를 이동하여야 한다.
② 안전대를 설치할 구명줄은 보의 설치와 동시에 기둥간에 설치하도록 해야 한다.

08 동영상은 아파트 단지 내에서 하수관로 매설작업을 수행하고 있는 전경을 보여주고 있다. 동영상을 참고하여 재해방지를 위한 조치사항 3가지를 쓰시오.(6점)

[기사1404A/기사1502B/기사1604A/기사1701C/기사1902C/기사2002A/기사2002E/기사2004A/기사2104A]

타워크레인이 화물을 1줄걸이로 인양해서 올리고 있고, 하부에 근로자가 안전모 턱끈을 매지 않은 채 양중작업을 보지 못하고 지나가고 있는 중에 화물이 탈락하면서 낙하하여 근로자와 충돌하였다.

① 긴 자재 인양 시 2줄걸이 한다.
② 인양작업 중 근로자의 출입을 금지한다.
③ 유도하는 사람을 배치한다.

2020년 4회 B형 작업형 기출복원문제

신규문제 4문항 중복문제 4문항

01 동영상은 굴삭기를 이용하여 굴착한 흙을 덤프트럭으로 운반하는 작업을 하고 있다. 동영상을 참고하여 작업 시 안전대책을 3가지 쓰시오.(3점)   [기사2004B]

백호로 굴착한 흙을 덤프트럭에 싣고 있는 작업을 보여주고 있다. 별도의 유도자가 없으며, 주변에 장애물들이 널려 있다. 한눈에 보기에도 너무 많은 흙과 돌을 실어 덮개가 닫히지도 않는다. 싣고 난 후 빠져나가는데 먼지 등으로 앞을 볼 수가 없는 상황이다.

① 유도하는 사람이 배치하고, 장애물을 제거한 후 작업한다.
② 적재적량 상차와 상차 후 덮개를 덮고 운행한다.
③ 분진발생을 억제하기 위해 취하는 살수의 실시 및 운행속도 제한을 한다.
④ 작업현장 내 관계자 외 출입을 통제한다.

▲ 해당 답안 중 3가지 선택 기재

02 동영상은 이동식 비계를 이용한 작업 중 추락재해가 발생하는 것을 보여준다. 이동식 비계의 설치 기준에 대한 다음 설명에서 ( ) 안을 채우시오.(6점)   [산기2002A/기사2004B/기사2304B]

이동식 비계를 이용해서 거푸집 설치작업을 진행중인 모습을 보여준다. 비계를 고정하지 않아 흔들리다 작업자가 바닥으로 추락하는 재해가 발생한다.

가) 이동식 비계의 바퀴에는 뜻밖의 갑작스러운 이동 또는 전도를 방지하기 위하여 브레이크·쐐기 등으로 바퀴를 고정시킨 다음 비계의 일부를 견고한 시설물에 고정하거나 (①)를 설치하는 등 필요한 조치를 할 것
나) 작업발판의 최대적재하중은 (②)kg을 초과하지 않도록 할 것

① 아웃트리거(Outrigger)   ② 250

03 동영상은 콘크리트 타설 및 타설 후 면마감 작업을 보여주고 있다. 콘크리트 타설작업 시 안전조치 사항을 3가지 쓰시오.(6점) [산기1604B/산기1801A/기사1801C/산기1804A/기사1804C/기사1901C/산기1902A/산기2001A/산기2004A/기사2004B]

콘크리트 타설 현장의 모습을 보여주고 있다. 타설할 때 작업발판도 없고 난간도 없고 방망도 없으며, 작업자는 안전모 턱끈을 느슨하게 하고 있다.

① 콘크리트 타설작업 시 거푸집 붕괴의 위험이 발생할 우려가 있으면 충분한 보강조치를 할 것
② 설계도서상의 콘크리트 양생기간을 준수하여 거푸집 동바리 등을 해체할 것
③ 콘크리트를 타설하는 경우에는 편심이 발생하지 않도록 골고루 분산하여 타설할 것
④ 당일의 작업을 시작하기 전에 해당 작업에 관한 거푸집 동바리 등의 변형·변위 및 지반의 침하 유무 등을 점검하고 이상이 있으면 보수할 것
⑤ 작업 중에는 거푸집 동바리 등의 변형·변위 및 침하 유무 등을 감시할 수 있는 감시자를 배치하여 이상이 있으면 작업을 중지하고 근로자를 대피시킬 것

▲ 해당 답안 중 3가지 선택 기재

04 동영상에서 보여주는 곳에서 작업자의 추락을 방지하기 위한 안전대책을 3가지 쓰시오.(3점) [기사2004B]

옹벽을 보여주고 있다. 옹벽의 한쪽에 밑으로 떨어질 수 있는 구멍이 있다.

① 작업자 출입금지 조치   ② 안전난간 설치
③ 덮개 설치

05 동영상은 비계 조립, 해체, 변경작업을 하는 중 강관비계(아시바)가 떨어져 밑에 있던 근로자가 놀라는 장면이다. 재해예방을 위한 준수사항을 3가지 쓰시오.(6점)

[기사1401A/기사1501A/기사1602B/산기1701B/산기1702B/기사1702C/산기1802A/기사2004B]

동영상은 비계 조립, 해체, 변경작업을 하는 모습을 보여주고 있다. 작업발판 없이 비계에서 비계를 해체중이다. 안전모의 턱끈이 풀린 작업자가 아래쪽에 지나가고 있다. 비계를 해체한 작업자가 해체된 비계발판을 아래로 집어던지자 아래쪽 작업자가 놀라는 모습을 보여준다.

① 해체한 비계를 아래로 내릴 때는 달줄 또는 달포대를 사용한다.
② 작업반경 내 출입금지구역을 설정하여 근로자의 출입을 금지한다.
③ 작업근로자에게 안전모 등 개인보호구를 착용시킨다.
④ 작업발판을 설치한다.
⑤ 안전대 부착설비를 설치하고 안전대를 착용한다.

▲ 해당 답안 중 3가지 선택 기재

06 동영상은 동절기에 도로를 관리하고 있는 모습을 보여주고 있다. 동절기 도로에 조치해야 할 사항 3가지를 쓰시오.(6점)

[기사2004B]

눈이 내리는 도로의 모습이다. 눈을 치우고, 모래를 뿌리고, 삽으로 얼어붙은 구간의 얼음을 부수고 있다.

① 모래를 뿌린다.　　　　　　② 쌓인 눈을 제거한다.
③ 얼어붙은 얼음을 제거한다.　④ 도로에 온열시설을 한다.
⑤ 염화칼슘을 뿌려서 도로의 눈이 얼지 않게 한다.

▲ 해당 답안 중 3가지 선택 기재

07 동영상은 터널 내부에서 장약을 넣고 있는 작업자들과 전체 작업장을 보여준 후 터널 외부를 보여주고 폭파하는 듯 주변이 떨림이 발생한다. 장약 사용 시 준수사항 3가지를 쓰시오. (6점)

[기사1601C/기사1704C/기사2001A/기사2002A/기사2004B/기사2104B/기사2403A]

터널 내부에서 장약을 넣고 있는 작업자들과 전체 작업장을 보여준 후 터널 외부를 보여주고 폭파하는 듯 주변의 떨림이 발생하는 것을 보여준다.

① 약포를 발파공 내에서 강하게 압착하지 않아야 한다.
② 인접장소에서 전기용접 등의 작업이나 흡연을 금지시킨다.
③ 장전물에는 종이, 솜 등을 사용하지 않아야 한다.
④ 전기뇌관을 사용할 때에는 전선, 모터 등에 접근하지 않도록 하여야 한다.
⑤ 천공작업이 완료된 후 장약작업을 실시하여야 하며 천공·장약의 동시작업을 하지 않아야 한다.
⑥ 폭약을 장전할 때는 발파구멍을 잘 청소하며 이 때 공저까지 완전히 청소하여 작은 돌 등을 남기지 않아야 한다.
⑦ 장약봉은 똑바르고 옹이가 없는 목재 등 부도체로 하고 장전구는 마찰, 정전기 등에 의한 폭발의 위험성이 없는 절연성의 것을 사용하여야 한다.

▲ 해당 답안 중 3가지 선택 기재

08 높이가 2m 이상의 비계에서 작업 시 작업자가 착용해야 할 개인보호구를 쓰시오. (단, 안전모 제외)(4점)

[기사2004B]

고소의 비계에서 작업중인 작업자를 보여주고 있다.

• 안전대(안전대 부착설비)

2020년 4회 C형 작업형 기출복원문제

신규문제 1문항 중복문제 7문항

01 동영상에서 보여주는 공법의 명칭을 쓰시오.(4점)   [기사1904A/기사2004C/기사2104A/기사2201A]

동영상은 흙막이를 보여주면서 H형으로 된 줄이 이어져 있는 것을 보여주고, 다음 화면은 흙막이에 연결되어있던 선로에 노란색으로 되어 있는 사각형의 기계를 연달아 보여준다.

- 어스앵커공법

02 영상과 같은 장소에서 건설작업에 종사하는 근로자는 전로에 근로자의 신체 등이 접촉하거나 접근함으로 인하여 감전의 위험이 발생할 우려가 있다. 감전의 위험요소 3가지를 쓰시오.(단, 통전전류의 세기는 제외) (6점)   [기사1402C/기사1504A/기사1704A/기사1902B/기사2004C]

전신주 위에서 작업중에 감전된 재해자를 구난하는 모습을 보여주고 있다.

① 통전시간   ② 통전경로
③ 전원의 종류   ④ 전원의 종류와 질

▲ 해당 답안 중 3가지 선택 기재

03 동영상에서는 강관비계 설치현장을 보여주고 있다. 동영상에서와 같은 강관비계의 설치기준에 대하여 다음 ( )안에 알맞은 내용을 써 넣으시오.(4점) [기사2004C/기사2301A]

강관비계를 설치한 작업현장의 모습을 보여주고 있다.

가) 비계기둥 간의 적재하중은 (①)kg을 초과하지 않도록 할 것
나) 작업발판의 폭은 40cm 이상으로 하고, 발판재료 간의 틈은 (②)cm 이하로 할 것

① 400 　　　　　　　　　　　　② 3

04 동영상은 타워크레인으로 화물인양 작업 중 발생한 재해를 보여주고 있다. 동영상을 보고 재해의 발생원인으로 추정되는 사항을 3가지 쓰시오.(4점) [기사1401C/기사1404A/기사1501A/기사1502B/산기1604B /산기1701A/기사1702C/기사1802B/산기1802B/기사2004C/기사2004A/기사2101C/기사2201B]

타워크레인이 화물을 1줄걸이로 인양해서 올리고 있고, 하부에 근로자가 안전모 턱끈을 매지 않은 채 양중작업을 보지 못하고 지나가고 있는 중에 화물이 탈락하면서 낙하하여 근로자와 충돌하였다.

① 화물 인양 시 1줄걸이로 인양함으로써 화물이 무게중심을 잃고 낙하했다.
② 작업 반경 내 출입금지구역에 근로자가 출입하였다.
③ 작업자가 안전모를 안전하게 착용하지 않았다.
④ 신호수를 배치하지 않았다.

▲ 해당 답안 중 3가지 선택 기재

05 동영상은 잔골재를 밀고 있는 건설기계의 작업현장을 보여주고 있다. 동영상에 나오는 건설기계의 명칭을 쓰시오.(4점) [기사1501C/산기1504B/기사1602B/산기1701B/기사1801B/산기1802A/산기2004B/기사2004C]

차량계 건설기계를 이용해서 땅을 고르는 모습을 보여준다.

- 모터그레이더

06 동영상은 작업자가 통로를 걷다 개구부로 추락하는 상황을 보여주고 있다. 추락의 위험이 존재하는 장소에서의 안전 조치사항 3가지를 쓰시오.(6점) [기사1401C/산기1402A/산기1402B/산기1504B/기사1504C/기사1602B/산기1701B/산기1702A/기사1804B/산기2002B/기사2004C/기사2101A/기사2102A/기사2104C/기사2202C/기사2204A/기사2301A/기사2304B/기사2403B]

작업자가 통로를 걷다 개구부를 미처 확인하지 못하여 개구부로 추락하는 상황을 보여주고 있다.
해당 개구부에는 별도의 방호장치가 설치되지 않은 상태이다.

① 안전난간을 설치한다.
② 수직형 추락방망을 설치한다.
③ 울타리를 설치한다.
④ 덮개를 뒤집히거나 떨어지지 않도록 설치한다.
⑤ 추락방호망을 설치한다.
⑥ 어두울 때도 알아볼 수 있도록 개구부임을 표시한다.
⑦ 추락방호망 설치가 곤란한 경우 작업자에게 안전대를 착용하게 하는 등 추락방지 조치를 한다.

▲ 해당 답안 중 3가지 선택 기재

07 동영상은 항타작업 현장을 보여주고 있다. 항타작업에 사용하는 권상용 와이어로프의 사용제한 조건을 3가지 쓰시오. (6점) [산기1404B/기사1502A/산기1604B/산기1702B/산기1802A/기사1804C/기사2001C/산기2004A/기사2004C]

항타기를 이용하여 전주를 세우는 작업을 보여주고 있다.

① 이음매가 있는 것
② 와이어로프의 한꼬임에서 끊어진 소선의 수가 10% 이상인 것
③ 지름의 감소가 공칭지름의 7%를 초과한 것
④ 심하게 변형 또는 부식된 것
⑤ 꼬인 것
⑥ 열과 전기충격에 의해 손상된 것

▲ 해당 답안 중 3가지 선택 기재

08 동영상은 지하실 밀폐공간에서 방수작업 도중 작업자가 쓰러지고 시계를 자주 보여준다. 동종 재해 방지를 위한 안전대책 3가지를 쓰시오. (6점) [기사1401A/기사1402C/기사1504A/기사1601C/산기1602A/기사1701A/기사2004C]

작업자 3명이 흡연한 후, 그 중 2명이 맨홀 뚜껑을 열고 들어간 지하실 밀폐공간에서 방수작업 도중 작업자가 쓰러지고 시계를 자주 보여주고 있다.

① 작업 시작 전 산소농도 및 유해가스 농도를 측정하고, 작업 중에도 계속 환기시킨다.
② 환기를 실시할 수 없거나 산소결핍 위험장소에 들어갈 때는 호흡용 보호구를 반드시 착용하도록 한다.
③ 감시인을 배치할 것

2020년 4회 D형 작업형 기출복원문제

신규문제 0문항   중복문제 8문항

01 동영상은 터널공사현장과 자동경보장치를 보여주고 있다. 터널공사 시 자동경보장치의 당일 작업 시작 전 점검 및 보수사항 2가지를 쓰시오.(4점)
[기사1704C/산기1801B/기사1901C/산기1904B/기사2002D/기사2004D]

터널공사 현장을 보여주고 있다. 터널 진입로 입구에 설치된 사각형 박스(자동경보장치)를 집중적으로 보여준 후 터널 내부를 보여준다.

① 계기의 이상유무 ② 검지부의 이상유무
③ 경보장치의 이상유무

▲ 해당 답안 중 2가지 선택 기재

02 동영상은 목재가공용 둥근톱을 이용하여 작업을 하던 중 발생된 재해사례를 보여주고 있다. 목재가공용 둥근톱의 방호장치 2가지를 쓰시오.(4점)
[기사1704C/산기1801B/기사1901A/기사2002B/기사2004D]

작업자가 목장갑을 착용하고 목재를 가공하고 있다. 둥근톱장치에는 반발예방장치가 설치되어 있지 않다.

① 분할날 등 반발예방장치
② 톱날접촉예방장치

03 동영상은 프리캐스트 콘크리트의 제작과정을 보여주고 있다. 프리캐스트 콘크리트의 장점을 3가지 쓰시오. (6점) [산기1404A/산기1601A/산기1604A/기사1801B/산기1802A/기사2003B/기사2004D/기사2301A]

벽, 바닥 등을 구성하는 콘크리트 부재를 공장에서 적당한 크기로 만드는 과정을 보여주고 있다.

① 양질의 부재를 경제적으로 생산할 수 있다.
② 기계화작업으로 공기단축을 꾀할 수 있다.
③ 기상과 관계없이 작업이 가능하며, 특히 한랭기의 시공 시 유리하다.

04 동영상은 작업자가 외부비계를 타고 올라가다 떨어지는 사고상황을 보여주고 있다. 재해의 형태와 시설측면에서 위험요인 2가지를 쓰시오.(6점) [기사1404B/기사1504C/기사1601B/기사1602C/산기1604B/산기1701C/산기1701B/산기1702A/기사1702C/기사1704A/산기1804A/산기1804B/산기1901A/기사1901C/산기2004A/기사2004D]

작업자가 캔 음료를 먹고 있고, 리프트를 타고 다른 작업자가 올라가자, 바닥에 캔 음료를 버리고 외부비계를 타고 올라가다 떨어지는 재해가 발생했다. 이때 작업자 안전모의 턱끈이 풀려있는 상태였다.

가) 재해형태 : 추락(떨어짐)
나) 위험요인
　① 비계 상에 사다리 및 비계다리 등 승강시설이 설치되어 있지 않았다.
　② 추락방호망이 설치되어 있지 않았다.
　③ 작업발판이 설치되어 있지 않았다.
　④ 울, 손잡이 또는 충분한 강도를 가진 발판 등이 설치되지 않았다.

▲ 나)의 답안 중 2가지 선택 기재

05 동영상은 안전난간을 보여주고 있다. 개구부에 설치하는 동영상에 나오는 구조물의 구조에 대한 설명 중 ( )에 해당하는 값을 써 넣으시오.(4점) [기사1704B/산기1901A/기사1902C/산기1904A/기사2001B/기사2002C/기사2004D]

작업장에 가설구조물이나 개구부 등에서 추락 위험을 방지하기 위해 설치한 안전난간의 모습을 보여주고 있다.

상부 난간대는 바닥면·발판 또는 경사로의 표면으로부터 (①)cm 이상 지점에 설치하고, 상부 난간대를 (②)cm 이하에 설치하는 경우에는 중간 난간대는 상부 난간대와 바닥면 등의 중간에 설치한다.

① 90 ② 120

06 호이스트 정기점검 중 발생한 재해상황을 보여주고 있다. 호이스트의 방호장치 3가지를 쓰시오.(5점)
[기사2004D/기사2101B]

호이스트의 정기점검 장면을 보여주고 있다. 점검자가 호이스트가 제대로 움직이는지 조작버튼을 누르는 모습을 보여준다.

① 과부하방지장치
② 권과방지장치
③ 비상정지장치 및 제동장치

07 동영상은 작업장에 설치된 가설통로를 보여주고 있다. 가설통로 경사의 각도기준을 쓰시오.(4점)

[기사1804B/기사2004D]

영상은 작업장에 설치된 가설통로의 설치현황을 보여주고 있다.

• 30도 이하

08 동영상은 항타기 작업 중 무너지는 장면을 보여주고 있다. 무너짐 방지 방법 3가지를 쓰시오.(6점)

[산기1701A/기사1701C/산기1801B/기사1802B/기사1904C/기사2002E/기사2004D/기사2101B]

연약지반에 별도의 보강작업 없이 항타 작업을 진행 중에 항타기가 밀리면서 전도된 상황을 보여주고 있다.

① 연약한 지반에 설치하는 경우에는 아웃트리거·받침 등 지지구조물의 침하를 방지하기 위하여 깔판·받침목 등을 사용할 것
② 시설 또는 가설물 등에 설치하는 경우에는 그 내력을 확인하고 내력이 부족하면 그 내력을 보강할 것
③ 아웃트리거·받침 등 지지구조물이 미끄러질 우려가 있는 경우에는 말뚝 또는 쐐기 등을 사용하여 해당 지지구조물을 고정시킬 것
④ 궤도 또는 차로 이동하는 항타기 또는 항발기에 대해서는 불시에 이동하는 것을 방지하기 위하여 레일 클램프(rail clamp) 및 쐐기 등으로 고정시킬 것
⑤ 상단 부분은 버팀대·버팀줄로 고정하여 안정시키고, 그 하단 부분은 견고한 버팀·말뚝 또는 철골 등으로 고정시킬 것

▲ 해당 답안 중 3가지 선택 기재

2020년 3회 A형 작업형 기출복원문제

신규문제 1문항 중복문제 7문항

01 동영상은 작업자가 유로폼을 건네주다 아래로 떨어뜨리는 영상이다. 낙하 재해를 방지하기 위한 대책을 2가지 쓰시오.(4점)
[산기1904B/산기2001A/기사2003A]

고소에서 작업 중에 작업발판이 없어 불안해하던 작업자가 딛고선 비계에 살짝 미끄러지면서 파이프를 떨어뜨리는 사고가 발생했다. 마침 작업장 아래에 다른 작업자가 주머니에 손을 넣고 지나가다가 떨어진 파이프에 맞아 쓰러지는 사고가 발생하는 것을 보여주고 있다. 이때 작업현장에는 낙하물방지망 등 방호설비가 설치되지 않은 상태이다.

① 낙하물방지망 설치 ② 방호선반의 설치
③ 수직보호망의 설치 ④ 출입금지구역의 설정

▲ 해당 답안 중 2가지 선택 기재

02 동영상은 경사면에서의 굴착공사 현장을 보여주고 있다. 경사면에 대한 굴착공사에 있어서 경사면의 안전성을 확인하기 위하여 검토해야 하는 사항을 3가지 쓰시오.(6점)
[기사2003A/기사2102C]

경사면의 굴착공사를 하기 전에 경사면의 안전성을 확인하기 위해 작업현장을 조사하고 있다.

① 지질조사 ② 토질시험 ③ 풍화의 정도
④ 용수의 상황 ⑤ 과거의 붕괴된 사례유무 ⑥ 통층의 방향과 경사면의 상호관련성
⑦ 단층, 파쇄대의 방향 및 폭 ⑧ 사면붕괴 이론적 분석

▲ 해당 답안 중 3가지 선택 기재

03 동영상은 상수도관 매설작업 현장에서 용접작업 중 감전되는 재해장면을 보여주고 있다. 용접작업 중 감전대책을 3가지 쓰시오. (6점)
[기사2003A]

동영상은 상수도관 매설현장이다. 한쪽에서는 근로자들이 배관을 용접하고 있고, 한쪽에서는 펌프를 이용해서 물을 빼는 작업을 진행중에 있다. 용접기에 별도의 방호장치가 부착되어 있지 않으며, 작업자는 별도의 보호구를 착용하지 않은 상태에서 작업중이다.

① 자동전격방지장치를 설치한다.
② 용접작업자는 절연보호구를 착용한다.
③ 충분한 용량을 가진 단락 접지기구를 이용하여 접지한다.
④ 용접기의 전원개폐기는 가까운 곳에 설치한다.

▲ 해당 답안 중 3가지 선택 기재

04 영상은 추락방호망이 설치된 작업현장을 보여주고 있다. 추락방호망 설치 시 망의 처짐에 대한 기준에 대한 설명의 빈칸을 채우시오. (4점) [기사1801A/기사1904A/기사2104C/기사2204C/기사2301B/기사2302B/기사2402B/기사2403C]

건설현장에 설치된 추락방호망을 보여주고 있다. 망의 처짐이 다소 길어 보수가 필요한 것으로 판단된다.

추락방호망의 설치 시 방망의 중앙부 처짐은 방망의 짧은 변 길이의 (   ) 이상이 되어야 한다.

- 12%

05 동영상은 록볼트 설치 작업을 하고 있는 터널공사현장이다. 록볼트의 역할 3가지를 쓰시오.(4점)

[기사1401C/기사1604C/기사1801A/기사1902C/기사2003A]

터널공사현장에서 암반을 보강하기 위해 록볼트를 설치하는 모습을 보여주고 있다.

① 봉합작용 – 발파 등으로 느슨해진 암괴를 암반에 고정하여 낙반 등을 방지한다.
② 암반개량작용 – 암반전단 저항력을 증대하고 잔류강도가 증가시켜 암반전체의 물성을 개선한다.
③ 마찰작용 – 마찰력의 발생으로 지층의 운동을 방지한다.
④ 보 형성 – 보를 형성한다.
⑤ 내압부여 – 내부에 압력을 부여한다.
⑥ 아치 형성 – 아치 형상을 만들어준다.

▲ 해당 답안 중 3가지 선택 기재

06 영상은 거푸집을 설치하는 현장을 보여주고 있다. 거푸집 설치 시 사용하는 연결철물의 명칭과 기능을 각각 쓰시오.(5점)

[기사2003A/기사2101A]

거푸집 설치 모습을 보여주고 있다. 거푸집의 조임과 거푸집 축의 유지를 위해서 전용 철물을 연결하고 있는 모습을 보여준다.

① 연결철물의 명칭 : 폼타이
② 기능 : 거푸집의 변형 방지

07 동영상은 차량계 건설기계를 이용한 사면굴착공사를 보여주고 있다. 동영상과 같은 굴착공사에서 토석붕괴의 원인을 3가지 쓰시오.(6점) [기사1501A/기사1602B/산기2001A/기사2003A]

차량계 건설기계를 이용해서 사면을 굴착하는 모습을 보여주고 있다.

① 사면, 법면의 경사 및 기울기의 증가
② 절토 및 성토 높이의 증가
③ 공사에 의한 진동 및 반복 하중의 증가
④ 지표수 및 지하수의 침투에 의한 토사 중량의 증가
⑤ 지진, 차량, 구조물의 하중작용
⑥ 토사 및 암석의 혼합층두께

▲ 해당 답안 중 3가지 선택 기재

08 동영상은 흙막이 지보공 설치 작업을 보여주고 있다. 도심 깊은 굴착 후 흙막이 지보공의 가시설비에 대한 정기 점검사항 3가지를 쓰시오.(6점) [산기1402A/산기1601B/산기1602B/기사1802A/기사1901B/산기1901B/산기1902B/기사1904B/기사2002B/기사2003A/산기2003A/산기2004A]

흙막이 지보공이 설치된 작업현장을 보여주고 있다. 이틀 동안 계속된 비로 인해 지보공의 일부가 터져서 토사가 밀려든 모습이다.

① 침하의 정도
② 버팀대 긴압의 정도
③ 부재의 접속부·부착부 및 교차부 상태
④ 부재의 손상·변형·부식·변위 및 탈락의 유무와 상태

▲ 해당 답안 중 3가지 선택 기재

2020년 3회 B형 작업형 기출복원문제

신규문제 3문항 중복문제 5문항

01 동영상은 비계의 설치현장을 보여주고 있다. 동영상에서 비계의 벽이음을 위해 설치하는 삼각형 부재의 명칭을 쓰시오. (4점) [기사2003B]

비계의 벽이음을 위해 빨간색 모양의 부재를 벽에 설치하는 모습을 보여주고 있다.

- 브라켓(Bracket)

02 동영상은 터널을 시공하는 모습을 보여주고 있다. 터널시공의 안전성 확보를 위한 계측항목 3가지를 쓰시오. (5점) [기사1901B/기사2003B]

암반자체의 지지력에 숏크리트와 지보재로 보강하는 NATM 공법으로 터널을 시공하고 있다.

① 내공변위 측정   ② 지중변위 측정   ③ 지중침하 측정
④ 터널 내 육안조사   ⑤ 천단침하 측정   ⑥ 록볼트 인발시험
⑦ 지표면 침하측정   ⑧ 지중변위 측정   ⑨ 지하수위 측정 등

▲ 해당 답안 중 3가지 선택 기재

03 동영상은 건설현장에 설치된 낙하물방지망을 보여주고 있다. 수평면과의 각도 기준을 쓰시오.(4점)

[기사1801C/기사1902A/기사2003B]

고소에 설치된 낙하물방지망의 한쪽 끝이 풀려 바람에 날리는 장면을 보여주고 있다. 이에 작업자가 낙하물방지망을 보수하기 위해 바람에 날리는 낙하물방지망의 매듭 부위에 접근하고 있는 장면을 보여주고 있다.

- 20~30°

04 동영상은 해체작업을 보여주고 있다. 다음 각 물음에 답하시오.(4점)

[기사1404C/기사1501B/기사1601A/기사1702C/기사1704C/기사1901A/기사1902C/기사2002C/기사2003B]

커다란 가위손과 같은 기계장치가 건물을 해체하고 있는 모습을 보여주고 있다.

가) 동영상에서 보여주고 있는 해체 공법을 쓰시오.
나) 동영상에서와 같은 작업 시 해체계획에 포함되어야 할 사항 2가지를 쓰시오.

가) 해체공법의 명칭 : 압쇄공법
나) 해체계획
　　① 해체의 방법 및 해체 순서도면　　② 사업장 내 연락방법
　　③ 해체물의 처분계획　　　　　　　④ 해체작업용 기계·기구 등의 작업계획서
　　⑤ 해체작업용화약류의 사용계획서
　　⑥ 가설설비·방호설비·환기설비 및 살수·방화설비 등의 방법

▲ 나)의 답안 중 2가지 선택 기재

05 영상은 비계의 설치 현장을 보여주고 있다. 영상을 참조하여 해당 비계에서 사용하는 부재의 명칭을 2가지 쓰시오.(4점)

[기사2003B]

강관틀 비계가 설치된 작업현장의 모습을 보여주고 있다.

① 작업발판　　　　　　　　　　② 교차가새

06 동영상은 고소에서 가스용접 중인 작업자를 보여주고 있다. 금속의 용접·용단 또는 가열작업을 하는 경우 가스 등의 누출 또는 방출로 인한 폭발·화재 또는 화상을 방지하기 위해 준수해야 할 사항 3가지를 쓰시오.(6점)

[기사2003B]

고소에서 가스용접 중인 모습을 보여주고 있다. 작업자는 용접용 보안면을 착용하고 있으나 작업발판이 불안정하여 위태로운 모습을 보여준다.

① 가스 등의 호스와 취관은 손상·마모 등에 의하여 가스등이 누출할 우려가 없는 것을 사용할 것
② 가스 등의 취관 및 호스의 상호 접촉부분은 호스밴드, 호스클립 등 조임기구를 사용하여 가스 등이 누출되지 않도록 할 것
③ 가스 등의 호스에 가스 등을 공급하는 경우에는 미리 그 호스에서 가스 등이 방출되지 않도록 필요한 조치를 할 것
④ 용단작업을 하는 경우에는 취관으로부터 산소의 과잉방출로 인한 화상을 예방하기 위하여 근로자가 조절밸브를 서서히 조작하도록 주지시킬 것
⑤ 작업을 중단하거나 마치고 작업장소를 떠날 경우에는 가스 등의 공급구의 밸브나 콕을 잠글 것
⑥ 사용 중인 가스 등을 공급하는 공급구의 밸브나 콕에는 그 밸브나 콕에 접속된 가스 등의 호스를 사용하는 사람의 명찰을 붙이는 등 가스 등의 공급에 대한 오조작을 방지하기 위한 표시를 할 것

▲ 해당 답안 중 3가지 선택 기재

07 동영상은 프리캐스트(PCS) 콘크리트 작업과정을 보여주고 있다. 가) 올바른 제작 순서와 나) 4번 화면의 작업이름을 쓰시오.(6점) [산기1404A/산기1601A/산기1604A/기사1801B/산기1802A/기사2003B/기사2004D]

벽, 바닥 등을 구성하는 콘크리트 부재를 공장에서 적당한 크기로 만드는 과정을 보여주고 있다. 특별히 4번 화면의 모습을 집중적으로 보여준다.

❹번 과정

〈제작과정〉
① 탈형
② 거푸집제작(박지제도포)
③ 철근 배근 및 조립
④ 수중양생
⑤ 콘크리트 타설
⑥ 선 부착품 설치(인서트, 전기부품 등) – 철근 거치

가) 순서 : ② → ⑥ → ③ → ⑤ → ④ → ①
나) 4번 화면의 작업이름 : 수중양생

08 동영상에서는 작업현장에서 근로자가 꽂음접속기를 만지다가 감전된 재해현장을 보여주고 있다. 꽂음접속기 설치 및 사용시 준수사항 3가지를 쓰시오.(6점) [기사1902A/기사2003B/기사2403B]

작업현장에서 작업자가 전기기기를 사용하기 위해 꽂음접속기에 플러그를 꽂으려다 감전되는 상황을 보여주고 있다. 작업자는 땀에 젖은 손을 대충 바지에 닦고 꽂음접속기를 만지다가 감전된 것으로 추정된다.

① 서로 다른 전압의 꽂음접속기는 서로 접속되지 아니한 구조의 것을 사용할 것
② 습윤한 장소에 사용되는 꽂음접속기는 방수형 등 그 장소에 적합한 것을 사용할 것
③ 근로자가 해당 꽂음접속기를 접속시킬 경우에는 땀 등으로 젖은 손으로 취급하지 않도록 할 것
④ 해당 꽂음접속기에 잠금장치가 있는 경우는 접속 후 잠그고 사용할 것

▲ 해당 답안 중 3가지 선택 기재

2020년 3회 C형 작업형 기출복원문제

신규문제 0문항 중복문제 8문항

01 동영상은 지게차가 판넬을 들고 신호수에 신호에 따라 운반하다가 화물이 신호수에게 낙하하는 장면이다. 이에 따른 사고원인을 2가지 쓰시오.(6점) [산기1504A/산기1602A/산기1702A/기사1804C/기사2003C]

지게차로 화물을 이동 중에 발생한 재해상황을 보여주고 있다. 화물을 적재한 후 포크를 높이 올린 상태에서 이동 중이며, 이동 시 화물이 흔들리는 모습을 보여준다. 이후 화면에서 흔들리던 화물이 신호수에게 낙하하여 재해가 발생한다.

① 하중이 한쪽으로 치우치게 적재하였다.
② 화물 적재 시 운전자의 시야를 가리지 않도록 하여야 하는데 그렇지 않았다.
③ 화물의 붕괴 및 낙하에 의한 위험을 방지하기 위해 화물에 로프를 거는 등 필요한 조치를 하지 않았다.
④ 지게차 작업반경 내 관계자외 작업자가 출입하고 있다.

▲ 해당 답안 중 2가지 선택 기재

02 동영상은 이동식 비계를 이용한 작업 중 추락재해가 발생하는 것을 보여준다. 재해발생원인을 3가지 쓰시오. (6점) [산기1601A/기사1602A/기사1802C/기사1902C/산기2003B/기사2003C/기사2302C]

이동식 비계를 이용해서 거푸집 설치작업을 진행중인 모습을 보여준다. 비계를 고정하지 않아 흔들리다 작업자가 바닥으로 추락하는 재해가 발생한다. 비계 최상위 층에 안전난간이 없으며, 작업자는 안전대를 착용하지 않았다.

① 바퀴를 브레이크 및 쐐기 등으로 고정시키지 않아 흔들림
② 작업자가 안전대를 착용하지 않음
③ 비계 최상부에 안전난간을 설치하지 않음

03 동영상은 항타기 작업 중 무너지는 장면을 보여주고 있다. 무너짐 방지 방법과 관련된 조건과 관련된 대책을 쓰시오.(6점)
[기사1404A/산기1504A/산기1602B/기사1704A/산기1902A/기사2003C]

연약지반에 별도의 보강작업 없이 항타 작업을 진행 중에 항타기가 밀리면서 전도된 상황을 보여주고 있다.

① 아웃트리거·받침 등 지지구조물이 미끄러질 우려가 있는 경우의 조치사항을 쓰시오.
② 상단과 하단의 고정방법을 쓰시오.
③ 연약한 지반에 설치하는 경우 조치사항을 쓰시오.

① 말뚝 또는 쐐기 등을 사용하여 해당 지지구조물을 고정시킬 것
② 상단 부분은 버팀대·버팀줄로 고정하여 안정시키고, 그 하단 부분은 견고한 버팀·말뚝 또는 철골 등으로 고정시킬 것
③ 아웃트리거·받침 등 지지구조물의 침하를 방지하기 위하여 깔판·받침목 등을 사용할 것

04 영상과 같은 장소에서 건설작업에 종사하는 근로자는 전로에 근로자의 신체 등이 접촉하거나 접근함으로 인하여 감전의 위험이 발생할 우려가 있다. 감전의 위험요소 3가지를 쓰시오.(단, 통전전류의 세기는 제외)(3점)
[기사1402C/기사1504A/기사1704A/기사1902B/기사2003C/기사2004C]

전신주 위에서 작업중에 감전된 재해자를 구난하는 모습을 보여주고 있다.

① 통전시간   ② 통전경로
③ 전원의 종류 ④ 전원의 종류와 질

▲ 해당 답안 중 3가지 선택 기재

05 동영상은 흙막이 공법의 한 종류를 보여주고 있다. 이 공법의 명칭과 해당 공법의 역학적 특징을 2가지 쓰시오.(6점)
[기사1902A/기사2003C]

동영상은 흙막이를 보여주면서 H형으로 된 줄이 이어져 있는 것을 보여주고, 다음 화면은 흙막이에 연결되어있던 선로에 노란색으로 되어 있는 사각형의 기계를 연달아 보여준다.

가) 명칭 : 어스앵커공법
나) 역학적 관점에서의 특징
　① 앵커체가 각각의 구조체이므로 적용성이 좋다.
　② 작업능률이 좋으며 토공사 범위를 한 번에 시공할 수 있다.
　③ 본 구조물의 바닥과 기둥의 위치에 관계없이 앵커를 설치할 수도 있다.
　④ 앵커에 프리스트레스를 주기 때문에 흙막이 벽의 변형을 방지하고 주변 지반의 침하를 최소한으로 억제할 수 있다.
　⑤ 널말뚝 후면부를 천공하고 인장재를 삽입하는 방식인 관계로 인근구조물이나 지중매설물에 따라 시공이 곤란할 수 있다.

▲ 나)의 답안 중 2가지 선택 기재

06 동영상은 타워크레인 작업상황을 보여주고 있다. 해당 작업을 진행하는데 있어서 구비해야 할 방호장치를 3가지 쓰시오.(3점) [산기1404B/산기1601A/산기1702B/기사1802A/기사1804A/산기1804B/기사1902B/기사1904A/기사2003C/기사2301A]

건설현장에서 타워크레인으로 화물을 인양하는 모습을 보여주고 있다.

① 과부하방지장치　　　② 권과방지장치　　　③ 비상정지장치 및 제동장치

07 동영상은 작업장에 설치된 계단을 보여주고 있다. 작업장에 계단 및 계단참을 설치하는 경우 준수해야 하는 사항에 대한 다음 설명의 ( ) 안을 채우시오.(4점) [산기1401A/기사1404C/기사1501A/산기1502A/
기사1702A/기사1704B/기사1704C/기사1801A/기사1901A/산기1902A/기사1904B/기사2003C/기사2003E/기사2102C]

작업장에 설치된 가설계단을 보여주고 있다. 작업자가 계단 주변을 걷다가 계단 설치 시에 만들어진 돌출된 파이프 부분에 부딪히는 재해가 발생한다.

사업주는 높이가 3미터를 초과하는 계단에 높이 (①)m 이내마다 너비 (②)m 이상의 계단참을 설치하여야 한다.

① 3   ② 1.2

08 동영상은 터널현장에서의 공정 중 한 가지를 찍은 것이다. 동영상을 참고하여 터널 굴착작업 시 작업계획서에 포함되어야 할 사항을 3가지 쓰시오.(6점) [기사1504C/기사1604B/기사1701C/산기1802B/기사1802C/기사1804A/기사2003C]

어두운 터널 안으로 차량이 들어가고 터널 현장의 울퉁불퉁한 모습이 보인다. 근로자가 차량의 기능을 점검한 후 터널 외벽에 콘크리트를 압력공기를 이용하여 타설을 한다.

① 굴착의 방법
② 터널지보공 및 복공의 시공방법과 용수의 처리방법
③ 환기 또는 조명시설을 설치할 때 그 방법

2020년 3회 D형 작업형 기출복원문제

신규문제 0문항 중복문제 8문항

01 동영상은 말비계를 이용한 작업현장을 보여주고 있다. 말비계의 조립 시 지주부재와 수평면의 기울기 기준은 얼마인지 쓰시오.(4점)

[기사1802C/기사1804C/기사1902A/기사2003D]

말비계 위에서 작업자가 작업중인 모습을 보여주고 있다.

- 75도 이하

02 동영상은 터널현장에서의 공정 중 한 가지를 찍은 것이다. 동영상을 참고하여 다음 각 물음에 답하시오.(6점)

[기사1404C/기사2003D/기사2301A]

어두운 터널 안으로 차량이 들어가고 터널 현장의 울퉁불퉁한 모습이 보인다. 근로자가 차량의 기능을 점검한 후 터널 외벽에 콘크리트를 압력공기를 이용하여 타설을 한다.

가) 동영상에서 작업하고 있는 공정의 명칭을 쓰시오.
나) 공법의 종류 2가지를 쓰시오.

가) 공정 명 : 숏크리트 타설 공정
나) 공법의 종류
 ① 습식공법 ② 건식공법

03 동영상은 교량 상부에서 콘크리트 펌프카를 사용한 콘크리트 타설 작업을 보여주고 있다. 콘크리트 펌프 또는 콘크리트 펌프카 사용 시 준수사항을 3가지 쓰시오.(6점) [기사1401A/기사1404A/기사1502B/기사1601B/기사1702A/기사1804B/산기1901A/산기1904A/기사2001A/기사2001B/기사2002C/기사2003D/기사2101C/기사2102B/기사2201B/기사2204B/기사2204C/기사2401B/기사2403C]

신호수가 신호를 하면서 콘크리트 타설작업이 진행 중인 상황을 보여주고 있다. 교량상부에서 콘크리트 펌프카를 사용하여 타설작업 중이다.

① 작업을 시작하기 전에 콘크리트 펌프용 비계를 점검하고 이상을 발견하였으면 즉시 보수할 것
② 건축물의 난간 등에서 작업하는 근로자가 호스의 요동·선회로 인하여 추락하는 위험을 방지하기 위하여 안전난간 설치 등 필요한 조치를 할 것
③ 콘크리트 펌프카의 붐을 조정하는 경우에는 주변의 전선 등에 의한 위험을 예방하기 위한 적절한 조치를 할 것
④ 작업 중에 지반의 침하, 아웃트리거의 손상 등에 의하여 콘크리트 펌프카가 넘어질 우려가 있는 경우는 이를 방지하기 위한 적절한 조치를 할 것

▲ 해당 답안 중 3가지 선택 기재

04 동영상은 철골공사현장에서 발생한 재해상황을 보여주고 있다. 동영상을 참고하여 위험요인을 2가지 쓰시오.(4점) [기사2003D/기사2004A/기사2201C]

고소에서 철골작업 중 공중에 설치된 H빔 철골 격자구조물 위를 걷던 근로자가 추락하는 재해상황을 보여주고 있다. 작업자는 안전대를 착용하지 않았고, 추락방호망, 수직형 추락방망 등이 설치되어 있지 않은 작업장이다.

① 근로자 안전대 미착용
② 추락방호망 미설치

05 동영상은 밀폐공간에서의 작업을 보여주고 있다. 밀폐된 공간 즉, 잠함, 우물통, 수직갱 등에서 굴착작업 시 사업주가 준수해야 하는 사항을 3가지 쓰시오.(6점)

[기사1901B/기사2002C/기사2003D]

동영상은 우물통 작업현장을 보여주고 있다.

① 굴착깊이가 20m를 초과하는 경우에는 해당 작업장소와 외부와의 연락을 위한 통신설비 등을 설치할 것
② 산소결핍이 우려가 되는 경우에는 산소 농도를 측정하는 사람을 지명하여 측정하도록 할 것
③ 근로자가 안전하게 오르내리기 위한 설비를 설치할 것
④ 굴착깊이가 20m를 초과하는 경우에는 송기를 위한 설비를 설치하여 필요한 양의 공기를 공급할 것

▲ 해당 답안 중 3가지 선택 기재

06 동영상은 강관비계 설치현장을 보여주고 있다. 동영상에서와 같은 강관비계의 설치기준에 대하여 다음 ( )안에 알맞은 내용을 써 넣으시오.(4점)

[기사1401A/산기1404B/기사1504C/
기사1701B/기사1801B/산기1802B/산기1901A/기사1902A/산기1904A/산기2002A/기사2003D/기사2004C]

강관비계를 설치한 작업현장의 모습을 보여주고 있다.

가) 비계기둥의 간격은 띠장 방향에서는 (①)m 이하로 할 것
나) 비계기둥의 간격은 장선방향에서는 (②)m 이하로 할 것

① 1.85   ② 1.5

07 동영상은 지하의 작업장에서 보통작업을 하고 있는 상황을 보여주고 있다. 작업조도의 기준을 쓰시오.(4점)
[기사1802C/기사1804B/산기1902A/기사1904C/기사2003D/기사2101C/기사2102B/기사2104A]

작업자가 지하의 밀폐된 작업장에서 도장작업을 하고 있는 상황을 보여주고 있다.

• 150럭스 이상

08 동영상은 비계의 조립 및 해체와 관련된 영상이다. 동영상을 참조하여 비계의 조립 및 해체 시 조치사항 3가지를 쓰시오.(6점)
[기사1401A/산기1902A/기사1902B/기사2003D/기사2102A/기사2302A]

높이가 7m 정도 이상인 비계의 해체작업을 보여주고 있다.

① 작업구역에는 해당 작업을 하는 구역에는 관계 근로자가 아닌 사람의 출입을 금지할 것
② 비, 눈, 그 밖의 기상상태의 불안정으로 날씨가 몹시 나쁜 경우에는 그 작업을 중지할 것
③ 재료, 기구 또는 공구 등을 올리거나 내리는 경우에는 근로자로 하여금 달줄·달포대 등을 사용하도록 할 것
④ 낙하·충격에 의한 돌발적 재해를 방지하기 위하여 버팀목을 설치하고 거푸집 및 동바리를 인양장비에 매단 후에 작업을 하도록 하는 등 필요한 조치를 할 것

▲ 해당 답안 중 3가지 선택 기재

2020년 3회 E형 작업형 기출복원문제

신규문제 3문항 중복문제 5문항

01 영상은 강풍이 불고 있는 작업현장을 보여주고 있다. 강풍 시 타워크레인의 작업제한에 대한 풍속기준을 쓰시오.(4점)
[기사2003E/기사2401C/기사2403C]

강풍이 불고 있는 작업현장을 보여주고 있다. 강풍에 타워크레인이 흔들리는 모습을 보여준다.

① 순간풍속이 초당 10미터 초과 시 타워크레인의 설치·수리·점검 또는 해체 작업을 중지
② 순간풍속이 초당 15미터 초과 시 타워크레인의 운전작업을 중지

02 영상은 가설구조물이나 개구부 등에서 추락 위험을 방지하기 위해 설치하여야 하는 시설·설비를 보여주고 있다. 영상에서 지시되는 "가"부재의 명칭과 설치기준을 쓰시오.(6점)
[기사2003E]

작업현장의 안전난간을 영상으로 보여주면서 발끝막이판을 "가"라는 표식으로 지시하고 있다.

① 명칭 : 발끝막이판
② 설치기준 : 바닥면 등으로부터 10cm 이상의 높이를 유지할 것

03 동영상은 트럭크레인을 이용한 화물인양작업을 보여주고 있다. 영상을 통해 확인 가능한 트럭크레인 작업 시 위험요소와 이에 대한 안전대책을 각각 3가지씩 쓰시오.(6점) [기사1402B/기사2003E]

트럭크레인에 붐대를 접지 않은 상태에서 이동하고, 아웃트리거를 습윤한 연약지반에 설치, 와이어로프 2줄 걸이를 하는데 이음매가 살짝 보이면서 작업을 하고 있다.

가) 위험요소
  ① 연약한 지반에 아웃트리거를 아무런 보강없이 설치하였다.
  ② 붐대를 접지 않은 상태로 이동하게 되면 작업자와 충돌 위험이 있다.
  ③ 인양물 밑으로 작업자가 이동하고 있다.
나) 안전대책
  ① 연약한 지반에 아웃트리거를 설치할 때는 각부 또는 가대의 침하를 방지하기 위하여 깔판·받침목 등을 사용해야 한다.
  ② 붐대를 접지 않은 상태로 이동하게 되면 작업자와 충돌 위험이 있으므로 붐대를 접고 이동하도록 한다.
  ③ 출입금지구역을 설정하여 크레인에 전도사고 발생 시 작업자의 안전을 확보한다.

04 동영상은 개착시공 현장 사면을 파란색 타프로 덮어둔 모습을 보여주고 있다. 작업장 사면에 설치된 천막의 역할을 2가지 쓰시오.(4점) [기사2003E]

영상은 개착시공 현장의 사면을 파란색 타프로 덮어둔 모습을 보여주고 있다.

① 빗물의 유입방지
② 비산 먼지 방지

05 동영상은 철골공사 작업 시에 이용되는 작업발판을 만드는 비계로서 상하이동을 할 수 없는 구조이다. 사진을 참고하여 다음 각 물음에 답하시오.(4점)
[산기1501B/산기1702A/기사2003E]

철골작업 시 주로 이용하는 비계의 모습을 보여주고 있다. 높이가 고정되어 있으며 작업자의 발판역할을 하는 비계이다.

① 비계의 명칭을 쓰시오.
② 비계의 하중에 대한 최소 안전계수를 쓰시오.
③ 철근을 사용할 때 최소의 공칭지름을 쓰시오.
④ 비계를 매다는 철선(소성철선)의 호칭치수를 쓰시오.

① 달대비계   ② 8 이상   ③ 19mm   ④ #8

06 동영상은 철근공사를 진행 중인 작업장을 보여주고 있다. 해당 작업장 및 작업자가 안전준수 위반한 사항을 3가지 쓰시오.(6점)
[기사2003E/기사2201C/기사2202B]

철근공사를 진행 중인 작업장이다. 주변에 안전통로도 없이 철근을 밟고 이동하면서 작업하는 안전대도 착용하지 않은 작업자를 보여준다. 작업자가 이음철근을 가지고 있음을 보여주고 있다.

① 안전통로 미설치   ② 작업발판 미설치
③ 개인보호구 미착용   ④ 실족방지망 미설치

▲ 해당 답안 중 3가지 선택 기재

07 동영상은 차량계 건설기계의 작업상황을 보여주고 있다. 영상에 나오는 건설기계의 명칭 및 용도 3가지를 쓰시오.(6점) [산기1402A/기사1404C/기사1601B/산기1601B/산기1701A/기사1801A/산기1804B/기사1902B/기사2003E]

차량계 건설기계를 이용해서 노면을 깎는 작업을 보여주고 있다.

가) 명칭 : 스크레이퍼
나) 용도
   ① 토사의 굴착 및 운반   ② 지반 고르기
   ③ 하역작업   ④ 성토작업

▲ 나)의 답안 중 3가지 선택 기재

08 동영상은 작업장에 설치된 계단을 보여주고 있다. 동영상에서와 같이 작업장에 계단 및 계단참을 설치할 경우 준수하여야 하는 사항에 대하여 다음 ( )안에 알맞은 내용을 쓰시오.(4점)

[산기1401A/기사1404C/기사1501A/산기1502A/기사1504A/기사1701B/산기1701B/ 기사1702A/기사1704B/기사1704C/기사1801A/기사1901A/산기1902A/기사1904B/기사2003C/기사2003E/기사2102C]

작업장에 설치된 가설계단을 보여주고 있다.

계단 및 계단참을 설치하는 경우 매 제곱미터 당 (①)kg 이상의 하중에 견딜 수 있는 강도를 가진 구조로 설치하여야 하며, 안전율은 (②) 이상으로 하여야 한다.

① 500   ② 4

2020년 2회 A형 작업형 기출복원문제

신규문제 4문항 중복문제 4문항

01 동영상은 노천 굴착작업 현장을 보여주고 있다. 굴착작업 시 지반에 따른 굴착면의 기울기 기준과 관련된 다음 내용에 빈칸을 채우시오.(3점) [기사2002A]

백호가 노천을 굴착하고 있다. 작업 중 옆에 쌓아두었던 부석이 굴러와 작업자가 다칠뻔한 장면을 보여주고 있다.

지반의 종류	기울기
모래	①
풍화암	②
경암	③

① 1 : 1.8   ② 1 : 1   ③ 1 : 0.5

02 동영상은 굴착기계로 터널굴착을 하고 작업한 흙을 버리는 장면을 보여준다. 터널굴착기계의 가) 명칭과 나) 작업계획에 포함되어야 할 사항 2가지를 쓰시오.(6점)
[기사1501C/기사1701B/기사1801A/기사1802B/기사1902B/기사1904A/기사2002A/기사2102B/기사2302B/기사2302C]

영상은 터널굴착작업 현장을 보여주고 있다. 굴착 후 나온 흙을 버리는 장면을 보여주고 있다.

가) 명칭 : T.B.M(Tunnel Boring Machine)
나) 작업계획 포함사항
　① 굴착의 방법
　② 터널지보공 및 복공의 시공방법과 용수의 처리방법
　③ 환기 또는 조명시설을 설치할 때에 그 방법

▲ 나)의 답안 중 2가지 선택 기재

03 영상은 비계의 설치 현장을 보여주고 있다. 영상에서와 같은 강관틀 비계의 조립 시 준수사항 3가지를 쓰시오. (6점)   [기사1901B/기사2002A/기사2301C]

강관틀 비계가 설치된 작업현장의 모습을 보여주고 있다.

① 비계기둥의 밑둥에는 밑받침 철물을 사용하여야 하며 밑받침에 고저차(高低差)가 있는 경우에는 조절형 밑받침 철물을 사용하여 각각의 강관틀비계가 항상 수평 및 수직을 유지하도록 할 것
② 높이가 20미터를 초과하거나 중량물의 적재를 수반하는 작업의 경우 주틀 간의 간격을 1.8미터 이하로 할 것
③ 주틀 간에 교차 가새를 설치하고 최상층 및 5층 이내마다 수평재를 설치할 것
④ 수직방향으로 6미터, 수평방향으로 8미터 이내마다 벽이음을 할 것
⑤ 길이가 띠장 방향으로 4미터 이하이고 높이가 10미터를 초과하는 경우에는 10미터 이내마다 띠장 방향으로 버팀기둥을 설치할 것

▲ 해당 답안 중 3가지 선택 기재

04 동영상은 아파트 단지 내에서 하수관로 매설작업을 수행하고 있는 전경을 보여주고 있다. 동영상을 참고하여 재해방지를 위한 조치사항 2가지를 쓰시오. (4점)   [기사1404A/기사1502B/기사1604A/기사1701C/기사1902C/기사2002A/기사2002E/기사2004A/산기2004A]

백호가 흄관을 1줄걸이로 인양해서 올리고 있고, 흄관 아래에 근로자가 안전모 턱끈을 매지 않은 채 관로를 청소중이다. 신호수가 보이고 있으나 백호 운전자는 시야확보가 힘든지 작업에 어려움을 표시하고 있다. 신호수가 흄관을 손으로 당기는데 흄관이 탈락하면서 낙하하여 근로자와 충돌하였다.

① 긴 자재 인양 시 2줄걸이 한다.   ② 인양작업 중 근로자의 출입을 금지한다.
③ 유도하는 사람을 배치한다.

▲ 해당 답안 중 2가지 선택 기재

05 동영상은 터널 내부에서 장약을 넣고 있는 작업자들과 전체 작업장을 보여준 후 터널 외부를 보여주고 폭파하는 듯 주변이 떨림이 발생한다. 장약 사용 시 준수사항 3가지를 쓰시오.(6점)

[기사1601C/기사1704C/기사2001A/기사2002A/기사2004B/기사2104B/기사2403A]

터널 내부에서 장약을 넣고 있는 작업자들과 전체 작업장을 보여준 후 터널 외부를 보여주고 폭파하는 듯 주변의 떨림이 발생하는 것을 보여준다.

① 약포를 발파공 내에서 강하게 압착하지 않아야 한다.
② 인접장소에서 전기용접 등의 작업이나 흡연을 금지시킨다.
③ 장전물에는 종이, 솜 등을 사용하지 않아야 한다.
④ 전기뇌관을 사용할 때에는 전선, 모터 등에 접근하지 않도록 하여야 한다.
⑤ 천공작업이 완료된 후 장약작업을 실시하여야 하며 천공·장약의 동시작업을 하지 않아야 한다.
⑥ 폭약을 장전할 때는 발파구멍을 잘 청소하며 이 때 공저까지 완전히 청소하여 작은 돌 등을 남기지 않아야 한다.
⑦ 장약봉은 똑바르고 옹이가 없는 목재 등 부도체로 하고 장전구는 마찰, 정전기 등에 의한 폭발의 위험성이 없는 절연성의 것을 사용하여야 한다.

▲ 해당 답안 중 3가지 선택 기재

06 동영상은 아파트 신축공사현장을 보여주고 있다. 영상을 참고하여 근로자의 추락 위험요인 2가지를 쓰시오. (단, 영상에서 제시된 안전방망, 방호선반, 안전난간 등의 설치는 제외한다.)(4점)

[기사2002A/2202A]

아파트 건설현장에서 작업자 둘이 거푸집을 옮기는 중에 거푸집이 낙하하다 낙하물방지망에 걸리는 모습을 보여준다. 작업자들은 안전대를 착용하지 않았으며 작업발판이나 안전난간이 설치되지 않은 것을 보여준다.

① 작업발판이 설치되지 않았다.
② 근로자가 안전대를 미착용하였다.

07 동영상은 안전난간을 보여주고 있다. 개구부에 설치하는 동영상에 나오는 구조물의 구조에 대한 설명 중 ( )에 해당하는 값을 채우시오.(5점) [기사2002A/기사2401C/기사2402B/기사2403A]

작업장에 가설구조물이나 개구부 등에서 추락 위험을 방지하기 위해 설치한 안전난간의 모습을 보여주고 있다.

가) 상부 난간대는 바닥면·발판 또는 경사로의 표면으로부터 (①)cm 이상 지점에 설치하고, 상부 난간대를 (②)cm 이하에 설치하는 경우에는 중간 난간대는 상부 난간대와 바닥면 등의 중간에 설치한다.
나) 발끝막이판은 바닥면 등으로부터 (③)cm 이상의 높이를 유지
다) 난간대는 지름 (④)cm 이상의 금속제 파이프나 그 이상의 강도가 있는 재료일 것
라) 안전난간은 구조적으로 가장 취약한 지점에서 가장 취약한 방향으로 작용하는 (⑤)kg 이상의 하중에 견딜 수 있는 튼튼한 구조일 것

① 90　　　② 120　　　③ 10
④ 2.7　　　⑤ 100

08 동영상은 말비계를 이용한 작업현장을 보여주고 있다. 말비계 조립 시 준수사항에 관련된 다음 설명의 빈칸을 채우시오.(6점) [기사2002A/기사2304C]

말비계 위에서 작업자가 도배 작업중인 모습을 보여주고 있다.

가) 지주부재(支柱部材)의 하단에는 (①)를 하고, 근로자가 양측 끝부분에 올라서서 작업하지 않도록 할 것
나) 지주부재와 수평면의 기울기를 (②)도 이하로 하고, 지주부재와 지주부재 사이를 고정시키는 보조부재를 설치할 것
다) 말비계의 높이가 2미터를 초과하는 경우에는 작업발판의 폭을 (③) 이상으로 할 것

① 미끄럼방지장치　　　② 75　　　③ 40센티미터

2020년 2회 B형 작업형 기출복원문제

신규문제 0문항   중복문제 8문항

01 동영상은 목재가공용 둥근톱을 이용하여 작업을 하던 중 발생된 재해사례를 보여주고 있다. 목재가공용 둥근톱의 방호장치 2가지를 쓰시오.(4점)   [기사1704C/산기1801B/기사1901A/기사2002B/기사2004D]

작업자가 목장갑을 착용하고 목재를 가공하고 있다. 둥근톱장치에는 반발예방장치가 설치되어 있지 않다.

① 분할날 등 반발예방장치
② 톱날접촉예방장치

02 동영상은 상수도관 매설작업 현장을 보여주고 있다. 용접작업 중인 근로자들이 착용하고 있는 보호구의 종류 4가지와 교류아크용접장치의 방호장치를 쓰시오.(6점)   [기사1801A/산기1804B/기사1902C/기사2002B/기사2201A/기사2202A/기사2304C]

동영상은 상수도관 매설현장이다. 한쪽에서는 근로자들이 배관을 용접하고 있고, 한쪽에서는 펌프를 이용해서 물을 빼는 작업을 진행중에 있다. 용접기에 별도의 방호장치가 부착되어 있지 않으며, 작업자는 별도의 보호구를 착용하지 않은 상태에서 작업 중이다.

가) 용접용 보호구
　① 용접용 보안면　② 용접용 장갑
　③ 용접용 앞치마　④ 용접용 안전화
나) 교류아크용접장치의 방호장치 : 자동전격방지장치

03 동영상은 작업장에 설치된 계단을 보여주고 있다. 높이가 3m를 초과하는 계단에는 높이 3m 이내마다 너비 몇 m 이상의 계단참을 설치하여야 하는가? (4점) [기사1902B/기사2002B/기사2004A]

작업장에 설치된 가설계단을 보여주고 있다. 작업자가 계단 주변을 걷다가 계단 설치 시에 만들어진 돌출된 파이프 부분에 부딪히는 재해가 발생한다.

- 1.2m

04 크레인으로 교량을 인양하는 장면을 보여주고 있다. 동영상을 참고하여 크레인 작업 시의 준수사항을 2가지 쓰시오. (5점) [기사1904C/산기2001A/산기2002A/기사2002B/기사2301C]

크레인으로 2줄걸이로 강교량을 인양 중이다. 신호수가 배치되어 있으며, 인양물 아래로 근로자들이 돌아다니는 모습을 보여준다. 인양물에 사람이 타고 있다.

① 인양할 하물을 바닥에서 끌어당기거나 밀어내는 작업을 하지 아니할 것
② 고정된 물체를 직접 분리·제거하는 작업을 하지 아니할 것
③ 미리 근로자의 출입을 통제하여 인양 중인 하물이 작업자의 머리 위로 통과하지 않도록 할 것
④ 인양할 하물이 보이지 아니하는 경우는 어떠한 동작도 하지 아니할 것
⑤ 유류드럼이나 가스통 등 운반 도중에 떨어져 폭발하거나 누출될 가능성이 있는 위험물 용기는 보관함에 담아 안전하게 매달아 운반할 것

▲ 해당 답안 중 2가지 선택 기재

05 동영상은 이동식 비계를 이용한 작업 중 추락재해가 발생하는 것을 보여준다. 이동식 비계의 올바른 설치 기준을 3가지 쓰시오.(6점) [기사1404B/기사1602C/기사1604B/산기1604B/산기1702A/
기사1801B/산기1801B/기사1802A/기사1802B/산기1804B/기사1904B/기사2001B/기사2002B/기사2304A/기사2402A]

이동식 비계를 이용해서 거푸집 설치작업을 진행중인 모습을 보여준다. 비계를 고정하지 않아 흔들리다 작업자가 바닥으로 추락하는 재해가 발생한다.

① 승강용 사다리는 견고하게 설치할 것
② 비계의 최상부에서 작업을 하는 경우에는 안전난간을 설치할 것
③ 작업발판의 최대적재하중은 250킬로그램을 초과하지 않도록 할 것
④ 작업발판은 항상 수평을 유지하고 작업발판 위에서 안전난간을 딛고 작업을 하거나 받침대 또는 사다리를 사용하여 작업하지 않도록 할 것
⑤ 이동식 비계의 바퀴에는 뜻밖의 갑작스러운 이동 또는 전도를 방지하기 위하여 브레이크·쐐기 등으로 바퀴를 고정시킨 다음 비계의 일부를 견고한 시설물에 고정하거나 아웃트리거를 설치하는 등 필요한 조치를 할 것

▲ 해당 답안 중 3가지 선택 기재

06 동영상은 머캐덤 롤러를 보여주고 있다. 다짐작업에 쓰이는 장비로 앞·뒤에 바퀴가 하나씩 있고, 바퀴는 쇠로 되어 있는 건설기계는?(4점) [산기1904A/기사2002B/기사2301B]

롤러를 이용해서 아스팔트를 다지고 있는 모습을 보여주고 있다.

• 탠덤롤러

07 동영상은 작업자가 계단이 없는 이동식 비계에 올라가다가 전기에 감전되는 재해장면을 보여주고 있다. 충전전로에 의한 감전 예방대책을 3가지 쓰시오.(6점)

[산기1901B/기사2002B]

작업자가 이동식 비계에서 용접을 하려고 비계를 올라가다가 전기에 감전되는 사고가 발생한 장면을 보여주고 있다.

① 충전전로를 취급하는 근로자에게 그 작업에 적합한 절연용 보호구를 착용시킬 것
② 충전전로에 근접한 장소에서 전기작업을 하는 경우에는 해당 전압에 적합한 절연용 방호구를 설치할 것
③ 고압 및 특별고압의 전로에서 전기작업을 하는 근로자에게 활선작업용 기구 및 장치를 사용하도록 할 것
④ 충전전로를 방호, 차폐하거나 절연 등의 조치를 하는 경우는 근로자의 신체가 전로와 직접 접촉하거나 도전재료, 공구 또는 기기를 통하여 간접 접촉되지 않도록 할 것

▲ 해당 답안 중 3가지 선택 기재

08 동영상은 작업자 2명이 흡연한 후 그중 1명이 맨홀 뚜껑을 열고 들어간 밀폐공간에서 질식사고가 발생한 것을 보여주고 있다. 작업에 필요한 적정 산소농도와 우려 및 결핍 시의 조치사항을 쓰시오.(5점)

[기사1401B/기사2002B]

작업자 3명이 흡연한 후, 그 중 2명이 맨홀 뚜껑을 열고 들어간 지하실 밀폐공간에서 방수작업 도중 작업자가 쓰러지고 시계를 자주 보여주고 있다.

가) 적정 산소농도 : 공기 중 산소농도가 18% 이상 23.5% 미만
나) 조치사항
① 산소 결핍 우려 시 : 산소의 농도를 측정하는 사람을 지명하여 측정하도록 할 것
② 산소 결핍 인정 시 : 송기를 위한 설비를 설치하여 필요한 양의 공기를 공급할 것

2020년 2회 C형 작업형 기출복원문제

신규문제 2문항 중복문제 6문항

01 동영상은 말비계를 이용한 작업현장을 보여주고 있다. 말비계의 조립 시 지주부재와 수평면의 기울기 기준은 얼마인지 쓰시오. (4점) [기사1802C/기사1804C/기사1902A/기사2002C/기사2003D]

말비계 위에서 작업자가 작업중인 모습을 보여주고 있다.

- 75도 이하

02 동영상은 안전난간을 보여주고 있다. 개구부에 설치하는 동영상에 나오는 구조물의 구조에 대한 설명 중 ( )에 해당하는 값을 채우시오. (4점) [기사1704B/산기1901A/기사1902C/산기1904A/기사2001B/기사2002C/기사2004D]

작업장에 가설구조물이나 개구부 등에서 추락 위험을 방지하기 위해 설치한 안전난간의 모습을 보여주고 있다.

가) (①)은 바닥면 등으로부터 10cm 이상의 높이를 유지
나) 상부 난간대는 바닥면·발판 또는 경사로의 표면으로부터 (②)cm 이상 지점에 설치하고, 상부 난간대를 (③)cm 이하에 설치하는 경우에는 중간 난간대는 상부 난간대와 바닥면 등의 중간에 설치하여야 하며, (③)cm 이상 지점에 설치하는 경우에는 중간 난간대를 2단 이상으로 균등하게 설치하고 난간의 상하 간격은 (④)cm 이하가 되도록 할 것. 다만, 난간기둥 간의 간격이 25cm 이하인 경우에는 중간 난간대를 설치하지 아니할 수 있다.

① 발끝막이판 ② 90 ③ 120 ④ 60

03 동영상은 교량 상부에서 콘크리트 펌프카를 사용한 콘크리트 타설 작업을 보여주고 있다. 콘크리트 펌프 또는 콘크리트 펌프카 사용 시 준수사항을 3가지 쓰시오.(6점) [기사1401A/기사1404A/기사1502B/기사1601B /기사1702A/기사1804B/산기1901A/산기1904A/기사2001A/기사2001B/기사2002C/기사2003D/기사2101C/기사2102B/기사2201B/기사2204B /기사2204C/기사2401B/기사2403C]

신호수가 신호를 하면서 콘크리트 타설작업이 진행 중인 상황을 보여주고 있다. 교량상부에서 콘크리트 펌프카를 사용하여 타설작업 중이다.

① 작업을 시작하기 전에 콘크리트 펌프용 비계를 점검하고 이상을 발견하였으면 즉시 보수할 것
② 건축물의 난간 등에서 작업하는 근로자가 호스의 요동·선회로 인하여 추락하는 위험을 방지하기 위하여 안전 난간 설치 등 필요한 조치를 할 것
③ 콘크리트 펌프카의 붐을 조정하는 경우에는 주변의 전선 등에 의한 위험을 예방하기 위한 적절한 조치를 할 것
④ 작업 중에 지반의 침하, 아웃트리거의 손상 등에 의하여 콘크리트 펌프카가 넘어질 우려가 있는 경우는 이를 방지하기 위한 적절한 조치를 할 것

▲ 해당 답안 중 3가지 선택 기재

04 동영상은 밀폐공간에서의 작업을 보여주고 있다. 밀폐된 공간 즉, 잠함, 우물통, 수직갱 등에서 굴착작업 시 사업주가 준수해야 하는 사항을 3가지 쓰시오.(6점) [기사1901B/기사2002C/기사2003D]

동영상은 우물통 작업현장을 보여주고 있다.

① 굴착깊이가 20m를 초과하는 경우에는 해당 작업장소와 외부와의 연락을 위한 통신설비 등을 설치할 것
② 산소결핍이 우려가 되는 경우에는 산소 농도를 측정하는 사람을 지명하여 측정하도록 할 것
③ 근로자가 안전하게 오르내리기 위한 설비를 설치할 것
④ 굴착깊이가 20m를 초과하는 경우에는 송기를 위한 설비를 설치하여 필요한 양의 공기를 공급할 것

▲ 해당 답안 중 3가지 선택 기재

05 영상은 비계 설치 모습을 보여주고 있다. 산업안전보건법상 강관틀 비계의 설치기준에 대한 다음 설명에서 ( ) 안을 채우시오.(6점)

강관틀 비계가 설치된 작업현장의 모습을 보여주고 있다.

가) 비계기둥의 밑둥에는 밑받침 철물을 사용하여야 하며 밑받침에 고저차(高低差)가 있는 경우에는 조절형 밑받침철물을 사용하여 각각의 강관틀 비계가 항상 수평 및 수직을 유지하도록 할 것
나) 높이가 20m를 초과하거나 중량물의 적재를 수반하는 작업을 할 경우에는 주틀 간의 간격을 (①)m 이하로 할 것
다) 주틀 간에 (②)를 설치하고 최상층 및 5층 이내마다 수평재를 설치할 것
라) 수직방향으로 6m, 수평방향으로 (③)m 이내마다 벽이음을 할 것
마) 길이가 띠장 방향으로 4미터 이하이고 높이가 10미터를 초과하는 경우에는 10미터 이내마다 띠장 방향으로 버팀기둥을 설치할 것

① 1.8   ② 교차 가새   ③ 8

06 동영상은 터널현장에서의 공정 중 한 가지를 찍은 것이다. 동영상에서 보여주는 작업의 작업계획서에 포함되어야 하는 사항을 3가지 쓰시오.(6점)

어두운 터널 안으로 차량이 들어가고 터널 현장의 울퉁불퉁한 모습이 보인다. 근로자가 차량의 기능을 점검한 후 터널 외벽에 콘크리트를 압력공기를 이용하여 타설을 한다.

① 압송거리   ② 분진방지대책   ③ 리바운드방지대책
④ 작업의 안전수칙   ⑤ 사용목적 및 투입장비 등

▲ 해당 답안 중 3가지 선택 기재

07 동영상은 해체작업을 보여주고 있다. 다음 각 물음에 답하시오.(4점)
[기사1404C/기사1501B/기사1601A/기사1702C/기사1704C/기사1901A/기사1902C/기사2002C/기사2003B]

커다란 가위손과 같은 기계장치가 건물을 해체하고 있는 모습을 보여주고 있다.

가) 동영상에서 보여주고 있는 해체 공법을 쓰시오.
나) 동영상에서와 같은 작업 시 해체계획에 포함되어야 할 사항 2가지를 쓰시오.

가) 해체공법의 명칭 : 압쇄공법
나) 해체계획
    ① 해체의 방법 및 해체 순서도면   ② 사업장 내 연락방법
    ③ 해체물의 처분계획   ④ 해체작업용 기계·기구 등의 작업계획서
    ⑤ 해체작업용화약류의 사용계획서
    ⑥ 가설설비·방호설비·환기설비 및 살수·방화설비 등의 방법

▲ 나)의 답안 중 2가지 선택 기재

08 동영상은 이동식 비계를 이용한 작업 중 추락재해가 발생하는 것을 보여준다. 이동식 비계 바퀴의 뜻밖의 갑작스러운 이동 또는 전도를 방지하기 위하여 설치하는 것을 쓰시오.(4점) [기사2002C]

이동식 비계를 이용해서 거푸집 설치작업을 진행중인 모습을 보여준다. 비계를 고정하지 않아 흔들리다 작업자가 바닥으로 추락하는 재해가 발생한다.

• 브레이크·쐐기

2020년 2회 D형 작업형 기출복원문제

신규문제 1문항 중복문제 7문항

01 건물외벽 돌마감 공사현장이다. 작업 중 위험요소 3가지를 쓰시오.(4점)

[기사1601A/기사1701C/기사1901B/기사2002D/기사2104C]

건물 외벽에 석재를 붙이는 동영상이다. 지면으로부터 2m 넘는 곳에 근로자 2명이 작업 중인데, 안전난간은 없고 작업 장소 주변이 각종 공구와 자재로 어지럽다. 위쪽의 작업자는 구두를 신고 있다. 아래쪽에서 작업 중인 작업자는 보호구 착용상태가 불량한데 돌을 들어서 위의 작업자에게 전달하려는 순간 허리가 삐끗하면서 화면이 종료되었다.

① 안전난간이 설치되지 않았다.
② 작업발판이 설치되지 않았다.
③ 작업자가 안전모를 착용하지 않았다.
④ 작업장의 정리정돈 상태가 불량하다.

▲ 해당 답안 중 3가지 선택 기재

02 호이스트 정기점검 중 발생한 재해상황을 보여주고 있다. 해당 재해를 방지하기 위해 착용해야 할 보호구를 쓰시오.(4점)

[기사2002D]

호이스트 크레인의 정기점검 중 발생한 재해상황을 보여주고 있다. 전원이 연결된 호이스트의 내부를 분해하다가 발생한 감전재해이다.

• 내전압용 절연장갑

03 동영상을 보고 ① 재해의 종류, ② 재해의 발생원인, ③ 해결방법을 각각 1가지씩 쓰시오.(6점)

[기사1601C/기사2001B/기사2002D]

타워크레인이 화물을 1줄걸이로 인양해서 올리고 있고, 하부에 근로자가 안전모 턱끈을 매지 않은 채 양중작업을 보지 못하고 지나가고 있는 중에 화물이 탈락하면서 낙하하여 근로자와 충돌하였다.

가) 재해의 종류 : 낙하(맞음)

나) 재해의 발생원인
　① 화물 인양 시 1줄걸이로 인양함으로써 화물이 무게중심을 잃고 낙하했다.
　② 작업 반경 내 출입금지구역에 근로자가 출입하였다.
　③ 작업자가 안전모를 안전하게 착용하지 않았다.
　④ 신호수를 배치하지 않았다.

다) 대책
　① 화물을 인양할 때는 반드시 2줄 걸이로 하도록 한다.
　② 인양작업 중 근로자의 출입을 금지한다.
　③ 작업자는 안전모 등 개인보호구를 안전하게 착용한다.
　④ 신호수를 배치한다.

▲ 나)와 다) 답안 중 각각 1가지씩 선택 기재

04 동영상은 터널공사현장과 자동경보장치를 보여주고 있다. 터널공사 시 자동경보장치의 당일 작업 시작 전 점검 및 보수사항 3가지를 쓰시오.(6점)　[기사1704C/산기1801B/기사1901C/산기1904B/기사2002D/기사2004D]

터널공사 현장을 보여주고 있다. 터널 진입로 입구에 설치된 사각형 박스(자동경보장치)를 집중적으로 보여준 후 터널 내부를 보여준다.

① 계기의 이상유무　② 검지부의 이상유무　③ 경보장치의 이상유무

05 동영상은 비계 조립, 해체, 변경작업을 하는 중 강관비계(아시바)가 떨어져 밑에 있던 근로자가 맞는 장면이다. 동영상을 참조하여 비계의 해체작업 시 위험요소를 4가지 쓰시오.(4점) [기사2002D/산기2003B/산기2004B]

동영상은 비계 조립, 해체, 변경작업을 하는 모습을 보여주고 있다. 작업발판 없이 비계에서 비계를 해체중이다. 안전모의 턱끈이 풀린 작업자가 아래쪽에 지나가고 있다. 비계를 해체한 작업자가 해체된 비계발판을 아래로 집어던지자 아래쪽 작업자가 놀라는 모습을 보여준다.

① 작업발판을 설치하지 않았다.
② 안전대 부착설비 및 안전대를 착용하지 않았다.
③ 작업에 종사하는 근로자 외에 사람이 작업구역에 출입하고 있다.
④ 해체한 비계를 아래로 내릴 때 달줄 또는 달포대를 사용하지 않았다.
⑤ 작업근로자가 안전모 등 개인보호구를 정확하게 착용하지 않았다.

▲ 해당 답안 중 4가지 선택 기재

06 동영상은 노면을 깎는 작업을 보여주고 있다. 건설기계의 명칭과 용도 3가지를 쓰시오.(4점)
[기사1501B/기사1601B/기사1602C/기사1802A/기사1901C/기사2002D/산기2101A/기사2102A/기사2201A/기사2403C]

차량계 건설기계를 이용해서 노면을 깎는 작업을 보여주고 있다.

가) 명칭 : 불도저
나) 용도
  ① 지반의 정지작업   ② 굴착작업
  ③ 적재작업   ④ 운반작업

▲ 나)의 답안 중 3가지 선택 기재

07 영상은 거푸집 동바리의 설치 잘못으로 인해 거푸집이 붕괴하는 사고를 보여주고 있다. 거푸집 동바리 조립 작업 시 준수사항(안전대책) 3가지를 쓰시오.(6점) [기사1504B/기사1602A/기사1701B/기사1804B/기사2002D/기사2403B]

거푸집 동바리가 붕괴되는 재해상황을 보여주고 있다. 재해상황을 보여주기 전 거푸집 동바리 설치 작업 시 동바리의 위치가 불량한 것과 수평연결재를 설치하지 않은 것, 각재가 파손되거나 변형된 것 등을 보여준다.

① 받침목이나 깔판의 사용, 콘크리트 타설, 말뚝박기 등 동바리의 침하를 방지하기 위한 조치를 할 것
② 동바리의 상하 고정 및 미끄러짐 방지 조치를 할 것
③ 상부·하부의 동바리가 동일 수직선상에 위치하도록 하여 깔판·받침목에 고정시킬 것
④ 개구부 상부에 동바리를 설치하는 경우에는 상부하중을 견딜 수 있는 견고한 받침대를 설치할 것
⑤ 동바리의 이음은 같은 품질의 재료를 사용할 것
⑥ 강재의 접속부 및 교차부는 볼트·클램프 등 전용철물을 사용하여 단단히 연결할 것
⑦ 거푸집의 형상에 따른 부득이한 경우를 제외하고는 깔판이나 받침목은 2단 이상 끼우지 않도록 할 것
⑧ 깔판이나 받침목을 이어서 사용하는 경우에는 그 깔판·받침목을 단단히 연결할 것

▲ 해당 답안 중 3가지 선택 기재

08 동영상은 굴착작업 현장을 보여주고 있다. 굴착작업에 있어서 지반의 붕괴 또는 매설물 기타 지하공작물의 손괴 등에 의하여 근로자에게 위험을 미칠 우려가 있는 때에 미리 작업장소 및 그 주변의 지반에 대하여 조사하여야 할 사항을 3가지 쓰시오.(6점) [기사1704B/기사1901C/기사2002D/기사2201B/기사2202C]

백호로 굴착중인 작업현장을 보여주고 있다. 주변 지층이 연약지반이어서인지 지반의 붕괴 위험이 있어 위험해 보인다.

① 형상·지질 및 지층의 상태   ② 매설물 등의 유무 또는 상태
③ 지반의 지하수위 상태   ④ 균열·함수·용수 및 동결의 유무 또는 상태

▲ 해당 답안 중 3가지 선택 기재

2020년 2회 E형 작업형 기출복원문제

신규문제 0문항 중복문제 8문항

01 동영상은 옥상 위에 설치된 지브 크레인의 모습을 보여주고 있다. 동영상에서와 같이 구조물 위에 크레인을 설치할 경우 구조적인 안전성을 위해 사전에 검토해야 할 사항을 3가지 쓰시오.(6점)

[산기1804B/기사2002E]

건물 외부 공사를 위해 건물 옥상에 설치된 지브 크레인을 보여주고 있다.

① 전도에 대한 안전성
② 활동에 대한 안전성
③ 지반 지지력에 대한 안전성

02 동영상에서와 같은 건설현장에서 철골작업 시 작업을 중지하여야 하는 기후조건 3가지를 쓰시오.(6점)

[기사1402A/산기1501A/산기1604B/산기1701B/산기1702B/
기사1704B/산기1801A/산기1802B/기사1901A/산기1902B/산기1904B/기사2002E/산기2004B]

철골구조물 건립 공사현장을 보여주고 있다.

① 풍속이 초당 10m 이상인 경우
② 강우량이 시간당 1mm 이상인 경우
③ 강설량이 시간당 1cm 이상인 경우

03 동영상은 항타기 작업 중 무너지는 장면을 보여주고 있다. 무너짐 방지 방법 3가지를 쓰시오.(6점)

[산기1701A/기사1701C/산기1801B/기사1802B/기사1904C/기사2002E/기사2004D/기사2101B]

연약지반에 별도의 보강작업 없이 항타 작업을 진행 중에 항타기가 밀리면서 전도된 상황을 보여주고 있다.

① 연약한 지반에 설치하는 경우에는 아웃트리거·받침 등 지지구조물의 침하를 방지하기 위하여 깔판·받침목 등을 사용할 것
② 시설 또는 가설물 등에 설치하는 경우에는 그 내력을 확인하고 내력이 부족하면 그 내력을 보강할 것
③ 아웃트리거·받침 등 지지구조물이 미끄러질 우려가 있는 경우에는 말뚝 또는 쐐기 등을 사용하여 해당 지지구조물을 고정시킬 것
④ 궤도 또는 차로 이동하는 항타기 또는 항발기에 대해서는 불시에 이동하는 것을 방지하기 위하여 레일 클램프(rail clamp) 및 쐐기 등으로 고정시킬 것
⑤ 상단 부분은 버팀대·버팀줄로 고정하여 안정시키고, 그 하단 부분은 견고한 버팀·말뚝 또는 철골 등으로 고정시킬 것

▲ 해당 답안 중 3가지 선택 기재

04 동영상은 기존 도로와 작업장 진입로를 보여주고 있다. 도로와 작업장에 높이 차이가 있거나 차로의 노면이 작업장의 주차장으로 잠식될 우려가 있는 경우의 조치사항을 2가지 쓰시오.(4점) [기사1802B/기사2002E]

작업장 옆 도로와 작업장을 빨간색 고깔로 구분해 놓은 모습을 보여주고 있다.

① 연석   ② 방호울타리

2020년 2회 E형 645

05 동영상은 근로자가 손수레에 모래를 싣고 작업 중 사고가 발생하였다. 다음 물음에 답을 쓰시오.(6점)

[기사1501C/기사1602B/기사1901A/기사2002E]

근로자가 리프트를 타고 손수레에 모래를 가득 싣고 작업하는 중으로 모래를 뒤로 가면서 뿌리고 있다. 작업 장소는 리프트 설치 장소이고, 안전난간이 해체된 상태에서 뒤로 추락하는 모습이며 안전모의 턱 끈은 풀린 상태이다.

가) 리프트의 안전장치를 2가지 쓰시오.
나) 사고의 종류를 쓰시오.
다) 재해 발생원인을 2가지 쓰시오.

가) 안전장치　① 과부하방지장치
　　　　　　② 권과방지장치
　　　　　　③ 비상정지장치

나) 사고의 종류 : 추락(떨어짐)

다) 재해 발생원인
　　① 운전한계를 초과할 때까지 적재하였다.
　　② 1인이 운반하여 주변상황을 파악하지 못하였다.
　　③ 추락 위험이 있는 곳에 안전난간이 설치되지 않았다.

▲ 가)와 다) 답안 중 각각 2가지씩 선택 기재

06 동영상은 교량 상부의 콘크리트 타설 작업을 보여주고 있다. 동영상을 참고하여 콘크리트 타설에 사용되는 건설기계의 장비의 이름을 쓰시오.(4점)

[기사2002E/기사2201C]

콘크리트 펌프카를 이용하여 교량 상부에 콘크리트 타설을 하는 모습을 보여주고 있다.

• 콘크리트 펌프카

07 동영상은 아파트 단지 내에서 하수관로 매설작업을 수행하고 있는 전경을 보여주고 있다. 동영상을 참고하여 재해방지를 위한 조치사항 2가지를 쓰시오.(4점) [기사1404A/기사1502B/기사1604A/기사1701C/ 기사1902C/기사2002A/기사2002E/기사2004A/산기2004A/기사2101A]

첫호가 흄관을 1줄걸이로 인양해서 올리고 있고, 흄관 아래에 근로자가 안전모 턱끈을 매지 않은 채 관로를 청소중이다. 신호수가 보이고 있으나 백호 운전자는 시야확보가 힘든지 작업에 어려움을 표시하고 있다. 신호수가 흄관을 손으로 당기는데 흄관이 탈락하면서 낙하하여 근로자와 충돌하였다.

① 긴 자재 인양 시 2줄걸이 한다. ② 인양작업 중 근로자의 출입을 금지한다.
③ 유도하는 사람을 배치한다.

▲ 해당 답안 중 2가지 선택 기재

08 동영상은 철골구조물 건립작업 현장을 보여주고 있다. 철골구조물 건립 중 강풍에 의한 풍압 등 외압에 대한 내력이 설계에 고려되었는지 확인할 대상 구조물을 3가지 쓰시오.(6점) [기사1801B/기사2002E]

철골구조물 건립 공사현장을 보여주고 있다. 바람에 철골구조물의 보조자재들이 날리는 모습을 보여준다.

① 높이 20미터 이상의 구조물 ② 구조물의 폭과 높이의 비가 1:4 이상인 구조물
③ 단면구조에 현저한 차이가 있는 구조물 ④ 연면적당 철골량이 50kg/m² 이하인 구조물
⑤ 이음부가 현장용접인 구조물 ⑥ 기둥이 타이플레이트(Tie plate)형인 구조물

▲ 해당 답안 중 3가지 선택 기재

2020년 1회 A형 작업형 기출복원문제

01 동영상은 콘크리트 믹서 트럭의 바퀴를 물로 씻는 장면을 보여주고 있다. 이 장비의 이름과 용도를 쓰시오. (4점)

[산기1904A/산기2003A/기사2001A/기사2304C]

공사현장에 출입하는 콘크리트 믹서 트럭이 공사현장을 떠나는 출구쪽에서 별도의 장비를 통과하는 모습을 보여준다. 해당 장비에서는 물이 분무되고 콘크리트 믹서 트럭의 바퀴에 묻은 흙 등을 씻어내는 모습을 보여준다.

① 이름 : 세륜기
② 용도 : 건설기계의 바퀴에 묻은 분진이나 토사를 제거한다.

02 동영상은 작업발판 위에서 작업 중 발생한 재해를 보여주고 있다. 영상에서 확인되는 작업 시 유의사항 3가지를 쓰시오.(6점)

[기사1504A/기사1702A/산기1704A/기사2001A/기사2202B]

동영상은 구두를 신고 도장작업을 하며 도장부위에 해당하는 위만 바라보면서 옆으로 이동하다 추락하는 재해상황을 보여주고 있다.

① 작업발판의 설치 불량   ② 관리감독의 소홀
③ 작업방법 및 자세 불량 ④ 안전대 미착용
⑤ 안전난간의 미설치   ⑥ 추락방호망의 미설치

▲ 해당 답안 중 3가지 선택 기재

03 동영상은 이동식 비계를 이용한 작업 중 추락재해가 발생하는 것을 보여준다. 이동식 비계의 올바른 설치 기준을 3가지 쓰시오.(6점) [기사1404B/기사1602C/기사1604B/산기1604B/산기1702A/ 기사1801B/산기1801B/기사1802A/기사1802B/산기1804B/기사1904B/기사2001A/기사2002B/기사2304A/기사2402A]

이동식 비계를 이용해서 거푸집 설치작업을 진행중인 모습을 보여준다. 비계를 고정하지 않아 흔들리다 작업자가 바닥으로 추락하는 재해가 발생한다.

① 승강용 사다리는 견고하게 설치할 것
② 비계의 최상부에서 작업을 하는 경우에는 안전난간을 설치할 것
③ 작업발판의 최대적재하중은 250킬로그램을 초과하지 않도록 할 것
④ 작업발판은 항상 수평을 유지하고 작업발판 위에서 안전난간을 딛고 작업을 하거나 받침대 또는 사다리를 사용하여 작업하지 않도록 할 것
⑤ 이동식 비계의 바퀴에는 뜻밖의 갑작스러운 이동 또는 전도를 방지하기 위하여 브레이크·쐐기 등으로 바퀴를 고정시킨 다음 비계의 일부를 견고한 시설물에 고정하거나 아웃트리거를 설치하는 등 필요한 조치를 할 것

▲ 해당 답안 중 3가지 선택 기재

04 영상은 추락방호망이 설치된 작업현장을 보여주고 있다. 추락방호망 설치 시 망의 처짐에 대한 기준에 대한 설명의 빈칸을 채우시오.(4점) [기사1801A/기사1904A/기사2104C/기사2204C/기사2301B/기사2302B/기사2402B/기사2403C]

건설현장에 설치된 추락방호망을 보여주고 있다. 망의 처짐이 다소 길어 보수가 필요한 것으로 판단된다.

추락방호망의 설치 시 방망의 중앙부 처짐은 방망의 짧은 변 길이의 (　　) 이상이 되어야 한다.

• 12%

05 동영상은 터널 내부에서 장약을 넣고 있는 작업자들과 전체 작업장을 보여준 후 터널 외부를 보여주고 폭파하는 듯 주변이 떨림이 발생한다. 장약 사용 시 준수사항 3가지를 쓰시오.(6점)

[기사1601C/기사1704C/기사2001A/기사2002A/기사2004B/기사2104B/기사2403A]

터널 내부에서 장약을 넣고 있는 작업자들과 전체 작업장을 보여준 후 터널 외부를 보여주고 폭파하는 듯 주변의 떨림이 발생하는 것을 보여준다.

① 약포를 발파공 내에서 강하게 압착하지 않아야 한다.
② 인접장소에서 전기용접 등의 작업이나 흡연을 금지시킨다.
③ 장전물에는 종이, 솜 등을 사용하지 않아야 한다.
④ 전기뇌관을 사용할 때에는 전선, 모터 등에 접근하지 않도록 하여야 한다.
⑤ 천공작업이 완료된 후 장약작업을 실시하여야 하며 천공·장약의 동시작업을 하지 않아야 한다.
⑥ 폭약을 장전할 때는 발파구멍을 잘 청소하며 이 때 공저까지 완전히 청소하여 작은 돌 등을 남기지 않아야 한다.
⑦ 장약봉은 똑바르고 옹이가 없는 목재 등 부도체로 하고 장전구는 마찰, 정전기 등에 의한 폭발의 위험성이 없는 절연성의 것을 사용하여야 한다.

▲ 해당 답안 중 3가지 선택 기재

06 동영상은 굴착작업 현장을 보여주고 있다. 모래 기울기 구배기준을 쓰시오.(4점)   [기사2001A]

백호의 굴착작업 현장 모습을 보여주고 있다.

- 1 : 1.8

07 동영상은 터널현장에서의 공정 중 한 가지를 찍은 것이다. 동영상을 참고하여 다음 각 물음에 답하시오.(4점)
[기사1401C/기사1402C/산기1802B/기사1804B/기사2001A]

어두운 터널 안으로 차량이 들어가고 터널 현장의 울퉁불퉁한 모습이 보인다. 근로자가 차량의 기능을 점검한 후 터널 외벽에 콘크리트를 압력공기를 이용하여 타설을 한다.

가) 동영상에서 작업하고 있는 공정의 명칭을 쓰시오.
나) 작업계획서 내 포함사항을 3가지 쓰시오.

가) 공정 명 : 숏크리트 타설 공정
나) 작업계획서 포함사항
　① 압송거리　　　　② 분진방지대책　　　③ 리바운드 방지 대책
　④ 작업의 안전수칙　⑤ 사용목적 및 투입장비　⑥ 건식, 습식공법의 선택
　⑦ 노즐의 분사출력기준　⑧ 재료의 혼입기준

▲ 나)의 답안 중 3가지 선택 기재

08 동영상은 교량 상부에서 콘크리트 펌프카를 사용한 콘크리트 타설 작업을 보여주고 있다. 콘크리트 펌프카 사용 시 준수사항을 3가지 쓰시오.(6점)
[기사1401A/기사1404A/기사1502B/기사1601B/기사1702A/기사1804B/산기1901A/산기1904A/기사2001A/기사2001B/기사2002C/기사2003D/기사2101C/기사2102B/기사2201B/기사2204B/기사2204C/기사2401B/기사2403C]

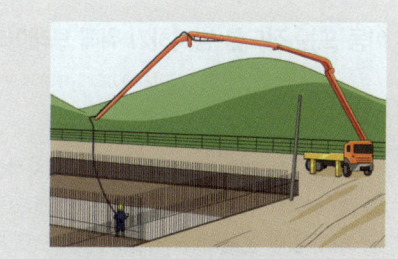

신호수가 신호를 하면서 콘크리트 타설작업이 진행 중인 상황을 보여주고 있다. 교량상부에서 콘크리트 펌프카를 사용하여 타설작업 중이다.

① 작업을 시작하기 전에 콘크리트 펌프용 비계를 점검하고 이상을 발견하였으면 즉시 보수할 것
② 건축물의 난간 등에서 작업하는 근로자가 호스의 요동·선회로 인하여 추락하는 위험을 방지하기 위하여 안전난간 설치 등 필요한 조치를 할 것
③ 콘크리트 펌프카의 붐을 조정하는 경우에는 주변의 전선 등에 의한 위험을 예방하기 위한 적절한 조치를 할 것
④ 작업 중에 지반의 침하, 아웃트리거의 손상 등에 의하여 콘크리트 펌프카가 넘어질 우려가 있는 경우는 이를 방지하기 위한 적절한 조치를 할 것

▲ 해당 답안 중 3가지 선택 기재

2020년 1회 B형 작업형 기출복원문제

신규문제 0문항   중복문제 8문항

01 동영상은 노면 정리작업 현장을 보여주고 있다. 해당 건설기계의 명칭과 해당 건설기계를 사용하여 작업할 때 작업계획서 작성에 포함되어야 할 사항 3가지를 쓰시오.(6점)

[기사1401B/기사1502A/산기1801A/기사1804C/기사2001B]

차량계 건설기계를 이용하여 작업장 진입로의 노면을 정리하고 있는 모습을 보여주고 있다.

가) 건설기계의 명칭 : 로더
나) 작업계획서 포함사항
  ① 사용하는 차량계 건설기계의 종류 및 성능
  ② 차량계 건설기계의 운행경로
  ③ 차량계 건설기계의 작업방법

02 동영상을 참고하여 이동식 비계 바퀴의 뜻밖의 갑작스러운 이동 또는 전도를 방지하기 위해 브레이크·쐐기 등으로 바퀴를 고정하는 장치의 이름을 쓰시오.(4점)

[기사1901C/기사1904C/기사2001B]

이동식 비계를 이용해서 거푸집 설치작업을 진행중인 모습을 보여준다. 비계를 고정하지 않아 흔들리다 작업자가 바닥으로 추락하는 재해가 발생한다.

• 아웃트리거

03 동영상은 철조망 안쪽에 변압기(=임시배전반) 설치장소의 충전부에 접촉하여 감전사고가 발생한 것을 보여주고 있다. 간접접촉 예방대책 3가지를 쓰시오.(6점) [기사1401B/기사1404B/산기1501A/기사1502B/산기1504B/ 기사1601A/기사1601C/산기1602A/산기1604B/산기1701A/기사1702C/기사1704B/기사1804A/기사2001B]

동영상은 건설현장의 한쪽에 마련된 임시배전반이 설치된 장소를 보여주고 있다. 새로운 장비의 설치를 위해서 일부 근로자가 임시배전반이 보관된 철조망 안으로 들어가서 변압기를 옮기다가 노출된 충전부에 접촉하여 감전재해가 발생하는 모습을 보여주고 있다.

① 충전부가 노출되지 않도록 폐쇄형 외함이 있는 구조로 할 것
② 충전부에 충분한 절연효과가 있는 방호망이나 절연덮개를 설치할 것
③ 충전부는 내구성이 있는 절연물로 완전히 덮어 감쌀 것
④ 발전소·변전소 및 개폐소 등 구획된 장소로서 관계 근로자가 아닌 사람의 출입이 금지되는 장소에 충전부를 설치하고, 위험표시 등의 방법으로 방호를 강화할 것
⑤ 전주 위 및 철탑 위 등 격리된 장소로서 관계 근로자가 아닌 사람이 접근할 우려가 없는 장소에 충전부를 설치할 것

▲ 해당 답안 중 3가지 선택 기재

04 동영상을 보고 ① 재해의 종류, ② 재해의 발생원인, ③ 해결방법을 각각 1가지씩 쓰시오.(6점) [기사1601C/기사2001B/기사2002D]

타워크레인이 화물을 1줄걸이로 인양해서 올리고 있고, 하부에 근로자가 안전모 턱끈을 매지 않은 채 양중작업을 보지 못하고 지나가고 있는 중에 화물이 탈락하면서 낙하하여 근로자와 충돌하였다.

① 재해의 종류 : 낙하(맞음)
② 재해의 발생원인 : 화물 인양 시 1줄걸이로 인양함으로써 화물이 무게중심을 잃고 낙하했다.
③ 대책 : 화물을 인양할 때는 반드시 2줄 걸이로 하도록 한다.

05 동영상은 작업장에 설치된 가설통로를 보여주고 있다. 가설통로 설치 시 준수사항 3가지를 쓰시오.(단, 견고한 구조로 할 것은 제외)(4점) [기사1801B/기사2001B/산기2003B/기사2202B/기사2304C]

영상은 작업장에 설치된 가설통로의 설치현황을 보여주고 있다.

① 경사는 30도 이하로 할 것
② 경사가 15도를 초과하는 경우에는 미끄러지지 아니하는 구조로 할 것
③ 추락할 위험이 있는 장소에는 안전난간을 설치할 것
④ 수직갱에 가설된 통로의 길이가 15m 이상인 경우는 10m 이내마다 계단참을 설치할 것
⑤ 건설공사에 사용하는 높이 8m 이상인 비계다리에는 7m 이내마다 계단참을 설치할 것

▲ 해당 답안 중 3가지 선택 기재

06 영상은 백호를 이용해 작업하던 중 운전자가 내려 이탈한다. 동영상에서 확인 가능한 위험요인 3가지를 쓰시오.(6점) [기사1704C/기사1901A/기사2001B/기사2104B/기사2201A/기사2202B/기사2204A]

백호가 굴착한 흙을 덤프트럭에 싣고 있는 작업을 보여준 후 작업자가 갑자기 작업중에 화장실에 간다면서 시동이 걸린 상태에서 차량에서 이탈하는 모습을 보여준다.

① 포크, 버킷, 디퍼 등의 장치를 가장 낮은 위치 또는 지면에 내려 두지 않았다.
② 원동기를 정지시키고 브레이크를 거는 등 갑작스러운 주행이나 이탈을 방지하기 위한 조치를 하지 않았다.
③ 운전석을 이탈하는 경우에는 시동키를 운전대에서 분리시키지 않았다.

07 동영상은 교량 상부에서 콘크리트 펌프카를 사용한 콘크리트 타설 작업을 보여주고 있다. 콘크리트 펌프 또는 콘크리트 펌프카 사용 시 준수사항을 3가지 쓰시오.(6점) [기사1401A/기사1404A/기사1502B/기사1601B/기사1702A/기사1804B/산기1901A/산기1904A/기사2001A/기사2001B/기사2002C/기사2003D/기사2101C/기사2102B/기사2201B/기사2204B/기사2204C/기사2401B/기사2403C]

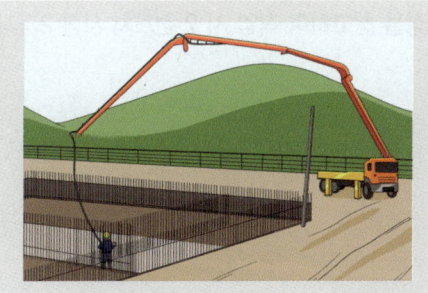

신호수가 신호를 하면서 콘크리트 타설작업이 진행 중인 상황을 보여주고 있다. 교량상부에서 콘크리트 펌프카를 사용하여 타설작업 중이다.

① 작업을 시작하기 전에 콘크리트 펌프용 비계를 점검하고 이상을 발견하였으면 즉시 보수할 것
② 건축물의 난간 등에서 작업하는 근로자가 호스의 요동·선회로 인하여 추락하는 위험을 방지하기 위하여 안전난간 설치 등 필요한 조치를 할 것
③ 콘크리트 펌프카의 붐을 조정하는 경우에는 주변의 전선 등에 의한 위험을 예방하기 위한 적절한 조치를 할 것
④ 작업 중에 지반의 침하, 아웃트리거의 손상 등에 의하여 콘크리트 펌프카가 넘어질 우려가 있는 경우는 이를 방지하기 위한 적절한 조치를 할 것

▲ 해당 답안 중 3가지 선택 기재

08 동영상은 안전난간을 보여주고 있다. 개구부에 설치하는 동영상에 나오는 구조물의 구조에 대한 설명 중 ( )에 해당하는 값을 채우시오.(4점) [기사1704B/산기1901A/기사1902C/산기1904A/기사2001B/기사2002C/기사2004D]

작업장에 가설구조물이나 개구부 등에서 추락 위험을 방지하기 위해 설치한 안전난간의 모습을 보여주고 있다.

상부 난간대는 바닥면·발판 또는 경사로의 표면("바닥면 등")으로부터 90센티미터 이상 지점에 설치하고, 상부 난간대를 120센티미터 이하에 설치하는 경우에는 중간 난간대는 상부 난간대와 바닥면 등의 중간에 설치하여야 하며, 120센티미터 이상 지점에 설치하는 경우에는 중간 난간대를 2단 이상으로 균등하게 설치하고 난간의 상하 간격은 ( ) 이하가 되도록 할 것. 다만, 난간기둥 간의 간격이 25센티미터 이하인 경우에는 중간 난간대를 설치하지 아니할 수 있다.

• 60센티미터

2020년 1회 C형 작업형 기출복원문제

신규문제 4문항 중복문제 4문항

01 영상은 지하층 파일 작업 현장을 보여주고 있다. 동영상을 참고하여 작업 시 안전조치 사항 2가지를 쓰시오. (4점)
[기사2001C]

사면에 콘크리트 말뚝을 시공하는 영상이다. 말뚝에 파란색 캡을 씌우고 주변 지반을 파란색 천막으로 덮는 것을 보여준다.

① 지표수의 유입이 되지 않도록 한다.
② 지하수 유출, 지반의 이완 및 침하, 각종 부재의 변형 등을 수시로 점검하고 이상이 있을 시 안전성을 검토하도록 한다.

02 동영상은 흙막이를 보여주면서 H형으로 된 줄이 이어져 있는 것을 보여주고, 다음 화면은 흙막이에 연결되어 있던 선로에 노란색으로 되어 있는 사각형의 기계를 보여준다. 이 공법의 명칭과 동영상에 보여준 계측기의 종류와 용도를 3가지 쓰시오.(5점)
[기사1501B/기사1601C/기사1602C/기사1804A/기사2001C]

동영상은 흙막이를 보여주면서 H형으로 된 줄이 이어져 있는 것을 보여주고, 다음 화면은 흙막이에 연결되어 있던 선로에 노란색으로 되어 있는 사각형의 기계를 연달아 보여준다.

가) 명칭 : 어스앵커공법
나) 계측기의 종류와 용도
 ① 지표침하계 - 지표면의 침하량을 측정
 ② 수위계 - 지반 내 지하수위의 변화 측정
 ③ 지중경사계 - 지중의 수평 변위량을 측정

03 영상은 비계의 설치 작업을 보여주고 있다. 비계의 설치 중 연결철물의 역할이나 기능을 2가지 쓰시오. (4점)
[기사2001C]

비계의 설치작업 모습을 보여주고 있다. 비계의 흔들림과 붕괴를 방지하기 위해서 비계를 바닥이나 콘크리트 벽체와 연결하는 전용철물을 고정하고 있는 모습이다.

① 풍하중으로 인한 무너짐 방지
② 편심하중으로 인한 무너짐 방지

04 영상은 비계의 조립 작업을 보여주고 있다. 영상의 비계 조립 작업 시 준수사항 3가지를 쓰시오.(6점)
[기사2001C/기사2302C]

시스템 비계의 조립작업을 보여주고 있다.

① 경사진 바닥에 설치하는 경우에는 피벗형 받침 철물 또는 쐐기 등을 사용하여 밑받침 철물의 바닥면이 수평을 유지하도록 할 것
② 비계 내에서 근로자가 상하 또는 좌우로 이동하는 경우에는 반드시 지정된 통로를 이용하도록 주지시킬 것
③ 비계 작업 근로자는 같은 수직면상의 위와 아래 동시 작업을 금지할 것
④ 작업발판에는 제조사가 정한 최대적재하중을 초과하여 적재해서는 아니 되며, 최대적재하중이 표기된 표지판을 부착하고 근로자에게 주지시키도록 할 것
⑤ 비계 기둥의 밑둥에는 밑받침 철물을 사용하여야 하며, 밑받침에 고저차가 있는 경우에는 조절형 밑받침 철물을 사용하여 시스템 비계가 항상 수평 및 수직을 유지하도록 할 것
⑥ 가공전로에 근접하여 비계를 설치하는 경우에는 가공전로를 이설하거나 가공전로에 절연용 방호구를 설치하는 등 가공전로와 의 접촉을 방지하기 위하여 필요한 조치를 할 것

▲ 해당 답안 중 3가지 선택 기재

05 동영상은 철근을 인력으로 운반하는 모습이다. 이와 같은 운반작업을 할 때 주의하여야 할 사항을 3가지 쓰시오.(5점)　　[산기1401B/기사1504B/산기1604A/기사1702B/기사2001C/산기2002A/기사2302B]

철근을 운반하는 중 철근 위에서 잠시 쉬고 있는 근로자들의 모습을 보여주고 있다.

① 1인당 무게는 25kg 정도가 적절하며, 무리한 운반을 삼가야 한다.
② 2인 이상이 1조가 되어 어깨메기로 하여 운반하는 등 안전을 도모하여야 한다.
③ 긴 철근을 부득이 한 사람이 운반할 때에는 한쪽 어깨에 메고 한쪽 끝(뒤)을 끌면서 운반하여야 한다.
④ 운반할 때는 양 끝을 묶어서 운반한다.
⑤ 내려놓을 때는 천천히 내려놓고 던지지 않아야 한다.
⑥ 공동작업을 할 때는 신호에 따라 작업을 한다.

▲ 해당 답안 중 3가지 선택 기재

06 영상은 크레인을 이용한 화물의 인양작업을 보여주고 있다. 화물 인양 시 훅에 매다는 로프의 각도 기준에 대해 쓰시오.(4점)　　[기사2001C]

타워크레인이 화물을 1줄걸이로 인양해서 화물트럭에 적재하고 있다. 트럭에는 안전모를 쓰지 않은 작업자 1인이 작업을 돕고 있다. 인양작업 중에 화물에 부딪힐뻔 하는 모습을 보여주기도 한다.

• 60° 이하

07 동영상은 굴착작업 현장을 보여주고 있다. 굴착작업 시 지반 붕괴 또는 토석에 의한 근로자 위험 발생 시 위험을 방지하기 위한 조치사항을 3가지 쓰시오.(4점)

[기사1401B/산기1402A/기사1501B/ 기사1702B/기사1702C/기사1801C/산기1804B/기사1901C/기사2001C]

백호의 굴착작업 현장 모습을 보여주고 있다.

① 흙막이 지보공의 설치
② 방호망의 설치
③ 근로자의 출입 금지

08 동영상은 항타작업 현장을 보여주고 있다. 항타작업에 사용하는 권상용 와이어로프의 사용제한 조건을 3가지 쓰시오.(6점)

[산기1404B/기사1502A/산기1604B/산기1702B/산기1802A/기사1804C/기사2001C/산기2004A/기사2004C/기사2202A/기사2204A]

항타기를 이용하여 전주를 세우는 작업을 보여주고 있다.

① 이음매가 있는 것
② 와이어로프의 한꼬임에서 끊어진 소선의 수가 10% 이상인 것
③ 지름의 감소가 공칭지름의 7%를 초과한 것
④ 심하게 변형 또는 부식된 것
⑤ 꼬인 것
⑥ 열과 전기충격에 의해 손상된 것

▲ 해당 답안 중 3가지 선택 기재

2019년 4회 A형 작업형 기출복원문제

신규문제 2문항   중복문제 6문항

01 동영상은 말비계를 이용한 작업현장을 보여주고 있다. 작업 중 근로자가 착용해야 하는 보호구 2가지를 쓰시오.(4점) [기사1801C/기사1904A/기사2104B/기사2202C]

말비계 위에서 작업자가 아파트 계단 콘크리트 벽면을 핸드그라인더로 정리하는 작업을 보여주고 있다. 분진이 안개처럼 뿌옇게 작업자를 덮친다.

① 방진마스크
② 보안경

02 동영상은 타워크레인 작업상황을 보여주고 있다. 해당 작업을 진행하는데 있어서 구비해야 할 방호장치를 3가지 쓰시오.(6점) [산기1404B/산기1601A/산기1702B/기사1802A/기사1804A/산기1804B/기사1902B/기사1904A/기사2003C/기사2301A]

건설현장에서 타워크레인으로 화물을 인양하는 모습을 보여주고 있다.

① 과부하방지장치
② 권과방지장치
③ 비상정지장치 및 제동장치

03 동영상은 작업자 3명이 흡연 후 개구부를 열고 들어가 밀폐공간에서 질식사고가 발생하는 장면을 보여주고 있다. 산소결핍이 우려되는 밀폐공간에서 작업 시의 문제점을 3가지 쓰시오.(6점)

[기사1601C/기사1702B/기사1904A/기사2004A/기사2101B/기사2104B]

작업자 3명이 흡연한 후, 그 중 2명이 맨홀 뚜껑을 열고 들어간 지하실 밀폐공간에서 방수작업을 하고 있다. 일정 시간이 흐른 후 (시계를 자주 보여준다)에 남은 작업자 1명이 밀폐공간을 확인하니 2명이 작업자가 쓰러져 있는 모습을 보여주고 있다.

① 작업 시작 전 산소농도 및 유해가스 농도를 측정하지 않았다.
② 산소결핍 위험장소에 들어갈 때는 호흡용 보호구를 반드시 착용해야 하는데 하지 않았다.
③ 감시인을 배치하지 않았다.

04 동영상에서는 공사현장의 모습을 보여주고 있다. 동영상에서 보여주는 흙막이 공법의 이름을 쓰시오.(4점)

[기사1904A/기사2004C/기사2104A/기사2201A]

동영상은 흙막이를 보여주면서 H형으로 된 줄이 이어져 있는 것을 보여주고, 다음 화면은 흙막이에 연결되어있던 선로에 노란색으로 되어 있는 사각형의 기계를 연달아 보여준다.

• 어스앵커공법

05 동영상은 굴착기계로 터널굴착을 하고 작업한 흙을 버리는 장면을 보여준다. 터널굴착기계의 가) 명칭과 나) 작업계획에 포함되어야 할 사항 2가지를 쓰시오.(4점)

[기사1501C/기사1701B/기사1801A/기사1802B/기사1902B/기사1904A/기사2002A/기사2102B/기사2302B/기사2302C]

영상은 터널굴착작업 현장을 보여주고 있다. 굴착 후 나온 흙을 버리는 장면을 보여주고 있다.

가) 명칭 : T.B.M(Tunnel Boring Machine)
나) 작업계획 포함사항
　① 굴착의 방법
　② 터널지보공 및 복공의 시공방법과 용수의 처리방법
　③ 환기 또는 조명시설을 설치할 때에 그 방법

▲ 나)의 답안 중 2가지 선택 기재

06 동영상은 강관비계가 설치된 작업현장을 보여주고 있다. 동영상을 보고 위험 사항 및 해결책을 각각 1가지씩 쓰시오.(4점)

[기사1904A]

비계기둥 하부가 미끄럼 방지조치가 되어 있지 않으며, 맨바닥에 깔판이 누락된 곳이 보인다. 깔판 전체가 아닌 모서리 부분이 비계기둥을 받치고 있다.

① 위험 사항 : 비계기둥 기초를 보강하지 않았다.
② 해결책 : 비계기둥 하부를 충분히 다짐한 후 깔판과 받침목 등을 평탄하게 설치한다.

07 영상은 추락방호망을 보여주고 있다. 추락방호망의 설치기준을 3가지 쓰시오.(6점)

[기사1801A/기사1904A/기사2104C/기사2204C/기사2301B/기사2302B/기사2402B/기사2403C]

건설현장에 설치된 추락방호망을 보여주고 있다.

① 추락방호망의 설치위치는 가능하면 작업면으로부터 가까운 지점에 설치하여야 하며, 작업면으로부터 망의 설치지점까지의 수직거리는 10미터를 초과하지 아니할 것
② 추락방호망은 수평으로 설치하고, 망의 처짐은 짧은 변 길이의 12퍼센트 이상이 되도록 할 것
③ 건축물 등의 바깥쪽으로 설치하는 경우 추락방호망의 내민 길이는 벽면으로부터 3미터 이상 되도록 할 것

08 낙석, 암석, 붕괴 위험이 있는 지역에서 채석작업을 하는 영상이다. 채석작업 시 당일 작업 시작 전 점검사항 2가지를 쓰시오.(4점)

[기사1904A]

채석작업을 하는 현장을 보여주고 있다.

① 작업장소 및 그 주변 지반의 부석과 균열의 유무와 상태
② 함수·용수 및 동결상태의 변화

2019년 4회 B형 작업형 기출복원문제

신규문제 2문항 중복문제 6문항

01 동영상은 작업장에 설치된 계단을 보여주고 있다. 작업장에 계단 및 계단참을 설치할 경우 준수해야 할 사항에 대한 빈칸을 채우시오.(4점) [산기1401A/기사1404C/기사1501A/산기1502A/산기1504A/기사1701A/기사1701B/기사1702A/기사1704B/기사1704C/기사1801A/기사1901C/산기1902A/기사1904B/기사2003C/기사2003E/기사2102C]

작업장에 설치된 계단에 여기저기 마무리가 안 된 여러개의 각관이 돌출되어 있다. 작업자가 작업장에 설치된 계단 위를 걷다가 돌출된 각관에 부딪혀 다치는 재해가 발생했다.

계단을 설치하는 경우 바닥면으로부터 높이 (   )m 이내의 공간에 장애물이 없도록 하여야 한다.

- 2m

02 건물 외벽 돌마감 공사현장이다. 작업 중 위험요소 2가지와 대책 2가지를 쓰시오.(4점) [기사1904B]

건물 외벽에 석재를 붙이는 동영상이 다. 지면으로부터 2m 넘는 곳에 근로자 2명이 작업 중인데, 안전난간은 없고 작업 장소 주변이 각종 공구와 자재로 어지럽다. 위쪽의 작업자는 구두를 신고 있다. 아래쪽에서 작업 중인 작업자는 보호구 착용상태가 불량한데 돌을 들어서 위의 작업자에게 전달하려는 순간 허리가 삐끗하면서 화면이 종료되었다.

가) 위험요소
① 안전난간 미설치로 인해 작업자가 추락할 위험이 있다.
② 작업발판 미설치로 작업자가 추락할 위험이 있다.

나) 대책
① 안전난간을 설치한다.
② 작업발판을 설치한다.

03 동영상은 건설기계의 작업상황을 보여주고 있다. 해당 건설기계에 대한 위험요소와 방지대책을 각각 3가지 쓰시오.(6점)

[기사1904B]

트럭 크레인이 붐대를 펴고 운행중이다.

가) 위험요소
① 트럭 크레인 수평 및 아웃트리거 설치 전 및 이동 시 붐대를 펴고 이동하고 있다.
② 작업반경 및 중량물 하부에 근로자들이 출입하고 있다.
③ 작업 시작 전 지면의 상태를 확인하지 않고 아웃트리거를 설치하였다.
④ 신호수를 배치하지 않았다.

나) 방지대책
① 트럭 크레인 수평 및 아웃트리거 설치 전 및 이동 시 붐대는 접어 정위치에 고정하여야 한다.
② 작업반경 및 중량물 하부에 출입금지 조치를 실시하여야 한다.
③ 작업 시작 전 지면의 상태를 확인하고, 노면이 평탄하고 견고한 부위에 아웃트리거를 설치한다.
④ 신호수를 배치한다.

▲ 해당 답안 중 각각 3가지씩 선택 기재

04 영상은 거푸집 동바리의 설치 잘못으로 인해 거푸집의 붕괴사고가 발생한 것을 보여주고 있다. 동바리 설치·조립 시 동바리의 침하방지를 위한 조치사항 3가지를 쓰시오.(6점)

[기사1802B/기사1904B/기사2102C/기사2104A/기사2302B]

거푸집 동바리가 붕괴되는 재해상황을 보여주고 있다. 재해상황을 보여주기 전 거푸집 동바리 설치 작업 시 동바리의 위치가 불량한 것과 수평연결재를 설치하지 않은 것, 각재가 파손되거나 변형된 것 등을 보여준다.

① 받침목이나 깔판의 사용   ② 콘크리트 타설   ③ 말뚝박기

05 동영상에서는 철골작업 현장을 보여주고 있다. 철골 기둥의 승강용 트랩 설치와 관련된 다음 물음에 답하시오.(4점)
[기사1802A/1904B/기사2101C/기사2102B]

철골구조물 건립 공사현장을 보여주고 있다. 복장이 불량한 작업자가 어슬렁거리는 모습을 보여준다. 승강용 트랩을 타고 위로 올라가야 하는데 복장이 불량해서 올라갈 수 있을지 걱정스럽다.

| ① 트랩의 설치 간격 | ② 트랩 설치 시 폭의 규격 |

① 30cm 이내   ② 30cm 이상

06 동영상은 흙막이 지보공 설치 작업을 보여주고 있다. 도심 깊은 굴착 후 흙막이 지보공의 가시설비에 대한 정기 점검사항 3가지를 쓰시오.(6점)
[산기1402A/산기1601B/산기1602B/기사1802A/ 기사1901B/산기1901B/산기1902B/기사1904B/산기2002B/기사2003A/산기2003A/산기2004A]

흙막이 지보공이 설치된 작업현장을 보여주고 있다. 이틀 동안 계속된 비로 인해 지보공의 일부가 터져서 토사가 밀려든 모습이다.

① 침하의 정도
② 버팀대 긴압의 정도
③ 부재의 접속부·부착부 및 교차부 상태
④ 부재의 손상·변형·부식·변위 및 탈락의 유무와 상태

▲ 해당 답안 중 3가지 선택 기재

07 동영상은 이동식 비계를 이용한 작업 중 추락재해가 발생하는 것을 보여준다. 이동식 비계의 올바른 설치 기준을 3가지 쓰시오.(6점) [기사1404B/기사1602C/기사1604B/산기1604B/산기1702A/기사1801B/산기1801B/기사1802A/기사1802B/산기1804B/기사1904B/기사2001A/기사2002B/기사2304A/기사2402A]

이동식 비계를 이용해서 거푸집 설치작업을 진행중인 모습을 보여준다. 비계를 고정하지 않아 흔들리다 작업자가 바닥으로 추락하는 재해가 발생한다.

① 승강용 사다리는 견고하게 설치할 것
② 비계의 최상부에서 작업을 하는 경우에는 안전난간을 설치할 것
③ 작업발판의 최대적재하중은 250킬로그램을 초과하지 않도록 할 것
④ 작업발판은 항상 수평을 유지하고 작업발판 위에서 안전난간을 딛고 작업을 하거나 받침대 또는 사다리를 사용하여 작업하지 않도록 할 것
⑤ 이동식 비계의 바퀴에는 뜻밖의 갑작스러운 이동 또는 전도를 방지하기 위하여 브레이크·쐐기 등으로 바퀴를 고정시킨 다음 비계의 일부를 견고한 시설물에 고정하거나 아웃트리거를 설치하는 등 필요한 조치를 할 것

▲ 해당 답안 중 3가지 선택 기재

08 동영상은 작업현장을 보여주고 있다. 동영상에서 보여주는 현장의 흙막이 시설의 공법 명칭은?(3점) [기사1904B/기사2101B/기사2201B]

H파일과 토류판으로 이루어진 가시설 흙막이벽이 보인다. 버팀대가 보이지 않는다.
토류판, 띠장, 엄지말뚝 앞열과 뒷열을 연결해주는 부재를 보여준다.

• 2열 자립식 흙막이 공법

2019년 4회 C형 작업형 기출복원문제

신규문제 0문항　중복문제 8문항

01 동영상은 원심력 철근콘크리트 말뚝을 시공하는 현장을 보여준다. 말뚝의 항타공법 종류 2가지를 쓰시오. (4점)

[기사1501C/기사1602A/기사1904C]

영상은 원심력 철근콘크리트 말뚝을 시공하는 현장의 모습을 보여주고 있다.

① 타격관입공법　　② 진동공법
③ 압입공법　　　　④ 프리보링공법

▲ 해당 답안 중 2가지 선택 기재

02 크레인으로 교량을 인양하는 장면을 보여주고 있다. 동영상을 참고하여 크레인 작업 시의 준수사항을 3가지 쓰시오.(6점)

[기사1904C/산기2001A/산기2002A/기사2002B/기사2301C]

크레인으로 2줄걸이로 강교량을 인양 중이다. 신호수가 배치되어 있으며, 인양물 아래로 근로자들이 돌아다니는 모습을 보여준다. 인양물에 사람이 타고 있다.

① 인양할 하물을 바닥에서 끌어당기거나 밀어내는 작업을 하지 아니할 것
② 고정된 물체를 직접 분리·제거하는 작업을 하지 아니할 것
③ 미리 근로자의 출입을 통제하여 인양 중인 하물이 작업자의 머리 위로 통과하지 않도록 할 것
④ 인양할 하물이 보이지 아니하는 경우는 어떠한 동작도 하지 아니할 것
⑤ 유류드럼이나 가스통 등 운반 도중에 떨어져 폭발하거나 누출될 가능성이 있는 위험물 용기는 보관함에 담아 안전하게 매달아 운반할 것

▲ 해당 답안 중 3가지 선택 기재

03 동영상은 목재가공용 둥근톱을 이용하여 작업을 하던 중 발생된 재해사례를 보여주고 있다. 동영상을 참고하여 다음 각 물음에 답하시오.(6점) [산기1602A/기사1802A/산기1804A/기사1904C/기사2101C/기사2104A/기사2301C]

작업자가 목장갑을 착용하고 목재를 가공하고 있다. 둥근톱장치에는 반발예방장치가 설치되어 있지 않다.

가) 동영상에 보여진 재해의 발생원인을 2가지만 쓰시오.
나) 동영상에서와 같이 전동기계·기구를 사용하여 작업을 할 때 누전차단기를 반드시 설치해야 하는 작업장소를 1가지 쓰시오.

가) 재해의 발생원인
  ① 회전기계 작업 중 장갑을 착용하고 작업하고 있다.
  ② 분할날 등 반발예방장치가 설치되지 않은 둥근톱장치를 사용해서 작업 중이다.
나) 누전차단기를 설치해야 하는 작업장소
  ① 대지전압이 150V를 초과하는 이동형 또는 휴대형 전기기계·기구를 사용할 때
  ② 철판·철골 위 등 도전성이 높은 장소에서 이동형 또는 휴대형 전기기계·기구를 사용할 때
  ③ 물 등 도전성이 높은 액체가 있는 습윤장소에서 사용하는 저압용 전기기계·기구를 사용할 때
  ④ 임시배선의 전로가 설치되는 장소에서 사용하는 이동형 또는 휴대형 전기기계·기구

▲ 나)의 답안 중 1가지 선택 기재

04 동영상은 지하의 작업장에서 보통작업을 하고 있는 상황을 보여주고 있다. 작업조도의 기준을 쓰시오.(4점)
[기사1802C/기사1804B/산기1902A/기사1904C/기사2003D/기사2101C/기사2102B/기사2104A]

작업자가 지하의 밀폐된 작업장에서 도장작업을 하고 있는 상황을 보여주고 있다.

• 150럭스 이상

2019년 4회 C형

05 동영상은 항타기 작업 중 무너지는 장면을 보여주고 있다. 무너짐 방지 방법 3가지를 쓰시오.(6점)
[산기1701A/기사1701C/산기1801B/기사1802B/기사1904C/기사2002E/기사2004D/기사2101B]

연약지반에 별도의 보강작업 없이 항타 작업을 진행 중에 항타기가 밀리면서 전도된 상황을 보여주고 있다.

① 연약한 지반에 설치하는 경우에는 아웃트리거·받침 등 지지구조물의 침하를 방지하기 위하여 깔판·받침목 등을 사용할 것
② 시설 또는 가설물 등에 설치하는 경우에는 그 내력을 확인하고 내력이 부족하면 그 내력을 보강할 것
③ 아웃트리거·받침 등 지지구조물이 미끄러질 우려가 있는 경우에는 말뚝 또는 쐐기 등을 사용하여 해당 지지구조물을 고정시킬 것
④ 궤도 또는 차로 이동하는 항타기 또는 항발기에 대해서는 불시에 이동하는 것을 방지하기 위하여 레일 클램프(rail clamp) 및 쐐기 등으로 고정시킬 것
⑤ 상단 부분은 버팀대·버팀줄로 고정하여 안정시키고, 그 하단 부분은 견고한 버팀·말뚝 또는 철골 등으로 고정시킬 것

▲ 해당 답안 중 3가지 선택 기재

06 동영상은 이동식 비계를 이용한 작업 중 추락재해가 발생하는 것을 보여준다. 이동식 비계 바퀴의 뜻밖의 갑작스러운 이동 또는 전도를 방지하기 위해 브레이크·쐐기 등으로 바퀴를 고정하는 장치의 이름을 쓰시오. (4점)
[기사1901C/기사1904C/기사2001B]

이동식 비계를 이용해서 거푸집 설치작업을 진행중인 모습을 보여준다. 비계를 고정하지 않아 흔들리다 작업자가 바닥으로 추락하는 재해가 발생한다.

• 아웃트리거

07 동영상을 보고 가스용기 운반 시와 용접작업 시의 문제점을 각각 2가지씩 쓰시오.(6점)

[기사1502A/기사1701A/기사1704A/기사1904C/기사2101A/기사2301A]

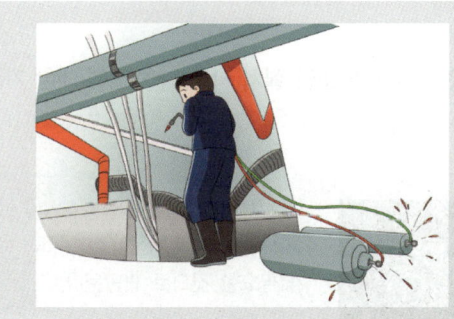

근로자가 맨손으로 아크 용접 중이고 그 옆을 트럭이 회색 가스용기 1개와 녹색 가스용기 2개를 싣고 오는 장면이 보인 후 가스통 연결부를 줌인(캡이 씌어져 있지 않다)한다. 차량이 도착한 후 운전자가 내려 회색 가스통을 차에서 내리는데 바닥에 세게 내려놓는 바람에 폭발하는 동영상이다.

가) 가스용기 운반 시의 문제점
① 용기 운반시 캡을 씌우지 않았다. ② 가스용기에 충격을 가했다.
나) 용접작업 시의 문제점
① 용접용 장갑을 착용하지 않았다. ② 불티방지망을 설치하지 않았다.

08 동영상은 아파트 단지 내에서 하수관로 매설작업을 수행하고 있는 전경을 보여주고 있다. 동영상을 참고하여 재해의 발생원인과 재해방지를 위한 조치사항 2가지를 쓰시오.(4점)

[기사1904C/기사2104C]

백호가 흄관을 1줄걸이로 인양해서 올리고 있고, 흄관 아래에 근로자가 안전모 턱끈을 매지 않은 채 관로를 청소중이다. 신호수가 보이고 있으나 백호 운전자는 시야확보가 힘든지 작업에 어려움을 표시하고 있다. 신호수가 흄관을 손으로 당기는데 흄관이 탈락하면서 낙하하여 근로자와 충돌하였다.

가) 재해 발생원인
① 긴 자재를 인양하는데 1줄걸이로 했다. ② 근로자의 출입을 통제하지 않았다.
③ 유도하는 사람을 배치하지 않았다.
나) 재해방지 조치
① 긴 자재 인양 시 2줄걸이 한다. ② 인양작업 중 근로자의 출입을 금지한다.
③ 유도하는 사람을 배치한다.

▲ 해당 답안 중 각각 2가지씩 선택 기재

2019년 2회 A형 작업형 기출복원문제

01 영상은 추락방호망이 설치된 작업현장을 보여주고 있다. 추락방호망 설치 시 망의 처짐에 대한 기준에 대한 설명의 빈칸을 채우시오.(4점) [기사1801A/기사1904A/기사2104C/기사2204C/기사2301B/기사2302B/기사2402B/기사2403C]

건설현장에 설치된 추락방호망을 보여주고 있다. 망의 처짐이 다소 길어 보수가 필요한 것으로 판단된다.

추락방호망의 설치 시 방망의 중앙부 처짐은 방망의 짧은 변 길이의 (　　) 이상이 되어야 한다.

- 12%

02 동영상에서 작업자 보다 높은 곳의 작업을 하기 위한 설비를 보여주고 있다. 설비의 이름과 수평면과 지주부재의 기울기 기준을 쓰시오.(6점) [기사1802C/기사1804C/기사1902A/기사2003D]

말비계 위에서 작업자가 작업중인 모습을 보여주고 있다.

① 설비의 명칭 : 말비계
② 수평면과 지주부재 간의 기울기 : 75도 이하

03 영상은 건설기계를 이용한 사면굴착공사현장을 보여주고 있다. 차량계 건설기계를 이용해 굴삭작업을 할 때 넘어지거나, 굴러떨어짐으로써 근로자가 위험해질 우려가 있을 경우의 조치사항 2가지를 쓰시오.(4점)

[기사1401B/기사1401C/기사1402C/기사1601A/산기1602A/기사1604C/기사1701B/기사1801B/산기1804A/기사1902A/기사2403C]

차량계 건설기계를 이용해서 사면을 굴착하는 모습을 보여주고 있다.

① 유도하는 사람을 배치 ② 지반의 부동침하 방지
③ 갓길의 붕괴 방지 ④ 도로 폭의 유지

▲ 해당 답안 중 2가지 선택 기재

04 동영상은 강관비계 설치현장을 보여주고 있다. 동영상에서와 같은 강관비계의 설치기준에 대하여 다음 ( )안에 알맞은 내용을 써 넣으시오.(4점)

[기사1401A/산기1404B/기사1504C/
기사1701B/기사1801B/산기1802B/산기1901A/기사1902A/산기1904A/산기2002A/기사2003D/기사2004C]

강관비계를 설치한 작업현장의 모습을 보여주고 있다.

가) 비계기둥의 간격은 띠장 방향에서는 (①)m 이하로 할 것
나) 비계기둥의 간격은 장선방향에서는 (②)m 이하로 할 것

① 1.85 ② 1.5

05 동영상은 흙막이 공법의 한 종류를 보여주고 있다. 이 공법의 명칭과 해당 공법의 역학적 특징을 2가지 쓰시오.(6점)

[기사1902A/기사2003C]

동영상은 흙막이를 보여주면서 H형으로 된 줄이 이어져 있는 것을 보여주고, 다음 화면은 흙막이에 연결되어있던 선로에 노란색으로 되어 있는 사각형의 기계를 연달아 보여준다.

가) 명칭 : 어스앵커공법
나) 역학적 관점에서의 특징
  ① 앵커체가 각각의 구조체이므로 적용성이 좋다.
  ② 작업능률이 좋으며 토공사 범위를 한 번에 시공할 수 있다.
  ③ 본 구조물의 바닥과 기둥의 위치에 관계없이 앵커를 설치할 수도 있다.
  ④ 앵커에 프리스트레스를 주기 때문에 흙막이 벽의 변형을 방지하고 주변 지반의 침하를 최소한으로 억제할 수 있다.
  ⑤ 널말뚝 후면부를 천공하고 인장재를 삽입하는 방식인 관계로 인근구조물이나 지중매설물에 따라 시공이 곤란할 수 있다.

▲ 나)의 답안 중 2가지 선택 기재

06 동영상은 낙하물방지망을 보여준다. 이 낙하물방지망과 수평면과의 각도는?(4점)

[기사1801C/기사1902A/기사2003B/기사2102A]

동영상은 작업장의 바닥, 도로 및 통로 등에서 낙하물이 근로자에게 위험을 미칠 우려가 있는 경우에 설치하는 낙하물방지망을 보여준다.

• 20도 이상 30도 이하

07 동영상은 석축이 붕괴된 현장을 보여주고 있다. 동영상을 참고하여 석축쌓기 완료 후 붕괴원인을 3가지 쓰시오.(6점)

[기사1604A/기사1804A/기사1902A/기사2201A]

비가 내린 후 석축이 붕괴된 현장의 모습을 보여주고 있다.

① 옹벽 뒤채움 재료불량 및 다짐불량 ② 과도한 토압의 발생
③ 배수불량으로 인한 수압발생 ④ 기초지반의 침하
⑤ 동결융해

▲ 해당 답안 중 3가지 선택 기재

08 동영상에서는 작업현장에서 근로자가 꽂음접속기를 만지다가 감전된 재해현장을 보여주고 있다. 꽂음접속기 설치 및 사용시 준수사항 3가지를 쓰시오.(6점)

[기사1902A/기사2003B/기사2403B]

작업현장에서 작업자가 전기기기를 사용하기 위해 꽂음접속기에 플러그를 꽂으려다 감전되는 상황을 보여주고 있다. 작업자는 땀에 젖은 손을 대충 바지에 닦고 꽂음접속기를 만지다가 감전된 것으로 추정된다.

① 서로 다른 전압의 꽂음접속기는 서로 접속되지 아니한 구조의 것을 사용할 것
② 습윤한 장소에 사용되는 꽂음접속기는 방수형 등 그 장소에 적합한 것을 사용할 것
③ 근로자가 해당 꽂음접속기를 접속시킬 경우에는 땀 등으로 젖은 손으로 취급하지 않도록 할 것
④ 해당 꽂음접속기에 잠금장치가 있는 경우는 접속 후 잠그고 사용할 것

▲ 해당 답안 중 3가지 선택 기재

2019년 2회 A형

2019년 2회 B형 작업형 기출복원문제

신규문제 0문항 중복문제 8문항

01 교각공사의 주철근 모습을 보여주는 동영상이다. 장래 이음 등을 고려한 노출된 철근의 보호방법 3가지를 쓰시오.(6점)

[기사1404C/기사1601A/기사1702B/기사1902B]

영상은 교각공사현장을 보여주고 있다. 공사가 끝났는지 작업자는 보이지 않고 교각 위로 올라온 철근은 비를 맞았는지 녹이 많이 슬어서 흉측하다.

① 철근에 비닐 등을 덮어 빗물이나 습기를 차단한다.
② 방청도료를 도포하여 철근 부식을 방지한다.
③ 철근의 변위·변형을 방지하기 위해 철사 등으로 묶어 놓는다.

02 동영상은 타워크레인 작업상황을 보여주고 있다. 해당 작업을 진행하는데 있어서 구비해야 할 방호장치를 3가지 쓰시오.(6점) [산기1404B/산기1601A/산기1702B/기사1802A/기사1804A/산기1804B/기사1902B/기사1904A/기사2003C/기사2301A]

건설현장에서 타워크레인으로 화물을 인양하는 모습을 보여주고 있다.

① 과부하방지장치
② 권과방지장치
③ 비상정지장치 및 제동장치

03 동영상은 굴착기계로 터널굴착을 하고 작업한 흙을 버리는 장면을 보여준다. 터널굴착기계의 가) 명칭과 나) 작업계획에 포함되어야 할 사항 2가지를 쓰시오.(6점)

[기사1501C/기사1701B/기사1801A/기사1802B/기사1902B/기사1904A/기사2002A/기사2102B/기사2302B/기사2302C]

영상은 터널굴착작업 현장을 보여주고 있다. 굴착 후 나온 흙을 버리는 장면을 보여주고 있다.

가) 명칭 : T.B.M(Tunnel Boring Machine)
나) 작업계획 포함사항
  ① 굴착의 방법
  ② 터널지보공 및 복공의 시공방법과 용수의 처리방법
  ③ 환기 또는 조명시설을 설치할 때에 그 방법

▲ 나)의 답안 중 2가지 선택 기재

04 동영상은 차량계 건설기계의 작업상황을 보여주고 있다. 영상에 나오는 건설기계의 명칭 및 용도 2가지를 쓰시오.(4점)

[산기1402A/기사1404C/기사1601B/산기1601B/산기1701A/기사1801A/산기1804B/기사1902B/기사2003E]

차량계 건설기계를 이용해서 노면을 깎는 작업을 보여주고 있다.

가) 명칭 : 스크레이퍼
나) 용도
  ① 토사의 굴착 및 운반   ② 지반 고르기
  ③ 하역작업   ④ 성토작업

▲ 나)의 답안 중 2가지 선택 기재

2019년 2회 B형

05 영상과 같은 장소에서 건설작업에 종사하는 근로자는 전로에 근로자의 신체 등이 접촉하거나 접근함으로 인하여 감전의 위험이 발생할 우려가 있다. 감전의 위험요소 2가지를 쓰시오.(단, 통전전류의 세기는 제외) (4점) [기사1402C/기사1504A/기사1704A/기사1902B/기사2004C]

전신주 위에서 작업중에 감전된 재해자를 구난 하는 모습을 보여주고 있다.

① 통전시간 ② 통전경로
③ 전원의 종류 ④ 전원의 종류와 질

▲ 해당 답안 중 2가지 선택 기재

06 동영상은 비계의 조립 및 해체와 관련된 영상이다. 동영상을 참조하여 비계의 조립 및 해체 시 조치사항 3가지를 쓰시오.(6점) [기사1401A/산기1902A/기사1902B/기사2003D/기사2102A/기사2302A]

높이가 7m 정도인 비계의 해체작업을 보여주고 있다.

① 작업구역에는 해당 작업을 하는 구역에는 관계 근로자가 아닌 사람의 출입을 금지할 것
② 비, 눈, 그 밖의 기상상태의 불안정으로 날씨가 몹시 나쁜 경우에는 그 작업을 중지할 것
③ 재료, 기구 또는 공구 등을 올리거나 내리는 경우에는 근로자로 하여금 달줄·달포대 등을 사용하도록 할 것
④ 낙하·충격에 의한 돌발적 재해를 방지하기 위하여 버팀목을 설치하고 거푸집 및 동바리를 인양장비에 매단 후에 작업을 하도록 하는 등 필요한 조치를 할 것

▲ 해당 답안 중 3가지 선택 기재

07 동영상은 작업장에 설치된 계단을 보여주고 있다. 높이가 3m를 초과하는 계단에는 높이 3m 이내마다 너비 몇 m 이상의 계단참을 설치하여야 하는가?(4점) [기사1902B/기사2002B/기사2004A]

작업장에 설치된 가설계단을 보여주고 있다.

- 1.2m

08 동영상은 가설구조물이나 개구부 등에서 추락위험을 방지하기 위해 설치하는 안전난간을 보여주고 있다. 안전난간의 구성요소를 4가지 적으시오.(4점) [기사1501C/기사1602A/기사1902B/산기2003B/기사2201A/기사2304A]

작업장에 가설구조물이나 개구부 등에서 추락 위험을 방지하기 위해 설치한 안전난간의 모습을 보여주고 있다.

① 난간기둥
② 상부 난간대
③ 중간 난간대
④ 발끝막이판

2019년 2회 C형 작업형 기출복원문제

01 동영상은 잠함, 우물통, 수직갱에서 굴착작업을 하는 것을 보여주고 있다. 산소결핍이 우려되는 경우와 산소농도 측정결과 산소의 결핍이 인정되는 경우 조치사항을 각각 쓰시오.(4점)

[기사1401B/기사1604B/기사1902C/기사2002B]

동영상은 우물통 내부의 모습을 보여주고 있다.

① 산소 결핍 우려 시 : 산소의 농도를 측정하는 사람을 지명하여 측정하도록 할 것
② 산소 결핍 인정 시 : 송기를 위한 설비를 설치하여 필요한 양의 공기를 공급할 것

02 동영상은 아파트 단지 내에서 하수관로 매설작업을 수행하고 있는 전경을 보여주고 있다. 동영상을 참고하여 재해방지를 위한 조치사항 3가지를 쓰시오.(6점)

[기사1404A/기사1502B/기사1604A/기사1701C/기사1902C/기사2002A/기사2002E/기사2004A/산기2004A/기사2101A]

백호가 흄관을 1줄걸이로 인양해서 올리고 있고, 흄관 아래에 근로자가 안전모 턱끈을 매지 않은 채 관로를 청소중이다. 신호수가 보이고 있으나 백호 운전자는 시야확보가 힘든지 작업에 어려움을 표시하고 있다. 신호수가 흄관을 손으로 당기는데 흄관이 탈락하면서 낙하하여 근로자와 충돌하였다.

① 긴 자재 인양 시 2줄걸이 한다.
② 인양작업 중 근로자의 출입을 금지한다.
③ 유도하는 사람을 배치한다.

03 동영상은 록볼트 설치 작업을 하고 있는 터널공사현장이다. 록볼트의 역할 3가지를 쓰시오.(4점)

[기사1401C/기사1604C/기사1801A/기사1902C/기사2003A]

터널공사현장에서 암반을 보강하기 위해 록볼트를 설치하는 모습을 보여주고 있다.

① 봉합작용 – 발파 등으로 느슨해진 암괴를 암반에 고정하여 낙반 등을 방지한다.
② 암반개량작용 – 암반전단 저항력을 증대하고 잔류강도가 증가시켜 암반전체의 물성을 개선한다.
③ 마찰작용 – 마찰력의 발생으로 지층의 운동을 방지한다.
④ 보 형성 – 보를 형성한다.
⑤ 내압부여 – 내부에 압력을 부여한다.
⑥ 아치 형성 – 아치 형상을 만들어준다.

▲ 해당 답안 중 3가지 선택 기재

04 동영상은 이동식 비계를 이용한 작업 중 추락재해가 발생하는 것을 보여준다. 재해발생원인을 3가지 쓰시오. (6점)

[산기1601A/기사1602A/기사1802C/기사1902C/산기2003B/기사2003C/기사2302C]

이동식 비계를 이용해서 거푸집 설치작업을 진행중인 모습을 보여준다. 비계를 고정하지 않아 흔들리다 작업자가 바닥으로 추락하는 재해가 발생한다. 비계 최상위 층에 안전난간이 없으며, 작업자는 안전대를 착용하지 않았다.

① 바퀴를 브레이크 및 쐐기 등으로 고정시키지 않아 흔들림
② 작업자가 안전대를 착용하지 않음
③ 비계 최상부에 안전난간을 설치하지 않음

05 동동영상은 건물의 해체작업을 보여주고 있다. 공법의 이름과 구조물의 해체 작업 시 해체 작업계획서 내용 2가지를 쓰시오.(6점) [기사1404C/기사1501B/기사1601A/기사1702C/기사1704C/기사1901A/기사1902C/기사2002C/기사2003B]

커다란 가위손과 같은 기계장치가 건물을 해체하고 있는 모습을 보여주고 있다.

가) 해체공법의 명칭 : 압쇄공법
나) 해체계획
   ① 해체의 방법 및 해체 순서도면
   ② 사업장 내 연락방법
   ③ 해체물의 처분계획
   ④ 해체작업용 기계·기구 등의 작업계획서
   ⑤ 해체작업용화약류의 사용계획서
   ⑥ 가설설비·방호설비·환기설비 및 살수·방화설비 등의 방법

▲ 해당 답안 중 2가지 선택 기재

06 동영상은 사면에 비닐을 설치하는 영상이다. 비닐의 역할을 2가지 쓰시오.(4점)   [기사1902C]

영상은 개착시공 현장의 사면을 비닐을 이용해서 덮고 있는 모습을 보여주고 있다.

① 사면에 빗물의 유입을 방지
② 사면의 보호

07 동영상은 안전난간을 보여주고 있다. 개구부에 설치하는 동영상에 나오는 구조물의 구조에 대한 설명 중
( )에 해당하는 값을 채우시오.(4점) [기사1704B/산기1901A/기사1902C/산기1904A/기사2001B/기사2002C]

작업장에 가설구조물이나 개구부 등에서 추락 위험을 방지하기 위해 설치한 안전난간의 모습을 보여주고 있다.

가) 상부 난간대는 바닥면·발판 또는 경사로의 표면으로부터 (①) 이상 지점에 설치하고, 상부 난간대를 (②) 이하에 설치하는 경우에는 중간 난간대는 상부 난간대와 바닥면 등의 중간에 설치하여야 하며, (②) 이상 지점에 설치하는 경우에는 중간 난간대를 2단 이상으로 균등하게 설치하고 난간의 상하 간격은 60센티미터 이하가 되도록 한다.
나) 발끝막이판은 바닥면 등으로부터 (③) 이상의 높이를 유지

① 90cm ② 120cm ③ 10cm

08 동영상은 상수도관 매설작업 현장을 보여주고 있다. 용접작업 중인 근로자들이 착용하고 있는 보호구의
종류 4가지와 교류아크용접장치의 방호장치를 쓰시오.(6점) [기사1801A/산기1804B/기사1902C/기사2002B/기사2201A/기사2202A/기사2304C]

동영상은 상수도관 매설현장이다. 한쪽에서는 근로자들이 배관을 용접하고 있고, 한쪽에서는 펌프를 이용해서 물을 빼는 작업을 진행중에 있다. 용접기에 별도의 방호장치가 부착되어 있지 않으며, 작업자는 별도의 보호구를 착용하지 않은 상태에서 작업 중이다.

가) 용접용 보호구
   ① 용접용 보안면   ② 용접용 장갑
   ③ 용접용 앞치마   ④ 용접용 안전화
나) 교류아크용접장치의 방호장치 : 자동전격방지장치

2019년 1회 A형 작업형 기출복원문제

01 동영상은 불도저의 작업상황을 보여주고 있다. 이와 같은 차량계 건설기계를 사용하여 작업하는 때에 안전조치 사항 3가지를 쓰시오.(6점)

차량계 건설기계를 이용해서 노면을 깎는 작업을 보여주고 있다.

① 경사면을 오르고 내릴 때에는 배토판을 가능한 낮게 한다.
② 신호수를 배치한다.
③ 작업구역 내 관계 근로자 외의 출입을 금지시킨다.
④ 장비의 전도·전락 등에 의한 위험방지조치를 한다.

▲ 해당 답안 중 3가지 선택 기재

02 화면은 이동식 크레인을 이용하던 중 발생한 재해사례를 나타내고 있다. 재해 발생원인 중 이동식 크레인 운전자가 준수해야 할 사항 2가지를 쓰시오.(4점)

이동식 크레인을 이용하여 철제배관을 옮기는 중 신호수와 신호방법이 맞지 않아 물체가 흔들리며 철골에 부딪쳐 작업자 위로 자재가 낙하하는 재해상황을 보여주고 있다.

① 일정한 신호방법을 정하고 신호수의 신호에 따라 작업한다.
② 화물을 매단 채 운전석을 이탈하지 않는다.
③ 작업 종료 후 크레인에 동력을 차단시키고 정지조치를 확실히 한다.

▲ 해당 답안 중 2가지 선택 기재

03 동영상은 목재가공용 둥근톱을 이용하여 작업을 하던 중 발생된 재해사례를 보여주고 있다. 동영상을 참고하여 다음 각 물음에 답하시오.(6점)

[기사1901A]

작업자가 목장갑을 착용하고 목재를 가공하고 있다. 둥근톱장치에는 반발예방장치가 설치되어 있지 않다.

가) 동영상에 보여진 재해의 발생원인을 2가지만 쓰시오.
나) 동영상에서의 기계장치를 사용하는데 필요한 방호장치 2가지를 쓰시오.

가) 재해의 발생원인
① 회전기계 작업 중 장갑을 착용하고 작업하고 있다.
② 분할날 등 반발예방장치가 설치되지 않은 둥근톱장치를 사용해서 작업 중이다.

나) 방호장치
① 반발예방장치　　　　　② 톱날접촉예방장치

04 영상은 백호를 이용해 작업하던 중 운전자가 내려 이탈한다. 차량계 건설기계의 운전자가 운전위치를 이탈하고자 할 때 준수해야 할 사항을 3가지 쓰시오.(6점)

[기사1704C/기사1901A/기사2001B/기사2104B/기사2201A/기사2202B/기사2204A]

백호가 굴착한 흙을 덤프트럭에 싣고 있는 작업을 보여준 후 작업자가 갑자기 작업중에 화장실에 간다면서 시동이 걸린 상태에서 차량에서 이탈하는 모습을 보여준다.

① 포크, 버킷, 디퍼 등의 장치를 가장 낮은 위치 또는 지면에 내려 둘 것
② 원동기를 정지시키고 브레이크를 확실히 거는 등 갑작스러운 주행이나 이탈을 방지하기 위한 조치를 할 것
③ 운전석을 이탈하는 경우에는 시동키를 운전대에서 분리시킬 것

05 영상은 추락방호망이 설치된 작업현장을 보여주고 있다. 추락방호망 설치 시 망의 처짐에 대한 기준에 대한 설명의 빈칸을 채우시오.(4점) [기사1801A/기사1904A/기사2104C/기사2204C/기사2301B/기사2302B/기사2402B/기사2403C]

건설현장에 설치된 추락방호망을 보여주고 있다. 망의 처짐이 다소 길어 보수가 필요한 것으로 판단된다.

추락방호망의 설치 시 방망의 중앙부 처짐은 방망의 짧은 변 길이의 (　　) 이상이 되어야 한다.

- 12%

06 동영상은 근로자가 손수레에 모래를 싣고 작업 중 사고가 발생하였다. 다음 물음에 답을 쓰시오.(6점) [기사1501C/기사1602B/기사1901A/기사2002E]

근로자가 리프트를 타고 손수레에 모래를 가득 싣고 작업하는 중으로 모래를 뒤로 가면서 뿌리고 있다. 작업 장소는 리프트 설치 장소이고, 안전난간이 해체된 상태에서 뒤로 추락하는 모습이며 안전모의 턱 끈은 풀린 상태이다.

가) 리프트의 안전장치를 2가지 쓰시오.
나) 사고의 종류를 쓰시오.
다) 재해 발생원인을 2가지 쓰시오.

가) ① 과부하방지장치　　② 권과방지장치　　③ 비상정지장치
나) 사고의 종류 : 추락
다) ① 운전한계를 초과할 때까지 적재하였다.
　　② 1인이 운반하여 주변상황을 파악하지 못하였다.
　　③ 추락 위험이 있는 곳에 안전난간이 설치되지 않았다.

▲ 가)와 다) 답안 중 각각 2가지씩 선택 기재

07 동영상을 참고하여 철골작업 시 작업을 중지하여야 하는 기후조건 3가지를 쓰시오.(4점) [기사1402A/
산기1501A/산기1604B/산기1701B/산기1702B/기사1704B/산기1801A/산기1802B/기사1901A/산기1902B/산기1904B/기사2002E/산기2004B]

철골구조물 건립 공사현장을 보여주고 있다.

① 풍속이 초당 10m 이상인 경우
② 강우량이 시간당 1mm 이상인 경우
③ 강설량이 시간당 1cm 이상인 경우

08 동영상은 해체작업을 보여주고 있다. 다음 각 물음에 답하시오.(4점)
[기사1404C/기사1501B/기사1601A/기사1702C/기사1704C/기사1901A/기사1902C/기사2002C/기사2003B]

커다란 가위손과 같은 기계장치가 건물을 해체하고 있는 모습을 보여주고 있다.

가) 동영상에서 보여주고 있는 해체 공법을 쓰시오.
나) 동영상에서와 같은 작업 시 해체계획에 포함되어야 할 사항 2가지를 쓰시오.

가) 해체공법의 명칭 : 압쇄공법
나) 해체계획
   ① 해체의 방법 및 해체 순서도면　② 사업장 내 연락방법
   ③ 해체물의 처분계획　　　　　　④ 해체작업용 기계·기구 등의 작업계획서
   ⑤ 해체작업용화약류의 사용계획서
   ⑥ 가설설비·방호설비·환기설비 및 살수·방화설비 등의 방법

▲ 나)의 답안 중 2가지 선택 기재

2019년 1회 B형 작업형 기출복원문제

신규문제 0문항　중복문제 8문항

01 건물외벽 돌마감 공사현장이다. 작업 중 위험요소 2가지를 쓰시오.(4점)

[기사1601A/기사1701C/기사1901B/기사2002D/기사2104C]

건물 외벽에 석재를 붙이는 동영상이다. 지면으로부터 2m 넘는 곳에 근로자 2명이 작업 중인데, 안전난간은 없고 작업 장소 주변이 각종 공구와 자재로 어지럽다. 위쪽의 작업자는 구두를 신고 있다. 아래쪽에서 작업 중인 작업자는 보호구 착용상태가 불량한데 돌을 들어서 위의 작업자에게 전달하려는 순간 허리가 삐끗하면서 화면이 종료되었다.

① 안전난간이 설치되지 않았다.
② 작업발판이 설치되지 않았다.
③ 작업자가 안전모를 착용하지 않았다.
④ 작업장의 정리정돈 상태가 불량하다.

▲ 해당 답안 중 2가지 선택 기재

02 동영상은 터널작업 강아치 지보공을 보여준다. 터널굴착 작업 시 작업계획 포함사항을 3가지 쓰시오.(6점)

[기사1402B/기사1404A/기사1601B/기사1901B]

영상은 터널굴착작업 현장의 모습이다. 강아치 지보공을 보여준다.

① 굴착의 방법
② 터널지보공 및 복공의 시공방법과 용수의 처리방법
③ 환기 또는 조명시설을 설치할 때에는 그 방법

03 동영상은 밀폐공간에서의 작업을 보여주고 있다. 밀폐된 공간 즉, 잠함, 우물통, 수직갱 등에서 굴착작업 시 사업주가 준수해야 하는 사항을 3가지 쓰시오.(6점) [기사1901B/기사2002C/기사2003D]

동영상은 우물통 작업현장을 보여주고 있다.

① 굴착깊이가 20m를 초과하는 경우에는 해당 작업장소와 외부와의 연락을 위한 통신설비 등을 설치할 것
② 산소결핍이 우려가 되는 경우에는 산소 농도를 측정하는 사람을 지명하여 측정하도록 할 것
③ 근로자가 안전하게 오르내리기 위한 설비를 설치할 것
④ 굴착깊이가 20m를 초과하는 경우에는 송기를 위한 설비를 설치하여 필요한 양의 공기를 공급할 것

▲ 해당 답안 중 3가지 선택 기재

04 동영상은 흙막이 지보공 설치 작업을 보여주고 있다. 도심 깊은 굴착 후 흙막이 지보공의 가시설비에 대한 정기 점검사항 3가지를 쓰시오.(6점) [산기1402A/산기1601B/산기1602B/기사1802A/
기사1901B/산기1901B/산기1902B/기사1904B/기사2002B/기사2003A/산기2003A/산기2004A/기사2204B]

흙막이 지보공이 설치된 작업현장을 보여주고 있다. 이틀 동안 계속된 비로 인해 지보공의 일부가 터져서 토사가 밀려든 모습이다.

① 침하의 정도
② 버팀대 긴압의 정도
③ 부재의 접속부·부착부 및 교차부 상태
④ 부재의 손상·변형·부식·변위 및 탈락의 유무와 상태

▲ 해당 답안 중 3가지 선택 기재

05 동영상은 굴삭기를 이용하여 굴착한 흙을 덤프트럭으로 운반하고 있는 것을 보여주고 있다. 동영상을 통해서 확인가능한 작업 시 위험요소 2가지를 쓰시오.(4점) [기사1502A/기사1602A/기사1701A/기사1704B/산기1801A/기사1901B]

백호로 굴착한 흙을 덤프트럭에 싣고 있는 작업을 보여주고 있다. 별도의 유도자가 없으며, 주변에 장애물들이 널려 있다. 한눈에 보기에도 너무 많은 흙과 돌을 실어 덮개가 닫히지도 않는다. 싣고 난 후 빠져나가는데 먼지 등으로 앞을 볼 수가 없는 상황이다.

① 유도하는 사람이 배치되지 않았으며, 장애물을 제거하지 않고 작업에 임했다.
② 적재적량 상차가 이뤄지지 않았으며, 상차 후 덮개를 덮지 않고 운행했다.
③ 작업장 출입 시 살수 실시 및 운행속도 제한 의무를 지키지 않았다.
④ 작업장 내 관계자 외 출입을 통제하지 않았다.

▲ 해당 답안 중 2가지 선택 기재

06 영상은 비계의 설치 현장을 보여주고 있다. 영상에서와 같은 강관틀 비계의 조립 시 준수사항 3가지를 쓰시오.(6점) [기사1901B/기사2002A/기사2301C]

강관틀 비계가 설치된 작업현장의 모습을 보여주고 있다.

① 높이가 20미터를 초과하거나 중량물의 적재를 수반하는 작업의 경우 주틀 간의 간격을 1.8미터 이하로 할 것
② 주틀 간에 교차 가새를 설치하고 최상층 및 5층 이내마다 수평재를 설치할 것
③ 수직방향으로 6미터, 수평방향으로 8미터 이내마다 벽이음을 할 것
④ 길이가 띠장 방향으로 4m 이하이고 높이가 10m를 초과하는 경우 10m 이내마다 띠장 방향으로 버팀기둥을 설치할 것
⑤ 비계기둥의 밑둥에는 밑받침 철물을 사용하여야 하며 밑받침에 고저차가 있는 경우에는 조절형 밑받침 철물을 사용하여 각각의 강관틀 비계가 항상 수평 및 수직을 유지하도록 할 것

▲ 해당 답안 중 3가지 선택 기재

07 동영상은 비계에서 작업 중 발생한 재해영상이다. 동영상에서 위험요인 2가지를 찾아 쓰시오. (4점)

[산기1504B/산기1701A/기사1901B]

비계에서 작업을 하고 있던 근로자가 파이프를 순간 놓쳐 밑에 작업하고 있던 근로자에게 떨어지는 영상으로 밑에 작업자는 주머니에 손을 넣고 돌아다닌다.

① 작업현장 내 관계자 외 출입을 통제하지 않았다.
② 작업장 근로자가 안전모 등 개인보호구를 착용하지 않았다.
③ 낙하물방지망 및 안전난간을 설치하지 않았다.

▲ 해당 답안 중 2가지 선택 기재

08 동영상은 터널을 시공하는 모습을 보여주고 있다. 터널시공의 안전성 확보를 위한 계측항목 3가지를 쓰시오. (4점)

[기사1901B/기사2003B]

암반자체의 지지력에 숏크리트와 지보재로 보강하는 NATM 공법으로 터널을 시공하고 있다.

① 내공변위 측정   ② 지중변위 측정   ③ 지중침하 측정
④ 터널 내 육안조사 ⑤ 천단침하 측정   ⑥ 록볼트 인발시험
⑦ 지표면 침하측정 ⑧ 지중변위 측정   ⑨ 지하수위 측정 등

▲ 해당 답안 중 3가지 선택 기재

2019년 1회 C형 작업형 기출복원문제

신규문제 0문항   중복문제 8문항

01 동영상은 터널공사현장과 자동경보장치를 보여주고 있다. 터널공사 시 자동경보장치의 당일 작업 시작 전 점검 및 보수사항 3가지를 쓰시오.(6점) [기사1704C/산기1801B/기사1901C/산기1904B/기사2002D/기사2004D]

터널공사 현장을 보여주고 있다. 터널 진입로 입구에 설치된 사각형 박스(자동경보장치)를 집중적으로 보여준 후 터널 내부를 보여준다.

① 계기의 이상유무
② 검지부의 이상유무
③ 경보장치의 이상유무

02 동영상은 굴착작업을 보여주고 있다. 지반의 붕괴 및 낙석으로부터의 근로자 위험을 방지하기 위한 조치사항을 3가지 쓰시오.(4점) [기사1401B/산기1402A/기사1501B/기사1702B/기사1702C/기사1801C/산기1804B/기사1901C/기사2001C]

백호의 굴착작업 현장 모습을 보여주고 있다.

① 흙막이 지보공 설치
② 방호망 설치
③ 근로자 출입금지

03 동영상은 작업자가 외부비계를 타고 올라가다 떨어지는 사고상황을 보여주고 있다. 재해의 형태와 시설측면에서 위험요인 2가지를 쓰시오.(6점) [기사1404B/기사1504C/기사1601B/기사1602C/산기1604B/산기1701A/산기1701B/산기1702A/기사1702C/산기1704A/산기1804A/산기1804B/산기1901A/기사1901C/산기2004A/기사2004D]

작업자가 캔 음료를 먹고 있고, 리프트를 타고 다른 작업자가 올라가자, 바닥에 캔 음료를 버리고 외부비계를 타고 올라가다 떨어지는 재해가 발생했다. 이때 작업자 안전모의 턱끈이 풀려있는 상태였다.

가) 재해형태 : 추락(떨어짐)
나) 위험요인
① 비계 상에 사다리 및 비계다리 등 승강시설이 설치되어 있지 않았다.
② 추락방호망이 설치되어 있지 않았다.
③ 작업발판이 설치되어 있지 않았다.
④ 울, 손잡이 또는 충분한 강도를 가진 발판 등이 설치되지 않았다.

▲ 나)의 답안 중 2가지 선택 기재

04 동영상은 굴착작업에 대해서 보여주고 있다. 공사 전 굴착시기와 작업순서 등을 정하기 위해 작업장소 등에 대한 조사내용을 3가지 쓰시오.(6점) [기사1704B/기사1901C/기사2002D/기사2201B/기사2302A]

백호로 굴착중인 작업현장을 보여주고 있다. 주변 지층이 연약지반이어서인지 지반의 붕괴 위험이 있어 위험해 보인다.

① 형상·지질 및 지층의 상태　② 매설물 등의 유무 또는 상태
③ 지반의 지하수위 상태　④ 균열·함수·용수 및 동결의 유무 또는 상태

▲ 해당 답안 중 3가지 선택 기재

05 동영상은 작업장에 설치된 계단을 보여주고 있다. 영상에서와 같이 계단 및 계단참을 설치할 경우 준수하여야 할 사항에 대한 다음 물음에 답하시오.(4점) [산기1401A/기사1404C/기사1501A/산기1502A/ 기사1702A/기사1704B/기사1704C/기사1801A/기사1901C/산기1902A/기사1904B/기사2003C/기사2003E/기사2102C]

작업장에 설치된 가설계단을 보여주고 있다.

가) 사업주는 계단 및 계단참을 설치하는 경우 매 제곱미터 당 (①)kg 이상의 하중에 견딜 수 있는 강도를 가진 구조로 설치하여야 한다.
나) 안전율은 (②) 이상으로 하여야 한다.

① 500
② 4

06 동영상은 노면을 깎는 작업을 보여주고 있다. 건설기계의 명칭과 용도 3가지를 쓰시오.(4점) [기사1501B/기사1601B/기사1602C/기사1802A/기사1901C/기사2002D/산기2101A/기사2102C/기사2201A/기사2403C]

차량계 건설기계를 이용해서 노면을 깎는 작업을 보여주고 있다.

가) 명칭 : 불도저
나) 용도
① 지반의 정지작업　　② 굴착작업
③ 적재작업　　　　　④ 운반작업

▲ 나)의 답안 중 3가지 선택 기재

07 동영상은 콘크리트 타설 및 타설 후 면마감 작업을 보여주고 있다. 콘크리트 타설작업 시 안전조치 사항을 3가지 쓰시오.(6점)

[산기1604B/산기1801A/기사1801C/산기1804A/기사1804C/기사1901C/산기1902A/산기2001A/산기2004A/기사2004B]

콘크리트 타설 현장의 모습을 보여주고 있다. 타설할 때 작업발판도 없고 난간도 없고 방망도 없으며, 작업자는 안전모 턱끈을 느슨하게 하고 있다.

① 콘크리트 타설작업 시 거푸집 붕괴의 위험이 발생할 우려가 있으면 충분한 보강조치를 할 것
② 설계도서상의 콘크리트 양생기간을 준수하여 거푸집 동바리 등을 해체할 것
③ 콘크리트를 타설하는 경우에는 편심이 발생하지 않도록 골고루 분산하여 타설할 것
④ 당일의 작업을 시작하기 전에 해당 작업에 관한 거푸집 동바리 등의 변형·변위 및 지반의 침하 유무 등을 점검하고 이상이 있으면 보수할 것
⑤ 작업 중에는 거푸집 동바리 등의 변형·변위 및 침하 유무 등을 감시할 수 있는 감시자를 배치하여 이상이 있으면 작업을 중지하고 근로자를 대피시킬 것

▲ 해당 답안 중 3가지 선택 기재

08 동영상은 이동식 비계를 이용한 작업 중 추락재해가 발생하는 것을 보여준다. 이동식 비계 바퀴의 뜻밖의 갑작스러운 이동 또는 전도를 방지하기 위해 브레이크·쐐기 등으로 바퀴를 고정하는 장치의 이름을 쓰시오.(4점)

[기사1901C/기사1904C/기사2001B]

이동식 비계를 이용해서 거푸집 설치작업을 진행중인 모습을 보여준다. 비계를 고정하지 않아 흔들리다 작업자가 바닥으로 추락하는 재해가 발생한다.

• 아웃트리거

2018년 4회 A형 작업형 기출복원문제

신규문제 0문항 중복문제 8문항

01 동영상은 타워크레인 작업상황을 보여주고 있다. 해당 작업을 진행하는데 있어서 구비해야 할 방호장치를 2가지 쓰시오. (4점) [산기1404B/산기1601A/산기1702B/기사1802A/기사1804A/산기1804B/기사1902B/기사1904A/기사2003C/기사2301A]

건설현장에서 타워크레인으로 화물을 인양하는 모습을 보여주고 있다.

① 과부하방지장치
② 권과방지장치
③ 비상정지장치 및 제동장치

▲ 해당 답안 중 2가지 선택 기재

02 동영상은 아파트 신축공사현장을 보여주고 있다. 영상을 참고하여 고소작업 시 추락재해를 방지하기 위한 안전조치 사항 2가지를 쓰시오. (단, 영상에서 제시된 안전방망, 방호선반, 안전난간 등의 설치는 제외한다.) (4점) [산기1404A/기사1502A/산기1504B/산기1601A/산기1601B/기사1604A/기사1804A/산기1804A]

아파트 건설현장에서 작업자 둘이 거푸집을 옮기는 중에 거푸집이 낙하하다 낙하물방지망에 걸리는 모습을 보여준다. 작업자들은 안전대를 착용하지 않았으며 작업발판이나 안전난간이 설치되지 않은 것을 보여준다.

① 작업발판 설치
② 근로자 안전대 착용

03 동영상은 철조망 안쪽에 변압기(=임시배전반) 설치장소의 충전부에 접촉하여 감전사고가 발생한 것을 보여주고 있다. 간접접촉 예방대책 3가지를 쓰시오.(6점) [기사1401B/기사1404B/산기1501A/기사1502B/산기1504B/기사1601A/기사1601C/산기1602A/산기1604B/산기1701A/기사1702C/기사1704B/기사1804A/기사2001B]

동영상은 건설현장의 한쪽에 마련된 임시배전반이 설치된 장소를 보여주고 있다. 새로운 장비의 설치를 위해서 일부 근로자가 임시배전반이 보관된 철조망 안으로 들어가서 변압기를 옮기다가 노출된 충전부에 접촉하여 감전재해가 발생하는 모습을 보여주고 있다.

① 충전부가 노출되지 않도록 폐쇄형 외함이 있는 구조로 할 것
② 충전부에 충분한 절연효과가 있는 방호망이나 절연덮개를 설치할 것
③ 충전부는 내구성이 있는 절연물로 완전히 덮어 감쌀 것
④ 발전소·변전소 및 개폐소 등 구획된 장소로서 관계 근로자가 아닌 사람의 출입이 금지되는 장소에 충전부를 설치하고, 위험표시 등의 방법으로 방호를 강화할 것
⑤ 전주 위 및 철탑 위 등 격리된 장소로서 관계 근로자가 아닌 사람이 접근할 우려가 없는 장소에 충전부를 설치할 것

▲ 해당 답안 중 3가지 선택 기재

04 동영상은 터널 굴착 작업 중 숏크리트 타설 공정을 보여주고 있다. 터널 공사 작업 시 작업계획에 포함되어야 하는 사항을 3가지 쓰시오.(6점) [기사1504C/기사1802C/기사1804A/기사2003C]

어두운 터널 안으로 차량이 들어가고 터널 현장의 울퉁불퉁한 모습이 보인다. 근로자가 차량의 기능을 점검한 후 터널 외벽에 콘크리트를 압력공기를 이용하여 타설을 한다.

① 굴착의 방법
② 터널지보공 및 복공의 시공방법과 용수의 처리방법
③ 환기 또는 조명시설을 설치할 때에 그 방법

05 동영상은 흙막이를 보여주면서 H형으로 된 줄이 이어져 있는 것을 보여주고, 다음 화면은 흙막이에 연결되어 있던 선로에 노란색으로 되어 있는 사각형의 기계를 보여준다. 이 공법의 명칭과 동영상에 보여준 계측기의 종류와 용도를 3가지 쓰시오.(4점) [기사1501B/기사1601C/기사1602C/기사1804A/기사2001C]

동영상은 흙막이를 보여주면서 H형으로 된 줄이 이어져 있는 것을 보여주고, 다음 화면은 흙막이에 연결되어있던 선로에 노란색으로 되어 있는 사각형의 기계를 연달아 보여준다.

가) 명칭 : 어스앵커공법
나) 계측기의 종류와 용도
  ① 지표침하계 - 지표면의 침하량을 측정
  ② 수위계 - 지반 내 지하수위의 변화 측정
  ③ 지중경사계 - 지중의 수평 변위량을 측정

06 동영상은 석축이 붕괴된 현장을 보여주고 있다. 동영상을 참고하여 석축쌓기 완료 후 붕괴원인을 3가지 쓰시오.(6점) [기사1604A/기사1804A/기사1902A/기사2201A]

비가 내린 후 석축이 붕괴된 현장의 모습을 보여주고 있다.

① 옹벽 뒤채움 재료불량 및 다짐불량
② 과도한 토압의 발생
③ 배수불량으로 인한 수압발생
④ 기초지반의 침하
⑤ 동결융해

▲ 해당 답안 중 3가지 선택 기재

07 동영상은 차량계 건설기계를 보여주고 있다. 해당 동영상에 나오는 건설기계의 명칭을 쓰시오.(4점)

[기사1602A/기사1804A]

콘크리트 공장에서부터 작업현장까지 콘크리트를 실어나르는 트럭의 모습을 보여주고 있다. 차량 뒷부분의 드럼은 운행중에도 계속 회전하고 있다.

• 콘크리트 믹서 트럭

08 동영상은 철골구조물에 부착된 작업발판을 보여주고 있다. 다음 물음에 답하시오.(6점)

[산기1801B/기사1804A/산기1901B/산기2004B]

동영상은 철골작업 현장의 모습을 보여주고 있다. 기존에 설치된 철골구조물에 부착된 작업발판에 이상이 있는지 작업자 A가 이를 지적하고 있는 모습이다.

가) 작업발판의 폭을 (①)cm 이상으로 설치한다.
나) 발판재료간의 틈은 (②)cm 이하로 설치한다.
다) 비계기둥간의 적재하중은 (③)kg을 초과하지 않도록 한다.

① 40   ② 3   ③ 400

2018년 4회 B형 작업형 기출복원문제

신규문제 0문항 중복문제 8문항

01 동영상은 지하의 작업장에서 보통작업을 하고 있는 상황을 보여주고 있다. 작업조도의 기준을 쓰시오.(4점)
[기사1802C/기사1804B/산기1902A/기사1904C/기사2003D/기사2101C/기사2102B/기사2104A]

작업자가 지하의 밀폐된 작업장에서 도장작업을 하고 있는 상황을 보여주고 있다.

- 150럭스 이상

02 동영상은 작업자가 통로를 걷다 개구부로 추락하는 상황을 보여주고 있다. 추락의 위험이 존재하는 장소에서의 안전 조치사항 3가지를 쓰시오.(6점) [기사1401C/산기1402A/산기1402B/산기1504B/기사1504C/기사1602B/산기1701B/산기1702A/기사1804B/산기2002B/기사2004C/기사2101A/기사2102A/기사2104C/기사2202C/기사2204A/기사2301A/기사2304B/기사2403B]

작업자가 통로를 걷다 개구부를 미처 확인하지 못하여 개구부로 추락하는 상황을 보여주고 있다.
해당 개구부에는 별도의 방호장치가 설치되지 않은 상태이다.

① 안전난간을 설치한다.
② 수직형 추락방망을 설치한다.
③ 울타리를 설치한다.
④ 덮개를 뒤집히거나 떨어지지 않도록 설치한다.
⑤ 추락방호망을 설치한다.
⑥ 어두울 때도 알아볼 수 있도록 개구부임을 표시한다.
⑦ 추락방호망 설치가 곤란한 경우 작업자에게 안전대를 착용하게 하는 등 추락방지 조치를 한다.

▲ 해당 답안 중 3가지 선택 기재

03 영상은 거푸집 동바리의 설치 잘못으로 인해 거푸집이 붕괴하는 사고를 보여주고 있다. 거푸집 동바리 조립 작업 시 준수사항(안전대책) 3가지를 쓰시오.(6점) [기사1504B/기사1602A/기사1701B/기사1804B/기사2002D/기사2403B]

거푸집 동바리가 붕괴되는 재해상황을 보여주고 있다. 재해상황을 보여주기 전 거푸집 동바리 설치 작업 시 동바리의 위치가 불량한 것과 수평연결재를 설치하지 않은 것, 각 재가 파손되거나 변형된 것 등을 보여준다.

① 받침목이나 깔판의 사용, 콘크리트 타설, 말뚝박기 등 동바리의 침하를 방지하기 위한 조치를 할 것
② 동바리의 상하 고정 및 미끄러짐 방지 조치를 할 것
③ 상부·하부의 동바리가 동일 수직선상에 위치하도록 하여 깔판·받침목에 고정시킬 것
④ 개구부 상부에 동바리를 설치하는 경우에는 상부하중을 견딜 수 있는 견고한 받침대를 설치할 것
⑤ 동바리의 이음은 같은 품질의 재료를 사용할 것
⑥ 강재의 접속부 및 교차부는 볼트·클램프 등 전용철물을 사용하여 단단히 연결할 것
⑦ 거푸집의 형상에 따른 부득이한 경우를 제외하고는 깔판이나 받침목은 2단 이상 끼우지 않도록 할 것
⑧ 깔판이나 받침목을 이어서 사용하는 경우에는 그 깔판·받침목을 단단히 연결할 것

▲ 해당 답안 중 3가지 선택 기재

04 동영상은 차량계 건설기계를 통한 작업현황을 보여주고 있다. 영상을 참고하여 차량계 건설기계 작업 시 작업계획서에 포함되어야 할 사항을 2가지 쓰시오.(4점) [기사1701A/기사1702B/기사1804B]

차량계 건설기계를 이용하여 작업장 진입로의 노면을 정리하고 있는 모습을 보여주고 있다.

① 사용하는 차량계 건설기계의 종류 및 성능
② 차량계 건설기계의 운행경로
③ 차량계 건설기계의 작업방법

▲ 해당 답안 중 2가지 선택 기재

05 동영상은 교량 상부에서 콘크리트 펌프카를 사용한 콘크리트 타설 작업을 보여주고 있다. 콘크리트 펌프 또는 콘크리트 펌프카 사용 시 준수사항을 3가지 쓰시오.(6점) [기사1401A/기사1404A/기사1502B/기사1601B/기사1702A/기사1804B/산기1901A/산기1904A/기사2001A/기사2001B/기사2002C/기사2003D/기사2101C/기사2102B/기사2201B/기사2204B/기사2204C/기사2401B/기사2403C]

신호수가 신호를 하면서 콘크리트 타설작업이 진행 중인 상황을 보여주고 있다. 교량상부에서 콘크리트 펌프카를 사용하여 타설작업 중이다.

① 작업을 시작하기 전에 콘크리트 펌프용 비계를 점검하고 이상을 발견하였으면 즉시 보수할 것
② 건축물의 난간 등에서 작업하는 근로자가 호스의 요동·선회로 인하여 추락하는 위험을 방지하기 위하여 안전난간 설치 등 필요한 조치를 할 것
③ 콘크리트 펌프카의 붐을 조정하는 경우에는 주변의 전선 등에 의한 위험을 예방하기 위한 적절한 조치를 할 것
④ 작업 중에 지반의 침하, 아웃트리거의 손상 등에 의하여 콘크리트 펌프카가 넘어질 우려가 있는 경우는 이를 방지하기 위한 적절한 조치를 할 것

▲ 해당 답안 중 3가지 선택 기재

06 동영상은 터널현장에서의 공정 중 한 가지를 찍은 것이다. 동영상을 참고하여 다음 각 물음에 답하시오.(4점) [기사1401C/기사1402C/기사1804B/기사2001A]

어두운 터널 안으로 차량이 들어가고 터널 현장의 울퉁불퉁한 모습이 보인다. 근로자가 차량의 기능을 점검한 후 터널 외벽에 콘크리트를 압력공기를 이용하여 타설을 한다.

가) 동영상에서 작업하고 있는 공정의 명칭을 쓰시오.
나) 작업계획서 내 포함사항을 3가지 쓰시오.

가) 숏크리트 타설 공정
나) ① 압송거리　　② 분진방지대책　　③ 리바운드방지대책
　　④ 작업의 안전수칙　　⑤ 사용목적 및 투입장비 등

▲ 나)의 답안 중 3가지 선택 기재

07 동영상은 작업장에 설치된 가설계단의 모습을 보여주고 있다. 영상을 참고하여 작업장에 설치한 가설계단의 설치각도 기준을 쓰시오. (4점)

[기사1804B/기사2004D]

작업장에 설치된 가설계단을 보여주고 있다.

- 30° 이하

08 동영상은 건설기계의 작업 중 발생한 재해상황을 보여주고 있다. 해당 건설기계를 이용하여 인양 중 발생한 재해의 종류, 위험요소와 방지대책을 각각 3가지 쓰시오. (6점)

[기사1402C/기사1804B]

트럭 크레인을 이용하여 인양작업을 진행 중에 와이어로프의 결속불량으로 하물이 떨어져 근처를 지나던 작업자를 덮치는 재해가 발생하였다. 신호수가 보이지 않는다.

가) 재해의 종류 : 낙하(맞음)
나) 위험요소
 ① 작업반경 및 중량물 하부에 근로자들이 출입하고 있다.
 ② 인양작업 전 와이어로프의 결속상태를 확인하지 않았다.
 ③ 신호수를 배치하지 않았다.
다) 방지대책
 ① 작업반경 및 중량물 하부에 출입금지 조치를 실시하여야 한다.
 ② 인양작업 전 와이어로프의 결속상태를 미리 확인한다.
 ③ 신호수를 배치하고, 신호수의 지시에 따라 인양한다.

2018년 4회 C형 작업형 기출복원문제

신규문제 1문항 중복문제 7문항

01 동영상은 지게차가 판넬을 들고 신호수에 신호에 따라 운반하다가 화물이 신호수에게 낙하하는 장면이다. 이에 따른 사고원인을 2가지 쓰시오.(4점) [산기1504A/산기1602A/산기1702A/기사1804C/기사2003C]

지게차로 화물을 이동 중에 발생한 재해상황을 보여주고 있다. 화물을 적재한 후 포크를 높이 올린 상태에서 이동 중이며, 이동 시 화물이 흔들리는 모습을 보여준다. 이후 화면에서 흔들리던 화물이 신호수에게 낙하하여 재해가 발생한다.

① 하중이 한쪽으로 치우치게 적재하였다.
② 화물 적재 시 운전자의 시야를 가리지 않도록 하여야 하는데 그렇지 않았다.
③ 화물의 붕괴 및 낙하에 의한 위험을 방지하기 위해 화물에 로프를 거는 등 필요한 조치를 하지 않았다.
④ 지게차 작업반경 내 관계자외 작업자가 출입하고 있다.

▲ 해당 답안 중 2가지 선택 기재

02 동영상은 낙하물방지망을 보수하는 장면이다. 낙하물방지망 또는 방호선반 설치 시 준수사항 2가지를 쓰시오.(4점) [산기1801A/기사1802A/기사1804C]

고소에 설치된 낙하물방지망의 한쪽 끝이 풀려 바람에 날리는 장면을 보여주고 있다. 이에 작업자가 낙하물방지망을 보수하기 위해 바람에 날리는 낙하물방지망의 매듭부위에 접근하고 있는 장면을 보여주고 있다.

① 높이 10미터 이내마다 설치하고, 내민 길이는 벽면으로부터 2미터 이상으로 할 것
② 수평면과의 각도는 20도 이상 30도 이하를 유지할 것

03 동영상은 콘크리트 타설 및 타설 후 면마감 작업을 보여주고 있다. 콘크리트 타설작업 시 안전조치 사항을 3가지 쓰시오.(6점)

[산기1604B/산기1801A/기사1801C/산기1804A/기사1804C/기사1901C/산기1902A/산기2001A/산기2004A/기사2004B]

콘크리트 타설 현장의 모습을 보여주고 있다. 타설할 때 작업발판도 없고 난간도 없고 방망도 없으며, 작업자는 안전모 턱끈을 느슨하게 하고 있다.

① 콘크리트 타설작업 시 거푸집 붕괴의 위험이 발생할 우려가 있으면 충분한 보강조치를 할 것
② 설계도서상의 콘크리트 양생기간을 준수하여 거푸집 동바리 등을 해체할 것
③ 콘크리트를 타설하는 경우에는 편심이 발생하지 않도록 골고루 분산하여 타설할 것
④ 당일의 작업을 시작하기 전에 해당 작업에 관한 거푸집 동바리 등의 변형·변위 및 지반의 침하 유무 등을 점검하고 이상이 있으면 보수할 것
⑤ 작업 중에는 거푸집 동바리 등의 변형·변위 및 침하 유무 등을 감시할 수 있는 감시자를 배치하여 이상이 있으면 작업을 중지하고 근로자를 대피시킬 것

▲ 해당 답안 중 3가지 선택 기재

04 동영상은 비계를 이용한 작업현장을 보여주고 있다. 작업자가 사용하는 비계의 종류, 비계의 높이가 2미터 이상일 경우 작업발판의 폭, 지주부재와 수평면의 기울기를 쓰시오.(6점)

[기사1802C/기사1804C/기사1902A/기사2003D/기사2302B]

말비계 위에서 작업자가 작업중인 모습을 보여주고 있다.

① 비계의 종류 : 말비계
② 작업발판의 폭 : 40cm 이상
③ 기울기 : 75° 이하

05 동영상은 노면 정리작업 현장을 보여주고 있다. 해당 건설기계의 명칭과 해당 건설기계를 사용하여 작업할 때 작업계획서 작성에 포함되어야 할 사항 3가지를 쓰시오.(4점)

[기사1401B/기사1502A/산기1801A/기사1804C/기사2001B]

차량계 건설기계를 이용하여 작업장 진입로의 노면을 정리하고 있는 모습을 보여주고 있다.

가) 건설기계의 명칭 : 로더
나) ① 사용하는 차량계 건설기계의 종류 및 성능
　　② 차량계 건설기계의 운행경로
　　③ 차량계 건설기계의 작업방법

06 동영상은 항타작업 현장을 보여주고 있다. 항타작업에 사용하는 권상용 와이어로프의 사용제한 조건을 3가지 쓰시오.(6점)

[산기1404B/기사1502A/산기1604B/산기1702B/산기1802A/기사1804C/기사2001C/산기2004A/기사2004C]

항타기를 이용하여 전주를 세우는 작업을 보여주고 있다.

① 이음매가 있는 것
② 와이어로프의 한꼬임에서 끊어진 소선의 수가 10% 이상인 것
③ 지름의 감소가 공칭지름의 7%를 초과한 것
④ 심하게 변형 또는 부식된 것
⑤ 꼬인 것
⑥ 열과 전기충격에 의해 손상된 것

▲ 해당 답안 중 3가지 선택 기재

07 동영상은 지하의 밀폐공간에서 방수작업을 진행하는 도중 근로자가 쓰러지는 영상을 보여주고 있다. 동종의 재해를 방지하기 위한 안전대책 2가지를 쓰시오.(4점) [기사1804C]

작업자 3명이 흡연한 후, 그 중 2명이 맨홀 뚜껑을 열고 들어간 지하실 밀폐공간에서 방수작업을 하고 있다. 일정 시간이 흐른 후 (시계를 자주 보여준다)에 남은 작업자 1명이 밀폐공간을 확인하니 2명의 작업자가 쓰러져 있는 모습을 보여주고 있다.

① 사업주는 근로자가 밀폐공간에서 작업을 하는 경우에 작업을 시작하기 전과 작업 중에 해당 작업장을 적정 공기 상태가 유지되도록 환기하여야 한다.
② 환기하기가 매우 곤란한 경우에는 근로자에게 공기호흡기 또는 송기마스크를 지급하여 착용하도록 한다.

08 동영상은 고정식 수직사다리를 보여주고 있다. 동영상을 참고하여 사다리식 통로를 설치할 때의 준수사항에 대한 물음에 답하시오.(6점) [기사1502B/기사1504C/기사1701A/기사1804C/기사2403B/기사2403C]

작업현장에 설치된 고정식 수직사다리를 보여주고 있다. 바닥에서부터 높이가 2.5미터 되는 지점부터는 등받이울이 설치된 것을 확인할 수 있다.

가) 고정식 사다리식 통로의 기울기는 수평면에 대하여 (①)도 이하로 하고, 그 높이가 (②)미터 이상인 경우에는 바닥으로부터 높이가 2.5미터 되는 지점부터 등받이울을 설치할 것
나) 사다리식 통로의 길이가 10m 이상일 때에는 (③)m 이내마다 계단참을 설치하여야 한다.

① 90   ② 7   ③ 5

2018년 2회 A형 작업형 기출복원문제

01 동영상은 흙막이 지보공 설치 작업을 보여주고 있다. 도심 깊은 굴착 후 흙막이 지보공의 가시설비에 대한 정기 점검사항 3가지를 쓰시오.(6점)

[산기1402A/산기1601B/산기1602B/기사1802A/
기사1901B/산기1901B/산기1902B/기사1904B/산기2002B/기사2003A/산기2003A/산기2004A]

흙막이 지보공이 설치된 작업현장을 보여주고 있다. 이틀 동안 계속된 비로 인해 지보공의 일부가 터져서 토사가 밀려든 모습이다.

① 침하의 정도
② 버팀대 긴압의 정도
③ 부재의 접속부·부착부 및 교차부 상태
④ 부재의 손상·변형·부식·변위 및 탈락의 유무와 상태

▲ 해당 답안 중 3가지 선택 기재

02 동영상에서는 철골작업 현장을 보여주고 있다. 철골 기둥의 승강용 트랩 설치와 관련된 다음 물음에 답하시오.(4점)

[기사1802A/1904B/기사2101C/기사2102B]

철골구조물 건립 공사현장을 보여주고 있다. 복장이 불량한 작업자가 어슬렁거리는 모습을 보여준다. 승강용 트랩을 타고 위로 올라가야 하는데 복장이 불량해서 올라갈 수 있을지 걱정스럽다.

① 트랩의 설치 간격   ② 트랩 설치 시 폭의 규격

① 30cm 이내   ② 30cm 이상

03 동영상은 건설기계의 작업상황을 보여주고 있다. 해당 건설기계에 대한 위험요소와 방지대책을 각각 3가지 쓰시오.(6점) [기사1904B]

트럭 크레인을 이용하여 인양작업을 진행 중에 와이어로프의 결속불량으로 하물이 떨어져 근처를 지나던 작업자를 덮치는 재해가 발생하였다. 신호수가 보이지 않는다.

가) 위험요소
① 트럭 크레인 수평 및 아웃트리거 설치 전 및 이동 시 붐대를 펴고 이동하고 있다.
② 작업반경 및 중량물 하부에 근로자들이 출입하고 있다.
③ 작업 시작 전 지면의 상태를 확인하지 않고 아웃트리거를 설치하였다.
④ 신호수를 배치하지 않았다.

나) 방지대책
① 트럭 크레인 수평 및 아웃트리거 설치 전 및 이동 시 붐대는 접어 정위치에 고정하여야 한다.
② 작업반경 및 중량물 하부에 출입금지 조치를 실시하여야 한다.
③ 작업 시작 전 지면의 상태를 확인하고, 노면이 평탄하고 견고한 부위에 아웃트리거를 설치한다.
④ 신호수를 배치한다.

▲ 해당 답안 중 각각 3가지씩 선택 기재

04 동영상은 타워크레인 작업상황을 보여주고 있다. 해당 작업을 진행하는데 있어서 구비해야 할 방호장치를 2가지 쓰시오.(4점) [산기1404B/산기1601A/산기1702B/기사1802A/기사1804A/산기1804B/기사1902B/기사1904A/기사2003C/기사2301A]

건설현장에서 타워크레인으로 화물을 인양하는 모습을 보여주고 있다.

① 과부하방지장치　② 권과방지장치　③ 비상정지장치 및 제동장치

▲ 해당 답안 중 2가지 선택 기재

05 동영상은 목재가공용 둥근톱을 이용하여 작업을 하던 중 발생된 재해사례를 보여주고 있다. 동영상을 참고하여 다음 각 물음에 답하시오. (6점) [산기1602A/기사1802A/산기1804A/기사1904C/기사2101C/기사2104A]

작업자가 목장갑을 착용하고 목재를 가공하고 있다. 둥근톱장치에는 반발예방장치가 설치되어 있지 않다.

가) 동영상에 보여진 재해의 발생원인을 2가지만 쓰시오.
나) 동영상에서와 같이 전동기계·기구를 사용하여 작업을 할 때 누전차단기를 반드시 설치해야 하는 작업장소를 1가지 쓰시오.

가) 재해의 발생원인
  ① 회전기계 작업 중 장갑을 착용하고 작업하고 있다.
  ② 분할날 등 반발예방장치가 설치되지 않은 둥근톱장치를 사용해서 작업 중이다.
나) 누전차단기를 설치해야 하는 작업장소
  ① 대지전압이 150V를 초과하는 이동형 또는 휴대형 전기기계·기구를 사용할 때
  ② 철판·철골 위 등 도전성이 높은 장소에서 이동형 또는 휴대형 전기기계·기구를 사용할 때
  ③ 물 등 도전성이 높은 액체가 있는 습윤장소에서 사용하는 저압용 전기기계·기구를 사용할 때
  ④ 임시배선의 전로가 설치되는 장소에서 사용하는 이동형 또는 휴대형 전기기계·기구

▲ 나)의 답안 중 1가지 선택 기재

06 동영상은 낙하물방지망을 보수하는 장면이다. 낙하물방지망 또는 방호선반 설치 시 준수사항 2가지를 쓰시오. (4점) [산기1801A/기사1802A/기사1804C]

고소에 설치된 낙하물방지망의 한쪽 끝이 풀려 바람에 날리는 장면을 보여주고 있다. 이에 작업자가 낙하물방지망을 보수하기 위해 바람에 날리는 낙하물방지망의 매듭 부위에 접근하고 있는 장면을 보여주고 있다.

① 높이 10미터 이내마다 설치하고, 내민 길이는 벽면으로부터 2미터 이상으로 할 것
② 수평면과의 각도는 20도 이상 30도 이하를 유지할 것

07 동영상은 이동식 비계를 이용한 작업 중 추락재해가 발생하는 것을 보여준다. 이동식 비계의 올바른 설치 기준을 3가지 쓰시오.(6점) [기사1404B/기사1602C/기사1604B/산기1604B/산기1702A/ 기사1801B/산기1801B/기사1802A/기사1802B/산기1804B/기사1904B/기사2001A/기사2002B/기사2304A/기사2402A]

이동식 비계를 이용해서 거푸집 설치작업을 진행중인 모습을 보여준다. 비계를 고정하지 않아 흔들리다 작업자가 바닥으로 추락하는 재해가 발생한다.

① 승강용 사다리는 견고하게 설치할 것
② 비계의 최상부에서 작업을 하는 경우에는 안전난간을 설치할 것
③ 작업발판의 최대적재하중은 250킬로그램을 초과하지 않도록 할 것
④ 작업발판은 항상 수평을 유지하고 작업발판 위에서 안전난간을 딛고 작업을 하거나 받침대 또는 사다리를 사용하여 작업하지 않도록 할 것
⑤ 이동식 비계의 바퀴에는 뜻밖의 갑작스러운 이동 또는 전도를 방지하기 위하여 브레이크·쐐기 등으로 바퀴를 고정시킨 다음 비계의 일부를 견고한 시설물에 고정하거나 아웃트리거를 설치하는 등 필요한 조치를 할 것

▲ 해당 답안 중 3가지 선택 기재

08 동영상은 노면을 깎는 작업을 보여주고 있다. 건설기계의 명칭과 용도 3가지를 쓰시오.(4점) [기사1501B/기사1601B/기사1602C/기사1802A/기사1901C/기사2002D/산기2101A/기사2102A/기사2201A/기사2403C]

차량계 건설기계를 이용해서 노면을 깎는 작업을 보여주고 있다.

가) 명칭 : 불도저
나) 용도 : ① 지반의 정지작업   ② 굴착작업
            ③ 적재작업   ④ 운반작업

▲ 나)의 답안 중 3가지 선택 기재

2018년 2회 B형 작업형 기출복원문제

01 동영상은 굴착기계로 터널굴착을 하고 작업한 흙을 버리는 장면을 보여준다. 터널굴착기계의 가) 명칭과 나) 작업계획에 포함되어야 할 사항 3가지를 쓰시오.(6점)

[기사1501C/기사1701B/기사1801A/기사1802B/기사1902B/기사1904A/기사2002A/기사2102B/기사2302B/기사2302C]

영상은 터널굴착작업 현장을 보여주고 있다. 굴착 후 나온 흙을 버리는 장면을 보여주고 있다.

가) 명칭 : T.B.M(Tunnel Boring Machine)
나) 작업계획 포함사항
  ① 굴착의 방법
  ② 터널지보공 및 복공의 시공방법과 용수의 처리방법
  ③ 환기 또는 조명시설을 설치할 때에 그 방법

02 영상은 거푸집 동바리의 설치 잘못으로 인해 거푸집의 붕괴사고가 발생한 것을 보여주고 있다. 동바리 설치·조립 시 동바리의 침하방지를 위한 조치사항 3가지를 쓰시오.(6점)

[기사1802B/기사1904B/기사2102C/기사2104A/기사2302B]

거푸집 동바리가 붕괴되는 재해상황을 보여주고 있다. 재해상황을 보여주기 전 거푸집 동바리 설치 작업 시 동바리의 위치가 불량한 것과 수평연결재를 설치하지 않은 것, 각 재가 파손되거나 변형된 것 등을 보여준다.

① 받침목이나 깔판의 사용   ② 콘크리트 타설   ③ 말뚝박기

03 동영상은 항타기 작업 중 무너지는 장면을 보여주고 있다. 무너짐 방지 방법 2가지를 쓰시오.(4점)

[산기1701A/기사1701C/산기1801B/기사1802B/기사1904C/기사2002E/기사2004D/기사2101B]

연약지반에 별도의 보강작업 없이 항타 작업을 진행 중에 항타기가 밀리면서 전도된 상황을 보여주고 있다.

① 연약한 지반에 설치하는 경우에는 아웃트리거·받침 등 지지구조물의 침하를 방지하기 위하여 깔판·받침목 등을 사용할 것
② 시설 또는 가설물 등에 설치하는 경우에는 그 내력을 확인하고 내력이 부족하면 그 내력을 보강할 것
③ 아웃트리거·받침 등 지지구조물이 미끄러질 우려가 있는 경우에는 말뚝 또는 쐐기 등을 사용하여 해당 지지구조물을 고정시킬 것
④ 궤도 또는 차로 이동하는 항타기 또는 항발기에 대해서는 불시에 이동하는 것을 방지하기 위하여 레일 클램프(rail clamp) 및 쐐기 등으로 고정시킬 것
⑤ 상단 부분은 버팀대·버팀줄로 고정하여 안정시키고, 그 하단 부분은 견고한 버팀·말뚝 또는 철골 등으로 고정시킬 것

▲ 해당 답안 중 3가지 선택 기재

04 동영상은 기존 도로와 작업장 진입로를 보여주고 있다. 도로와 작업장에 높이 차이가 있거나 차로의 노면이 작업장의 주차장으로 잠식될 우려가 있는 경우의 조치사항을 2가지 쓰시오.(4점) [기사1802B/기사2002E]

작업장 옆 도로와 작업장을 빨간색 고깔로 구분해 놓은 모습을 보여주고 있다.

① 연석 ② 방호울타리

05 동영상은 노천 굴착작업 현장을 보여주고 있다. 굴착작업 시 지반에 따른 굴착면의 기울기 기준과 관련된 다음 내용에 빈칸을 채우시오.(6점) [산기1504B/산기1701B/산기1802A/기사1802B/산기2002B/기사2101A]

백호가 노천을 굴착하고 있다. 작업 중 옆에 쌓아두었던 부석이 굴러와 작업자가 다칠뻔한 장면을 보여주고 있다.

구분	지반의 종류	기울기
암반	풍화암	①
	연암	②
	경암	③

① 1 : 1.0   ② 1 : 1.0   ③ 1 : 0.5

06 동영상은 이동식 비계를 이용한 작업 중 추락재해가 발생하는 것을 보여준다. 이동식 비계의 올바른 설치 기준을 3가지 쓰시오.(6점) [기사1404B/기사1602C/기사1604B/산기1604B/산기1702A/ 기사1801B/산기1801B/기사1802A/기사1802B/산기1804B/기사1904B/기사2001A/기사2002B/기사2304A]

이동식 비계를 이용해서 거푸집 설치작업을 진행중인 모습을 보여준다. 비계를 고정하지 않아 흔들리다 작업자가 바닥으로 추락하는 재해가 발생한다.

① 승강용 사다리는 견고하게 설치할 것
② 비계의 최상부에서 작업을 하는 경우에는 안전난간을 설치할 것
③ 작업발판의 최대적재하중은 250킬로그램을 초과하지 않도록 할 것
④ 비계의 최대높이는 밑변 최소폭의 4배 이하이어야 한다.
⑤ 작업발판은 항상 수평을 유지하고 작업발판 위에서 안전난간을 딛고 작업을 하거나 받침대 또는 사다리를 사용하여 작업하지 않도록 할 것
⑥ 이동식 비계의 바퀴에는 뜻밖의 갑작스러운 이동 또는 전도를 방지하기 위하여 브레이크·쐐기 등으로 바퀴를 고정시킨 다음 비계의 일부를 견고한 시설물에 고정하거나 아웃트리거(outrigger, 전도방지용 지지대)를 설치하는 등 필요한 조치를 할 것

▲ 해당 답안 중 3가지 선택 기재

07 동영상은 타워크레인으로 화물인양 작업 중 발생한 재해를 보여주고 있다. 동영상을 보고 재해의 발생원인으로 추정되는 사항을 2가지 쓰시오.(4점)　[기사1401C/기사1404A/기사1501A/기사1502B/산기1604B
/산기1701A/기사1702C/기사1802B/산기1802B/기사2004C/기사2004A/기사2101C/기사2201B]

타워크레인이 화물을 1줄걸이로 인양해서 올리고 있고, 하부에 근로자가 안전모 턱끈을 매지 않은 채 양중작업을 보지 못하고 지나가고 있는 중에 화물이 탈락하면서 낙하하여 근로자와 충돌하였다.

① 화물 인양 시 1줄걸이로 인양함으로써 화물이 무게중심을 잃고 낙하했다.
② 작업 반경 내 출입금지구역에 근로자가 출입하였다.
③ 작업자가 안전모를 안전하게 착용하지 않았다.
④ 신호수를 배치하지 않았다.

▲ 해당 답안 중 2가지 선택 기재

08 동영상은 비계 설치 작업을 보여주고 있다. 비계작업 시 벽이음철물의 역할을 2가지 쓰시오.(4점)
[기사1802B]

비계의 설치작업 모습을 보여주고 있다. 비계의 흔들림과 붕괴를 방지하기 위해서 비계를 콘크리트 벽체와 연결하는 벽이음철물을 고정하고 있는 모습이다.

① 비계 전체의 좌굴을 방지한다.
② 풍하중에 의한 무너짐을 방지한다.

2018년 2회 C형 작업형 기출복원문제

신규문제 1문항 중복문제 7문항

01 동영상은 지하의 작업장에서 보통작업을 하고 있는 상황을 보여주고 있다. 작업조도의 기준을 쓰시오.(4점)
[기사1802C/기사1804B/산기1902A/기사1904C/기사2003D/기사2101C/기사2102B/기사2104A]

작업자가 지하의 밀폐된 작업장에서 도장작업을 하고 있는 상황을 보여주고 있다.

- 150럭스 이상

02 동영상은 작업장 내의 통로를 보여주고 있다. 작업장으로 통하는 장소 혹은 작업장 내에 근로자가 통행하는 통로의 경우 높이 얼마 이내에 장애물이 없도록 하여야 하는가?(4점)
[기사1802C/기사2104B]

작업장 내의 통로를 보여주고 있다.

- 2미터 이내

03 동영상은 굴착작업 현장을 보여주고 있다. 굴착작업에 있어서 사업주의 점검사항을 2가지 쓰시오.(6점)

[기사1604C/기사1802C/기사2204C/기사2402A]

백호로 굴착중인 작업현장을 보여주고 있다. 주변 지층이 연약지반이어서인지 지반의 붕괴 위험이 있어 위험해 보인다.

① 작업장소 및 그 주변의 부석·균열의 유무
② 함수·용수 및 동결의 유무 또는 상태의 변화

04 동영상을 참고하여 작업 중 위험요인을 2가지 쓰시오.(4점)

[기사1802C/기사2204C/기사2401B]

영상은 건물 외벽에 석재를 붙이는 작업 모습을 보여주고 있다. 비계 위 부실한 작업발판 위에서 작업 중이며, 안전대를 착용하지 않은 작업자는 벙거지 모자를 쓰고 작업하고 있다. 석재의 크기가 다소 커 덮개가 없는 그라인더를 이용해서 석재의 끝부분을 절단하고 있다.

① 안전모 및 안전대 등 개인 보호구를 착용하지 않았다.
② 비계 최상부에 안전난간을 설치하지 않았다.
③ 작업발판이 부실하다.
④ 핸드 그라인더의 회전날 접촉방지 커버를 미부착하였다.
⑤ 먼지가 많이 나는 연삭작업을 하면서 방진마스크를 착용하지 않았다.

▲ 해당 답안 중 2가지 선택 기재

05 동영상은 이동식 비계를 이용한 작업 중 추락재해가 발생하는 것을 보여준다. 재해발생원인을 3가지 쓰시오.
(6점)　　　　　　　　　　　　　　　　　[산기1601A/기사1602A/기사1802C/기사1902C/산기2003B/기사2003C/기사2302C]

이동식 비계를 이용해서 거푸집 설치작업을 진행중인 모습을 보여준다. 비계를 고정하지 않아 흔들리다 작업자가 바닥으로 추락하는 재해가 발생한다. 비계 최상위 층에 안전난간이 없으며, 작업자는 안전대를 착용하지 않았다.

① 바퀴를 브레이크 및 쐐기 등으로 고정시키지 않아 흔들림
② 작업자가 안전대를 착용하지 않음
③ 비계 최상부에 안전난간을 설치하지 않음

06 동영상은 터널 굴착 작업 중 숏크리트 타설 공정을 보여주고 있다. 터널굴착 작업 시 작업계획에 포함되어야 하는 사항을 3가지 쓰시오.(6점)　　　　　　　　　　[기사1504C/기사1802C/기사1804A/기사2003C]

어두운 터널 안으로 차량이 들어가고 터널 현장의 울퉁불퉁한 모습이 보인다. 근로자가 차량의 기능을 점검한 후 터널 외벽에 콘크리트를 압력공기를 이용하여 타설을 한다.

① 굴착의 방법
② 터널지보공 및 복공의 시공방법과 용수의 처리방법
③ 환기 또는 조명시설을 설치할 때에 그 방법

07 동영상은 거푸집의 조립 및 해체와 관련된 영상이다. 동영상에서 잘못된 점을 찾아 3가지 쓰시오.(6점)

[기사1802C]

동영상은 거푸집 기둥 및 보의 해체작업을 보여주고 있다. 고소에서 작업중임에도 불구하고 아무런 안전장치(추락방호망, 작업발판, 안전난간 등)가 마련되지 않은 안전이 위협받는 작업현장에서 일하는 모습이다. 그나마 안전대를 착용하고 있기는 하지만 안전대 부착설비가 마련되지 않아 위험한 상황에서 작업하고 있다.

① 추락방호망을 설치하지 않았다.
② 작업발판이 설치되지 않았다.
③ 안전난간이 설치되지 않았다.
④ 안전대 부착설비가 설치되지 않았다.

▲ 해당 답안 중 3가지 선택 기재

08 동영상은 말비계를 이용한 작업현장을 보여주고 있다. 말비계의 조립 시 지주부재와 수평면의 기울기 기준은 얼마인지 쓰시오.(4점)

[기사1802C/기사1804C/기사1902A/기사2003D/기사2202A/기사2202B]

말비계 위에서 작업자가 작업중인 모습을 보여주고 있다.

• 75도 이하

2018년 2회 C형 719

2018년 1회 A형 작업형 기출복원문제

신규문제 2문항 중복문제 6문항

01 영상은 추락방호망을 보여주고 있다. 추락방호망의 설치기준을 3가지 쓰시오.(6점)
[기사1801A/기사1904A/기사2104C/기사2204C/기사2301B/기사2302B/기사2402B/기사2403C]

건설현장에 설치된 추락방호망을 보여주고 있다.

① 추락방호망의 설치위치는 가능하면 작업면으로부터 가까운 지점에 설치하여야 하며, 작업면으로부터 망의 설치지점까지의 수직거리는 10미터를 초과하지 아니할 것
② 추락방호망은 수평으로 설치하고, 망의 처짐은 짧은 변 길이의 12퍼센트 이상이 되도록 할 것
③ 건축물 등의 바깥쪽으로 설치하는 경우 추락방호망의 내민 길이는 벽면으로부터 3미터 이상 되도록 할 것

02 동영상은 흙막이 공사현장을 보여주고 있다. 영상과 같은 흙막이 공법의 명칭을 쓰시오.(4점) [기사1801A]

흙막이 공정의 모습을 보여주고 있다. 먼저 파일을 박은 다음 터파기를 진행하면서 토류판을 파일 사이에 넣어 벽체를 형성시키고 있다.

• H-Pile + 토류판

03 동영상은 작업장에 설치된 계단을 보여주고 있다. 영상에서와 같이 계단 및 계단참을 설치할 경우 준수하여야 할 사항에 대한 다음 물음에 답하시오.(4점) [산기1401A/기사1404C/기사1501A/산기1502A/산기1504A/ 기사1701B/산기1701B/기사1702A/기사1704B/기사1704C/기사1801A/기사1901C/산기1902A/기사1904B/기사2003C/기사2003E/기사2102C]

작업장에 설치된 가설계단을 보여주고 있다.

가) 높이가 (①)미터를 초과하는 계단에 높이 (②)미터 이내마다 너비 (③)미터 이상의 계단참을 설치하여야 한다.
나) 계단을 설치하는 경우 바닥면으로부터 높이 (④)미터 이내의 공간에 장애물이 없도록 하여야 한다.

① 3 　　② 3 　　③ 1.2 　　④ 2

04 동영상은 차량계 건설기계의 작업상황을 보여주고 있다. 영상에 나오는 건설기계의 명칭 및 용도 3가지를 쓰시오.(6점) [산기1402A/기사1404C/기사1601B/산기1601B/산기1701A/기사1801A/산기1804B/기사1902B/기사2003E]

차량계 건설기계를 이용해서 노면을 깎는 작업을 보여주고 있다.

가) 명칭 : 스크레이퍼
나) 용도
① 토사의 굴착 및 운반　　② 지반 고르기
③ 하역작업　　　　　　　④ 성토작업

▲ 나)의 답안 중 3가지 선택 기재

2018년 1회 A형

05 동영상은 록볼트 설치 작업을 하고 있는 터널공사현장이다. 록볼트의 역할 3가지를 쓰시오.(6점)

[기사1401C/기사1604C/기사1801A/기사1902C/기사2003A]

터널공사현장에서 암반을 보강하기 위해 록볼트를 설치하는 모습을 보여주고 있다.

① 봉합작용 - 발파 등으로 느슨해진 암괴를 암반에 고정하여 낙반 등을 방지한다.
② 암반개량작용 - 암반전단 저항력을 증대하고 잔류강도가 증가시켜 암반전체의 물성을 개선한다.
③ 마찰작용 - 마찰력의 발생으로 지층의 운동을 방지한다.
④ 보 형성 - 보를 형성한다.
⑤ 내압부여 - 내부에 압력을 부여한다.
⑥ 아치 형성 - 아치 형상을 만들어준다.

▲ 해당 답안 중 3가지 선택 기재

06 동영상은 굴착기계로 터널굴착을 하고 작업한 흙을 버리는 장면을 보여준다. 터널굴착기계의 가) 명칭과 나) 작업계획에 포함되어야 할 사항 2가지를 쓰시오.(4점)

[기사1501C/기사1701B/기사1801A/기사1802B/기사1902B/기사1904A/기사2002A/기사2102B/기사2302B/기사2302C]

영상은 터널굴착작업 현장을 보여주고 있다. 굴착 후 나온 흙을 버리는 장면을 보여주고 있다.

가) 명칭 : T.B.M(Tunnel Boring Machine)
나) 작업계획 포함사항
  ① 굴착의 방법
  ② 터널지보공 및 복공의 시공방법과 용수의 처리방법
  ③ 환기 또는 조명시설을 설치할 때에 그 방법

▲ 나)의 답안 중 2가지 선택 기재

07 동영상은 상수도관 매설작업 현장을 보여주고 있다. 용접작업 중인 근로자들이 착용하고 있는 보호구의 종류 4가지와 교류아크용접장치의 방호장치를 쓰시오.(6점)

[기사1801A/산기1804B/기사1902C/기사2002B/기사2201A/기사2202A/기사2304C]

동영상은 상수도관 매설현장이다. 한쪽에서는 근로자들이 배관을 용접하고 있고, 한쪽에서는 펌프를 이용해서 물을 빼는 작업을 진행중에 있다. 용접기에 별도의 방호장치가 부착되어 있지 않으며, 작업자는 별도의 보호구를 착용하지 않은 상태에서 작업 중이다.

가) 용접용 보호구
① 용접용 보안면 ② 용접용 장갑
③ 용접용 앞치마 ④ 용접용 안전화
나) 교류아크용접장치의 방호장치 : 자동전격방지장치

08 동영상은 터널 내에서 공사를 하는 현장을 보여주고 있다. 터널공사현장에서의 불안전한 행동 및 상태를 영상을 보고 2가지를 쓰시오.(4점)

[기사1801A]

터널 내 공사 진행상황을 보여주고 있다. 조명이 어두워 전방확인이 불가능하고, 환기가 좋지 않은지 작업자들의 얼굴이 자주 찌푸려진다. 바닥은 지하수 처리가 되지 않는지 흥건하게 젖어있다. 작업자들은 안전모 등을 제대로 착용하지 않고 있어 위험하다.

① 조명 불량으로 작업 중 충돌한다.
② 환기불량에 의해 근로자 진폐 등 직업병이 발생한다.
③ 개인보호구 미지급 및 착용불량으로 분진을 흡입할 수 있다.
④ 지하수 처리 미흡에 의해 바닥 지반 습윤으로 전도 및 감전된다.

▲ 해당 답안 중 2가지 선택 기재

2018년 1회 B형 작업형 기출복원문제

신규문제 1문항 중복문제 7문항

01 영상은 건설기계를 이용한 사면굴착공사현장을 보여주고 있다. 차량계 건설기계를 이용해 굴착작업을 할 때 넘어지거나, 굴러떨어짐으로써 근로자가 위험해질 우려가 있을 경우의 조치사항 2가지를 쓰시오.(4점)
[기사1401B/기사1401C/기사1402C/기사1601A/산기1602A/기사1604C/기사1701B/기사1801B/기사1804A/기사1902A/기사2403C]

차량계 건설기계를 이용해서 사면을 굴착하는 모습을 보여주고 있다.

① 유도하는 사람을 배치   ② 지반의 부동침하 방지
③ 갓길의 붕괴 방지   ④ 도로 폭의 유지

▲ 해당 답안 중 2가지 선택 기재

02 동영상은 잔골재를 밀고 있는 건설기계의 작업현장을 보여주고 있다. 동영상에 나오는 건설기계의 명칭과 용도를 2가지 쓰시오.(4점) [기사1501C/산기1504B/기사1602B/산기1701B/기사1801B/산기1802A/산기2004B/기사2004C]

차량계 건설기계를 이용해서 땅을 고르는 모습을 보여준다.

가) 건설기계의 명칭 : 모터그레이더
나) 용도
   ① 정지작업   ② 도로정리   ③ 측구굴착

▲ 나)의 답안 중 2가지 선택 기재

03 동영상은 강관비계 설치 작업장을 보여주고 있다. 강관비계에 관한 설명에서 빈칸을 채우시오.(4점)
[기사1401A/산기1404B/기사1504C/기사1701S/기사1801B/산기1802B/기사1901A/기사1902A/산기1904A/산기2002D/기사2003D/기사2004C]

강관비계를 설치한 작업현장의 모습을 보여주고 있다.

가) 띠장간격은 (①)m 이하로 설치할 것
나) 비계기둥의 간격은 띠장 방향에서는 1.85m 이하, 장선 방향에서는 (②)m 이하로 할 것
다) 비계기둥의 제일 윗부분으로부터 31m 되는 지점 밑 부분의 비계기둥은 (③)개의 강관으로 묶어 세울 것
라) 비계기둥 간의 적재하중은 (④)kg을 초과하지 않도록 할 것

① 2   ② 1.5   ③ 2   ④ 400

04 동영상은 이동식 비계를 이용한 작업 중 추락재해가 발생하는 것을 보여준다. 이동식 비계의 올바른 설치 기준을 3가지 쓰시오.(6점)
[기사1404B/기사1602C/기사1604B/산기1604B/산기1702A/
기사1801B/산기1801B/기사1802A/기사1802B/산기1804B/기사1904B/기사2001A/기사2002B/기사2304A]

이동식 비계를 이용해서 거푸집 설치작업을 진행중인 모습을 보여준다. 비계를 고정하지 않아 흔들리다 작업자가 바닥으로 추락하는 재해가 발생한다.

① 승강용 사다리는 견고하게 설치할 것
② 비계의 최상부에서 작업을 하는 경우에는 안전난간을 설치할 것
③ 작업발판의 최대적재하중은 250킬로그램을 초과하지 않도록 할 것
④ 비계의 최대높이는 밑변 최소폭의 4배 이하이어야 한다.
⑤ 작업발판은 항상 수평을 유지하고 작업발판 위에서 안전난간을 딛고 작업을 하거나 받침대 또는 사다리를 사용하여 작업하지 않도록 할 것
⑥ 이동식 비계의 바퀴에는 뜻밖의 갑작스러운 이동 또는 전도를 방지하기 위하여 브레이크·쐐기 등으로 바퀴를 고정시킨 다음 비계의 일부를 견고한 시설물에 고정하거나 아웃트리거(outrigger, 전도방지용 지지대)를 설치하는 등 필요한 조치를 할 것

▲ 해당 답안 중 3가지 선택 기재

05 동영상은 작업장에 설치된 가설통로를 보여주고 있다. 가설통로 설치 시 준수사항 3가지를 쓰시오.(단, 견고한 구조로 할 것은 제외)(4점)   [기사1801B/기사2001B/산기2003B/기사2202B/기사2304C]

영상은 작업장에 설치된 가설통로의 설치 현황을 보여주고 있다.

① 경사는 30도 이하로 할 것
② 경사가 15도를 초과하는 경우에는 미끄러지지 아니하는 구조로 할 것
③ 추락할 위험이 있는 장소에는 안전난간을 설치할 것
④ 수직갱에 가설된 통로의 길이가 15m 이상인 경우는 10m 이내마다 계단참을 설치할 것
⑤ 건설공사에 사용하는 높이 8m 이상인 비계다리에는 7m 이내마다 계단참을 설치할 것

▲ 해당 답안 중 3가지 선택 기재

06 동영상은 흙막이를 보여주면서 H형으로 된 줄이 이어져 있는 것을 보여주고, 다음 화면은 흙막이에 연결되어 있던 선로에 노란색으로 되어 있는 사각형의 기계를 보여준다. 이 공법의 명칭과 동영상에 보여준 계측기의 명칭과 용도를 각각 쓰시오.(6점)   [기사1801B]

동영상은 흙막이를 보여주면서 H형으로 된 줄이 이어져 있는 것을 보여주고, 다음 화면은 흙막이에 연결되어 있던 선로에 노란색으로 되어 있는 사각형의 기계를 연달아 보여준다.

① 공법의 명칭 : 어스앵커공법
② 계측기의 명칭 : 하중계
③ 계측기의 용도 : 버팀대 또는 어스앵커에 설치하여 축 하중의 변화상태를 측정하여 부재의 안정상태 파악 및 원인 규명에 이용한다.

07 동영상은 철골구조물 건립작업 현장을 보여주고 있다. 철골구조물 건립 중 강풍에 의한 풍압 등 외압에 대한 내력이 설계에 고려되었는지 확인할 대상 구조물을 3가지 쓰시오.(6점) [기사1801B/기사2002E]

철골구조물 건립 공사현장을 보여주고 있다. 바람에 철골구조물의 보조자재들이 날리는 모습을 보여준다.

① 높이 20미터 이상의 구조물
② 구조물의 폭과 높이의 비가 1:4 이상인 구조물
③ 단면구조에 현저한 차이가 있는 구조물
④ 연면적당 철골량이 50kg/m² 이하인 구조물
⑤ 기둥이 타이플레이트(Tie plate)형인 구조물
⑥ 이음부가 현장용접인 구조물

▲ 해당 답안 중 3가지 선택 기재

08 동영상은 프리캐스트 콘크리트의 제작과정을 보여주고 있다. 프리캐스트 콘크리트의 장점을 3가지 쓰시오. (6점) [산기1404A/산기1601A/산기1604A/기사1801B/산기1802A/기사2003B/기사2004D]

벽, 바닥 등을 구성하는 콘크리트 부재를 공장에서 적당한 크기로 만드는 과정을 보여주고 있다.

① 양질의 부재를 경제적으로 생산할 수 있다.
② 기계화작업으로 공기단축을 꾀할 수 있다.
③ 기상과 관계없이 작업이 가능하며, 특히 한랭기의 시공 시 유리하다.

2018년 1회 C형 작업형 기출복원문제

신규문제 3문항　중복문제 5문항

01 동영상은 기존 건축물 벽면의 면갈이 작업을 보여주고 있다. 동영상에서와 같이 벽면 면갈이 작업 시 착용해야 할 안전보호구 2가지를 쓰시오.(4점)　[기사1801C/기사1904A/기사2104B/기사2202C]

말비계 위에서 작업자가 아파트 계단 콘크리트 벽면을 핸드그라인더로 정리하는 작업을 보여주고 있다. 분진이 안개처럼 뿌옇게 작업자를 덮친다.

① 방진마스크　② 보안경

02 동영상은 거푸집 동바리의 조립 영상이다. 동영상을 보고 관련 질문에 답하시오.(6점)　[기사1604C]

동영상은 거푸집 동바리를 조립하고 있는 모습을 보여주고 있다.

가) 파이프 서포트를 (①)개 이상 이어서 사용하지 않도록 할 것
나) 파이프 서포트를 이어서 사용하는 경우에는 4개 이상의 (②)을 사용하여 이을 것
다) 높이가 (③)미터를 초과하는 경우에는 높이 2미터 이내마다 (④)를 2개 방향으로 만들고 (④)의 변위를 방지할 것

① 3　② 볼트 또는 전용철물
③ 3.5　④ 수평연결재

03 동영상은 콘크리트 타설 및 타설 후 면마감 작업을 보여주고 있다. 콘크리트 타설작업 시 안전조치 사항을 3가지 쓰시오. (6점)

[산기1604B/산기1801A/기사1801C/산기1804A/기사1804C/기사1901C/산기1902A/산기2001A/산기2004A/기사2004B]

콘크리트 타설 현장의 모습을 보여주고 있다. 타설할 때 작업발판도 없고 난간도 없고 방망도 없으며, 작업자는 안전모 턱끈을 느슨하게 하고 있다.

① 콘크리트 타설작업 시 거푸집 붕괴의 위험이 발생할 우려가 있으면 충분한 보강조치를 할 것
② 설계도서상의 콘크리트 양생기간을 준수하여 거푸집 동바리 등을 해체할 것
③ 콘크리트를 타설하는 경우에는 편심이 발생하지 않도록 골고루 분산하여 타설할 것
④ 당일의 작업을 시작하기 전에 해당 작업에 관한 거푸집 동바리 등의 변형·변위 및 지반의 침하 유무 등을 점검하고 이상이 있으면 보수할 것
⑤ 작업 중에는 거푸집 동바리 등의 변형·변위 및 침하 유무 등을 감시할 수 있는 감시자를 배치하여 이상이 있으면 작업을 중지하고 근로자를 대피시킬 것

▲ 해당 답안 중 3가지 선택 기재

04 동영상은 건설현장에 설치된 낙하물방지망을 보여주고 있다. 수평면과의 각도 기준을 쓰시오. (4점)

[기사1801C/기사1902A/기사2003B]

신축중인 건물의 중간에 설치된 낙하물방지망을 보여주고 있다.

• 20~30°

05 동영상은 건설기계의 작업상황을 보여주고 있다. 해당 건설기계에 대한 위험 방지조치를 3가지 쓰시오.(6점)

[기사1801C/기사1904B/기사2204B]

트럭 크레인이 붐대를 펴고 운행중이다.

① 트럭 크레인 수평 및 아웃트리거 설치 전 및 이동 시 붐대는 접어 정위치에 고정하여야 한다.
② 작업반경 및 중량물 하부에 출입금지 조치를 실시하여야 한다.
③ 작업 시작 전 지면의 상태를 확인하고, 노면이 평탄하고 견고한 부위에 아웃트리거를 설치한다.
④ 신호수를 배치한다.

▲ 해당 답안 중 3가지 선택 기재

06 동영상은 전등 및 전구(조명기구)가 파손되어 전구를 빼던 중 충전부에 감전되는 재해 영상이다. 위험방지조치를 2가지 쓰시오.(4점)

[기사1801C]

전등 및 전구(조명기구)가 파손되어 교체하려고 전구를 빼던 중 충전부에 감전되는 상황을 보여주고 있다.
전기 스위치를 내리지도 않은 상태에서 전구를 교체하려다 발생한 사고이다.

① 전구의 이탈방지 및 파손방지를 위해 보호망을 부착한다.
② 전기 스위치를 내린 후 전구를 교체한다.

07 동영상은 말비계를 이용한 작업현장을 보여주고 있다. 말비계의 높이가 2미터를 초과하는 경우 작업발판의 폭을 쓰시오.(4점)　　　　　　　　　　　　　　　　　　　　　　　　　　　　　　[기사1801C]

말비계 위에서 작업자가 도배 작업중인 모습을 보여주고 있다.

- 40센티미터 이상

08 동영상은 관로 터파기, 관 부설 및 되메우기 작업현장에 대한 영상이다. 굴착공사 시 지반의 붕괴로 인한 근로자 위험방지를 위한 안전 조치사항을 3가지 쓰시오.(6점)
[기사1401B/산기1402A/기사1501B/기사1702B/기사1702C/기사1801C/산기1804B/기사1901C/기사2001C/기사2102C]

관로 터파기, 관 부설 및 되메우기 작업 중이다. 관로 위에 계측기를 보여주고 있다. 흄관을 백호로 인양 중이다. 관로 위에 여러 사람들이 모여 있으며, 터파기 장소 옆에 토사가 적재되어 있는 모습을 보여준다.

① 흙막이 지보공의 설치
② 방호망의 설치
③ 근로자 출입금지 설정

MEMO